智能科学与技术丛书

知觉学习

经验如何形成视觉感知

[美] 芭芭拉·多瑟（Barbara Dosher）
吕忠林（Zhong-Lin Lu） 著

李川 何军 邓梓烽 陶东 等译

PERCEPTUAL LEARNING

How Experience Shapes Visual Perception

图书在版编目（CIP）数据

知觉学习：经验如何形成视觉感知 /（美）芭芭拉·多瑟（Barbara Dosher），（美）吕忠林（Zhong-Lin Lu）著；李川等译．—北京：机械工业出版社，2022.8
（智能科学与技术丛书）
书名原文：Perceptual Learning: How Experience Shapes Visual Perception
ISBN 978-7-111-71329-6

I. ①知… II. ①芭… ②吕… ③李… III. ①知觉心理学 IV. ①B842.2

中国版本图书馆 CIP 数据核字（2022）第 138992 号

北京市版权局著作权合同登记　图字：01-2021-3020 号。

本书全面综合地介绍了知觉学习的现象、理论和应用，重点关注视觉领域。本书首先对知觉学习的原理进行阐述，然后探讨知觉学习的基本现象（学习和迁移）和机制（噪声特性、生理学证据）。同时，介绍知觉学习的计算模型，强调反馈对知觉学习的重要性，并讨论任务、注意力和奖励在知觉学习中的作用。最后，对比视觉知觉学习和其他感官领域学习，讨论知觉学习的现有应用，并提出优化框架。

本书适合知觉学习领域的学生、研究人员及相关从业者阅读参考。

出版发行：机械工业出版社（北京市西城区百万庄大街 22 号　邮政编码：100037）

责任编辑：姚　蕾　　责任校对：王明欣　刘雅娜

印　　刷：三河市国英印务有限公司　　版　　次：2023 年 1 月第 1 版第 1 次印刷

开　　本：185mm×260mm　1/16　　印　　张：25.5

书　　号：ISBN 978-7-111-71329-6　　定　　价：129.00 元

客服电话：（010）88361066　68326294

译者序

知觉学习，简言之，即感知分辨能力通过训练得到提高的现象或过程，在认知与生理层面搭建了小到人生、大到民族社会行为的基础，是揭示认知机理、行为机理的重要视角。早在19世纪晚期，如何改善知觉已引起人们的关注，20世纪60年代末，Gibson在其著作《知觉学习和发展的原理》中为知觉学习做了奠基性工作，随着人们对于神经可塑性在学习过程中重要性的研究的不断深入，从20世纪90年代至今，知觉学习已逐步成为认知科学的研究热点之一。

虽然知觉学习的实际应用尚处早期，但在教育教学、医疗康复等领域，关于视觉知觉学习的研究已走向商业化，例如，通过特定的强化视觉训练改进弱视者的视力，通过安排精心设计的单词词表增强记忆学习的效率，等等。进而通过游戏场景、临床矫正、康复、学习软件等环境的应用，为先天感知缺陷人士、学生乃至一般受众提供增强感知、优化感知与决策的可能。

本书作者在知觉学习领域有20多年的耕耘与研究积累，从早期的知觉模板模型（PTM）到增强型Hebbian重加权模型（AHRM），再到集成重加权理论（IRT）的深入拓展，他们的研究步伐一路伴随知觉学习的起步与繁盛。同时，本书不仅凝聚了两位作者的创建，更汇集了20余年来相关领域众多杰出科学家与研究者的辛勤汗水。本书对于读者学习与深入研究知觉学习理论与技术有重要的参考价值。

本书的翻译工作是在极其紧张的条件下，历经所有团队成员的艰辛努力最终完成的，其中凝聚着所有参与者的真诚与付出。本书的翻译工作由李川副教授统一协调组织。参与翻译工作的有何军、邓梓烽、陶东、王广川、曾严、刘江亭、董芮臣、金翔、吴欣、雷英鹏，他们是四川大学计算机科学与技术专业的研究生，他们在节假日、在寒夜里加班工作，对译文精雕细琢，最终有了本书中译本的诞生。何军副教授协助进行了本书的最终统稿。

尽管译者心正意诚，然则受限于自身水平，书中难免存在问题。期望各位读者给予批评、指正，各位的反馈将使本书更趋完善。最后，真诚期望本书对大家有益，这是对我们翻译工作的最大认可！

译者
2022年8月3日夜
于四川大学数据库与知识工程实验室

前　言

Perceptual Learning: How Experience Shapes Visual Perception

我们从 1997 年开始进行知觉学习的研究。当时，只有少数几个研究人员关注这个课题。从那时起，这个领域开始发生变化，这本书讲述了我们对现象和理论的了解。这种转变的发生归因于大量积极的研究人员做出了巨大的贡献，从心理学家对现象学的深入研究到有见地的建模和生理学。

在 20 世纪 90 年代末，我们正在研究人类观察者的新模型，即知觉模板模型（PTM）。我们的目的是利用这个模型来了解视觉知觉如何依赖信号模式和两种噪声——外部刺激的噪声和内部感官响应的可变性。我们也有兴趣使用此模型来区分视觉注意力对人类知觉（“观察者”）的影响，从而区分出滤除刺激中的外部噪声而导致的增强或放大信号刺激本身带来的不便——之前难以捉摸的机制可以通过外部噪声方法轻松地区分开来。

在某个时候，我们意识到相同的分析同样很好地适用于一个重要领域的性能提升，即知觉学习。据报道，从 19 世纪 90 年代末实验性心理学研究开始以来，实践就有所改善，并作为 Eleanor Gibson 对儿童早期知觉发展的兴趣的一部分在 20 世纪 50 年代被普及。经验在成年人的知觉任务执行中的作用已在许多任务领域得到了证明，包括敏锐度、运动和立体视觉。视觉知觉领域中一些优秀的心理物理学家已经开始研究学习，并且有些时候学习是针对任务或刺激的某些方面的特异性。

然后，在 20 世纪 90 年代末，许多科学家（Avi Karni、Dov Sagi、Merav Ahissar、Shaul Hochstein、Aniek Schoups、Robert Sekuler 等人）的杰出工作证明了一种非常奇怪的特异性形式。在视网膜上某个位置进行的一项任务中所学到的改进有时无法转移到视野中的新位置。真的！这些发现导致许多研究人员将视力的经验依赖的性能变化归因于早期视觉皮层的可塑性，长期以来人们一直认为大脑皮层在发育初期是稳定的。很快，最杰出的知觉学习理论涉及早期视网膜视觉皮层感觉调节的可塑性改变。在其他方式的类似报道的支持下，一系列重要的研究（Rufin Vogel、Guy Orban、Geoff Ghose、John Maunsell、Charles Gilbert、Joshua Gold、Wu Li 等人）开始探索（知觉）学习如何在视觉编码的最早期影响细胞反应的特性。在视觉皮层中，学习是多久开始的？我们一直是这些生理学研究的追随者。

我们对知觉学习的第一项研究是使用外部噪声方法和 PTM 模型对现象进行系统的分析。从一开始，我们就怀疑知觉学习主导的重调谐理论可能只是其中的一部分。为了影响行为，还必须将感官信息与决策联系起来。如果感觉系统对刺激进行编码，则还需要对这一证据进行解码。即使在早期阶段，我们也发展了另一种重加权理论，其中改变感官信息在决策中的加权方式（改变的读数）可能是学习的主要方式。如果早期的视觉区域是感官信息的编码器，那么大脑还需要解码器来解释编码的信息，并且这些解码器也必须是学习的关键。基于此见解，我们发展了一种重加权（读出）理论，其中许多早期视觉通道中的证据确定了如何通过重加权来更改决策。那是在 1998 年。直到后来，我们才意识到 Mollon 和 Danilova 分别发展了相同的理论构想。

直到几年后，在天才博士后 Alex Petrov 的帮助下，我们开始研究知觉学习的多通道模型，即增强型 Hebbian 重加权模型（AHRM）。该模型建立在 20 世纪 90 年代的视觉学习网络模型（Tomaso Poggio、Shimon Edelman、Manfred Fahle、Michael Herzog 等人）的基础上，并利用了神经网络领域最近的重大发展。我们将此模型加入具有生理启发性的信号处理前端。为了检查两种主要学习理论（重调谐和重加权）做出相反预测的情况下的特异性，实验也变得更加复杂。随后证明了这种纯粹的重加权模型可以解决视觉知觉学习中的许多主要现象。凭借另一位才华横溢的博士后 Jiajuan Liu 和研究生 Pam Jeter 的深入研究工作，AHRM 于 2013 年得到扩展，形成了综合重加权理论（IRT）。该理论解释了某些形式的迁移是如何发生的。反过来，此模型已被其他研究人员（Aaron Seitz、Peggy Seriès 等人）以非常巧妙的方式进行了修改和推广。这就是我们在第 6 章讲述的知觉学习模型的故事。

在过去的 20 年中，知觉学习领域已经发生了重大的变化。如今，有许多研究对知觉学习的特异性提出了挑战（Cong Yu 等人）。现在，关于重加权或读出在学习中的作用的想法，已成为 Takeo Watanabe 等人的集成模型的重要组成部分，这些模型将知觉学习领域置于人脑成像的更广泛的考虑范围内。除了我们自己的模型外，其他模型在提出的学习中使用或推进了我们提出的多级重加权原则。同时，得益于 Dennis Levi、Krystel Huxlin、John Anderson、Chang-Bing、Uri Polat、Robert Hess、Ben Thompson 等人的工作，学习研究已经越来越多地走向从教育到视觉修复的大量实际应用。

到 21 世纪 10 年代中期，似乎需要对该领域的最新发展进行系统的探索。我们开始对有时互不相关的知觉学习文献进行详细调查。我们的目标是评估各种理论状态，了解生理学发现的含义，并指出可能的富有成果的研究方向。这本书是我们努力的结果。它适用于知觉学习的研究人员以及其他相关领域的科学家。我们试图在多个层面上讨论知觉学习，希望做到透彻而简洁，内容全面而不是详尽无遗。

多年以来，在知觉学习中，许多杰出科学家的重要贡献推动了该领域的发展以及我们在同等领域的工作。除了阅读论文和参加会议演讲外，我们也从参加“国际知觉学习研讨会”中受益良多，这是一个较小的组织，每两年召开一次会议，讨论令人兴奋的新想法和新方法。我们确实从这些公开交流中受益。在知觉学习研究中一件令人惊奇的事情是，虽然参与者的理论分歧很大，但该领域一直保持合议，参与者合作并致力于共同推动科学的发展。

现在，许多个人和实验室的主要贡献已将知觉学习确立为一个主要领域，并广泛认识到学习和可塑性在人类适应中起着至关重要的作用，在对知觉机制的任何研究中都必须考虑这一点。

由于各种原因，我们花费很多年写了这本书。在此期间，我们得到了许多同事、朋友和家人的大力支持，在此深表感谢。

Barbara Dosher 说：“经过 23 年的合作，我仍然很高兴与我的合著者和朋友 Zhong-Lin Lu 谈论科学。加州大学尔湾分校认知科学系富有创造力的环境，以及聪明、热切的同事为本书的编写工作做出了重要贡献。我还要感谢实验室（记忆注意力知觉实验室）的应届毕业生和博士后所做的重大贡献，其中包括 Pam Jeter、Alex Petrov、Wilson Chu、Shiau-Hua Liu、Nate Blair、Richard Hetley、Emelien Tlapale，以及许多本科生和助教，包括 Anchit Roy，他协助提供了本书的一些图表。我的研究生导师 Wayne Wickelgren 的理论构想仍然鼓舞着我。我还要感谢将我引入视觉科学领域的同事和朋友：Norma Graham、George Sperling 和 Eileen Kowler。通过与知觉学习和注意力社区中的许多同事的交谈，这项研究得到了完善。朋友和家人提供了乐趣、支持和帮助。特别感谢我的朋友 Kristi、Liz、David 和 Eileen，感谢我的姐姐 Cathie、retreat 小组以及其他许多人的支持。在此特别对我的儿子 Joshua Sperling 表示衷心的感谢，他的支持、理智探索和评论使本书的最后阶段有了实质性的改进。我还要感谢包括麻省理工学院出版社在内的所有相关人员的耐心，因为该项目的延期比预期要长，部分原因是应我年迈生病的母亲 Anne Dosher 的要求。她毕生的求知欲、对社区的奉献精神和交友的天赋，树立了令人钦佩的榜样。”

Zhong-Lin Lu 说：“这本书的出版是我们 20 多年合作的一个重要里程碑。这也是许多新的、令人激动的联合研究项目的开始。非常感谢 Barbara 给我与她合作的机会。非常感谢我的妻子 Wei Sun、我的儿子 James 和我的女儿 Mae。没有他们的理解和支持，这本书是不可能完成的。我从博士生导师 Samuel J. Williamson 和 Lloyd Kaufman 以及我的博士后导师 George Sperling 那里学到了很多，他们的科学精神至今仍激励着我。我想借此机会感谢脑过程实验室（LOBES）的成员（最初他们在南加州大学，然后在俄亥俄州立大学，现在在纽约大学和上海纽约大学），包括 Luis A. Lesmes、Wilson Chu、Simon Jeon、Debbie Dao、Jiajuan Liu、Chang-Bing Huang、Xiangrui Li、Gui Xue、Miao Wei、Fang Hou、Jongsoo Kim、Carlos Cabrera、Zhicheng Lin、Yukai Zhao、Pan Zhang 和 Pengjing Xu，感谢他们对研究项目做出的贡献。还要感谢 C. Shawn Green、Daphne Bavelier、Alex Pouget、Tianmiao Hua 和 Jinrong Li 在知觉学习方面与我合作，并感谢国际知觉学习研讨会的组织者 Cong Yu、Dov Sagi、Takeo Watanabe、Merav Ahissar、Uri Polat、Shaul Hochstein、Yuka Sasaki、Mitsuo Kawato、Michael Herzog、Miguel Eckstein、Aaron Seitz 和 Michael Silverman，他们为我们提供了作为研究社区聚集在一起的机会。我还要感谢同事 Irving Biederman、Adrian Raine、Antonio Damasio、Hanna Damasio、Michel Baudry、Judith Hirsh、James Todd、Roger

Ratcliff、Brandon Turner、Deyue Yu、Alex Petrov、Tony Movshon、Paul Glimcher、Marisa Carrasco、Joanna Waley-Cohen 和 Anqi Qian，以及我多年来的朋友 Patrick Suppes、Bosco Tjan、Stephen Madigan 和 Richard F. Thompson。”

这些年来，我们在知觉学习方面的实验和理论工作得到了美国国家心理健康研究所和美国国家眼科研究所的资助。感谢它们的支持。

Barbara Dosher，尔湾

Zhong- Lin Lu，都柏林和纽约

2019 年 8 月

目　录

Perceptual Learning: How Experience Shapes Visual Perception

译者序

前言

第一部分　概述

第 1 章　知见学习的原理 …… 2

1.1　经验和学习在知觉中的重要性 …… 2
1.2　实验室中的知觉学习 …… 4
1.3　可塑性与稳定性 …… 7
1.4　提高人类表现中的信噪比 …… 12
1.5　重加权与表征变化 …… 14
1.6　生成模型和优化知觉学习的重要性 …… 18
1.7　总结与概述 …… 19
参考文献 …… 20

第二部分　现象学

第 2 章　视觉任务中的知觉学习 …… 26

2.1　知觉专长和知觉可塑性 …… 26
2.2　视觉知觉学习 …… 27
2.3　通过表征选择学习还是通过创造学习 …… 28
2.4　知觉学习研究的一种典型结构 …… 29
2.5　训练特征与任务类型 …… 32
2.6　单一特征的知觉学习 …… 34
2.6.1　方向 …… 34
2.6.2　空间频率 …… 35
2.6.3　相位 …… 36
2.6.4　对比度 …… 36
2.6.5　颜色 …… 37
2.6.6　敏锐度 …… 38
2.6.7　超锐度 …… 39
2.6.8　总结 …… 41
2.7　知觉学习模式 …… 41
2.7.1　复合刺激 …… 42
2.7.2　纹理、全局模式和搜索 …… 42
2.7.3　深度 …… 44
2.7.4　运动 …… 45
2.7.5　总结 …… 47
2.8　对象知觉学习和自然刺激 …… 48
2.8.1　轮廓、形状和对象 …… 48
2.8.2　面部和实体 …… 49
2.8.3　生物运动 …… 50
2.8.4　总结 …… 51
2.9　结论 …… 51
参考文献 …… 53

第 3 章　特异性与迁移性 …… 59

3.1　在知觉学习中的特异性和迁移性 …… 59
3.2　评估特异性和迁移性的范式 …… 61
3.3　任务结构分析 …… 63
3.4　行为证据 …… 66
3.4.1　视网膜位置特异性 …… 66
3.4.2　眼部特异性 …… 68
3.4.3　特征和对象特异性 …… 69
3.4.4　一阶和二阶特异性 …… 71
3.4.5　判断特异性 …… 73
3.4.6　环境特异性 …… 74
3.4.7　总结 …… 76
3.5　影响特异性和迁移性的因素 …… 77
3.5.1　任务难度和刺激精度 …… 77
3.5.2　适应性与特异性 …… 79
3.5.3　训练的程度和特异性 …… 80
3.5.4　通过交叉训练激活迁移性 …… 81

3.5.5 总结 ……84
3.6 测量尺度、适应性估计、解耦训练和迁移性评估——未来研究的方向 ……84
3.7 结论 ……85
3.8 附录 A：实验范式、分析方法、特异性和迁移性指数 ……86
3.8.1 幂函数或指数学习以及特异性测量 ……87
3.8.2 无基线的迁移范式 ……88
3.8.3 有基线的迁移范式 ……89
3.8.4 训练迁移范式 ……91
3.8.5 交替训练范式 ……92
3.8.6 不平等试验混合范式 ……92
3.8.7 总结 ……93
3.9 附录 B：度量精细度的影响 ……93
参考文献 ……95

第三部分 机制

第 4 章 知觉学习机制 ……102
4.1 知觉学习机制的信号和噪声分析 ……102
4.2 信号检测理论 ……103
4.3 观察者模型表现的系统分析 ……104
4.3.1 人类表现的观察者模型 ……104
4.3.2 知觉模板模型 ……105
4.3.3 使用外部噪声方法确定 PTM ……107
4.4 利用外部噪声研究知觉学习 ……109
4.4.1 PTM 中知觉学习的机制和特征 ……109
4.4.2 一种典型的知觉学习的外部噪声研究 ……111
4.5 视觉任务中知觉学习的机制 ……113
4.5.1 利用外部噪声理解知觉学习 ……113
4.5.2 不同知觉学习机制的分离表达 ……116
4.5.3 PTM 和外部噪声方法的应用 ……119
4.5.4 总结 ……120
4.6 结论 ……120
4.7 附录 ……121
4.7.1 指定 PTM ……121
4.7.2 指定模板 ……122
4.7.3 知觉学习机制的详细特性 ……125
4.7.4 PTM 的细化 ……127
参考文献 ……130
第 5 章 生理基础 ……134
5.1 知觉学习的生物学基础 ……134
5.2 生理基础 ……136
5.2.1 大脑功能区 ……136
5.2.2 视觉系统 ……137
5.2.3 知觉决策、奖励和注意力的回路 ……141
5.2.4 讨论 ……143
5.3 用生物学来理解学习 ……143
5.4 来自单细胞记录的证据 ……145
5.4.1 特征的知觉学习 ……146
5.4.2 模式的知觉学习 ……151
5.4.3 物体和场景的知觉学习 ……154
5.4.4 单细胞实验中的知觉学习综述 ……157
5.5 来自脑成像的证据 ……158
5.5.1 特征的知觉学习 ……159
5.5.2 模式的知觉学习 ……161
5.5.3 物体的知觉学习 ……164
5.5.4 知觉学习的脑成像研究综述 ……164
5.6 讨论 ……166
5.6.1 重加权在哪里 ……167
5.6.2 与内部噪声和观察者模型的关系 ……168
5.6.3 详细计算研究 ……169
5.7 结论 ……170
参考文献 ……170

第四部分　模型

第6章　知觉学习模型……178
6.1　建模的目标……178
6.2　知觉学习的经典模型……180
6.3　重加权假设与AHRM模型……184
6.3.1　通过通道重加权进行知觉学习……184
6.3.2　AHRM的发展……186
6.4　AHRM的测试和应用……187
6.4.1　非稳定环境下的知觉学习……188
6.4.2　知觉学习的基本机制……192
6.4.3　高噪声和低噪声下学习的非对称迁移……193
6.4.4　预训练机制的影响……194
6.4.5　多任务的协同学习分析……196
6.5　学习的其他重加权模型……197
6.6　总结……199
6.7　未来方向……200
6.8　附录：AHRM实现细则……201
6.8.1　表征模块……201
6.8.2　特定于任务的决策模块……203
6.8.3　学习模块……204
6.8.4　自适应偏差或标准控制……204
参考文献……205

第7章　反馈……208
7.1　知觉学习中的反馈……208
7.2　经验研究文献……209
7.3　学习规则和反馈……210
7.4　反馈和AHRM……213
7.4.1　非平稳外部噪声环境下的反馈和学习……213
7.4.2　目标训练的准确性和逐项试验反馈……214
7.4.3　包括高准确性试验的混合……215
7.4.4　建模逐项试验、错误、随机和反向反馈……217
7.4.5　建模块反馈……219
7.4.6　训练不对称与诱导偏差……220
7.5　多刺激识别中的学习……222
7.6　总结……224
7.7　未来方向……225
参考文献……226

第8章　对迁移性和特异性进行建模……229
8.1　集成重加权理论……229
8.2　对迁移性的日常类比……230
8.3　分层表征和迁移……231
8.4　预分层模型……233
8.5　属于IRT的AHRM……234
8.6　具有位置不变表征的IRT……235
8.7　IRT的实验应用……237
8.7.1　位置和特征特异性……237
8.7.2　任务精度和迁移性……239
8.7.3　在不同位置的偏差训练的特异性和迁移性……241
8.7.4　双重训练、范式特异性和位置迁移性……242
8.7.5　任务漫游和多个位置……243
8.8　其他模型……246
8.9　未来方向……250
参考文献……251

第9章　任务、注意力与奖励的自上而下的影响……254
9.1　知觉学习与选择性……254
9.2　任务相关和任务无关的学习……255
9.2.1　与学习任务相关的判断……256
9.2.2　与任务无关的知觉学习……257
9.2.3　总结……259
9.3　注意力与知觉学习……260
9.3.1　注意力控制系统……261
9.3.2　注意力的类型与基本的注意力范式……262
9.3.3　注意力对与任务相关的知觉学习的影响……263

9.3.4 注意力对与任务无关的学习的影响 …… 267
9.3.5 知觉学习改变了对注意力的需求 …… 267
9.3.6 总结 …… 269
9.4 奖励和知觉学习中的其他干预 …… 270
9.4.1 奖励系统 …… 271
9.4.2 人类知觉学习中的奖励 …… 274
9.4.3 知觉学习中的药物干预 …… 276
9.4.4 总结 …… 278
9.5 自上而下的影响、重加权，以及选择与创造 …… 279
9.6 总结与未来方向 …… 280
9.7 附录：知觉学习的扩展模型 …… 281
参考文献 …… 284

第五部分 对比、应用和优化

第 10 章 可塑性的形式和其他模态 …… 292
10.1 学习和可塑性 …… 292
10.2 可塑性的不同时间尺度 …… 292
10.2.1 视觉进化 …… 294
10.2.2 视觉发展 …… 295
10.2.3 适应 …… 297
10.2.4 讨论 …… 299
10.3 其他感官模态的学习 …… 300
10.3.1 听觉知觉学习 …… 300
10.3.2 触觉知觉学习 …… 308
10.3.3 味觉和嗅觉的知觉学习 …… 311
10.3.4 多感官知觉学习 …… 314
10.3.5 总结 …… 316
10.4 类别学习 …… 318
10.5 总结 …… 321
参考文献 …… 322

第 11 章 应用 …… 331
11.1 从实验室到世界的知觉学习 …… 331
11.2 知觉训练与专业知识 …… 332
11.3 教育中的知觉学习 …… 334
11.3.1 训练听觉以提高语言和阅读能力 …… 335
11.3.2 在数学教育中训练视觉知觉 …… 336
11.4 使用电子游戏训练视觉知觉 …… 337
11.5 视觉训练的限制 …… 339
11.5.1 弱视 …… 340
11.5.2 近视 …… 345
11.5.3 老化和老花眼 …… 346
11.5.4 低视力 …… 347
11.5.5 手术、镜片和传感器植入的调整 …… 349
11.5.6 皮质盲 …… 352
11.6 总结 …… 354
11.7 转换知觉学习 …… 355
11.7.1 商业化 …… 356
11.7.2 挑战 …… 356
11.7.3 监管环境 …… 358
11.8 总结 …… 359
参考文献 …… 360

第 12 章 优化 …… 369
12.1 利用视觉知觉学习 …… 369
12.2 一个最优化框架 …… 370
12.3 优化的步骤 …… 371
12.4 优化学习的量级 …… 375
12.4.1 对学习规则的分析 …… 375
12.4.2 促进学习的操作 …… 376
12.4.3 总结 …… 380
12.5 优化稳健性、泛化和转移 …… 380
12.5.1 迁移模型示意图 …… 381
12.5.2 用于泛化的操作 …… 382
12.5.3 总结 …… 384
12.6 新的生成模型 …… 385
12.7 理论的未来 …… 388
参考文献 …… 389

第一部分

Perceptual Learning: How Experience Shapes Visual Perception

概　　述

第1章

Perceptual Learning: How Experience Shapes Visual Perception

知觉学习的原理

经验在知觉中起着重要的作用。特定领域的训练对于知觉专长的提升是非常重要的。虽然原则上，这些变化背后的可塑性可能会改变最早期视觉系统的反应，但也必须考虑到整个系统的稳定性。在本章中，我们提出了一个知觉学习的综合框架，它权衡了可塑性和稳定性以及许多其他的偶极子：如信号和噪声、读出和编码、自上而下因素和刺激驱动因素。我们的论点是重加权或者改变感觉信息的读出，是在如此多优化学习的因素中最可能的候选机制。

1.1 经验和学习在知觉中的重要性

人类的知觉是通往经验的必经之路。它对于我们了解物理环境，在更广阔的环境中发现我们的位置，以及产生和执行有目的的行动计划是必不可少的。知觉在我们看来是理所当然的东西。想象一下平日里逛街的情景，当你走路的时候，周围的环境是活跃而多变的，它的复杂性引人注目，但似乎又凝聚成一个整体。街上往来的购物者、一排排的水果蔬菜和来自屋檐上方的阳光——所有这些视觉信息都是你自主感知的。当然还有视觉以外其他形式的输入：人说话的声音、水果散发的香味、微风吹过的感觉，甚至是你手里一杯咖啡的味道。人类感知这些外界刺激似乎毫不费力，但实际上弄清楚这些纷乱的刺激需要一个复杂的认知过程网络（见图1.1）。成功地处理知觉输入对我们的生活至关重要，本书的主题就是我们如何更好地处理这一过程。

我们都知道，有些活动似乎比其他活动更依赖高级形式的知觉分析。比如任何织过毛衣或玩过电子游戏的人都能利用高水平的视觉和认知功能——这些功能与我们的感觉相协调，并且在一生的经验中得到了发展。从这个意义上说，我们都是知觉专家，但我们也知道，许多活动（不论是编织、游戏、玩音乐还是学习在视觉噪声中检测字母）的表现基本都可以通过训练或练习得到改善。虽然天赋是一个重要因素，但是经过数千小时的练习和特定技能的反复训练，能够使这种天生差异逐渐缩小。譬如，美国职业棒球大联盟的运动员[1]、专业台球运动员[2]和飞行专家[3，4]都比业余爱好者能更好地处理和扫描视觉场景所给予的刺激。通过知觉训练，棒球运动员能够对运动线索特别敏感[5]；职业电子游戏玩家经常能够迅速地在他们的视觉边缘发现元素[6]；狂热的观鸟者特别善于从伪装中提取纹理[7]。所以，在所有这些领域中，知觉训练是我们达到专家水平的主要途径。

图片来源：www.freeimages.com (#1240544)

图 1.1　人类的知觉系统使用所有的感官作为连接复杂世界的接口

知觉训练不仅适用于高级任务，也适用于简单任务。到我们成年的时候，我们可以在黑暗中看到几个光子的光能[8，9]，可以听到一种氢原子直径般大小能够使耳蜗膜移位的声音[10，11]。我们还可以闻到一个大房间里一滴香水的气味[12，13]，尝到一茶匙的糖溶解在几加仑水里的味道[14-16]，感觉到一根最轻盈羽毛的触碰[17]。我们的感觉异常敏锐。显然，在上述这些例子中，我们知觉的敏感度可以通过训练来提高，扩展训练可以进一步提高这些敏感度的极限。

在实验室里，大多数研究都集中在介于对最小刺激的精确判断和复杂的自然专业知识之间的知觉任务上，即便如此，这些研究也涵盖了广泛的任务。它包括对各种事物的判断，例如从低水平的视觉特征到高水平的自然物体，从持续几分钟的训练到持续数日的数千次试验。

在几乎所有这些案例中，经验和练习已被证明可以极大地提高视觉知觉的质量。尽管知觉学习并不是无处不在（在某些情况下它不会出现，而在一些其他情况下可能影响不大），但是这个现象已经非常普遍，以至于知觉学习被人们忽略，意识不到它的存在，从而不能被完全理解。因此，正确地理解知觉意味着需要弄清楚经验是如何改变知觉的。

1.2 实验室中的知觉学习

第一次关于改善知觉判断的报道可以追溯到19世纪晚期，但直到20世纪60年代，知觉学习才被视为科学研究的一个重要课题。这个领域的诞生与心理学家Eleanor Gibson的工作密切相关，她在1969年出版的《知觉学习和发展的原理》一书中阐述了许多至今仍在研究的基本现象。Gibson让人们了解了知觉学习。但是，在20世纪90年代之前，相对于主流认知科学研究，该领域处于边缘地位，直到有关神经可塑性在学习中的作用的大胆主张将其推到了前沿。从那时起，人们再次对知觉学习产生了兴趣，开始了对它的研究和辩论，知觉学习从此兴起[18]。

在Gibson的开创性分析中，她将知觉学习定义为“经过刺激阵列的训练后，对该刺激阵列的相对持久和一致的知觉变化[19]”。在实验室中，这种变化通常是通过观察训练如何提高某一特定任务的性能来衡量的。这几乎总是涉及检测刺激的存在或者区分两种刺激。

表现和学习可以通过以下几个方面进行评估（见图1.2）。首先，表现可以用准确率来衡量（学习可以用准确率的提高来衡量），也可以用刺激强度的阈值，或者在阈值表现水平上刺激之间的差异（在这两种情况下，学习被视为阈值的降低）来衡量。具体来说，表现的准确率可以用百分比正确率或可辨别性 d' 来表示；也可以通过刺激对比度达到某些判断的阈值精度，如方向；或者作为判断尺寸上的差异，如方位差异需要达到阈值精度水平。减少反应时间有时也被用作学习的指标。

在现实世界的专长案例中，知觉刺激和判断往往是多维度的，其表现背景也是相对复杂的。然而，实验室研究的任务通常只包括相对简单的刺激和判断，并且由人工控制且遵循特定实验方案。同样地，许多实验室任务使用较为粗略的判断，只有在某些时候才会关注例如最小强度知觉刺激这种敏锐判断。这并不是说实验室中的任务域过于狭窄，而是说它太过简化，在自然背景中相对受限。正如我们所见，任务通常根据其复杂性分组为低级、中级、高级[20]。受试可能被要求对基本视觉特征和自然物体做出判断。但大多数情况下的任务都是涉及中级视觉特征的判断。

虽然Gibson本人对知觉学习在儿童身上的作用很感兴趣（儿童的视觉系统相较于成人来说更不稳定），但在实验室中所测量的知觉学习通常是在成人身上进行的（成人的视觉系统被认为是相对稳定的，没有严重的损伤）。事实上，从视觉发育期到成年，知觉学习伴随人的一生。知觉学习甚至可以作为衰老过程中延缓知觉损失的重要因素，也被研究视为临床缺陷治疗方案中的一种补救或康复途径。

一种普遍的观点似乎是从早期发育的高可塑性观察得出的：成年人的视觉系统基本上是稳定的（没有衰老或损伤）。由此，人们认为成人身上的知觉学习虽然是可测量的，但只能对表现有些许贡献。然而，事实并非如此。即使在实验室实践的规模上，成人的知觉学习也会对视觉表现力产生重大影响。例如在某些实验中，它使表现从略微高于随机水平提高到高于随机水平 90% 甚至更高 [21-23]。我们也在从空间模式、纹理识别到运动识别领域的许多任务中看到了类似的学习效果 [21, 22, 24]。尽管在某些情况下知觉学习的作用很小，但重要的是，在成年人群体中，它可以对知觉功能做出非常重要的贡献。(这具有超出学习本身的意义，因为知觉测试的目标不是理解学习而是表征视觉系统及其功能。)

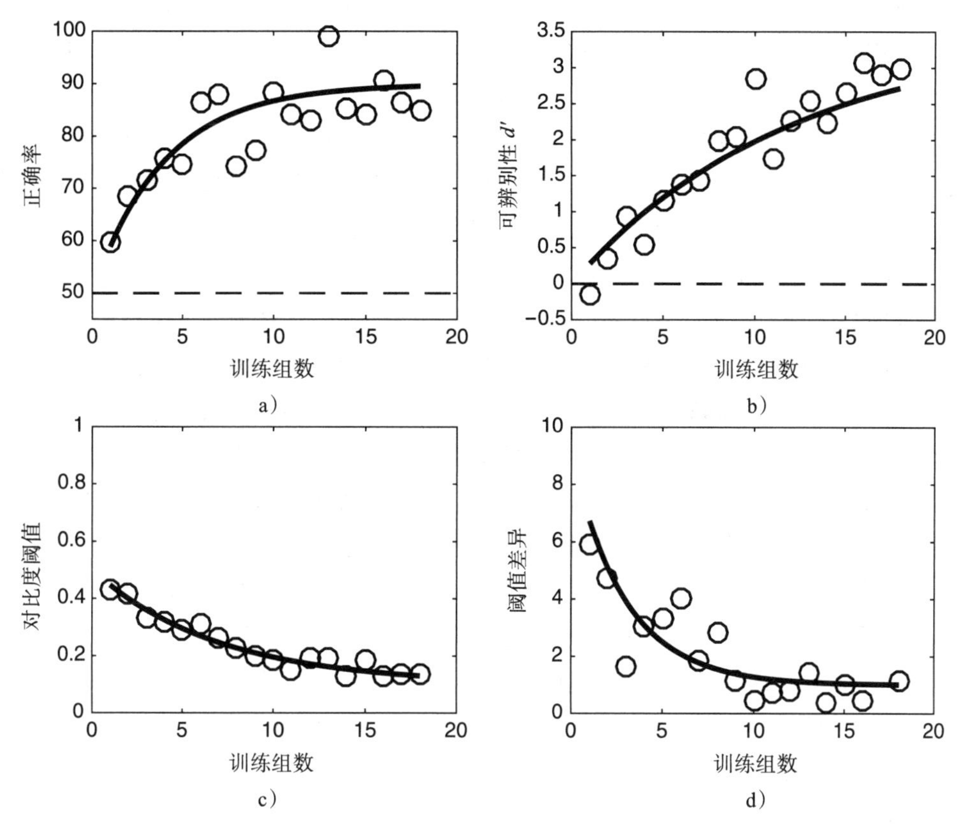

图 1.2　几个知觉学习的模拟示例，分别体现了随着训练组数的增加，正确率的增加 (a)、可辨别性的增加 (b)、对比度阈值的减少 (c) 和阈值差异的减少 (d)

知觉学习是一个十分常见的现象。尽管本书的关注点是视觉领域的知觉学习，但是知觉学习也发生在许多感觉形式和任务领域。在成千上万个研究实验中，知觉学习经常发生。一方面，在检测或识别许多种类的视觉模式（例如空间模式、复杂的物体、纹理、面孔、运动和立体深度等）时，研究人员已经发现了知觉学习的踪迹所带来的影响 [21-31]。另一方面，在一些刺激和任务中，知觉学习似乎又有相对较小的影响或根本没有影响。其中一个例子就是在中央凹（指视网膜的中央凹）的水平或垂直方向附近不同方向的两种模式之间的识别 [32]。有人认为，主轴表现的稳定性源于日常生活中这种判断的频率 [32]。然而，总的来说，在几乎所有知觉任务中，首次任务的表现都可能远远不够理想，但通过练习或训练可能会得到改善。

然而，除了简单的学习是否存在之外，还有一些更具体的问题。比如我们能学多少，能学多快？学习的深浅程度和速度如何取决于知觉任务的性质？学习在多大程度上可以泛化或介入新的刺激或相关任务？相比以往的训练方案，还有更好的训练方案吗？如果有，我们怎样才能设计出最好的训练方案？

在现实世界中，知觉专长通常是大量实践的结果。无论是专家在商业食品生产中判断小鸡的性别，还是职业电竞选手在第一人称射击游戏中对于视觉显示的快速处理，都需要花费数千小时不断地进行训练[33，34]。相比之下，在实验室环境的学习通常只有短短一个小时及以上。在一些极端情况下，以往需要进行数百次实验才能达到的效果，现在仅仅几次简单的刺激就会改变学习过程，或者在实验开始的最初几分钟内就观察到表现的提高[31，35]。(例如，立体深度或者错觉轮廓)。在另一种极端情况下，训练方案有时会持续数千次试验或者数周[36,37]。尽管目前尚无任何研究追踪持续多年的表现。但是，这种情况会随着普适计算和大规模数据挖掘的兴起而发生改变。

知觉学习的另一个标志性特征是令人惊讶的特异性[24]。特异性就是指在一个带有特定刺激和判断的任务中训练后，不能改善那些看似相关的任务和刺激。事实上，在训练或实践中，任务和刺激的许多方面都已发现具有特异性，包括方向、空间频率、运动方向、刺激模式，甚至视野位置的特异性[21，22，24，28，37]。此外，在 20 世纪 90 年代的报道中，对视野中某个位置的训练改善似乎具有奇怪的特异性（在右下象限中训练视觉任务可能无法转移到右上象限中的相同任务和刺激)，这又引发了人们对于研究知觉学习的新热潮。

关于视觉系统中可能代表这些特征的位置，许多研究人员推断，知觉学习是通过诱导早期视觉皮层区域神经元的反应发生可塑性变化而产生的。与主张可塑性只存在于早期发育阶段的学说相比较，这确实令人惊讶。对于 20 世纪 90 年代及以后的许多研究人员来说，知觉学习成为理解大脑可塑性的一个途径，这颠覆了长期以来对认知发展过程的假设[24，38-44]。

然而，正如我们将看到的，事情并非如此简单。人们对知觉学习领域的关注和热情高涨是理所当然的，但将特异性直接映射到生理学上可能过于简单了。特异性是一种分级现象，训练的改善有一些特异性，但也有一些特异性会转移到其他刺激和任务[24，38，39，45]。正如我们将进一步探索的那样，理解特异性比一对一的推理要复杂得多。然而，不可否认的是，关于特异性的争论吸引了人们对该领域的关注，并推动了它的发展。与许多领域一样，解释具有争议性的实验发现的需要最终导致了新理论的发展。

对于研究人员来说，特异性一直是一种非常有用的工具，可以用来调查和定位大脑网络的可塑性，然而，在实际应用中，重要的是训练的泛化，而不是它的特异性。因此，该领域的一个基本任务就是更多地了解特异性与泛化性两方面。什么时候学习更具特异性？什么时候更具泛化性？训练方法如何影响这个比例？在接下来的章节中，我们兼顾考虑特异性和泛化性，并着眼于它们可能的应用。事实上，就像泛化可能为理论的实际应用指明道路一样，不同任务中的特异性模式从理论上告诉我们很多有关刺激表征和系统架构的信息。

将知觉学习回归到现实应用领域的另一个重要特征是训练效果的持续性。有时，知觉学习可能是相对短暂的，但在大多数情况下，它可以持续相当长的一段时间。在一些任务中，直至两三年以后，之前的学习效果仍然会被检测到并被证明是相对强的 [39]。目前还不清楚这种持续性在所有学习过程中有多常见或者有多基础，一些研究正在调查它是如何取决于任务或特定人群的。例如，如果训练的目的是提高弱视眼睛的视觉功能，那我们就很有必要关注训练在多大程度上可以改善视觉功能和这样的改善可以持续多久，以及再次训练的频率 [46-48]。在后续章节中，我们考虑的其中一个问题就是从知觉专长的发展到具体案例的补救这些不同的实际背景中使用视觉训练的证据。

知觉学习的研究有很多方向，从学习的程度和速度到特异性、泛化和持续性。尽管主流观点认为，视觉功能的可塑性主要局限于儿童时期，但现如今事实表明成人的视觉处理仍然具有高度可塑性。通过训练或实践可以显著提高知觉表现。关于经验在不同的视觉任务中所扮演的角色，有许多人做了很多研究工作。今天，这些研究仍在积极进行 [18]。

基于这一基本观察，一个令人兴奋的研究领域已经发展起来了，本书就专注于讲述该领域中的方法和研究。第二部分（第 2 章和第 3 章）探讨了知觉学习的基本现象：学习和迁移。第三部分（第 4 章和第 5 章）探讨了知觉学习的机制：知觉系统的噪声特性以及来自生理学的证据。第四部分（第 6 ～ 9 章）描述了学习机制和现象的经典和最新的模型，重点关注预测和定量建模。第五部分（第 10 ～ 12 章）侧重于描述学习的相邻模态和应用，包括可能的现实世界技术以及优化过程的可能性。正如知觉学习最近的发展趋势一样，我们希望能为大家提供一个对振奋人心的领域的概述，同时也希望能推荐一个前景比较光明的研究方向。

1.3　可塑性与稳定性

知觉学习是大脑可塑性的结果。可塑性允许系统的功能根据刺激的变化或新环境的需求而改变。在神经科学的几个分支领域中，对这一过程的生化和解剖学的理解一直是一个主流的兴趣点，知觉学习也不例外。

然而，一些研究人员（包括我们自己）提出可塑性的对立问题——稳定性，也就是在面对塑性变化时维持（或返回）稳定状态。我们认为，除了理解可塑性在学习中的作用外，认识和理解经常被忽视的稳定性也是至关重要的。

可塑性与稳定性本质上是一种推拉关系。如果太过稳定，系统无法学习或适应新环境。如果可塑性太强，系统可能无法产生可预测的结果，或者可能会丧失以往的经验。就像三只熊的故事里的金凤花姑娘一样，这个系统寻找的是既不太热也不太冷，但刚刚好的“粥”。

可塑性 – 稳定性困境是贯穿本书的主要问题之一。作为一种结构辩证法，它对任何必须在动态环境中运作的生物系统都是至关重要的。类似的问题也出现在骨骼再生、动物运动的动态控制、免疫系统的反应以及复杂生物系统（如蜂房）的相互作用的研究中[49]。随着自组织的重要性被广泛视为系统的主要挑战之一，在所有这些系统中，变化的优势必须与内稳态的要求相适应。

在生物系统中，无论是对种群还是对个体，可塑性和稳定性之间的张力会在许多不同的时间尺度上表现出来。

在一个时间极端情况下，可塑性 – 稳定性困境体现在表型可塑性和基因健壮性的进化思想中[50，51]。在进化理论的这一分支中，一个稳健的系统定义为：尽管有小的基因突变和随机的环境波动，但仍出现一种特定类型的表型特征[52-54]。

在个体（而非物种）的时间尺度上，婴儿期和青春期知觉能力的发展也体现了可塑性 – 稳定性困境。例如，在视觉发育领域，人们早就知道，在某些关键或敏感时期，可塑性会更加广泛，而感觉和知觉系统随后会转向相对稳定的状态，有些人称之为“可塑性刹车”[55，56]。

在最短时间的极端情况下，知觉反应可以在几秒钟内通过适应过程发生改变，或者由于近期的刺激经历而改变对刺激的敏感性。在适应的情况下，知觉系统通常会在相对较短的时间内恢复到稳定状态[57-59]。

因此，在任何个体中，知觉学习都是在一个受终生发展变化和适应状态的即时变化（甚至可能受基因表达的外部影响）影响的系统中运行的。最近的几个案例研究证明了恢复视力的功能本质，生动地展示了学习和发育之间的一些制约因素和相互作用。方框 1.1 讲述了 Mike May 的故事，他在童年时失明，然而成年以后重获光明。好几个研究小组针对他的经历进行了大量的术后测试调查[60，61]。May 的故事证明了知觉学习的力量，以及它的局限性和在早期发育的关键时期的重要作用，也展示了训练的功能结果如何取决于所涉及的视觉技能的本质。

方框 1.1　视力恢复的故事

童年失明但成年后恢复视力意味着什么？对我们大多数人来说，这只是一个思维实验。但对 Mike May 来说，这是真实的。他在三岁时因一个矿工的提灯爆炸而失明。四十多岁的时候，他已经是一名打破纪录的盲人速降滑雪者、成功的商人和热心为盲人提供技术支持的倡导者，Mike 开启了他的下一个挑战——视力恢复。他的术后经历不仅强调了学习的力量，也强调了稳定性的力量以及它与发育的相互作用。

那次爆炸损伤了Mike的视力，摧毁了他的左眼，也给他右眼的角膜留下了疤痕。为了恢复视力，医生对他的右眼进行了手术修复（使用干细胞治疗和移植新角膜）。“那道光像一股气流一样打在Mike May身上，在他周围穿过并爆发出一阵白色，很快就变成了颜色、形状和动作[62]。这一经历虽事发突然，但恢复视力不仅将是他一生中最大的冒险，也将是最困难的事情之一[62]。”

一些视觉印象很快就恢复过来了（Mike能够对图案、形式、颜色和运动做出反应），但与拥有正常视力的人相比，所有这些视觉功能都是有限的。较复杂的视觉功能，如人脸识别和三维深度知觉，表现得尤其差。专家总结说，这些限制反映了较弱的皮层反应[61]。

尽管在手术后的头几年里，Mike的视力和形状处理能力有所提高，但在大多数情况下，他似乎是在“利用他所看到的东西”方面变得更好了。他说：“现在和两年前（手术后）的不同之处在于，我能更好地猜测我看到了什么。相同之处在于，我依旧是在猜。”三岁后视觉缺失的影响也很深远，因为其他视觉功能的发展过程较慢，并且在之后的多年里受到经验的影响。

Mike May的故事生动地体现了视觉知觉不仅仅是简单图像在眼球后方的投影。视觉感知的许多方面都反映了系统经过多年演化累积的生理设计；其他则是通过个人早期发展过程中的经验或一生中不断的学习而形成的。然而，其他一些人可能会受到短期适应的影响。知觉学习在一个复杂的系统中运行，在给定瞬时约束的情况下优化每项任务。

Mike May的故事说明了知觉学习的力量以及系统约束的力量，即要求在发育过程中学习某些内容。剩下的能力将结合感知学习、认知和规划来达到最佳表现。

除了研究人类和其他生物的可塑性之外，学习和可塑性的概念也在人工计算系统中得到了研究，特别是在人工神经网络领域。在这些网络中，学习到的知识用节点（也叫单元）之间连接的强度来编码，这和神经元或神经元的集合是类似的。网络的结构由输入节点和输出节点组成，还包含隐藏层中的其他节点（图1.3）。然后用刺激输入激活输入单元，激活程度与连接的权重（强度）成比例。

神经网络在人类认知的理论和建模中起着重要作用。对于简单的分类任务而言，即使是仅包括输入层和输出层的最简单的人工神经网络，也可以通过调整连接权值，将输入的刺激分类到不同的输出集合，以实现期望在目标或输出单元中的活动模式。如果存在隐藏层，就会使网络学会更复杂的分类，以此增加网络的学习能力。改变连接权值、增加弱连接或者减少强连接都会影响网络的性能。当遇到一个新的刺激–反应分类时，学习规则或算法就会调整权重，以改进下次遇到该刺激时的反应。

这些问题在神经网络理论中如何发挥作用，对知觉学习和认知科学中的学习和可塑性研究的直接影响远远超过对生物系统的影响。神经网络也可能是通过这些领域所涉及的理论成本和收益来思考的一种更纯粹的方式。事实上，从 Poggio、Fahle 和他们的同事的突破性工作开始，所有现有的知觉学习的定量模型基本上都是神经网络模型[23, 37, 63]。

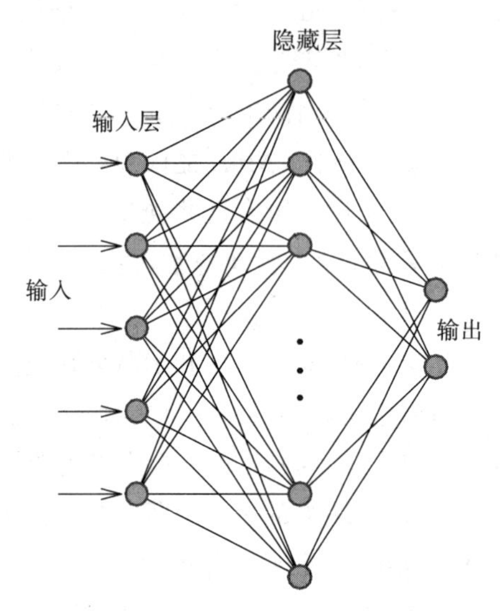

图 1.3　这张图展示了人工神经网络的节点（代表刺激或输出响应的单元）和线（连接），每条线都有不同的权值，它们将激活从输入层传递到隐藏层，然后再传递到输出层。这样的网络可能包括额外的隐藏层

在一个网络第一次接触到一组分类任务之后又接触到另一组分类任务的学习过程中，完全可塑性的优缺点会相当直接地显现出来。在一系列接触有初始刺激的训练经验后，系统将在第一个任务中学会正确地分类（达到网络容量限制）。如果这个神经网络在另一组刺激和分类反应的情况下接受训练，它就会学会最近的关联——但不幸的是，它可能不再能正确地分类之前学习的关联或任务。在这种情况下，系统如此具有可塑性，以至于最近的学习将改变以往学习好的权重，以适应新的分类任务，但在这样做的时候，它将破坏许多以前学习好的权重。

当学习新信息导致先前信息大幅度遗忘时，就会发生所谓的灾难性遗忘或干扰。Stephen Grossberg 是最早关注人工神经网络可塑性和稳定性之间对立关系的神经网络理论家之一，他证明了灾难性遗忘在连序的学习阶段的影响[64-66]。他首先是通过对两个刺激集进行交叉训练来实现的，训练结果表明交叉训练会降低网络在两种刺激集上的性能，因此反映出系统同时学习两种刺激集的有限能力[67]。研究还表明，尽管确实增加了系统的容量，但在网络中添加隐藏单元本身并不能消除灾难性遗忘。

在神经网络中，训练总是不断更新权重，以提高当前刺激集的权重，而且由于许多或所有隐藏单元可能参与编码任何学习到的反应，新的学习将破坏之前学习到的权重。人们提出了许多不同的解决方案来克服这一问题（在接下来的篇幅中我们将看到，类似的方法也被用于视觉学习模型中）。一种解决方案将一个给定刺激学习到的最重要的连接权重分割成几部分[68-71]。而另一种解决方案则是使用反复训练的方法来不断刷新先前刺激的记忆，通过假定隐含或隐藏的反复训练过程，有效地将顺序训练转换为交叉训练[72]。两种方法都试图在持续的可塑性面前保持系统的稳定性。

神经网络理论为当前研究的知觉学习提供了一个具有启发性的方法论支持。与基于神经网络的方法不同，对动物和人类知觉学习的研究明显偏离了系统级理论。在不断深入的研究中，许多理论主张受到了生理学的重大影响。在神经网络的研究中，研究人员关注的是学习特性和整个系统的可塑性，以及支持它们的架构和算法。相比之下，知觉学习领域的观点和主张往往集中关注可塑性发生在大脑的什么地方。当然，如果被问到，大多数研究人员都会说，学习需要复杂且相互关联的大部分大脑网络的参与[73]，然而绝大多数这个领域的焦点仍是局部学习和可塑性，通常是初级视觉皮层。

本书采用了一种较为综合的方法。我们对稳定性的考虑并不是挑战不断变化的生物系统中突触和神经元的可塑性事实。相反，它帮助我们认识到即使是在面对局部可塑性，维持功能或系统层面稳定也是十分必要的。它还承认，初级感觉皮层的明显可塑性可能是自上而下影响的短暂结果。也就是说，在认识到可塑性在学习中的重要作用的同时，我们也主张考虑维持系统层面的稳定性。同样，虽然知觉学习的行为观察经常被认为是增加了信号的敏感性，但我们的方法严谨地证明了这些改进不仅是发生在对信号的敏感性和反应上，而且体现在内部和外部噪声的随机性和系统级属性上，它们一起限制了表现[74]。（事实证明，这种分析方法对于表征老龄化或特殊人群很有用[75, 76]。）

虽然该领域的许多研究都集中在初级大脑皮层的哪部分区域可能涉及表征重要刺激特征及其反应的可塑性，但我们也相应地强调了这一信息的上游使用。我们还强调通过对感觉证据进行改进的、重加权的读出，这些信息的使用方式可以被改变。我们的假设是，读出的变化（或神经网络中的“证据的重加权”）比原始表征本身的变化更能解释大部分的学习。我们也感兴趣于了解不常被考虑的自上而下因素的作用，如任务要求、注意力和奖励——原则上所有这些因素都会影响知觉学习。

在接下来的章节中调查该领域的研究现状时，我们感谢积极的研究者提出的想法，但也质疑一些不明的假设。对于任何解释，我们希望可以考虑主流视野之外的东西，以及“硬币的反面”可能是什么。这意味着平等看待稳定性和可塑性、噪声和信号、读出和编码、自上而下和刺激驱动的过程。只有当我们同时考虑这些偶极因素时，我们才能更好、更综合地理解知觉学习。

1.4　提高人类表现中的信噪比

知觉学习是一门交叉学科。它不仅受益于生物学和计算神经网络，也受益于一系列相关领域发展起来的数学方法。这些交叉学科中最重要的可能是信号检测理论（SDT），它描述了信号如何从噪声中分离出来[77, 78]。

信号检测方法第一次被引入是在听觉知觉的背景下[79]，现在有 79 种信号检测方法广泛应用于心理学和认知科学的几乎所有领域。在知觉学习的研究中，它们是方法论的基石，为研究人员提供一个概念框架和一个定量的工具包，以研究在特定任务和刺激下学习发生的机制。

生物或人工系统的特点是可塑性和稳定性的相互作用，信号检测理论的关键对偶问题是信号和噪声的相对大小。所有的大脑系统本质上都是伴随着噪声的。表现和学习要求在刺激的外部变化和其内部表征的变化存在的情况下理解任何相关的信号。该框架的原则隐含在对该领域中诸如百分比正确性或并行可分辨性度量（d'）之类的基本指标的理解中。信号检测理论中可分辨性的基本度量也直接与阈值度量的现代理解有关[80]。

无论人类的知觉多么复杂和敏感，潜在的神经反应和相应的知觉任务表现都是变化的且不理想的。即使没有刺激可变性，神经反应几乎也总是变化的或有噪声的[27, 74, 81]。形成刺激的早期表征的神经元活动的变化以及相应信号的变化会被传递到大脑的其他区域[82]。对于任何给定的任务，无论知觉学习的机制是什么，如果学习的表现得到改善，它一定提高了信噪比。

考虑最简单的刺激检测任务。该任务中，观察者被要求确定刺激阵列中是否存在某个信号。虽然人类很敏感，但大脑对刺激的反应不是完美的，因此不同的表征分布取决于信号是否存在（图 1.4）。在任何给定的试验或反应中，神经表征中的变化——从第一次皮层对刺激做出反应开始，并通过一系列过程向上移动——在决策点产生变化。这种变化导致决策变量有两个（或多个）状态下的分布，例如存在或不存在信号，或者区分两个不同的刺激。如果两个状态的分布完全不同，那么它们就比较容易区分，反之，区分它们就很复杂[79, 83]。此外，人类的决策本身也不是完美的，会受到附加噪声和决策标准变化的影响[84, 85]。

那么，人类的表现取决于信号的表征和大脑中的决策过程。通过训练改善人类行为，一定反映出该模式内在的一种或多种机制（如图 1.4 所示）：提高信号的值（增加分布之间的间隔），减少噪声（减少分布内的扩散或者可变性），或两者兼有。为了进行神经类比，信噪比的改善必须反过来反映感觉表征调整的改善、感觉输入决策选择的改善、控制行为选择或执行区域连接的改善。无论是在生理学还是在网络模型中，对学习的全面描述将与系统中信号和（或）噪声的具体变化相对应。

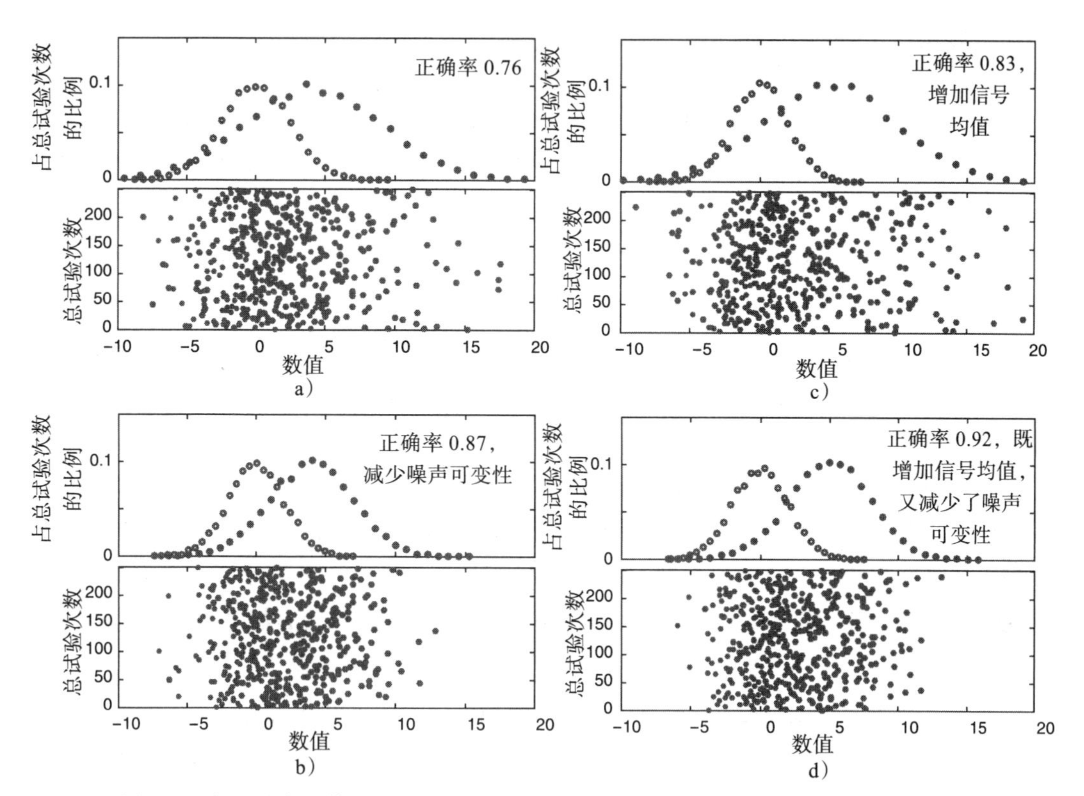

图 1.4　表现取决于信噪比——对两种不同刺激的反应都是有噪声的，这限制了分辨力。a）两个分布（n=10 000）的反应直方图，浅色符号的均值和标准差分别为（0，2.5），深色符号的为（4，5），以及 250 次试验中每种刺激的样本。正确率反映的是两种强制选择任务的正确比例，这在很大程度上取决于噪声。b）直方图和样本显示了减少的噪声可变性，浅色符号的均值和标准差分别为（0，2.5），深色符号的为（5，5）。c）直方图和样本显示了增加的信号均值，浅色符号的均值及标准差为（0，2），深色符号的为（4，3）。d）增加的信号和降低的噪声可变性，对于浅色和深色符号的平均值和标准差分别为（0，2）和（5，3）。所有这三种变化，即方差减小、信号均值增大，或两者兼有的情况下，都改善了表现

在本书中，我们将广泛的理论框架与特定的试验过程联系在一起。我们分析了在何种情况下训练或练习会改善性能，以及这些改进对训练后的任务和刺激的具体效果如何——这是视觉知觉学习的实证研究的基础。在这种方法上，我们要感谢大量使用各种方法的研究人员的工作。正如我们将看到的，有一个完整的模型技术可以帮助我们分析学习的本质。我们将在第 4 章中探讨这些所谓的观察者模型及其试验测试方法，以及这些可以改变学习信噪比的不同机制。在第 5 章中，我们将探讨从生理学上了解到的学习是如何在大脑中实现的，以及这对系统层面的可塑性和稳定性之间的权衡有什么启示。

1.5 重加权与表征变化

权衡可塑性和稳定性的需要，以及如何潜在地提高信噪比，使我们产生了通过重加权或改变证据读出来学习的想法。这一思想的全部含义以及体现它的计算模型，将会在本书的模型部分展开讲解（第 6 ～ 9 章）[86-88]。

我们的基本论点是，改变用于做出一个给定的知觉决策的证据是知觉学习的主要组成部分。这种变化是通过增加相关感觉表征的权重，减少不相关感觉表征的权重来实现的。如果像我们一样，认为在正常学习（不同于因受伤而导致的系统性调整）过程中，肯定有一定程度的感觉表征的稳定性，那么重加权就成为协调系统整体稳定性和学习的可塑性要求的合理手段。

这一观点在最初尤其具有争议，因为它是在大脑皮层的初级感觉表征中神经协调的假定变化的背景下提出的 [89-91]。虽然视觉刺激确实是通过复杂的脑区网络进行处理的，原则上从早期的感觉注册的处理到前额叶皮质决策的处理（图 1.5 展示了来自猴子生理学的视觉处理网络）以及学习都可以发生在大脑的多个区域（以及它们之间的连接）。但是许多研究人员观察到知觉学习对视网膜位置、方向和空间频率具有特异性，于是提出了学习是通过感受野的变化和视觉系统最低层次神经元的敏感度来实现的。（同样，专注于此复杂网络中最低级的几个区域的研究人员肯定会认识到，可塑性不太可能仅限于这些区域，但直到最近，研究重点仍然是初级视觉皮层）。然而，如果初级感觉皮层对于神经反应的这些变化在学习任务之外持续存在，这些变化就会影响其他同样依赖于它们的学习任务之外的任务表现 [89，95]。这将导致整个系统无法抵抗灾难性遗忘的影响。

传统的学习理论倾向于落在对立阵营的任何一方。一类理论认为，在分析的最初阶段，刺激的表征就发生了塑性变化。而另一类理论则认为，知觉学习可能是在表征和处理的几个层次上改善了用于做决定或执行任务的信息的选择。这两类理论分别称为表征增强和信息重加权 [27，45]。（最近，知觉学习的综述承认两者都是可能的贡献者。）[86，96-98]

表征增强理论，有时也称为表征变化或重调谐理论，关注的是反应的可塑性变化和在训练或练习前后的极早期的神经感觉表征调谐。信息重加权理论关注的是在感觉表征反应中编码的信息是如何被选择和组合的，也许通过几个层次的表征和决策来执行特定的任务。知觉学习领域关于知觉学习可塑性的这两种观点一直存在（并将继续存在）激烈的讨论 [44，100-104]。

随着报道知觉学习可能特异于视觉系统中早期编码的刺激特征，表征增强成为知觉学习的主导理论 [24]。在今天，这仍然是一个普遍的观点（在视觉领域受到广泛传播，也许是得益于触觉和听觉学习领域的相关早期声明）。如前所述，该理论的强形式声称，学习早在 V1 阶段就改变了神经元的接受域调谐，或者如 Fahle 在一项早期研究中所说，“超敏性线偏移判断的方向特异性要求学习的神经元具有方向特异性。这种位置特异性表明 V1 区域最可能是视觉超敏性学习候选区域”[105]。这种观点认为，特异性的产生是因为一组神经元的感觉表征的变化不会转移到未经训练的神经元上。例如，如果代表右下视野的 V1 中的神经元在学习过程中发生了改变，那么这种影响将只针对那个位置，因为代表左上视野的是其他的神经元群体，所以这种影响无效。事实上，许多研究人员已经将学习初级大脑皮层编码特征的特异性解释为这些级别上的表征变化的字面证据。

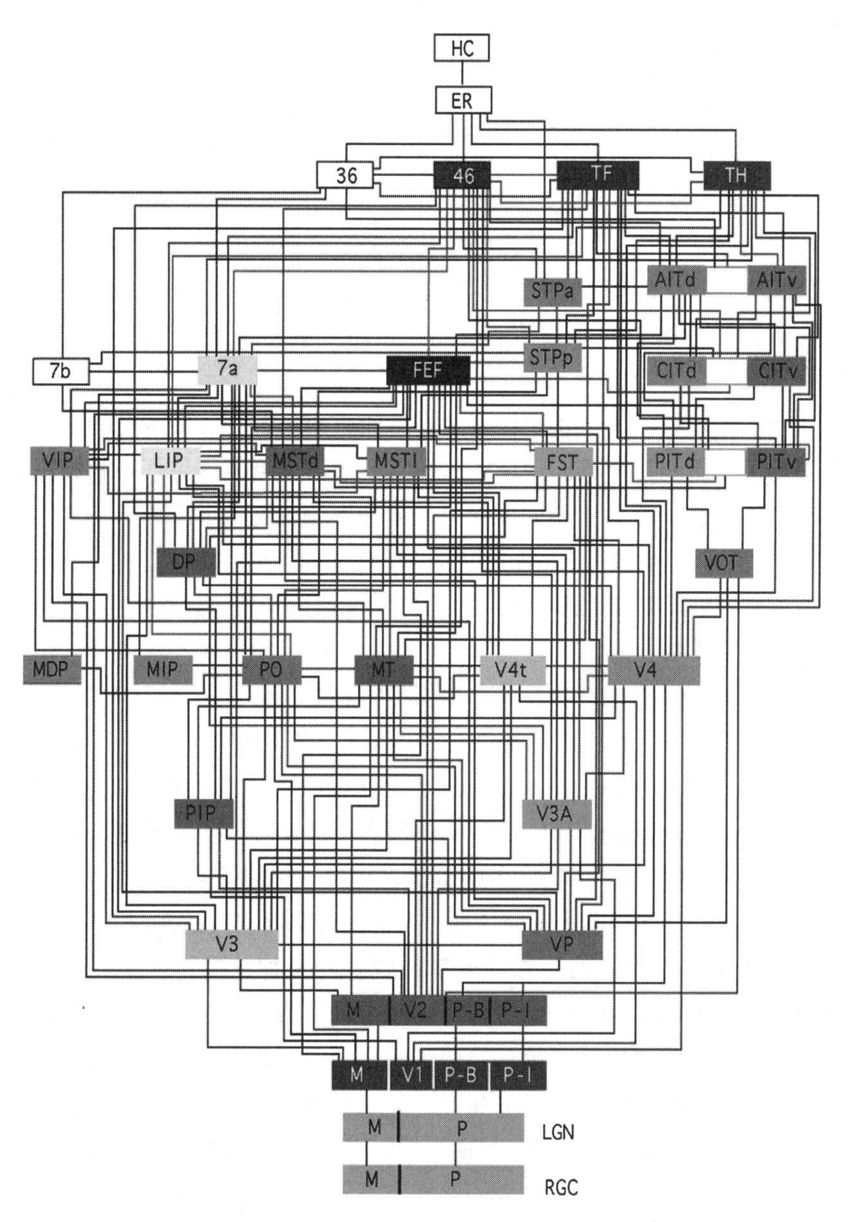

图 1.5　基于猴子生理学的视觉脑区连通网络图

与这一观点相反，重加权的建议指出，学习将“读出”连接从早期的视觉表征改变到层次结构[107]，然后改变到任务中的决策。事实上，重加权首先由 Mollon 和 Danilova 作为一项原则提出[27，106]。通过重加权来学习时，可以使大多数早期的表征保持不变和稳定。从这一解释性假设出发，我们提出了重加权理论，该理论与其他网络理论一样，将学习体现在多层系统中，以及各层之间连接的变化中。

特别指出，原则上，证据的重加权可能发生在网络的任何层或多个层。根据这种观点，即使初级感觉表征保持稳定和不变，学习的特异性也会发生。改变的是重加权（或读出），它可能会改变其他层表征的反应，最终通过权重与决策连接在一起。

图 1.6 显示了我们早期提出的关于通过重加权来学习的模型。在这个框架中，初级的感觉表征（这里表现为根据空间频率和方位调谐的滤波器，类似于初级视觉皮层中的神经元）保持不变，而这些通道对知觉决策的证据权重则会被经验所修改[27，106]。即使对相同的刺激，执行不同的知觉任务几乎都需要不同的权重结构。这个早期模型还关注初级视觉反应中的增益控制和反应中的噪声，这是初级视觉系统处理的众所周知的特性。在图中，响应的非线性变换和与刺激响应的每个通道相关的内部噪声源（用射线表示的圆）被可视化。

表征变化和重加权的一个重要区别是在功能概念上的：初级视觉皮层中神经表征的永久性变化可能影响许多不同的任务和知觉，而从神经表征到任务相关决策的证据的重加权有助于限制学习对于相同或相似任务的影响（或者只在一个特定任务的自上而下的背景中使它们发生改变）。对于特定的训练任务，如果知觉学习确实改变了初级感觉层中更持久的编码，那么这种训练就会影响任何同样使用这些表征的任务的表现。因此，表征增强在本质上具有有限的学习能力，这在很大程度上与类似结构的神经网络是一样的。这样的环境为灾难性遗忘提供了完美的机会。相比之下，在重加权的强形式下，视觉表现的一定程度的稳定性是通过最低水平的视觉编码（即 V1）的相对稳定性来促进的，即保持向视觉层次的许多其他区域发送信息的最早刺激表征的稳定。知觉学习主要是通过更新早期感觉区域到中间表征的连接权值，最终形成特定任务的决策结构。如果不同的权重（权重结构）读出被用于不同的任务，重加权有助于防止灾难性遗忘，本质上是复用早期表示的信息，在中间层编码这些输入。

特异性是表征增强理论的主要证据基础[39]。在重加权的框架中，特异性仍然存在，但它有不同的解释。如果两个任务（及其相关刺激）依赖于各自的感觉表征，或者两个任务中连接表征和决策的权重结构不同，又或者两个条件都满足，就会发生特异性。在一个相关的声明中，Mollon 和 Danilova 指出，知觉学习的特异性并不一定意味着学习的位置在视觉系统的远端（早期）[107]。相反，他们认为学习可能发生在中心，这种特异性可能来自学习过程中包含的感觉编码。考虑到这种对学习的解释，只有存在特异性才能更好地说明学习发生在中心的结果。

特别是在不同的任务导致不同的决策和权重结构的情况下，通过重加权的学习与 Grossberg 所采用的网络方法有一定的关系[108]。在这个系统中，一个自上而下的过程选择了与知觉任务相关的表征，并让一组任务以特定的权重来初始化学习，这些权重在随后的学习过程中会进一步改变。对不同任务类型或刺激做出反应的能力来自将不同的任务划分为不同的任务权重网络——尽管这些网络可能依赖于相同的感觉或知觉的输入。其结果是一个仍然表现出可塑性的健壮系统。

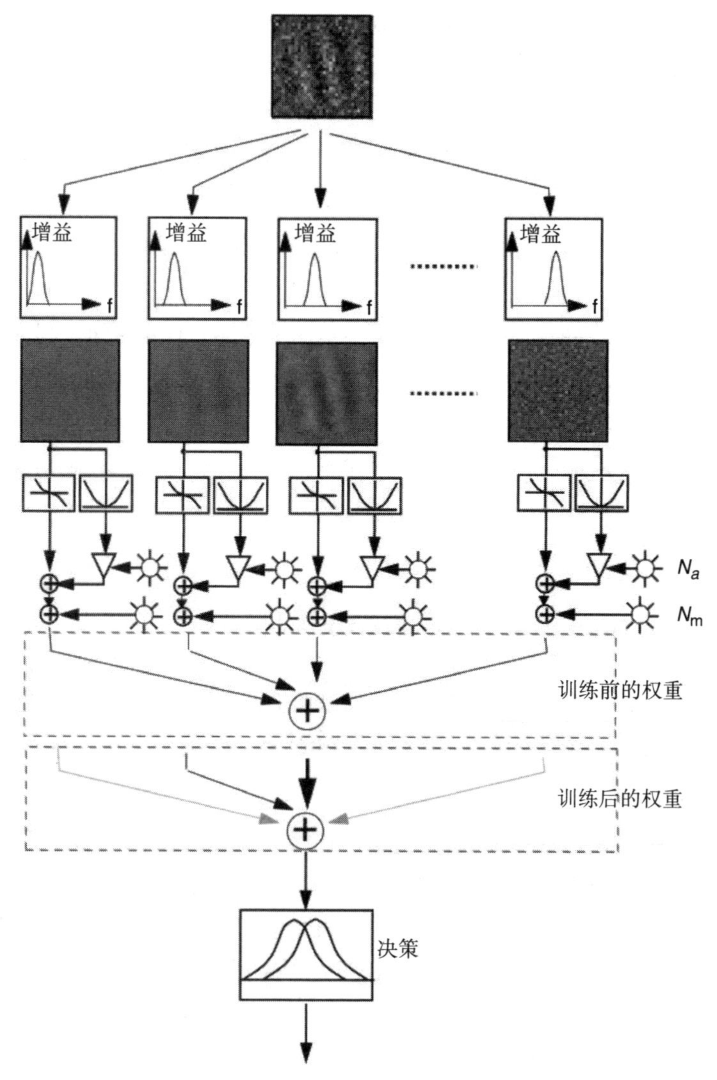

图 1.6　此图显示了从稳定的初级表征到决策过程中，通过重加权证据的知觉学习。在训练过程中，学习改变了稳定的初级感觉表征直接的连接，也改变了从初始状态（上）到后期状态（下）的决策之间的连接。如滤波器和滤波后的图像所示，对于刺激图像（左)，用空间频率和方向敏感的单元处理和表示，之后是非线性化和处理噪声

在一个高度多层化的网络中，重加权至少和表征变化一样，具有可塑性。重加权可能发生在多个阶段上，在视觉系统的早期或晚期，甚至早在 LGN（lateral geniculate nucleus，外侧膝状体）到 V1。重加权可以改变同一层网络内的横向交互作用，它还可以进一步将更高级网络的反馈引入更低级网络。在这样的多层网络中，当新的激活模式成为下一层的输入时，从这一层到下一层的信息权重的重加权就看起来像表征变化一样。然而，这种相似只是表面上的，因为优化有助于决策的整个系统的性能，但优化可能需要在几个或许多这些级别上的重加权信息。

最后，即使在初级视觉表征中出现表征增强，也需要随后的重加权，因为上游连接强度可能不是最佳的，因此需要更改。换句话说，如果表征增强或修改发生在初级感觉阶段，那么仍然需要重加权来优化表现。从这个意义上说，这两种理论并不完全相互排斥。表征增强现在作为一种特殊的、相对不频繁的、重加权的亚种出现。在这种情况下，表征变化会修改刺激的编码，如果编码器发生了较大的变化，则需要一个不同的解码器 [45，109]。

所有这些观点将在书的后面几章中被进一步详细阐述。理论的风险很大，但经验细节往往是复杂且微妙的。在考虑视觉知觉学习的不同计算模型时，我们希望重加权模型能够最好地解释实际的学习，以及能够在广泛的任务和范式中迁移（或特异性）。此外，知觉学习现象并不局限于视觉领域，还会发生在其他形式的分类任务中，并与其他形式的分类任务具有相似性。因此，它们可能对理解更广泛的学习原理有启示 [110-112]。

1.6　生成模型和优化知觉学习的重要性

知觉被看作一种至少部分是通过经验发展出来的技能。无论是围绕行为还是复杂的大脑系统，知觉学习领域的研究都试图解释知觉和学习是如何共生的。考虑到学习可能对几乎所有知觉任务都有影响，即使是在对人类视觉系统基本属性的基础研究中，对于研究人员来说重要的还是要描述学习的状态。从这个意义上说，推动知觉学习研究的很多东西都源自对知觉本身更根本的兴趣。

与此同时，这种关系可以反过来。研究知觉学习的另一个基本原因来自这样一种可能性，即理解知觉领域的学习也可能有助于理解其他领域的学习。如果是这样，那么研究知觉学习的好处显然是实用的，甚至是经济的。事实上，一个关于认知和大脑训练的新兴产业已经在这个领域周围发展起来了 [113，114]，视觉训练只是其中的一个子领域。现在也有人建议视觉训练企业能够提供一系列的训练。这些训练包括数学教育的训练、克服早期阅读障碍的训练，以及弱视或近视等眼部疾病的（部分）矫正训练 [114-119]。训练方案也可能包括自上而下的因素，如注意或奖励 [120，121]。

更好地理解知觉学习的理论，为我们改善日常使用直觉或者随意的方法设计训练方案的现状提供了机会。合理的理论将允许我们通过优化框架更有效地确定最佳训练方案 [122，123，124]。这个框架的大概思想是使用知觉学习模型来提前对不同的方案做出预测，利用计算机模拟来确定哪些新的训练组合可能是最好的。正如我们将在本书末尾详细探讨的那样，优化范式有潜力用计算取代又耗时且昂贵的由启发式直觉驱动的实验测试。想要正确地使用这个优化框架需要许多组件，例如，用来评判任务相关表现的客观指标；一个可预测不同训练经验的行为结果的生成模型；一种类似的鲁棒的方法，用于搜索潜在的大量可能的训练方案；最后，选择性地使用实验测试来验证模拟研究得出的预测。这些更有针对性的测试可以用来评估和改进生成模型。

虽然这种方法才刚刚开始被系统地使用，但将优化方法应用于知觉学习是一个十分有潜力且有效的方案设计。近似启发式的关系仍可用于探索新的训练方案，但优化框架将允许更系统和更高效的搜索过程。

正如我们将在本书中看到的，强大的理论需要健壮的建模，反之亦然。在最优化的背景下，最大化一个给定的目标函数只会像函数背后的生成模型在预测可测量的行为结果时一样有用。这个意义上的模型需要有理论依据和定量定义。好的模型将不仅能在加深我们对人类知觉表现的理解方面发挥关键作用，而且在改善现实世界缺陷和条件的实际应用设计方面也将发挥关键作用。

1.7　总结与概述

人类行为依赖于对世界的感知接触。这不仅意味着需要感觉输入的成功注册，还需要对感觉信号进行有意义的解释和分析。因此，知觉学习或基于经验改进感觉处理的研究是很重要的。这既是一个经典的调查领域，也是一个新兴的且令人兴奋的研究领域。在过去的几十年里，该领域的研究出现了爆炸式的增长。计算机建模方法、脑成像技术的兴起，以及更复杂的实验方案的发展，都将该领域推向了新的视野[27, 106]。

在本章中，我们简要地描述了一些最重要的对偶概念，它们有助于解释这个新兴领域。我们强调并讨论了指导我们进行理论和实验研究的 6 项原则：

1. 为了优化整个系统的性能，必须权衡学习的可塑性与稳定性。

2. 知觉学习通过增强信号和（或）降低噪声来提高限制人类表现的信噪比。

3. 知觉学习发生在一组复杂的大脑网络中，这可能是多层次的可塑性的结果。

4. 知觉学习的主要形式是将证据从一个表征阶段重加权到另一个表征阶段（或在单一阶段内）。

5. 学习通常受任务的自上而下因素、注意力和奖励的影响。

6. 正式的模型必须被指定达到某个程度，即它们可以在使用特定训练方案的特定实验中对行为做出定量预测。这种模型对于我们对该领域的研究成果至关重要。

这本书的各部分组织如下。

第一部分：概述

第 1 章旨在提供一个关于知觉学习的介绍以及构成我们讨论的关键概念和原则。

第二部分：现象学

第 2 章综合讲解知觉学习的行为现象，并突出讲解一些主要的发现。第 3 章研究特异性和迁移性（或泛化）、如何衡量它们，以及它们与重加权和表征增强概念的关系。

第三部分：机制

第 4 章介绍观察者模型和一系列测试来测量和理解知觉学习的信号和噪声特性。第 5 章介绍知觉学习的生理基础，并对一些假设提出了质疑。

第四部分：模型

第 6 章回顾知觉学习的经典计算模型，介绍作为理论框架的增强型 Hebbian 重加权模型（AHRM），并介绍将该模型应用于若干主要研究的成果。第 7 章回顾在 AHRM 模型中反馈的作用和反馈现象的解释这两方面的实验文献。第 8 章给出基于集成重加权理论（IRT）的特异性和迁移性的理论解释。IRT 是一个多层重加权模型，其中迁移性是基于更高层次的不变表征。第 9 章讨论任务、注意力和奖励在知觉学习中的作用和支持它们的实验证据，以及将这些作用整合到学习规则中的可能方法。

第五部分：对比、应用和优化

第 10 章在从进化到适应的可塑性的几个时间尺度内定位知觉学习，并将视觉学习现象与其他形式的学习现象进行比较：听觉、触觉、嗅觉和多感觉学习。第 11 章考察了知觉学习在教育和视觉矫正方面的一些主要应用，并考虑了未来扩展视觉学习的可能的应用方向。第 12 章开发且讨论了一个优化框架，该框架可应用于训练方案，以提高知觉学习的量级和泛化能力。

本书是为任何想要了解知觉学习的现象和理论，或想要将学习技术应用于训练方法和产品开发的人而写的。它适用于不同水平的读者。本书的部分内容旨在为刚刚进入这一令人兴奋的新领域的学生提供介绍，而其他部分则更多地适用于积极探索的研究者。我们在每一章中都使用了目录结构来帮助读者浏览材料。我们的总体目标是提供到目前为止该领域的综合论述，描述成功地将知觉学习融入应用发展所需的基本技术和原则，并为未来的研究提出新的线索。

参考文献

[1] Mann DL, Spratford W, Abernethy B. The head tracks and gaze predicts: How the world's best batters hit a ball. *PloS One* 2013;8(3):1–11.

[2] Crespi S, Robino C, Silva O, de'Sperati C. Spotting expertise in the eyes: Billiards knowledge as revealed by gaze shifts in a dynamic visual prediction task. *Journal of Vision* 2012;12(11):30,1–19.

[3] Adamson MM, Taylor JL, Heraldez D, Khorasani A, Noda A, Hernandez B, Yesavage JA. Higher landing accuracy in expert pilots is associated with lower activity in the caudate nucleus. *PLoS One* 2014;9(11):e112607.

[4] Yang JH, Kennedy Q, Sullivan J, Fricker RD. Pilot performance: Assessing how scan patterns & navigational assessments vary by flight expertise. *Aviation, Space, and Environmental Medicine* 2013;84(2):116–124.

[5] Kellman PJ. Perceptual learning. In Pashler H, ed., *Stevens' handbook of experimental psychology.* Wiley;2002, 259–299.

[6] Green CS, Bavelier D. Effect of action video games on the spatial distribution of visuospatial attention. *Journal of Experimental Psychology: Human Perception and Performance* 2006;32(6):1465–1478.

[7] Tanaka JW, Taylor M. Object categories and expertise: Is the basic level in the eye of the beholder? *Cognitive Psychology* 1991;23(3):457–482.

[8] Hecht S, Shlaer S, Pirenne MH. Energy, quanta, and vision. *Journal of General Physiology* 1942;25(6):819–840.

[9] Baylor D, Lamb T, Yau K-W. Responses of retinal rods to single photons. *Journal of Physiology* 1979;288(1):613–634.

[10] Von Békésy G, Wever EG. *Experiments in hearing.* Vol. 8. McGraw-Hill; 1960.

[11] Allaire P, Billone M, Raynor S. Extremely small motions of the basilar membrane in the inner ear. *Nature* 1970;228(5272):678–679.

[12] Lancet D. Vertebrate olfactory reception. *Annual Review of Neuroscience* 1986;9(1):329–355.

[13] Reed RR. How does the nose know? *Cell* 1990;60(1):1–2.

[14] Hänig D. Zur psychophysik des geschmackssinnes. *Philosophische Studien* 1901;17:576–623.

[15] Stevens S. Sensory scales of taste intensity. *Perception & Psychophysics* 1969;6(5):302–308.

[16] Moskowitz HR. Ratio scales of sugar sweetness. *Perception & Psychophysics* 1970;7(5):315–320.

[17] Weinstein S. Intensive and extensive aspects of tactile sensitivity as a function of body part, sex, and laterality. In Kenshalo DR, ed., *The skin senses.* Charles C. Thomas;1968: 195–222.

[18] Fahle M, Poggio T, Poggio TA, eds. *Perceptual learning.* MIT Press; 2002.

[19] Gibson EJ. Perceptual learning. *Annual Review of Psychology* 1963;14(1):29–56.

[20] Fine I, Jacobs RA. Comparing perceptual learning across tasks: A review. *Journal of Vision* 2002;2(2):5,190–203.

[21] Fiorentini A, Berardi N. Perceptual learning specific for orientation and spatial frequency. *Nature* 1980;287(5557):43–44.

[22] Ball K, Sekuler R. A specific and enduring improvement in visual motion discrimination. *Science* 1982;218(4573):697–698.

[23] Poggio T, Fahle M, Edelman S. Fast perceptual learning in visual hyperacuity. *Science* 1992;256(5059):1018–1021.

[24] Karni A, Sagi D. Where practice makes perfect in texture discrimination: Evidence for primary visual cortex plasticity. *Proceedings of the National Academy of Sciences* 1991;88(11):4966–4970.

[25] Furmanski CS, Engel SA. Perceptual learning in object recognition: Object specificity and size invariance. *Vision Research* 2000;40(5):473–484.

[26] Gold J, Bennett P, Sekuler A. Signal but not noise changes with perceptual learning. *Nature* 1999;402(6758):176–178.

[27] Dosher BA, Lu Z-L. Perceptual learning reflects external noise filtering and internal noise reduction through channel reweighting. *Proceedings of the National Academy of Sciences* 1998;95(23):13988–13993.

[28] Schoups AA, Vogels R, Orban GA. Human perceptual learning in identifying the oblique orientation: Retinotopy, orientation specificity and monocularity. *Journal of Physiology* 1995;483(3):797–810.

[29] Yu C, Klein SA, Levi DM. Perceptual learning in contrast discrimination and the (minimal) role of context. *Journal of Vision* 2004;4(3):4,169–182.

[30] Adini Y, Sagi D, Tsodyks M. Context-enabled learning in the human visual system. *Nature* 2002;415(6873):790–793.

[31] Ramachandran V, Braddick O. Orientation-specific learning in stereopsis. *Perception* 1973;2(3):371–376.

[32] Lu Z-L, Dosher BA. Perceptual learning retunes the perceptual template in foveal orientation identification. *Journal of Vision* 2004;4(1):5,44–56.

[33] Biederman I, Shiffrar MM. Sexing day-old chicks: A case study and expert systems analysis of a difficult perceptual-learning task. *Journal of Experimental Psychology: Learning, Memory, and Cognition* 1987;13(4):640–645.

[34] Green CS, Bavelier D. Action video game modifies visual selective attention. *Nature* 2003;423(6939):534–537.

[35] Rubin N, Nakayama K, Shapley R. Abrupt learning and retinal size specificity in illusory-contour perception. *Current Biology* 1997;7(7):461–467.

[36] Dosher BA, Lu Z-L. The functional form of performance improvements in perceptual learning: Learning rates and transfer. *Psychological Science* 2007;18(6):531–539.

[37] Fahle M, Edelman S. Long-term learning in Vernier acuity: Effects of stimulus orientation, range and of feedback. *Vision Research* 1993;33(3):397–412.

[38] Karni A, Bertini G. Learning perceptual skills: Behavioral probes into adult cortical plasticity. *Current Opinion in Neurobiology* 1997;7(4):530–535.

[39] Karni A, Sagi D. The time course of learning a visual skill. *Nature* 1993;365(6443):250–252.

[40] Ahissar M, Hochstein S. Eureka: One shot viewing enables perceptual learning. Paper presented at Investigative Ophthalmology & Visual Science; 1996.

[41] Ahissar M, Hochstein S. Task difficulty and the specificity of perceptual learning. *Nature* 1997;387(6631):401–406.

[42] Polley DB, Steinberg EE, Merzenich MM. Perceptual learning directs auditory cortical map reorganization through top-down influences. *Journal of Neuroscience* 2006;26(18):4970–4982.

[43] Recanzone GH, Schreiner C, Merzenich MM. Plasticity in the frequency representation of primary auditory cortex following discrimination training in adult owl monkeys. *Journal of Neuroscience* 1993;13(1):87–103.

[44] Recanzone GH, Merzenich MM, Jenkins WM, Grajski KA, Dinse HR. Topographic reorganization of the hand representation in cortical area 3b owl monkeys trained in a frequency-discrimination task. *Journal of Neurophysiology* 1992;67(5):1031–1056.

[45] Dosher BA, Lu Z-L. Hebbian reweighting on stable representations in perceptual learning. *Learning & Perception* 2009;1(1):37–58.

[46] Zhou Y, Huang C, Xu P, Tao L, Qiu Z, Li X, Lu Z-L. Perceptual learning improves contrast sensitivity and visual acuity in adults with anisometropic amblyopia. *Vision Research* 2006;46(5):739–750.

[47] Lev M, Ludwig K, Gilaie-Dotan S, Voss S, Sterzer P, Hesselmann G, Polat U. Training improves visual processing speed and generalizes to untrained functions. *Scientific Reports* 2014;4:7251,1–10.

[48] Levi DM, Li RW. Perceptual learning as a potential treatment for amblyopia: A mini-review. *Vision Research* 2009;49(21):2535–2549.

[49] Brans RG, Kahn RS, Schnack HG, van Baal GCM, Posthuma D, van Haren NEM, Lepage C, Lerch JP, Collins DL, Evans AC, Boomsma DI, Pol HEH. Brain plasticity and intellectual ability are influenced by shared genes. *Journal of Neuroscience* 2010;30(16):5519–5524.

[50] Debat V, David P. Mapping phenotypes: Canalization, plasticity and developmental stability. *Trends in Ecology & Evolution* 2001;16(10):555–561.

[51] Kaneko K. Phenotypic plasticity and robustness: Evolutionary stability theory, gene expression dynamics model, and laboratory experiments. In Sawyer OS, ed., *Evolutionary systems biology.* Springer;2012:249–278.

[52] Wagner A. *Robustness and evolvability in living systems.* Princeton University Press; 2013.

[53] Waddington CH. Canalization of development and the inheritance of acquired characters. *Nature* 1942;150(3811):563–565.

[54] Waddington CH. *The strategy of the genes: A discussion of some aspects of theoretical biology.* Allen & Unwin, 1957.

[55] Lewis TL, Maurer D. Multiple sensitive periods in human visual development: Evidence from visually deprived children. *Developmental Psychobiology* 2005;46(3):163–183.

[56] Bavelier D, Levi DM, Li RW, Dan Y, Hensch TK. Removing brakes on adult brain plasticity: From molecular to behavioral interventions. *Journal of Neuroscience* 2010;30(45):14964–14971.

[57] Bao M, Engel SA. Distinct mechanism for long-term contrast adaptation. *Proceedings of the National Academy of Sciences* 2012;109(15):5898–5903.

[58] Webster MA. Adaptation and visual coding. *Journal of Vision* 2011;11(5):3,1–23.

[59] Webster MA, Mollon J. The influence of contrast adaptation on color appearance. *Vision Research* 1994;34(15):1993–2020.

[60] Beyeler M, Rokem A, Boynton GM, Fine I. Learning to see again: Biological constraints on cortical plasticity and the implications for sight restoration technologies. *Journal of Neural Engineering* 2017;14(5):05103.

[61] Fine I, Wade AR, Brewer AA, May MG, Goodman DF, Boynton GM, Wandell BA, MacLeod DIA. Long-term deprivation affects visual perception and cortex. *Nature Neuroscience* 2003;6(9):915–916.

[62] Chapman E. Mike May. *Sacramento* June 2007:128–130.

[63] Poggio T, Edelman S, Fahle M. Learning of visual modules from examples: A framework for understanding adaptive visual performance. *CVGIP: Image Understanding* 1992;56(1):22–30.

[64] Grossberg S. Competitive learning: From interactive activation to adaptive resonance. *Cognitive Science* 1987;11(1):23–63.

[65] Carpenter GA, Grossberg S. The ART of adaptive pattern recognition by a self-organizing neural network. *Computer* 1988;21(3):77–88.

[66] McCloskey M, Cohen NJ. Catastrophic interference in connectionist networks: The sequential learning problem. *Psychology of Learning and Motivation* 1989;24:109–165.

[67] Ratcliff R. Connectionist models of recognition memory: Constraints imposed by learning and forgetting functions. *Psychological Review* 1990;97(2):285–308.

[68] Carpenter GA, Grossberg S, Rosen DB. Fuzzy ART: Fast stable learning and categorization of analog patterns by an adaptive resonance system. *Neural Networks* 1991;4(6):759–771.

[69] French RM. Catastrophic forgetting in connectionist networks. *Neurocomputing* 2012;87:79–89.

[70] French RM. Using semi-distributed representations to overcome catastrophic forgetting in connectionist networks. Paper presented at 13th Annual Cognitive Science Society Conference; 1991.

[71] Lewandowsky S, Li S-C. Catastrophic interference in neural networks: Causes, solutions, and data. In Dempster FN, Brainerd C, eds., *Interference and inhibition in cognition*. Academic Press; 1995:329–361.

[72] Abraham WC, Robins A. Memory retention—the synaptic stability versus plasticity dilemma. *Trends in Neurosciences* 2005;28(2):73–78.

[73] Crossley NA, Mechelli A, Vértes PE, Winton-Brown TT, Patel AX, Ginestet CD, McGuire P, Bullmore ET. Cognitive relevance of the community structure of the human brain functional coactivation network. *Proceedings of the National Academy of Sciences* 2013;110(28):11583–11588.

[74] Lu Z-L, Dosher BA. Characterizing observers using external noise and observer models: Assessing internal representations with external noise. *Psychological Review* 2008;115(1):44–82.

[75] Bower JD, Andersen GJ. Aging, perceptual learning, and changes in efficiency of motion processing. *Vision Research* 2012;61:144–156.

[76] DeLoss DJ, Watanabe T, Andersen GJ. Improving vision among older adults: Behavioral training to improve sight. *Psychological Science* 2015;26(4):456–466.

[77] Peterson W, Birdsall T, Fox W. The theory of signal detectability. *Transactions of the IRE Professional Group on Information Theory* 1954;4(4):171–212.

[78] Tanner WP Jr, Swets JA. A decision-making theory of visual detection. *Psychological Review* 1954;61(6):401–409.

[79] Green D, Swets J. *Signal detection theory and psychophysics*. Wiley;1966.

[80] Treisman M, Watts T. Relation between signal detectability theory and the traditional procedures for measuring sensory thresholds: Estimating d' from results given by the method of constant stimuli. *Psychological Bulletin* 1966;66(6):438–454.

[81] Lu Z-L, Dosher BA. Characterizing human perceptual inefficiencies with equivalent internal noise. *Journal of the Optical Society of America A* 1999;16(3):764–778.

[82] Faisal AA, Selen LP, Wolpert DM. Noise in the nervous system. *Nature Reviews Neuroscience* 2008;9(4):292–303.

[83] Macmillan NA. Signal detection theory as data analysis method and psychological decision model. In Keren G, Lewis C, eds., *A handbook for data analysis in the behavioral sciences: Methodological issues*. Lawrence Erlbaum Associates;1993:21–57.

[84] Cabrera CA, Lu Z-L, Dosher BA. Separating decision and encoding noise in signal detection tasks. *Psychological Review* 2015;122(3):429–460.

[85] Wickelgren WA. Unidimensional strength theory and component analysis of noise in absolute and comparative judgments. *Journal of Mathematical Psychology* 1968;5(1):102–122.

[86] Roelfsema PR, van Ooyen A, Watanabe T. Perceptual learning rules based on reinforcers and attention. *Trends in Cognitive Sciences* 2010;14(2):64–71.

[87] Dosher BA, Jeter P, Liu J, Lu Z-L. An integrated reweighting theory of perceptual learning. *Proceedings of the National Academy of Sciences* 2013;110(33):13678–13683.

[88] Herzog MH, Fahle M. Modeling perceptual learning: Difficulties and how they can be overcome. *Biological Cybernetics* 1998;78(2):107–117.

[89] Ghose GM, Yang T, Maunsell JH. Physiological correlates of perceptual learning in monkey V1 and V2. *Journal of Neurophysiology* 2002;87(4):1867–1888.

[90] Adab HZ, Vogels R. Practicing coarse orientation discrimination improves orientation signals in macaque cortical area v4. *Current Biology* 2011;21(19):1661–1666.

[91] Raiguel S, Vogels R, Mysore SG, Orban GA. Learning to see the difference specifically alters the most informative V4 neurons. *Journal of Neuroscience* 2006;26(24):6589–6602.

[92] Poort J, Khan AG, Pachitariu M, Nemri A, Orsolic I, Krupic J, Bauza M, Sahani M, Keller GB, Mrsic-Flogel TD, Hofer SB. Learning enhances sensory and multiple non-sensory representations in primary visual cortex. *Neuron* 2015;86(6):1478–1490.

[93] Gold JI, Law C-T, Connolly P, Bennur S. The relative influences of priors and sensory evidence on an oculomotor decision variable during perceptual learning. *Journal of Neurophysiology* 2008;100(5):2653–2668.

[94] Law C-T, Gold JI. Neural correlates of perceptual learning in a sensory-motor, but not a sensory, cortical area. *Nature Neuroscience* 2008;11(4):505–513.

[95] Schoups A, Vogels R, Qian N, Orban G. Practising orientation identification improves orientation coding in V1 neurons. *Nature* 2001;412(6846):549–553.

[96] Seitz A, Watanabe T. A unified model for perceptual learning. *Trends in Cognitive Sciences* 2005;9(7):329–334.

[97]Kourtzi Z, Betts LR, Sarkheil P, Welchman AE. Distributed neural plasticity for shape learning in the human visual cortex. *PLoS Biology* 2005;3(7):1317–2327.

[98]Zhang G-L, Li H, Song Y, Yu C. ERP C1 is top-down modulated by orientation perceptual learning. *Journal of Vision* 2015;15(10):8,1–11.

[99]Van Essen DC, Anderson CH, Felleman DJ. Information processing in the primate visual system: An integrated systems perspective. *Science* 1992;255(5043):419–423.

[100]Sotiropoulos G, Seitz AR, Seriès P. Perceptual learning in visual hyperacuity: A reweighting model. *Vision Research* 2011;51(6):585–599.

[101]Talluri BC, Hung S-C, Seitz AR, Seriès P. Confidence-based integrated reweighting model of task-difficulty explains location-based specificity in perceptual learning. *Journal of Vision* 2015;15(10):17,1–12.

[102] Seriès P, Seitz A. Learning what to expect (in visual perception). *Frontiers in Human Neuroscience* 2013;7:668,1–14.

[103]Watanabe T, Náñez JE, Koyama S, Mukai I, Liederman J, Sasaki Y. Greater plasticity in lower-level than higher-level visual motion processing in a passive perceptual learning task. *Nature Neuroscience* 2002;5(10):1003–1009.

[104]Zhang J-Y, Zhang G-L, Xiao L-Q, Klein SA, Levi DM, Yu C. Rule-based learning explains visual perceptual learning and its specificity and transfer. *Journal of Neuroscience* 2010;30(37):12323–12328.

[105]Fahle M. Human pattern recognition: Parallel processing and perceptual learning. *Perception* 1994;23:411–427.

[106]Dosher BA, Lu Z-L. Mechanisms of perceptual learning. *Vision Research* 1999;39(19):3197–3221.

[107]Mollon JD, Danilova MV. Three remarks on perceptual learning. *Spatial Vision* 1996;10(1):51–58.

[108]Carpenter GA, Grossberg S. *Adaptive resonance theory*. Springer; 2010.

[109]Dosher B, Lu Z-L. Visual perceptual learning and models. *Annual Review of Vision Science* 2017;3:343–363.

[110]Wright BA, Zhang Y. A review of the generalization of auditory learning. *Philosophical Transactions of the Royal Society B: Biological Sciences* 2009;364(1515):301–311.

[111]Harrar V, Spence C, Makin TR. Topographic generalization of tactile perceptual learning. *Journal of Experimental Psychology: Human Perception and Performance* 2014;40(1):15–23.

[112]Ashby FG, Alfonso-Reese LA. A neuropsychological theory of multiple systems in category learning. *Psychological Review* 1998;105(3):442–481.

[113]Green CS, Bavelier D. Action video game training for cognitive enhancement. *Current Opinion in Behavioral Sciences* 2015;4:103–108.

[114]Lu Z-L, Lin Z, Dosher BA. Translating perceptual learning from the laboratory to applications. *Trends in Cognitive Sciences* 2016:20(8):561–563.

[115]Kellman PJ, Massey CM. Perceptual learning, cognition, and expertise. *Psychology of Learning and Motivation* 2013;58:117–165.

[116]Tallal P, Miller S, Bedi G, Byma G, Wang X, Nagarajan SS, Schreiner C, Jenkins WM, Merzenich MM. Fast element enhanced speech improves language comprehension in language-learning impaired children. *Science* 1996;271(5245):81–84.

[117]Tallal P, Merzenich MM, Miller S, Jenkins W. Language learning impairments: Integrating basic science, technology, and remediation. *Experimental Brain Research* 1998;123(1–2):210–219.

[118]Campbell FW, Hess RF, Watson PG, Banks R. Preliminary results of a physiologically based treatment of amblyopia. *British Journal of Ophthalmology* 1978;62(11):748–755.

[119]Huang C-B, Lu Z-L, Zhou Y. Mechanisms underlying perceptual learning of contrast detection in adults with anisometropic amblyopia. *Journal of Vision* 2009;9(11):24,1–14.

[120] Donovan I, Szpiro S, Carrasco M. Exogenous attention facilitates location transfer of perceptual learning. *Journal of Vision* 2015;15(10):11,1–16.

[121]Yang X-S. Introduction to mathematical optimization from linear programming to metaheuristics. Cambridge University Press;2008.

[122]Zhang P, Hou F, Yan F-F, Xi J, Lin J, Yang J, Chen G, Zhang MY, He Q, Dosher BA, Lu ZL, Huang CB. High reward enhances perceptual learning. *Journal of Vision* 2018;18(8):11,1–21.

[123]Eckstein MP, Abbey CK, Pham BT, Shimozaki SS. Perceptual learning through optimization of attentional weighting: Human versus optimal Bayesian learner. *Journal of Vision* 2004;4(12):3,1006–1019.

[124]Miettinen K, Ruiz F, Wierzbicki AP. Introduction to multiobjective optimization: Interactive approaches. In Branke J, Deb K, Mittenen K, Słowiński R, eds. *Multiobjective optimization*. Springer;2008:27–57.

第二部分

Perceptual Learning: How Experience Shapes Visual Perception

现 象 学

第 2 章

Perceptual Learning: How Experience Shapes Visual Perception

视觉任务中的知觉学习

知觉学习是一种广泛存在的现象。它的影响范围从实验室中适度训练的效果到广泛实践产生的专业知识。在本章中，我们将学习分为三个层次的视觉表征任务：低级特征、中级模式和涉及高级视觉编码的对象或自然场景。在早期的学习中，通过选择相关的表征，视觉系统表示许多个体特征，而更高级别的学习任务需要寻找或创造反映独特特征组合的自然物体的更高级别表征。低级任务的学习速度较慢，且常受外部噪声和刺激的影响，而高级任务的学习速度较快，鲁棒性较强。

2.1 知觉专长和知觉可塑性

专家不是一夜之间培养出来的。各行各业的人都知道，某方面的知识需要许多年的训练和实践。品酒师要在侍酒师那里工作数年，音乐家要在音乐学院接受大量的培训，放射科医生也要不断进行医学图像理解的训练。

然而，知觉专长并不只是品酒师和音乐家的专利。心理学家也对它进行了研究，尽管他们所关注的原则更加普遍。随着 19 世纪末和 20 世纪初心理学学科的发展，实验者往往不聚焦特殊情况，而是关注通过训练或实践得到更普遍改善的早期阶段。William James[1] 是实验心理学的奠基人之一，他在其里程碑式的著作《心理学原理》中，引用了 Volkmann、Fechner 等人之前的研究成果，并将实践在改善知觉辨别方面的作用写进了书中。对 James 来说，最主要的例子是触觉两点辨别，这是 Ernst Weber[2] 在 1846 年开发的一项测试。在这项测试中，一个绘制的指南针的两点被放置在受试者的皮肤上。Weber 发现，在一个小时的练习后，区分两个点的能力提高到不足初始值的一半，而且这种学习能力在不同程度上转移到其他皮肤部位，但第二天只保留了部分 [2]。19 世纪其他的心理学家研究了更为激进的知觉可塑性的例子。加州大学（University of California）第一个心理学实验室的创始人 George M. Stratton 在受试者身上放置了棱镜眼镜，这个眼镜可以使他们看到的世界左右颠倒。在 1896 年至

1898 年期间[3, 4]，他发表了三篇报告，详细阐述了他的发现：受试者最初的症状——恶心、运动障碍和“濒死体验”。随着时间的推移，受试者报告的最初症状逐渐减轻。到了第四天，对真实世界的主观感觉又回来了，这表明了知觉的一种脆弱的重新映射。在这个著名的长时间实验中，实验者能够暂时重新映射知觉刺激，以支持新校准的运动功能。但在新环境中几天后，Stratton 把实验进一步推进了一步。当他让受试者摘下棱镜眼镜时，他们说在视觉世界恢复正常之前，他们有几个小时的知觉倒置。

现代心理学家倾向于使用更复杂的方法（如果不是那么大胆的话）。尽管最近的实验对 Stratton 报告中的某些细节提出了质疑[5]，但这些早期研究仍然提出了一个现在广泛接受的观点，即知觉系统具有显著的可塑性。即使在成人中也是如此，而可塑性对于功能性知觉至关重要。对于短期和长期的训练，对于在实验室中的实验对象，或者对于通过训练成为同类中最好的品酒师来说，都是如此。无论是在知觉学习的早期阶段，还是在知觉专长的后期，理解知觉必须理解可塑性。

2.2　视觉知觉学习

正如前面的例子所说的那样，知觉学习和知觉专长的文献记录有着漫长而多样的历史。然而，在过去的 30 年里，实验室研究蓬勃发展，尤其是对视觉知觉的研究。在许多因素的帮助下——显示系统的可用性，更复杂的技术仪器，计算模型以及支持基础研究的资金结构——科学家已经能够以更快的速度产生新的知识。由于种种原因，这项新研究的主要关注点不是知觉专长的特殊案例（一种非常微妙的多因素现象），而是更普遍和可测试的知觉学习现象。这种现象是在受控的实验室环境中通过适度训练产生的。正如粒子物理的研究需要复杂的设备和有限的条件来测试基本理论一样，视觉知觉学习的现代研究也需要使用更好的技术来验证原理和理论，这些原理和理论可能会像物理学的发现一样，构成对其他自然现象理解的基础。

最近的实验和生理学研究在知觉研究方面有了令人兴奋的发现，其意义和应用远远超出 Stratton 或 James 的想象。早在 20 世纪 90 年代，人们对视觉知觉学习的特异性进行了大量的观察，由此提出了一个初步的观点，即视觉系统的可塑性会影响较低水平的视觉系统，而长期以来，人们一直认为这种视觉系统在儿童时期以后是稳定的。这一假说启发了在许多特定视觉领域中对学习本质的研究：对比、颜色、纹理、运动和其他主导我们对自然场景进行知觉学习的特征[6, 7]。

知觉学习现在已经在许多视觉功能和领域都有所涉及，几乎所有的例子都展示出了某种程度的学习，这取决于如何训练观察者。然而，简单地观察一种现象的存在——这是许多实验室的研究重点——与理解或解释它是不一样的。为了做到这一点，我们有必要发现基本原理并评估这些原理如何解释和预测结果。

要做到这一点，就需要提出更精确的问题，而研究人员才刚刚开始提出这些问题。

这些问题包括：促进可塑性的因素是什么？是否存在训练或练习之后不能提高表现的情况或领域？在训练或练习中，行为结果或大脑过程发生了哪些变化？这些可塑性变化在大脑的哪个部位发生或不发生？这是否取决于所学内容的本质？如何通过训练提高从干扰中提取信号的能力？与此相关，这些变化的功能和机制是什么？知觉学习可以定量建模吗？

最近关于知觉学习，特别是视觉知觉学习最令人兴奋的研究就是为了回答这些问题。这些答案有望改善我们关于知觉学习和知觉本身的理论。

2.3　通过表征选择学习还是通过创造学习

在最基本的理论层面上，视觉领域（或许还有其他领域）的知觉学习似乎反映了对现有表征的选择和对新的表征和联想的创造，或者是两者的某种混合。在某些情况下，可能还会返回现有的表征。某些类型的视觉判断是基于初级视觉皮层已经编码的特征属性。例如，在辨别一个模式的方向的情况下，观察者可能会根据已经存在的表征做出所需的决定；在这里，视觉知觉学习解决的问题是找到正确的表征。相比之下，一个更高层次的视觉任务可能需要识别特征组合——这些组合尚未在视觉皮层中编码——这样就需要创建（或寻找）新的表征。例如，要识别一个特定的电子游戏角色，就需要观察者辨别角色头部的形状、身体的颜色、躯干的纹理以及其他特征。虽然形状、颜色和纹理的基本特征可能在视觉皮层中被编码，但并非所有基本特征的所有可能组合都可能被预先编码。因此，观察者很可能必须创造新的皮层表征（寻找新的神经系统），来编码定义这些物体特征的新组合。在这种情况下，一种新的大脑皮层表征就可能会被创造出来。

这种选择和创造之间的相互作用将是我们调查和讨论当前研究的中心组织原则。一个专注于预先编码的低级特征的任务，可能主要集中在训练早期的低层次表征的选择上，可能在学习后期的时候出现一些小的重调谐或反应提升。然而，在另一项任务中，训练可能会加强高级视觉皮层表征的整体联系，以表征复杂的多特征刺激。在第二个任务中，学习可能涉及寻找一个对另一个低级特征敏感的高级表征，使其对一系列特征敏感。注意力通常也会发挥作用，特别是在学习过程的早期。

选择和创造之间的区别进一步影响了所学知识的特异性程度（这是第 3 章的主题）。如图 2.1 所示，在这种情况下，学习对刺激或判断的特异性可能来自选择低水平的知觉表征，其接受域是选择性的，也可能来自创造一个对特征的独特组合敏感的表征。

尽管已经提出许多关于表征层次的观点，但我们相信选择和创造之间的辩证关系是在视觉知觉学习中起作用的基本原则之一。当每年都有许多关于学习的新观察报告出炉，但其指导原则仍然难以捉摸的时候，这种理论的辩证法有能力主导各个领域，并使不同的研究分支彼此对话。

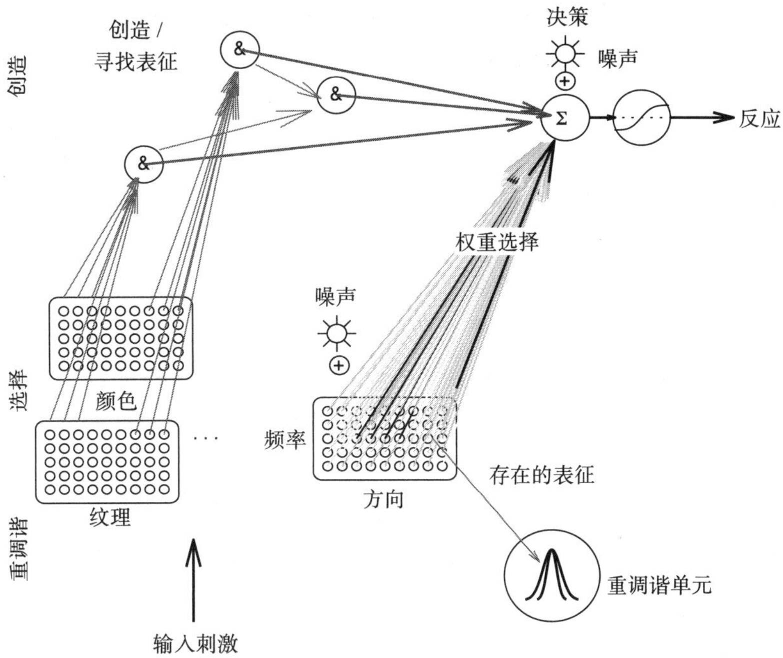

图 2.1　知觉学习可以反映学到的低层次表征的重调谐，或对已选择的低层次表征的重加权，或创造代表新特征组合的更高层次单元。低层次视觉任务的学习通常反映选择，而高层次视觉任务的学习则通常通过创造或寻找新的表征单元反映学习。这张示意图包括已经存在的方向、纹理和颜色的表征，以及表示组合的创造单元。在任何情况下，重调谐初级表征都需要选定的权重来做出决定。经作者允许转载

当然，除了理论之外，还有一些关于实际应用的重要问题。知觉学习协议能显著改善现实世界的功能吗？例如，有人声称，电子游戏训练可以广泛提高视觉知觉和视觉注意力[8, 9]，或者训练可能对特殊人群（如弱视）发挥重要作用[10, 11]，这两个研究方向——现象的理论和如何最好地将新发现应用于实践——当然是密切相关的。随着基础研究发展出新的理论，这不仅有助于我们的基础理解，而且可能成为构建新技术的手段。理论上的进展可以在实验室中进行检验，也可以在实际应用中进行检验。同样，实际发现也可能反过来导致关于理论解释的新问题。接下来，我们将从实验室研究中知觉学习的基本现象学开始讲述，但我们将在第 11 章回到实际应用。

2.4　知觉学习研究的一种典型结构

一个典型的知觉学习实验包括一个观察者（通常是人，有时是动物）和一个知觉任务，这个任务是由所需要的知觉判断和一组被测试的刺激定义的。观察者接受练习或

训练，并观察到表现的改善。通常情况下，在每次试验中都会呈现一个刺激，观察者对刺激进行分类并做出判断。在任何科学实验中变量都是人为控制的——训练的数量或时间安排，是否有反馈或奖励，判断的复杂性，等等。

乍一看，这个框架似乎足够简单，但是出现了许多变体。刺激可以像 Gabor 图案那样简单，也可能像面孔、纹理那样复杂，甚至可能像在运动、深度或颜色上发生变化的复合图案那样复杂。刺激必须有一个给定的对比，它可以呈现短暂或更长时间，并且可能包括外部噪声或口罩 [12-17]。这种变化基本上是无穷无尽的。

观察者的判断特征由实验者设定，需要检测、辨别或识别一个训练特征，而刺激的其他特征可能是固定的，也可能是变化的。在文献中，如果不是在现实世界中，判断决策通常包括两方面的考虑，如在场 / 缺席，左 / 右，或相同 / 不同，尽管最近判断的类别已经扩大。反应可以通过按下一个键、口头反应或使用一系列设备测量的神经反应来记录。

通常，在每次试验中，实验者提供关于准确性的反馈反应；然而，有时在一组试验中只能得到一个平均的表现，或者根本没有反馈。虽然在人类研究中很少使用奖励或其他激励机制，但有时也被引入以激励学习。实验者可以操纵刺激、不同刺激或判断的混合、一个会话中的训练试验次数，或者会话的次数和时间。在某些情况下，训练后会评估对一种新的判断或刺激的转移。

具体而言，图 2.2 举例说明了一个训练观察者判断视觉刺激方向的任务。一种有方向的 Gabor（一种加窗正弦波）被短暂地呈现在凝视中心，并将外部噪声嵌入。然后观察者判断这个图案相对于参考角度是顺时针旋转还是逆时针旋转。如果响应是错误的，就会发出一个音调的响声，并提示一个积分奖励。在图 2.2 的例子中，顺时针或逆时针的角度差为 ± 12°，与垂直方向相差 45°，并通过多次尝试来设置简要呈现的图案的对比，采用自适应方法获得 75% 的正确响应。每天都要进行数百次试验。该范例是两种强制选择，训练和评估不同的对比，以达到目标的准确性，并提供了一次又一次尝试性的反馈、回报或奖励信号。相关测度是将对比度阈值作为训练的函数。

显然，尽管可行的实验方案的空间显然是巨大的，但实际上刺激空间测试往往是相当简单的。到目前为止，最普遍的任务是双替代身份识别。反馈通常是一次又一次的尝试，而明确的奖励或回报几乎从不包括在内。训练计划通常包括单个会话和多重会话的大量试验。当衡量训练的迁移时，这几乎总是一种即时迁移的测试，而很少测量新条件下的后续学习。最后，表现几乎总是只在块或会话级别中进行分析。

随着新的测量方法的出现，这种研究知觉学习的历史典型模式可能会以多种方式进行扩展。有时，表现评估本身的性质（正确的百分比、估计的阈值）需要相当多的试验，这决定了表现改进的时间粒度。然后，将这一需求级联起来，以确定测量初始表现水平和学习速度估计数的规模 [18]。快速自适应估计测试方法的最新发展可能使我们用更少的试验来评估知觉学习，因此在更短的时间内，可以进行一次又一次的试验[19-22]。然后，更细粒度或不断试验的度量可以改进对初始表现以及学习形式和速度的估计[24, 25]。目前实验中测量的样本量要求也导致设计上的限制，其中训练试验与评估或测量试验相同。随着快速评估方法的发展，训练和评估分离将成为可能，允许在训练中对目标任务的表现进行快速评估（如后面几章所讨论的）。

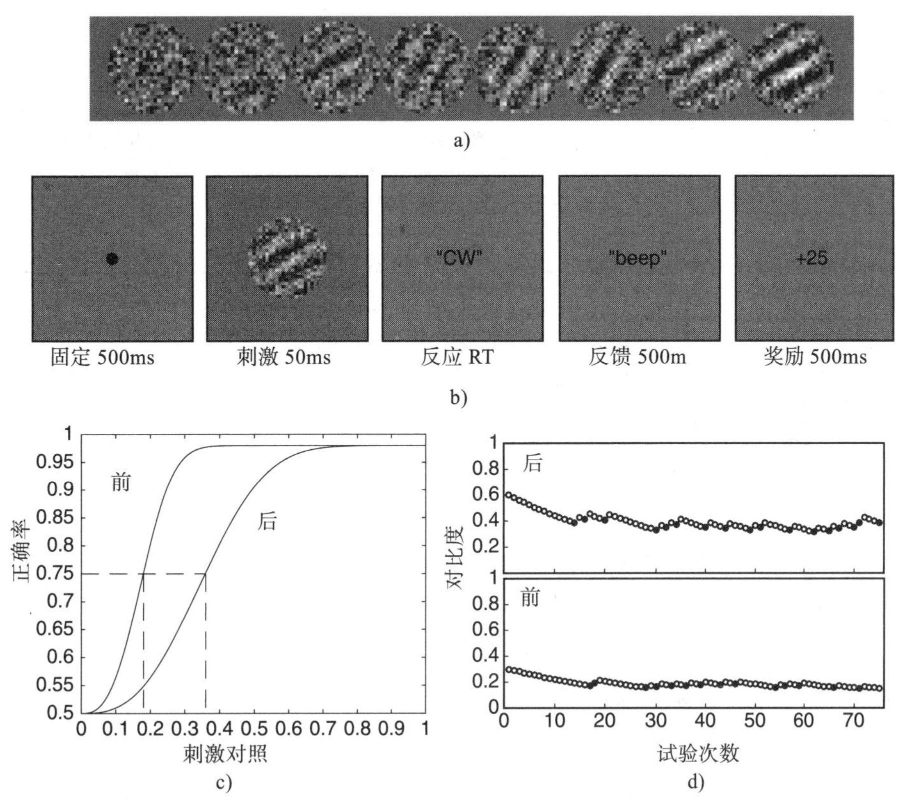

图 2.2　样本实验：a）外部噪声任务中不同对比度的刺激实例（45° ± 12°）；b）有注视、刺激、反应、（听觉）反馈和奖励的试验序列；c）对比学习前后的心理测量功能，标记为 75% 正确阈值；d）自适应阶梯在训练前后估计阈值，方法是在错误（暗标记）后增加 10% 的对比度，或在 3 个正确反应（亮标记）后减少 10% 的对比度

随着研究变得越来越复杂，出现了一些实验范例，以及描述他们的功能性术语，这为研究人员提供了一个共享的方法论工具包，以便在彼此的实验方法上进行构建。与此同时，关于知觉学习的简单步骤式实验的反复出现可能更多地说明了当前研究的习惯和局限性，而不是正在研究的现象的基本性质。随着该领域的发展，其他理论上相关的因素必须在更广泛的范例中进行审查。这样的扩展将建立在该领域现有文献的基础上，这些文献已经整合了许多强有力的见解和发现。

2.5　训练特征与任务类型

现有的关于视觉知觉学习的理论可以根据任务所需的训练特征的复杂性分为三类，包括：（1）基本视觉特征；（2）视觉模式；（3）对象或自然刺激。基本视觉特征需要中低水平的分析，视觉模式需要中高水平的分析，对象或自然刺激需要高水平的分析（示例见表 2.1）。

表 2.1　用于判别特征、模式和自然对象的知觉学习

特　征	模　式	自然对象
方向	复合刺激	轮廓
空间频率	纹理	形状
相位	全局模式	对象
对比度	搜索	面部
颜色	深度	化身
敏锐度	运动	生物运动
超锐度		

为了区分选择和创造，似乎可以这样说：随着目标任务所需的从低到高的分析水平，学习将从选择转向创造。事实上，正如我们将看到的那样，学习任务需要对基本单一或者复合特征的判别，这在很大程度上涉及相关感官表征的动态选择（包括表征的层次），即从不同大脑区域刺激的并行处理结果中进行选择。然而，在更高层次的任务中，简单地识别任何给定的特征可能不是限制因素，相反，必须学习的是定义对象、类别结构、标识符或名称的特征的唯一组合。

任何任务，不管它有多复杂，都必然需要不同层次的大脑区域进行分析。即使经过训练的知觉判断关注低级特征，但视觉刺激不仅在早期视觉路径上被处理，还包括更高水平的视觉皮层，并且——由于观察者采取了一个行动——判别涉及大脑的期望、奖励和决策系统。然而，学习过程的本质将取决于具体任务的性质。在一些相对简单的任务中，这将涉及对预先存在的知觉表征的正确集合进行选择或加权——例如，将决策输入筛选到适当的神经元集合。在其他更复杂的任务中，特别是在具有如此多潜在特征（或特征级别）的领域，特定的组合不太可能在早期皮层中预先编码，学习大概率需要产生或创造新的表征。从一个任务到另一个任务的变化与其说是大脑区域参与的变化，不如说是每个区域发挥作用的程度以及它们相互关系的模式。

除了这三类训练特征外，还有第二个方面，通过它可以对该领域的实验进行分类，这与如何衡量表现有关。几乎所有的文献都使用三种主要任务范例之一：（1）第一类（或称为特征 – 差异）范例；（2）第二类（或称为可见度）范例；（3）第三类（或称为表现）范例。这些范例在衡量和训练的方法上有所不同。对每一个范例而言，刺激的某些方面（或所有方面）保持不变，而其他方面可能修改，以衡量行为表现。在某些情况下，刺激是清晰可见的，但观察者需要做出非常精细的判断，而通过判断有多精确来衡量表现。在另一些情况下，判断是粗糙的，通过控制可见度使任务变得困难，而通过成功完成任务所需刺激的可见度来衡量表现。还有一些情况，刺激的细度和可见度是不变的，而表现是为了准确性而测量的。

第一类（或称为特征 – 差异）范例，几乎总是使用易见的刺激，并沿着特征差异的维度（例如，导向或运动方向的差异）变化去辨别，直到满足特定的阈值标准。当观察者的表现随着练习或训练而提高时，实验者会调整特征差异，使其更精确地辨别，以保持判断的准确性不变。例如，进行方向辨别的观察者，最初可能需要较大的方向差异来达到设定的精度（例如，75%），但随着观察者获得知觉经验，方向差异减小（例如，从 20° 到 3°），而阈值精度保持不变。观察者会经历一组不断变化的刺激——这些变化在早期训练中发生得特别快，因为在早期训练期间，表现提高得最快。

第二类（或称为可见度）范例，保持判断的特征差异不变，同时改变一些其他的可见度变量，如对比度，以达到给定的准确性。这种情况下，刺激模式保持不变，而较低的刺激对比需要保持表现的准确性不变。检测或判别的阈值对比度随着训练而降低。观察者经历了可见性的变化（例如，对比度或呈现时间），但他们寻求的刺激模式是固定的。

第三类（或称为表现）范例，使用一组不变的刺激，并通过训练来衡量行为表现的改善。

乍一看，范例的选择似乎并不重要，本质上与学习的基本现象无关。事实上，这两者往往是交织在一起的。在许多实验中，评估的方法也是训练的方法，这反过来又会影响学习结果——这是最近在实证基础上争论的一个观点 [26]。对于这类实验，常常存在一个鸡生蛋还是蛋生鸡的难题：最初看起来可能是广泛的发现，实际上可能受到所选实验范例的影响。相应地，知觉学习的模型往往对不同的范例做出相当不同的预测（见第 6 章）。

重点是，范例的选择显然会带来一系列的必然结果。它可能会改变决策规则或决定训练任务的难度，进而影响观察者学习的速度和学习泛化的程度。然而，其他选择，比如是否同时训练多项任务，也可能产生深远的影响。把一个较简单的任务和一个较困难的任务混合在一起可以提高学习效果（第 6 章和第 8 章），但若把单独训练时学习稳固的训练沿不同维度的任务进行混合训练，实践已经证明了这样会破坏或完全消除学习——这是一种叫作漫游的现象 [27-30]。同样，刺激特性的变化（例如，那些与所定义的判断无关的特性）也不需要干扰学习（见第 7 章）。

随着知觉学习研究在过去几十年里的发展，可用的数据集的数量和规模也在不断增长。每年都有很多关于知觉学习的文章发表。在接下来的内容中，我们将成年人知觉学习的讨论归纳为三个层次的训练特征，并注意到每个层次中实验范例的选择。我们在第一段和第二段中总结了每个领域的知觉学习，然后举了一些带有完整实验细节的例子以便形容得更加具体，有助于非专业读者理解。随着实验的进行，我们不再重复每一个实验的全部细节，因为这些细节会变得更加熟悉并且模式也会出现。

随着我们的进展，我们希望传达出一种知觉学习已经被许多方式研究的感觉，同时专注于最经典或最具代表性的实验。到目前为止，该领域包括了几个高度密集的研究集群，每一个都由任务领域和范例定义，科学家已经开发了一个共享的方法论工具包和语言来构建。当然，在这些集群之间，还有许多领域有待探索。

2.6　单一特征的知觉学习

在知觉学习的研究中，最常见的任务涉及对早期皮质区域编码的单一基本特征的判断。尽管也测试了其他刺激，但也许初级视觉皮层最典型的刺激是一种称为 Gabor 的空间窗口正弦波（它近似于初级视觉皮层神经元的接受域）。文献中单一特征的判断包括方向、空间频率、相位、对比度、颜色、敏锐度和超锐度。

2.6.1　方向

轮廓的方向是自然场景中最基本的特征之一。这也是经典知觉学习中研究得最多的论点之一。方向辨别在凹陷中央和边缘都被训练过，这两者都与知觉有关。它通常以低空间频率的直线或正弦波模式，在基本（水平、垂直）和非基本（斜）方向上[31，32]，在存在不同数量的外部噪声的情况下，以及在所有三种训练范例（第一类[31]、第二类[12，13]和第三类[33]任务）中进行了测试。

知觉学习对于浅层、非基本刺激和高外界噪声的方向辨别更加稳健。另一方面，在基本参考角度且没有外部噪声的情况下，训练可能对凹陷中央的方向辨别影响很小或没有影响——也许是因为这种判断在自然观察中很常见。在猴子身上也发现了类似的结果[34-36]，猴子对浅层训练和非基本方向的训练表现出更大的学习效应（见第5章）。（事实上，浅层知觉学习的鲁棒性使得一名研究人员在一篇名为“ Are Visual peripheral Forever Young？”的论文中主张浅层皮质有更长的可塑性时期[37]。）

在一个典型的实验中，观察者练习方向辨别，随着以凹陷为中心的15°长、0.25°宽的杆的角度差阈值得到改善，需要更小的角度差（第一类范例）（图2.3）。在近5000次的训练试验中，非基本方向的阈值从2°左右降低到1°左右，而在基本方向的训练几乎没有影响[31，32]（在凹陷中央的学习可能只发生在较长的线刺激上[38]）。另一个典型实验在近13 000次的试验中，通过使用不同数量外部噪声的固定定向刺激（第二类范例），在不同层次的外部噪声下进行定向识别，从高外部噪声（最高阈值曲线）到零外部噪声（最低阈值曲线），提高了对比度阈值。右下象限的定向训练仅部分转移到左下象限（T1）或右上象限（T2）。然而，并不是所有的定向任务效果都有所改善；在没有外部噪声的情况下，训练并没有提高在凹陷中央或斜角度附近的几乎垂直方向判断的对比度阈值[39]。

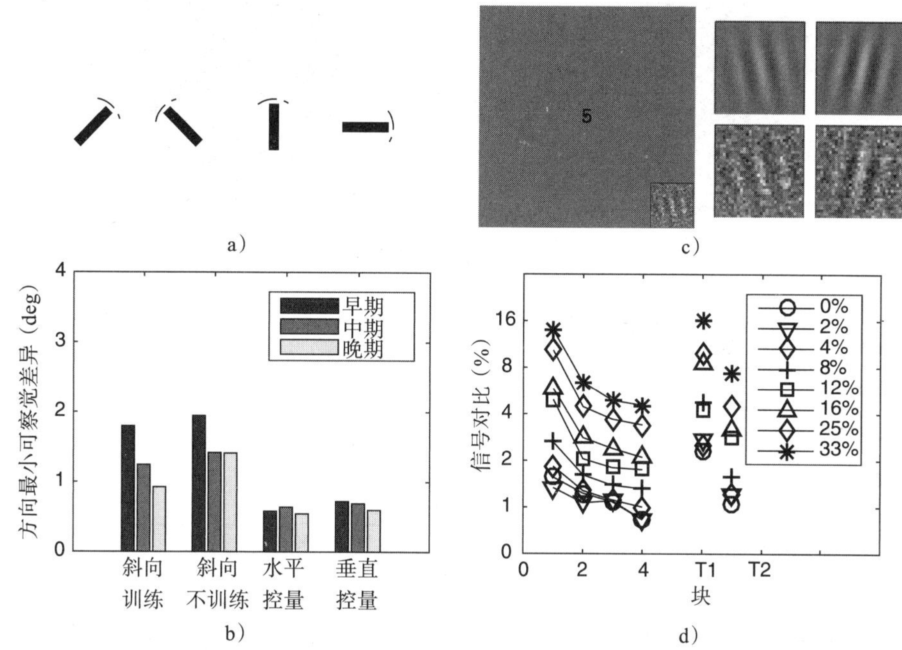

图 2.3　角度方向的知觉学习差异阈值和对比阈值，以及一些迁移测试。刺激 a 和 b 测量了角差阈值的改善，刺激 c 和 d 测量了对比阈值在不同水平的外部噪声（在曲线中从高到零，从上到下）和象限转移的改善。图 b 根据 Vogels 和 Orban 估计的选定数据（文献 [32] 中的图 2）重绘，图 d 根据 Dosher 和 Lu 的文献 [13] 中的图 6 重绘

2.6.2　空间频率

自然刺激可以通过不同的空间频率和（或）尺度的模式来合成。因此，许多经典的视觉测试使用的正弦波或加窗正弦波刺激在空间频率和（或）对比度上变化。尽管如此，知觉学习在空间频率判断上的研究还很少。在这几个案例中，观察者判断的是固定刺激（第三类任务），而学习（通常用正确率的提高来衡量）要么很弱，要么只发生在少数观察者身上。在现有的少数几个研究中，在空间频率的判别或识别判断中，鲁棒学习在空间频率辨别或识别判断中的证据还不足，测试的范围还相当狭窄。

在早期的一项研究中，研究人员 [40] 报告说，经过 200 ～ 500 次的练习，在辨别凹陷中央的两个相似的空间频率光栅方面并没有持续的改善，而且，即使在辨别非常不同的刺激方面，浅层的学习能力也很弱且变化很大 [41]，虽然在复合模式（由单独的部分组成）的背景下学习辨别能力已经被报道过（图 2.4）。然而，在这些空间频率识别实验中，学习可能受到刺激流动的限制。例如，在混合不同的基频 f 时区分 f 和 $3f$。我们知道刺激流动可以干扰学习（见 8.7.5 节）。然而，我们实验室最近的工作显示，在 8 种不同的外部空间频率刺激识别的实践中，情况有所改善（见 7.5 节）。

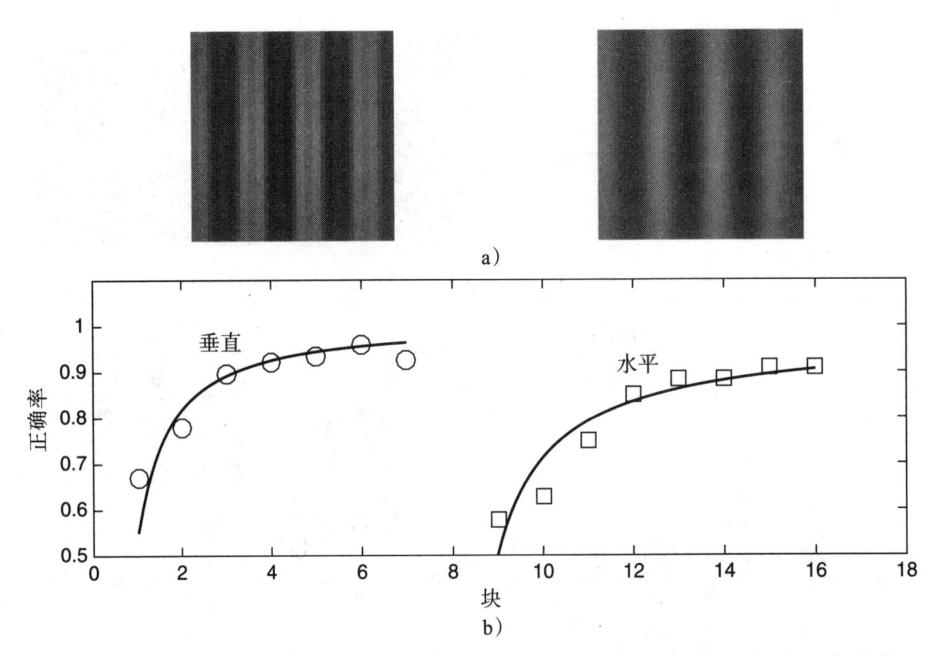

图 2.4 学习分辨正弦波 f 和 $3f$ 分量相对相位不同的复合图形。a）样本垂直刺激。b）训练以幂函数学习曲线（平滑曲线）改善垂直和水平模式的独立表现。根据 Fiorentini 和 Berardi[42] 的数据重新绘制，增加了学习曲线

2.6.3 相位

与空间频率一样，对相位知觉学习的研究也很少，很多研究都使用固定刺激的第三类协议在凹陷中央和浅层进行训练。根据报告，学习的复合模式不同于组件的相对相位。在一个例子中，辨别由频率为 f（基本标准）的高对比度正弦波和频率为 $3f$ 的低对比度正弦波形成的两个复合图案之间的差异在视网膜中央凹处相差 0° 或 90° 的情况仅在几百次试验中得到改善，并且这些学习是特定方向的 [42]。估算的学习曲线在此显示为（图 2.4）训练的幂函数 [43]。在另一项关于物体注意力的研究中，经过数千次的练习，在有无外部噪声的情况下，辨别正弦或余弦相位的周边 Gabors 的能力显著提高 [44]。

2.6.4 对比度

亮度对比检测是“一项基本且简单的视觉任务 [45]（p.1249）”。然而，对对比和对比差异的敏感性仍然可以通过训练或练习来提高。尽管一些研究考察了浅层的对比度辨别，这通常在视网膜的凹陷中央进行研究。有时，训练一个空间频率的效果用全对比敏感度函数来评估，这种函数测量对不同空间频率模式的检测 [46]。对比度学习任务主要在第一类或第二类协议中进行研究（在这种情况下等效）。学习经常发生，但在一些报告中学习也没有发生；训练更有可能提高在非基本方向上模式的表现，或者提高

在有横向或模式掩模的情况下进行测试的表现。

一份早期的报告研究了训练对检测不同方向的光栅的影响[47]。在 3000 次试验中对每度倾斜 10 个周期的光栅进行检测，改进了对比度检测，几乎消除了相对于基本方向光栅的检测劣势（参见 Sowden、Rose 和 Davies[45]）。在另一个早期实验中，DeValois[48] 报告说，在长达一年的一系列适应实验过程中，对比敏感度功能发生了巨大变化（特别是在较低的空间频率下）。其他研究表明，在较高的空间频率下，调整每个空间频率[48]的方法会有所改善。最近的研究[10]使用两间隔强制选择（2IFC）检测发现，在高频刺激训练后，检测高空间频率模式有更大的改善（图 2.5）。

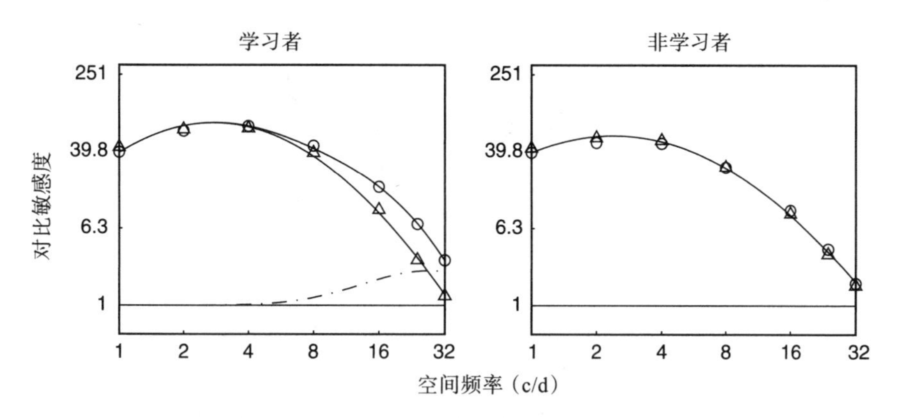

图 2.5　在高空间频率截止点（每度 27 个周期）附近的训练改善了大约一半观察者的对比敏感度函数（CSF），主要改善了学习者的高空间频率检测（虚线，右侧）。基于 Huang、Zhou 和 Lu[10] 提供的平均数据（个人交流）

现在有许多关于对比度辨别的研究，似乎学习的存在取决于实验细节。传统上，这些实验使用 2IFC 任务，其中观察者选择包含对比度增量的间隔，而另一个间隔包含参考对比度（图 2.6）。一组报告[49，50]说，孤立的 Gabor 在凹陷中央没有学习，但是在 Gabor 侧翼有强大的学习能力。另一组报告[51]说，即使对于孤立的视网膜中央凹陷模式也能学习。另一个研究在固定但不变的噪声[54]中测试学习的能力。学习有时依赖于对比度和掩模的存在，在高掩模对比下有大量的学习，而在低掩模对比下没有学习[52]。总的来说，虽然在侧面或掩模刺激存在的情况下，学习可能更稳健，但如果参考条件在训练期间被分离，则中央凹陷处的简单对比度辨别可以显示学习，从而最小化刺激的不确定性[54]，而当刺激被改善时，可能没有学习[27]。

2.6.5　颜色

颜色是自然刺激的重要特征，但涉及颜色的知觉学习的研究也相对较少。这可能反映了在实验室中校准真正等亮度刺激显示的实验要求，以便在消除亮度差异的同时隔离纯颜色差异。（一些实验通过添加亮度噪声来掩盖亮度污染物从而实现这一点。）现有的少数研究集中在学习颜色辨别（第一类或第二类）或固定颜色刺激的颜色分类（第三类）。从这些情况来看，我们只知道训练有时能提高颜色判断能力。

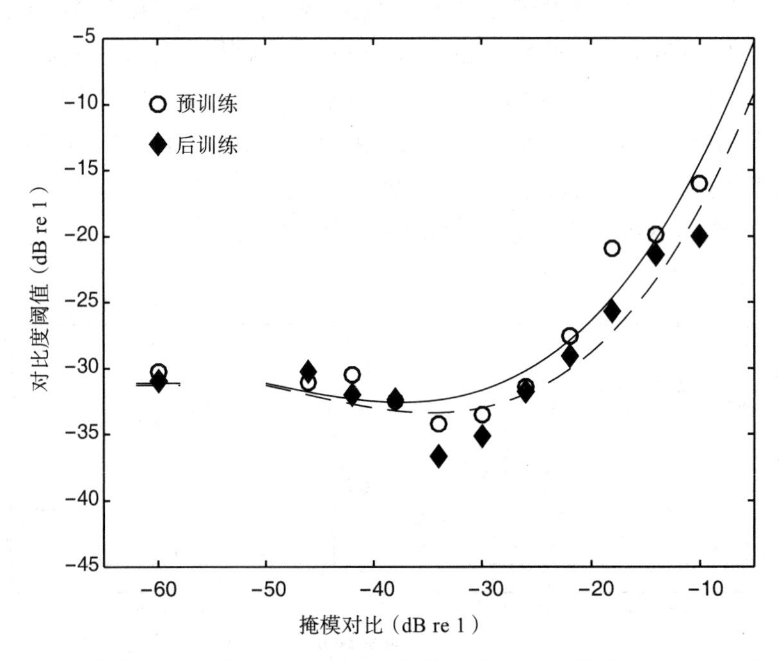

图 2.6 知觉学习发生在一个大（基准）掩模上的小中央凹陷 Gabor 的对比度检测中，显示了平滑的掩模功能。根据 Maehara 和 Goryo 读取的受试者数据（文献 [53] 中的图 3）的平均值重绘

一项研究比较了训练前后对周边 9° 亮度和色度定义的大光栅的检测，发现色度对比检测（在 2IFC 任务中）提高了约 40%[55]。另一项研究报告称，浅层的 7° 等亮度颜色辨别能力略有提高 [56]。也可能发生在复合光栅内辨别颜色或模式学习 [57]。据报道，在恒定步长的 Munsell 颜色空间（保持另一个维度不变）中的一步色调或明度辨别的准确性随着实践而提高 [58]，而训练颜色分类可以使颜色辨别在训练前同样困难，所以，对于跨类别分类更容易，对于类别内分类更困难 [58]。

2.6.6 敏锐度

视觉敏锐度是指视觉的锐度或清晰度，通过在一定距离内辨别图案（如字母或数字）的能力来衡量。敏锐度受到许多因素的限制，包括眼睛的视觉、视网膜的状态和神经处理。其中，训练只能改善神经处理或决策能力。敏锐度测量，如 Snellen 视力表，是一个标准的临床基准。眼科医生通常测量视网膜中央凹处的敏锐度，尽管浅层模式的知觉也会影响现实世界中的视觉功能。

实践对敏锐度的影响是知觉学习最早的观察之一。大多数实验改变了高对比度图案（“视觉类型”或符号）的大小，但也使用了其他测试，如点或线分辨率。所有三种训练模式（第一、二、三类）已在不同的研究中使用，它们包括在中央凹处或偶尔在副中央凹处进行测试。实验的历史可以追溯到一百多年前 [41]。字母识别的最小显示持续时间和大小的练习效果已有报告提出 [59]；Landolt C 方向（一个圆形的间隙位于上、下、左、右 [60, 61]）向相似大小的刺激转移的阈值间隙大小 [61]；识别 “tumbling E” 方向的阈值解释（图 2.7）[62, 63]；解决较宽的单线刺激与双线刺激的最小间隔 [64, 65]；可以分辨的最高空间频率正弦波 [66]。甚至在浅层也有训练失败的报道。其中一项实验 [67] 未能发现 Landolt C 识别或浅层两线分离的改善，另一项实验也未能发现副中央凹处的线间隙识别的改善 [68]。在许多这样的实验中，稳健的学习发生在一个实践或极少数刺激的范例中，而未能提高敏锐度通常会训练出各种刺激。因此，副中央凹处或浅层学习的失败可能反映了训练刺激的混合。

敏锐度是临床视力中最重要的点。即使训练了其他的视觉判别，该协议有时也会评估训练前和训练后的视觉敏锐度。令人惊讶的是，我们对不同对比度的第二类任务的视觉敏锐度知之甚少，或者说我们不清楚这类任务对学习有多敏感。

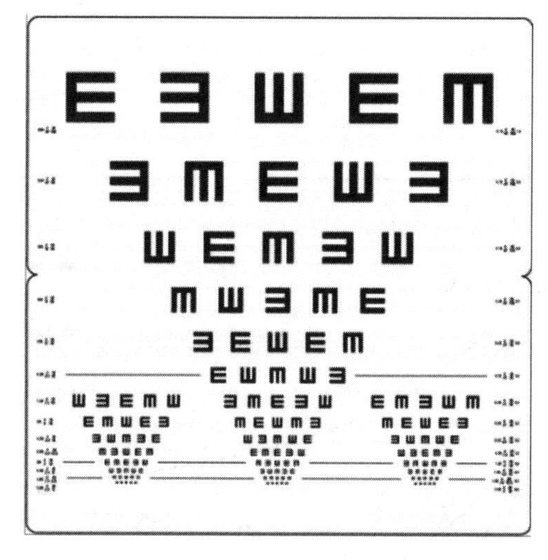

图 2.7　测量视力的 tumbling E 视力表

2.6.7　超锐度

早期的研究人员将超锐度，即辨别模式元素细微的相对位置的能力，解释为一种似乎处于感官受体采样范围内的知觉形式。因此，超锐度任务是知觉学习中研究最广泛的判别方法之一 [69, 70]。尽管一些早期的研究 [71] 训练阈值偏移（第一类），但是我们通常训练相同的刺激（第三类），准确性是我们依赖的衡量指标。我们通常在中央凹处研究超锐度，偶尔在浅层或有视觉掩蔽的情况下研究它。第三类任务可以让观察者利用带有马赛克的视网膜或特定位置的视网膜的局部噪声的意外特性，在训练后期放大这种特性 [54]。

在一项以 17 世纪法国数学家 Pierre Vernier（他发明了一种测量六分仪和机床设备中两条标记线之间距离的方法）命名的标准任务中，观察者判断两条线两端相连的偏移量。人类的游标偏移阈值在几个弧秒（1/3600°）的范围内，远远小于从一条线上分辨两条线的一两个弧分间隔（1/60°）。一篇具有开创性的论文（图 2.8）报告说，对于一些观察者而言，训练将阈值偏移减少了一半或更多，倾斜（非主方向）测试的阈值高于水平或垂直（主方向）测试，但是学习发生在所有方向。其他超锐度任务包括三线二等分（观察者判断中线是否更靠近其中一条侧线），以及三点游标和二等分任务（判断中点是与游标的两个参考点左右对齐，还是在中间进行二等分）[72, 73]。

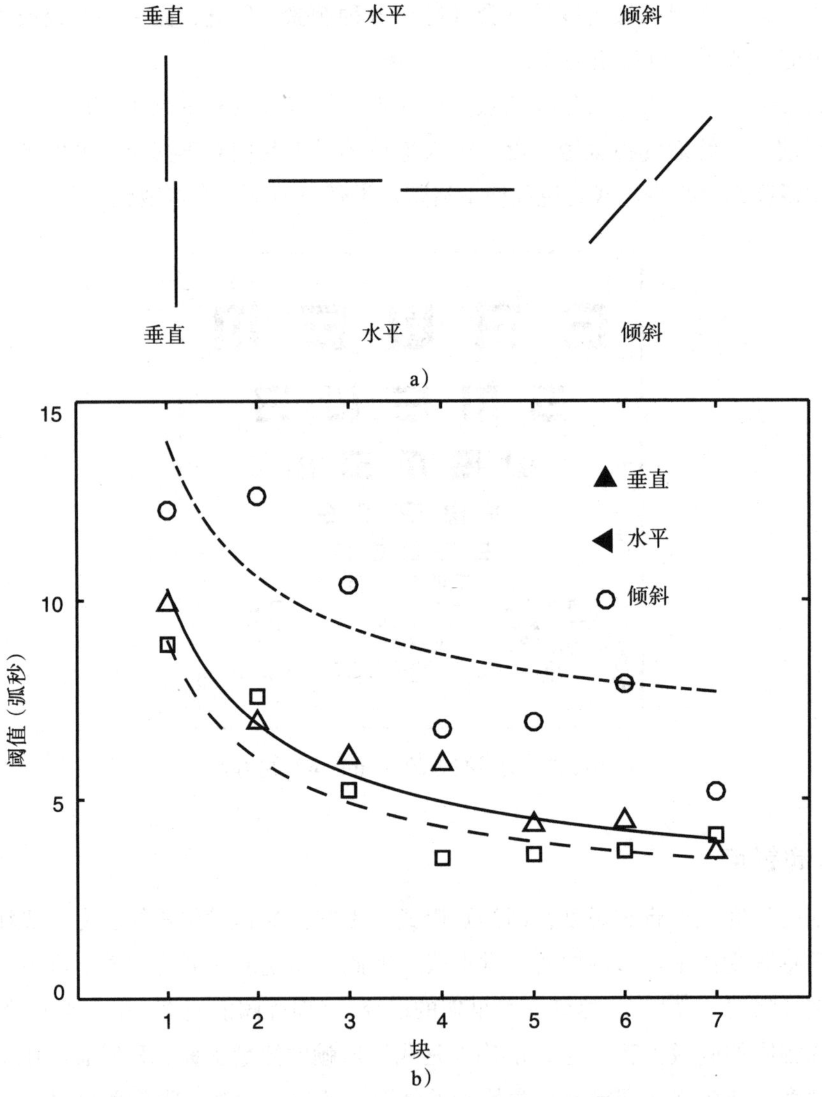

图 2.8 游标超锐度的知觉学习，显示了刺激图解（a）和阈值学习数据（b）(一个观察者)，拟合指数学习曲线。根据 McKee 和 Westheimer 的数据（文献 [71] 中的图 1）重绘

这一领域的学习需要逐项试验反馈[74-76]，可以是特定于视网膜位置的训练，也可以是部分特定于眼睛的训练[73，77-79]（第 3 章）。在所有的研究中，最初的表现和学到的东西都有个体差异[68，72]。在这些高精度超锐度任务中，知觉专长的发展提出了一个非常有趣的例子——知觉学习，并展示了许多与其他知觉任务相同的结果。这些因素包括学习的个体差异、主方向和非主方向判断的差异、训练中混合刺激的破坏性影响，以及训练方案之间的差异。

2.6.8 总结

对单一特征判别的知觉学习的研究报告了许多表现得到显著改善的生动案例，其通常与低到中低水平的视觉有关。研究表明，学习可以将表现提高两倍或更多，这种改进有可能将视觉判别从非常低的准确度水平提升为相当可观的准确度水平。综合这些研究和任务，出现了许多可以归纳的现象。特殊主导形式的特征，例如方向轴上的主轴与非主轴，通常比非主导形式表现出更少的学习能力，而非主导形式初始表现更差，因此具有更稳健的学习空间。当刺激被掩盖或包括外部视觉噪声时，或者在视觉边缘执行任务时，学习幅度同样更大。简而言之，训练通常对外部刺激、非主特征值以及存在外部噪声的情况具有最大的影响。

与此同时，学习这些特征——其中许多是在初级视觉皮层区域编码的——需要在先前存在的许多特征中选择（提升权重）最相关的特征。方向、空间频率、相位、对比度、颜色、敏锐度和超锐度（通常与方向的编码有关）的特征都在大脑皮层有密集的表现，因为它们都在知觉和识别常见视觉模式中起着普遍的作用。由此可以得出结论，虽然包括或给相关的特征加权对于一个典型的判断来说是必须学习的，但是那些特征的表征已经出现在视觉皮层中。

尽管我们在多年的研究工作中获得了一些独特的见解，但仍有广阔的实验领域有待探索，一些基本问题仍有待解决。我们所观察到的表现提升是否能通过训练协议得到充分优化？提升基本的视觉特征判别会与依赖视觉路径中更高层次分析的任务产生级联效应吗？尽管与 30 年前相比，我们现在知道的要多得多，但随着新的实验被设计用来测试那些很少被研究的领域和任务，我们的理论理解有望扩大。同样，我们对基础生理学的训练效果（第 5 章）和优化程序的功能性质（第 12 章）了解得越多，就越能够建立起对学习的全面理论理解。

2.7 知觉学习模式

第二种被普遍研究的知觉学习模式涉及对视觉模式的判断。这些模式通常是特征的组合或特征在空间或时间上的聚集，且通常被认为是由中级视觉处理的。模式域也是十分有趣的，因为学习可能发生在多个层次：在早期特征层次和（或）在中级层次。本节讨论混合刺激、纹理、深度和几种运动形式中的知觉学习。

2.7.1　复合刺激

将几个简单的图案或元素组合在一起就能产生复合刺激，从而更好地近似于真实世界的对象。通常在训练相同刺激的实验中（第三类范例），对复合刺激的判断往往显示出非常好的表现改善。大多数被研究的案例要么涉及“plaids”（格子图案），要么涉及几个空间频率模式的空间频率复合物。

在基于模式的判别中，相对稳健的学习与在单一空间频率中辨别微小差异的失败形成对比[40]。早期的实验[40, 42]使用简单的模式组合不同频率和对比度的正弦波分量（例如，40% 对比度时每度 1 个周期，13% 对比度时每度 3 个周期），并测试一个分量的对比度变化、一个分量的存在与否或一个分量相对于另一个分量的相移（见图 2.4）。据报道，学习特定于方向、空间频率和视野，但——与对中级或高级表征的依赖相一致——不是特定于训练。模式学习实验也使用了格子图案，不同空间频率相反方向的正弦波模式（图 2.9）[80]。当复合模式掩码需要中级视觉过程来聚集来自低级分析器的信息时，学习尤其健壮，这意味着学习可能主要局限于中级到高级机制，而不是低级空间频率或方向分析器。

2.7.2　纹理、全局模式和搜索

在近期知觉学习的历史发展中，纹理任务学习扮演着一个独特的角色。它们认为学习是特定于视网膜位置的——这一发现似乎与初级视觉区域的变化只发生在关键时期的想法背道而驰——首次引入纹理任务。纹理图案用较小的图案平铺空间，观察者可以识别不同背景元素的位置或方向。在相关的视觉搜索任务中，观察者识别显示器中一个或多个目标元素或奇数元素存在与否。学习可以发生在单个元素的编码级别和它们在中级视觉中的集合级别。

训练或练习可以显著提高纹理、全局模式和视觉搜索任务中的识别精度。该研究一般使用由线或其他特征构成的复合刺激，并对连续刺激进行训练（第三类），测量精度或反应时间。还有一些研究在刺激掩盖上控制刺激的异步性（第三类或第二类）。

最有名的例子是 Karni 和 Sagi[81] 在纹理识别任务（TDT）中研究学习。他们测量了简短纹理显示和模式掩盖之间不同延迟下的性能，在成千上万次试验中，发现阈值 SOA（刺激开始异步，产生 80% 的正确率）缩短了几乎四倍（图 2.10）。学习是特定于目标方向象限区域训练的，从而得出了具有广泛影响的理论性结论，即知觉学习反映了 V1 区域单目细胞的可塑性。有些类似的视觉搜索任务需要检测不同于纹理背景的单个奇数元素或弹出[82]，这提出了另一个有重要影响力的建议——反向层次理论[83]，该

理论假设学习从视觉层次的高层开始，并根据需要过渡到低层次。另一种说法是，这些任务中的学习反映了学习刺激序列的时间模式 [84]。

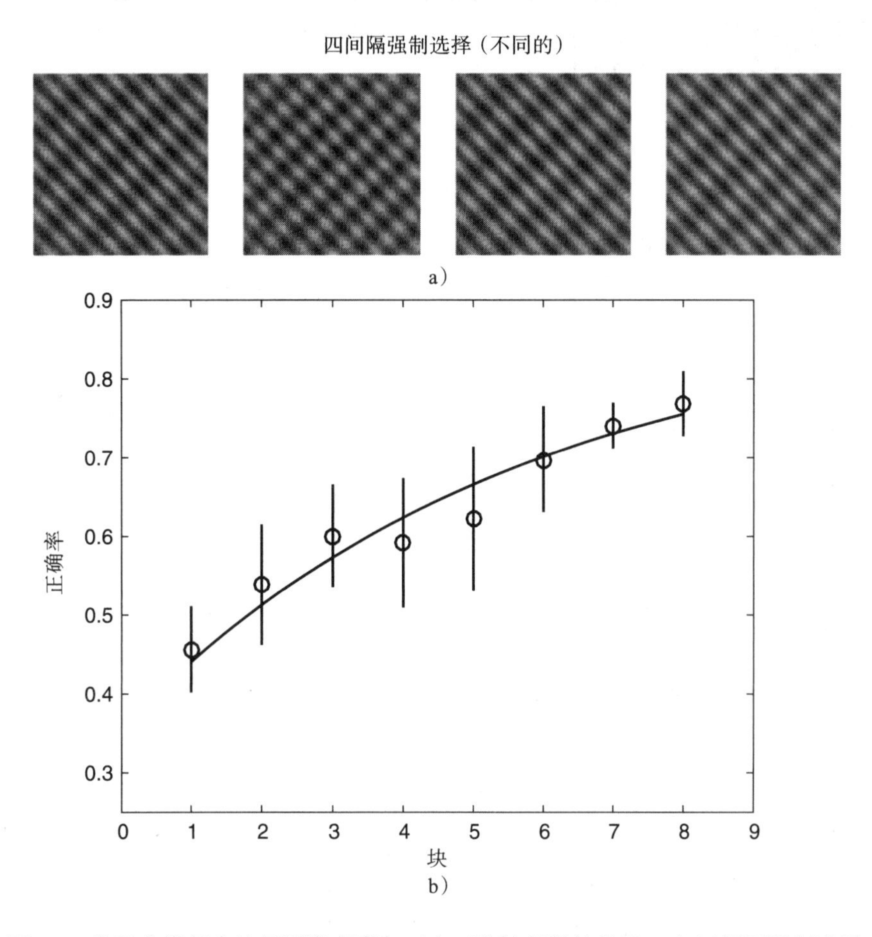

图 2.9 学习分辨复合格子图案刺激与正交正弦波刺激的差异。a）四间隔强制选择任务的刺激说明。b）通过训练提高正确检测的比例，并拟合幂函数学习曲线。根据 Fine 和 Jacobs 的数据（文献 [80] 中的图 4a）重绘，添加了学习曲线

知觉学习也发生在标准视觉搜索任务中。例如，有一项研究 [85] 考察了对不同颜色、大小和方向的单例进行弹出搜索时的知觉学习，以及对颜色和方向或颜色和大小等两个特征的联合进行视觉搜索。大量实践提高了视觉搜索单个特征的响应时间和准确性 [85-88]。相比之下，一些研究发现关联搜索几乎没有学习 [89]，另一些研究声称知觉学习可以消除关联搜索相对于特征搜索的劣势 [90]，还有一些报告称知觉学习改善了连接搜索，但并没有消除它们的响应时间对元素数量的特征依赖 [85, 86, 88]。根据任务和训练方案的不同，在特定计算模型的环境下，在这些领域学习的差异可能会得到更好的解释。

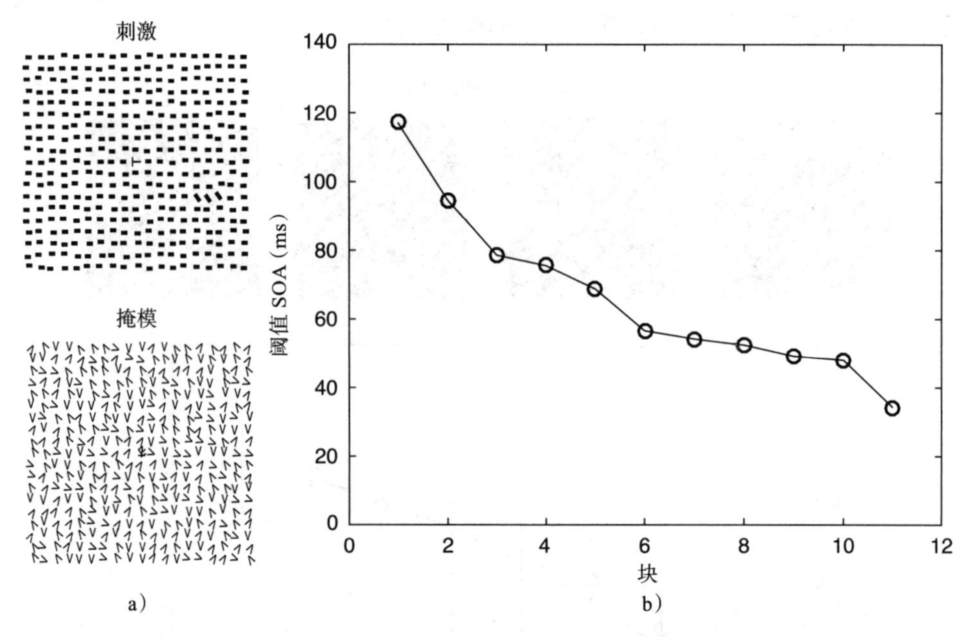

图 2.10 纹理辨别任务中的学习。a）刺激显示在干扰物和后掩膜之间有一个水平纹理块（右下）。b）通过实践，阈值 SOA(刺激和掩模之间的刺激开始异步）提升到 80% 的正确率。从 Karni 和 Sagi 读取的数据（文献 [81] 中图 1 的右上角）计算的阈值

2.7.3 深度

另一个主要特征维度是知觉深度，由相对差异得出。立体感可以通过一些简单的东西来测量，比如区分短杆的深度或复杂的随机点立体图，这些立体图通过左眼和右眼的点之间的差异来描述物体。不仅深度判断的准确性可以提高，而且研究人员还报告说，知觉深度出现（例如，随机点立体图）的响应时间减少了，这对于没有经验的观察者来说可能是相当慢的。由于立体知觉在周边视觉受到限制，因此，大多数训练研究都使用了在中央凹处测试的第三类范例使一些报告有了相当大的表现改善。

两篇关于深度判断 [91，92] 训练的初次报告研究了重复观看由短定向线段组成的立体图如何稳步减少知觉时间。这种学习特定于立体图像中的短线段的方向。类似地 [91]，在更复杂的形状上进行随机点立体图的训练，可以加快深度知觉，并针对空间的特定区域进行训练 [92]。对随机点立体图的练习甚至可以显示出一些观察者对最初子阈模式的知觉（通过脑电图反应来衡量）的改善 [93]。

通过实践可以得到很大的改善。一项研究 [94] 训练了在距中央凹处不同距离处感知两个正方形的相对深度的能力。在 3000 ～ 4000 次训练过程中，知觉周边的阈值提高了 60% ～ 80%，而中央凹处的改善不大。

2.7.4 运动

在动态视觉世界中，检测运动至关重要。它有助于突出一个对象的伪装，在判断一个移动对象时是必需的。运动知觉需要检测物体特征的位移，并在物体或区域上整合多个运动信号来确定运动的方向和速度。运动是被广泛研究的知觉学习的另一个领域。通常情况下，这涉及第三类范例，在相同的刺激下，表现会有所改善；一些使用第一类范例来追踪角度辨别阈值，以检测运动方向的差异；还有极少数在第二类范例中研究使用测量的对比度阈值。学习通常会极大地提高运动知觉，但空间是复杂的——有许多可能的运动刺激形式，对运动的时间频率或速度的依赖也是可能的——因此，即使有相对大量的研究，该领域也才刚刚开始评估这个非常大的刺激空间。

Ball 和 Sekuler[97, 98] 是第一个研究运动刺激的知觉学习的人，他们记录了许多重要的特性。他们通过数千次试验，研究了在随机点运动中，在训练方向附近的运动方向（3°）细微差异的辨别能力的改进（图 2.11）。倾斜方向的改进更大，但是在主方向附近也有一些学习；学习对训练方向有一定的特异性（尽管令人惊讶的是对训练方向 ± 45° 的方向有一些泛化），并且没有转移到运动检测。高眼球间迁移表明学习可能涉及初级视觉皮质（V1）以上的表征，这使得这些研究人员提出，运动学习发生在 MT 或其他更高级的视觉区域 [97]。

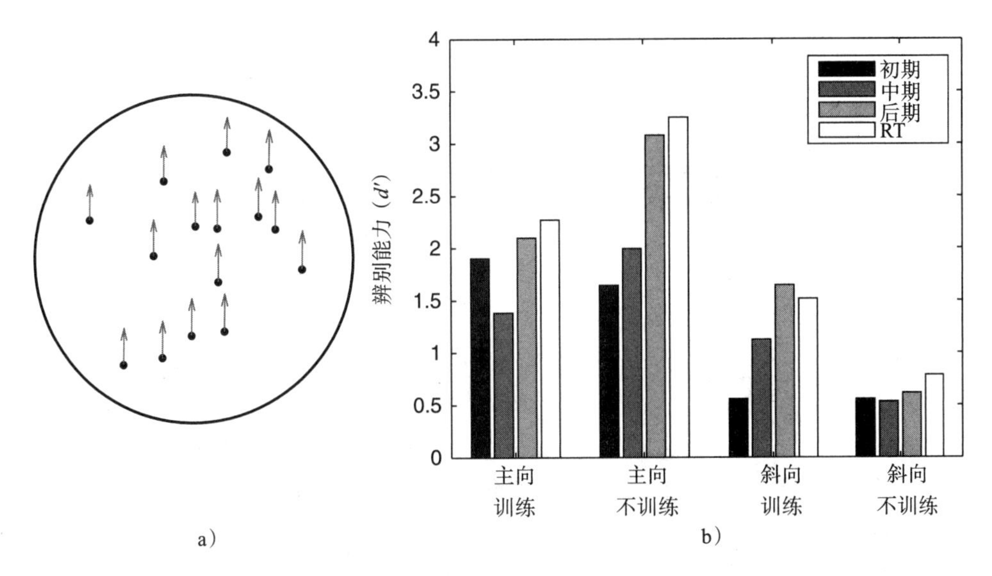

图 2.11　随机点运动中特定方向的知觉学习。a）随机点运动显示。b）训练方向 3° 差异的相同与不同判别的改善。根据 Ball 和 Sekuler 读取的选定数据（文献 [95] 中的图 1）重绘

另一项研究 [38] 显示，对缓慢移动的单个点，以运动阈值来衡量，在主方向和倾斜方向上都有学习，但在较高的运动速度下，只在倾斜方向有学习（参见 Matthews 等

人[97]）。然而，其他研究记录了低连贯性中特定方向的知觉学习（25% 的点向左或向右相关地移动，其他点在随机方向上移动）[98]，即使任何一个点仅出现在两个连贯的图像帧上（两帧点寿命）。

一项具有影响力的研究显示，即使没有单个点在全局方向上移动，学习也能连贯反映局部和全局层面的运动知识[99]。不过有三个条件：（1）相对于全局运动方向 ± 5° 的局部点运动；（2）相对于全局运动方向 ± 30° 的局部点运动；（3）相对于整体运动（“中心缺失”），局部点运动是 ± 30°，而不是 ± 5°。在训练前和训练过程中对 11 个运动方向识别进行测试，结果显示，首先学习局部运动方向识别，然后学习全局运动方向识别，这意味着在进行局部运动编码后学习了全局运动（图 2.12）。

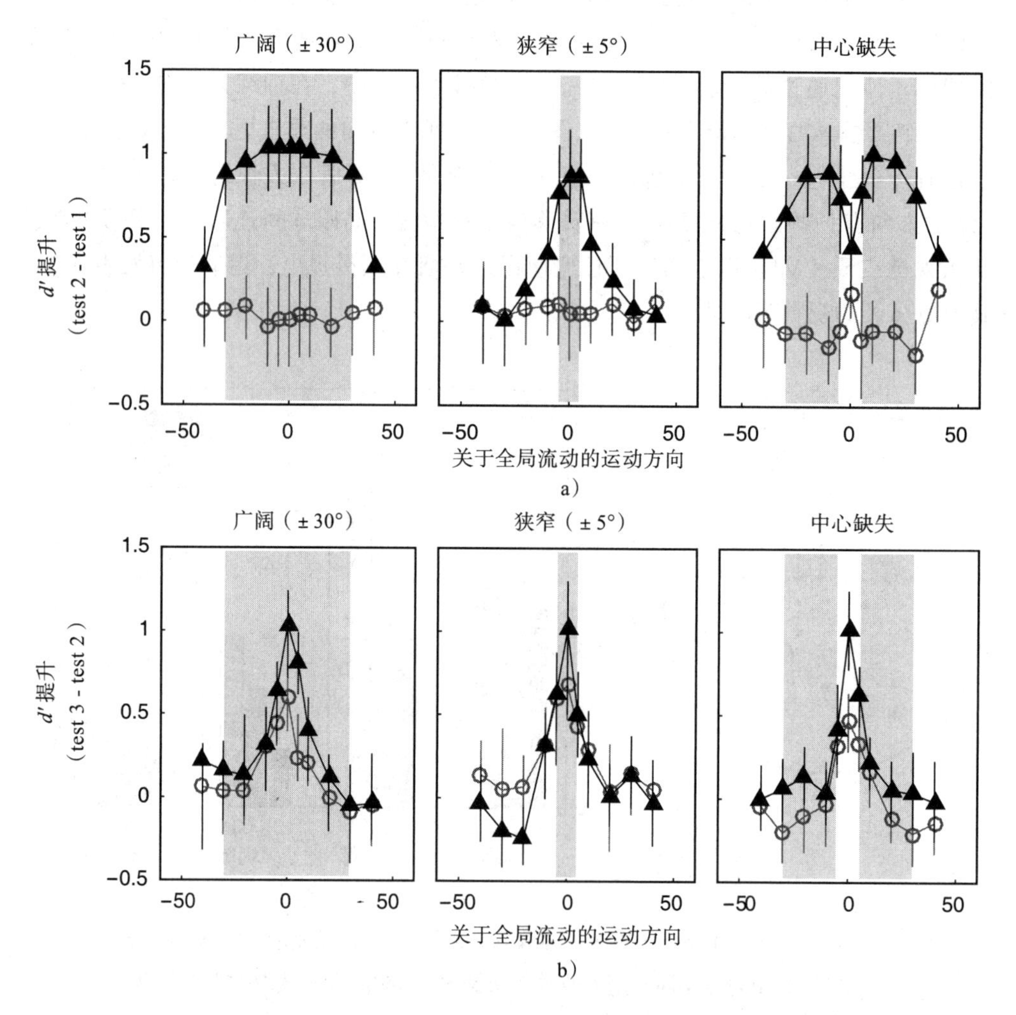

图 2.12　在图 a 和图 b 的两个学习阶段，学习在随机点运动显示中识别全局运动方向，在暴露（黑色三角形）和未暴露（灰色圆圈）方向上识别运动方向的变化（d′ 提升），并使用了宽、窄或中心缺失点运动分布的训练。引自 Watanabe 等人[99] 的图 3，已获许可

学习也可以通过其他（非随机点）的运动刺激来研究。通过练习，许多观察者对刺激路径上或路径外运动[100]的直线刺激的辨别能力有了双倍提升，但这并不仅限于开启或关闭刺激，其他一开始表现良好的观察者几乎没有学到什么。学习也发生在嵌入不同水平的外部噪声的正弦波运动中[101, 102]，训练提高了在各种外部噪声水平下的表现（低外部噪声训练转移到高外部噪声训练[102]）。

据报告，在更复杂的运动任务中也有学习。例如，当运动物体是由每帧上新随机点的动态噪声背景的连贯性运动定义时。在一个物体区域内相同方向的连贯性运动定义的运动物体（Φ 运动），由静态的点（μ 运动）和由点在与物体运动正交的方向上连贯运动的点（θ 运动）都显示出连贯性阈值随着实践的改善（减少），尽管在不同类型之间存在一个复杂的不对称转移模式[103]。这三种刺激对应于 Lu 和 Sperling[104] 提出的运动系统：一阶、二阶和三阶运动系统。一阶运动系统响应运动亮度模式（φ）——这里是亮度点在物体方向上的移动。二阶系统响应的区域没有亮度变化，但有不同的对比度或闪烁（μ）特性。三阶运动系统跟踪显著区（θ）位置的变化。其他几个实验室也报告了一阶和二阶运动的知觉学习和不同的传递模式[105, 106]。虽然运动知觉本身非常复杂，但运动任务的学习可以从重加权中产生（见第 6 章）。

2.7.5　总结

学习在某些情况下比其他情况更能改善对基本低级视觉特征的判断（见 2.3 节），而在中级任务中知觉学习几乎在所有情况下都被发现——Fine 和 Jacobs[25] 在综述中声称这是普遍存在的。但是，必须补充一些注意事项。有些人，特别是那些最初表现非常好的人，可能表现出很少学习能力。更多学习倾向于发生在非主方向刺激上，比如斜向的运动或模式，就像学习低水平的特征一样。

对于一些中等水平的任务，学习似乎也被限制在刺激空间的特定区域，比如非常慢或非常快的动作。尽管有这些条件，这些中级视觉任务的学习比低级特征任务的学习更健壮。这些中级任务也可能反映了通过选择或创造表征来学习之间的区别。我们的解释是，在这些中级任务（复合模式刺激、纹理、深度和运动形式）中，知觉学习有时涉及对现有表征的选择或筛选，有时涉及创建参与决策的新表征。尽管许多简单形式的运动和纹理可以在视觉区域（V1、MT、MST 等）中进行预编码，但复合模式刺激或纹理中的特征的可能组合的集合不太可能被预编码。由此可见，对于支持复杂运动知觉的所有可能的刺激特征组合，情况也是如此[107]。在这些情况下，学习可能不仅涉及选择（提升）与支持所需判断最相关的特征表示，而且还涉及创建或产生表示新组合的新集合。

模式知觉中的学习形式特别有趣，正是因为它可能发生在多个层面，从而提供了在基本特征层面、中间视觉层面或更高决策层面进行单独学习的机会。如果要回答这些问题，就必须根据具体情况设计出衡量不同层次学习的方法。一个值得注意的例子是 Watanabe 等人[99]的研究，他们使用随机点运动刺激，将局部运动线索与全局运动线索解耦，而其他迁移范例则以不同的方式解决相同的问题（见第 3 章）。

中级任务提供了一个机会来解释学习主要是发生在一个级别，还是同时发生在两个级别，还是依次发生的。Ahissar 和 Hochstein 提出的具有影响力的逆向层次理论认为，学习从视觉层次的较高层次开始，然后根据任务要求，才涉及较低层次的学习[82, 83, 108, 109]。他们的假设很耐人寻味，但在现实中却得到了褒贬不一的支持。

2.8 对象知觉学习和自然刺激

最接近我们日常感性经验的刺激，也是实验室里最复杂、最难研究的。对象和其他自然刺激——形状、面孔和复杂的运动——依赖于特征的配置来定义单个的例子。它们涉及多个层次的过程，从视觉特征的早期表征开始，然后是中级特征集合或模式，最后是更高级别的表征。在本节中，我们将考察涉及轮廓、形状和对象的知觉学习研究；面部和新奇的类动物实体（例如，希腊人）；还有动态的生物运动。虽然要求较低层次判断的任务更依赖于对现有表征的选择，但在许多或大多数高级任务中，知觉学习似乎涉及创建特定对象的新表征。

2.8.1 轮廓、形状和对象

识别复杂视觉阵列中的轮廓、形状和对象是视觉知觉的基础。在人类看来，这些高级视觉功能看似毫不费力且具有自主性，但实际上涉及几个层次的分析。它们必须代表局部特征，建立视觉模式和扩展轮廓，并最终从不同的角度识别对象。

这些过程是否可以通过经验得到加强的问题再次出现。基本上，文献中的所有报告都遵循一定的标准模式给出了肯定的答案。观察到的学习通常是特定于训练样本的，这表明知觉学习的功能是开发新的条目或对形状词典的新访问。绝大多数研究同样使用第三类训练和评估，表明在实践中对相同项目的识别或分类有所改进。也就是说，为数不多的可用研究只是自然物体知觉领域中一个广阔但未被充分探索的小样本。

在对象数据集较小的情况下，通过学习可以显著提高由低级模式元素构建的形状轮廓的识别能力。在一项研究中[110]，形状轮廓是在其他方向元素的背景中由小共线方向 Gabor 块构成的轮廓，类似于纹理场中的阴影形状。当背景元素为单一方向时，形状轮廓具有高显著性；当背景元素为随机方向时，形状轮廓具有低显著性（背景元素的方向因试验而异，以消除对特定背景模式的学习）[82]。对小数据轮廓的训练提升了检测和分类的效果，影响了对训练对象的功能磁共振成像（fMRI）反应，而未训练对象的表现保持不变（图 2.13）。在一项研究中，学习一个小数据集的任意二维斑点形状是特定于视网膜位置的，而在另一项研究中，当 Gabor 方向与诱导轮廓线倾斜或正交，与轮廓线方向偏离时，模式识别能力得到提高[112]。

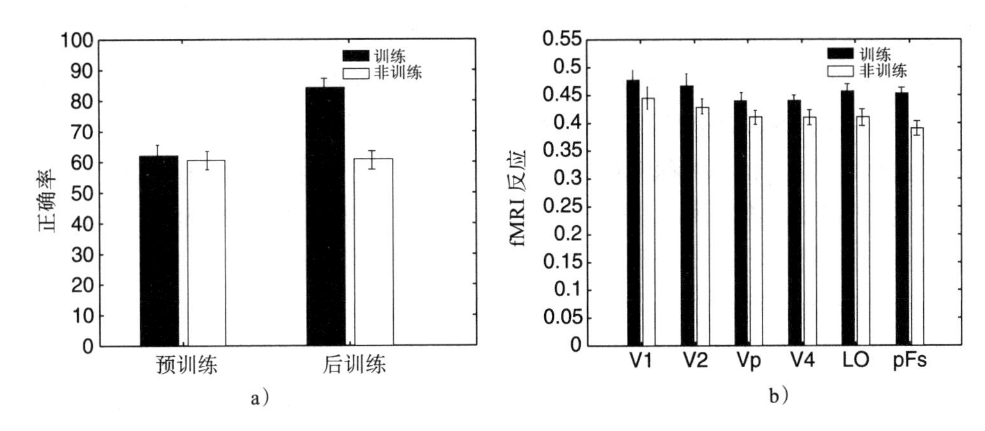

图 2.13　知觉学习提高了方向背景元素中定向 Gabor 块的训练轮廓的检测。a）对称性判断的准确性随着对小数据集的训练而提高。b）fMRI 对训练的形状的反应也是如此，而对未训练的刺激的表现没有变化。引自 Kourtzi 等人 [110] 的图 3a 和图 3c。知识共享，版权归 Kourtzi 等人（2005）所有

从二维图像中识别真实的三维物体是另一个经典的视觉功能 [113]。知觉中一个长期存在的理论问题是，什么样的表征支持三维对象知觉——它是否涉及真实的、由组件形状定义的三维形状表示 [114]，或者可以通过插值从二维视图相关的表示中推断出来 [115-117]。一个有说服力的发现是人们倾向于使用熟悉的象视图，通常带有一些视点依赖性 [119，120]。

一些研究着眼于三维物体识别的训练。在其中一个实验中 [121]，以阈值持续时间识别普通物体轮廓图片的曝光持续时间显示出特定于训练物体的长期改善。与前面使用新的任意形状的例子不同，在上面的例子中，对象的身份或名称也是被学习的，这里所有的对象代表在实验之前已知的对象类别。

2.8.2 面部和实体

识别特定的人脸或识别面部表情所传达的情感是人类社会互动的一个基本方面。有效的识别取决于面部特征以及它们彼此之间的关系（例如，眼睛之间的距离或鼻子到嘴巴的距离）[122-124]。这些功能涉及许多大脑区域，通过与特定区域损伤相关的功能障碍来识别 [125-127]。尽管人们对人脸和其他人造实体的知觉有广泛兴趣，但关于如何识别、标记或命名人脸或实体的文献相对较少。就像对一个人的脸和名字变得更加熟悉一样，知觉的学习或练习提高了对练习过的人脸或实体的辨别能力。与其他关于高层次知觉学习的研究一样，大多数人在第三类范例中使用高对比度刺激。

在一项研究中，观察者学会了在不同程度的外部噪声中识别和标记 10 张他们先前熟悉的人脸 [128，129]。这项研究是高级视觉中仅有的第二类实验之一，它使用自适应方法评估对比度阈值。与 Gabor 方向的结果 [12，13]（图 2.2）相似，知觉学习发生在所有

层次的外部噪声中。同样的数据模式也出现在识别过滤后的纹理模式中（可能包括也可能不包括像人脸这样的配置模式）[128, 129]。当实验者眼睛、鼻子或嘴巴不同时，观察者可以学会对脸部最具诊断性的区域进行不同的加权[130]。

通过人工视觉实体或被称作 Greeble（图 2.14）的化身对新刺激的知觉专长的获得进行了研究，每个虚拟实体或虚拟形象都由一组特征定义。（在电影动画中，greeble 一词是指添加到基本形状上的装饰）。经过 10 个多小时的混合训练，研究人员获得了专长，让每个 Greeble 都有自己的性别标签、姓名标签或家族标签。同时要求观察者出示或验证该 Greeble 的性别、家族或姓名标签[131, 132]。不出所料，识别和命名之前新奇的 Greeble 的能力随着训练而提高。随着时间的推移，还出现了对直立方向的敏感性，类似于对直立人脸的不同处理[133]。这些实验从广义上表明，人类在人脸识别方面的专长可能是通过类似的经历发展起来的。

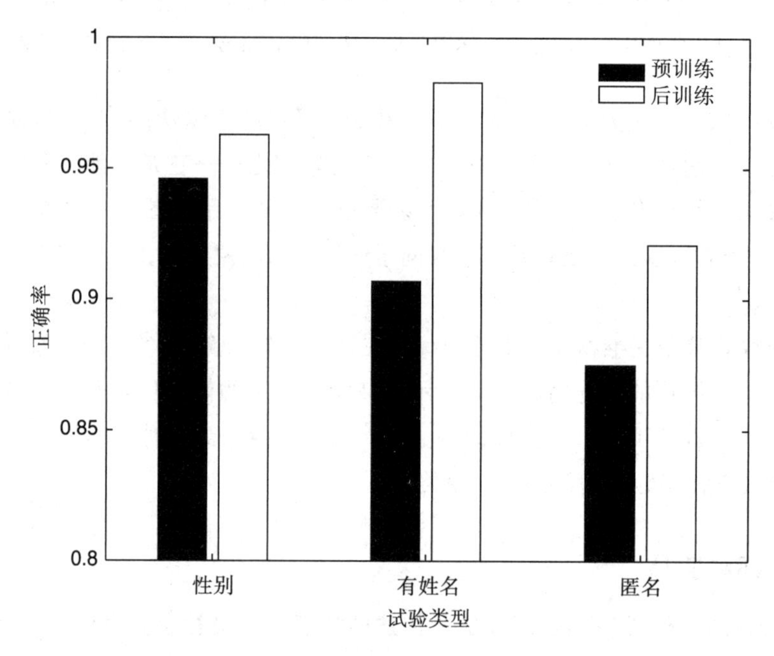

图 2.14　实践创造了 Greeble 专家，因为观察者学习由特定视觉特征配置定义的化身的名字、家庭和性别。在训练前和训练后显示性别或个人姓名（有姓名和匿名的训练）表现的准确性。根据 Gauthier 等人的选定数据（文献 [131] 中的图 4）重绘

2.8.3　生物运动

知觉和理解人类或动物运动的能力称为生物运动，已经被研究了几十年。人们甚至可以从非常模糊的显示器上辨认出人物和其他有生命的实体。最早由 Johannson[134] 开发的早期点光显示器只在主要关节或四肢的几个点上附加灯光，并提出了一个极具

思考的挑战，即理解这些显示是如何解释为人或动物的，以及从中提取了哪些信息(参见 Blake 和 Shiffrar[135])。少数关于生物运动的研究都使用了第三类范例，这表明可能需要通过训练来感知具有挑战性的生物运动显示。

在一项研究中[136]，观察者练习了用不同数量的噪声点遮掩动画来区分生物运动显示和非生物运动显示。实验者打乱了生物运动动画中点的起始位置，而非生物运动动画不变。经过训练后，观察者可以忽视更多的噪声点，并且仍然能区分生物运动显示与非生物运动显示。在另一组研究中，观察者学会了对骨骼结构（生物或非生物）产生的运动动画序列进行分类，在几次试验中就能非常快速地经历“可行”的运动[137-139]。观察者被要求判断两个动画序列是相同的还是不同的，其中不匹配的动画选自同一类别。骨骼结构的存在似乎允许观察者编码和记忆动画序列，至少在短时间内是这样。

2.8.4　总结

虽然学习可以持续很长一段时间，但我们对物体和其他与高层次视觉[25]相关的自然刺激的知觉似乎可以很快地被训练出来。然而，这样的结论基于非常稀少的研究和刺激类型。除了少数例外，学习是用小的、固定的、容易看见的高对比度项目（第三类范例）来评估的。训练是否能提高区分越来越相似的样本（第一类范例）的能力还有待确定。在这种高层次的任务中，有许多关于学习的开放性问题。

在某些方面，学习识别这些刺激是经典知觉专长的内容。人类是世界上识别人脸和对象的专家，但现有的大多数研究都是训练对新对象的识别，要求观察者在学习专门的知觉特征或配置的同时，学习对象的反应映射或名称。在识别特定实体方面经过训练的改进似乎很少适用于处理同一类的其他例子。

理解高层次任务中学习的本质对于将知觉学习从实验室任务转化为在自然环境中提高表现起着至关重要的作用。尽管目前的研究仍然局限于有限的实验集，但现有的研究为未来的工作奠定了基础，包括对特殊知觉专长的发展进行更全面的分析。此外，对高层次知觉学习的研究也提出了一个重要的理论问题。在一些中级视觉任务中，未来的工作需要确定学习是发生在多个层次上，还是只发生在创建新组合的更高层次上。

在任何视觉任务中的挑战都是设计实验来区分不同层次的学习。旨在改善基本特征的训练或中级模式的处理会影响对象、人脸和其他自然刺激的学习吗？如果是这样的话，如何优化这种训练？这个问题的答案可能会为许多现实世界的应用指明方向。

2.9　结论

在本章中，我们根据训练特征的性质将知觉学习的处理分为三个层次，并认为每个层次的学习任务都涉及选择和创造新表征之间的权衡，这取决于任务所需的主要分析层次。这三个层次是与低级视觉相关的单一特征任务，包括方向、空间频率、相位、对比度、颜色、敏锐度和超锐度；与中级视觉相关的模式任务，包括复合刺激、纹理模式、全局方向、搜索、深度和运动；以及需要更复杂的高级视觉分析的对象和自然刺激识别任务，包括轮廓、形状或对象、人脸或实体以及生物运动。与此同时，其他因素也会影响学习的速度和程度，这些包括训练是发生在视网膜中央凹处、视网膜中央凹旁还是周边；刺激是否涉及非主向或有标记的特征值；以及是否存在无关的特征或掩模。最后，我们将使用的测试范例分为三类任务（第一、二和三类）。这些不同的范例（通常用于训练和评估）增加了不同的学习经验，这不仅会对学习产生实质性影响，还会对迁移和泛化产生实质性影响（相关讨论见第 3 章和第 12 章）。

在此基础上，我们发现知觉学习的稳健性取决于分析水平，而分析水平是任务判断的主要依据。虽然知觉学习在大多数情况下都发生在每个层次，但对于需要更高层次判断的任务来说，它通常更健壮。尽管如此，每个层次的学习速率和学习机制的差异可能是巨大的，并且对应于视觉层次中不同层次的表征和过程，在低、中、高层次任务的现象中有相当多重叠。此外，我们认为，研究不足的因素（如任务类型或训练经验）可能被证明在决定学习（和迁移）方面几乎同样重要。

视觉知觉学习的行为现象和生理现象之间的关系是复杂的。即使一项任务集中在视觉表征层次结构的初级或高级编码的表征或特征上，可塑性也可能发生在多个层面，包括视觉皮层以外的层面。专注于低层次特征的任务学习可能会对高层次的视觉分析产生连锁效应。同样，在涉及以中级或高级视觉编码的特征任务中的学习也可能依赖于以低级视觉表征编码的特征学习。可塑性当然涉及决策，而且几乎可以肯定是自上而下的过程。未来的研究将需要完全确定大脑模块之间的可塑性是如何发生的。

在我们的理论分析中，选择学习和创造学习的区别是至关重要的。文献大致符合这样一种趋势，即从选择或筛选针对初级视觉区域编码特征的现有任务表示，到针对高级视觉刺激的任务创造新的特征组合及其配置，如图 2.1 所示。这反过来又提出了一个问题，即选择和创造之间的差异如何与重加权和表征变化之间的差异、稳定性和可塑性相关联？

在后续章节的讨论中，应该注意到重加权过程是非常有效的。它们可以通过选择或筛选的过程来影响初级视觉表征。另一种选择是，重加权来自多个较低层次表征的输入，将其输入到更高层次的表征中，可以改变更高层次表征的反应，创造并返回新的节点（神经系统集成）来代表新的对象和类别。我们相信，一般类别的重加权模型提供了最强大的概念框架，用于在大多数任务中建模学习。这一点将在第 6、7 和 8 章中进一步阐述。

20 世纪 90 年代以来，知觉学习研究再次兴起，但仍有许多问题未得到深入研究。现有的实验研究密集地聚集在所有知觉学习任务的广阔领域中的小区域，涉及不同的判别、刺激和训练范例。方向识别、超锐度和运动方向运动图（点运动）的功能已经得到了相当广泛的研究。视觉功能的其他方面，依赖于对空间频率、相位、轮廓、对象识别等的敏感性，研究得很少。通常，单一的训练模式主导某一特定领域的研究。旨在研究未充分研究的刺激领域中的知觉学习或使用更广泛的训练方案的研究可能会识别新的不同形式的学习和可塑性。现有的工作揭示了视觉可塑性的重要性、规模和潜在的复杂性，但它留下了许多在根本上未被探索的领域，而新的技术可能会开辟全新的路径。

除了简单地扩展视觉特征域和判别任务之外，人类能力评估的新方法可能会扩展我们将来研究知觉学习的方式。正如本章前面所讨论的，考虑到需要大量的试验来评估性能，学习几乎总是以数百次的规模来衡量。一方面，视觉知觉学习可能会在数千次试验中继续发生。另一方面，学习有时也包含快速的成分。其他时间因素，如恶化或疲劳或巩固，可能发生在会话期间或会话之间。最近开发的快速评估方法有可能在更精细的时间尺度上评估表现[19, 21, 22, 140]，有时是逐项试验[23, 24]。在这个时间尺度上的衡量可以揭示学习的精确时间动态，这在此前几乎是完全未被探索过的（见表 2.2）。

表 2.2　知觉学习的潜在新领域

• 探索知觉学习过程中细粒度的时间变化，包括快速学习或会话期间恶化
• 评估与目标任务或一系列目标任务的分离的训练形式的有效性
• 设计新的测试来识别多层次的知觉学习
• 测试学习度量模型的理论预测

在现有的文献中，用于评估表现的试验也被用作训练方法。其结果是对训练形式不必要的限制。更快的评价方法还可以使对目标任务的评价与用于改善该任务表现的训练方法脱钩。未来的实验可能还会通过较少的试验来评估整个训练过程中一系列多重任务的表现变化，从而减少评估过程中的学习量。

参考文献

[1] James W. *The principles of psychology.* Vol. 1. Holt; 1890.

[2] Weber EH. *E. H. Weber on the tactile senses.* 2nd ed. Ross HE and Murray DJ, eds. and trans. Erlbaum. 1996.

[3] Stratton GM. Vision without inversion of the retinal image. *Psychological Review* 1897;4(4):341–360.

[4] Stratton GM. Some preliminary experiments on vision without inversion of the retinal image. *Psychological Review* 1896;3(6):611–617.

[5] Welch RB, Bridgeman B, Anand S, Browman KE. Alternating prism exposure causes dual adaptation and generalization to a novel displacement. *Attention, Perception, & Psychophysics* 1993;54(2):195–204.

[6] Geisler WS. Visual perception and the statistical properties of natural scenes. *Annual Review of Psychology* 2008;59:167–192.

[7] Simoncelli EP, Olshausen BA. Natural image statistics and neural representation. *Annual Review of Neuroscience* 2001;24(1):1193–1216.

[8] Bavelier D, Levi DM, Li RW, Dan Y, Hensch TK. Removing brakes on adult brain plasticity: From molecular to behavioral interventions. *Journal of Neuroscience* 2010;30(45):14964–14971.

[9] Bavelier D, Neville HJ. Cross-modal plasticity: Where and how? *Nature Reviews Neuroscience* 2002;3(6):443–452.

[10] Huang C-B, Zhou Y, Lu Z-L. Broad bandwidth of perceptual learning in the visual system of adults with anisometropic amblyopia. *Proceedings of the National Academy of Sciences* 2008;105(10):4068–4073.

[11] Zhou Y, Huang C, Xu P, Tao L, Qiu Z, Li X, and Lu, ZL. Perceptual learning improves contrast sensitivity and visual acuity in adults with anisometropic amblyopia. *Vision Research* 2006;46(5):739–750.

[12] Dosher BA, Lu Z-L. Perceptual learning reflects external noise filtering and internal noise reduction through channel reweighting. *Proceedings of the National Academy of Sciences* 1998;95(23):13988–13993.

[13] Dosher BA, Lu Z-L. Mechanisms of perceptual learning. *Vision Research* 1999;39(19):3197–3221.

[14] Lu Z-L, Dosher BA. Characterizing human perceptual inefficiencies with equivalent internal noise. *Journal of the Optical Society of America A* 1999;16(3):764–778.

[15] Lu Z-L, Dosher BA. Characterizing observers using external noise and observer models: Assessing internal representations with external noise. *Psychological Review* 2008;115(1):44–82.

[16] Andersen GJ, Ni R, Bower JD, Watanabe T. Perceptual learning, aging, and improved visual performance in early stages of visual processing. *Journal of Vision* 2010;10(13):4,1–13.

[17] Dobres J, Seitz AR. Perceptual learning of oriented gratings as revealed by classification images. *Journal of Vision* 2010;10(13):8,1–11.

[18] Kattner F, Cochrane A, Green CS. Trial-dependent psychometric functions accounting for perceptual learning in 2-AFC discrimination tasks. *Journal of Vision* 2017;17(11):3,1–16.

[19] Lesmes LA, Jeon S-T, Lu Z-L, Dosher BA. Bayesian adaptive estimation of threshold versus contrast external noise functions: The quick TvC method. *Vision Research* 2006;46(19):3160–3176.

[20] Lesmes LA, Lu Z-L, Baek J, Albright TD. Bayesian adaptive estimation of the contrast sensitivity function: The quick CSF method. *Journal of Vision* 2010;10(3):17,1–21.

[21] Lesmes LA, Lu Z-L, Baek J, Tran N, Dosher BA, Albright TD. Developing Bayesian adaptive methods for estimating sensitiizty thresholds (d′) in yes-no and forced-choice tasks. *Frontiers in Psychology* 2015;6,1–24.

[22] Lesmes LA, Lu Z-L, Tran NT, Dosher BA, Albright TD. An adaptive method for estimating criterion sensitivity (d’) levels in yes/no tasks. *Journal of Vision* 2006;6(6):1097.

[23] Zhang P, Zhao Y, Dosher B, Lu Z-L. Evaluating the performance of the staircase and quick Change Detection methods in measuring perceptual learning. *Journal of Vision* 2019;19(7):14,1–25.

[24] Zhang P, Zhao Y, Dosher B, Lu Z-L. Assessing the detailed time course of perceptual sensitivity change in perceptual learning. *Journal of Vision* 2019;19(5):9,1–19.

[25] Fine I, Jacobs RA. Comparing perceptual learning across tasks: A review. *Journal of Vision* 2002;2(2):5, 190–203.

[26] Hung S-C, Seitz AR. Prolonged training at threshold promotes robust retinotopic specificity in perceptual learning. *Journal of Neuroscience* 2014;34(25):8423–8431.

[27] Herzog MH, Aberg KC, Frémaux N, Gerstner W, Sprekeler H. Perceptual learning, roving and the unsupervised bias. *Vision Research* 2012;61:95–99.

[28] Parkosadze K, Otto TU, Malania M, Kezeli A, Herzog MH. Perceptual learning of bisection stimuli under roving: Slow and largely specific. *Journal of Vision* 2008;8(1):5,1–8.

[29] Kuai S-G, Zhang J-Y, Klein SA, Levi DM, Yu C. The essential role of stimulus temporal patterning in enabling perceptual learning. *Nature Neuroscience* 2005;8(11):1497–1499.

[30] Zhang J-Y, Kuai S-G, Xiao L-Q, Klein SA, Levi DM, Yu C. Stimulus coding rules for perceptual learning. *PLoS Biology* 2008;6(8):e197.

[31] Schoups AA, Vogels R, Orban GA. Human perceptual learning in identifying the oblique orientation: Retinotopy, orientation specificity and monocularity. *Journal of Physiology* 1995;483(3):797–810.

[32] Vogels R, Orban GA. The effect of practice on the oblique effect in line orientation judgments. *Vision Research* 1985;25(11):1679–1687.

[33] Shiu L-P, Pashler H. Improvement in line orientation discrimination is retinally local but dependent on cognitive set. *Perception, & Psychophysics* 1992;52(5):582–588.

[34] Ghose GM, Yang T, Maunsell JH. Physiological correlates of perceptual learning in monkey V1 and V2. *Journal of Neurophysiology* 2002;87(4):1867–1888.

[35] Schoups A, Vogels R, Qian N, Orban G. Practising orientation identification improves orientation coding in V1 neurons. *Nature* 2001;412(6846):549–553.

[36] Yang T, Maunsell JH. The effect of perceptual learning on neuronal responses in monkey visual area V4. *Journal of Neuroscience* 2004;24(7):1617–1626.

[37] Burnat K. Are visual peripheries forever young? *Neural Plasticity* 2015;2015;307929.

[38] Matthews N, Welch L. Velocity-dependent improvements in single-dot direction discrimination. *Perception & Psychophysics* 1997;59(1):60–72.

[39] Lu Z-L, Dosher BA. Perceptual learning retunes the perceptual template in foveal orientation identification. *Journal of Vision* 2004;4(1):5,44–56.

[40] Fiorentini A, Berardi N. Learning in grating waveform discrimination: Specificity for orientation and spatial frequency. *Vision Research* 1981;21(7):1149–1158.

[41] Bennett RG, Westheimer G. The effect of training on visual alignment discrimination and grating resolution. *Perception & Psychophysics* 1991;49(6):541–546.

[42] Fiorentini A, Berardi N. Perceptual learning specific for orientation and spatial frequency. 1980;287(5777): 43–44.

[43] Dosher BA, Lu Z-L. The functional form of performance improvements in perceptual learning: Learning rates and transfer. *Psychological Science* 2007;18(6):531–539.

[44] Dosher BA, Han S, Lu Z-L. Perceptual learning and attention: Reduction of object attention limitations with practice. *Vision Research* 2010;50(4):402–415.

[45] Sowden PT, Rose D, Davies IR. Perceptual learning of luminance contrast detection: Specific for spatial frequency and retinal location but not orientation. *Vision Research* 2002;42(10):1249–1258.

[46] Huang C-B, Lu Z-L, Zhou Y. Mechanisms underlying perceptual learning of contrast detection in adults with anisometropic amblyopia. *Journal of Vision* 2009;9(11):24,1–14.

[47] Mayer MJ. Practice improves adults' sensitivity to diagonals. *Vision Research* 1983;23(5):547–550.

[48] De Valois KK. Spatial frequency adaptation can enhance contrast sensitivity. *Vision Research* 1977;17(9):1057–1065.

[49] Adini Y, Wilkonsky A, Haspel R, Tsodyks M, Sagi D. Perceptual learning in contrast discrimination: The effect of contrast uncertainty. *Journal of Vision* 2004;4(12):2,993–1005.

[50] Dorais A, Sagi D. Contrast masking effects change with practice. *Vision Research* 1997;37(13):1725–1733.

[51] Yu C, Klein SA, Levi DM. Perceptual learning in contrast discrimination and the (minimal) role of context. *Journal of Vision* 2004;4(3):4,169–182.

[52] Swift DJ, Smith RA. Spatial frequency masking and Weber's Law. *Vision Research* 1983;23(5):495–505.

[53] Maehara G, Goryo K. Perceptual learning in monocular pattern masking: Experiments and explanations by the twin summation gain control model of contrast processing. *Perception & Psychophysics* 2007;69(6):1009–1021.

[54] Sagi D. Perceptual learning in vision research. *Vision Research* 2011;51(13):1552–1566.

[55] Thurston C, Dobkins K. Stimulus-specific perceptual learning for chromatic, but not luminance, contrast detection. *Journal of Vision* 2007;7(9):469.

[56] Sowden PT, Davies IR, Notman LA, Alexander I, Özgen E. Chromatic perceptual learning. In P G Biggam, C A Hough, C J Kay, and D. R. Simmons, eds., *New directions in colour studies*. John Benjamins Publishing Company; 2011:433–443.

[57] Fiorentini A, Berardi N. Adaptation and learning in the visual perception of gratings. In Fahle M, Poggio T, eds., *Perceptual learning*. MIT Press; 2002:161–176.

[58] Özgen E, Davies IR. Acquisition of categorical color perception: A perceptual learning approach to the linguistic relativity hypothesis. *Journal of Experimental Psychology: General* 2002;131(4):477–493.

[59] Sanford EC. The relative legibility of the small letters. *American Journal of Psychology* 1888;1(3):402–435.

[60] Bruce RH, Low FN. The effect of practice with brief-exposure techniques upon central and peripheral visual acuity and a search for a brief test of peripheral acuity. *Journal of Experimental Psychology* 1951;41(4):275–280.

[61] Saugstad P, Lie I. Training of peripheral visual acuity. *Scandinavian Journal of Psychology* 1964;5(1):218–224.

[62] Shvarts LA. Raising the sensitivity of the visual analyser. In Simon B, ed., *Psychology in the Soviet Union*. Stanford University Press; 1957:100–107.

[63] Foley P, Lavery J, Abbey D. Scotopic acuity and knowledge of results. *Perceptual and Motor Skills* 1964;18(2):505–508.

[64] McFadden HB. *The dependence of the resolving power of the eye upon the dynamics of the test field and upon practice effect*. PhD dissertation, Ohio State University:1940.

[65] Wilcox WW. An interpretation of the relation between visual acuity and light intensity. *Journal of General Psychology* 1936;15(2):405–435.

[66] Johnson CA, Leibowitz HW. Practice effects for visual resolution in the periphery. *Perception & Psychophysics* 1979;25(5):439–442.

[67] Westheimer G. Is peripheral visual acuity susceptible to perceptual learning in the adult? *Vision Research* 2001;41(1):47–52.

[68] Beard BL, Levi DM, Reich LN. Perceptual learning in parafoveal vision. *Vision Research* 1995;35(12):1679–1690.

[69] Crist RE, Kapadia MK, Westheimer G, Gilbert CD. Perceptual learning of spatial localization: Specificity for orientation, position, and context. *Journal of Neurophysiology* 1997;78(6):2889–2894.

[70] Poggio T, Fahle M, Edelman S. Fast perceptual learning in visual hyperacuity. *Science* 1992;256(5059):1018–1021.

[71] McKee SP, Westheimer G. Improvement in Vernier acuity with practice. *Perception & Psychophysics* 1978;24(3):258–262.

[72] Fahle M, Edelman S. Long-term learning in Vernier acuity: Effects of stimulus orientation, range and of feedback. *Vision Research* 1993;33(3):397–412.

[73] Fahle M, Edelman S, Poggio T. Fast perceptual learning in hyperacuity. *Vision Research* 1995;35(21):3003–3013.

[74] Herzog MH, Fahle M. The role of feedback in learning a Vernier discrimination task. *Vision Research* 1997;37(15):2133–2141.

[75] Herzog MH, Fahle M. Modeling perceptual learning: Difficulties and how they can be overcome. *Biological Cybernetics* 1998;78(2):107–117.

[76] Herzog MH, Fahle M. Effects of biased feedback on learning and deciding in a Vernier discrimination task. *Vision Research* 1999;39(25):4232–4243.

[77] Fahle M. Human pattern recognition: Parallel processing and perceptual learning. *Perception* 1994;23:411–427.

[78] Fahle M. Specificity of learning curvature, orientation, and Vernier discriminations. *Vision Research* 1997;37(14):1885–1895.

[79] Fahle M, Morgan M. No transfer of perceptual learning between similar stimuli in the same retinal position. *Current Biology* 1996;6(3):292–297.

[80] Fine I, Jacobs RA. Perceptual learning for a pattern discrimination task. *Vision Research* 2000;40(23):3209–3230.

[81] Karni A, Sagi D. Where practice makes perfect in texture discrimination: Evidence for primary visual cortex plasticity. *Proceedings of the National Academy of Sciences* 1991;88(11):4966–4970.

[82] Ahissar M, Hochstein S. Attentional control of early perceptual learning. *Proceedings of the National Academy of Sciences* 1993;90(12):5718–5722.

[83] Hochstein S, Ahissar M. View from the top: Hierarchies and reverse hierarchies in the visual system. *Neuron* 2002;36(5):791–804.

[84] Wang R, Cong L-J, Yu C. The classical TDT perceptual learning is mostly temporal learning. *Journal of Vision* 2013;13(5):9,1–9.

[85] Ellison A, Walsh V. Perceptual learning in visual search: Some evidence of specificities. *Vision Research* 1998;38(3):333–345.

[86] Leonards U, Rettenbach R, Nase G, Sireteanu R. Perceptual learning of highly demanding visual search tasks. *Vision Research* 2002;42(18):2193–2204.

[87] Sireteanu R, Rettenbach R. Perceptual learning in visual search: Fast, enduring, but non-specific. *Vision Research* 1995;35(14):2037–2043.

[88] Sireteanu R, Rettenbach R. Perceptual learning in visual search generalizes over tasks, locations, and eyes. *Vision Research* 2000;40(21):2925–2949.

[89] Treisman AM, Gelade G. A feature-integration theory of attention. *Cognitive Psychology* 1980;12(1):97–136.

[90] Steinman SB. Serial and parallel search in pattern vision. *Perception* 1987;16(3):389–398.

[91] Ramachandran V, Braddick O. Orientation-specific learning in stereopsis. *Perception* 1973;2(3):371–378.

[92] Ramachandran V. Learning-like phenomena in stereopsis. *Nature* 1976;262(5567):382–384.

[93] Skrandies W, Jedynak A. Learning to see 3-D: Psychophysics and brain electrical activity. *Neuroreport* 1999;10(2):249–253.

[94] Fendick M, Westheimer G. Effects of practice and the separation of test targets on foveal and peripheral stereoacuity. *Vision Research* 1983;23(2):145–150.

[95] Ball K, Sekuler R. A specific and enduring improvement in visual motion discrimination. *Science* 1982;218(4573):697–698.

[96] Ball K, Sekuler R. Direction-specific improvement in motion discrimination. *Vision Research* 1987;27(6):953–965.

[97] Matthews N, Liu Z, Geesaman BJ, Qian N. Perceptual learning on orientation and direction discrimination. *Vision Research* 1999;39(22):3692–3701.

[98] Vaina LM, Sundareswaran V, Harris JG. Learning to ignore: Psychophysics and computational modeling of fast learning of direction in noisy motion stimuli. *Cognitive Brain Research* 1995;2(3):155–163.

[99] Watanabe T, Náñez JE, Koyama S, Mukai I, Liederman J, Sasaki Y. Greater plasticity in lower-level than higher-level visual motion processing in a passive perceptual learning task. *Nature Neuroscience* 2002;5(10):1003–1009.

[100] Wehrhahn C, Rapf D. ON- and OFF-pathways form separate neural substrates for motion perception: Psychophysical evidence. *Journal of Neuroscience* 1992;12(6):2247–2250.

[101] Lu Z-L, Chu W, Dosher BA. Perceptual learning of motion direction discrimination in fovea: Separable mechanisms. *Vision Research* 2006;46(15):2315–2327.

[102] Lu Z-L, Chu W, Dosher BA, Lee S. Perceptual learning of Gabor orientation identification in visual periphery: Complete inter-ocular transfer of learning mechanisms. *Vision Research* 2005;45(19):2500–2510.

[103] Zanker JM. Perceptual learning in primary and secondary motion vision. *Vision Research* 1999;39(7):1293–1304.

[104] Lu Z-L, Sperling G. The functional architecture of human visual motion perception. *Vision Research* 1995;35(19):2697–2722.

[105] Chen R, Qiu Z-P, Zhang Y, Zhou Y-F. Perceptual learning and transfer study of first- and second-order motion direction discrimination. *Progress in Biochemistry and Biophysics* 2009;36:1442–1450.

[106] Petrov AA, Hayes TR. Asymmetric transfer of perceptual learning of luminance- and contrast-modulated motion. *Journal of Vision* 2010;10(14):11,1–22.

[107] Lu Z-L, Sperling G. Three-systems theory of human visual motion perception: Review and update. *Journal of the Optical Society of America A* 2001;18(9):2331–2370.

[108] Ahissar M, Hochstein S. Task difficulty and the specificity of perceptual learning. *Nature* 1997;387(6631):401–406.

[109] Ahissar M, Hochstein S. The spread of attention and learning in feature search: Effects of target distribution and task difficulty. *Vision Research* 2000;40(10):1349–1364.

[110] Kourtzi Z, Betts LR, Sarkheil P, Welchman AE. Distributed neural plasticity for shape learning in the human visual cortex. *PLoS Biology* 2005;3(7):1317–1327.

[111] Nazir TA, O'Regan JK. Some results on translation invariance in the human visual system. *Spatial Vision* 1990;5(2):81–100.

[112] Schwarzkopf DS, Kourtzi Z. Experience shapes the utility of natural statistics for perceptual contour integration. *Current Biology* 2008;18(15):1162–1167.

[113] Edelman S. Class similarity and viewpoint invariance in the recognition of 3D objects. *Biological Cybernetics* 1995;72(3):207–220.

[114] Biederman I. Recognition-by-components: A theory of human image understanding. *Psychological Review* 1987;94(2):115–147.

[115] Tarr MJ, Pinker S. When does human object recognition use a viewer-centered reference frame? *Psychological Science* 1990;1(4):253–256.

[116] Bülthoff HH, Edelman SY, Tarr MJ. How are three-dimensional objects represented in the brain? *Cerebral Cortex*, 1995;5(3):247–260.

[117] Bülthoff HH, Edelman S. Psychophysical support for a two-dimensional view interpolation theory of object recognition. *Proceedings of the National Academy of Sciences* 1992;89(1):60–64.

[118] Edelman S, Bülthoff HH. Orientation dependence in the recognition of familiar and novel views of three-dimensional objects. *Vision Research* 1992;32(12):2385–2400.

[119] Tarr MJ. Rotating objects to recognize them: A case study on the role of viewpoint dependency in the recognition of three-dimensional objects. *Psychonomic Bulletin & Review* 1995;2(1):55–82.

[120] Liu Z. Viewpoint dependency in object representation and recognition. *Spatial Vision* 1996;9(4):491–521.

[121] Furmanski CS, Engel SA. Perceptual learning in object recognition: Object specificity and size invariance. *Vision Research* 2000;40(5):473–484.

[122] Tanaka JW, Sengco JA. Features and their configuration in face recognition. *Memory & Cognition* 1997;25(5):583–592.

[123] Turk M, Pentland AP. Face recognition using eigenfaces. In *Proceedings of the IEEE Computer Society Conference on Computer Vision and Pattern Recognition, 1991*. IEEE;1991:586–587.

[124] Valentin D, Abdi H, O'Toole AJ, Cottrell GW. Connectionist models of face processing: A survey. *Pattern Recognition* 1994;27(9):1209–1230.

[125] Kanwisher N, McDermott J, Chun MM. The fusiform face area: A module in human extrastriate cortex specialized for face perception. *Journal of Neuroscience* 1997;17(11):4302–4311.

[126] George N, Driver J, Dolan RJ. Seen gaze-direction modulates fusiform activity and its coupling with other brain areas during face processing. *Neuroimage* 2001;13(6):1102–1112.

[127] Gauthier I, Tarr MJ, Moylan J, Skudlarski P, Gore JC, Anderson AW. The fusiform "face area" is part of a network that processes faces at the individual level. *Journal of Cognitive Neuroscience* 2000;12(3):495–504.

[128] Gold J, Bennett P, Sekuler A. Signal but not noise changes with perceptual learning. *Nature* 1999;402(6758):176–178.

[129] Gold JM, Sekuler AB, Bennett PJ. Characterizing perceptual learning with external noise. *Cognitive Science* 2004;28(2):167–207.

[130] Peterson MF, Abbey CK, Eckstein MP. The surprisingly high human efficiency at learning to recognize faces. *Vision Research* 2009;49(3):301–314.

[131] Gauthier I, Williams P, Tarr MJ, Tanaka J. Training "greeble" experts: A framework for studying expert object recognition processes. *Vision Research* 1998;38(15):2401–2428.

[132] Gauthier I, Tarr MJ. Becoming a "Greeble" expert: Exploring mechanisms for face recognition. *Vision Research* 1997;37(12):1673–1682.

[133] Valentine T. Upside-down faces: A review of the effect of inversion upon face recognition. *British Journal of Psychology* 1988;79(4):471–491.

[134] Johansson G. Visual perception of biological motion and a model for its analysis. *Perception, & Psychophysics* 1973;14(2):201–211.

[135] Blake R, Shiffrar M. Perception of human motion. *Annual Review of Psychology* 2007;58:47–73.

[136] Grossman ED, Blake R, Kim C-Y. Learning to see biological motion: Brain activity parallels behavior. *Journal of Cognitive Neuroscience* 2004;16(9):1669–1679.

[137] Jastorff J, Kourtzi Z, Giese M. Learning of the discrimination of artificial complex biological motion. *Dynamic Perception* 2002:133–138.

[138] Jastorff J, Kourtzi Z, Giese MA. Learning to discriminate complex movements: Biological versus artificial trajectories. *Journal of Vision* 2006;6(8):3,791–804.

[139] Jastorff J, Kourtzi Z, Giese MA. Visual learning shapes the processing of complex movement stimuli in the human brain. *Journal of Neuroscience* 2009;29(44):14026–14038.

[140] Lesmes LA. A novel Bayesian approach to testing and analyzing visual acuity. *Investigative Ophthalmology & Visual Science* 2018;59(9):1073.

特异性与迁移性

对已训练任务的学习特异性是知觉学习的标志。一般来说，特异性可能来自选择或筛选低级视觉任务中最相关的早期表征形式，也可能来自针对高级任务而创建的新的表征形式。对视网膜位置和其他低水平的刺激方面的特异性导致知觉学习反映了早期视觉皮层的可塑性的这个假设——编码的权重。在本章中，我们认为这种学习可能反映了对于感官证据的重加权，即改变读出方式，与稳定的早期表征相符。我们发现大多数行为证据都与学习再加权理论一致，尽管仅在表征单元和决策单元在训练和转移任务之间共享时再加权和表征改变才会有巨大差异。最后，本文提出了对于不同范式和量化方法的分析，该量化方法提供了对特异性和迁移性的精准度量。

3.1 在知觉学习中的特异性和迁移性

对于知觉学习的一个基础性问题就是，这种学习对于训练任务有多特别。如果一个观察者已经过一项任务的训练，然后在第二项相关任务上进行测试，那么这个观察者的泛化性能有多好？回答是不确定的。当在第二项任务中的表现十分差时，称该项学习过程是特异性的。相反，如果在第二项任务中的表现还得到了改善，则称该项学习过程是迁移性的。

特异性及迁移性的表现，尤其是特异性的表现，一直是视觉知觉学习理论的中心，因为它可能在生理级别指出学习何时何地发生。在20世纪90年代，当新的研究报告了训练视觉位置的特异性时，这一发现似乎推翻了长期存在的关于成年大脑可塑性的假设[1]。关于感知的早期研究一直认为，人类早期最基础的视觉系统具有高度可塑性，在成年后仍然相对稳定。但是正如这些报告所声称的那样，如果证明成年人的学习具有视网膜位置的特异性，那么就可以推断出V1（以其感受野较小而闻名的一个区域）的可塑性比以往想象的要强得多。（近来已有许多相关评论[2-4]提供了有利的文献分析。）

该假设给知觉学习提供了全新的思路。目前看来，长期存在的关于大脑区域的可塑性问题与独立于这些区域的训练任务的特异性有很大关系。如果观察到给定训练任务的特异性，研究者即可下结论（或者这样推理），与该任务相关的大脑区域神经元已经被重新调节。从那时起，将特异性描述为知觉学习的一个标志性特征就成为该领域的一个普遍现象[5-9]。实际上，特异性是打开脑部区域可塑性的窗口。

从许多方面来说，人们很自然地将知觉学习与早期视觉皮层表征的可塑性关联在一起。这项关联似乎能解释在视觉皮层中早期阶段编码后的特征具有惊人的特异性，但这项假设面临着巨大的挑战。即使在很低水平的刺激表征中，如果整个大脑都具有可塑性，那么每一个体验或感受都能够改变身体系统对于随后刺激所产生的反应。正如许多研究者描述的，如果少量训练实际改变了早期皮层的神经元，那么这种重调谐将会通过大脑更高级的区域产生混乱的连锁反应机制，从而影响更多其他任务。在上述情况中可塑性的代价则是得不偿失的。

连锁反应的难题表明，在早期的视觉皮层中，关于特异性和重调谐的一对一声明很可能是言过其实的。特异性的确是很重要的现象，但同样是一个很复杂的现象，需要更多更深入更全面的探讨。正如第 1、2 章中所讨论的，相对稳定的早期表达中对感知证据的重加权提供了一个对学习任务更为合理的解释前提[10-12]。在该重加权的框架中，知觉学习被理解为在做出行为决策的过程中，皮层初期对感官信息的“读数”（权重）的变化。然后特异性将会出现，因为决策将给予权重改变，以此表明刺激或者其位置的特异性特征已经在特征表征中发生了变化。Mollon 和 Danilova 指出，“学习的地点可能很重要，发生特异性变化的或许就是所学到的[12]”。

本章提出两个内在关联的问题，即如何解释特异性。首先，在什么情况下，观察到的特异性变化可以区分重调谐和重加权？其次，单单依靠再权衡可以解释多少的文献？

在下文中，我们认为重加权是系统在学习阶段平衡稳定性和可塑性的手段。早期视觉表征仍然在多任务使用中表现得相对稳定，虽然可塑性可能会占据主体地位，其存在于在多个级别又或是导致从上至下的影响，使可塑性和稳定性达到相对平衡。为了更好地区分以及解释该文献，我们同样会提出迁移任务和训练任务配对的分类法，并指出它们对解释特异性和迁移性的意义。

此外，无论学习是否涉及重加权，即从许多可能的既有视觉表征中选择与任务最相关的表征，还是通过创建新的表征以编码那些可能先前未通过寻找和再权衡的方法产生的独一无二的特征组合，都可能产生特异性。前者可能描述的是在低级或中级视觉任务中的学习，而后者更多地与高级视觉任务相关，往往涉及学习独一无二的视觉目标。而这两种学习形式都会产生特异性。

本章还发现了不同的特异性可以告诉我们有关不同任务中使用的表征形式的级别。即使可塑性并未改变早期的表征形式，特异性仍然能表示对于该项任务的关键生理表征。举个例子，在视网膜或眼球位置的特异性能表明任务对于早期皮质表征形式的依赖，而跨位置的迁移性、眼部或比例变换的迁移性将表明任务对于更高级别表征形式的重视。在本章末尾，我们将考虑一个终极问题：特定种类的训练是否有提高特异性的可能——或者反过来说，存在其他种类的训练能加强泛化能力吗？

3.2　评估特异性和迁移性的范式

科学家已经研究了很多任务的学习过程以及特异性。(根据定义，一项任务由评判和一系列基于评判的刺激组成)。特异性和迁移性或许能通过任务（通常是任务对）来评估，然而这可能会十分类似又或是十分不同。图 3.1 提供了几个示例，以了解已研究的多种迁移性。任务的配对可能会因为评判标准的不同，使用的刺激不同，或者两者都不一样而发生变化。

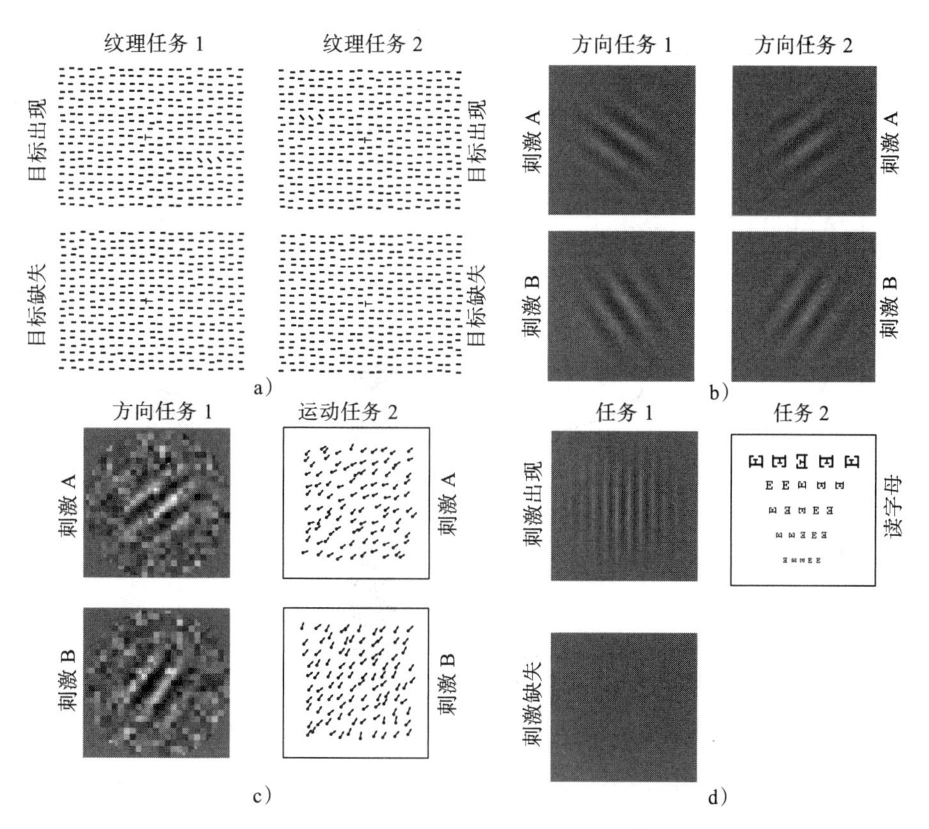

图 3.1　迁移性测试的例子：a）伴随从右下到左上位置改变的纹理识别任务（TDT）；b）两个不同方向识别任务；c）具有高噪声的方向识别任务和相同角度的运动方向识别；d）高空间频率的光栅检测任务以及旋转 E 视觉灵敏任务

在图 3.1b 中，最初的训练任务 T 围绕参考角度（+45° ± 10°）进行方向辨别，然后切换到相反参考角度的迁移任务 X 上（–45° ± 10°）进行方向辨别 [13]。通过比较迁移任务中的表现性能与训练任务中的学习情况，推断特异性和迁移性的程度（见图 3.2）。若学习情况在训练侧完全独立，则在训练任务 T 中的曲线和迁移任务 X 是相同的（“完全特异性”）；一旦参考角度变化，表现性能将会回退到最初训练任务的初始状态（相当于参考角度)，且后面的学习都将是完全独立的。另一方面，若学习完全转移到另一个参考角度，那么在训练任务中遗漏的迁移任务的性能将会持续提升（“完全迁移性”)。通常，结果介于两者之间——所学到的部分内容是针对训练任务的，另外部分内容针对迁移任务来说是可转移或可泛化的（“混合”)。这项简单的分析认为，两种任务类型在基础上来讲是相同的（否则在任务 X 中的表现性能不能直接与任务 T 中的表现性能进行比较)。通常，任务 X 在切换参考角度后只进行一次评估，尽管关于任务 X 的持续训练十分具有意义。3.8 节（附录 A）有对于处理不平等案例的多种讨论方式。

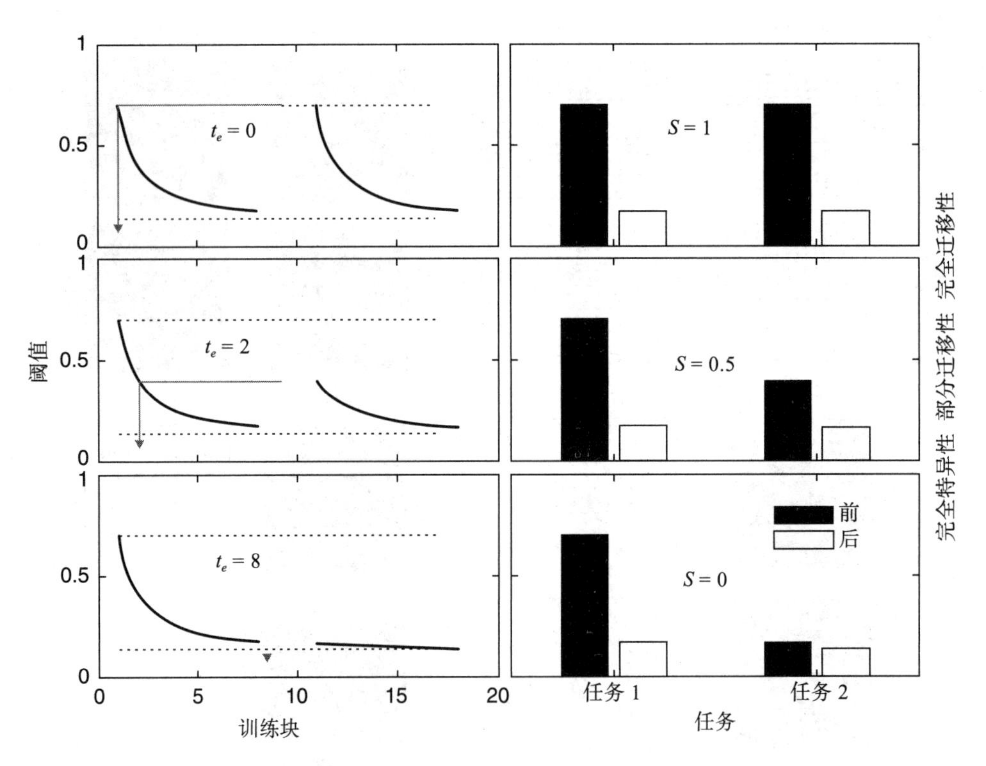

图 3.2　使用阈值度量说明训练任务和迁移任务的知觉学习，左侧为学习曲线，右侧柱状图为相应任务的表现性能，分为前期和后期两个阶段。对应有三种场景：完全特异性（上层图)、完全迁移性（底层图)，部分迁移和部分特异性（中部)。其中亮灰色线以及箭头度量了训练块中的迁移性，标为 t_e。最初表现性能的特异性指数在右侧用 S 标记。根据 Jeter 等人 [14] 的图 1 重绘

文献中通常将数据绘制成学习曲线或柱状图。一种表现方式可以展示任务 T 的整个学习曲线以及任一个单点（若只有一个后验变化评估）或 X 任务的学习曲线。也就是说，许多研究以柱状图形式展示数据，展示了学习前后的性能，以及发生迁移的第一时刻和（有时）在转移任务进一步训练结束时的性能，这取决于实验设计（见图 3.2 中的柱状图）。对于简单案例，当训练和迁移任务（考虑任务平等）的训练“前”到“后”（或训练“开始”到“结束”）的柱状图相同即独立学习时能看出学习的完全特异性。针对完全迁移性，在迁移任务中的表现性能简单地在训练任务的“前”到“后”的基础上持续学习。混合类型则介于之间。

有时特异性的程度可以用指数进一步量化。该指数将最初学习量与迁移任务的初次评估进行比较，以训练任务的整体改善百分比作为表示（在图 3.2 中特异性指数 [14-16] S=1，0.5，以及 t_e=0），或者若训练任务的学习曲线可用并且任务是等效的，则迁移到任务 X 的替代度量方法可以表示为训练任务 T 中训练到任务 Y 最初性能的时长 [14, 16]。（见图 3.2 的灰线以及 3.8 节。）

在现实生活中，情况一般会远比指数表示的更复杂。虽然有时两个任务可以合理地被认为是等效的，但通常它们是不同的（比如在 ±10° 的辨别任务中训练和迁移到面向 ±20° 的辨别任务或相同 ±10° 方向的运动方向，它们都可能是不同的）。在这些例子中，评估迁移性能需要一个基线方法或对照组。正如第 2 章所讨论的那样，范例的选择对数据解释有关联，并且一些实验设计需要复杂的模型，以满足数据被解释得更为正确。3.8 节探索了 5 种经典范式的优异点，以及相应的量化特异性和迁移性的方法。这 5 个经典范式包括了未含有基线的迁移学习、有基线的迁移学习、有对照组的迁移学习，以及混合类型或可替代的备选项。

另一个重要的概念性观点是，到目前为止（训练和转移任务），性能几乎总是用相当粗略的范围衡量，部分原因是所需度量的样本量较大，部分原因是知觉学习通常需要较长的时间。几乎所有现有的研究都根据试验的分数来衡量性能，或者在相对较长的训练结束时使用自适应的估计阈值。根据此情况下的表现性能，以粗粒度形式度量出对于特异性和迁移性学习速率的估计。但是，学习仍然会在逐项试验的基础上持续，并且大多数的学习模型都是逐项试验进行预测。我们将会在本章的末尾回顾这一观点。

3.3 任务结构分析

研究人员倾向于解释几乎所有的特异性实例，就好像它们是同一现象的表现，但这是一种过度简单化。事实上，某些特异性的观察结果远比其他种类的观察更具有判别性。特异性所表示的往往取决于训练和迁移任务的关系。当更进一步研究两者关系时，将会发现四种任务关系类别，每一类都对数据是否可以重加权或读出、重调谐或表征形式进行解释。正如我们所了解的，正确的推断将取决于知觉任务是否共享感官表征（刺激）、决策结构（判别），或两者都共享，或两者都不共享。

图 3.3 用简化的神经网络说明了训练和迁移任务之间的四类关系 [17]。小节点是感官特征或表征形式单位；小节点代表选择响应的决策单位。白和黑节点分别代表训练和迁移任务，连线表示加权的表征信息（激活）以做出决策。尽管我们举例说明了简单的两层网络，但类似的分析可以延伸到拥有更多隐藏层的复杂网络中。在更为复杂的环境下，通过改变表征形式和重加权证据进行学习可以做出类似的预测。在极少的重要案例中，可塑性的两种形式会造成不同的预测，并且可能通过经验辨别。值得一提的是这些简化的结构是十分理想的。

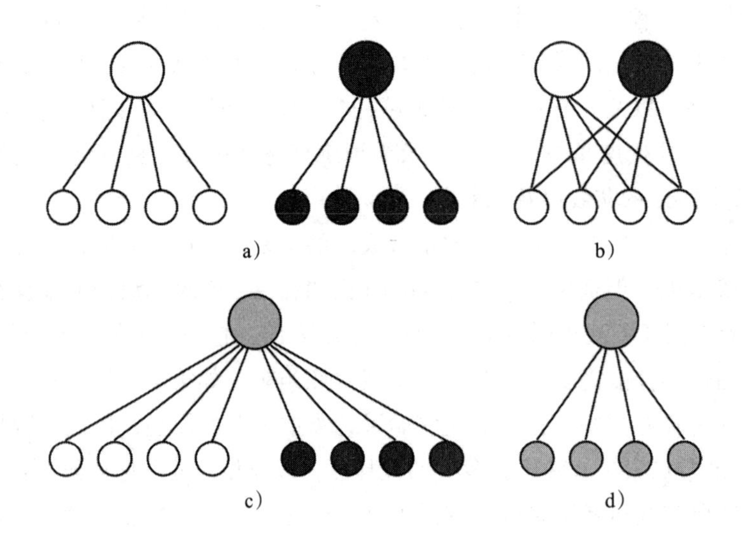

图 3.3 训练和迁移任务在四个方面的相互关联，取决于是否使用相同的感官表征（刺激）或决策结构（判别）。感官表征节点（大圆圈）与决策节点（小圆圈）[⊖]通过权重（线）相连接（白节点代表训练任务，黑节点代表迁移任务）；a）类别 A，单独的表征形式和决策结构。b）类别 B，不同的表征形式但共享决策结构。c）类别 C，有共同表征形式但决策结构不同。d）类别 D，相同的表征形式和决策结构。类别 C 和 D 中任务的关系或许能区分重加权以及表征形式改变的问题。基于 Petrov、Dosher 和 Lu[17] 的图 1

在类别 A 中，刺激的表征形式、任务的决策，以及它们之间的连线是完全不同的。无论知觉学习是改变表征形式还是改变重加权表征与决策之间的联系，训练任务 T 和迁移任务 X 的表现都是独立的。文献中一个实例研究将角度定位任务和两点运动方向任务配对归为此类 [18]。

在类别 B 中，两种任务有相同的判别或者说相同的决策单元（规则），但是依赖于不同的刺激表征。同样，不论是表征的变化还是重加权都能预测自主学习。一个很具

⊖ 此处说明可能描述错误，应大圈是表征节点，小圈是决策单元，该处译文仍保留原文。——译者注

有价值的例子研究了在两个不同的外围位置的三线平分[19]。

在类别 *C* 中，两个任务有共同的刺激表征形式以及不同的决策结构，需要从（共享的）感知单元到分离的决策单元进行不同的加权连接。在此种情况下，可以区分表征形式的改变以及重加权。一个很具有价值的例子研究了两个超锐度判别案例（左 / 右和上 / 下二等分），它们几乎具有相同的输入点集[7]。如果训练任务中的知觉学习重调谐了输入的表征，这必然会影响迁移任务的表现。或者，如果学习过程中的重加权或改变“读出”连接，那么在两类任务中的表现将会是独立的，这也是在相关实验中的情况。

在类别 *D* 中，刺激和决策结构相同但迁移和学习任务在其他方面有所不同，比如不同的外部噪声环境、不同的刺激亮度。在表征形式、权重、决策单元有所重叠时，使用模型进行预测是十分必要的，因为需要分辨表征形式的增强以及重加权过程。在上一项研究中，使用没有外部噪声的环境进行方向辨别训练，然后将其迁移到有高外部噪声环境中进行测试，或者反过来，揭示了在两种不同的外部噪声中，只能由重加权解释产生的不对称迁移性[20]。

在 20 世纪 90 年代，知觉学习文献将大量观察到的特异性解释为表征增加（重调谐），尤其是早期感官重调谐的证据。但特异性仅能区分 *C* 类或 *D* 类任务对的可塑性形式。在两类任务有相同表征形式（刺激）的情况下，在 *C* 类实验中具有的高度特异性表示独立的皮层处理相同的表征，或通过重加权进行学习。在相同刺激结构和决策结构条件下的 *D* 类任务中，任务对的高特异性表示学习是建立在对决策重新加权的基础上，或者是不同情境下以某种方式产生不同的低级神经表征。大量文献都在考察 *A* 类或 *B* 类任务对，因为不能区分这两种形式的可塑性。仅有极少数的案例具有辨别性。（同样，这些类别是简化的，因为层级表征结构可能会导致任务配对，并且配对时会混合类别，这或许可以用来系统地解释特异性的分级形式。）

高水平的特异性或迁移性，或部分迁移性和部分特异性通常可以在框架建模中得到解释，即从一个简化的两层模型泛化到更复杂或多层级的形式（见第 8 章，一般来说多层级结构可能会发生类别混合）。在这些层级结构下，某一级别的重加权或许是在层级中将表征形式增强，但问题是：在系统的某个早期阶段，能否解释已存在稳定表征的情况下的学习？

在下面的小节中，我们考虑这个问题，参考不同类型任务中特异性的行为证据和相应的大脑可塑性表现。幸运的是，对研究者来说，这种类别的特异性，无论是位置、方向、眼睛，还是任何其他的因素，都能指向用于编码或保留在学习中必须使用的表征属性的皮层区域。

3.4　行为证据

到目前为止，我们已经讲述了几个衡量特异性和迁移性的方法，几个训练和迁移任务的例子，以及在推断可塑性时考虑任务之间关系的重要性，但从这些能得到什么更加宽泛的结论呢？我们该如何运用自己所理解的模式来更好地理解现有的文献呢？

在本节中，我们回顾和分析一些最具有代表性的特异性和迁移性的证明。与任何调查一样，接下来的内容必然是精挑细选的。我们根据所证明的特异性种类来组织自己的对应方法：视网膜位置、训练眼睛、刺激特征或对象、判别的本质，或者测试环境。上述每一个都暗含了涉及的部位或皮层水平。任务关系类别（图 3.3）有助于解释可塑性的本质。

我们的目标是整理和分类日益增长的关于学习过程以及特异性和迁移性的文献，最终得出一系列结论。正如我们所了解到的，虽然特异性的观察十分普遍，但部分迁移性和部分特异性的情况同样十分寻常，完全迁移性有时也会出现。除此之外，许多最初被认为是早期感官表征变化的观察实际上与重加权理论几乎一致。我们的观点是重加权对于知觉学习提供了一个强有力且宽泛的基础。这一假设在少数情况中得到了印证，其中有两种理论做出了相互矛盾预测。

3.4.1　视网膜位置特异性

视网膜位置特异性的早期表现是知觉学习中最具有标志性的发现之一。它们暗示早期拥有小感受野的视网膜视觉区域可作为任务训练中所使用的相关感觉信息。在某些案例中，特异性看似完全，但其他区域的特异性是部分的。然而，大多数表现是属于类别 B 的，其中训练和迁移的测试使用不同的表征形式，但执行相同的任务。特异性可能因此反映出表征形式的加强或者重加权。

在过去的几十年里，激发了人们对知觉学习的强烈兴趣的一个具有影响力的早期特异性表现是在纹理辨别中所显示的视网膜特异性 [1]。在该任务中（见第 2 章），观察者识别出线元素的方向（水平或者垂直），但这些线元素的方向和背景元素的方向不同。随着实践的发展，纹理表现与干扰背景之间的刺激呈现的不同性得到了改善（下降）。在一个象限的纹理模式中，大量的学习通常并不会实质上转移到其他象限。相反，性能返回到接近最初的基线后必须再进行独立的学习（图 3.4）。特异性指数 S（衡量恢复到基线的程度）和其等效的训练迁移指标 t_e 都是从学习曲线中估计得到，并未在图中展示。

另一个非常有影响的早期例子对在方向辨别中的视网膜位置特异性进行了非常精确的评估 [21]。最初在中央凹处进行阈值方向判断，然后在 5° 的连续范围内进行阈值方向判断（图 3.5）。一个有方向的黑条图案遮住白色随机噪声点，然后在负对角线上沿顺时针或逆时针方向稍微旋转，以测量显著的差异（JND）阈值。然而在相同离心率下，不同的外周位置的未训练性能应大致相等，但比未经训练的中央凹处的性能差。我们的解释是从中央凹处的初始训练到周边位置有明显的转移，因为周边位置的初始表现比中央凹处的初始表现具有更低的阈值。然后知觉学习发生在每个连续训练的位置上，表明在视觉象限内位置也有一定的特异性。位置与之前训练位置（比如 3、4、5）的中线呈现对称性，也许将会表现出更少的特异性（见 Shiu 和 Pashler[9]）。

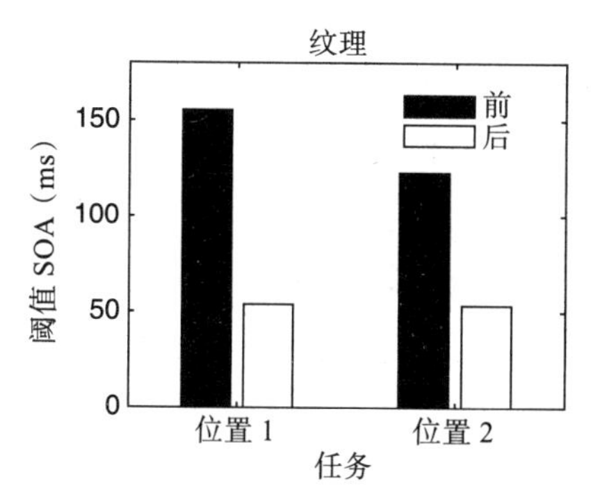

图 3.4　纹理识别任务（TDT）中的知觉学习在视网膜位置上具有显著特异性。以不同的视网膜位置的阈值 SOA（对于遮挡刺激呈现的不同性）来衡量表现（使用训练等效，并返回特异性和迁移性的基线测量：$t_e \approx 2/10$，$S \approx 0.75$。定义见正文）。根据 Karni 和 Sagi 的选定数据（文献 [1] 中的图 2）重绘

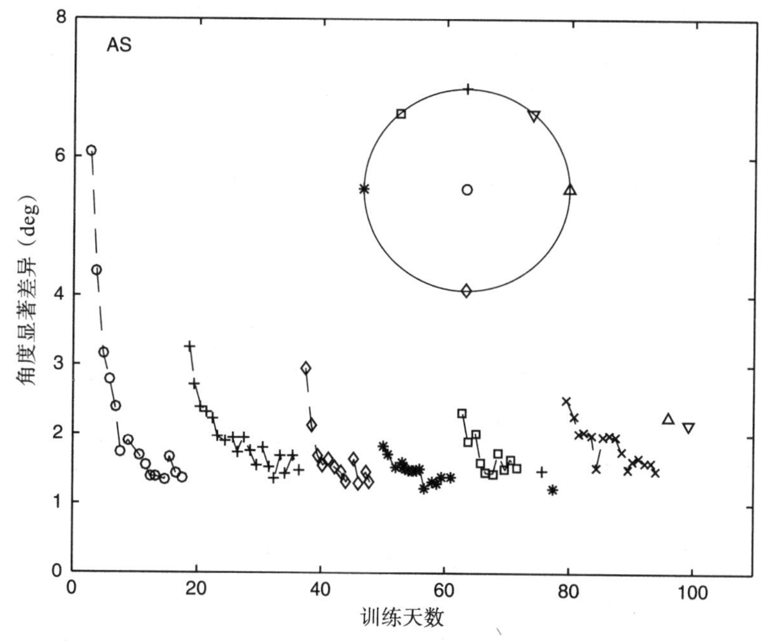

图 3.5　方向辨别中的知觉学习针对不同视网膜位置具有不同程度依赖性。数据显示，在方向辨别任务（deg）中的显著差异可以作为观察者会话阶段的测试函数。第一次训练是在中央凹处，然后是位置 1 ～ 5。AS 是一个目标标识符。引自 Schoups、Vogels 和 Orban[21] 的图 4，已获许可

视网膜位置学习的特异性已经在运动方向感知[22]、随机点立体图的深度感知定位[23]、位置[19]，以及物体识别上有所体现[24]。在大多数情况下，虽然也会发生一些迁移性，但视网膜位置的特异性占据主导权。这些任务对属于*B*类。

3.4.2 眼部特异性

眼部特异性的测试评估了单眼或双眼的表征在学习中是否相关。这将会涉及至少三种表征形式：两个单眼的表征、每一个单眼的不同表征，以及双眼的双目表征法。这十分有趣，因为学习可能会涉及这些表征形式的任一组合。在单眼训练后，双眼之间完全或接近完全的迁移性将会涉及双眼表征水平。如果发生了显著的眼部特异性，那么单眼表征形式也一定有所涉及。研究者已经将单眼特异性学习与单眼表征的改变联系起来。"缺乏眼间迁移性意味着这种伴随着学习的改变仍然局限于单眼细胞"[21]。然而，基本所有显示眼部特异性的任务都属于*B*类。所以，当单眼训练的特异性明显依赖于单眼表征形式时，眼部特异性可能会通过表征形式加强或重加权发生，并且重加权可能发生在低水平表征形式的"上游"。

不同任务中有不同的受训眼部的特异性（见图3.6）。纹理辨别任务和一些运动任务有时对受训眼部表现出知觉学习的特异性，而方向辨别任务中往往无法表现，尽管结果依赖于所选取范式的情况。从双眼基线测量开发的范式（转移加基线；见3.8节）似乎更有可能在眼部发生迁移性[25]。迁移量似乎也取决于其他细节，例如在一只眼睛的训练初期，另一只眼是否接收到黑色或平均亮度的图像（见Sowden、Rose和Davies的讨论[26]）。一个关于眼部特异性的重大发现来自纹理辨别任务[1]。在第二只眼的最初表现几乎恢复到第一只眼的最初表现级别（图3.6）时，fMRI也有相关的结果[27]。令人惊讶的是，当在发生迁移的眼部中测量预训练的基线时，在许多纹理条件下都发生了近乎完全的眼部迁移性[28，29]。

完全或几乎完全的两眼间迁移性发生在预训练基线范式[21]中的阈值方向辨别（方向JND任务）和不同外部噪声水平的方向辨别对比度阈值，这些阈值在无基线的范式中从训练过的眼部泛化到未训练过的眼部[30]。在使用预训练基线的设计中，学习识别随机点刺激运动方向上的小差异过程中两只眼睛间发生大量的迁移性[22]。在不同程度的外界噪声中学习辨别正弦波运动的方向（左或右），在高噪声测试的环境下完全迁移到未训练的眼部，在零噪声的测试中则只有一半左右。这表明知觉学习在高噪声的环境"几乎是双向的"，但在低噪声环境下"很大程度是单向的"。

简而言之，知觉学习可能依靠于单向或者双向的表征，这取决于特征所在的领域、测试环境，以及训练方案。即使对于双眼基线只有相对较短的评估，但也足以触发双目联合或更高水平的学习。学习可发生在视觉层次的多个水平上，这取决于环境。作为任务*B*类任务对，这些情况下观察到的特异性可能与这两种学习形式一致。

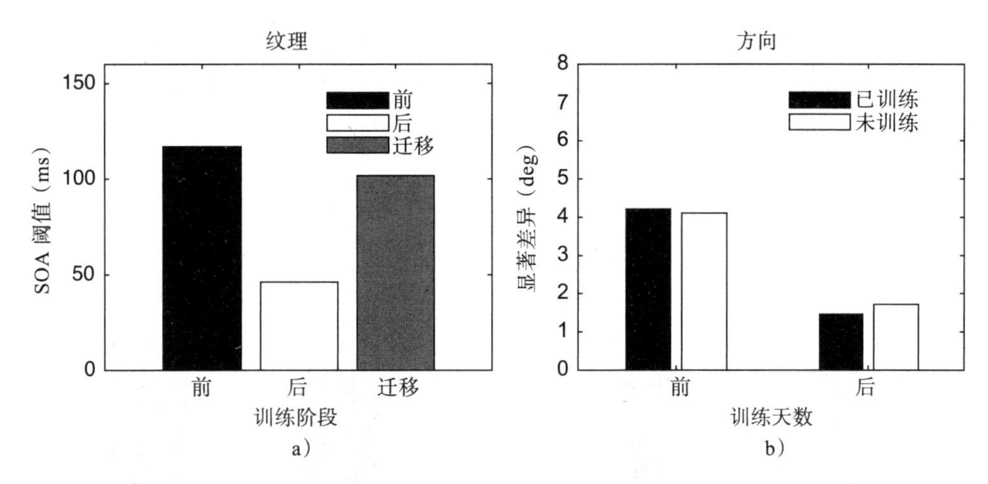

图 3.6 纹理识别任务（a）而非方向辨别任务（b）展现出大量特异性。分别根据 Karni 和 Sagi[1] 的图 1 的数据，以及 Schoups、Vogel 和 Orban[21] 的图 7 的数据重绘

3.4.3 特征和对象特异性

已训练的刺激特征学习的特异性能表明参与表征的水平。特征特异性在游标超锐度、方向辨别、运动方向辨别，以及对象识别中进行评估，结果取决于判决。某些案例展现了十分高的特异性，另外一些案例展现了特异性和迁移性的混合，还有一些案例中，迁移性则占据主要地位。几乎所有使用类别 A 或 B 的研究文献中，特异性都指出了相关的神经区域，但没指出知觉学习过程是否在表征形式的改变、重加权或读出，还是两者皆有的情况下产生。(虽然如此，特征特异性可能仍然有助于识别似乎合理的视觉区域，该区域编码相关的视觉表征。尤其是针对空间频率的学习可能暗含在学习中，即可能表示早期的视觉皮层大量介入了知觉学习)。

方向特异性是文献中引用最为频繁的形式之一（见图 3.7）。很多研究显示，受训刺激的方向学习具有很高的特异性。在训练游标线判断时，观察到水平或垂直刺激的高度特异性 [31，32]。从上述研究上可以得出几个初步概括：方向不同的学习总是特定于受训的方向 [21]；在切换到正交方向时，复杂模式识别具有大量特异性（但当在训练方向的 30° 范围内切换到更相似的方向时，情况就不那么固定了）[33，34]；运动方向辨别的训练相对特定于训练方向 [22，35]；类似地，从随机线立体图确定立体知觉的时间随着实践而改进，并且迁移到具有相同载波方向的其他图像（不迁移到那些相差 90° 的图像）[36]。

另一个不那么频繁研究的特征——空间频率——同样展现了特异性。在周边一个空间训练某空间频率的刺激的对比检测通常显示沿着对比敏感度函数（CSF）的中等宽度传递，表现为 1/ 阈值（图 3.8）[26]。从训练前和训练后的对比敏感度测量值差异可以看出，知觉学习的带宽比空间频率小一个倍频。该种带宽同样对屈光参差性弱视患者进行研究，因为患者好像更具有迁移性（第 11 章）[37]。在复杂模式辨别中，知觉学习似乎部分迁移到近空间频域，但不迁移到完全不同的空间频率[33, 34]。

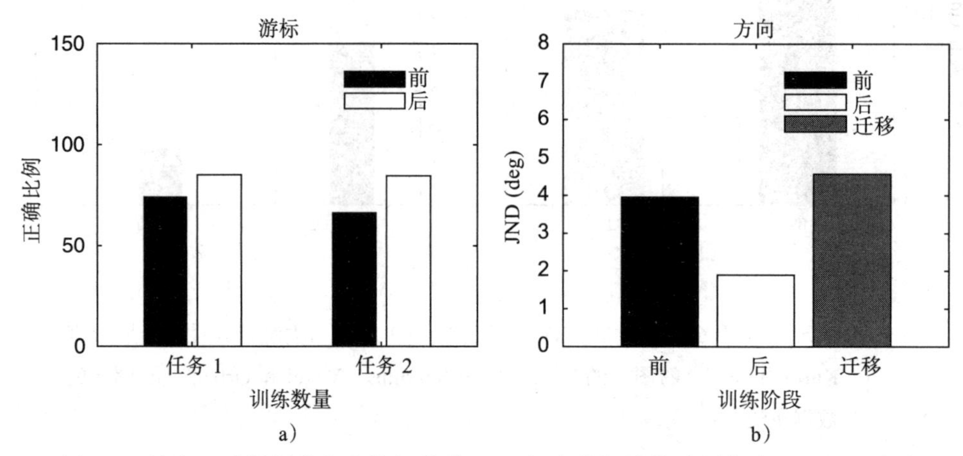

图 3.7　特定于受训刺激方向的知觉学习。a）在游标线偏移判断中，对于垂直或水平的知觉学习的高度特异性通过百分比正确率度量。b）不同方向阈值（JND）的特异性。分别根据 Poggio、Fahle 和 Edelman[31] 的图 3 的数据，以及 Schoups、Vogels 和 Orban[21] 的图 6 的数据重绘

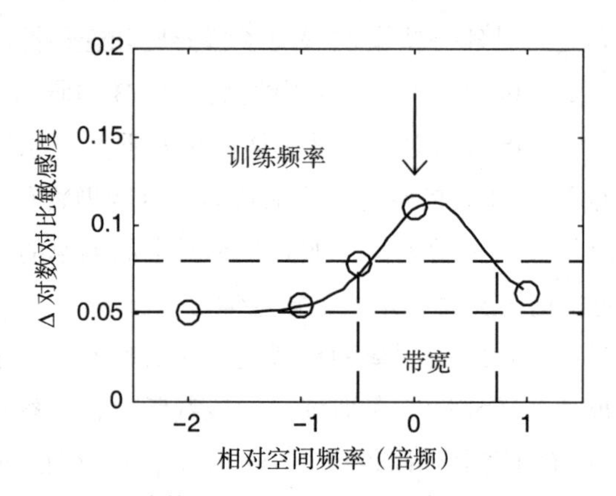

图 3.8　知觉学习检测正弦波外周对比度的空间频率特异性。对比敏感度在训练后的提升表示了知觉学习空间频率带宽约为半个倍频。引自 Sowden、Rose 和 Davies[26] 的图 5，已获许可

对比来看，空间尺度对识别任务中训练刺激的大小和尺度的特异性相对较小。通过缩短时间阈值来度量对象命名任务的改进，这是特定于经过训练的对象，但在大小适度改变的情况下会发生迁移性（图 3.9）[38]。除此之外，将观察距离缩短一半，从而提高有效可视的大小，这表现出与在方向辨别任务中类似的训练迁移性，方向辨别任务是在中心凹处，具有外部噪声的条件下测试的[39]。对于刺激尺度的知觉学习特异性

在其他状况下也有所发现，比如纹理识别任务 [40] 中阵列的大小和虚幻轮廓的感知 [41]。知觉学习对尺度的特异性似乎依赖于任务是否涵盖了低级视觉特征（虽然在本书中，学习也会涉及许多高级表征形式，类似第 8 章）或高级的自然对象，它可能对类似于位置或尺度的低层次特征表现出不变性，但对训练对象具有很大的特异性。

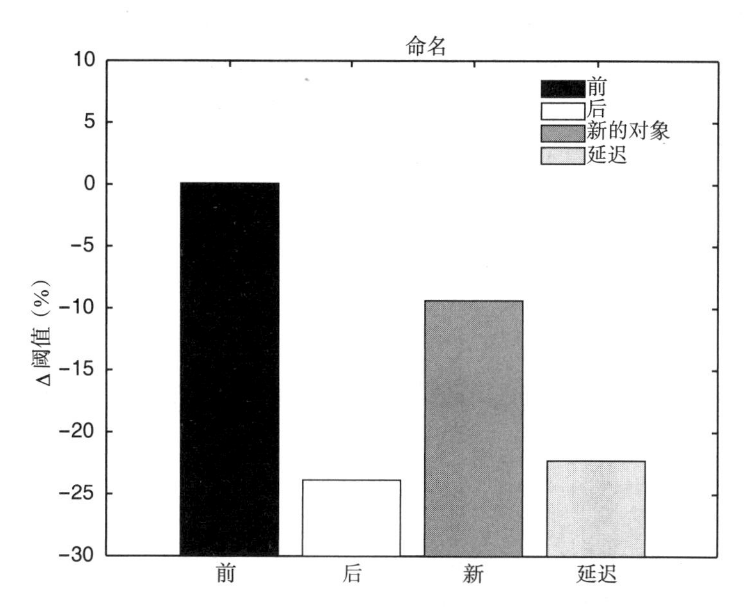

图 3.9　伴随实践的对象命名的知觉学习改善了阈值掩模延迟。这种改善会使延迟扩展到不同的环境而不能扩展到新的对象。根据 Furmanski 和 Engel 的选定数据（文献 [38] 中的图 6）重绘

3.4.4　一阶和二阶特异性

另一个有趣的例子是，多阶段系统的学习涉及一阶和二阶的视觉处理过程。许多视觉模式刺激是由亮度的变化定义的，并通过初级视觉皮层的一阶时空频率通道系统进行处理 [42，43]。还有一些视觉刺激是由其他类型的特征变化定义的，比如对比度 [44，45]、纹理 [46-49]，以及方向调节 [50] 等，这些都通过第二阶系统处理 [51，52]。这被认为涉及几个处理阶段：线性滤波的第一阶段、一个（非线性）校正阶段和线性滤波的第二阶段 [51，53-55]。最初的线性滤波阶段通常与 V1 的皮层处理有关，而第二个线性滤波阶段通常与更高级视觉皮层区域的皮层处理有关 [56]。大量的行为和生理学证据表明一阶和二阶处理系统是不同的 [52，57-61]，尽管也有一些例外。

大多数知觉学习研究使用一阶亮度调制刺激。其他研究则专注于二阶刺激，由特征的变化来定义，而不是由亮度的变化，并比较两者的学习情况。文献中所研究的案例属于类别 A 或者类别 B，尽管它们看起来可能是相同的，但表征方式和任务不同。训练一阶或者二阶系统都可能导致一阶和二阶任务发生完全特异性。在一个方向上的非对称迁移性经常出现，需要明白在训练和迁移任务中，哪些处理过程是分开的，哪

些处理过程是共享的。

将学习与主要刺激一阶和二阶系统的刺激进行比较的最早研究之一是在运动领域[64]。在一阶刺激中，由亮度定义的随机点子集在一个方向上移动；在第二阶刺激中，由不同于背景移动的点创建的对象就是移动的对象。在第二阶任务中的学习很大程度迁移到了一阶任务中，反过来则不然（图 3.10）。一些研究也报告了这种类似的迁移不对称[65，66]，其中有一个表现出毫无迁移性（可能是独立的）[67]，有一个在训练弱视患者不识别字母时出现了相反的不对称性迁移[68]。在另一项研究中，二阶光栅的训练检测泛化到其他空间频率，而不是一阶段的光栅检测方向[69]。

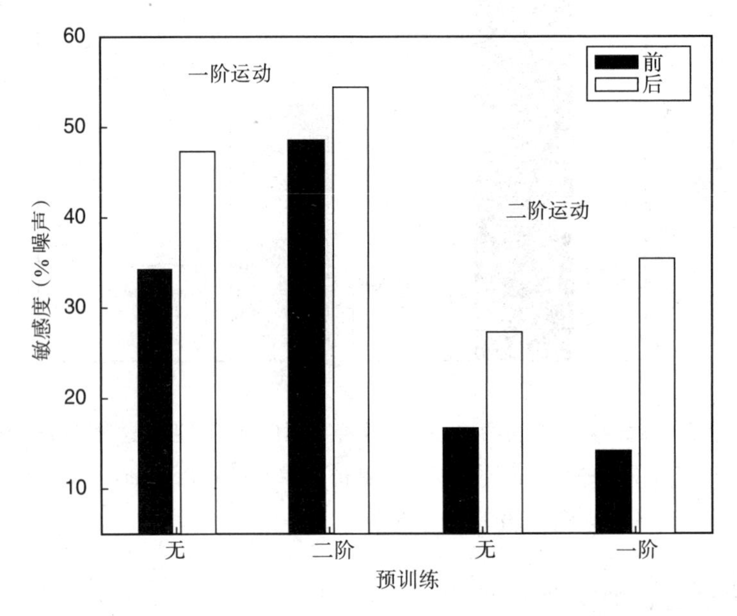

图 3.10　一阶或二阶运动的知觉学习表现为非对称性迁移，如用敏感度衡量（相同阈值百分比）并无预训练，或者在预训练后向相反方向移动。训练二阶运动迁移至一阶运动，以改进一阶运动的判断而不是反过来，这表明一个相同的一阶处理阶段受到了训练。根据 Zanker 的选定数据（文献 [64] 中的图 2）重绘

使用多种可能刺激特征的研究已经产生相同的结果。其中方向辨别任务是针对颜色、亮度、运动或这些因素的组合定义的柱状图进行训练的[70]。由任一单个特征或者三个特征一起定义的柱状图进行训练，相较于预训练基线，训练结果在各种形式的表现上发生迁移性，并发生在相同的视网膜区域。知觉学习似乎发生在提取形状水平时，而不论它们是如何编码的。在另一个例子中，二阶方向、曲率或全局模式任务都表现出相互的迁移性[71]。

一阶和二阶过程的层次结合了一阶和二阶的刺激信息，既可以产生不对称迁移性，也可以不产生迁移性。这是因为学习可能涉及单独的表征，也可能涉及共同的表征或

者阶段。一阶的亮度刺激在空间频率选择和方向选择通道被直接编码，同时对比度、纹理或者其他二阶刺激首先馈送到一组处理器（滤波器和校正器），这些处理器用于提取特征，然后将其集成并馈送到最终的决策阶段。来自两条路径的信号在决策时被集成。人们认为一阶和二阶表征形式在决策时进行集成，因为在任何位置通常只有一个纹理或运动方向。

相应的网络模型中有一系列权重集合：一阶通道到二阶通道、一阶通道到整合阶段、二阶通道到整合阶段，以及整合通道到决策阶段。训练可能修改任一或者所有的权重，因此可以通过显式的建模来探索迁移性发生时的权重变化。因为这些实验可能设计单独的一阶或二阶表征，所以它们可能属于类别 *A* 或者类别 *B*。于是学习和特异性可能产生于改进的重加权或读出权重，或两者的结合，在系统的不同水平上，类似于在集成重加权理论（IRT）中建模的多级系统（见第 8 章）。

3.4.5 判断特异性

学习通常特异于训练任务所要求的判别。这种特异性似乎是一个真理，特别是当训练任务和迁移任务的判断强调了不同的证据时。如果在训练任务上的实践重调谐了共同的表征形式（类别 *C*），那么这些改变一定会影响第二个任务的表现。然而，事实并非如此。相反，这些任务看起来是独立学习的。因此任务的特异性为早期表征形式的改变提供了证明，而不是为了提供证据。例如 Fahle 和 Morgan 得出结论，“任务背后的神经元机制至少部分不相同，而且学习并不是在第一个共同的分析层上面进行的。”[32]

两项经典研究简要报告了任务判别的特异性。在其中一项经典实验中，训练运动方向辨别任务在有训练和未训练方向上，为两个间隔的相同与不同的判断留下阈值，结果是相同的[22]。这可能是因为，根据定义辨别依赖于一个方向不同于另一个方向的感官证据，而检测仅仅需要运动证据。类似地，方向辨别任务并没有改善随后的线亮度辨别[9]。这同样意味着训练并没有改变两种情况下的刺激表征。

另一个经典实验同样显示了对空间二等分或游标判断（即在几乎相同的三点显示中，一个中间点相对于两个参考点是上下对齐还是左右对齐，因此这类似于 *C* 类实验）（图 3.11）[7] 的独立学习。然而这些结果在更强大的任务交替设计（图 3.12）[72]（即使用相同的四个中心点进行评分和游标判断）中，这两个任务是在几个连续的学习交替阶段中独立进行的，表明了完全特异性（独立性）。在另一个经常被引用的研究中，观察者对纹理阵列进行全局判断或局部判断（即阵列形状或检测奇怪的元素）。在这两个任务中的学习也显示出完全的任务特异性[15]。（因为即使刺激相同，相关的刺激特征也可能依赖于任务，也可能是类别 *A* 或类别 *C*。）

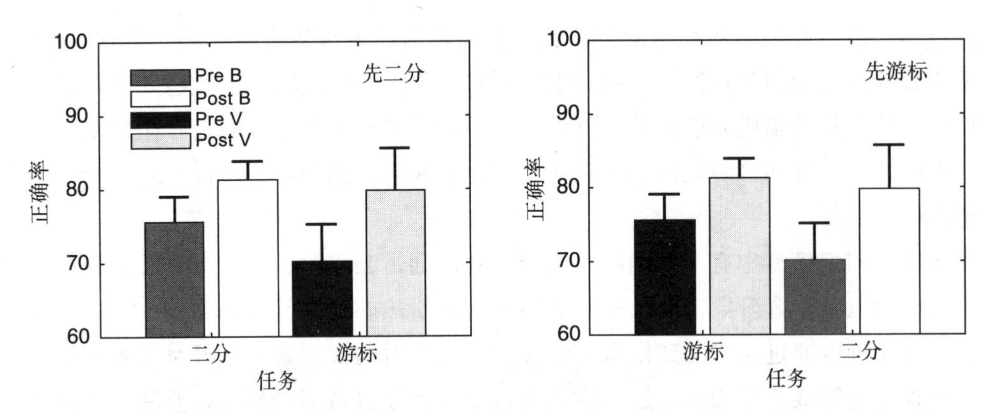

图 3.11　伴随几乎相同刺激的二分任务以及游标任务的知觉学习特异性，即先训练二分任务（左图）的受试者和先训练游标任务（右图）的受试者。根据 Fahle 和 Morgan 的选定数据（文献 [7] 中的图 3）重绘

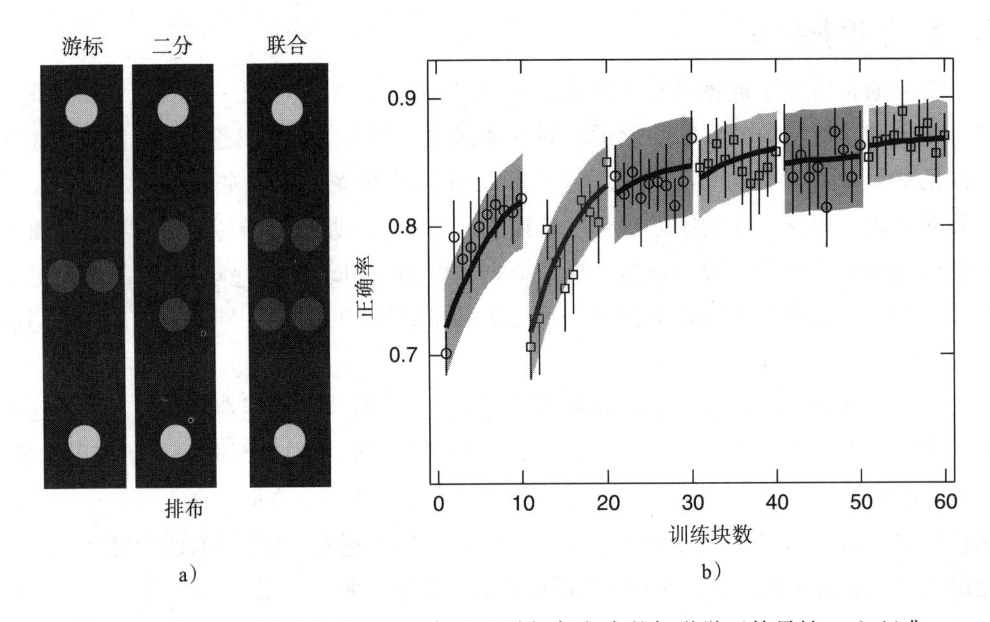

图 3.12　使用相同刺激的交替双向任务和游标任务中的知觉学习特异性。a）经典的游标、双向刺激以及新的联合刺激分布。b）显示多个训练周期上每个任务具有独立训练的结果。引自 Huang、Lu 和 Dosher[72] 的图 1 和图 5

3.4.6　环境特异性

知觉学习特定于环境吗？在实验室或特殊测试环境中的训练是否能扩展到其他环境中？这些问题具有重要的理论和实践意义。然而，他们很少被研究，通常是通过研究学习对视觉噪声或周围隐蔽物的特异性来进行的，这些隐蔽物嵌入了与任务相关的刺激。在这一节中，我们关注的是学习在多大程度上特定于任务环境的某个方面，而其他方面的刺激和判断是相同的（类别 D）。

训练和迁移环境当然可能在许多方面有所不同。它们可能在表面特征（比如亮度水平）或者刺激的其他特征，甚至在任务的其他方面（如风险级别和回报水平等）有所不同。多个早期研究报告了学习对刺激环境的特异性，特别是学习环境检测及其对受训模式噪声的特异性[73]。在一个由双对角 Gabors 组成的复合噪声中，检测 Gabor 的提升未能转移到不同的复合噪声环境中，甚至不能转移到具有两个噪声 Gabors 的情况（尽管有一些迁移到镜像对称任务）。

Petrov、Dosher 和 Lu[17] 测量了交替外部噪声训练阶段的知觉学习。观察者鉴别了嵌入在长条多块相位交替的向右或向左外部噪声中的 Gabor 的方向（即，嵌入在滤波为向右或向左倾斜的白噪声，向右上或左上倾斜的 Gabor 中）（图 3.13）由辨别度（d'）度量的学习结果呈现出一种异常的互测验模式。训练提高了表现，但在降低表现时也反映出转换成本，而不管外部噪声环境是否交替，这些代价都将持续下去。学习精度的提高，以及对比度更高（更明显）的 Gabors 的更高精度，几乎完全反映了不一致刺激（即当 Gabor 方向与外部噪声方向相反时）的性能改善。观察者实际上是在“寻找”与当前外部噪声环境最为不同的刺激证据。通过重加权学习的计算模型可以轻易地解释这种复杂的数据模式（见第 6 章），而基于神经元搜索或锐化重调谐曲线的解释则更难设计。

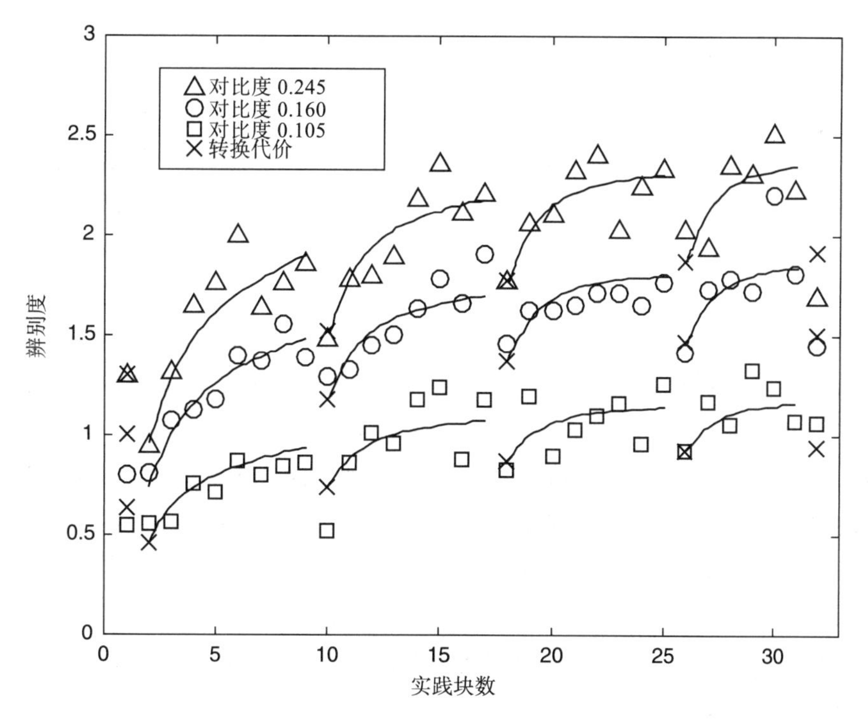

图 3.13　知觉学习显示了背景噪声交替的持续转换代价。三个 Gabor 对比度的性能随着实际情况的改善而提升，在外部噪声环境切换下具有转换代价。引自 Petrov、Dosher 和 Lu[17] 的图 4

3.4.7 总结

特异性被广泛认为是知觉学习的一个标志性特征。它具有许多种形式，包括视网膜位置、眼部、特征、处理系统、任务以及环境的特异性。虽然特异性已经通过多种实验进行了研究，但其中有无基线范式的简单迁移性占据了大多数。我们的调查反映这一领域的广泛实验，展示了一些更具说服力但较少使用的任务交替范式。

在许多著名的特异性报告中，如视网膜位置的特异性，研究也同样表现了部分迁移性。在其他形式的特异性中，比如眼球或尺度的变化，有时也会在其中发生完全迁移性。特异性和迁移性一直被纯粹地以量化的形式进行评估，但是当特异性和迁移性同时发生时，量化声明通常是不充分的，并且具有相应范式特异性的量化评估手段也是必要的。（3.8.2 ～ 3.8.6 节将描述五种评估范式及其优缺点。）

我们一直认为聚焦于训练和迁移任务的视觉处理过程可能也决定了所发生的特异性（与第 2 章所描述的学习分析直接相关）。涉及早期视觉分析中编码的低级特征任务可能表现出特异性（例如对眼部的训练或视网膜位置或一阶、二阶感官表征），并且通过改进这些表征形式证据的读出方式进行学习。然而，涉及高级视觉表征中编码的自然物体学习，虽然高度依赖于训练过的目标，但也往往会在尺度或位置上发生迁移。观察结果与这种学习寻找或在更高皮层区域中发现新的对象表征（尺度不变）是一致的。还应该补充的是，不管学习中最主要的表征形式是什么，其他任务因素也可能会调节特异性和迁移性的关系。在 3.5 节中描述了几种候选因素。

我们对训练和迁移任务关系的分析已有更进一步的理论支持。将成对的训练和迁移任务分为不同的类别，有助于指导对实际结果的解释，更重要的是结果暗示了重调谐和重加权在可塑性中的相对角色。根据定义，*A* 类和 *B* 类任务对依赖于不同的输入表征，因此，对相同（*A* 类）或者不同的（*B* 类）决策结构使用不同的权重。于是，这些实验的结果必须无关于可塑性的潜在形式。从中得出，几乎所有文献中关于特异性和迁移性的实验都属于无法区分重调谐和重加权的范畴。相比之下，*C* 类任务对使用相同的输入表征，但使用不同的决策结构（独立的连接权重），在该情况下，基于重调谐的可塑性几乎总是可以预测某种形式的迁移，要么是积极性的迁移，要么是消极性的迁移。文献中报道的少量 *C* 类任务反而表现了独立性，支撑了重加权（和不变表征形式）的情况。而 *D* 类任务对是特殊的，因为它们共享所有的信息，包括输入表征信息、连接，以及决策单元，这些信息只会在不同任务环境方面有所不同。*D* 类任务的独特性还在于需要一个完整的建模分析，用于判断是通过重加权，还是表征形式加强，还是两者都有的学习方式。如果将图 3.3 中的简单图换成层次网络，这些原则基本上还是保持不变（尽管细节变得更复杂）。

我们相信重加权模型提供了一个对于绝大多数在目前的文献中所观察到的行为现象更令人信服的描述。有利于表征增强的早期结论应该重新评估；在绝大多数的报告中，通过寻找和重加权创建更高级别的表征形式都可以对数据做出较好或更好的解释。

未来的研究应该以更好地揭示在视觉层次中多个层次上同时发生的可塑性形式为出发点。同时在学习过程中的早期视觉级别的表征变化需要更多令人信服的证据（事实上生理学方面确实有一些包含类似 V1 这种早期发生的轻微重调谐的报告；见第 5 章）。即使在学习过程中早期表征形式确实发生了巨大的变化（比如编码器的变化），但是在大多数情况下，学习仍然需要读出权重的变化（比如解码器的变化）。

尽管这些解释十分复杂，但该领域认为特异性是一个强有力的行为指标并没有错。即使不能明确排除表征增强或重加权，但观察到的特异性仍然可以告诉我们一些关于学习所涉及的皮层水平信息。若这些信息是特定于视网膜位置、眼部，或其他特定特征，这种观察或许能表明所涉及的表征在某种程度上保留了这些特性（因此识别在视觉皮层中的早期级别分析作为任务相关表征形式的地点）。相反，如果在位置或尺度范围上发生转移或泛化，这将确定更依赖于更高的皮层水平分析。未来研究功能和生理学之间的联系，极大概率会阐明上述问题，以及在大脑中可塑性的特异性和迁移性之间的关系。

3.5 影响特异性和迁移性的因素

考虑到许多实验证明了部分特异性和部分迁移性，随之两个问题浮现出来：什么因素影响了这种平衡？我们如何刺激迁移性（或泛化），在现实生活中哪类更为有用？这些问题在很大程度上没有解决，它们是对学习理论和实际应用进一步深入研究的关键。

原则上，很多因素会影响可迁移性。然而到目前为止，该领域已经积累了足够的证据来支持有限数量的关于什么可能驱动特异性和迁移性的假设。尽管可能还有其他因素，但有四个因素已经浮现出来，分别是：任务的难度、适应的状态、训练数量以及交叉任务训练的存在。每一个假设或因子都在特定的实验环境中得到了支持。由于实际结果可能取决于实验环境实施的过程，因此需要进一步工作以便更明确地将其定性为因果因素（最好是使用参数操作和定量测量的方法）。一个生成模型能够对不同训练协议在支持迁移性方面的相对成功做出具体预测，也能为训练协议带来新的思路。接下来，我们将探讨支撑其中一些因素的证据。

3.5.1 任务难度和刺激精度

关于训练对迁移的影响，最早同样也是最有影响的观点之一是特异性取决于任务的难度。设计用来测试该假设的实验一般都表现出了一定程度的特异性和迁移性的混合，并且这似乎取决于任务的难度。在这些研究中，“任务难度”实际上指的是判断精度的操作，即要辨别的刺激差异的大小。这些早期的实验并没有单独改变训练和迁移任务（即混淆了训练和迁移任务的难度），训练和迁移任务要么简单（低精度），要么都困难（高精度）。这些研究的初步结论表明，训练任务的性质控制着特异性的程度。随后交叉操作训练和迁移任务发现，特异性主要反映迁移任务的精确度。这是有道理的，因为在迁移任务中的高精度判断需要对于感觉证据进行十分密切的评估。也就是说，这一个原则对其他判断和刺激领域的适用性有待进一步研究。

在这些早期的论文中，任务是纹理识别，难度由奇数元素和背景之间的方向差大小来决定（我们称之为所需的判断精度）[15]。迁移任务交换了目标和背景线的方向以及目标位置（两个或多个位置），相关度量是阈值 SOA。更"困难"的任务表现了更多的特异性（图 3.14），导致在更困难任务中的训练会带来更多特异性的声明。（然而，需要注意的是，即使是最高的特异性指数也只有大概 34% 和 62%）在运动辨别也发生了相同效果：辨别小动作的训练（4°）在一个参考角附近随机点运动方向上的角差显示，只有大概 13% 迁移到鉴别另一个参考角附近的差异（4°）。而另一项研究发现，尽管在 4° 任务中只有很小部分立即迁移到新的参考角，但转换后迁移任务的学习速度几乎是原来的两倍[8]。（这种在学习的加速在其他任务领域的一些类似研究中并没有被观察到。）

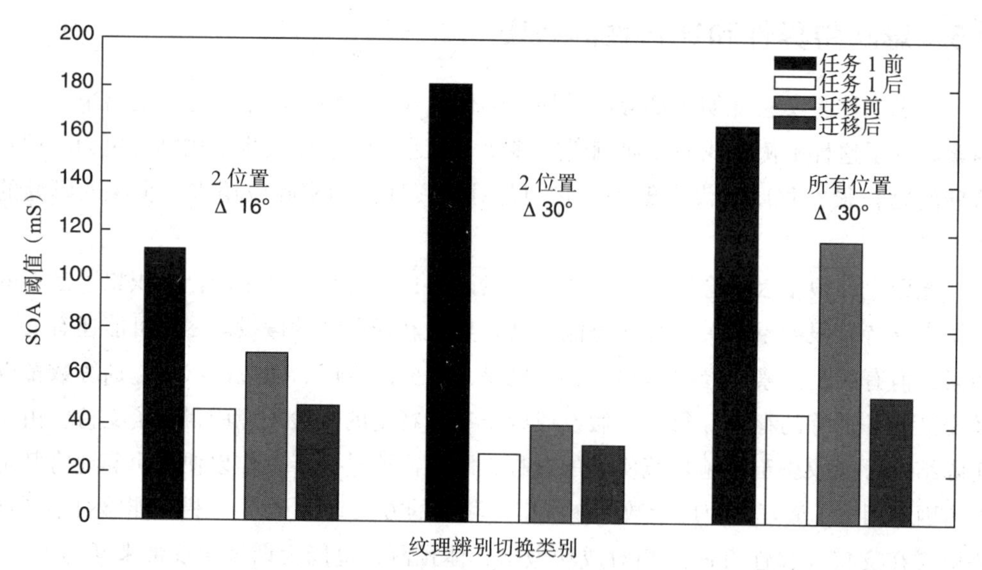

图 3.14　纹理辨别任务（任务 1）和迁移任务之间的迁移程度取决于目标和背景元素之间的差异（"容易"，Δ 30°；或"困难"，Δ 16°）以及相对位置数量的不同（两个或全部）。从 Ahissar 和 Hochstein[15] 的图 2 的数据导出

这些研究并没有单独改变训练和迁移任务的精度[15, 74]。在我们随后的类似研究中涉及方向辨别任务，将训练和迁移的任务解耦[14]。训练和迁移任务的精度（±5° 相对于 ±12°）在四个条件下交叉检验，每一组的观察者在周围不同的对角线位置进行训练，在零噪声和高噪声环境下，分别采用自适应方法跟踪对比度阈值，并在实现过程中混合使用（图 3.15）。

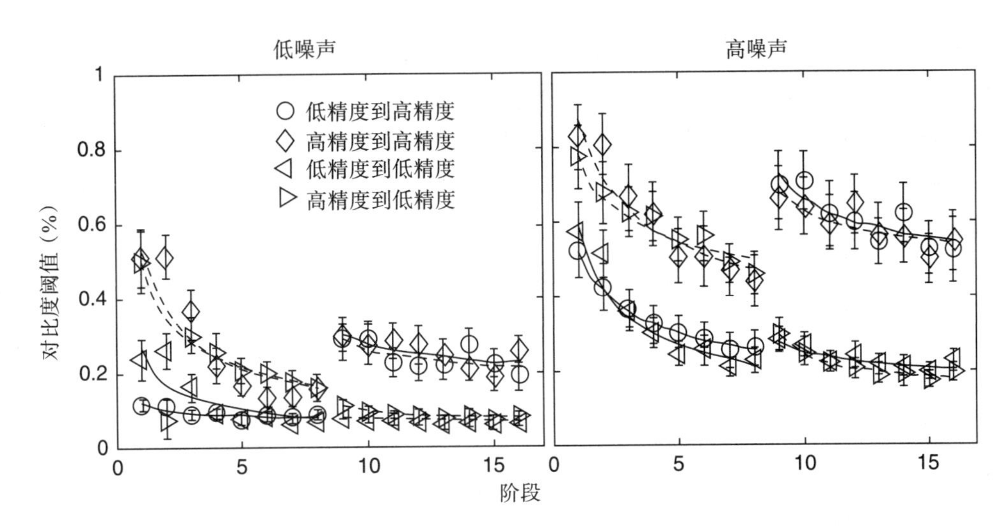

图 3.15　迁移程度取决于迁移任务的精度，具有高精度的任务表现出更多的特异性。高（±5°）或低（±12°）精度的方向辨别任务的预训练，然后在相对参考角附近和不同位置切换到高精度或低精度判断，混合零或高外部噪声的实验。切换后的表现（第 9 章）显示了高精度任务表现出更多特异性。无论训练任务精度如何都几乎具有相同结果。引自 Jeter 等人 [14] 的图 2

在将训练任务和迁移任务解耦的研究中，发现特异性依赖于迁移任务的精度，如果需要更高精度的判断，则迁移任务表现出更高的特异性。相关的模式很容易在数据中看到：无论训练任务的精度如何，迁移任务阶段的阈值学习曲线几乎完全重叠。在这项研究中，由于自适应方法的目标是相同的正确率，因此在迁移性测试中出现了这种精确的数据叠加。随后的研究在奇数元素纹理任务 [75]、过滤视觉噪声纹理的运动 [76]，以及点运动方向 [77] 中复现了上述发现。最后，不控制阈值准确性而在测量正确率的条件下，发现训练任务除了对迁移任务的精确性有实质性影响外，还具有很小的交互作用。一个量化模型（见第 8 章）阐明了这些结果及其普遍性的局限。

3.5.2　适应性与特异性

另一个具有争议的提议表明，特异性有时是适应性的副产品。这种想法是，如果刺激在相同位置反复显示，则对于该刺激的特异性将会更加明显 [29, 78]；举个例子来说，观察者学会从连续暴露于同一位置所产生的适应性感觉反应中读出信息。当在一个新的位置进行测试时，学习到的内容既不会被设置到该位置，也不会被设置为不适应的感觉反应。

适应性假说已经在一些使用纹理识别任务的研究中得到了探索。这些研究检查了在训练过程中有或没有包含刺激条件下的特异性，该刺激旨在释放一定适应性 [78]。在表现出最多特异性的情况下 [1]，目标只出现在一个位置，同时目标、背景和掩模线方向保持不变，从而在相同位置产生了相同刺激的密集重复现象。在其他条件下，具有不同方向线条（但没有目标）的散布帧降低了适应性[79]。在散布条件下，可以观察到初始学习得更快一些，以及哪一组表现出明显的阈值提高（特异性）分组间存在显著差异。在第一个后交换块中，接收散布帧以减少适应性的组表现出更多泛化性。插入空白现实的标准显示也具有特异性（见图 3.16）。

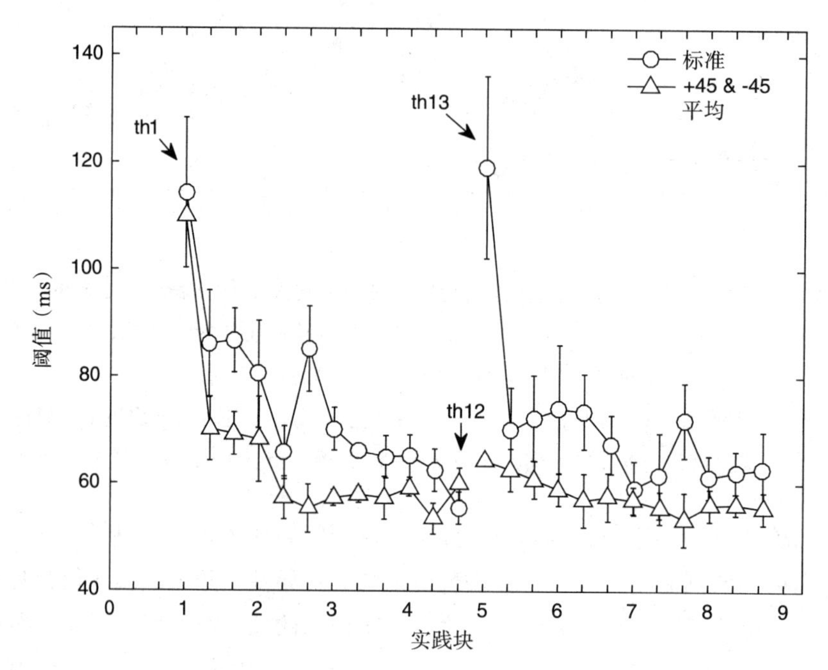

图 3.16　纹理识别任务中是否伴随交叉试验，包括线条旋转 45° 以减少适应性，在初始训练和迁移任务中通过阈值 SOA 进行度量。引自 Harris、Gliksberg 和 Sagi[78] 的图 2，已获许可

Sagi[29] 提出，读出权重和适应性之间的相互作用可能是解释某种特异性的一般原则。重复刺激的范式可能会产生局部适应状态，从而导致视觉皮层中不同单位网络编码的“过拟合”特征（即位置、方向、眼部）。该理论几乎完全基于从纹理识别任务中获得的数据，所以，在评估其泛化性之前必须在其他领域的任务中进行测试。

3.5.3　训练的程度和特异性

训练的持续时间是另一个可能控制特异性的因素。它由直觉驱动，也由分层重加权模型（在第 8 章中介绍）驱动。假设一个观察者在一个给定的训练任务中训练得越多，就会产生越多特异性。（而目前的证据在这个观点上好坏参半。）训练试验的数量和分布在不同的实验中有很大的不同，对这些选择的结果的系统性研究也很少。虽然如此，有人观察到训练试验在不同阶段，即使总数保持不变，也可能会对学习量有一定的实质性影响，而且也会对相应特异性程度有实质性影响。然而，只有十分少量的研究明确控制了训练的程度或者模式，并衡量迁移性。现有的数据支撑了这样一个原则，即更为广泛的训练会导致更多的特异性，尽管额外的研究可能揭示与任务精度或其他因素的相互作用有关。(我们将在第 8 章的转移权重模型的背景下回顾这些想法)。

最早提出这一观点的报告中简短地提到，十分短的初始训练过程对眼睛具有较少的特异性 [80]。尽管眼睛特异性在纹理识别任务训练中出现较晚 [1]，但在最初几次超出阈值时间的噪声训练时间上，超过阈值的遮罩将导致表现迅速转移到另一只眼睛的现象有着十分快速的提升。最近的另一项研究比较了在一项超锐度（Chevron）任务中，在整个阶段和数天内进行的 1600 项训练试验的几种分布情况 [81]。一次训练的试验次数太少（每天或每周少于 200 次试验）以至于不能产生学习效果，而足够多的试验次数(两天内两次训练每次 800 次试验或者四周内每次 400 次试验）将产生健壮的学习效果。更高强度的两天训练未能迁移到一个新的隐含参照，而四周内减半训练量产生了大约 25% 的迁移。这使得作者得出结论，在一个短期的密集训练中特异性将会增加，而在较为稀疏（适量）的长周期训练中，学习将更具有迁移性。

我们的实验室明确地测试了这样一种观点，即在高精度方向辨别任务 [16] 中，更多的训练将会导致更多的特异性，该任务的学习效果迁移到不同方向角度和视网膜位置（图 3.17）[14]。任务切换前的训练量被控制（1、2、4 或 6 个阶段，每个阶段对应 1248 个试验)，通过在两个视网膜位置的零或高外部噪声对比度阈值来测量。训练时间越长的小组学习到的东西越多，这也显然不违背常理。然而在测试迁移性时，初始训练最少的条件在迁移任务中表现最好，而初始训练最多的条件表现最差（最具有特异性)。特异性指数（见 3.8 节）在高外部噪声的测试中从最少的 10% 训练到最多的 80%，在零外部噪声的测试下则是从 10% 到 35% ～ 40%。更多的训练将导致更多的特异性。然而，随后的迁移任务实践并没有对初始训练任务的表现造成小的干扰（在第 8 章中，我们将用重加权模型预测）[16]。这类研究在实验上要求很高（需要大量观察者和试验)，但同样很有价值。对于其他刺激、判断和方案，应评估训练量对知觉学习的即时特异性和随后速度的影响。

3.5.4　通过交叉训练激活迁移性

该领域另一个更广泛研究的假设是交叉训练改善了视网膜位置的迁移性 [25, 82-84]。一个交叉训练方案在迁移位置训练辅助任务或启动任务，将增加最初在其他位置训练的主要任务迁移到该位置的能力。在这些实验设计中的迁移程度取决于细节，如最近的几项研究所示，稍有不同的训练或评估方案在初始学习、特异性以及迁移性方面都会产生相对显著的差异 [85-86]。然而，总的来说，与这些调查相关的说法通常是强有力的：交叉训练消除了特异性，释放了完全的泛化性。实验结果可以被分级，并且可以通过更细粒度的性能度量获得更好的理解 [87]。

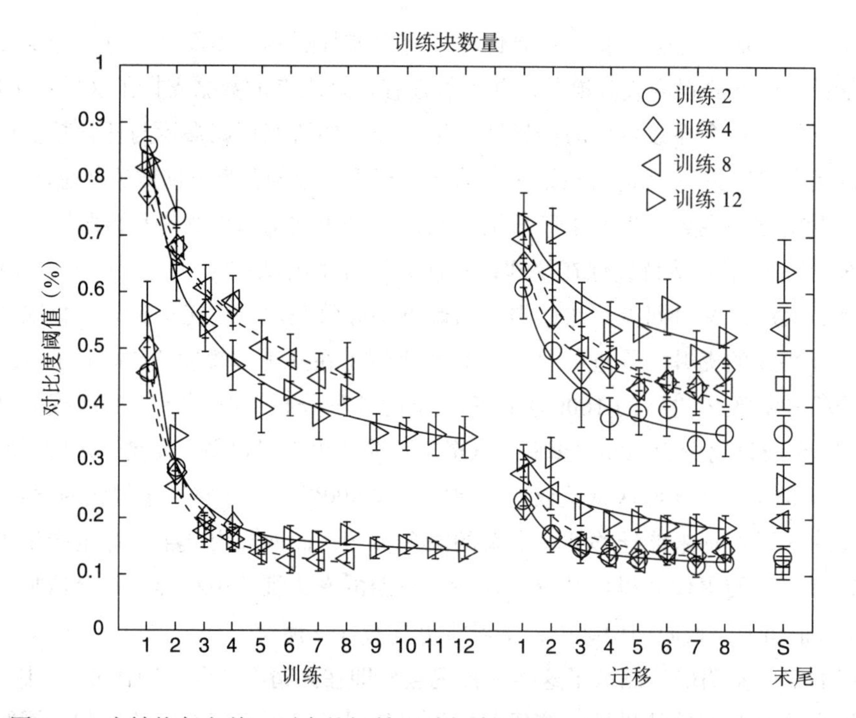

图 3.17 在转换任务前，更多的初始训练提高了知觉学习的特异性。图中显示了在无外部噪声（较低曲线）和高外部噪声（较高曲线）试验中训练了两个，四个，八个或十二个块的观察者组中的对比度阈值性能改进。请参阅文本以了解不同组的特异性指标。引自 Jeter 等人 [16] 的图 4

到目前为止，已经研究了三种交叉训练方案：双重训练、背负训练和训练加曝光。每种训练既是次要的，也是主要的。双重训练是首个被提出的 [82]。该方案的主要任务通常是显示视网膜特异性，而在另一个位置训练的次要任务旨在促进主要任务迁移到新的位置。在目标任务的初始训练之后，将两个任务的训练混合在一起，或者辅助使能任务进行训练。在一项研究 [82] 中，在一个位置训练了垂直 Gabor 的对比度增量检测（主要任务），在另一个位置训练了 Gabor 方向辨别（次要启动子任务），两者均使用两个间隔的差异阈值范式。设计从两个位置的对比判别的基线测量开始。尽管仅进行一次主要任务训练后就显示出相对较少的转移（约 78% 的特异性），但在混合双重训练后观察到几乎完全转移（图 3.18）。在另一项实验中，对主要任务和次要任务进行了连续而不是交错的训练，可以改善迁移性。

背负方案将两种任务的训练以不同的方式混合在一起 [83]，次要任务自然倾向于在位置上转移。在主要任务上的混合训练和位置 1 中更易迁移性的次要任务更可能提升在位置 2 上主要任务的迁移性。在一个实验 [85] 中，将对 Gabor 游标任务的训练与左上象限的 Gabor 方向判断块进行了混合。通常特定于位置的游标性能改进大约 75%（特异性为 25%）转移到右下象限中的位置。

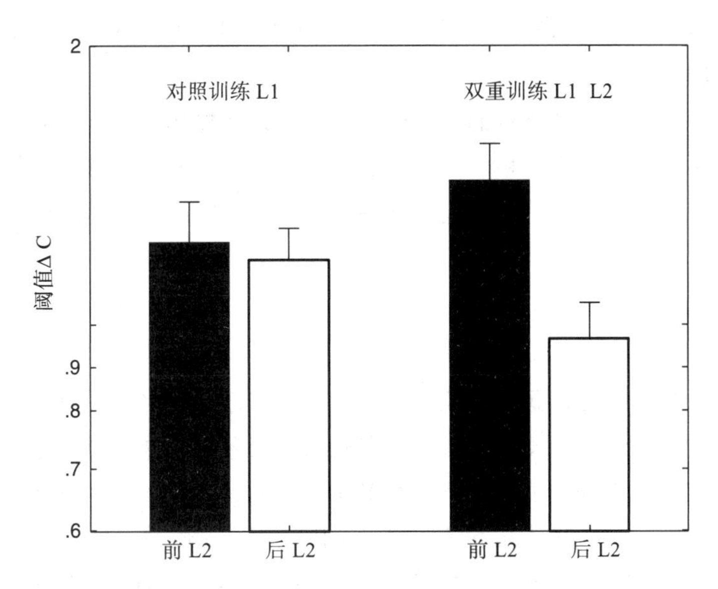

图 3.18 双重训练范式在第二视网膜位置（L2）使用不同的任务，以改善主要任务向该位置的转移。交替训练位置 1 上的对比度增量检测和位置 2 上的方向判别（双重训练）会增加增量检测到位置 2 的转移。根据 Xiao 等人的选定数据（文献 [82] 中的图 1）重绘

训练加暴露方案使用具有相同刺激但不同判断的次要任务来促进转移 [25]。在一种情况下，主要任务是正对角线附近的方向辨别，转移任务是负对角线附近的方向辨别，几乎没有转移。次要任务是对比辨别，称为“被动暴露”。在主要任务训练（显示约 23% 的转换）之后，方向辨别任务通过预训练基线度量，然后进行次要任务对比度辨别训练（显示约 87% 的转换）进行测量的。交错的训练方案产生相似的结果。

这些交叉训练引起了研究人员极大的兴趣，与论文中提出的主张相对应，例如“附加位置训练可以将特征学习（例如，对比度）完全转移到第二位置” [82] “通过训练加暴露程序，知觉学习可以完全迁移到第二种方向——在已知的特定于方向的任务” [25]，或者最后，“这一发现挑战了位置特异性及其推测的将皮质视网膜成像作为许多知觉学习模型的中心概念，并表明知觉学习将涉及较高非视网膜神经元的大脑区域该区域可以引导位置迁移性。” [82]

正如在这些研究中所看到的一样，交叉训练方案通常会产生相当大的益处，尽管确切的量级还受到实验细节 [85] 和任务的影响 [85, 88]。根据在其他范式的发现，观察到特异性可能还取决于其他几个因素：在训练和迁移过程中测试的精确度和可变性 [85, 89]，是否存在训练前基线转移评估 [25]，以及主要任务的训练时间长短 [90, 91]。学习和转移也可能存在个体的差异 [82, 88, 90, 91]，所以交叉训练效果的量级也可能存在个体差异。在这些研究中经常使用的顺序训练设计通常依赖于三个数据点去评估特异性（训练前的基线测试、初始训练后的中间评估和训练完成后的最终评估）。即使没有训练，评估之间

自然发生的学习也应该考虑[13]。(请参阅 3.8 节中关于可用在不同方案中消除这种学习来源的方法的讨论。)

随着对这一有影响力的观点的继续研究，交叉训练操作的影响可能会比最初所想的更为复杂。了解它们促进转移的潜力将从未来的参数研究和能够预测任务交互作用的生成模型中获益。目前已有几种这样的模型用来预测一些相关的迁移现象(见第 8 章)[87, 92]。

3.5.5 总结

针对已有文献的概述，我们回顾了影响特异性和迁移性之间平衡的四个因素。这些因素有些是受到直觉的启发，有些是由先验数据暗含的。这些因素包括任务或判断的精确度、适应性、训练强度、多任务交叉训练。对这些文献的考虑带来了表 3.1 中的一系列临时原则。在某些情况下已证明每个因素都会影响特异性的程度，反之会影响在给定任务和范式内的迁移性。在不同任务领域(以及使用各种实验范式)的进一步实证研究有望使该领域更接近可预测不同训练经历结果的生成模型。只有使用此类模型，我们才能阐明和测试其他原则。事实上，在集成重加权理论(IRT)中开发了模型来解释许多此类迁移现象，该模型通过对更高级别的不变(即位置不变)表征进行学习的重加权来解释迁移性(见第 8 章)。

表 3.1 可能影响特异性和迁移性的规则

表 3.1 可能影响特异性和迁移性的规则
切换到高精度的任务通常会提升特异性
伴随一系列刺激的任务进行更广泛训练会提升特异性
跨域训练或许能提升对于位置和特征的迁移性
在迁移任务中度量性能基线或许能改善后续迁移性

3.6 测量尺度、适应性估计、解耦训练和迁移性评估——未来研究的方向

过往的知觉学习和迁移性是在关注块级或阶段级表现的范式中进行衡量的。相同的试验经常用于训练和评估表现，迁移性衡量通常仅针对单个转移任务。这种科学习惯源于需要从足够(相当大)的试验中得出单个行为表现测量值(比如对比度阈值，差异阈值或正确率)。如第 2 章所述，其结果是知觉学习几乎总是在相对粗略的范围内进行测量，也许大约每 80 ～ 150 次试验，或者有时在数百次试验或数千次试验的最后阶段进行测量。

虽然很少讨论，但该做法可能会对研究企业产生重要影响。测量的范围可能会影响初始表现、学习率或迁移性的初始估计，尤其是对于其中存在快速学习阶段的领域

而言。新技术有望带来更高效的表现测量，因此可以进行更加细化的分析。有了这项新技术，科学家将更好地在训练和迁移任务中估计初始表现，这些都是评价特异性的关键性指标。这些更有效的措施还可以揭示快速的早期学习（如果有的话，以及何时发生）。目前正在开发的适应性程序可以在相对较少的试验中评估表现水平，这可能非常有价值 [93-96]。这些新的适应性方法还可以用于验证（并评估其功能）学习的功能形式，例如指数形式或幂函数形式 [13]，正在逐个尝试 [97]。

我们相信这些新的快速估计方法是未来研究特异性和迁移性以及其他学习特性的最有前景的途径之一。这些快速估计方法可以对表现的各个方面进行更为复杂和精确的测量。这将包括测量训练从一项任务迁移到多项迁移任务的能力，测量整个学习过程中更复杂的表现，以及测量训练和转移的变化率。这种方法同样可以快速估计许多函数，包括在整个学习过程中更详细的表现度量函数形式或详细度量的函数形式，比如对比敏感度函数 [94, 98, 99]。从用于快速评估对比敏感度功能或对比度阈值功能的自适应方法背后的相似原理发展而来 [93]，这些方法还可以扩展到其他方面，例如敏锐度或时频敏感性。更为重要的是，自适应估计将使重要目标衡量指标上的训练与表现评估解耦。如果可以非常迅速地评估目标任务的表现性能，那么就可以使用不同种类的训练和评估试验的组合（例如，在整个学习过程中，通过简单的检测或区分来促进知觉学习，同时在快速评估中观察更困难的任务的变化）。3.9 节（附录 B）中展示了一些快速的单项评估方法的示例。我们相信，这些技术创新将很快扩展可衡量的范围，并改善对迁移性的评估方式。

3.7　结论

20 世纪 90 年代初，对特异性的里程碑式的发现引发了知觉学习中的交互作用及其与成人大脑可塑性关系的复兴。大多数研究人员都假设特异性是可塑性位置的直接指标。这引来了一种极具说服力的说法，即在视觉区域中小区域的训练特异性是由早期视觉皮层区域（同 V1）的可塑性变化产生的。鉴于此类早期区域对更高水平的皮质层处理的决定性作用以及视觉功能受经历的影响程度，我们认为有必要对可塑性和学习进行更深入、更细致的理解。

正如我们所试图证明的那样，最初关于特异性的说法倾向于过度解释它们的结果。仅凭特异性不足以推断经验改变了视觉系统最早水平的调节。更复杂的解释认为特异性将造成早期表征形式的更改（表征形式增强）或从相对稳定的早期表征形式到决策（再加权）的证据读出的权重更改（可能通过多层系统）产生。我们提出了训练和转移任务之间关系的分类方式，以指导这种解释。从中我们得出结论，现有文献的大部分并未提供这两种解释之间的实质检验。 到目前为止，在那些观察到的特异性具有辨别价值的情况下，行为证据似乎倾向于对知觉学习进行重加权解释。但是，未来的模型可能会结合两种可塑性模式的潜在角色，可能部署在不同的情况下或协同使用[100, 101]。

实际上，特异性可能是选择那些与任务最相关的已有视觉表征形式的结果。我们认为，这种影响决策的证据选择可能是早期视觉区域编码的刺激判别的基础，而这些区域内的可塑性也不尽相同。在其他情况下，特异性可能存在于为复杂对象创造的新表征形式中，它们具有不变的形式并在较高的视觉区域中进行编码（见第 2 章）。

文献中的某些任务显示出完全特异性，少数任务显示出完全迁移性，但许多任务介于两者之间——部分特异性和部分迁移性。训练和测试范式中的许多因素可能会调节两者之间的定量平衡。在这些中间情况下，对数据的正确解释将取决于对范式特定的量化处理。在 3.8 节中将详细讨论许多此类情况。

尽管有必要的警告，但是对特异性的实证研究仍然产生了许多令人兴奋的发现。特异性的形式有助于识别视觉功能、操作和表征形式之间的关系。此外，即使某些特异性的例子未能令人信服地区分表征形式增强和重加权，但它们仍然可以帮助识别视觉皮层中的候选区域，对该区域进行相关的刺激表征形式变化。对特异性的发现可能会反过来影响模型架构的选择以及模型中表征的实现。创建能够预测迁移和学习的细微差别的计算模型将促进对模型本身进行更强大的评估，从而提高我们在理论和实践上的学习和迁移的能力（见第 12 章）。

3.8 附录 A：实验范式、分析方法、特异性和迁移性指数

研究知觉学习的科学家必须选择一个实验范式。正如我们在其他领域（最著名的是海森堡测不准原理）所知道的，我们选择的度量手段很可能会影响结果。因此，在评估知觉学习、特异性、迁移性时使用的不同范式本身可能会影响得出的结果和结论。本附录考虑了用于研究知觉学习的几种主要实验范式的优缺点，以及如何最好地分析和解读结果。我们的目的是提供一个合适的理论工具的指针。

在下面的讨论中，T 表示训练任务，X 表示迁移任务。尽管知觉学习中有三大类任务（3.2 节），每一类都有相关的性能指标，但下面的例子主要是针对对比度阈值，即第二类任务。在大多数情况下，可对第一类和第三类任务进行平行分析。

这里开发的传统和建设性的分析显示了典型的、相对粗糙的针对块或者阶段度量的性能度量方法。随着替代自适应或估计方法的发展和验证，在许多情况下我们建议可以通过少量试验或在逐个试验性能的基础上估计表现性能。分析的粗粒度必然导致对如学习率或者在训练或迁移任务中的初始表现性能等的数量估计，虽然这些量适合在较粗糙的精细度下进行估计，但可能会对较高精细度处所测量的学习和迁移产生有偏估计（见 3.9 节）。

3.8.1 幂函数或指数学习以及特异性测量

指数曲线和幂函数曲线是两种常用的函数形式，经常用于描述训练中的改善[13，14，16]。(它们也经常用于估计和量化介于训练任务 T 和迁移任务 X 之间的转移，虽然这种方法并不频繁使用。) 幂函数为训练的效果提供了最为常见的描述性功能[102]。即使单个观察者的学习函数最好描述为指数函数，但由于个体之间的差异性，一组中几个个体的平均学习曲线将近似为幂函数的形式[13，103]。如果学习的形式较为复杂，有几个阶段或者有许多学习的部分，那么复合函数可以通过平均或者结合几个函数形式来构造[13]。

在上述讨论中，我们将重点关注学习过程中对于表现性能的对比度阈值的度量方法。实际上，在对比度阈值度量中指数形式的提升等式如下：

$$C(t) = \lambda e^{-\beta t} + \alpha \tag{3.1}$$

其中 α 是扩展练习后的较低渐近线（最小阈值），λ 是初始增量阈值（即初始性能，$\alpha+\lambda$ 的和），β 是提升的指数速率参数，t 是训练块的数量（或试验，或阶段数，取决于度量的精细度）。从 T 到 X 的迁移任务提升可以估计为扩展指数形式的迁移练习 t_e 的等价物：

$$C_X(t) = \lambda e^{-\beta(t+t_e)} + \alpha \tag{3.2}$$

幂函数提升的相应等式为

$$C(t) = \lambda t^{-\rho} + \alpha \tag{3.3}$$

明确结合来自先验经验转移的广义幂函数为

$$C_X(t) = \lambda(t + t_e)^{-\rho} + \alpha \tag{3.4}$$

（有关试验应用，见 Dosher 和 Lu[13]，以及 Jeter 等人[14，16]。）无论哪种形式，迁移任务 X 都获得了 t_e 训练单位的迁移利益。参数 t_e 是训练等效迁移的一个度量，其中迁移任务的表现就好像已经从该数量的训练单元中受益一样，称为训练等效迁移指数。估计值 t_e 的范围从 0（不转移）到 k（完全转移），其中 k 是训练任务 T 中练习单元的个数（试验、块或阶段）。

训练等效迁移指数 t_e 的数值是通过模型对数据的拟合来估计的，这需要在不进行预训练的前提下，与迁移任务 X 的某些数据进行显示或者隐式的比较。当然，这在不同的范式中以不同的方式完成：通过假设训练和迁移任务的等价性，通过与对照组比较，或者通过测试后续学习率的不连续性等。

这种学习功能的量化分析是在模型比较框架内进行的。嵌套测试可以比较一种模型，该模型中的 t_e 可以自由变化，也可以使用 F 比率测试或不考虑模型复杂性的相关测试，比如 Akaike 信息标准（AIC）、贝叶斯信息准则（BIC）或贝叶斯因子，以比较完整的模型和受限的模型（有关模型比较的处理，见 Lu 和 Dosher[104]）。（或者，可以在层级贝叶斯建模 [105] 的环境下中执行迁移的估计。）

功能模型可以用于量化训练任务 T 的特异性或迁移性，从而对任务转换后的初始性能进行建模，达到后续学习的速率、最终的水平，或者迁移任务 X 中学习的总量。后两者仅在试验设计中定义，其中迁移任务本身在任务转换后进行训练，这在文献中也鲜有人知。否则，只有在一个类似快照的情况下，在刚迁移到 X 的时间点，才能对特异性或迁移性进行评估。

以下各节介绍了几种针对学习以及迁移评估的基础范式，同时指出在什么时候适用。

3.8.2　无基线的迁移范式

研究特异性和迁移性最常用的范式之一是无基线迁移范式。该范式做出了一个隐含的等价假设，即 $T \approx X$——独立评估的前提下，T 和 X 的初始表现和学习率将大致相同。在 X 加入进一步的训练确实有好处，因为这不仅可以估计 X 的初始水平（与 T 的初始水平相比），还可以估计 X 的学习率和最终表现性能。

等价假设前提下 [13] 的一个示例在 +45° 或 –45° 的参考角周围使用了限制对比度（第二类）、方向判别（±10°）（请参阅 3.2 节）的结果近似正确。训练和迁移阶段是彼此旋转等效的，因此等效假设是合理的（正对角线上的方向判别应等同于负对角线上的方向判别）。等价假设在许多其他情况下可能并不适用，并且初始准确性或学习率可能会有所不同（比如从对角线到基本参考角的转换）。

在发生初始迁移时特异性通常由眼睛来评估。在 T 和 X 任务等价的情况下，无基线范式相对来说较容易理解。若学习具有完全特异性，那么对于 T 和 X 的学习曲线将会基本上相同。如果迁移完成，在 T 任务训练结束时继续进行 X 训练。对于中间情况，研究人员使用特异性指数来量化特异性（及其反向性，迁移性）。迁移性是相对于未经训练的基准而言，在任务切换时的性能改进（比如 X 的首次性能度量），而特异性是对于未经训练的基准性能的回报 [106]。Ahissar 和 Hochstein[15] 将特异性指标定义为在初始训练中不发生迁移的改善的比例。对于对比度阈值（输入值以性能为单位），特异性分数为

$$S = \frac{C_{X_1} - C_{T_{\text{end}}}}{C_{T_1} - C_{T_{\text{end}}}} \tag{3.5}$$

训练任务 T 中第一个和最后一个练习块的对比 C_{T_1}、$C_{T_{\text{end}}}$ 和 C_{X_1} 是迁移任务 X 中第一个块的对比度阈值。任务 X 中的性能直接与任务 T 中的性能对比，但这样做的前提是任务具有等价性（否则应选择一种任务 X 的学习对照组手段的范式，见 3.8.4 节）。若 $C_{T_{\text{end}}}$ 十分接近渐近线水平（图 3.19），那么该指数十分有效。否则，$C_{T_{\text{end}}}$ 在下一个时间点的位置需要更正，或者用 $\hat{C}_{T_{\text{end}+1}}$ 代替 $C_{T_{\text{end}}}$。[16] 如果 T 和 X 的完整训练函数都有效，那么拟合函数可以更好地估计输入的 S 值。然而文献中几乎都是使用经验度量值。

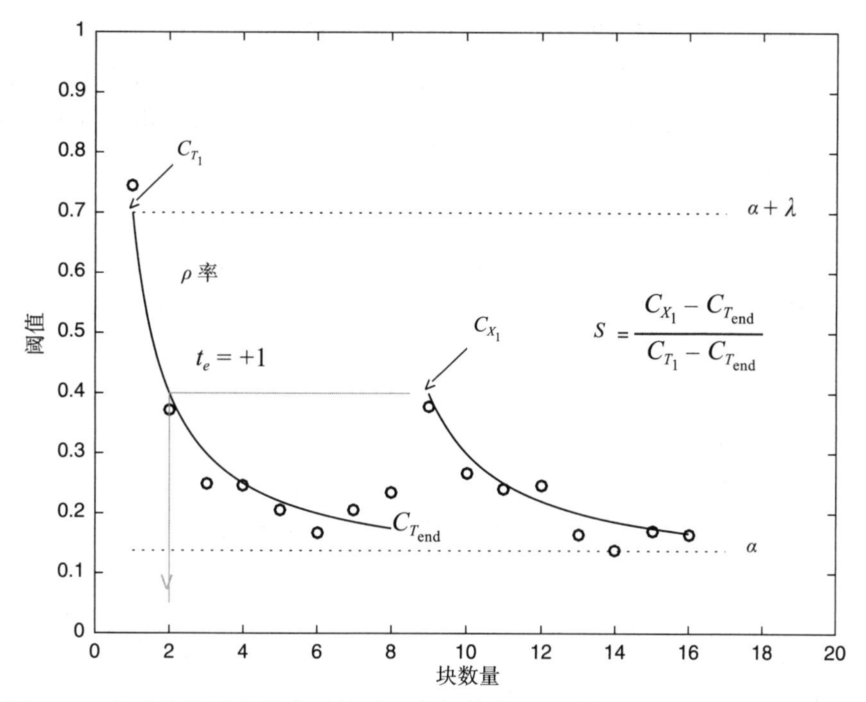

图 3.19 在无基线迁移范式下的对比度阈值学习，它假设训练任务和迁移任务等价，即 $T \approx X$，包括特异性指数 S 和训练等效迁移指数 $t_e = +1$ 的图示（$\lambda_{T=X} = 0.6, \alpha_{T=X} = 0.1, \rho_{T=X} = 1$）。文中解释了对比度 C 值的定义

在测试模型形式的环境中，假设以群数据的幂函数为例，两个方程组共同适配于数据：

$$C_T(t_T) = \lambda(t_T)^{-\rho T} + \alpha \tag{3.6}$$

及

$$C_X(t_X) = \lambda(t_X + t_e)^{-\rho X} + \alpha \tag{3.7}$$

作为等价假设的结果，这些方程对于 λ 和 α 的限制和 X 及 T 相同。通过假设单个学习率 $\rho = \rho_T = \rho_X$，可以从数据中估计 T 到 X 的瞬时迁移 t_e。这种学习率的等效性也可以在模型比较中进一步检验。如果只有单个数据点 C_{X_1} 可用于迁移任务，则通过函数 T 上的插值来估计单点 t_e。如图 3.19 所示。

3.8.3 有基线的迁移范式

在多数情况下，任务 T 和任务 X 并不等价，因此需要其他的范式。有许多这样的例子：评估方向辨别是否在中央凹处和周围位置之间发生迁移，在主方向和斜方向附近发生迁移，或者在相同刺激的两个不同判决之间发生迁移。在这种情况下，最常用的方法是基线测量，或有基线迁移范式。对迁移任务 X 进行评估（有时是十分短暂）以

生成一个度量 X_{pre}，或在基线度量中同时评估任务 X 和任务 T，然后训练任务 T，最后度量任务 X 以生成一个后训练的度量 X_{post}，有时也会接着对任务 X 进行更多训练。一般来说，研究人员只是简单地比较 X_{post} 和 X_{pre}，偶尔看看是否在 X 中通过更多训练能学到更多的东西。

尽管有基线的迁移范式非常常用，但其解释性实际上非常复杂，因为基线评估本身也提供了实践。通常性能的最快变化发生在训练的早期，因此即使没有训练任务，也可以期望在基线 $X_{pre} = X_1$ 以及第一个后转换块 $X_{post} = X_2$ 之间学习。也就是说，要在评估迁移性和特异性时去除这些干扰点，就需要估算 X_2 的标准性能和改良的特异性指标。不幸的是，这也限制了关于 X 的学习率是否与未经 T 训练的相同情况的推论。简而言之，对有基线的迁移范式研究的解释通常具有挑战性。

然而，在一些情况下，基线训练的预期效果可以通过使用迁移任务的学习曲线的函数方程从随后的学习曲线外推回到预测的初始基线水平 [20] 来估计：

$$C_X(t_X) = \lambda(t_X + t_*)^{-\rho_X} + \alpha \tag{3.8}$$

其中 t_* 在 T 训练之前的基线测量值设置为 0，并且设置为 t_e，以合并 T 之后的区块训练的迁移。有基线迁移范式的示意图如图 3.20 所示。用迁移估计值 t_e 拟合训练前基线和

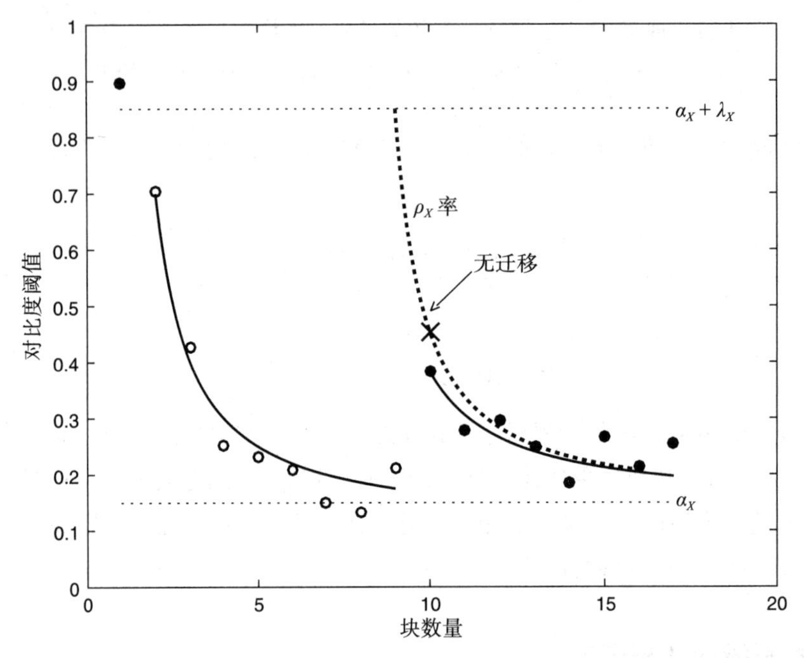

图 3.20　具有不等效的 T 和 X 任务的基线转移范式的对比度阈值学习曲线；从 X 的基线评估中学习的内容应纳入分析。虚线显示（假设）在 X 上没有转移的训练，其中 × 表示预训练基线到后训练基线的预期改善。实线有一定的迁移性，t_e= +1.2（λ_t= 0.6，α_t= 0.1，ρ_t= 1；λ_X= 0.7，α_X= 0.15，ρ_X= 1.2）。这种方法需要拟合函数，相当于使用函数导出的输入来计算特异性指数

训练后第一个练习块之间的学习曲线中的不连续性需要对迁移任务的学习曲线进行大量评估，这种情况很少发生。有时研究人员通过保持基线评估的简单或消除反馈来减轻基线评估过程中的学习。但是没有明确针对对照组的对比，我们将无法完全确定这些方法是否是成功的。

3.8.4　训练迁移范式

一种更直接但不常用的度量特异性和迁移性的方法是训练迁移范式，它将训练组和对照组进行比较。T 和 X 不必相等，甚至可以完全不同，在 T 训练之后的 X 训练与先前未经 T 训练的单独对照组 X_0 的训练进行比较。一个更完整的选项则是在 T 上训练 X_0 组（例如无基线的训练两组，且训练顺序不同）。

这种范式的学习曲线 X 和 X_0 的各个方面都可以参与比较，即初始级别上对于训练 T 的影响以及 X 的学习速率。缺点是不能单独评估特异性和迁移性，而只能在观察者组之间进行评估。由于知觉学习常常表现出巨大的个体差异，因此可能需要大量受试者。在使用控制组的这些设计中，可以进行与无基线迁移设计（3.8.2 节）相同的分析，将对照组中迁移任务上的度量替换为训练任务中的度量。一些问题如图 3.21 所示。

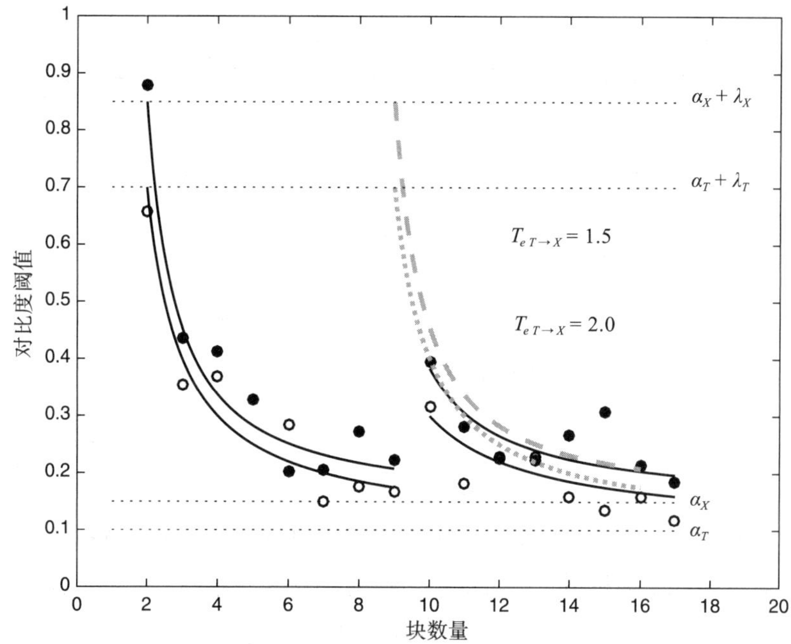

图 3.21　训练迁移范式中的对比度阈值学习，将一项任务（右）训练后的性能与（控制组）未经训练（左）的性能进行了比较（$\lambda_T = 0.6$，$\alpha_T = 0.1$，$\rho_T = 1$；$\lambda_X = 0.7$，$\alpha_X = 0.15$，$\rho_X = 1.2$），其中 $t_{eT\to X} = +1.2$，$t_{eX\to T} = +2.0$（亮圈和黑圈显示数据，虚线和点线表示 T 和 X 的控制曲线）。迁移指数 t_e 是根据模型对数据的拟合来估计的。特异性指数 S 是通过从控制曲线（左）中读取 C_{T_1} 和 $C_{T_{\text{end}}}$，以及从后训练曲线（右）中读取 C_{X_1}（反过来对于在 T 上进行 X 的预训练），或者从拟合的估计中（见正文）来估算的

3.8.5　交替训练范式

另一个很少使用的是交替训练范式。在这个范式中，刺激或任务 T 和 X 在几个训练周期中交替训练；这需要选择交替速率（即每 20 次试验或每 2000 次试验）。这种范式对于评估完全独立学习的 T 和 X 任务十分有效，或可能在推拉竞争中提升一类任务，在这种推拉竞争中，改善一个任务的变化可能损害另一项任务。如果 T 和 X 的学习是独立的——是完全特异的——那么可以交替从各自独立的学习曲线中切片度量。每项任务的学习曲线可以通过绘制性能图表来重新组合，该图表是单独对每个任务进行训练的块函数。图 3.22 的左侧面板显示了任务 T 和 X 的独立学习曲线，其中一条（曲线）向右移动；水平点线表示最大（$\lambda+\alpha$）和最小（α）阈值，在此示例的两个任务中假定两个的阈值相同。右侧面板显示了独立学习任务的结果，其中 T 和 X 的原始训练曲线段移至交替训练窗口。

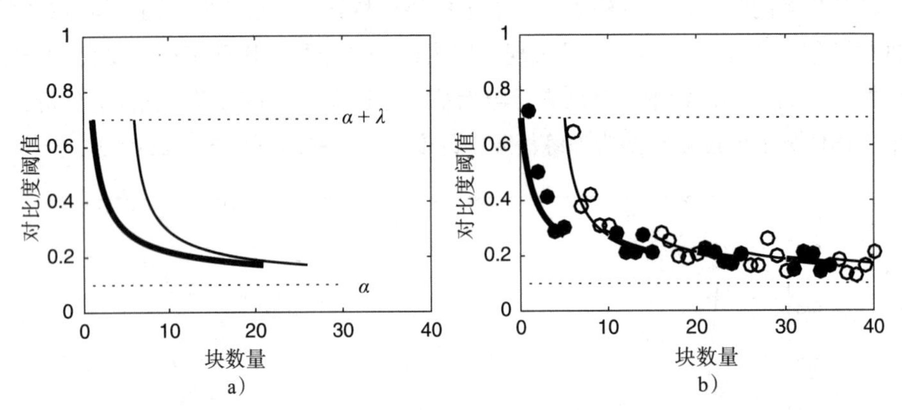

图 3.22　交替训练范式的示意图，用于测试由特异性或迁移性引起的任务训练交互作用。两个刺激条件 X 和 Y 进行独立训练，其中一种在训练试验中显示为向另一种的偏移（a）；训练 X 和训练 Y 的交替区块具有完全特异性的协同学习（b）（见文中解释）

该范式有能力揭示独立性、交叉迁移性、转换成本，成本可能在较短的非替代设计中是模糊的或难以记录的。有时，前两个周期的训练在推拉竞争或任务间的转换成本方面是含糊不清的。明确考虑推拉竞争会导致迁移或转换成本，这也强调了一个明显的事实，即转移可能是积极，也可能是负面的，或两者兼得。这种情况需要基于模型的处理。参见文献 [17，72，107] 中的实验示例。

3.8.6　不平等试验混合范式

由 Liu 和 Vaina[108] 创建的不平等试验混合范式作为测试迁移的另一种方式，在一个常规试验序列 T-T-X 中交替 T 和 X 的顺序。他们认为（我们在引文中替换了 T 和 X 的符号）然而，如果学习不是统一刺激的，而是在两个属性 T 和 X 之间迁移，我们会

期望在条件 X 中比在条件 T 中有更多的提升。因为 X 在学习序列中处于 T 的后面。在 $3n$ 试验（$2n$ 个 T 和 n 个 X）之后，如果学习从 T 迁移到 X，则 n 个 X 的试验提升量应该大于前 n 个 T 试验的提升量[108]。这种范式用于评估在两个方向的运动训练中一个短阶段的迁移[108, 109]。如果 T 和 X 的学习是完全独立且特异的（并且两者都有学习），那么表现顺序应该是 $T1= X< T2$（$T1$ 为所有 T 试验的前半部分，$T2$ 为后半部分；顺序是指积极的表现，比如正确率）。例如 $T1$ 与 X 相同，同时 $T2$ 的表现更好。如果 T 和 X 之间存在积极的迁移，那么表现顺序应该是 $T1 < X < T2$。这一范式在实际应用中与无基线训练范式具有相同的强等价性假设。如果分别训练，那么 T 和 X 必须有相同的初始表现水平和相同的学习率。在某些情况下，范式可能还需要对替代成本（在初始研究中未检验的）进行特殊测试。例如，如果 T 和 X 是不同的判决，那么在 T-T-X 试验序列中，X 试验总是涉及一个判决变化，该变化只适用于 T 试验中的第一个。可以通过比较仅从第一对或第二对序列所估计的表现来测试这是否重要。

3.8.7 总结

显然，每一种评估特异性和迁移性的实验范式都有其优缺点。理论问题以及刺激约束的性质和实际的考虑都可能影响研究者对实验范式的选择。通常研究人员会选择使用最常见的实验范式的缩写版本。例如，无基线迁移和有基线迁移范式通常只用于单一评估 X，而不包括 X 的后续训练。这种简短的评估并不能评估训练 T 是否会影响 X 中知觉学习的后续速率。从观察角度来看，一个特定的范式选择似乎在某个特定领域中成为一种习惯。本附录旨在提供指导选择最适合所研究问题的范式和分析。

3.9 附录 B：度量精细度的影响

任何对于学习的经验性评估都必然选择一种衡量指标。文献中使用的主要性能指标（无论是正确率、可辨别性 d'、对比度阈值或差异阈值）都需要大量样本来产生一个合理的估计，因为通常在每个点使用 60 ～ 500 个试验。与其他任何度量一样，任何学习产生的估计都取决于量纲。例如，天气温度可以列为一天内或每月的平均值，虽然联系在一起，但这些度量却揭示了不同的性质。在块（或阶段）结束时测量的阈值被视为合理的一个原因是，在许多情况下感知任务中的学习似乎要通过数千次的试验或者数天的实践。然而，对于长时间学习的观察并不排除一个更快速的早期学习成分。即使不存在快速分离的早期阶段，对训练任务或迁移任务中第一个块的初始表现水平的块级估计也可能是有偏差的和高度可变的[110, 111]。传统的特异性和迁移性度量手段对这些初始水平是异常敏感的。

执行快速和有效性能度量的能力，通常具有允许状态改变的复杂自适应方法[110, 111]。该能力可以为非常灵活的训练和评估方法创造一片天地。它们可以估计学习的早期阶段（如果存在的话），以及对变化函数形式的精细度进行评估。它们还提供了一个进入知觉学习的窗口，更接近于大多数量化模型中实施的一次又一次的尝试或一次又一次的经验学习。本附录说明了此类方法的一些问题。

通过训练或实践所学习到的性能改进，可能是快速的，也可能是缓慢的，而面临的挑战是提供准确和精确的度量。在一定数量的试验中，现有的测量方法（例如，正确率或者 d'）的综合表现倾向于使用粗略的测量尺度。其他常用的自适应方法有一些其他问题（例如，自适应性的“n-down/m-up”阶梯[112，113]、请求[114，115]、随机逼近方法[116]和加速随机逼近方法[117]）。它们用于在一系列用于产生阈值度量的试验中估计不变的性能水平，因此在表现性能不断变化的情况下，从统计学上来说它们并不适合用于估计。如果学习过程很慢（尽管估计值的可变性会产生影响），这两种方法任选其一即可。另一方面，特异性和迁移性的衍生度量可能需要更精确和更少变化的度量。

虽然更详细的含义需要模拟不同学习率的潜在过程，即它们与不同的评估指标相互作用，但一般的观点是，因为需要 80 或 100 次的试验利用阶梯去估计对比度阈值，所以限制了测量的精细度。此外，一些方法如阶梯法往往会在度量块的早期消除试验，因此前 50 个试验可能会错过，初始水平也将更多变，因此拟合学习曲线将受到更少的限制。

另一种方法是，假设一条学习曲线并使用每个新的数据点在逐个试验基础上更新曲线估计参数[110，111]。其中一种方法叫作快速变化检测（qCD）[111，118]，用于在逐个试验基础上估计阈值。它假设阈值学习曲线是一个指数方程 $T(\vec{\theta},n)=\lambda\exp\left(\frac{-n}{\gamma}\right)+\alpha$ 其中 $\vec{\theta}=(\lambda,\gamma,\alpha)$ 是指数参数（称为生成参数），α 是经过广泛实践后的渐近性能，λ 是学习率，n 是训练试验数。以一组先验 $\vec{\theta}$ 和用于第一次试验测试的起始值（比如刺激对比度）开始，qCD 方法提供了每个试验的阈值估计值以及每个参数可信区间的度量值（见图 3.23）。在训练结束时，利用所有的试验信息对每个试验的阈值估计值进行修正，得到最佳的生成参数估计值。多项模拟研究表明，这些逐次试验的估算值几乎是无偏差的，并且通过与 80 或 160 次试验块的典型三层向下、单层向上的阶梯方法所获得的测量值相比，具有更小的可变性。在训练和迁移任务中，这些对初始阈值的更精确估计反过来会导致对迁移性的更准确估计和更精确的特异性指数[110，111]。

使用改进的逐个试验性能评估，尤其是早期学习的性能评估，然后进行更好的特异性评估，因为特异性通常集中于比较第一项训练任务和第一项迁移任务中的初始表现性能。特异性指数将初始训练点作为关键输入（以及学习后期更容易估计的渐近水平）。然后得出结论，改善的初始性能估计值还将改善特异性、迁移性及其相应指数的估计值[110]。

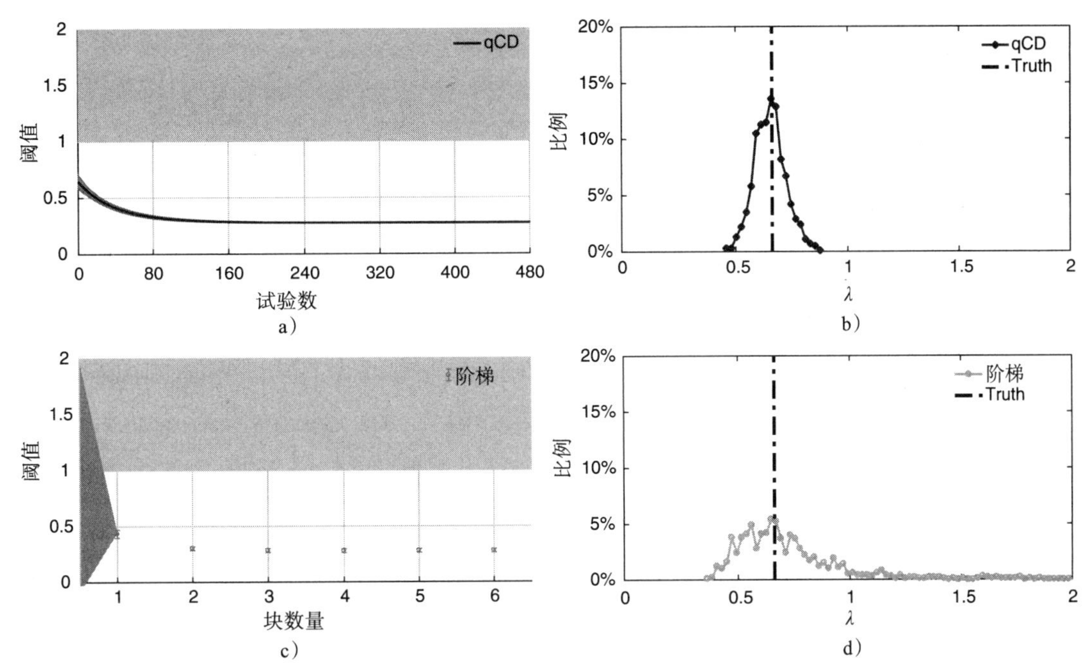

图 3.23 使用带有阈值评估的逐项估算的快速变化检测（qCD）方法（a）以及使用标准的 3∶1 阶梯（b）进行指数知觉学习 $T(\vec{\theta}, n) = \lambda \exp\left(\frac{-n}{\gamma}\right) + \alpha$ 的评估比较。对于 qCD（c）和阶梯法（d），显示了用 λ（渐近线上方的初始水平）作为参数估计值的模拟分布对指数形式的两种数据进行拟合，qCD 估计的偏差较小且具有更小的标准差

参考文献

[1] Karni A, Sagi D. Where practice makes perfect in texture discrimination: Evidence for primary visual cortex plasticity. *Proceedings of the National Academy of Sciences* 1991;88(11):4966–4970.

[2] Ahissar M, Laiwand R, Kozminsky G, Hochstein S. Learning pop-out detection: Building representations for conflicting target-distractor relationships. *Vision Research* 1998;38(20):3095–3107.

[3] Gilbert CD. Early perceptual learning. *Proceedings of the National Academy of Sciences* 1994;91(4):1195–1197.

[4] Karni A, Bertini G. Learning perceptual skills: Behavioral probes into adult cortical plasticity. *Current Opinion in Neurobiology* 1997;7(4):530–535.

[5] Ahissar M, Hochstein S. Eureka: One shot viewing enables perceptual learning. Paper presented at Investigative Ophthalmology & Visual Science; 1996.

[6] Crist RE, Li W, Gilbert CD. Learning to see: Experience and attention in primary visual cortex. *Nature Neuroscience* 2001;4(5):519–525.

[7] Fahle M, Morgan M. No transfer of perceptual learning between similar stimuli in the same retinal position. *Current Biology* 1996;6(3):292–297.

[8] Liu Z, Weinshall D. Mechanisms of generalization in perceptual learning. *Vision Research* 2000;40(1):97–109.

[9] Shiu L-P, Pashler H. Improvement in line orientation discrimination is retinally local but dependent on cognitive set. *Attention, Perception, & Psychophysics* 1992;52(5):582–588.

[10] Dosher BA, Lu Z-L. Perceptual learning reflects external noise filtering and internal noise reduction through channel reweighting. *Proceedings of the National Academy of Sciences* 1998;95(23):13988–13993.

[11] Dosher BA, Lu Z-L. Mechanisms of perceptual learning. *Vision Research* 1999;39(19):3197–3221.

[12] Mollon JD, Danilova MV. Three remarks on perceptual learning. *Spatial Vision* 1996;10(1):51–58.

[13] Dosher BA, Lu Z-L. The functional form of performance improvements in perceptual learning: Learning rates and transfer. *Psychological Science* 2007;18(6):531–539.

[14] Jeter PE, Dosher BA, Petrov A, Lu Z-L. Task precision at transfer determines specificity of perceptual learning. *Journal of Vision* 2009;9(3):1,1–13.

[15] Ahissar M, Hochstein S. Task difficulty and the specificity of perceptual learning. *Nature* 1997;387(6631):401–406.

[16] Jeter PE, Dosher BA, Liu S-H, Lu Z-L. Specificity of perceptual learning increases with increased training. *Vision Research* 2010;50(19):1928–1940.

[17] Petrov AA, Dosher BA, Lu Z-L. The dynamics of perceptual learning: An incremental reweighting model. *Psychological Review* 2005;112(4):715–743.

[18] Matthews N, Liu Z, Geesaman BJ, Qian N. Perceptual learning on orientation and direction discrimination. *Vision Research* 1999;39(22):3692–3701.

[19] Crist RE, Kapadia MK, Westheimer G, Gilbert CD. Perceptual learning of spatial localization: Specificity for orientation, position, and context. *Journal of Neurophysiology* 1997;78(6):2889–2894.

[20] Dosher BA, Lu Z-L. Perceptual learning in clear displays optimizes perceptual expertise: Learning the limiting process. *Proceedings of the National Academy of Sciences* 2005;102(14):5286–5290.

[21] Schoups AA, Vogels R, Orban GA. Human perceptual learning in identifying the oblique orientation: Retinotopy, orientation specificity and monocularity. *Journal of Physiology* 1995;483(3):797–810.

[22] Ball K, Sekuler R. Direction-specific improvement in motion discrimination. *Vision Research* 1987;27(6):953–965.

[23] O'Toole AJ, Kersten DJ. Learning to see random-dot stereograms. *Perception* 1992;21(2):227–243.

[24] Nazir TA, O'Regan JK. Some results on translation invariance in the human visual system. *Spatial Vision* 1990;5(2):81–100.

[25] Zhang J-Y, Zhang G-L, Xiao L-Q, Klein SA, Levi DM, Yu C. Rule-based learning explains visual perceptual learning and its specificity and transfer. *Journal of Neuroscience* 2010;30(37):12323–12328.

[26] Sowden PT, Rose D, Davies IR. Perceptual learning of luminance contrast detection: Specific for spatial frequency and retinal location but not orientation. *Vision Research* 2002;42(10):1249–1258.

[27] Schwartz S, Maquet P, Frith C. Neural correlates of perceptual learning: A functional MRI study of visual texture discrimination. *Proceedings of the National Academy of Sciences* 2002;99(26):17137–17142.

[28] Schoups AA, Orban GA. Interocular transfer in perceptual learning of a pop-out discrimination task. *Proceedings of the National Academy of Sciences* 1996;93(14):7358–7362.

[29] Sagi D. Perceptual learning in vision research. *Vision Research* 2011;51(13):1552–1566.

[30] Lu Z-L, Chu W, Dosher BA, Lee S. Independent perceptual learning in monocular and binocular motion systems. *Proceedings of the National Academy of Sciences* 2005;102(15):5624–5629.

[31] Poggio T, Fahle M, Edelman S. Fast perceptual learning in visual hyperacuity. *Science* 1992;256(5059):1018–1021.

[32] Fahle M. Specificity of learning curvature, orientation, and Vernier discriminations. *Vision Research* 1997;37(14):1885–1895.

[33] Fiorentini A, Berardi N. Perceptual learning specific for orientation and spatial frequency. *Nature*;1980:287(5777):43–44.

[34] Fiorentini A, Berardi N. Learning in grating waveform discrimination: Specificity for orientation and spatial frequency. *Vision Research* 1981;21(7):1149–1158.

[35] Ball K, Sekuler R. A specific and enduring improvement in visual motion discrimination. *Science* 1982;218(4573):697–698.

[36] Ramachandran V, Braddick O. Orientation-specific learning in stereopsis. *Perception* 1973;2(3):371–376.

[37] Huang C-B, Zhou Y, Lu Z-L. Broad bandwidth of perceptual learning in the visual system of adults with anisometropic amblyopia. *Proceedings of the National Academy of Sciences* 2008;105(10):4068–4073.

[38] Furmanski CS, Engel SA. Perceptual learning in object recognition: Object specificity and size invariance. *Vision Research* 2000;40(5):473–484.

[39] Lu Z-L, Dosher BA. Perceptual learning retunes the perceptual template in foveal orientation identification. *Journal of Vision* 2004;4(1):5,44–56.

[40] Ahissar M, Hochstein S. Attentional control of early perceptual learning. *Proceedings of the National Academy of Sciences* 1993;90(12):5718–5722.

[41] Rubin N, Nakayama K, Shapley R. Abrupt learning and retinal size specificity in illusory-contour perception. *Current Biology* 1997;7(7):461–467.

[42] Campbell FW, Robson J. Application of Fourier analysis to the visibility of gratings. *Journal of Physiology* 1968;197(3):551–566.

[43] Shapley R, Lennie P. Spatial frequency analysis in the visual system. *Annual Review of Neuroscience* 1985;8(1):547–581.

[44] Dakin SC, Mareschal I. Sensitivity to contrast modulation depends on carrier spatial frequency and orientation. *Vision Research* 2000;40(3):311–329.

[45] Schofield AJ, Georgeson MA. Sensitivity to contrast modulation: The spatial frequency dependence of second-order vision. *Vision Research* 2003;43(3):243–259.

[46] Cavanagh P, Mather G. Motion: The long and short of it. *Spatial Vision* 1989;4(2):103–129.

[47] Sutter A, Graham N. Investigating simple and complex mechanisms in texture segregation using the speed-accuracy tradeoff method. *Vision Research* 1995;35(20):2825–2843.

[48] Werkhoven P, Sperling G, Chubb C. The dimensionality of texture-defined motion: A single channel theory. *Vision Research* 1993;33(4):463–485.

[49] Regan D. *Human perception of objects*. Sinauer Associates; 1999.

[50] Larsson J, Landy MS, Heeger DJ. Orientation-selective adaptation to first- and second-order patterns in human visual cortex. *Journal of Neurophysiology* 2006;95(2):862–881.

[51] Chubb C, Sperling G, Solomon JA. Texture interactions determine perceived contrast. *Proceedings of the National Academy of Sciences* 1989;86(23):9631–9635.

[52] Lu Z-L, Sperling G. The functional architecture of human visual motion perception. *Vision Research* 1995;35(19):2697–2722.

[53] Baker CL. Central neural mechanisms for detecting second-order motion. *Current Opinion in Neurobiology* 1999;9(4):461–466.

[54] Chubb C, Sperling G. Drift-balanced random stimuli: A general basis for studying non-Fourier motion perception. *Journal of the Optical Society of America A* 1988;5(11):1986–2007.

[55] Wilson HR. Non-Fourier cortical processes in texture, form, and motion perception. *Cerebral Cortex* 1999;13:445–477.

[56] Lin L-M, Wilson HR. Fourier and non-Fourier pattern discrimination compared. *Vision Research* 1996;36(13):1907–1918.

[57] Lu Z-L, Sperling G. Three-systems theory of human visual motion perception: Review and update. *Journal of the Optical Society of America A* 2001;18(9):2331–2370.

[58] McGraw PV, Levi DM, Whitaker D. Spatial characteristics of the second-order visual pathway revealed by positional adaptation. *Nature Neuroscience* 1999;2(5):479–484.

[59] Nishida SY, Ledgeway T, Edwards M. Dual multiple-scale processing for motion in the human visual system. *Vision Research* 1997;37(19):2685–2698.

[60] Schofield AJ, Georgeson MA. Sensitivity to modulations of luminance and contrast in visual white noise: Separate mechanisms with similar behaviour. *Vision Research* 1999;39(16):2697–2716.

[61] Vaina LM, Cowey A, Kennedy D. Perception of first- and second-order motion: Separable neurological mechanisms? *Human Brain Mapping* 1999;7(1):67–77.

[62] Allard R, Faubert J. Zero-dimensional noise is not suitable for characterizing processing properties of detection mechanisms. *Journal of Vision* 2013;13(10):25,1–3.

[63] Johnston A, McOwan P, Buxton H. A computational model of the analysis of some first-order and second-order motion patterns by simple and complex cells. *Proceedings of the Royal Society of London B: Biological Sciences* 1992;250(1329):297–306.

[64] Zanker JM. Perceptual learning in primary and secondary motion vision. *Vision Research* 1999;39(7):1293–1304.

[65] Chen R, Qiu Z-P, Zhang Y, Zhou Y-F. Perceptual learning and transfer study of first- and second-order motion direction discrimination. *Progress in Biochemistry and Biophysics* 2009;36:1442–1450.

[66] Petrov AA, Hayes TR. Asymmetric transfer of perceptual learning of luminance- and contrast-modulated motion. *Journal of Vision* 2010;10(14):11,1–22.

[67] Vaina LM, Chubb C. Dissociation of first- and second-order motion systems by perceptual learning. *Attention, Perception, & Psychophysics* 2012;74(5):1009–1019.

[68] Chung ST, Li RW, Levi DM. Learning to identify near-threshold luminance-defined and contrast-defined letters in observers with amblyopia. *Vision Research* 2008;48(27):2739–2750.

[69] Zhou J, Yan F, Lu Z-L, Zhou Y, Xi J, Huang C-B. Broad bandwidth of perceptual learning in second-order contrast modulation detection. *Journal of Vision* 2015;15(2):20,1–10.

[70] Rivest J, Boutet I, Intriligator J. Perceptual learning of orientation discrimination by more than one attribute. *Vision Research* 1997;37(3):273–281.

[71] McGovern DP, Webb BS, Peirce JW. Transfer of perceptual learning between different visual tasks. *Journal of Vision* 2012;12(11):4,1–11.

[72] Huang C-B, Lu Z-L, Dosher BA. Co-learning analysis of two perceptual learning tasks with identical input stimuli supports the reweighting hypothesis. *Vision Research* 2012;61:25–32.

[73] Dorais A, Sagi D. Contrast masking effects change with practice. *Vision Research* 1997;37(13):1725–1733.

[74] Liu Z. Perceptual learning in motion discrimination that generalizes across motion directions. *Proceedings of the National Academy of Sciences* 1999;96(24):14085–14087.

[75] Meyer J, Petrov A. The specificity of perceptual learning of pop-out detection depends on the difficulty during post-test rather than training. *Journal of Vision* 2011;11(11):1025.

[76] Petrov A. The stimulus specificity of motion perceptual learning depends on the difficulty during post-test rather than training. *Journal of Vision* 2009;9(8):885.

[77] Wang X, Zhou Y, Liu Z. Transfer in motion perceptual learning depends on the difficulty of the training task. *Journal of Vision* 2013;13(7):5,1–9.

[78] Harris H, Gliksberg M, Sagi D. Generalized perceptual learning in the absence of sensory adaptation. *Current Biology* 2012;22(19):1813–1817.

[79] Greenlee MW, Magnussen S. Interactions among spatial frequency and orientation channels adapted concurrently. *Vision Research* 1988;28(12):1303–1310.

[80] Karni A, Sagi D. The time course of learning a visual skill. *Nature* 1993;365(6443):250–252.

[81] Aberg KC, Tartaglia EM, Herzog MH. Perceptual learning with Chevrons requires a minimal number of trials, transfers to untrained directions, but does not require sleep. *Vision Research* 2009;49(16):2087–2094.

[82] Xiao L-Q, Zhang J-Y, Wang R, Klein SA, Levi DM, Yu C. Complete transfer of perceptual learning across retinal locations enabled by double training. *Current Biology* 2008;18(24):1922–1926.

[83] Zhang J-Y, Wang R, Klein S, Levi D, Yu C. Perceptual learning transfers to untrained retinal locations after double training: A piggyback effect. *Journal of Vision* 2011;11(11):1026.

[84] Zhang J-Y, Kuai S-G, Xiao L-Q, Klein SA, Levi DM, Yu C. Stimulus coding rules for perceptual learning. *PLoS Biology* 2008;6(8):e197.

[85] Hung S-C, Seitz AR. Prolonged training at threshold promotes robust retinotopic specificity in perceptual learning. *Journal of Neuroscience* 2014;34(25):8423–8431.

[86] Talluri BC, Hung S-C, Seitz AR, Seriès P. Confidence-based integrated reweighting model of task-difficulty explains location-based specificity in perceptual learning. *Journal of Vision* 2015;15(10):17,1–12.

[87] Sotiropoulos G, Seitz AR, Seriès P. Performance-monitoring integrated reweighting model of perceptual learning. *Vision Research* 2018;152:17–39.

[88] Zhang J-Y, Yang Y-X. Perceptual learning of motion direction discrimination transfers to an opposite direction with TPE training. *Vision Research* 2014;99:93–98.

[89] Xiong Y-Z, Xie X-Y, Yu C. Location and direction specificity in motion direction learning associated with a single-level method of constant stimuli. *Vision Research* 2016;119:9–15.

[90] Liang J, Zhou Y, Fahle M, Liu Z. Specificity of motion discrimination learning even with double training and staircase. *Journal of Vision* 2015;15(10):3,1–10.

[91] Liang J, Zhou Y, Fahle M, Liu Z. Limited transfer of long-term motion perceptual learning with double training. *Journal of Vision* 2015;15(10):1,1–9.

[92] Liu J, Lu Z-L, Dosher B. Multi-location augmented Hebbian re-weighting accounts for transfer of perceptual learning following double training. *Journal of Vision* 2011;11(11):992.

[93] Lesmes LA, Jeon S-T, Lu Z-L, Dosher BA. Bayesian adaptive estimation of threshold versus contrast external noise functions: The quick TvC method. *Vision Research* 2006;46(19):3160–3176.

[94] Lesmes LA, Lu Z-L, Baek J, Albright TD. Bayesian adaptive estimation of the contrast sensitivity function: The quick CSF method. *Journal of Vision* 2010;10(3):17,1–21.

[95] Lesmes LA, Lu Z-L, Baek J, Tran N, Dosher BA, Albright TD. Developing Bayesian adaptive methods for estimating sensitivity thresholds (d') in yes-no and forced-choice tasks. *Frontiers in Psychology* 2015;6:1070,1–24.

[96] Lesmes LA, Lu Z-L, Tran NT, Dosher BA, Albright TD. An adaptive method for estimating criterion sensitivity (d') levels in yes/no tasks. *Journal of Vision* 2006;6(6):1097

[97] Liu J, Dosher B, Lu Z-L. Perceptual learning trial-by-trial in a task roving paradigm. *Journal of Vision* 2018;18(10), 755.

[98] Hou F, Huang C-B, Lesmes L, Feng L-X, Tao L, Zhou Y-F, Lu Z-L. qCSF in clinical application: Efficient characterization and classification of contrast sensitivity functions in amblyopia. *Investigative Ophthalmology & Visual Science* 2010;51(10):5365–5377.

[99] Hou F, Lesmes L, Bex P, Dorr M, Lu Z-L. Using 10AFC to further improve the efficiency of the quick CSF method. *Journal of Vision* 2015;15(9):2,1–18.

[100] Dosher BA, Lu Z-L. Hebbian reweighting on stable representations in perceptual learning. *Learning & Perception* 2009;1(1):37–58.

[101]Seitz A, Watanabe T. A unified model for perceptual learning. *Trends in Cognitive Sciences* 2005;9(7):329–334.

[102] Anderson JR. Acquisition of cognitive skill. *Psychological Review* 1982;89(4):369–406.

[103] Heathcote A, Brown S, Mewhort D. The power law repealed: The case for an exponential law of practice. *Psychonomic Bulletin & Review* 2000;7(2):185–207.

[104] Lu Z-L, Dosher B. *Visual psychophysics: From laboratory to theory.* MIT Press; 2013.

[105] Gu H, Kim W, Hou F, Lesmes, LA, Pitt, MA, Lu, ZL. A hierarchical Bayesian approach to adaptive vision testing: A case study with the contrast sensitivity function. *Journal of Vision* 2016;16(6):15,1–17.

[106] Dill M. Specificity versus invariance of perceptual learning: The example of position. In Fahle, M. & Poggio, T. *Perceptual Learning.* MIT Press;2002:19–231.

[107] Petrov AA, Dosher BA, Lu Z-L. Perceptual learning without feedback in non-stationary contexts: Data and model. *Vision Research* 2006;46(19):3177–3197.

[108] Liu Z, Vaina LM. Simultaneous learning of motion discrimination in two directions. *Cognitive Brain Research* 1998;6(4):347–349.

[109] Jeter P, Dosher B, Lu Z-L. Simultaneous training of two high precision tasks is largely independent even when orientation or position is shared. *Journal of Vision* 2008;8(6):978.

[110] Zhang P, Zhao Y, Dosher B, Lu Z-L. Evaluating the performance of the staircase and quick Change Detection methods in measuring perceptual learning. *Journal of Vision* 2019;19(7):14,1–25.

[111] Zhang P, Zhao Y, Dosher B, Lu Z-L. Assessing the detailed time course of perceptual sensitivity change in perceptual learning. *Journal of Vision* 2019;19(5):9,1–19.

[112] Levitt H. Transformed up-down methods in psychoacoustics. *Journal of the Acoustical Society of America* 1971;49(2B):467–477.

[113] Wetherill G, Levitt H. Sequential estimation of points on a psychometric function. *British Journal of Mathematical and Statistical Psychology* 1965;18(1):1–10.

[114] Watson AB, Pelli DG. QUEST: A Bayesian adaptive psychometric method. *Perception & Psychophysics* 1983;33(2):113–120.

[115] King-Smith PE, Grigsby SS, Vingrys AJ, Benes SC, Supowit A. Efficient and unbiased modifications of the QUEST threshold method: Theory, simulations, experimental evaluation and practical implementation. *Vision Research* 1994;34(7):885–912.

[116] Robbins H, Monro S. A stochastic approximation method. *Annals of Mathematical Statistics* 1951;22(3):400–407.

[117] Kesten H. Accelerated stochastic approximation. *Annals of Mathematical Statistics* 1958;29(1):41–59.

[118] Zhao Y, Lesmes LA, Lu Z-L. The quick Change Detection method: Bayesian adaptive assessment of the time course of perceptual sensitivity change. *Investigative Ophthalmology & Visual Science* 2017;58(8):5633.

第三部分

机　制

第 4 章

Perceptual Learning: How Experience Shapes Visual Perception

知觉学习机制

所有知觉判断都要求观察者在面对噪声时对有意义的信号信息做出反应。这种噪声或刺激位于大脑的感觉表征中。在噪声中找到信号就意味着感知的成功。知觉学习通过提高信噪比来提升表现，这要求要么提高信号，要么降低噪声。信噪比的提高可以通过几种机制来实现，在本章中我们将概述这些机制。可以通过去除或过滤物理刺激中的外部噪声、通过放大（相对于内部噪声）刺激输入，或者通过改变系统的响应或增益特性来实现。前两种机制在知觉学习中起着重要的作用，所有这三种机制都可以通过结合外部噪声测试和观察者模型来共同评估。观察者模型结合了视觉系统的已知特性，形成信号检测分析的“前端”，这将在后续的学习计算模型中发挥重要作用。

4.1 知觉学习机制的信号和噪声分析

到目前为止，我们已经研究了知觉学习的主要现象及其特异性和迁移性。在本章中，我们将提出下一个合乎逻辑的问题：知觉学习提高表现的机制是什么？这个问题的答案使用了来自信号检测理论和知觉观察者的相关模型的分析。这些分析考察了观察者从两种噪声（神经处理过程的内部噪声和来自竞争刺激的外部噪声）中区分目标信号的能力。观察者如何检测信号的存在或者区分两个信号？无论哪种情况，相关信号都需要从刺激输入的环境噪声（外部噪声）和处理过程中因变化而产生的噪声（内部噪声）中提取出来。正如我们将要看到的，这个提取的过程是知觉学习机制的中心。

接下来举一个常见的例子帮助说明可能涉及的机制。想象一下，你正在用手机和朋友通话，手机音量设置为中等。如果你的朋友在嘈杂的聚会上，你听到信号信息的能力将受限于外来声音。在这种情况下，它被外界噪声（物理刺激中的噪声）所限制。这个时候，把你手机的音量调大并不能解决问题。因为这种方式同时提高了你朋友的声音（信号）的音量和其他声音（外部噪声）的音量。然而，你可以让你的朋友把手放在手机周围，或者让现场的人们放低音量。以上任何一种方式都可以去除或过滤掉背景中的外部噪声。在另一种情况下，如果你的朋友在一个非常安静的环境中说话，而你听不到她的话，那么这是受限于你的内在听觉系统。在这种情况下，通过提高手机音量或让你的朋友说得更大声来增强信号将有助于信息的可理解性（这种放大与你的听觉系统内部的噪声有关）。第三种可能的学习机制可以通过使用手机摄像头的例子来更直观地理解。如果图像的某个部分看起来太暗或太亮，在拍照前触摸屏幕可以调整图像的整体的明暗范围。如果相机正对着光线导致图像中的脸部太暗，触摸脸部会使它变亮，而且会改变对强光的反应。这种改变对输入响应的过程称为增益变化。不同于对内部或外部噪声灵敏度的变化，增益变化改变了系统对输入的响应。

这三种机制——外部噪声的过滤、刺激相对于内部噪声的放大，以及改变系统的增益——各自代表了一种独特的提高知觉信噪比的方式。不管具体的知觉任务是什么，学习过程都应用了这些机制中的一个或者多个。

在本章中，我们提出了一个定量测试框架，以确定在任何给定任务中，这三种机制中学习是以哪一种为基础的。我们将继续展示一些特殊设计的实验来揭示一些经典知觉学习范式中实际使用的机制。虽然接下来的大部分内容是技术性的，但模型的基本预测揭示了与每个机制相关的表现的特征模式。实验结果将观察者描绘成一个非常聪明的智能体：即使最初专注于用于执行任务的相关证据，观察者也可能会更好地学会在噪声中找到信号。

4.2　信号检测理论

信号检测理论（signal detection theory，SDT）[1, 2] 是最重要和广泛应用的理论范式之一，用于估计和分析不同信号的可鉴别性，以及根据响应标准设置相关的决策因素。熟悉 SDT 的人都知道，从有噪声的信号或无信号的噪声中得到的证据分布的平均值不同，当证据的采样值超过决策标准时，就会出现“信号存在”响应。（这两类刺激也可以是 A 型刺激或 B 型刺激。）SDT 框架的主要目的是将可鉴别性与证据分布划分为响应的决策标准区分开来 [1, 2]。通过假设一个给定的形式，如高斯分布，描述来自不同刺激的证据，就可以估计可鉴别性（即，证据分布的平均值相对于其可变性的差异）和准则。

SDT 框架是对人类进行行为分析的最强大和最广泛的方法之一，在许多领域有着悠久的历史，从细胞生理学到人类记忆、感知和抽象决策的某些形式 [3-7]。然而，作为一个描述性框架而不是预测性框架，有一些重要的问题无法解决。例如，它并没有揭示信号是如何被处理成内部表征的，也没有告诉我们任何关于噪声的来源和特性的信息。从这个意义上说，SDT 的应用如此广泛，正是因为它没有采用一个特定于某个领域的结构。

我们在本章中使用的技术，将外部噪声范式与观察者模型结合起来，旨在阐明证据的分布如何来自外部刺激、内部过程和噪声。这种分析方法虽然在领域内使用较少，但理论上可以适用于一个感知领域内的不同层次：单个神经元或神经元组的细胞层次，一个功能模块的层次，或将观察者作为一个整体的层次。因此，该模型将外部刺激的物理属性与由此产生的内部表征联系起来，这些表征反过来成为信号检测理论假定的分布。

在接下来的内容中，我们首先讨论一个简单的观察者感知模板模型（PTM）[8, 9]和可以用来说明模型及其参数的抽样实验。PTM 提供了一个整体观察者的模型，该模型基于行为数据描述了输入输出关系。PTM 的每个组成部分对于人类行为的定量模型而言都是必不可少的。这个框架也可以用来量化知觉学习发生的机制[9, 10]。这三种不同的机制都可以从特定参数值的测量变化中检测到，每一种都会导致行为数据的特征模式[10]。我们将看到，这些机制类似于信号处理领域中的放大、滤波和增益控制的概念。虽然名称略有不同，但他们都是相关的概念（见表 4.1），将在第 5 章中再次被讨论。

表 4.1 信号处理、PTM 观察者模型和生理学领域中状态变化（知觉学习）的三种类似机制

信号处理	PTM 观察者模型	生理学
放大	刺激增强	增益增加
滤波	外部噪声去除	重调谐
增益控制	乘性内部噪声的减少或非线性变化	归一化

本章末尾的附录（4.7 节）进一步阐述了如何解释模型和机制的技术细节。它还讨论了其他方法和理论的阐述，包括用来指定观察者的空间、时间、空间频率、方向灵敏度的带通掩蔽，反向相关的相关方法，以及如何利用双通道实验约束模型的属性。

4.3 观察者模型表现的系统分析

行为心理学家和神经科学家通常对描述视觉输入刺激与行为之间的功能关系感兴趣。最常见的方法之一是使用心理物理方法。研究人员使用观察者模型，结合外部噪声的数量和种类的操作变化，不仅可以很好地理解是什么限制了表现的准确性，还可以了解知觉学习是怎样改变这些功能关系的。这些工具还可以用来确定信号和限制噪声源，以及确定三种机制中哪一种在给定任务的知觉学习中起作用。反过来说，任何一个学习模型都必须包括 PTM 组件和这些处理机制。

4.3.1 人类表现的观察者模型

观察者模型量化了观察者的输入输出函数，或者是将行为决策与不同刺激控制联系起来的心理物理关系。特别地，该模型说明了从刺激到内部表征，然后到反应的转换——最后一个阶段通常使用标准 SDT 来说明证据轴上对于任意给定值的响应。对内

部表征中的噪声（内部可变性）进行建模是预测性能的关键。噪声使感知过程随机化，产生随机的内部变量和对相同物理刺激的响应中相应的试验到试验的可变性，通常正是噪声限制了表现准确性 [11]。

每个观察者模型都有一个（或多个）用于任务的目标模式的模板。模板本质上是一个与任务相关刺激的检测器。然后对模板的输出进行非线性增益处理，并在不同的阶段加入若干噪声源。SDT 决策模块然后将带有噪声的内部响应转换为公开的行为响应，当刺激与模板匹配良好、刺激对比度高、外部和内部噪声低时，表现会更好。

好的观察者模型具有鲁棒的预测能力。通过测量观察者在几种条件下的表现，可以预测观察者在多种刺激下的行为表现。从这个意义上说，它们是人类表现的生成模型。通过测量一些观察者特征（估计参数），我们可以预测在不同对比度或外部噪声（视觉噪声掩蔽）下的大范围刺激下的表现。在没有观察者模型框架的情况下，我们需要彻底平铺一个跨越多个对比度级别和多个外部噪声级别的刺激空间，然后执行相对大量的实验测试，最后才能对未经测试的刺激做出预测。最终，一个好的观察者模型可以使用一个小实验来估计观察者的参数，以便对观察者在不同刺激、不同任务要求和不同决策的各种情况下的表现做出许多预测。

观察者模型也提供了一个理论框架，以量化知觉学习操作所引起的可能表现变化。因此，该模型允许我们通过观察观察者模型的一些估计参数（如信号响应、噪声或非线性）的变化，来了解训练（或其他操作，如注意力）如何影响观察者的状态。通过调查观察者的这些特征如何被给定的操作改变，这个框架让我们能够识别出知觉学习改变表现的（一个或多个）机制和对各种刺激做出预测。

在最简单的观察者模型中，一个模板（有时是两个模板之间的差异）会产生一个有噪声的决策变量，这个决策变量反过来导致响应。更高级或更精细的观察者模型可能更复杂——包括一个含模板和过程的网络。这些所谓的多通道模型通常包括许多模板，用于检测在视网膜不同位置阵列上工作的不同可能的特征或模式。在这类模型中，决策模块必须将跨多个模板的响应活动模式转换（例如，有选择地加权）为最终的响应变量，然后转换为行为响应。这些更复杂的观察者模型（在第 6 ～ 8 章的模型部分有描述）可能包括多个通道或多个模板、非线性生理响应和相互作用、多个内部噪声源，甚至更复杂的决策规则。

4.3.2　知觉模板模型

过去的几十年里，已经有了许多著名的观察者模型：线性放大器模型 [12]、诱导噪声模型 [13]、带有决策不确定性的线性放大器模型 [14]、诱导噪声和不确定性模型 [15] 以及知觉模板模型 [8, 16]。知觉模板模型（PTM）是这些模型中最强大的，它包含了先验观察者模型的主要组成部分，因此能够解释最大范围内可能的实验结果。通过估计几个关键参数，PTM 可以提供一个定量的函数形式来说明证据的分布，并最终预测行为性能的信

噪比 d'。许多研究表明，PTM 为广泛的心理物理数据提供了极好的解释[8-10, 16-21]。

如图 4.1 所示，PTM 包含许多组件。对于一个辨别任务，这些组件必须包括调谐到两个任务中刺激的知觉模板。例如，如果任务要求区分一个 Gabor 的方向是水平的还是垂直的，那么一个模板将针对每个方向进行调谐（或者，在检测特定刺激的情况下，可以只有一个单一的模板）。PTM 还包含一个非线性传感器函数（类似于已知的神经反应的非线性），它描述了刺激对比度和内部响应之间的关系。PTM 还包括两种不同的内部噪声源：乘性内部噪声和加性内部噪声，这些噪声描述了对同一刺激做出响应的内部表征的随机性。最后一个组件是决策模块。重要的是要注意，乘性内部噪声根据刺激的对比度能量增加并且与韦伯定律（区分更高的对比度需要较大的差异）行为相关，而加性内部噪声限制了非常低对比度刺激的绝对阈值。总的来说，模板、非线性、外部噪声和内部噪声决定了传递给适当信号检测模块的决策变量（例如，内部证据）的平均值和可变性。这整个系统从简单的 SDT 向前迈进了一步。一般的信号检测理论只是假设潜在的分布（具有一定的平均值和方差）存在，但没有将这些分布与刺激的物理属性的特定转换联系起来。相比之下，PTM 精确地定量描述了从刺激输入到有噪声的内部表征，然后到行为决策的转换。

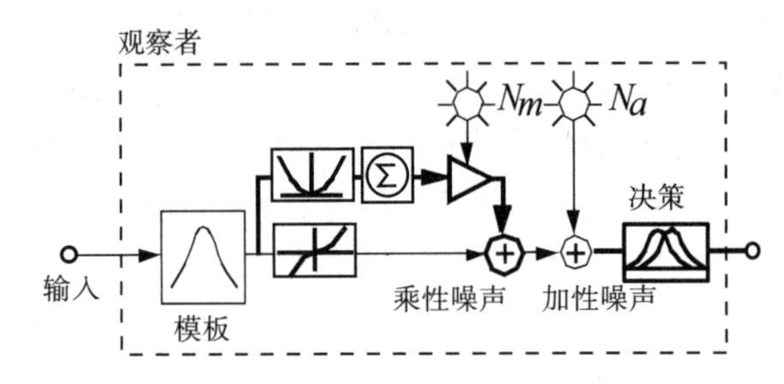

图 4.1　知觉模板模型（PTM）包括调谐到信号刺激的知觉模板、非线性转换函数、内部乘性噪声和内部加性噪声以及决策模块。根据 Lu 和 Dosher[16] 的图 15a 修改

完全随机的 PTM 模型有些复杂。幸运的是，它的预测可以用一组简单的解析方程来近似。在这里，我们提出了一个简单的二选一识别任务（对正交或近似正交刺激的区分）的方程。任何试验的输入刺激都是一个信号（目标）刺激，其对比度为 c，可能还有方差为 σ^2_{ext} 的外部（掩蔽）噪声。这个刺激通过两个模板的两个通路分别进行处理。在信号通路中，一个针对信号刺激（例如，相对于垂直方向 +45°Gabor）选择性调谐的知觉模板以增益 β 响应输入刺激，一个正交模板（例如，–45°Gabor）对信号刺激的平均响应为 0。在最大对比度下，模板对高斯白噪声的增益归一化或设置为 1.0。该信号通路包括一个带有参数 γ 的非线性转换函数 Output = sign (Input) $|\text{Input}|^\gamma$。乘性噪声的方差与乘性噪声通路的输出 N_{mult} 成比例，该通路也有一个非线性转换参数 γ'（可以等于 γ）。这种形式的非线性与在神经系统中观察到的基本一致，也和模式视觉文献

中的研究结论一致[22-23]。

信号和噪声通路的输出与另一个内部加性噪声（方差为 σ^2_{add}）相结合，作为决策的证据。如果观察者需要区分两种刺激，那么响应反映了两种模板响应的差异。在前面的例子中，如果观察者正在辨别一个刺激是 +45° 还是 –45°Gabor，其中一个模板很好地匹配了一个刺激，那么正交模板就会很好地匹配另外一个刺激。

在匹配信号的模板检测器中，平均内部响应为 $\beta^\gamma c^\gamma$，则内部响应的总方差为

$$\sigma^2_{\text{total1}} = \sigma^{2\gamma}_{\text{ext}} + N^2_{\text{mult}}[\sigma^{2\gamma}_{\text{ext}} + (\beta c)^{2\gamma}] + \sigma^2_{\text{add}} \tag{4.1}$$

在模板与信号不匹配时（但与另一个信号匹配），对不匹配刺激的内部响应的平均值为 0，总方差为

$$\sigma^2_{\text{total2}} = \sigma^{2\gamma}_{\text{ext}} + N^2_{\text{mult}}[\sigma^{2\gamma}_{\text{ext}}] + \sigma^2_{\text{add}} \tag{4.2}$$

对于这种两种选择的强制识别任务，PTM 预测平均信噪比 d' 为

$$d' = \frac{(\beta c)^\gamma}{\sqrt{\sigma^2_{\text{ext}} + N^2_{\text{mult}}\left[\sigma^2_{\text{ext}} + \dfrac{(\beta c)^{2\gamma}}{2}\right] + \sigma^2_{\text{add}}}} \tag{4.3}$$

相应地，正确响应的概率表示为匹配模板的响应超过不匹配模板的响应的概率，假设分布为高斯分布

$$\begin{aligned} P_c = \int_{-\infty}^{+\infty} & g\left(x - \beta^\gamma c^\gamma, 0, \sqrt{\sigma^{2\gamma}_{\text{ext}} + N^2_{\text{mult}}[\sigma^{2\gamma}_{\text{ext}} + (\beta c)^{2\gamma}] + \sigma^2_{\text{add}}}\right) \times \\ & G\left(x, 0, \sqrt{\sigma^{2\gamma}_{\text{ext}} + N^2_{\text{mult}}\sigma^{2\gamma}_{\text{ext}} + \sigma^2_{\text{add}}}\right) \mathrm{d}x \end{aligned} \tag{4.4}$$

PTM 方程评估了多种刺激条件下的表现，却只用了 4 个参数，分别是模板对匹配信号的增益 β、非线性 γ、乘性内部噪声 N^2_{mult} 和加性内部噪声 σ^2_{add}。通过估计这四个参数，可以预测不同目标对比度 c 的 d' 或相应的正确率，以及刺激 σ^2_{ext} 中不同水平的外部噪声的 d' 或相应的正确率。

大多数观察者模型，包括 PTM，都是为了解决正交或近似正交刺激的检测或辨别而发展起来的。PTM 已经被扩展到处理非常相似（非正交）刺激的辨别，其中涉及重叠的模板，两者可能对相同的刺激做出反应，这导致了细化 PTM[21] 的产生（见 4.7 节）。

4.3.3　使用外部噪声方法确定 PTM

通过外部噪声实验来约束 PTM 的参数估计，特别是内部噪声和非线性参数[24, 12]。通过这种方法，可以有效地描述观察者，也可以确定其中的学习机制。在这样的实验中，滴定外部噪声添加到信号刺激中，对刺激的检测或刺激之间的区分是通过滴定外

部噪声的水平（或类型）来测量的（见图 4.2 和图 4.3）。通过添加实验人员控制的外部噪声，内部噪声的其他来源可以与外部控制的可测量的数量相比较，它们可以针对刺激中的外部噪声进行基准测试。

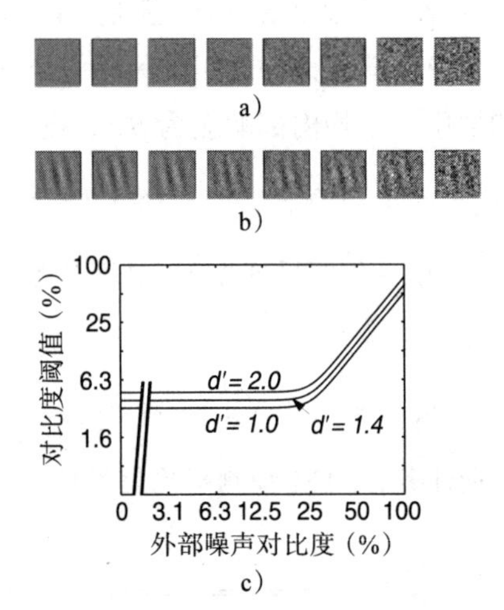

图 4.2　没有 Gabor 信号刺激（a）和有 Gabor 信号刺激（b）的不同外部噪声水平的例子，以及在三个精度水平（d'）下对比度阈值与外部噪声对比度（TvC）函数的例子（c）。内部噪声在低外部噪声时限制表现，而外部噪声在高外部噪声时限制表现。引自 Dosher 和 Lu[10] 的图 3

通常，使用这种方法的 PTM 模型的实验被应用在 5 ～ 9 个对数间隔的外部噪声水平上，来测试信号的检测或区分。根据单一表现水平（例如，75% 的正确率）上的外部噪声，这些所谓传统的等效内部噪声方法测量信号对比度阈值，不足以充分描述观察者的特征。PTM 的完整说明要么需要在每一级外部噪声下测量对比心理测量功能，要么需要估计阈值对比度，同时在每一级外部噪声条件下，保持三种性能精度水平中的每一种都不变（这些点的技术细节详见 4.7 节）。

根据刺激中的外部噪声对比度测量的对比度阈值图有一种典型的形状（图 4.2）。这些所谓的对比度阈值与外部噪声对比度（TvC）函数表明，在外部噪声水平较高时，表现会受到外部噪声的限制（对比度阈值会直接随着外部噪声对比度的增加而增加，通常斜率为 1），而在外部噪声水平较低的情况下，表现会受到内部噪声的限制（对比度阈值不取决于外部噪声对比度的微小变化）。

对比度阈值与外部噪声对比度之间的函数关系可以定量地建模。通过将基本信噪比方程（4.3）改写为方程（4.5），可以推导出作为外部噪声对比度 σ_{ext}^2 的函数的信号对比度阈值 c_τ 和对应于 d' 性能水平的 PTM 的对比度阈值的公式：

$$c_\tau = \left\{ \frac{d'^2[(1+N_{\text{mult}}^2)\sigma_{\text{ext}}^{2\gamma} + \sigma_{\text{add}}^2]}{\beta^{2\gamma} - N_{\text{mult}}^2 \beta^{2\gamma} d^2 / 2} \right\}^{\frac{1}{2\gamma}} \tag{4.5}$$

该方程描述了在给定信噪比 d' 下的观察者在多个外部噪声条件中的表现。为了得到最佳的 PTM 参数估计和良好的模型测试结果，该方程拟合了几种信噪比下的 TvC 实验测量的结果（通常在三种 d' 水平下的测量结果就足够了）。其他的外部噪声方法，如带通掩蔽和反向相关回归方法，可以进一步确定感知模板。（这些方法将在 4.7 节中详细描述。）

4.4 利用外部噪声研究知觉学习

综合起来，外部噪声方法和 PTM 观察者模型组成了一种强大的工具。当两者结合使用时，就有可能区分不同的知觉学习机制，因为每种机制都会根据实际情况做出有关 TvC 曲线变化的特征预测。

如本章开头所述，知觉学习可以通过三种主要机制来影响行为，这些机制直观上类似于信号处理领域中的放大、滤波和增益控制的概念。简要概述一下，放大增加了对信号刺激的响应，从而提高了信号与内部加性噪声的比率；过滤指的是改变响应中被加权的那些刺激的方面，通常是过滤掉外部噪声；增益控制是指系统响应的变化，使得系统可以将灵敏度转移到不同大小的输入刺激上，通常涉及归一化或其他非线性。这三个概念在 PTM 观察者模型中作为刺激的增强、外部噪声的去除和乘性内部噪声的减少或非线性变化来实现。当训练（或一些其他干预，如注意力）调整了对给定刺激的响应时，这种变化反过来反映了这些机制中的一个或多个变化。

这三种机制在生理学文献中也有类似情况，特别是在细胞记录中。类似于放大，对比度增益变化会增加系统对于刺激对比度的增益，而不改变神经元的调谐灵敏度[25, 26]。重调谐是指神经元对某些刺激特征的灵敏度曲线的变化，这种变化可以在不改变最大增益或最大响应的情况下发生[27, 28]。归一化指的是根据输入的总能量来设置细胞的最大响应[29]。

这里的意图不是要将这三个分析领域等同起来，而是要说明类似的知觉学习的机制在其他领域中起作用。因此，可以在不同的层面上研究每种机制的功能特性。在本章中，我们重点讨论了一种基于外部噪声操作和观察者模型的行为方法。然而原则上，类似的问题可以在生理学水平上进行研究，如单个神经元或神经元群的行为改变。事实上，PTM 模型的概念、模型和技术可以很好地应用于单个观察者或神经元群。

4.4.1 PTM 中知觉学习的机制和特征

知觉学习预测的表现特征[9, 10]反映了学习可能影响 PTM 参数的不同方式。刺激增强（等效建模为内部加性噪声的减少）、外部噪声滤波、内部乘性噪声的减少和非线性的变化都会对学习效果做出独特的预测（图 4.3）。事实上，同样的框架也应用于注意力、适应性或其他观察者的变化。

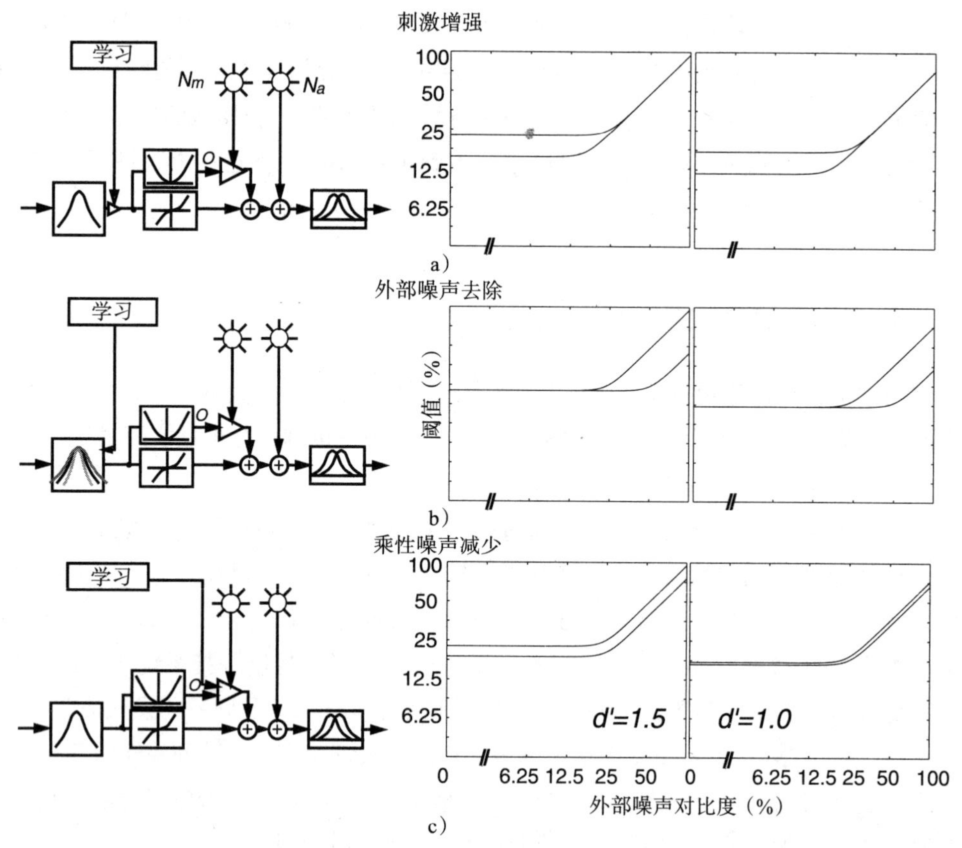

图 4.3　知觉模板模型（PTM）中知觉学习的特征机制：a）刺激增强（放大）改善了低外部噪声时的表现；b）外部噪声去除（滤波）改善高外部噪声的表现；c）增益控制减少内部乘性噪声。通过考虑两个标准表现水平，可以将 a 和 b 的混合作用与 c 区分开。根据 Dosher 和 Lu[10] 的图 3 修改

刺激增强的机制，或刺激相对于内部噪声的放大，是作为内部加性噪声 $A_{add}(t)$ 的乘法器实现的。如图 4.3a 所示，这将导致在零噪声或低外部噪声下表现的提升（降低了阈值）。当高外部噪声作为主要的限制因素时就不会有改善，因为放大同样出现在外部噪声和刺激的信号中。

外部噪声的去除机制，或外部噪声的改进滤波，是作为外部噪声 $A_{ext}(t)$ 的乘法器实现的。这预示了在高外部噪声下表现的改善（图 4.3b）。在没有外部噪声的刺激下，这没有任何影响。这种机制可能反映出对适当时间、空间区域和信号刺激内容的关注得到了改善。

第三个机制是减少内部乘性噪声。乘性噪声的大小与刺激的对比度成正比。这种变化机制可能对应于乘性噪声 $A_{mult}(t)$ 上的一个乘法器。在高水平和低水平的外部噪声中这种机制可以改善表现，具体取决于精度水平或阈值要求（图 4.3c）。

内部加性噪声 $A_{add}(t)$ 的减少、外部噪声滤波 $A_{ext}(t)$，或内部乘性噪声 $A_{mult}(t)$（或非

线性参数 γ）的变化。这些 PTM 模型参数随着练习或时间 t 的变化体现了知觉学习的不同机制。

$$d' = \frac{(\beta c)^{\gamma}}{\sqrt{A_{\text{ext}}^{2\gamma}(t)\sigma_{\text{ext}}^{2\gamma} + A_{\text{mult}}^{2}(t)N_{\text{mult}}^{2}\left[A_{\text{ext}}^{2\gamma}(t)\sigma_{\text{ext}}^{2\gamma} + \frac{(\beta c)^{2\gamma}}{2}\right] + A_{\text{add}}^{2}(t)\sigma_{\text{add}}^{2}}} \tag{4.6}$$

可以推出公式 4.7 来预测 TvC 曲线：

$$c_{\tau} = \frac{1}{\beta}\left[\frac{(1+(A_{\text{mult}}(t)N_{\text{mult}})^{2})(A_{\text{ext}}(t)\sigma_{\text{ext}})^{2\gamma} + (A_{\text{add}}(t)\sigma_{\text{add}})^{2}}{\left(\frac{1}{d'^{2}} - (A_{\text{mult}}(t)N_{\text{mult}})^{2}\right)}\right]^{\frac{1}{2\gamma}} \tag{4.7}$$

这些式子最初是从用于检测或辨别的简单 PTM 模型发展而来的，这些简单模型受对比度而非刺激相似性（正交或近似正交）的限制，已经为辨别非常相似的刺激任务开发了相应的特征模式[19-21]。

从 PTM 参数的变化及其对应的表现特征变化可以推导出其工作机制。如果知觉学习仅在低外部噪声的条件下改善表现，则认为其机制是刺激增强。如果它仅在高外部噪声条件下改善表现，则将其机制识别为外部噪声去除或过滤。然而，学习通常可以同时改善在低外部噪声和高外部噪声下的表现。在这种情况下，模式可能反映了两种机制的混合，或者反映了内部乘性噪声的减少或非线性的变化。可以通过在两个不同的阈值水平（例如，d' 为 1.5 和 1.0）下检查表现来区分这两种解释：在对数对比度轴上，刺激增强、外部噪声去除或二者的混合在几个阈值水平上，表现的改善将是相同的——这种特性称为等效位移关系。然而，如果内部噪声或非线性发生变化，那么（在对数尺度上）在更高的性能精度下的改善更大，等效位移关系失效（位移关系见图 4.3）。在两个或多个标准表现水平上进行的测量可以确定这些机制[9, 10]。虽然原则上学习可以涉及任一机制，但实际上从未观察到乘性噪声和非线性的变化。（正如我们将在第 6 章看到的，重加权模型可以产生几个这样的机制和它们的组合。）

4.4.2　一种典型的知觉学习的外部噪声研究

PTM 观察者模型和外部噪声测试已应用于多个任务领域。在这一节中，我们介绍一种使用外部噪声的基本（假设）研究设计。在这个例子中，研究学习是为了字母识别。在多种水平的外部噪声中，对空间频率过滤的斯隆字母进行了 10 种可选的强制选择识别测试。表现指标是刺激（字母）对比度，它可针对多种白噪声条件产生阈值表现水平：标准偏差 σ_{ext} 设置为 8 个级别（0、0.02、0.04、0.08、0.12、0.16、0.25 和 0.33）中的一个，其中 $\sigma_{\text{ext}} = 0$ 表示没有外部噪声，$\sigma_{\text{ext}} = 0.33$ 是显示设备可显示的噪声对比度的最大的高斯标准差（即从其中值起可达到的亮度范围的三分之一）。在此假设实验中，对比度阈值可以使用自适应阶梯来测量，可能是一个向下一个向上（1 : 1）的阶梯，也可以是一个向下两个向上（1 : 2）的阶梯，分别得到 50% 和 30% 的正确率阈值。在这个有 10 个选项的强制选择任务中，有两个准确度对应的 d' 分别为 1.5 和 0.9。按照时段（1 天）测量表现，每个时段测量 16 个阈值。如果每一个 1 : 2 的阶梯测量 80 次，每一个 1 : 1 的阶梯测 60 次，这样每一时段就需要 1120 次试验，或者 5 天内每个观察者需要进行 5600 次试验。这个设计的一些特点和可能的结果如图 4.4 所示。

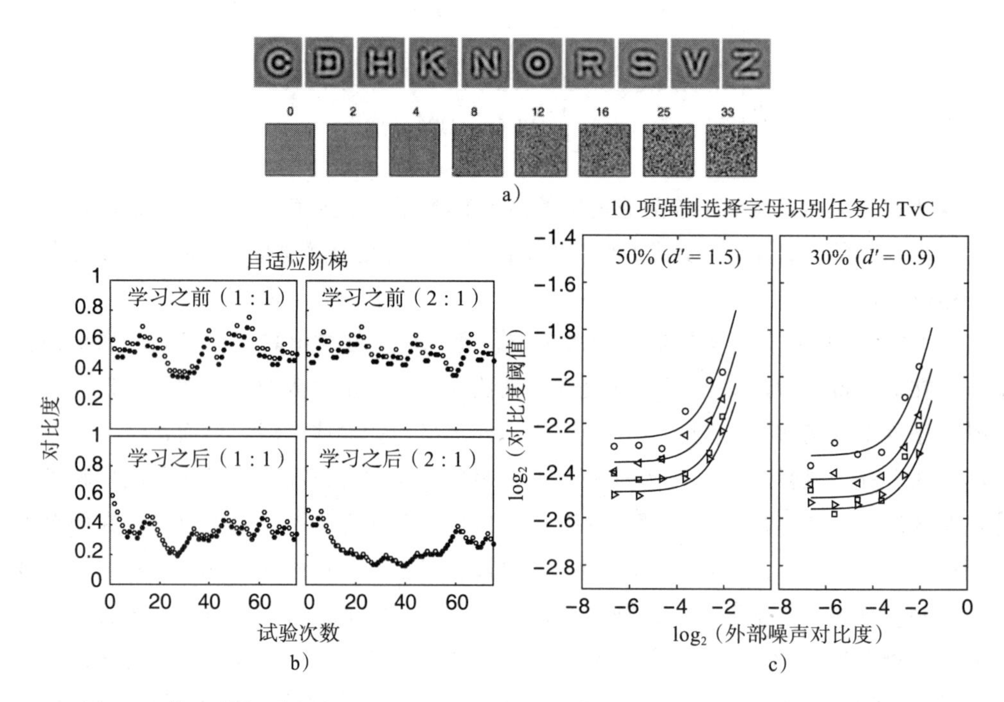

图 4.4 使用外部噪声方法和 PTM 模型测量知觉学习机制的假设实验。a）过滤后的字母用于 10 项强制选择识别（以高对比度表示）。b）阶梯（1 : 1 及 1 : 2），用在学习前后分别用来测量 50% 和 30% 正确率的阈值。c）假设的 TvC 函数和相应的 PTM 曲线（注意，这些计算忽略了刺激的相似性）

在两种不同标准精度下得到的 TvC 曲线通常是在对数轴（通常以 2 为底）上绘制的。这主要是因为高外部噪声中的对比度阈值可能比零外部噪声中的阈值高 10 倍或更多；对数刻度也倾向于使阈值测量的标准偏差相等，这些标准偏差通常与阈值成比例。通常，x 轴还以对数刻度绘制外部噪声对比度。该对数 – 对数图显示了经典的 TvC 形状。

拟合到数据的 PTM 模型用于评估每个时段的练习过程中的知觉学习机制，使用三组噪声乘法器来描述变化：刺激增强（减少内部加性噪声）用 $A_{add}(t)$ 描述，外部噪声滤波用 $A_{ext}(t)$ 描述，减少内部乘性噪声用 $A_{mult}(t)$ 描述。根据定义，这些参数在第一个时段中设置为 1。估计后的乘法器（<1）通过限制噪声来量化表现的改善。虽然在原则上非线性 γ 可以改变，但在实践中很少或从未改变。

当之前的文献中使用外部噪声进行测试时，在引入 PTM 之前（甚至之后），研究人员通常只测量单个阈值函数。因此，他们只能使用线性放大器模型（LAM）（没有非线性或内部乘性噪声）来解释他们的结果。虽然 LAM 可以在某些方面提供解释，但如果不在多个表现水平上测量阈值，几种学习机制就不能完全辨别。不幸的是，这是因为 LAM 模型对每个测量的表现水平估计了不同的参数值，但它无法提供对于观察者的整体（在精度水平上一致）描述。我们建议研究人员在研究知觉学习或注意力时，至少要测量两个阈值水平的表现。

与阶梯使用相关的进一步技术细节（例如，设置起始值和步长），如何拟合和比较模型，以及如何对一些相关的实验设计进行功率分析在早期的书[31]中有所论述，其中还包括了一些示例程序。

4.5 视觉任务中知觉学习的机制

多年来，知觉学习研究几乎都是关注学习的存在与否，或迁移性和特异性（分别见第 2 章和第 3 章）。只有随着外部噪声范式和观察者模型的发展，才能进一步研究知觉学习的机制。在本节中，我们将回顾目前相当多的知觉学习文献，这些文献证明了（在数据中）刺激增强（相对放大）、外部噪声去除（滤波）以及它们的混合形式的存在，非线性或内部乘性噪声的变化尚未观察到。尽管原则上框架可以以多种方式扩展[5]，但表现准确性将仍是我们关注的焦点。

4.5.1 利用外部噪声理解知觉学习

外部噪声在知觉学习研究中的第一个应用实际上早于观察者模型。1995 年，Saarinen 和 Levi[32] 使用临界带掩蔽来估计游标判断的方位敏感性，以及它们如何随着学习而改变。随着训练的深入，阈值出现了改善（降低），有时也会出现定向灵敏度的调谐。

后来，外部噪声范式与 PTM 观察者模型结合使用，以识别学习的机制（图 4.5）[9, 10]。在这些外部噪声实验中，基于外围的两个可选强迫选择（2AFC）的 Gabor 方向识别任务中测量了两个 TvC 函数，中央凹处的并发字母识别用于控制注视。外界噪声范围从 0 到 0.33（分为 8 步），使用自适应阶梯对每个时段测量正确率为 79.4% 和 70.7% 时的对比度阈值（图 4.5）。在这项研究中，训练降低了低外部噪声和高外部噪声的阈值，尽管幅度略有不同，但也反映了通过刺激增强和外部噪声排除或过滤（由 PTM 模型拟合评估）的混合改善。在两个阈值水平上，观察到的变化之间存在强转换关系（在对数轴上，感知学习带来的改善程度在两个表现水平上是相等的）。这种强转换特性在乘性内部噪声或非线性的变化上并未出现[10]。这两种知觉学习机制是否可以单独表达以及表达到什么程度，一直是后续几项研究的重要关注问题。此外，正是在这些结果的背景下，我们首先提出了知觉学习的重加权假设[9, 10]。

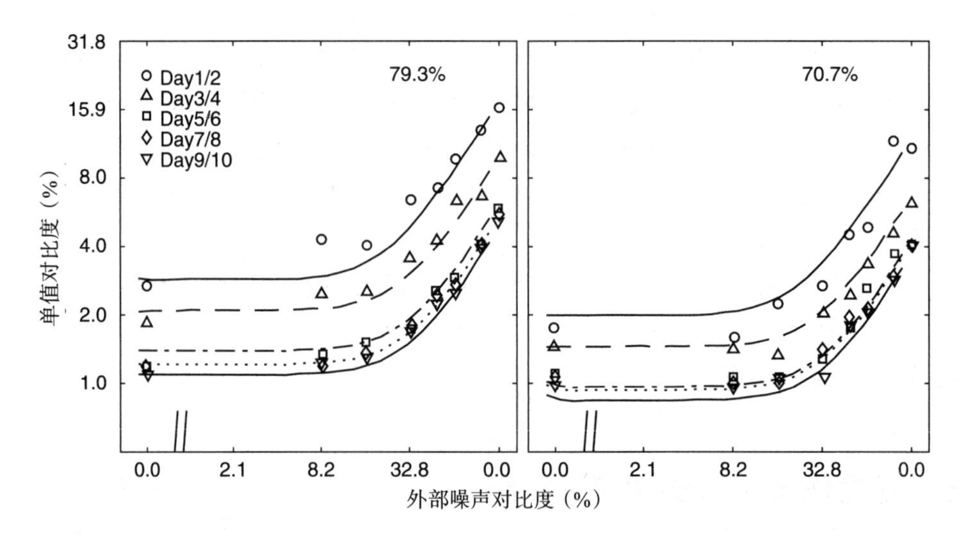

图 4.5　使用外部噪声方法和 PTM 模型测量方向辨别任务中知觉学习的机制。低噪声和高噪声的阈值改善反映了刺激增强和外部噪声去除的组合，这与两个阈值水平之间的转移关系一致。引自 Dosher 和 Lu[9] 的图 1 中的部分内容

Gold 等人将我们的分析应用到了不同刺激和多选择的判断中（图 4.6）[33, 34]。他们的观察者需要确定每次试验中出现的是 10 个最初的新面孔的哪一个，或 10 个带通滤波噪声模式的新样本中的哪一个。实验结果与我们先前的结果[9, 10]非常相似，在低外部噪声和高外部噪声的条件下交叉训练，表现得到了改善，如图 4.6 所示，这与学习曲线相反（其他学习人脸识别的研究[35]）。因为只在一个标准准确度水平（当时的标准）上测量阈值，所以在分析中使用了 LAM。在此基础上，Gold 等人得出了与我们不同的结论。他们认为知觉学习提高了对信号刺激（过滤后的纹理和面孔）的处理效率[34]。然而，LAM 过于简单，很难得出如此强有力的结论。因为它不能在不同的精度水平上实现一致的建模表现，而是在每个水平上估计一组不同的参数[16, 37]。一些论文把 LAM 和 PTM 进行了比较，得出了 PTM 可以提供更完整的表现描述[8, 16]。Gold 等人也应用了一种双通方法来估计使用 LAM 的不同噪声贡献。（4.5.3 节描述了双通方法和 PTM 分析。）虽然这需要测量至少两个阈值水平才能确定，但我们的解释是，Gold 等人论述的学习是通过刺激增强加上外部噪声去除这两种机制的混合而发生的，类似于方位判断的知觉学习[9, 10, 38]。另一项相关研究也发现，在所有级别的外部噪声中，外围字母识别的学习表现都有所改善[39]。知觉学习改善了刺激增强和外部噪声去除。（同样，LAM 未能提供一个内部一致的表现模型，而和其他比较研究中一样[8, 16, 37]，PTM 做到了这一点。）

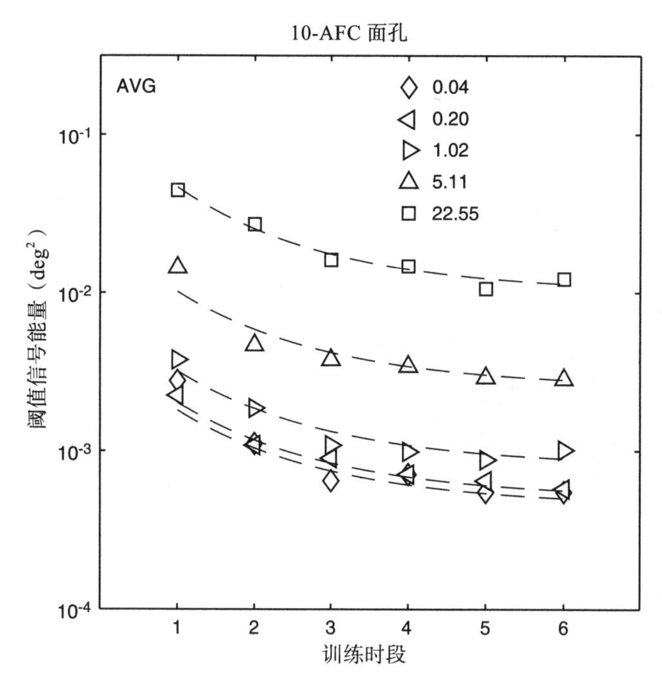

图 4.6　外部噪声实验中，10 项可选的强制选择（10AFC）面孔识别任务中的知觉学习。在这种情况下，每个外部噪声水平（对应于 TvC）下的指数学习曲线。根据 Gold 等人的平均数据（文献 [33] 中的图 1）重绘

外部噪声方法也用于研究其他一系列任务领域的学习。在运动方向辨别领域[38, 40]，通过刺激增强和外部噪声去除的结合，表现得到了改善。一项单独的评估研究了学习的眼部特异性。在高外部噪声的测试中，研究人员发现单眼学习几乎完全迁移到第二只眼睛，而在低外部噪声测试中，第二只眼睛有一半迁移性和一半特异性。这证明了在低外部噪声和高外部噪声下的解耦迁移性[44]。

在一项关于线偏移判断任务中，研究学习的时候使用了一种不同的外部噪声操作[45]。观察者选择三条线中的哪一条线（由水平 Gabor 元素定义）在存在不同水平的位置噪声的情况下，左右部分之间具有偏移（图 4.7）。不同位置噪声水平下的偏移阈值曲线（图 4.7b）通过训练得到了改进。通过回归方法（类似于 4.7 节中描述的反向相关方法）估算的每个元素位置的权重随着训练在慢慢变化。靠近中心的元素（即左右两部分相交的地方）最终获得最大的权重。这种回归分析需要大量的数据，所以估计的权重（模板权重）变化很大。即使位置噪声不直接符合 PTM 模型，范式和潜在模型仍然是同源的。

在听觉领域，外部噪声框架[9, 10]已应用于频率分辨学习[42]。通过使用心理测量功能、模型拟合、双通一致性和分类边界分析，这些研究人员得出结论，知觉学习主要减少了内部加性噪声，显示出初级学习在低外部噪声的区域。在另一个实验中，同样的结论被扩展到在不变刺激下的听觉频率辨别学习中[43]（第 10 章描述了听觉和其他形

式的进一步应用)。在一段难忘的对话中,Hurlbert[36] 将外部噪声研究比作“听一张旧唱片上的陌生录音,这些声音被模糊的噼啪声所破坏。经过反复听证,你会知道每一个颤声,而且几乎注意不到静电”。她接着说,“学会爱上一首沙哑的老歌是一个复杂的、多层次的过程”。从这个类比可以得出,知觉学习也可能包括“学习提取信号、学习过滤外部噪声和学习减少内部噪声”[36](p.231)。

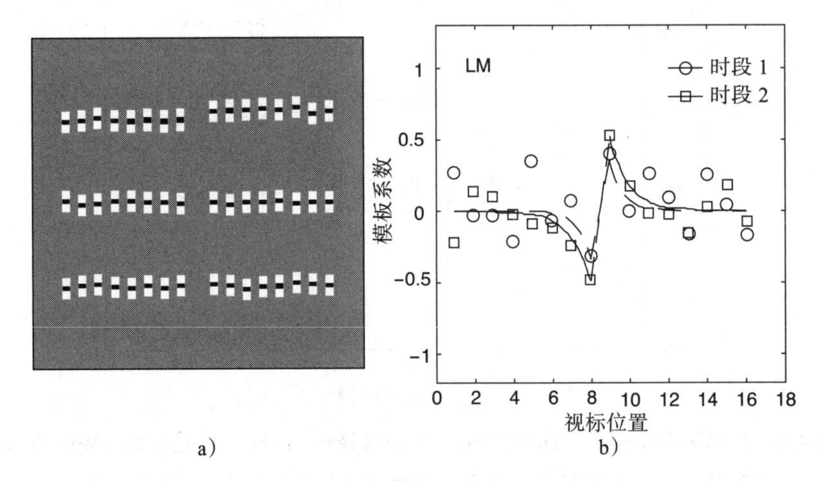

图 4.7　有噪声的线条中,偏移检测的知觉学习。a)观察者判断哪一条由 Gabor 视标创建的具有不同位置噪声量的线条有偏移(顶部的那条)。b)根据回归分析估计,位置 1 ~ 16 的模板权重随着知觉学习而改善。引自 Li、Levi 和 Klein[41] 的图 5

4.5.2　不同知觉学习机制的分离表达

正如前面的例子所表明的,知觉学习通常反映了刺激增强和外部噪声去除的混合改善。但是否存在学习只训练其中一种机制的情况?一种机制能在没有另一种机制的情况下起作用吗?研究表明,这些问题的答案是肯定的。通过专注于某些特定类型的任务,这两种机制几乎都可以用纯表达来记录。这些研究集中在直觉上可能是某一特定机制起主导作用的领域。

在相对精确的视网膜中央凹处的方向识别任务中,研究人员发现了一个通过外部噪声去除进行“纯”学习的例子(在两个准确度等级下测量的 45° ± 8°)(图 4.8)[37]。只有在较高的外部噪声条件下,学习才能显著提高表现,PTM 分析将这种模式确定为通过单一的外部噪声去除机制进行学习。(应该注意的是,这个观察到的模式违背了基于 LAM 的解释,因为效率解释要求在所有级别的外部噪声下,改善都是相等的对数幅度。)[44]

另一方面,在中央凹处纹理定义的方向任务中记录了通过刺激增强进行“纯”学习的示例。在该任务中,观察者被要求区分字母和其镜像翻转的棋盘格形式,或者二阶纹理[45]。在这种情况下,学习仅在低外部噪声条件下才能改善表现(图 4.9)。然而,一个在视网膜中央凹处测试一级亮度字母的类似实验结果显示没有学习。因为研究人员认为处理二阶模式首先需要一个校正阶段来提取字母模式，所以学习似乎是通过对固有噪声二阶刺激表征中的有限内部噪声进行放大刺激来工作的。

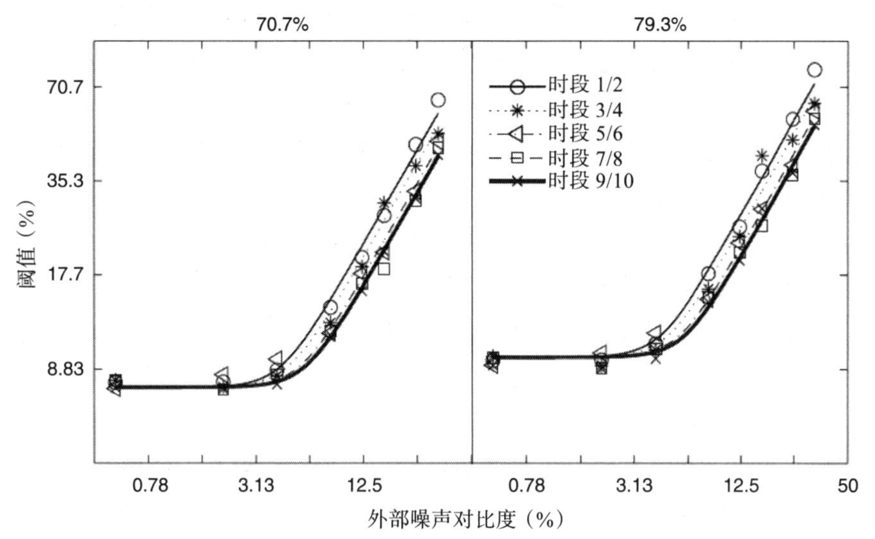

图 4.8 在中央凹处的方向（45° ± 8°）辨别中，一个通过外部噪声去除（过滤）进行纯知觉学习的例子。只有外部噪声较高时，表现才会改善。引自 Lu 和 Dosher[37] 的图 4a

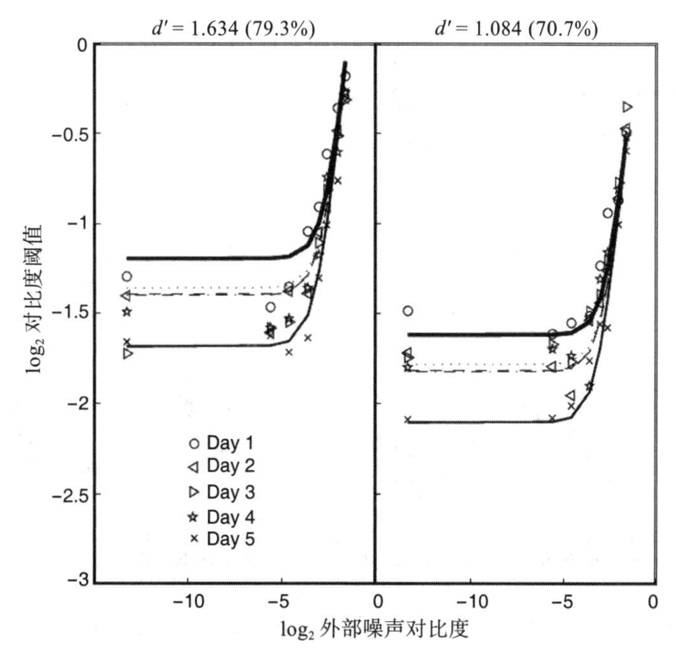

图 4.9 在中央凹处的字母纹理方向任务中，通过改善刺激增强进行知觉学习的一个纯例子。在两个准确性标准下的 TvC 函数中可以观察到，对应于刺激增强，表现改善仅限于零或低外部噪声。引自 Dosher 和 Lu[45] 的图 4

另一组研究表明，刺激增强和外部噪声去除这两种机制可以单独训练。其中一项研究分别在低外部噪声或高外部噪声中训练 Gabor 方向识别，发现了向另一个外部噪声水平迁移的不对称模式（图 4.10）[46]。在低噪声环境下进行的训练，不仅提高了在低噪声环境下的测试表现，还提高了在高噪声环境下的测试表现。但是另一方面，单独在高外部噪声环境下训练并不能提高低噪声测试的表现。从这些结果来看，在清晰（无噪声）的显示器上训练似乎有独特的优势。还有一项研究使用了不同的预处理方法，表明在中央凹处的运动方向任务中刺激增强和外部噪声去除可以分别训练[38, 40]。在这个实验中，观察者分为三组，一组在高外部噪声中预训练，另一组在低外部噪声中预训练，而第三组没有进行预训练。在预训练之后，所有组都完成了一项主要研究，该研究使用混合外部噪声刺激进行训练，但根据预训练的不同得到了不同的学习模式（图 4.10）。对于没有预训练的组，随后的训练改善了所有外部噪声水平的表现（对应于刺激增强和外部噪声去除的混合作用）。对于在高外部噪声中预训练的组，随后的学习改善了低噪声条件的表现（对应于刺激增强）。对于在低外部噪声中预训练的组，在所有外部噪声水平下都几乎没有可见的后续学习。这些结果与先前的结果完全一致，即在高噪声条件下进行训练足以在所有外部噪声条件下提高表现[46]。在不同的外部噪声条件下，也研究了训练对衰老的相关影响[47]。

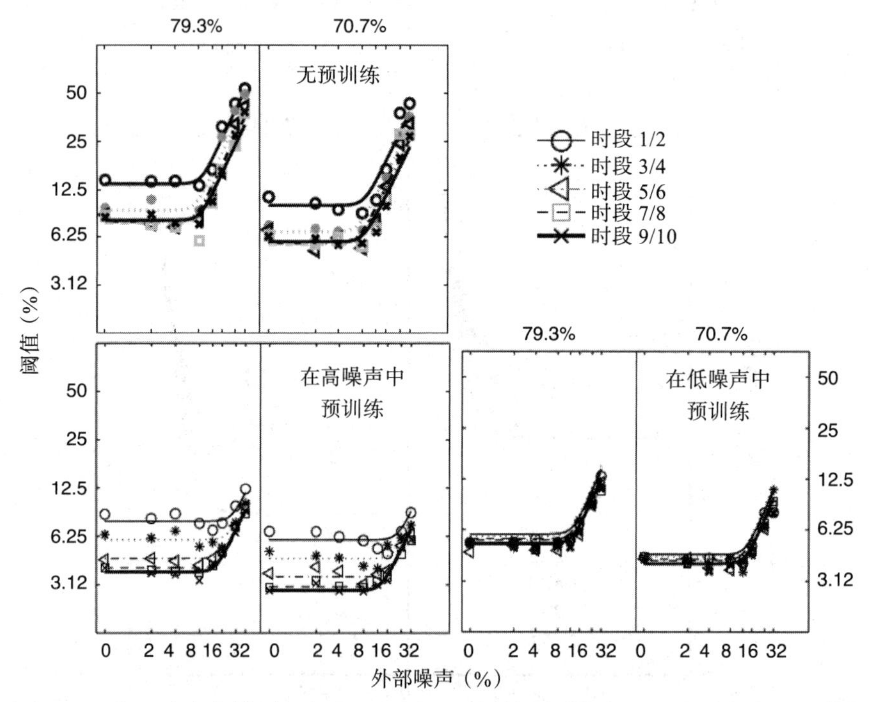

图 4.10　在运动方向辨别任务中，经历了不同的预训练之后，在所有水平的外部噪声中的训练进行知觉学习。在无预训练，在高外部噪声中预训练，在低外部噪声中预训练的三组两个准确度水平的 TvC 函数中进行测量。引自 Lu、Chu 和 Dosher[40] 的图 4 和图 5

4.5.3 PTM 和外部噪声方法的应用

最初用于研究视觉注意力[8, 16, 18-20, 48-50]而开发的外部噪声方法和 PTM 模型也被评估用于实际应用[51-55]。第 11 章将讨论更广泛的实际应用，但有几个使用外部噪声方法的例子值得在这里提及。最近的一项研究将外部噪声范式与 PTM 模型结合起来，比较了电子游戏训练前后方向辨别的 TvC 曲线[55]（见图 4.11）。正如我们引用的许多其他研究一样，电子游戏训练通过刺激增强和外部噪声去除的混合来改善表现，而没有训练的对照组表现出很少或没有改善。

这种方法也用于研究和比较衰老背景下的知觉学习机制。使用外部噪声方法和 PTM 模型，一项研究调查了年轻人和老年人之间的差异[56]。学习同时改善了两个年龄组的外部噪声去除和刺激增强，受过训练的老年人的表现接近于未受过训练的年轻人的表现。这些发现与之前比较两组学习的报告一致[53, 57]，但是这项研究通过识别学习的机制超越了早期的文献。另一项关于衰老的研究通过测量方向辨别阈值来比较老年人群中不同形式的训练。在这个实验中，更精确的方向辨别意味着更好的改善。这项研究还发现了低噪声和高噪声之间迁移的不对称性，这与早期在年轻人中的报道普遍一致[47]。在这些测试中，从高外部噪声到低外部噪声的迁移较少，而从低外部噪声到高外部噪声迁移较多。在高外部噪声下的训练会更多地迁移到未训练的方向。所有这些研究的一个共同特点是，老年人更容易受到较高的内部噪声的限制（可能与抑制失败有关，这广泛归因于人的衰老）[47]。在年龄分布的另一端，研究人员在 5 岁、7 岁和 9 岁儿童中测量（没有明显的学习操作）到逐步提高的表现改善情况，然后将其测量结果与成人进行比较。所有外部噪声水平的表现都随着年龄的增长而改善，在 5 岁到 7 岁之间改善幅度最大（当在对数轴上测量时，这些 TvC 的变化在更高的准确度水平上更大，这一发现需要更复杂的解释，还可能涉及增益的变化）。外部噪声方法和 PTM 模型已被证明是一个卓有成效的框架，在此框架内可以比较不同年龄人群的信噪比特性，并研究不同年龄的学习机制。

PTM 框架也用于研究特殊人群的学习，包括相对常见的视力缺陷的观察者，如弱视和近视（其中一些在第 11 章有更详细的描述）。在一项研究中，成人弱视的学习涉及两种常见的机制，然而正常的观察者，在训练开始时就已经表现得很好了，没有显示出明显的改善[51]。在另一项研究中，轻度近视的成年人接受训练后，对比度敏感检测的各个方面都有所改善[59]。其他研究调查了视力缺陷的更特殊或极端人群，如皮质盲（CB），它与初级视觉皮层的物理损伤有关。这些研究发现，训练后最大的改善发生在低外部噪声的情况下[60]。另一项研究调查了威尔逊氏症患者的定向识别任务的学习，这是一种与基底神经节损伤有关的情况，已知其会影响类别学习[61]。虽然，基于规则和信息的类别学习中存在缺陷，且高外部噪声的类别学习缺陷大于低外部噪声的类别学习缺陷，但在高外部噪声中的学习和信息整合分类中的缺陷之间存在唯一的相关性。总的来说，这些在特殊人群中的应用研究强化了一个概念，即观察到的知觉学习的两种主要机制是刺激增强和外部噪声去除，而且这些学习机制至少是部分可分离的。

4.5.4 总结

PTM 中的外部噪声范式和观察者模型为理解知觉学习机制提供了独特的途径。在许多任务领域，学习被证明与刺激增强和外部噪声去除的结合有关。这两种机制（共同作用或单独作用）解释了迄今为止几乎所有关于知觉学习的报告案例。有证据表明，两种机制部分解耦的改进以及学习主要受限制于低外部噪声条件或者高外部噪声条件，各自对应于刺激增强和外部噪声去除（强解耦的证明涉及在中央凹处进行训练，在外围进行训练几乎总能改善不同级别的外部噪声掩蔽）。学习模式也被发现依赖于观察者的初始状态和每个实验中训练方案的细节。该方法已进一步用于描述少数应用领域的学习。这些应用倾向于描述一种特殊训练的效果，比如在电子游戏中发现的，或者在老龄化或特殊人群中发现的缺陷。这些研究人员有时也会提出通过一些训练来减轻这些缺陷的方法。

4.6 结论

知觉学习促成表现改善的机制是什么？本章从信噪比分析的角度来考虑这个问题。如果知觉学习提高了表现，那么它要么改进了信号处理，要么减少或去除了噪声（内部或外部的），或者两者都有。在描述了 PTM 模型和外部噪声方法之后，我们调查了已有的对知觉学习机制的研究。在一篇文献中，训练改善了其中一种或两种机制。它要么去除（过滤）外部噪声，要么改善（增强）刺激。虽然在大多数情况下，通过学习这两种机制提高了性能，但我们也讲述了特定的训练协议，其中学习在低外部噪声或高外部噪声条件下分别发生。在这些任务中，学习几乎完全集中在其中一种机制上。

这里描述的所有观察者模型都是单通道实现，它们将观察者的视觉系统和决策过程作为一个整体来考虑。实际上，视觉系统有许多感觉通道（或表征），由不同的视觉区域处理，这些感觉通道排列在信息和决策层次上。在这样的多通道模型中，每个通道都有自己的信号和噪声特性，大量的信息通过整个相关通道和模块组成的网络，产生输入输出信号。在第一种扩展到单通道之外实现的情况下，更完整的网络模型实现了与多通道架构中的单通道模型相同的原理。事实上，在外部噪声实验中发现的学习模式（用单通道 PTM 模型描述和分析）通常与这种多通道实现兼容。

我们将展示这种 PTM 分析是如何与知觉学习的重加权假设相兼容的。在多通道架构中，降低无关通道的权重可以降低外部噪声的影响和内部加性噪声，从而提高表现。在第 6 章中，我们提出了知觉学习的增强型 Hebbian 重加权模型，这是一种多通道架构的实现形式，我们还提出了其他早期的计算模型[62，63]。在第 8 章中，我们提出了一个扩展的多级版本，即集成重加权理论（IRT）[64]。这两种模型都与 PTM 观察者方法兼容。综上所述，所有这些模型旨在向视觉系统和视觉性能完全指定的信号和噪声模型的目标过渡。虽然没有在生理水平上识别“硬件”，但它们可以提供生理方面的指南（细胞记录、脑电图或功能磁共振成像反应，详见第 5 章）。

4.7 附录

本附录将介绍知觉模板模型（PTM）及其应用的一些扩展形式和详细阐述。讨论的主题包括：在几种形式的实验中估计 PTM 模型参数的方法；在几个维度上估计感知模板敏感度的方法；该模型对相似（非正交）刺激鉴别重要扩展的方法；信号和噪声通路中的微分过程和参数值的详细阐述；等效增益控制公式。

最后，我们将给出知觉学习的所有相关机制特征（即知觉状态变化）的模拟结果，以及它们在心理测量函数、TvC 函数、对比度函数和双通路函数方面的关联模式。我们的目的是简单地总结这些技术方法，并向读者指出相关的理论或经验发展和潜在的应用。详细的推导可以在我们引用的原始论文中找到。

4.7.1 指定 PTM

在实验中指定 PTM 观察者模型需要什么样的数据？指定模型需要检查模型形式与实验数据模式的一致性，并估计模型参数的可能值。我们简要描述了三种用于指定 PTM 模型的实验：多重（三重）TvC 实验、终点法和快速 TvC 法。

在单个实验任务中针对高度不同的刺激（即正交或接近正交的目标）或用于检测的单个条件下，通过观察到的可辨别性 d' 值测量的表现，可以用简单的 4 个参数的 PTM 来预测。这些参数分别是匹配刺激的模板增益 β、非线性转换器的指数 γ、乘性内部噪声的系数 N_{mult} 和加性内部噪声的幅度 N_{add}。d' 和正确率之间的关系用标准 SDT 方程预测。

在 PTM 中，三个级别表现精度的测量，即所谓的三重 TvC 实验，足以估计所有参数，包括非线性参数 [8]。在三个相距较大的正确率（或 d'）水平上测量表现是衡量完整的心理测量功能的基本指标。有时，这涉及在多个外部噪声水平上测量对比心理测量功能，从每个心理测量功能中插入三个阈值。或者，可以使用自适应（阶梯）方法估计阈值 [8, 10]。

一个假设的实验将测量 8 个级别的外部噪声 σ_{ext}（0、0.02、0.04、0.08、0.12、0.16、0.25 和 0.33）的对比度阈值（见 4.4.2 节）。如果使用持续刺激（使用为每个外部噪声选择水平的对比度）的方法在 8 个对比度水平上测量心理测量函数，那么实验将有 64 个主要条件（8×8）。例如，60 个样本需要 3840 次试验才能完全量化一个任务条件。这样的实验将在不同的外部噪声下产生一系列心理测量函数，以及三条 TvC 曲线的相应图形。三条 TvC 曲线上的每一点（或相当于每一个心理测量函数上的每一点）都由 PTM 方程在相应的 d' 处预测。

三条 TvC 曲线之间的间距（以对数对比度阈值和对数外部噪声对比度的尺度绘制）揭示了系统的非线性。该间距可概括为两个表现准确度水平（d'_1 和 d'_2）下阈值信号对比度之间的比值：

$$\frac{c_{\tau_1}}{c_{\tau_2}}=\left[\frac{\dfrac{1}{d_2'^2}-N_{\text{mult}}^2}{\dfrac{1}{d_1'^2}-N_{\text{mult}}^2}\right]^{\frac{1}{2\gamma}} \tag{4.8}$$

PTM 模型做出了强有力的预测，这些比值独立于外部噪声水平，并且是相应 d' 的非线性函数。在传统文献中，外部噪声实验仅在一个表现水平上被测量。在这些情况下，使用更简单的模型（即线性放大器模型 LAM，由单个模板、加性内部噪声和决策组成）来说明表现。这些更简单的模型不能解释视觉系统的非线性；它们在不同的表现水平上内部不一致，需要不同的参数值来说明每个表现水平。

三重 TvC 实验可以完全指定 PTM 及其单一条件下的参数。如果几个条件一起使用，在两个不同的阈值精度下测量 TvC 通常足以指定 PTM，因为来自几个条件的数据结合起来约束共享参数的估计。事实上，结合模型测试不同阶段的数据，知觉学习实验通常只在两种表现准确度上测量阈值 [9, 10]。

由于实际原因，有时不方便进行这样的全面评估，因为需要进行大量的测试试验，每个试验都有许多复杂的条件设置。有时使用仅在零外部噪声和高外部噪声下测量性能的终点法来代替。在这种方法中，零外部噪声表现的变化用于估计刺激增强，而高外部噪声表现的变化用于估计外部噪声去除或滤波。表现依然必须在几个表现水平上或者跨心理测量函数上测量，以约束 PTM 参数。

另一种方法是使用快速自适应测试方法来估计 TvC。其中之一是快速 TvC（qTvC）[65]。这是一种贝叶斯自适应估计方法，它使用每次试验的响应信息来决定在下一次试验中测试哪些刺激和外部噪声对比度，以最好地约束模型的参数和分配测试试验来有效地估计基础 TvC。

拟合和估计 PTM 模型的程序可以在我们关于实验方法的书 [66] 的第 7 章中找到。通过模拟进行的实验设计和相应的功率分析的例子出现在那本书的第 9 章和第 12 章。

4.7.2 指定模板

PTM 估计给定任务的观察者的函数形式和参数。可以使用附加的侧枝掩蔽方法来更详细地指定知觉模板的属性及其对不同刺激特征的敏感度。临界频带掩蔽和分类图像是两种已经用于估计不同特征行为敏感度的方法。临界频带掩蔽采用不同的掩蔽来发现观察者对不同刺激特征的知觉模板敏感度，包括特定任务的空间频率、方向、空间位置和时间位置。分类图像通过对不同观察者反应的噪声样本进行分类来估计模板的空间特征。虽然这些方法通常用于提供模板敏感度的启发式估计和描述性估计，但在某些情况下，它们也可以集成到 PTM 模型框架中。

临界频带掩蔽的原理是，当且仅当知觉模板对外部噪声能量敏感时，外部噪声能量（在特定频率、方向、空间位置或时间周期中的掩蔽）会影响观察者的表现。例如，为了测量模板的空间频率敏感度，通过将白噪声过滤到不同的频带，然后测量需要检测的对比度阈值或辨别目标，来操纵添加到信号中的外部噪声。如果外部噪声中的空间频率超出模板的敏感度，则该噪声不会影响阈值，而包括模板敏感度的空间频率中的能量的外部噪声将提高行为阈值。

在简单（单通道）PTM 模型中，知觉模板对信号刺激的响应增益由参数 β 捕获。在一个详细的模型中，模板响应 $T_s(v)$ 可以进一步指定为任何变量 v 的函数，例如空间频率 f、方向 o、时间 t 或空间位置 l（或这些的某种组合）。那么，模板通过刺激（包括信号和外部噪声）信号通路的输出是 [67]

$$S_1 = \alpha c \int T_s(v) S(v) \mathrm{d}v \tag{4.9}$$

$$\sigma_{N_1}^2 = \sigma_{\text{ext}}^2 \int T_s^2(v) F^2(v) \mathrm{d}v \tag{4.10}$$

信号刺激的幅度为 $S(v)$，外部噪声的幅度为 $F(v)$，参数 α 为模板相对于外部噪声对信号刺激的增益。增益控制（乘性噪声）通路中的模板对于 v 的响应是 $T_N(v)$。信号和外部噪声的增益控制模板的输出为

$$S_2 = \alpha c \int T_N(v) S(v) \mathrm{d}v \tag{4.11}$$

$$\sigma_{N_2}^2 = \sigma_{\text{ext}}^2 \int T_N^2(v) F^2(v) \mathrm{d}v \tag{4.12}$$

如同在简单的 PTM 中，辨别目标的能力 d' 反映了与总噪声相比的信号同类的输出

$$d' = \frac{S_1^{\gamma}}{\sqrt{\sigma_{N_1}^{2\gamma} + N_{\text{mult}}^2 \left[\sigma_{N_2}^{2\gamma} + \frac{S_2^{2\gamma}}{2} \right] + \sigma_{\text{add}}^2}} \tag{4.13}$$

例如，模板对不同空间频率的敏感度可以通过嵌入在一系列低通和高通外部噪声图像中的信号阈值的变化来测量，这些图像由它们的截止频率（所谓的 Tvf）定义。图 4.11 显示了通过一系列高通和低通空间频率滤波器的外部噪声样本，以及从三个观察者的测量阈值曲线得出的估计敏感度 [67]。在其他研究中也使用了类似的方法来估计知觉模板的空间频率调谐、方向调谐、空间轨迹和时间窗口（更详细的评论，请参阅我们的视觉心理物理学的书 [66] 的第 9 章）。

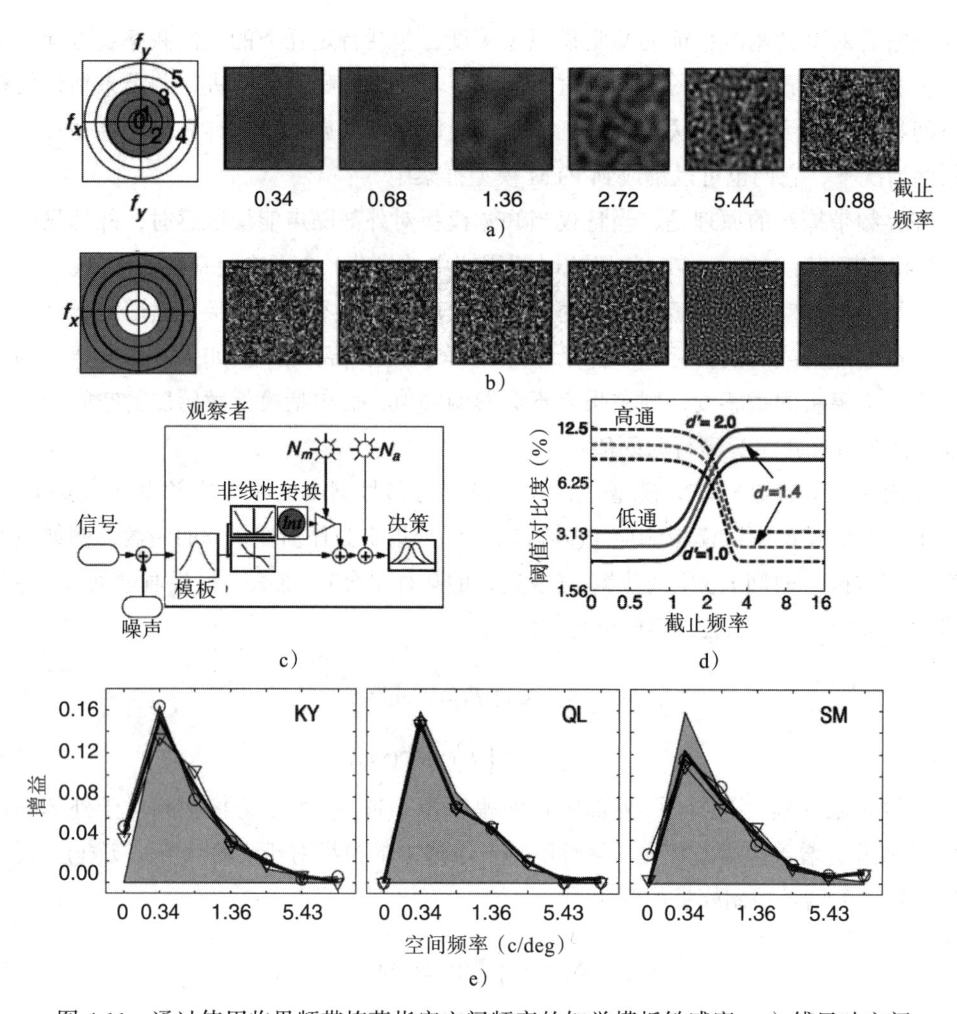

图 4.11 通过使用临界频带掩蔽指定空间频率的知觉模板敏感度。a）傅里叶空间中的低通空间频率滤波器和外部噪声例子；b）傅里叶空间高通空间频率滤波器和外部噪声例子；c）知觉模板模型；d）低通和高通条件下的阈值比截止频率曲线；e）三个观察者的估计模板增益作为频率（符号）的函数，而且与刺激（灰色区域）匹配。引自 Lu 和 Dosher[37] 的图 1、图 3 和图 5 的部分内容

研究任何刺激维度（如空间频率、方向）都需要一个相对较大的心理物理学实验。未来的发展可能使用适应性方法来同时测量几个维度。使用 PTM 观察者框架描述模板的优势在于，它可以估计内部噪声和非线性的影响，并将这些感知因素与决策因素分离开来，而不是从对数据的视觉检查中得出定性结论。另一方面，原则上，使用带通掩蔽的知觉模板的行为估计可以与视觉神经元或视觉区域的调谐特性的神经生理学测量相比较。

另一种将控制知觉判断的空间模板的视觉特征可视化的相关方法是分类图像法。

Ahumada 在 1996 年首次将分类图像应用于视觉 [69]，这是从早期的听觉工作 [68] 发展而来的。其思想是，观察者的反应将对刺激图像中不同位置的外部噪声的随机特征敏感。如果模板对给定空间位置的一个白色斑块敏感，那么当该位置的图像亮度是高（白色）而不是低（黑色）时，观察者更有可能看到"信号"。简而言之，观察者的反应与许多噪声刺激特征的相关性用于推断像素或像素组上的（正或负）权重，从而导致行为反应 [70-72]。这种方法基于与反向相关法相同的原理，通常用于估计视觉皮层神经元的感受野 [73-75]。它也可用于评估空间模板在不同时间点的敏感度 [76]。反向相关法的最初应用依赖于线性放大器模型的假设（这个假设通常被违背）[77]。后来的研究使用了更完整的模型，以便包括乘性噪声 [77] 和决策不确定性 [78]。

由知觉学习产生的变化的时间过程太快，以至于无法通过分类图像方法进行跟踪，因为需要极其大量的试验（有时数以万计）才可以做出分类图像模板的可靠估计。尽管如此，一些作者已经将分类图像或相关方法应用于知觉学习，通常是研究假设模板可能是旋转对称的任务。

4.7.3 知觉学习机制的详细特性

视觉任务的表现质量反映了视觉处理中信噪比的基本极限。当知觉学习或任何其他改变观察者状态的操作提高了表现时，这些变化可以改善外部噪声的滤波，减少内部加性噪声（相当于放大刺激），改变内部乘性噪声或非线性。如本章主要部分所述，这些机制做出不同的特征预测，如 TvC 函数所示（见图 4.3）。在这一节中，我们用模拟结果来说明和讨论 PTM 对一整套表现指标所做的预测。

图 4.12 显示了 PTM 模型对不同学习机制（或其他状态变化）的相互关联的几种表现度量的预测。从上到下，分别是通过放大刺激增强的机制；通过降低内部加性噪声的刺激增强；外部噪声去除；减少内部乘性噪声；以及刺激增强和外部噪声去除的混合。预测的表现模式包括（从左到右）对心理测量函数的影响、TvC 函数中的特征变换、预测对比度函数和双通道百分比正确率与百分比一致性函数（PC V PA）。

双通道实验是一种补充方法，用于约束内部噪声相对于外部噪声的估计。在双通道实验中，相同的刺激序列呈现给观察者两次（或者有时两次以上）[13, 39, 44, 81-86]。观察者对两个相同试验的反应可以分为正确或不正确，以及一致（相同的反应）或不一致。内部总噪声和外部噪声之间的每个比率产生一个将百分比正确率（PC）与百分比一致性（PA）相关联的函数。对于每个（PC，PA）函数，正确率从 50% 到接近 100%。随着百分比正确率接近 100%，百分比一致性也接近 100%。随着正确百分比变得越来越差，同一试验的两个副本之间的响应一致性取决于误差是否反映内部噪声的独立样本。因此无论是不相关的还是外部噪声的相同样本，这都以相同方式控制着（误差）响应。（PC，PA）函数示例在图 4.12 的最后一列。外部噪声水平和信号对比度是已知的变量，因此可以根据数据点所在的曲线来估计总内部噪声。将估计的总内部噪声与不同刺激变量相关联，允许估计连续加性噪声以及外部噪声和信号对乘性噪声的贡献。通过对双通道方法的回顾，我们依次（从上到下）考虑了每个变化机制。

刺激增强，无论是作为相对放大（图 4.12 中的上一行），还是作为内部加性噪声的减少（第二行）来实现，都可以在外部噪声较低的情况下改善表现。这表示为在低外部噪声（第一列）中对比度心理测量函数的向左移动，以及限制在低外部噪声（第二列）中对比度阈值的相应特征改善。由于刺激增强，对比度阈值比不受影响（第三列）。（PC，PA）双通道函数（最后一列）不同，因为对于相同的外部噪声和信号对比度，内部噪声的相对值会发生变化，但它们会在顶部收敛，此时表现由信号和外部噪声主导。

外部噪声去除（图 4.12 中的第三行）提高了在高外部噪声条件下的表现。这被视为在高外部噪声中对比度心理测量函数（第一列）的左移，以及在更高水平的外部噪声中相应的阈值特征的改善（第二列）。这里，由于相同的原因，阈值比率也不受影响（第三列）。然而（PC，PA）双通函数（最后一列）却不同，因为内部噪声的相对值在相同的外部噪声和信号对比下发生变化。

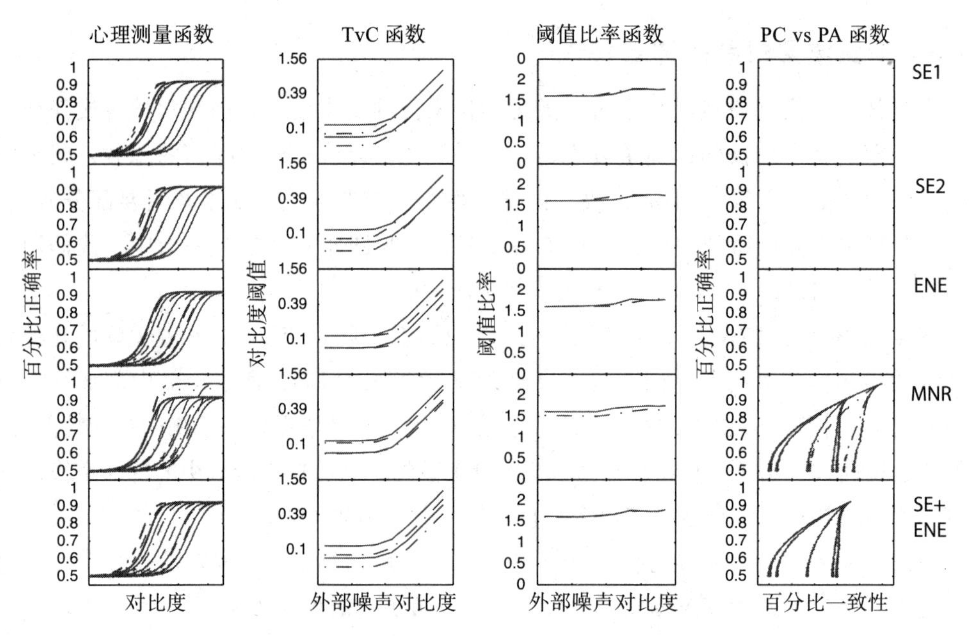

图 4.12　PTM 使用多种测量指标对不同感知学习机制进行了预测。测量指标从左至右分别是：心理测量函数、TvC 函数、对比度阈值比率测试（两个标准的比率）和双通道（百分比正确率与百分比一致性）函数。从上到下的机制分别是：刺激增强（SE1，相对放大）、刺激增强（SE2，减少内部加性噪声）、外部噪声去除（ENE）、内部乘性噪声减少（MNR）以及刺激增强和外部噪声去除的混合（SE+ENE）。每组对比训练前（实线）和训练后（虚线）的表现。模拟预测

内部乘性噪声降低（图 4.12 中的第四行）提高了心理测量函数渐近线的表现（第一列），这将阈值函数移动到外部噪声的所有级别（第二列）。这也用于改变相同的两个 d' 值的阈值比率，因为心理测量函数被拉伸（第三列），并且（PC，PA）双通道函数（最后一列）由于相同的原因被移位。

最后，刺激增强与外部噪声去除的结合（图 4.12 中的第五行）显示了这两种机制对心理测量函数、阈值、阈值比率和双通道功能的组合效果。

图 4.12 所示的结果是用一组特殊的（相当典型的）PTM 参数进行模拟实验的预测。一个相应的数据集将是一个特别完整的心理物理学实验的结果。在这种情况下，研究人员可以选择拟合哪种形式的数据（心理测量函数集、从这些心理测量函数导出的 TvC 曲线等）。然后，将 PTM 模型与观测数据进行拟合，并估计其参数。在我们的关于视觉心理物理学的书中，有比较模型的方法和程序，以及对不同的机制和模型选择的问题的讨论 [66]。

所生成的双通道预测是基于一个通用信号检测理论（SDT）模型的，其受 PTM 模型的约束。PTM 观察者模型提供了一个总的内部噪声作为外部噪声的函数的方程，以及模型参数 Nm、Nm、β 和 γ，这些参数可以用来在（PC，PA）数据空间中对每个对比度和外部噪声条件进行预测。只要有足够的刺激变化，这一过程就可以从（PC，PA）数据中反演出 PTM 参数 [16, 66]。双通道方法可以与三重 TvC 方法相结合，为估计提供额外的约束 [16]。从经验来看，文献中大多数观察到的将 PC（百分比正确率）与 PA（百分比一致性）相关联的函数在外部噪声条件下非常相似，这表明内部噪声与外部噪声的比率接近常数 [13, 16]。这反过来意味着乘性噪声比加性噪声更占优势，符合韦伯定律 [87]。（一些之前的研究没有认识到乘性内部噪声需要包括在双通道数据建模中，这导致这些研究人员从知觉学习中（PC，PA）功能估计的内部和外部噪声比的近似恒定中得出错误的结论 [33]。）图 4.12 中的预测使用 PTM 模型预测对比有限的辨别或检测，但相关的预测可以通过细化 PTM 来区分非常相似的刺激，其中相似性和对比度限制了表现 [19, 30, 88]。

4.7.4 PTM 的细化

本章中介绍的 PTM 模型和方法是最简单的形式。为了应对不同的情况，研究人员已经开发了一些细化扩展形式的 PTM。我们将依次介绍其中的几种细化形式。

一个主要的扩展形式是将 PTM 细化来区分相似（非正交）刺激。最初的 PTM 是为了简单的刺激检测或区分而发展起来的，其中，刺激模板是正交的或近似正交的。在区分高度不同的刺激时，表现的准确性受到对比度或可见度的限制。然而，在许多情况下，观察者可能需要区分非常相似的刺激，其中待区分刺激的模板不是正交的，而是高度重叠的。在这些情况下，表现准确性不仅受到对比度或可见性的限制，还受到相似性的限制。图 4.13 显示了为非常相似和非常不同的刺激调整的模板。

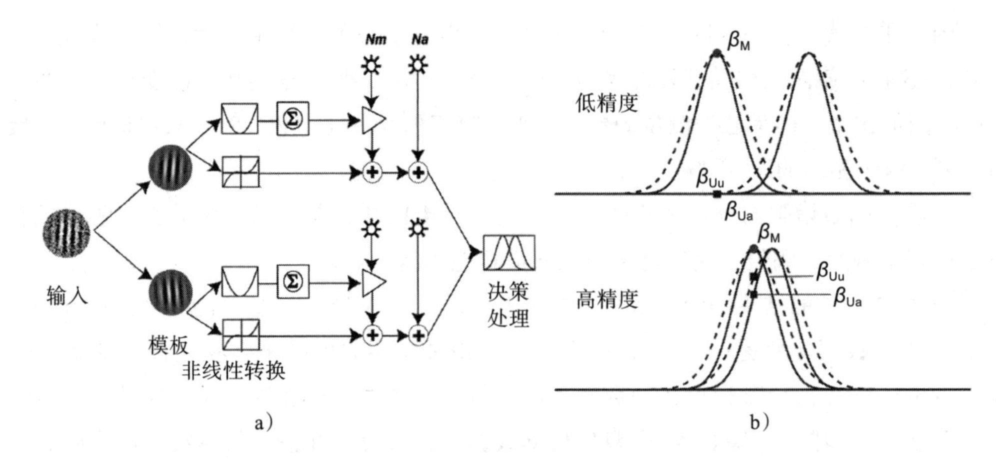

图 4.13　细化的知觉模板模型（ePTM）对两个非正交刺激之间的区别以及对由此产生的信号和噪声分布进行建模。a）当一个刺激输入被两个相似的模板（例如，方向相差很小）处理时，ePTM 计算其信号和噪声特性。b）正交刺激（上图）和非常相似刺激（下图）的模板展示。对于不同的刺激，信号差异较大，可辨别性受刺激对比度和噪声的限制，对于相似的刺激，信号差异很小。除了对比度和噪声之外，相似性在很大程度上限制了可辨别性。引自 Hetley、Dosher 和 Lu[19] 的图 2

与刺激最匹配的模板的响应增益为 β_{Matched}，另一个不匹配的模板对同一刺激的响应增益为 $\beta_{\text{UnMatched}}$。对给定刺激的相对响应强度为 $(\beta_{\text{Matched}}\ c)^{\gamma}-(\beta_{\text{UnMatched}}\ c)^{\gamma}$（PTM 中 d' 方程的分子）。如果任务是区分非常不同的刺激——正交的或接近正交的——那么不匹配模板对信号刺激的响应为零，因此这简化为 $(\beta_{\text{Matched}}\ c)^{\gamma}-0$，这是正交刺激的简单形式。而且由于通过不匹配模板的响应增益为零，这对乘性噪声没有贡献。我们在 4.2.3 节中介绍了这个简化的模型。

然而，如果任务是区分高度相似的刺激，那么细化的模型估计了 β_{Matched} 和 $\beta_{\text{UnMatched}}$ 这两个模板参数。此外，由于两个模板都有非零响应，两个模板都会产生乘性噪声，导致总噪声方程中的乘性噪声部分反映了两个模板的响应 [21]：

$$N_{\text{mult}}^{2}\left[\sigma_{\text{ext}}^{2\gamma}+\frac{\beta_{\text{Matched}}^{2\gamma}c^{2\gamma}+\beta_{\text{Unmatched}}^{2\gamma}c^{2\gamma}}{2}\right] \tag{4.14}$$

这种非正交形式的 PTM 可以预测外部噪声、信号对比度和刺激相似性的共同作用。对于观察者区分高度不相似的（正交或近似正交）刺激的实验，其表现将受到刺激对比度和外部噪声的限制。在观察者区分相似（非正交）刺激的实验中，刺激相似性以及信号对比度和外部噪声共同限制了表现。非正交模型是用来解释任何刺激相似性（而不是对比度和外部噪声）被操纵的实验。

非正交 PTM 用于评价刺激相似性对区分任务的影响。这种模式也已扩展到考虑由于注意而引起的变化的机制 [19, 30, 88]。这种情况下的模型拟合需要估计更多参数，这通常涉及在联合模型拟合中比较辨别不同水平相似性的表现。

另一种模型推广包括信号通路和乘性噪声或增益控制通路中潜在的不同模板。这种细化形式的动机是基于直觉的，即信号模板，特别是对于经验丰富的观察者来说，进行略微的调整就可以识别刺激，而乘性噪声或增益控制通路中的模板可能需要更广泛的调整。在最一般的形式下，信号和增益控制通路在非线性方面也可能不同。相应的参数在信号通路（分子）中标记为 β_1 和 γ_1，然后广义形式在 d' 方程的噪声通路（分母）中使用 β_2 和 γ_2。当应用于相似（非正交）刺激时，PTM 参数包括信号通路（分子）中的 $\beta_{1\text{-Matched}}$、$\beta_{1\text{-Unmatched}}$ 和 γ_1，噪声通路（分母）中的 $\beta_{2\text{-Matched}}$、$\beta_{2\text{-Unmatched}}$ 和 γ_2。

原始的 PTM 提出了正交刺激的方程，但允许信号和噪声处理具有不同的非线性形式 [8]。一项研究还更详细地研究了增益控制通路中允许不同非线性和不同增益的形式 [16]。PTM 最简单的形式是，将信号和噪声通路中的参数同等看待，而且假设了区分的是正交刺激。在这种形式的 PTM 中，一个给定任务的一个条件需要 4 个参数。正交模型中允许信号和噪声通路中的参数需要 6 个参数，而对信号和噪声通路中不同参数的非正交判别模型由 8 个参数指定。尽管未来的数据集可能需要复杂化，但基本上所有当前可用的数据都非常适合在信号和噪声通路中使用相同的参数。尽管如此，特别是对于更复杂的设计，一些专注于分离各种形式的内部噪声的实验可能需要这些模型的细化 [16]。

原始的 PTM 公式在数学上等同于将系统非线性重新定义为对比度增益控制的发展 [50]。在对比度增益控制中，内部表征的幅度由输入刺激中的总对比度能量来缩放或归一化。在整体观察者的水平上，PTM 的增益控制变量可以等效地改写为原来的公式。（也就是说，我们可以把一组方程改写成另一组。）在增益控制 PTM 中，正交形式的信噪比方程为

$$d' = \frac{(\beta c)^{\gamma} / \sqrt{b+E}}{\sqrt{(N_{\text{ext}}^{2\gamma} + N_1^2)/(b+E) + N_2^2}} \tag{4.15}$$

其中，$E = \beta_2^{2\gamma} c^{2\gamma} + N_{\text{ext}}^{2\gamma} + N_1{}^2$。

这完全等价于原始的（正交的）PTM，重写的等价形式如下：

$$N_{\text{mult}} = N_2 \tag{4.16}$$

$$N_{\text{add}} = \sqrt{N_1^2 + N_2^2(b + N_1^2)} \tag{4.17}$$

最近的一篇论文对这种增益控制公式进行了充分说明和测试 [50]。PTM 观察者模型通常也与一组重要的平行观察者模型一致，其中一些是增益控制形式的，这些模型是在模式掩蔽实验的背景下发展起来的，在这个实验中，模式刺激而不是噪声刺激与信号刺激相结合 [89-94]。虽然增益控制公式还没有扩展到信号和乘性噪声通路中的非正交模板或不同参数，但这应该是顺理成章的。

如本章其余部分所示，原始的 PTM 和它的许多扩展形式生成的方程是模型的随机形式的解析近似。在解析式中，用噪声产生的随机变量的期望值代替随机变量，并消除了一些叉积项[8, 10, 18, 49]。研究人员对模型的随机形式进行了模拟，并将其与解析形式进行了比较[10]。解析式为完全随机模型的关键性质提供了一个很好的近似。例如，解析式和随机形式在预测非线性的比率测试和不同状态变化的机制（如知觉学习）的特征预测中是一致的[10]。当非线性参数 γ 为 1 时，近似是准确的；当非线性参数 γ 在 2 的邻域时，近似是很好的；当非线性参数 γ 大于或等于 3 时，近似的效果就很有限。所以，在许多应用中，γ 的经验估计通常在 1.7 ～ 2.5 范围内。

另一个细化形式研究了对引入内部噪声的模型形式的敏感性。在原 PTM 中引入内部乘性噪声，然后引入内部加性噪声。然而，原则上，内部加性噪声可能出现在模板或滤波器之前、模板之后但在乘性噪声之前、乘法噪声之后，或者在决策过程中的所有这三个时间段。通过重新缩放和累积所有来源，这些多个潜在的加性噪声源可以称为单个后期加性噪声源[10]。然而，在注意力和知觉学习中发现的纯外部噪声去除机制的经验观察表明，主要的内部加性噪声发生在过程的后期，如果在模板之前有任何内部加性噪声，那一定是非常小的。

PTM 的另一类细化形式扩大了处理刺激和决策所涉及的通道的数量。Dosher 和 Lu 的研究[11]中展示的多通道模型就是一个这样的例子。在进一步的细化形式中，不同的神经元可能作为一个“通道”运行，每个神经元都有自己的噪声和非线性，而一组神经元可能基于群体编码参与一个行为决策[95, 96]。这些神经群体模型可以模拟知觉学习中 PTM 的 TvC 函数和其他特性[97]。详情请参阅我们上一本书[66]的第 9 章。

参考文献

[1] Green D, Swets J. *Signal detection theory and psychophysics*. Wiley; 1966.

[2] Macmillan NA. Signal detection theory as data analysis method and psychological decision model. In Karen G and Lewis C, eds. *A handbook for data analysis in the behavioral sciences: Methodological issues*. Lawrence Erlbaum Associates;1993:21–57.

[3] Geisler WS, Albrecht DG. Visual cortex neurons in monkeys and cats: Detection, discrimination, and identification. *Visual Neuroscience* 1997;14(5):897–919.

[4] Geisler WS, Albrecht DG, Salvi RJ, Saunders SS. Discrimination performance of single neurons: Rate and temporal-pattern information. *Journal of Neurophysiology* 1991;66(1):334–362.

[5] Petrov AA, Van Horn NM, Ratcliff R. Dissociable perceptual-learning mechanisms revealed by diffusion-model analysis. *Psychonomic Bulletin & Review* 2011;18(3):490–497.

[6] Ball K, Sekuler R. A specific and enduring improvement in visual motion discrimination. *Science* 1982;218(4573):697–698.

[7] Watanabe T, Náñez JE, Koyama S, Mukai I, Liederman J, Sasaki Y. Greater plasticity in lower-level than higher-level visual motion processing in a passive perceptual learning task. *Nature Neuroscience* 2002;5(10):1003–1009.

[8] Lu Z-L, Dosher BA. Characterizing human perceptual inefficiencies with equivalent internal noise. *Journal of the Optical Society of America A* 1999;16(3):764–778.

[9] Dosher BA, Lu Z-L. Perceptual learning reflects external noise filtering and internal noise reduction through channel reweighting. *Proceedings of the National Academy of Sciences* 1998;95(23):13988–13993.

[10] Dosher BA, Lu Z-L. Mechanisms of perceptual learning. *Vision Research* 1999;39(19):3197–3221.

[11] Sperling G. *Three stages and two systems of visual processing*. New York University Department of Psychology; 1989.

[12] Pelli DG. *Effects of visual noise*. PhD dissertation, University of Cambridge; 1981.

[13] Burgess AE, Colborne B. Visual signal detection: IV. Observer inconsistency. *Journal of the Optical Society of America A—Optics Image Science and Vision* 1988;5(4):617–627.

[14] Pelli DG. Uncertainty explains many aspects of visual contrast detection and discrimination. *Journal of the Optical Society of America A* 1985;2:1508–1532.

[15] Eckstein MP, Ahumada AJ Jr, Watson AB. Visual signal detection in structured backgrounds: II. Effects of contrast gain control, background variations, and white noise. *Journal of the Optical Society of America* 1997;14(9):2406–2419.

[16] Lu ZL, Dosher BA. Characterizing observers using external noise and observer models: Assessing internal representations with external noise. *Psychological Review* 2008;115(1):44–82.

[17] Dosher BA, Han S, Lu Z-L. Perceptual learning and attention: Reduction of object attention limitations with practice. *Vision Research* 2010;50(4):402–415.

[18] Dosher BA, Lu Z-L. Mechanisms of perceptual attention in precuing of location. *Vision Research* 2000;40(10):1269–1292.

[19] Hetley R, Dosher BA, Lu Z-L. Generating a taxonomy of spatially cued attention for visual discrimination: Effects of judgment precision and set size on attention. *Attention, Perception, & Psychophysics* 2014;76(8):2286–2304.

[20] Han S, Dosher BA, Lu Z-L. Object attention revisited: Identifying mechanisms and boundary conditions. *Psychological Science* 2003;14(6):598–604.

[21] Jeon ST, Lu ZL, Dosher BA. Characterizing perceptual performance at multiple discrimination precisions in external noise. *Journal of the Optical Society of America A* 2009;26(11):B43–B58.

[22] Foley JM, Legge GE. Contrast detection and near-threshold discrimination in human vision. *Vision Research* 1981;21(7):1041–1053.

[23] Foley JM. Human luminance pattern-vision mechanisms: Masking experiments require a new model. *Journal of the Optical Society of America A* 1994;11(6):1710–1719.

[24] Barlow HB. Retinal noise and absolute threshold. *Journal of the Optical Society of America* 1956;46(8):634–639.

[25] Hillyard SA, Mangun GR, Woldorff MG, Luck SJ. Neural systems mediating selective attention. In Gazzaniga MS (ed.), *The cognitive neurosciences*. MIT Press;1995:665–681.

[26] McAdams CJ, Maunsell JH. Effects of attention on orientation-tuning functions of single neurons in macaque cortical area V4. *Journal of Neuroscience* 1999;19(1):431–441.

[27] Moran J, Desimone R. Selective attention gates visual processing in the extrastriate cortex. *Science* 1985;229(4715):782–784.

[28] Treue S, Trujillo JCM. Feature-based attention influences motion processing gain in macaque visual cortex. *Nature* 1999;399(6736):575–579.

[29] Heeger DJ. Normalization of cell responses in cat striate cortex. *Visual Neuroscience* 1992;9(2):181–197.

[30] Dosher B, Lu Z-L. Object attention: Judgment frames, perceptual learning and mechanisms. In Raaijmakers JGW, Criss AH, Goldstone RL, Nosofsky RM, Steyvers M. *Cognitive modeling in perception and memory: A festschrift for Richard M. Shiffrin*. Psychology Press;2015:35–62.

[31] Lu Z-L, Hua T, Huang C-B, Zhou Y, Dosher BA. Visual perceptual learning. *Neurobiology of Learning and Memory* 2011;95(2):145–151.

[32] Saarinen J, Levi DM. Perceptual learning in Vernier acuity: What is learned? *Vision Research* 1995;35(4):519–527.

[33] Gold J, Bennett P, Sekuler A. Signal but not noise changes with perceptual learning. *Nature* 1999;402(6758):176–178.

[34] Gold JM, Sekuler AB, Bennett PJ. Characterizing perceptual learning with external noise. *Cognitive Science* 2004;28(2):167–207.

[35] Peterson MF, Eckstein MP. Learning optimal eye movements to unusual faces. *Vision Research* 2014;99:57–68.

[36] Hurlbert A. Visual perception: Learning to see through noise. *Current Biology* 2000;10(6):R231–R233.

[37] Lu Z-L, Dosher BA. Perceptual learning retunes the perceptual template in foveal orientation identification. *Journal of Vision* 2004;4(1):5,44–56.

[38] Lu Z-L, Chu W, Dosher BA, Lee S. Independent perceptual learning in monocular and binocular motion systems. *Proceedings of the National Academy of Sciences* 2005;102(15):5624–5629.

[39] Chung STL, Levi DM, Tjan B. Learning letter identification in peripheral vision. *Vision Research* 2005;45(11):1399–1412.

[40] Lu Z-L, Chu W, Dosher BA. Perceptual learning of motion direction discrimination in fovea: Separable mechanisms. *Vision Research* 2006;46(15):2315–2327.

[41] Li RW, Levi DM. Characterizing the mechanisms of improvement for position discrimination in adult amblyopia. *Journal of Vision* 2004;4(6):7,476–487.

[42] Jones PR, Moore DR, Amitay S, Shub DE. Reduction of internal noise in auditory perceptual learning. *Journal of the Acoustical Society of America* 2013;133(2):970–981.

[43] Micheyl C, McDermott JH, Oxenham AJ. Sensory noise explains auditory frequency discrimination learning induced by training with identical stimuli. *Perception & Psychophysics* 2009;71(1):5–7.

[44] Gold J, Bennett PJ, Sekuler AB. Signal but not noise changes with perceptual learning. *Nature* 1999;402(6758):176–178.

[45] Dosher BA, Lu Z-L. Level and mechanisms of perceptual learning: Learning first-order luminance and second-order texture objects. *Vision Research* 2006;46(12):1996–2007.

[46] Dosher BA, Lu Z-L. Perceptual learning in clear displays optimizes perceptual expertise: Learning the limiting process. *Proceedings of the National Academy of Sciences* 2005;102(14):5286–5290.

[47] DeLoss DJ, Watanabe T, Andersen GJ. Optimization of perceptual learning: Effects of task difficulty and external noise in older adults. *Vision Research* 2014;99:37–45.

[48] Dosher BA, Lu Z-L. Noise exclusion in spatial attention. *Psychological Science* 2000;11(2):139–146.

[49] Lu Z-L, Dosher BA. External noise distinguishes attention mechanisms. *Vision Research* 1998;38(9):1183–1198.

[50] Dao DY, Lu Z-L, Dosher BA. Adaptation to sine-wave gratings selectively reduces the contrast gain of the adapted stimuli. *Journal of Vision* 2006;6(7):739–759.

[51] Huang C-B, Lu Z-L, Zhou Y. Mechanisms underlying perceptual learning of contrast detection in adults with anisometropic amblyopia. *Journal of Vision* 2009;9(11):24,1–14.

[52] Andersen GJ, Atchley P. Age-related differences in the detection of three-dimensional surfaces from optic flow. *Psychology and Aging* 1995;10(4):650–658.

[53] Andersen GJ, Ni R, Bower JD, Watanabe T. Perceptual learning, aging, and improved visual performance in early stages of visual processing. *Journal of Vision* 2010;10(13):4,1–13.

[54] Jurs BS. *Learning to "see through the noise": A training study on the development of fingerprint expertise*. PhD dissertation, Indiana University;2009.

[55] Bejjanki VR, Zhang R, Li R, Pouget A, Green CS, Lu, ZL, Bavelier D. Action video game play facilitates the development of better perceptual templates. *Proceedings of the National Academy of Sciences* 2014;111(47):16961–16966.

[56] Bower JD, Andersen GJ. Aging, perceptual learning, and changes in efficiency of motion processing. *Vision Research* 2012;61:144–156.

[57] Ball K, Sekuler R. Direction-specific improvement in motion discrimination. *Vision Research* 1987;27(6):953–965.

[58] Jeon ST, Maurer D, Lewis TL. Developmental mechanisms underlying improved contrast thresholds for discriminations of orientation signals embedded in noise. *Frontiers in Psychology*. 2014;5(977):1–10.

[59] Yan F-F, Zhou J, Zhao W, Li M, Xi J, Lu ZL, Huang CG. Perceptual learning improves neural processing in myopic vision. *Journal of Vision* 2015;15(10):12,1–14.

[60] Cavanaugh MR, Zhang R, Melnick MD, Das A, Roberts M, Tadin D, Carrasco M, Huxlin KR. Visual recovery in cortical blindness is limited by high internal noise. *Journal of Vision* 2015;15(10):9,1–18.

[61] Xu P, Lu Z-L, Wang X, Dosher B, Zhou J, Zhang D, Zhou Y. Category and perceptual learning in subjects with treated Wilson's disease. *PLoS One* 2010;5(3):e9635.

[62] Petrov AA, Dosher BA, Lu Z-L. The dynamics of perceptual learning: An incremental reweighting model. *Psychological Review* 2005;112(4):715–743.

[63] Petrov AA, Dosher BA, Lu Z-L. Perceptual learning without feedback in non-stationary contexts: Data and model. *Vision Research* 2006;46(19):3177–3197.

[64] Dosher BA, Jeter P, Liu J, Lu Z-L. An integrated reweighting theory of perceptual learning. *Proceedings of the National Academy of Sciences* 2013;110(33):13678–13683.

[65] Lesmes LA, Jeon S-T, Lu Z-L, Dosher BA. Bayesian adaptive estimation of threshold versus contrast external noise functions: The quick TvC method. *Vision Research* 2006;46(19):3160–3176.

[66] Lu Z-L, Dosher B. *Visual psychophysics: From laboratory to theory*. MIT Press; 2013.

[67] Lu Z-L, Dosher BA. Characterizing the spatial-frequency sensitivity of perceptual templates. *Journal of the Optical Society of America A—Optics, Image Science, and Vision* 2001;18(9):2041–2053.

[68] Ahumada AJ, Lovell J. Stimulus features in signal detection. *Journal of the Acoustical Society of America* 1971; 49(6, Pt. 2):1751–1756.

[69] Ahumada A Jr. Perceptual classification images from Vernier acuity masked by noise. *Perception* 1996;25(1_suppl):2.

[70] Eckstein MP, Ahumada AJ Jr. Classification images: A tool to analyze visual strategies. *Journal of Vision* 2002;2(1):i.

[71] Abbey CK, Eckstein MP. Estimates of human-observer templates for a simple detection task in correlated noise. In *Medical Imaging 2000: Image Perception and Performance*. 2000;3981:70–77. International Society for Optics and Photonics.

[72] Gold JM, Murray RF, Bennett PJ, Sekuler AB. Deriving behavioural receptive fields for visually completed contours. *Current Biology* 2000;10(11):663–666.

[73] Jones JP, Palmer LA. The two-dimensional spatial structure of simple receptive fields in cat striate cortex. *Journal of Neurophysiology* 1987;58(6):1187–1211.

[74] Ohzawa I, DeAngelis GC, Freeman RD. Encoding of binocular disparity by simple cells in the cat's visual cortex. *Journal of Neurophysiology* 1996;75(5):1779–1805.

[75] Ringach DL, Hawken MJ, Shapley R. Dynamics of orientation tuning in macaque primary visual cortex. *Nature* 1997;387(6630):281–284.

[76] Ahumada AJ Jr. Classification image weights and internal noise level estimation. *Journal of Vision* 2002;2(8):121–131.

[77] Murray RF, Bennett PJ, Sekuler AB. Optimal methods for calculating classification images: Weighted sums. *Journal of Vision* 2002;2(1):6,79–104.

[78] Tjan BS, Nandy AS. Classification images with uncertainty. *Journal of Vision* 2006;6(4):8,387–413.

[79] Dobres J, Seitz AR. Perceptual learning of oriented gratings as revealed by classification images. *Journal of Vision* 2010;10(13):8,8–11.

[80] Dupuis-Roy N, Gosselin F. Perceptual learning without signal. *Vision Research* 2007;47(3):349–356.

[81] Levi D, Klein S. Noise provides some new signals about the spatial vision of amblyopes. *Journal of Neuroscience* 2003;23(7):2522–2526.

[82] Green DM. Consistency of auditory detection judgments. *Psychological Review* 1964;71:392–407.

[83] Ahumada AJ. *Detection of tones masked by noise: A comparison of human observers with digital-computer-simulated energy detectors of varying bandwidths*. Technical Report No. 29, University of California, Los Angeles;1967.

[84] Gilkey RH, Frank AS, Robinson DE. Estimates of internal noise. *Journal of the Acoustical Society of America* 1978;64:S36.

[85] Gilkey RH, Hanna TE, Robinson DE. Estimates of the ratio of external to internal noise obtained using repeatable samples of noise. *Journal of the Acoustical Society of America* 1981;69(S1):S23.

[86] Spiegel MF, Green DM. Two procedures for estimating internal noise. *Journal of the Acoustical Society of America* 1981;70:69–73.

[87] Weber EH. *De Pulsu, resorptione, auditu et tactu: Annotationes anatomicae et physiologicae*. CF Koehler; 1834.

[88] Liu S-H, Dosher BA, Lu Z-L. The role of judgment frames and task precision in object attention: Reduced template sharpness limits dual-object performance. *Vision Research* 2009;49(10):1336–1351.

[89] Nachmias J, Sansbury RV. Grating contrast: Discrimination may be better than detection. *Vision Research* 1974;14(10):1039–1042.

[90] Fredericksen RE, Hess RF. Temporal detection in human vision: Dependence on stimulus energy. *Journal of the Optical Society of America* 1997;14(10):2557–2569.

[91] Gorea A, Sagi D. Disentangling signal from noise in visual contrast discrimination. *Nature Neuroscience* 2001;4(11):1146–1150.

[92] Klein SA, Levi DM. Hyperacuity thresholds of 1 sec: Theoretical predictions and empirical validation. *Journal of the Optical Society of America A* 1985;2(7):1170–1190.

[93] Kontsevich LL, Chen CC, Tyler CW. Separating the effects of response nonlinearity and internal noise psychophysically. *Vision Research* 2002;42(14):1771–1784.

[94] Legge GE, Foley JM. Contrast masking in human vision. *Journal of the Optical Society of America* 1980;70(12):1458–1471.

[95] Watson AB, Solomon JA. Model of visual contrast gain control and pattern masking. *Journal of the Optical Society of America* 1997;14(9):2379–2391.

[96] Goris RL, Putzeys T, Wagemans J, Wichmann FA. A neural population model for visual pattern detection. *Psychological Review* 2013;120(3):472–496.

[97] Bejjanki VR, Beck JM, Lu Z-L, Pouget A. Perceptual learning as improved probabilistic inference in early sensory areas. *Nature Neuroscience* 2011;14(5):642–648.

第5章

Perceptual Learning: How Experience Shapes Visual Perception

生理基础

视觉知觉学习导致的生理反应的改变可能会识别大脑可塑性的位置和模式，从而导致行为反应的改善。早期视觉皮层的细胞记录有时发现训练后 V1 或 MT（颞中区）有微小且潜在的重要变化。而特别是在主动任务执行过程中，在 V4 或 LIP（外侧顶叶皮层）的视觉皮层发生显著变化的证据更有力。早期的皮质反应变化仅占全部行为改善的一小部分，而较高皮质水平的可塑性与行为改善的关系更为密切。除了在人类中使用功能磁共振成像（fMRI）和脑电图（EEG）进行的测量外，这些在动物中的发现还凸显了复杂的大脑网络、视觉可塑性的多个位点以及自上而下的注意和决策在知觉学习中的作用。

5.1 知觉学习的生物学基础

视觉知觉涉及大脑的许多区域。即使是最简单的知觉任务，也依赖于一系列综合的过程，从最初的感觉对刺激的匹配开始，通过更高的皮层区域，最终导致一个决定，有时是一个相应的行动。注意力、期望和奖励系统也会参与其中。所有这些相互作用的大脑区域和处理模块协同工作，以实现任何给定的行为目标。

就像看到一个给定的刺激涉及大脑的一系列处理过程一样，想要更好地看到这个刺激也会涉及一系列的分布处理过程。原则上，知觉能力的提高可以反映出神经通路中的可塑性。事实上，在一个大脑区域观察到的可塑性本身可能并不是可塑性的主要来源，早期感觉区域的变化可能还会在整个系统中产生连锁反应。更全面的情况可能会是，学习的可塑性更可能以多种方式在多个层次上发生。然而，很清楚的是，无论目标是更好地理解视觉还是视觉知觉学习，对具有这两种功能的生物基础的分析都必须考虑整个大脑系统及其模块[1]。

在理想情况下，科学家将能够在空间和时间分辨率的一个范围内同时监测大脑多个区域的生理活动。如果这是可能的（目前还不可能），那么我们就可以推测出可塑性的主要部位，并准确记录任何观察到的变化是如何影响系统响应的。考虑到测量仪器固有的局限性，以及我们当前技术方法的局限性，关于大脑可塑性的主张，必然是比较温和的。任何生理测量通常都是从特定的大脑区域或在选定的空间或时间的分辨率下进行的，每一个都有其局限性。

目前有一个可供研究人员选择的可行方法菜单。在局部细胞水平上，单单元或多单元记录以良好的时间分辨率测量单个神经元或在一小部分位置的神经元群的反应。脑电图以较好的时间分辨率测量较大大脑区域或网络的活动，而功能磁共振成像则以较高的空间分辨率测量特定大脑区域或整个大脑的反应，但时间分辨率低于脑电图。研究人员也可以使用主动探测的方法，如经颅磁刺激（TMS）来增强或破坏浅层大脑区域的活动，以评估其与目标知觉的因果关系（或评估学习的中断或增强）。虽然目前我们无法在高时间和空间分辨率下同时测量整个大脑的神经活动，但每个实验都能提供一个潜在的重要的了解知觉或学习的生理基础的机会。这些信息必须编织在一起，形成一个系统可塑性的综合观点[2]。

研究人员的一个特别重要的目标是通过大脑的多个层次来追踪生理反应和行为反应之间的因果关系。这将包括对刺激的生理反应、参与注意力和期望的高级区域、计算决策的区域，以及行为反应的寻找——这些层次（及其相互作用）如何通过练习或训练来改变。

这样一个令人向往的目标，看起来触手可及，但仍然很遥远。将大脑活动模式与行为反应联系起来可能很复杂。要驾驭这种复杂性，计算模型或理论几乎总是至关重要的。没有一个可预测的定量模型，生理反应和免疫应答之间的关系无法真正进行评估。目前最好的工作是利用理论、规则或算法，将局部生理反应的变化、决策的变化和被影响的变化有意义地联系起来。例如，许多单细胞记录研究可以应用信号检测、模式分类器或贝叶斯模型将神经反应与行为选择联系起来[3]。此外，原始的生理数据有时也被解释为衍生方法的变化，如调谐功能、响应幅度或响应的拓扑结构。

同时，当前的研究也留下了一定的研究思路。所有这些生理方法，尤其是那些关注早期视觉皮层局部区域的方法，都将神经反应视为不同刺激特征的表征，或者至少视为通过刺激来编码的信息，然后传递到大脑的其他区域[4]。在这一点上，在生理测量和神经网络学习之间进行类比是有用的。神经网络的学习主要体现在连接权值上。如果这些特定大脑区域的局部神经反应类似于神经网络模型中表征单元的激活，这就留下了一些问题，即这些信息是如何以及在哪里连接起来以做出决策的，并且在学习过程中这些连接权重存储在哪里。第6～9章详细介绍神经网络模型的成功之处，它在学习过程中重加权了相关表征单元和决策之间的联系。这些模型，它们是基于一般原则，导致以下关于生理的问题：如果属性的刺激在视觉皮质活动，表示权重在哪里连接这些活动的决定和行动，以及大脑学习体现在哪里？它是否如某些人所猜测的那样，体现在低水平的表征神经元中？或者，学习是否体现在更大的大脑网络的连接变化中？这些现象在生理学上如何衡量？我们在本章的最后再回到这些问题上来。

在接下来的内容中，我们首先对文献中所研究的一些最相关的大脑区域进行简要介绍。虽然这些信息对视觉科学家来说已熟知，但这个简短的处理是为了突出当前研究的重点——皮质区域——简而言之，为其他读者提供背景资料。本章接着分析了知觉学习的生理学研究证据，以及这些研究对视觉可塑性的看法。我们的处理方法是按使用的技术来组织的，首先是动物（通常是猴子）的细胞记录，然后是人类的不同模式的脑成像研究。该领域对知觉学习的生理基础的研究才刚刚开始。然而，正如我们将看到的那样，一些具有深远影响的迷人结论已经可以被勾勒出来。

5.2 生理基础

对大脑功能基础神经科学的研究是我们这个时代最多产的科学研究之一。成千上万的书籍和数百万的文章都写过关于它的内容。本节简要介绍了与视觉知觉学习最相关的大脑区域。我们首先回顾一下眼睛和视觉皮层，重点是那些已经成为生理学主要目标的皮层区域；我们还涉及可能与学习有关的认知、奖励、决策和运动区域。这个简短的论述是为了给本章后面讨论的研究提供直接的（可能只是部分的）背景，它是为非专业人士设计的。当然，有兴趣的读者可以查阅相关的教科书和参考文献。

5.2.1 大脑功能区

大脑是一个由许多模块连接的复杂网络[1]，不同的区域已被确定具有不同的感觉、运动和心理功能[5-8]。图 5.1 是人类大脑功能区域的经典插图。这些区域包括更小的视觉皮层、听觉皮层、嗅觉皮层，以及支持视觉、听觉、嗅觉和触觉的感觉和体感的分区。其他区域则代表着感觉运动关联、运动活动以及所有支持人类做出决定、回忆过去经历和执行高级心理功能（如语言和讲话、思考和计划）的能力。任何单个的知觉、思想或运动动作都反映了大脑许多区域协同工作的综合活动。

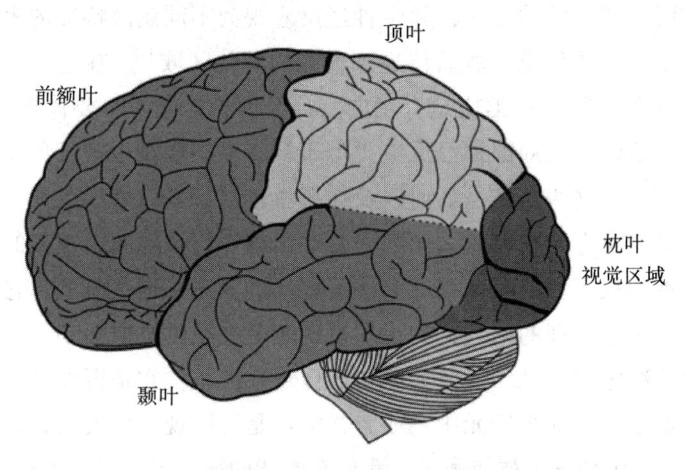

图 5.1 人脑的功能区域

视觉系统和相关的视觉皮质区是人类大脑中最大的功能区域之一，其大小可与专门处理语言的大脑区域相媲美。在人类中，这个系统有许多子模块，它们对感官输入进行复杂的计算（见图 1.4）。因此，视觉知觉学习体现了任何感觉或运动领域学习的许多复杂性。由于这本书的重点是视觉学习，我们从视觉区域的简要概述开始，从眼睛开始。

5.2.2 视觉系统

外部世界的图像通过一些物体反射或其他物体发射的光子进入眼睛。光图像通过眼睛前面的晶状体投射到视网膜上，在那里它们被光敏感细胞检测到。这个系统（角膜、晶状体和控制晶状体的肌肉）将图像聚焦在视网膜上，而虹膜、瞳孔和眼睑则控制光线的大小，就像照相机的光圈和快门一样。人们认为，眼睛的光学质量和视网膜后部编码的分辨率在进化过程中大致是一样的 [9]。

读者当然熟悉这一设想的要点。然而，在视觉知觉学习的早期生理研究中，从眼睛到外侧膝状核（LGN），再到视觉皮质的通路尤为重要。许多知觉学习研究也特别感兴趣的是从双眼视野到视觉皮层的视网膜定位映射。

光线到达视网膜，图像上下颠倒、左右颠倒，被杆状体和锥状体的感光器转换成神经信号 [10]。对长、中、短波长（颜色）敏感的视锥细胞和对弱光敏感的视杆细胞的活动驱动着视网膜神经节细胞的活动。

LGN 是视网膜和视觉皮层之间的重要驿站，它是一个分层结构，有专门的细胞类型（M 细胞、P 细胞和 K 细胞），每个细胞传递不同种类的信息 [11-14]。视神经中的大多数神经元通过视辐射到初级视觉皮层沿着一条路径（膝状体路径）到达 LGN。约 10% 的视神经元走一条不同的路径（顶盖枕核路径），这条路径可能用于将听觉、视觉与运动系统整合。LGN 具有视网膜位排列，LGN 的空间区域代表视野的空间区域。双眼左半视野（右视野）的表现投射到左侧 LGN，右侧 LGN 亦然（见图 5.2）[15]。（这一事实已被一些研究所利用，这些研究通过训练一个半脑区出现的刺激，然后将训练过的半脑区作为未经过训练的半脑区的对照组，测量另一个半脑区相应的皮层代表的生理反应。）实际上，一些研究人员提出，学习可能会深入到 LGN。事实上，有一个计算模型提出，学习可以调整 LGN 中的信息权重 [16, 17]。

然而，视觉皮层中的感觉表征一直是知觉学习的生理学研究的主要焦点。这些生理学研究提出了一个问题：学习是否改变了早期视觉皮层的反应——有效地提出了学习是否改变了这些早期表征。带着探索记录“你能走多低”的动力，在这些可视化表示的最早层级上记录学习到的可塑性。出于这个原因，研究已经集中于 V1、V2 和 V4 的模式任务，以及 MT 和 MST 的运动任务。

V1 或每个半球形枕叶的初级（纹状）视觉皮层，是 LGN 路径的主要终点 [5]。像 LGN 一样，V1 有一个视网膜组织，V1 的相邻区域代表视觉世界的相邻区域 [18, 19]，不同的层接受来自不同种类的 LGN 细胞的输入[20, 21]。在这里面，交替区域或眼优势列对来自两眼的输入有不同的敏感度[19, 22]。V1 亚区中称为斑点的神经元对颜色敏感，为单眼，有小的感受野（来自 P 细胞和 K 细胞的输入）[19, 23]。斑点区域中的神经元可能对方向、运动和形式（M 细胞和 P 细胞输入）敏感，多为双眼，接受双眼的输入。V1 无疑是视觉信息的输入中枢。估计 V1 的每个半球的神经元数量有 1.4 亿，或每个 LGN 神经元约有 40 个 V1 神经元[24, 25]，这能为图像处理提供巨大的计算资源。

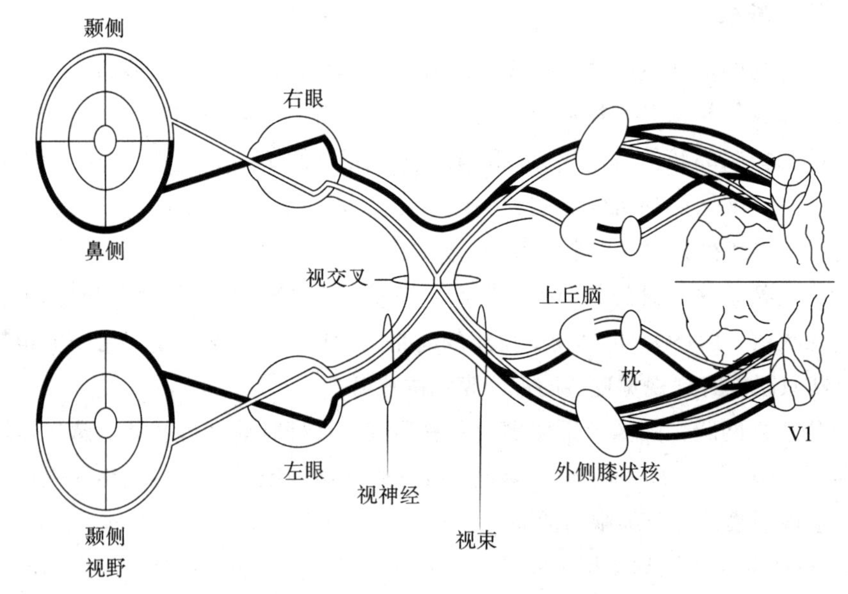

图 5.2 视觉通路显示了通过外侧膝状核（LGN）从眼睛到初级视觉皮层的连接。左侧 LGN 接受来自双眼右侧视野的输入，反之亦然（SC= 上丘脑；Pulv= 枕）。根据 Burnat[17] 的图 1 改编。知识共享，版权归 Kalina Burnat（2015）所有

V1 将信息传递给纹外视觉皮层的其他高级视觉区域[5, 26-31]。对颜色、形状、深度或运动敏感的神经元直接或间接地向上游发送信息到许多其他视觉区域，例如：V2、V3、V4、V5（MT）和其他地方（图 5.3）[32]。这些区域中的每一个都可以作为高级处理的中转站，也可以编码视觉输入的特定特征。反过来，这些区域将信息反馈给 V1，V1 也接收来自非视觉区域的调制输入。（图中省略了反馈和调制连接。）V1 的主要病变导致与病变侧相对的视觉半场的视力丧失。虽然 LGN 或 V1 的损伤定性地破坏了视觉，但外侧视觉皮层的损伤对感知有更复杂和微妙的影响[33-37]。V4 的神经反应（及以上）也可以被认知因素（如注意或物体显著性）调制。事实上，任务对早期视觉区域反应影响的本质仍在积极争论中。看起来，较高的视觉区域可能编码许多与物体识别相关的视觉属性，并可能包含自上而下的影响[37, 38]。

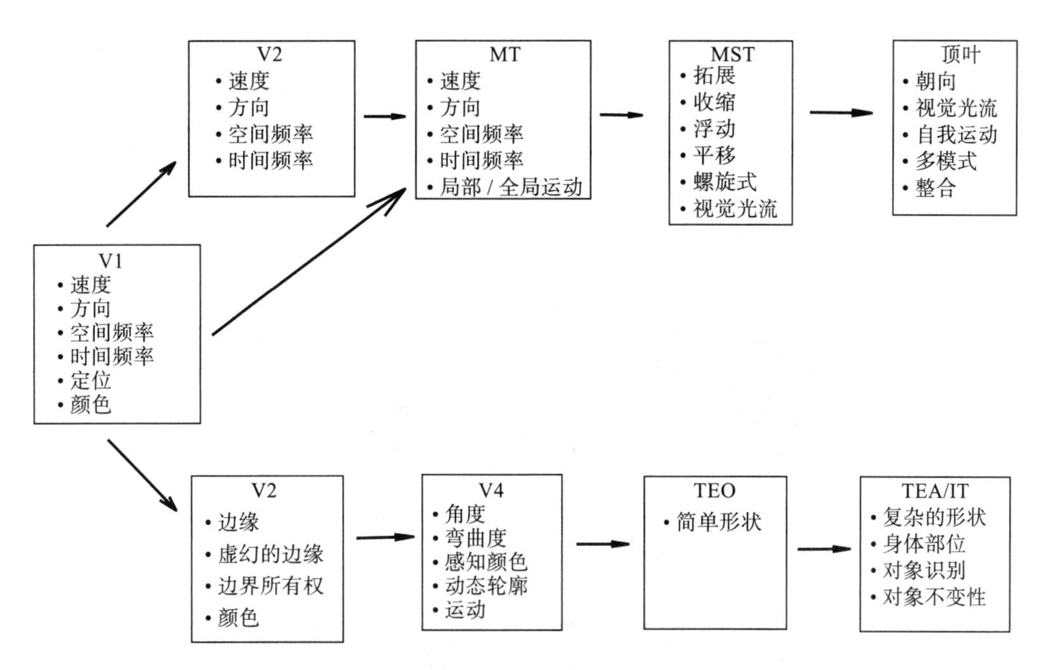

图 5.3 视觉系统的前馈通路。顶叶（背侧）通路处理运动、深度和空间信息。下颞叶（腹侧）通路到下颞叶皮层处理形状和颜色。这两条通路都是从 V1 通过 LGN 投射的输入。引自 Perry 和 Fallah[32] 的图 1。知识共享，版权归 Perry 和 Fallah（2014）所有

很多研究都集中在描述不同视觉区域的神经感受野的确切性质上。例如，视网膜和 LGN 细胞有时表现为中心–周围的感受野（无论是在细胞上还是在细胞外）（图 5.4）[39]，其大小随着离中央凹的距离而增加。V1 神经元有时被建模为细长和定向的感受野（图 5.4），编码属性如定向边缘。对 V4 的一项分析认为它代表物体部分的轮廓和位置，而下颞皮层（ITC）可能代表物体类别（图 5.5）[40]。在其他分析中，V4 具有对颜色、方向、形状、深度和运动敏感的区域[38]。MT（V5）接收对 V1 方向敏感的神经元的输入，表示主要的运动信息，单个神经元选择性地对不同的运动方向敏感（图 5.6）[41]。MT（V5）传递信息来编码被认为是在 MST 中表示的综合运动模式，其中一些细胞对光流运动的特性（扩张、收缩、旋转等）很敏感[42-45]。正如我们将看到的，视觉知觉学习中的一些研究集中在这些更高级别的视觉皮层区域中。

人类大脑的许多视觉区域被划分为两条视觉处理通路（见图 5.3）：腹侧和背侧。它们在 V1 中有一个共同起源，并通过纹外视觉皮层延伸至颞叶或后顶叶皮层[27, 46]。腹侧（底部）流从 V1 输入到 V2 和 V4，然后到达下颞叶（IT）皮层。感受野大小从 V1（< 1°）到 V4，再到 IT（20°），这取决于视网膜偏心度和用来测量它们的刺激的复杂性。腹侧神经似乎与形状、大小、方向、形式和物体的表征有关。这称为“what”通路——这些特性帮助决定你看到的是什么。背侧（上部）流从 V1 接收输入，经过 V2，到达 MT 区（V5），然后到达后顶叶皮层，最终提供运动皮层的输入。与腹侧流

不同，背侧流主要用于空间意识、运动和到达等动作，称为“where”通路，或认为是一个“动作”系统[47]。目前的一种观点是，腹侧和背侧的神经处理流是一个复杂网络的重要组成部分，这个网络通过协调这两种神经处理，以协调大脑的活动。总的来说，参与视觉处理的多达40个不同区域的网络已经确定（见图5.4），这归功于使用fMRI的人脑活动分析，并且这种理解还在继续发展。

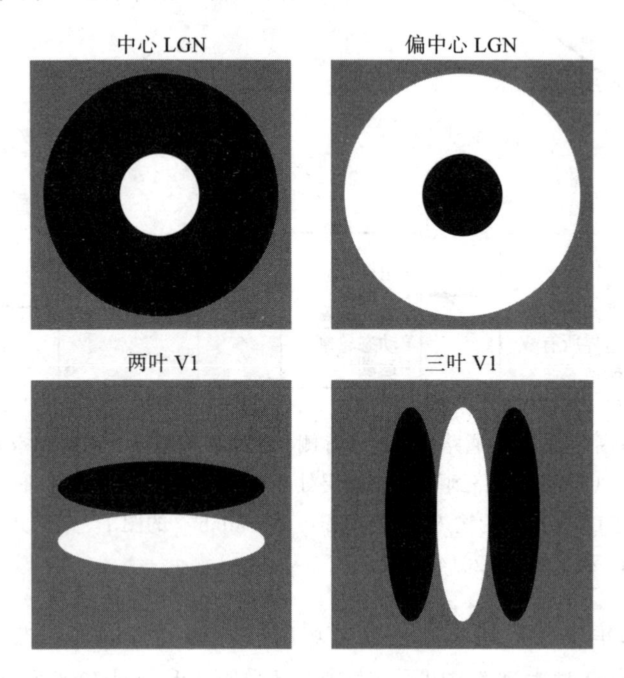

图5.4 视网膜和LGN神经元的中心–周围感受野和V1单细胞神经元典型的定向感受野：LGN或视网膜的中心或偏中心细胞被光包围的黑暗刺激或黑暗包围的光刺激所激发。V1中的许多细胞具有定向感受野，对边缘（两叶）或条形（三叶）做出反应，其中水平和垂直方向的比较常见

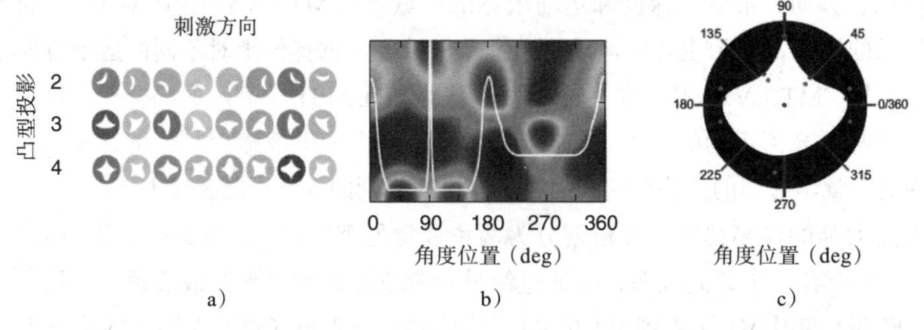

图5.5 V4神经元感受野的可能编码空间轮廓。a）由两个、三个或四个顶点的凸轮廓和表示细胞反应的灰度级的例子。b）由几个V4神经元的活动编码的复合形状识别曲率和角度位置，热点反映了不同的V4神经元，它们共同编码一个物体的形状。c）相应的物体形状。引自Kourtzi和Connor[40]的图1a、图1c和图1b，已获许可

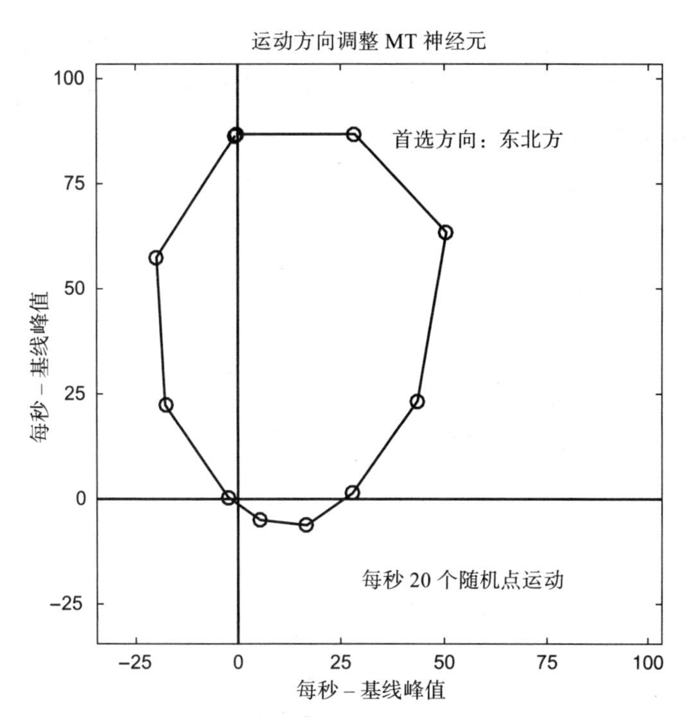

图 5.6　MT 神经元对随机点运动的运动方向选择性，在这种情况下倾向于右上方的运动。极坐标下的连通形状表示 16 个不同运动方向的峰值速率的总和。根据 Albright、Desimone 和 Gross 的数据（文献 [41] 中图 1）重绘

而另一种描述不同视觉区域编码特征的方法则非常不同，它引用了视觉区域的反应与深度学习网络中不同层次单元的反应之间的类比，该网络经过训练来区分物体类别 [48-51]。(深度学习网络是那些有很多层次的网络，通常使用监督标签的物体图像进行训练，见第 8 章。) 例如，一些研究已经将计算网络各层的反应与 IT 皮层的功能磁共振成像激活联系起来 [48, 51, 52]。在 V1 和其他视觉区域进行的各种计算，以及向外投射和反馈连接的细节，仍然是猕猴 [53] 研究和人类功能磁共振成像研究的活跃焦点。

5.2.3　知觉决策、奖励和注意力的回路

知觉决策并不只是简单地对感官证据做出反应，它们还必须受到任务背景、期望、奖励和包括注意力在内的其他认知因素的影响，而注意力几乎能肯定在输入和反应的选择中扮演着重要角色，我们将对此进行详细阐述。为了完成这一系列复杂的活动，人类系统涉及一系列连接前额皮质与感觉和运动控制区域的通路。图 5.7 展示了一些在做出知觉决定时可能涉及的连接和电路。

视觉知觉决定从 V1 中的视觉信号开始，通过背侧和腹侧神经流处理，然后在背外侧前额叶皮层（dlPFC）整合。奖励期望的计算发生在一个大脑区域网络中，包括黑质网状部（SNr）和中脑腹侧被盖区（VTA），它们也会投射到前额叶皮层（PFC）。在

前额叶皮层，奖励信息与视觉信息、先前的经验和认知评估整合在一起，为潜在的结果赋值[54]。信息从 PFC 发送到决策和反应选择机制的循环中，包括大脑皮层（包括运动前区皮层）、丘脑和基底神经节。基底神经节是控制自主运动的组成部分。丘脑参与调节兴奋和抑制。选定的反应传达给相关的运动系统，以执行反应行为。例如，如果反应是眼动，它就会传递到与眼动和工作记忆相关的额叶眼区（FEF）和外侧顶叶皮层（LIP）[54]。（根据对猴子的分析，这些区域的示意图见图 5.7。）

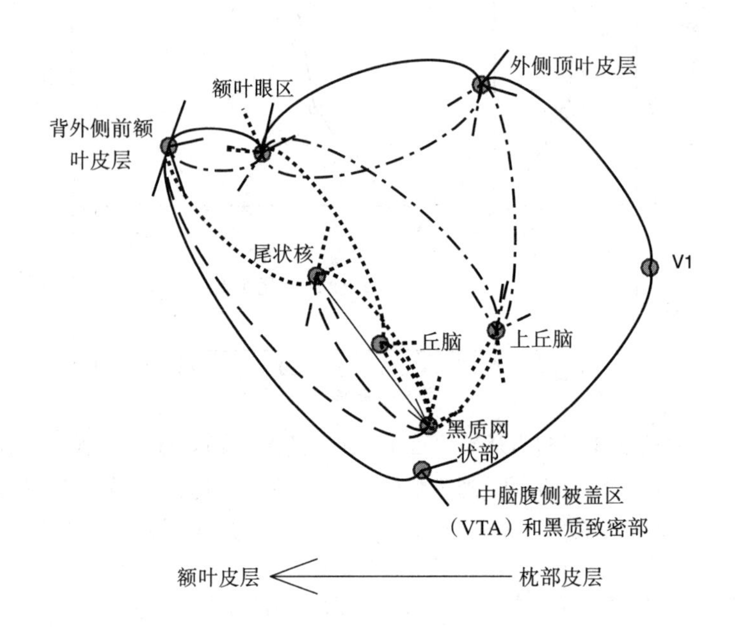

图 5.7　连接视觉与决策和行动的神经回路来自背侧和腹侧的视觉信号，它们集成在背外侧前额叶皮层（dlPFC）（实心箭头）。奖励和奖励期望（虚线箭头）在中脑腹侧被盖区（VTA）和黑质致密部（SNc）中进行，在 PFC 中整合。响应选择（虚线箭头）参与了包括基底神经节、丘脑和皮层的循环：尾状核（CN）、黑质网状部（SNr）、丘脑（TH）和上丘脑（SC）。眼睛的反应表示在额叶眼区（FEF），外侧顶叶皮层（LIP），和上丘（SC）（点线箭头），它也发送消息到脑干。根据 Opris 和 Bruce[54] 对猕猴的分析（图 3）

奖励是一种常见的学习工具。生理奖励系统最初是由伏隔核（NAcc）和中脑腹侧被盖区（VTA）[55-59] 等区域的多巴胺神经元确定的（见 Haber 和 Knutson[60] 的综述）。我们认为参与奖励处理的区域列表已经扩大，特别是包括腹侧纹状体（VS）和黑质（SN）的多巴胺神经元，奖励回路嵌入皮质 – 基底神经节网络中。基底神经节最初被认为与它们在运动和感觉功能中的作用有关，现在被认为对奖励价值、动机和早期决定的编码有更广泛的贡献。简而言之，奖励系统涉及一个复杂的电路网络，它与额叶皮层区域相互作用，以理解和选择对象。

通过有选择地将观察者导向相关的视觉刺激，注意力也是处理感官输入的一个组成部分。在当前的空间选择性注意理论中，假定的皮层下注意回路包括一些相同的元素：中脑的上丘（SC）和丘脑的枕核（TH）。腹侧丘脑维持感觉空间的地形表征，从视觉皮层接收信息并反馈给视觉皮层，它与显著图的功能有关。因注意力和眼动系统在额叶眼区（FEF）、外侧顶叶皮层（LIP）和前额叶皮层（PFC），帮助选择和引导注意力到突出的或提示的视觉刺激 [61-63]。

正如我们将看到的，这些可能参与视觉任务执行的高级区域还没有在视觉知觉学习的生理分析中发挥核心作用。第 9 章探讨了任务结构、注意力和奖励与学习的关系。

5.2.4 讨论

视觉知觉和知觉学习是在一系列相互交织的大脑模块中发生的。任何持久的变化——即使是一个模块的局部变化——理论上也可以改变网络中其他地方的处理。例如，如果视觉知觉学习与 V1 早期视觉皮层的可塑性有关，那么这可能会直接或间接地将不同的信息输送到其他许多视觉区域，这些区域随后的反应也会因此发生改变。几乎可以肯定，改变 V1 的反应也需要改变对用于决策的感觉证据的解释。更一般地，应该强调的是，观察到一个大脑区域的变化并不一定意味着这个变化是之前发生的变化背后的原因——它可能是另一个大脑区域变化的结果，而另一个大脑区域的变化是观察到行为效应的中介。相反，早期视觉区域（如 V1）的反应变化，原则上可能是可塑性起源的高级视觉区域反馈的结果。由自上而下的处理所引起的早期反应的变化是一种实例化学习可塑性的方法，这种可塑性可以根据任务背景多路复用。考虑到所有这些因素和过早可塑性可能造成的系统危害，研究人员应注意适当地结合背景解释局部测量结果。

5.3 用生物学来理解学习

最初对视觉知觉学习的生理学研究集中在早期感觉皮质的神经可塑性上。这一选择在很大程度上受到了 20 世纪 90 年代以来许多生理学研究的推动，这些研究报告称，在躯体感觉和听觉领域中，最早的感觉皮层具有巨大的可塑性 [64-66]。这也是由于训练后视网膜位置和特征行为改善的特异性，这一特异性使一些研究人员推断出早期视觉皮层可塑性的核心作用 [67，68]。虽然最初的生理学研究集中在 V1 和其他早期视觉区域的反应变化上，但最近的工作已将重点转移到视觉皮层和决策区的高级区域。

无论研究的是哪个大脑区域，已经有许多技术用于研究学习的基础。最常见的方法是细胞记录（通常是在猴子身上），而其他工作则使用了脑电图（EEG）、功能磁共振成像（fMRI）和经颅磁刺激（TMS，通常在人类身上）等技术。在细胞记录中，研究人员倾向于寻找知觉学习与神经元反应的调谐、拓扑和幅度的变化之间的相关性。在脑电图和功能磁共振成像中，研究人员寻找的相关关系涉及特定皮质区域的反应特性的变化。

当然，细胞记录、脑电图和功能磁共振成像的相关性并不能证明因果关系。即使生理变化与行为改进直接相关，但生理和学习之间的因果关系还是难以确定[69]，因为数据可能反映的不仅是皮层对特定刺激反应的变化，也可能反映其他大脑区域的持续级联过程，共同调节记录的感官区域的生理反应（见图 5.8）。在纯粹的自下向上模式下，视觉皮层反应的变化会直接导致随后的知觉变化过程。在纯粹的自上而下模式下，注意力、警觉性或任务调节的目标都会引起视觉皮层反应和知觉行为的改变，从而导致知觉反应和知觉行为之间的相关性（但不是因果关系）。然而，更有可能的是，生理反应的变化反映了自下向上和自上向下影响的某种混合。考虑到这一可能的事实，再次值得注意的是，在任何一个单一的皮质区域观察到的变化并不意味着这个区域是唯一的或者是主要的学习基础[4, 69]。

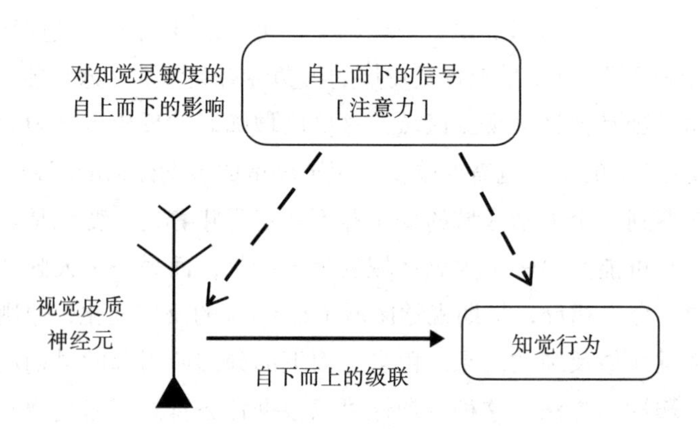

图 5.8 解释视觉皮层神经元反应与知觉行为相关的两种神经机制，要么是通过自下向上的信号处理，要么是通过共同的自上向下的影响（注意力、警觉性、目标方向）对皮层反应和知觉行为产生影响。根据 Smith 等人[69]的图 1 中的元素修改（开放获取）

无论采用何种技术，对大脑反应的测量反映了系统在行为任务要求下的功能，因此也可能受到任务期望、刺激处理、注意力、决策、运动反应、反馈或奖励等因素的影响。理清这些因素各自的影响是相当具有挑战性的。启发式地，研究者假设，在距离刺激较近的时间内发生的大脑反应反映了自下而上的影响，而稍后发生的大脑反应则反映了自上而下的影响，这种假设推动了对单单元记录和脑电图数据的解释（细微的时间数据在迟钝的 fMRI 信号中基本不可用）。尽管直觉上令人信服，但即使是这种启发式也只是一种简化，因为预期、注意力和决策偏差在任何刺激出现之前都会诱导预期效果。

在任何领域，区分因果关系和相关关系都是困难的，在生理学和知觉学习的情况下更是如此，这要归功于在任何给定的实验中起作用的双重时间尺度。例如，在注意力或决策的基础研究中，研究人员测量了动物在执行任务时神经元的反应，相关数据恰恰是在执行任务时发生的视觉皮层反应的瞬时变化。相比之下，在知觉学习中，可塑性可能涉及训练对视觉反应的本身影响，即使训练的任务没有被执行，视觉反应也会改变系统。另外，知觉学习可能仅仅在训练任务或非常相似的任务中改变视觉反应，反映了训练对视觉反应的任务诱导效应。虽然迄今为止的生理学研究都倾向于关注早期视觉皮层反应本身的变化或任务引起的变化，但对知觉学习影响的严格描述应该将两者结合起来评估。

其他的解释性问题已经出现，这些问题在功能磁共振成像和脑电图中更具体。其中，假设注意力和任务难度会影响视觉 - 皮质反应。存在许多实验范式。例如，在功能磁共振成像（fMRI）中，一些研究人员测量了任务执行过程中的大脑反应，而另一些研究人员则测量了知觉学习前后对某些刺激的反应，还有一些研究人员在训练前和训练后的成像环节期间测试了一个标准任务以评估不同但相关任务的训练效果（在训练前和训练后的成像会议中保持刺激和性能相同，因此结果将可能取决于评估任务与训练任务的相似性）。最后一组研究了休息状态下的连通性，以避免性能水平的干扰。这些方法中的每一种都与其他方法有很大的不同，因此我们在解释任何给定的数据集时必须小心。

然而，需要谨慎分析的嘱咐本身不应该令人沮丧。复杂性往往既是一种警告，也是一种邀请。基于现有的少量生理学研究，当每个个体和通常是局部的实验快照被编入一个更大的框架中时，一种非常清晰的结果模式已经开始出现。

这种对现有文献的元分析使我们得出以下初步结论。虽然在某些病例中，学习后早期视觉皮层（V1）的调节发生了适度的变化，但高级视觉区域（V4，IT 皮层）的变化更为显著。V1 的变化似乎最多只占行为变化的一小部分，而较高区域的神经反应似乎占更多。此外，虽然一些小的、持续的生理反应的变化已经被报道，但改变的神经反应更紧密地耦合在一起，只有在活动任务中测量时才会发生。在这些情况下，改进的行为预测几乎也总是反映了研究者从学习前到学习后所使用的读数的变化。最后，也许更有争议的是，我们得出结论，这些低级或中级表征的变化——将它们与决策联系起来的权重或体现对任务学习的权重——很可能存在于大脑系统的其他地方。

我们的初步结论应该对整个大脑系统参与知觉学习和可塑性 / 稳定性困境（或重调谐和重加权的相对平衡）有启示。对这些问题的进一步讨论载于本章末尾。首先，在以下章节中，我们旨在系统地评估从生理学研究中获得的证据，或根据测量技术进行分析。在前面的章节中，我们提供了初步的总结，然后是具体范例研究的讨论。

5.4 来自单细胞记录的证据

越来越多的研究使用单单元记录方法来研究知觉学习和神经反应之间的关系。我们根据训练任务的性质对这些研究进行分组：集中于特征、模式、对象或场景。这种划分大致对应于低、中、高层次视野中的学习。

5.4.1　特征的知觉学习

第一个关于非人类的灵长类动物视觉知觉学习机制的实质性单细胞记录研究出现在 21 世纪的前十年。它们在很大程度上仿照体感皮层和听觉皮层中单细胞记录学习的研究。到目前为止，已有研究在猴子的 V1、V2 和 V4 以及猫的 17 和 18 区使用低水平视觉特征判断和生理测量。最大的训练效应发生在 V4 或更高级别神经元的调节或对比反应上，V1 的变化相对较小。此外，在一些研究中，定量模型用于将观察到的神经元的反应变化与任务行为联系起来。在这些低级视觉特征任务中，早期视觉区域的神经反应变化通常太小，不足以解释训练带来的巨大行为改善——在某些情况下小了一个数量级。

特征任务这一领域才刚刚开始研究。大多数研究考察了精细定向辨别任务中的学习，只有一项研究使用了粗略的辨别。在许多情况下，神经反应的变化是在固定或控制任务期间测量，少数神经反应的测量是在主动执行训练任务时测量。前者旨在测量每个人的大脑皮层在训练过程中的变化，而后者的测量包括在任务执行过程中，训练的影响是由自上而下的处理所介导的。目前还不清楚可塑性在精细和粗略的辨别任务中是否相同，或者这些结果如何推广到其他视觉特征。此外，其他神经特性，如多电极阵列技术，测量神经元群体的反应之间的相关性，这可能是重要的，但还没有被广泛评估[16]。每个响应的瞬时变化和自上而下的瞬态变化之间的差异也需要进一步的系统研究。接下来，我们考虑文献中这些单细胞记录研究的关键例子。

在一项开创性的研究中，Schoups 等人称，尽管神经反应的分布基本上保持不变，但训练对猕猴 V1 的神经元产生了轻微的重调谐[70]。这项任务是对旋转 45° 的光栅片进行精确的方向辨别，可以是顺时针方向，也可以是逆时针方向，并训练了数千次试验。在人类中，这种学习对视网膜位置的特异性表明，V1 是相关的表征，因为它的感受野很小[71, 72]。广泛的训练将猴子的行为阈值降低了 80% ～ 90%，从超过 10° 的不同阈值减少到大约 1°，这些改进主要针对训练的位置和方向。为了发现知觉学习导致早期视觉皮层持续性变化的证据，在猴子执行中心注视任务或被动观看定向图案（即不执行训练任务）时，对训练后的 V1 反应进行了测量。在训练和未训练的 V1 位置中，神经元中首选方向的分布基本相同。调谐神经元对训练后的方向没有过度表征，在训练后的区域也没有更强的反应。在训练方向和位置附近具有选择性的神经元组中，调谐函数的斜率有微妙的变化（图 5.9），作者指出"在训练方向测量的方位调谐曲线的斜率只会使最有可能编码猴子辨别方向的训练神经元群数量增加"[70]（p.550）。改变首选方向的神经元的调谐功能的斜率，只是稍微偏离了训练的方向，被认为是通过改变对任务刺激中的微小差异敏感的神经元的调谐功能的斜率来提高每项性能的一种方法。

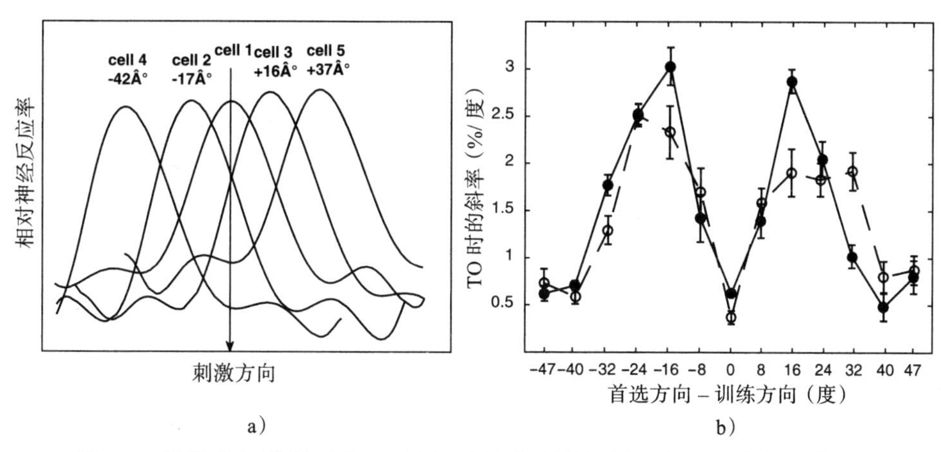

图 5.9　猕猴的知觉学习使 V1 神经元的感受野的斜率发生了小的变化。a）对训练的方向（细胞 1）和相邻方向有偏好的神经元方向调整的例子。b）训练过的细胞（深色圆圈）和未训练过的细胞（浅色圆圈）在训练方向附近的调谐斜率。这些微小的变化本身不足以解释学习的实质性行为影响。根据 Schoups 等人 [70] 的图 2b 和图 2c 的部分内容改编，已获许可

Schoups 等人使用贝叶斯模型（“群体反应的理想观察者分析”）将神经元反应与行为反应联系起来 [70]。神经元的分辨力是从随机选择的 20 个对训练方向敏感或未训练细胞的群体反应中估计出来的。受训细胞的曲线向较小的方向差异转移，受训和未受训的神经元之间的斜率差异约为 12%，相当于角度分辨率提高了 7%[73]，同时使神经元反应的总体可变性保持不变。根据该模型，神经元群体反应的变化只占行为改善的一小部分（大约十分之一），这使作者得出结论：除了 V1 之外，学习必须发生在许多层面，或发生在与 V1 关联的神经元之间 [70, 73]。

随后的一项研究检查了知觉学习在 V1 和 V2 中进行精细定向辨别的结果，并发现神经反应基本上没有变化 [74]。猴子在一个延迟匹配样本任务中接受了数千次试验训练，该任务要求辨别 45° 附近的小方向差异，样本和测试中的空间频率不同。训练将方位阈值从大约 30° 提高到小于 5°，这些改进针对的是方向，而不是位置。当猴子在中央凹处执行一个简单的匹配样本定位任务（即水平方向与垂直方向）时，根据观看无关刺激时的持续变化来评估神经反应。在训练过的和未训练过的神经元中，反应幅度、方向调节和反应可变性基本相同，尽管在训练过的位置和方向附近调节的神经元有轻微不足。基于神经反应的信号和噪声特性的群体模型可能占行为改善的十分之一。这些研究人员得出的结论是，V1 或 V2 的变化并不是知觉学习的基础，而知觉学习可能发生在大脑的其他区域 [74]。总之，这两项研究报告说，V1 或 V2 的持久性的任何变化，如果确实发生了，那也太小了，不足以解释知觉学习的实质性行为影响。

实验者的下一步是在 V4 的视觉通路中进一步检验知觉学习，在那里发现了更大的影响 [75]。在一项研究中，猴子在延迟的样本匹配任务中对接近 45° 的方向进行辨

别[74]。方向阈值从大约 30° 提高到 2° ～ 5°，而且学习在很大程度上是针对具体位置的。在中央凹处进行简单定向任务时，V4 神经反应用于评估训练的影响：与未经训练的控制神经元相比，在训练的方向和位置附近调谐的神经元有 14% 更强的反应和 13% 更窄的方向调谐，这使作者得出结论——知觉学习诱导的是中等水平的视觉皮层的可塑性。然而，作者也指出，这种改变是适度的，可能反映了 V4 回路内的改变，或早期视觉区域至 V4 之间的连接，类似于重加权的建议[75]。种群信号检测模型估计，*d'* 增加了 24%（阈值减少了 33%），因此 V4 中这些微小的变化仍然不能解释行为阈值的巨大变化[74]。

在另一项研究中，猴子接受了 Schoups 任务的训练，但是这个训练在 10% 的像素噪声中进行[70，73]。一只猴子的行为阈值从 10° 提高到 2°，另一只猴子从 30° 提高到 2°。同时，V4 神经元在定向调谐偏离（25° ～ 65°）训练位置的训练方向的方差略有减少，方向调节范围也略有缩小。根据神经反应判断方向的提高约为 28%，V1 数据为 7%[70，73]。这些 V4 的改变对于相应的行为改善来说仍然小了一个数量级。

所有这些研究都有几个共同的特点（可能是很重要的）。首先，几乎所有的研究都训练了精细定向辨别的阈值（第一类任务），如前所述，训练方案的选择可能会对可塑性产生重大影响[76，77]。其次，V1、V2 和 V4 的记录发生在被动观看方向刺激的过程中，而不是在任务本身，所以结论与学习后神经反应的变化有关，尽管在任务期间也可能存在自上而下的影响。

其他几个实验使用粗略辨别训练和参与任务的神经元活动测量了不同的神经反应。一项创新研究训练了粗略定向辨别能力，并记录了在主动任务执行和被动控制时的神经反应（图 5.10）[78]。

猴子在掩蔽噪声时能辨别出不同的斜向 Gabors。训练的效果主要是在中间噪声掩蔽水平上最大，而神经发射率的信息是以接收操作特征面积（AUROC）来衡量的。与最差的刺激相比，训练增加了最好的尖峰率的范围，并在中间噪声掩蔽水平上减少了尖峰率的方差与其平均值的比率（Fano 系数）——信号的增加和噪声的减少。训练后期估计的“神经测量”阈值大约是行为阈值的一半（分别为 24% 和 12% 信噪比）。

在同一研究中，对神经元群体计算的贝叶斯分类器将 V4 神经元在主动任务执行期间的反应与行为选择联系起来，在训练的早期和晚期训练了不同的分类器。从分类器计算出的阈值和行为阈值都显示出大约 50% 的改进。应该注意的是，分类器性能的这些改进既反映了 V4 神经反应的变化，也反映了反应的读出（重加权）的变化。考虑到这一点，贝叶斯分类器的性能和行为之间的平行可能包括来自改进的重加权的重大贡献。重要的是，在被动观察下，尽管 AUROC 和 Fano 系数有小的变化，但调谐函数没有显示出任何变化[78]。

这项关于知觉学习的重要研究首次测量了神经反应中可能影响其他任务的持续变化，以及在积极执行训练任务时由任务诱发的早期视觉皮层反应的短暂变化。这些短暂变化可以被认为是一种“多路复用”（视任务而异，重加权视觉皮层内的连接）的形式，或者是一种使用自上而下的注意信号来改变反应能力的提高 [79-86]。数据集可以支持我们关于重加权的普遍性的一般假设。

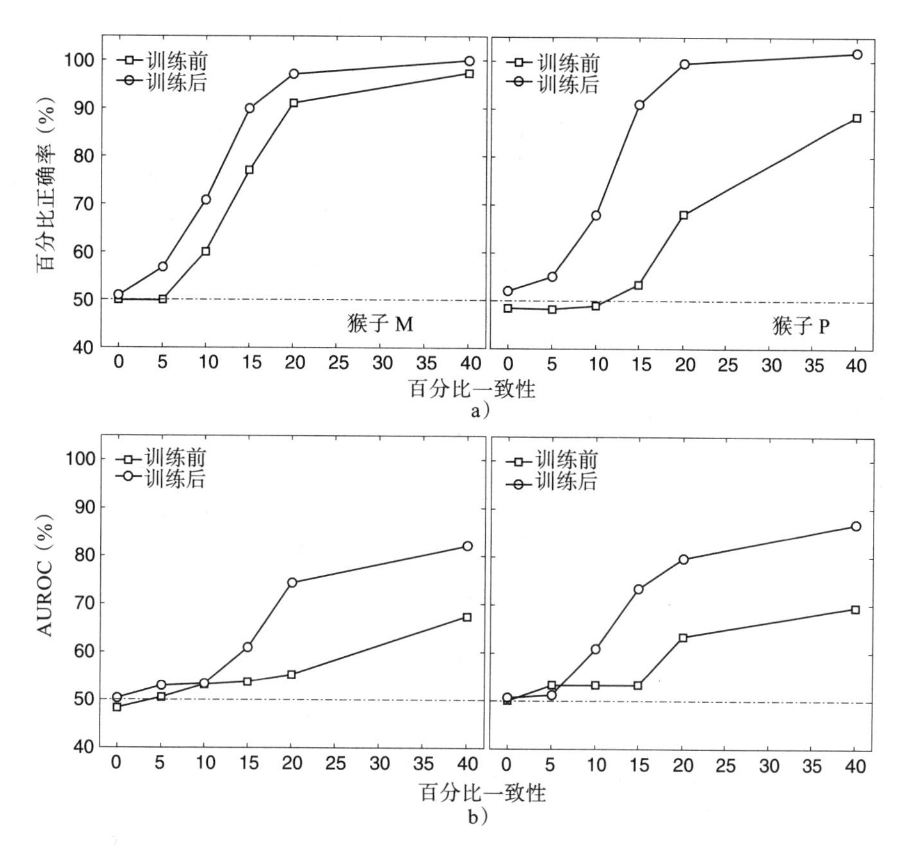

图 5.10 在有掩体噪声的情况下，两只猕猴在粗略定向辨别中的知觉学习增加了：a）百分比一致性的行为百分比正确率心理测量功能；b）基于 V4 的神经反应的辨别能力的接收操作特征面积（AUROC）的相应变化。这些行为和神经功能都随着一致性而增加，但神经 AUROC 只占行为表现的一部分。心理测量函数来自 Adab 和 Vogels[78] 的图 1 中的数据

在这个生理学的调查中还应该注意到一个事实，即习得可塑性的基质可能依赖于实验中使用的动物。例如，当猫因粗劣的辨别反应而被奖赏时，麻醉下 V1 的变化更好地说明了这种情况 [87]。在该研究中，单眼行为对比敏感度曲线（CSF）是通过评估在一定的空间频率范围内辨别正弦波方向为 45° 或 135° 的对比度阈值来测量的，同时在高空间频率下进行单眼知觉训练，然后再次测量 CSF。在麻醉状态下，对 17 区（早期视觉皮层）的单个神经元进行了对比度 – 响应函数的测量，然后用于构建训练或未训练眼睛的群体 CSF。训练被证明能改善行为对比敏感度，对空间频率和训练的眼睛有一定的特异性。通过增加神经元的对比度增益，训练也改善了调谐到训练空间频率的 V1

神经元的对比敏感度。尽管如此，训练前后行为 CSF 的变化幅度与麻醉状态下测量的神经元 CSF 的变化幅度基本相同。

综上所述，对于低水平视觉特征的知觉学习，早期视觉区域 V1 和 V2 的视觉可塑性似乎太小，不足以解释大的行为改善。当把所有有关的研究一并考虑时，这种模式就特别明显（摘要见表 5.1）。

表 5.1 知觉学习对特征任务中单细胞生理学的影响

来源	训练任务	神经任务	神经反应	模型分析	占比
Schoups 等人[70]	精细定向辨别（中央凹周围的）	V1，被动，固定任务	无整体变化，选择小斜率变化	贝叶斯种群模型	占行为改善的不到十分之一
Ghose 等人[74]	精细定向辨别，延迟的样本匹配（中央凹周围的）	V1和V2，被动，简单的固定任务	受过训练的和未受过训练的没有显著变化	神经反应的理想观察者模型	只占行为改善的一小部分
Yang 和 Maunsel[75]	精细定向辨别，延迟的样品匹配	V4，被动，简单的固定任务	相关神经元有13% 到 14% 的调节变化	神经反应的理想观察者模型	占行为改善的不到三分之一
Raiguel 等人[73]	像素噪声中的精细定向辨别	V4，被动，固定任务	一些相关神经元的调谐有微小变化	具有不同前、后输入的贝叶斯种群模型	占行为改善的不到三分之一
Adab 和 Vogels[78]	粗略定向辨别	V4，主动任务，简单被动控制	主动观看时，中间 S : N 比值变化适中；被动观看时，中间 S : N 比值变化不一致	ROC 下的神经系统面积	在主动任务下，约有一半的行为改善
Hua 等人[87]（猫）	粗略定向辨别，CSF	17 区，处于麻醉状态		群体神经元对比敏感度功能	很大程度上解释了行为的改善

视觉区域 V4 知觉学习后有中度的视觉可塑性，然而，这些神经变化的计算效果通常比行为阈值的变化小得多。在粗略辨别任务中，主动任务中 V4 神经反应的变化缩小了这一差距，但我们不知道这是否可以推广到精细辨别任务。即使在那里，估计 V4 神经元的群体反应函数显示的变化只占知觉判断变化的一小部分。然而，当使用不同的最优种群分类器预测学习前后的神经反应时，神经变化更接近于预测。也就是说，预测反应的最佳分类器既反映了神经反应的任何变化，也反映了读出这些反应的最佳变化（重加权）。权重的改变可能是解释知觉学习的一个关键因素。对这些结果的一种解释是，V1 和 V2 并不是特别具有可塑性，而视觉表征的后期阶段却具有可塑性（也许猫除外）。另一种解释是，视觉皮层的所有层次都具有可塑性，但由于本质上视觉世界中的所有事物都激活 V1，且实验训练环境之外的经历掩盖了实验过程中可能发生的任何变化[75]。

这些结论在现有的数据中是清楚的，但有几个因素可能影响结果的模式。第一，精细辨别任务和粗略辨别任务在原则上依赖于不同的学习机制，或者至少是不同的学习机制。粗略辨别任务受到低对比度和内部噪声的限制（但不受相似性的限制），而精细辨别任务受到模板之间的带宽和相关性的限制（如第4章所述，它们也会受到对比度和噪声的影响，除了它们通常是在高对比度和零外部噪声下进行）。观察者应该在粗略和精细任务中不同地权衡证据。在粗略辨别任务中，证据的善用使得最佳权重结构可以非常广泛和包容。在精细辨别中，刺激证据的差异从定义来说较小，因此只有少数几个单元的证据可以辨别相近的选择（例如，取向差异）。此外，神经元放电率之间的相关性可能在精细辨别任务中比在粗糙辨别任务中更重要。但由于对低水平视觉任务的知觉学习涉及粗略辨别的研究较少，而多采用定向任务，尚需进一步的研究来证实现有的理论。

第二，可能影响数据的因素是被动观察和主动任务的区别。在这两种情况下，观察到的神经反应变化之间的差异是深刻的。被动观察下早期视觉皮层的变化持续存在于任务执行之外，因此会影响其他任务中的人际关系。相比之下，在主动观察时测量的早期视觉皮层神经反应的变化，可能与参与任务的复杂大脑网络的任何地方的变化有关，包括决策、奖励和注意力。这些变化可能是短暂的，并且是由任务引起的——允许在相同的早期皮层表征上进行多重任务——因此可能更符合系统稳定性。

第三，猴子的视觉系统与人类的视觉系统更相似，猴子的大多数视觉系统与猫的大多数视觉系统之间可能存在重要的物种差异。事实上，猫的18区的变化可能更类似于猴子和人类的V4区的变化。

最后，所有这些关于知觉学习特征的单细胞记录研究基本上都依赖于神经元定向调谐功能的测量。神经元群体反应的其他方面，如同步和关联，或者实际上是神经编码的其他方面，可能被证明在解释可塑性和最终行为表现方面同样重要，这还需要未来的研究来解释他们的贡献。

5.4.2 模式的知觉学习

在本节中，我们转向中级视觉任务的单单元记录和知觉学习，如编码在中级视觉区域的视觉运动、深度或在空间上的远距离交互，就像对低水平视觉特征的单单元研究一样，对中等水平大脑的知觉学习和可塑性的研究才刚刚开始。同样的问题也是相关的（例如，持续性和任务诱导的可塑性之间的差异，精粗辨别训练和粗略辨别）。所有现有的研究表明，在中级视觉任务中对模式的知觉学习，就像在早期视觉中的单一特征一样，可能在很大程度上反映了重加权或更依赖于高级视觉区域的读出变化。然而，一项关于模式检测的研究表明，只有在训练完成主动任务后，V1内的横向连接才会被重加权，而神经元的经典感受野保持不变。

一项非常有影响的研究发现，知觉学习改变了对随机点运动刺激的反应，在LIP（外侧顶叶皮层）的运动处理途径中，与引起分类和反应选择的运动整合有关，但不包括早期的MT（颞中区），MT执行的是局部运动的早期编码[88]。当猴子主动进行粗略的视觉随机点运动辨别（左或右）时，对神经元进行测量；同时，对随机点运动一致性水平从 0 到 99.9% 和显示持续时间到 1 秒的行为表现进行测量，一致性达到 99% 时的错误率也有所提高。MT 的感觉反应基本上没有变化，而 LIP 神经元的反应则对训练很敏感（图 5.11）[88]。行为与 LIP 活动相关（r 接近 0.6），但与 MT 活动无关（r 接近 0）[88, 90]。但应该注意到，最佳分类器模型将是适应数据的另一种模型 [91]。

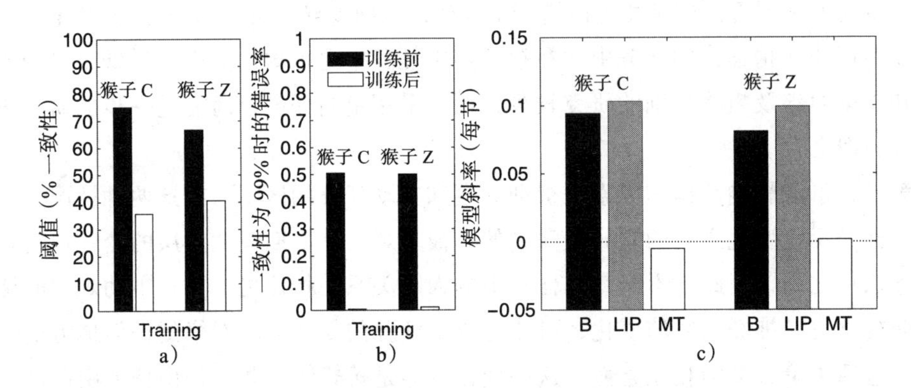

图 5.11 猴子的粗略运动辨别训练与 LIP 的神经反应变化有关，但与 MT 无关。行为运动一致性阈值（a）和 99% 一致性的百分比误差（b）随着训练的进行而改善。一个会话中模型变化的斜率对 LIP 和行为是正的，但对 MT 活动不是（c）。根据 Law 和 Gold 的选定数据（文献 [88] 中的图 2 和图 4）重绘

另一项有趣的研究发现，在 MT 的瞬时病变期间，训练精细的深度辨别力对表现有复杂的影响 [77]。暂时性 MT 失活（通过注射镇静剂）破坏了未经训练的猴子的粗略深度任务的表现（在注射 45 分钟后，1 天后），而粗略和精细的深度辨别在先前训练精细深度辨别的猴子中没有受到影响；MT 的失活破坏了粗略和精细运动方向判断。在精细视差训练前后的固定任务中，MT 神经元的视差调整基本没有变化，因此改变的 MT 神经元反应并不影响训练效果。显然，精细判断的经验并没有改变机器转换中的信号，反而似乎降低了机器转换信号的重要性，而倾向于其他信号，这些信号可能来自腹侧区域 [92, 93]。这些结果与运动知觉学习的重加权解释是一致的 [88]，包括最初的重加权建议。在这种情况下，重加权发生在不同的大脑区域之间。

一些类似的研究调查了其他种类的潜在影响，如神经元之间的内部噪声相关性的变化。例如，在至少一个案例中，对运动流方向判断的学习影响了背侧、内侧上颞区（MSTd）的神经元之间的相关性，该脑区参与了从视流和前庭信号中感知方向的工作 [95-97]。降低编码相同刺激的神经元之间的噪声相关性可以通过使它们在统计学上更有优势来改善分类性能。猴子接受了报告运动方向（左或右）的训练，在广泛的训练后，它们的行为阈值从 10° 以上降低到大约 1° ～ 3°。尽管调谐曲线、反应可变性和单个神经元辨别功能没有变化，但与未经训练的动物相比，训练减少了固定任务中的

相关性。使用群体编码模型和只使用最相关的神经元，观察到的相关性变化最多只占阈值改善的 8%，而行为上的改善则占 80% 或更多。鉴于对阈值改善的贡献很小，改变读出决策或重加权似乎是主要的解释。一项相关的计算研究[98]重新分析了以前的数据[88]，发现学习后 MT 反应之间没有相关变化，结论是学习改变了从 MT 到 LIP 的读出权重。应该指出的是，相对于限制精细辨别的其他因素，如辨别模板的相似性、内部噪声的数量和噪声的相关性因素而言，神经元[95]之间改变的相关性可能非常小（见第 4 章中关于 PTM 的详细讨论）。

除了运动和深度任务，知觉学习也在轮廓检测任务中得到检验[99, 100]。在这些任务中，观察者在一个随机方向和位置的线或 Gabor 元素的区域中检测共线或封闭轮廓。V1 神经元对轮廓的敏感性最初被解释为超越经典感受野的扩展联想域，现在被理解为对轮廓敏感的反应，首先发生在 V4，然后在更广泛的大脑网络中，随后反馈给 V1[101-103]。特别是在轮廓中，学习过程中会影响 V1 神经元（如对轮廓中心元素敏感的神经元）在主动任务中的反应[103-106]。然而，这些迟发反应归因于自上而下的影响。它们也可以反映注意力，因为在注视或注意力控制任务中可以观察到 V1 的微小变化[105]。

Gilbert 等人将 V1 中任务的特定变化称为多路复用，我们称之为“任务选择性重加权”。有几个例子可以帮助我们理解这种现象。在一项研究中，在 V1 中，当猴子执行轮廓检测任务时，对轮廓模式的神经反应发生了改变[105]。在训练前，与随机模式相比，在所有任务（包括注视和注意力控制任务）中 V1 反应不受轮廓的影响。轮廓检测方面的训练使中等或更长轮廓的准确率提高了大约 15%。训练结束后，对较长的轮廓进行主动轮廓检测时，较晚的 V1 响应也发生了变化。和个别神经元晚期峰值率的神经准确性功能大致平行，但显著低于行为准确性。总的来说，这些数据表明，V1 反应的晚期变化只发生在执行轮廓任务时。这些神经变化也被一些人解释为特定任务的注意效应[107]。

另一项研究长期在 V1 中植入多个电极阵列，并发现知觉训练增加了 V1 在轮廓定位和定位的轮廓检测任务中的反应[108]。随着训练的进行和行为准确性的提高，具有轮廓感受野的 V1 神经元的迟发性反应增加，而对轮廓之外的模式元素敏感的 V1 神经元的迟发性反应降低（这里的“迟发性”是指对每个刺激的反应间隔中出现的反应较晚）。人工智能分类器通过训练来区分轮廓与个体神经元的 V1 反应晚期以及它们在训练过程中不同点的相互作用，结果表明，行为准确性的提高滞后于神经分类器的改进，特别是在训练的早期。因此，虽然在主动任务执行过程中 V1 的迟发性反应随着训练次数的增多而增加，但每项行为的改善可能主要是因为对行为反应证据的解读得到了改善。

对所有这些中级任务中的知觉学习的研究，提供了来自视觉皮层和知觉学习的单细胞记录的最大一组生理学证据。这些研究通常与某种形式的选择性加权相一致，是知觉学习中的一个主导机制。这里的想法是，较高的皮质区域的反应可能会发生变化，而视觉皮层的最早期水平基本上不受训练的影响，甚至在主动任务执行期间也是如此。

通过重加权学习的结论也与 LIP 而不是 MT 在粗略运动辨别中的主要学习效应和 V1 在轮廓检测中的时间延迟效应相一致，后者反映了 V4 或更高区域自上而下的影响。支持重加权假设的另一个原因是，许多或所有的神经反应变化都发生在主动任务的执行过程中，而在固定或注意力控制任务下测量的神经元的持久属性很弱。因为大部分的研究使用检测或粗略辨别（只有一个单一的研究涉及精细辨别），这些结论的普遍性需要评估，尽管重加权仍然是这些中期任务中可塑性水平的最具说服力的解释。摘要见表 5.2。

表 5.2　知觉学习对模式任务中单细胞生理学的影响

来源	训练任务	神经任务	神经反应	模型分析	占比
Law 和 Gold[88]	粗略运动辨别	MT，LIP，主动任务	MT 无影响，LIP 有显著变化	回归分析	LIP 占方差的 60%
Chowdhury 和 DeAngelis[77]	精细深度辨别	有无瞬态 MT 病变	训练改变了对病变的敏感度	无	不估计
Gu 等人 [95]	粗略运动–方向辨别	MSTd，主动任务	调谐不变，神经元间相关性降低	人口编码模型	约占行为改善的十分之一
Li 等人 [104]	远距离轮廓检测	Vl，主动任务，一些固定控制	迟发性反应从 V4 或更高版本改变	无	不估计
Li 等人 [105]	外围远距离轮廓检测	V1，主动任务，一些固定控制	来自 V4 或更高版本的迟发性反应更改	平均神经分类准确率	神经表现更差，但影响类似于行为准确性；不估计
Yan 等人 [108]	外围远距离轮廓检测	V1，主动任务，长期多阵列	迟发性反应从 V4 或更高版本改变	分类器分析，改变分类器	改进的神经分类反映读出变化以及 V1 反应的晚期变化；不估计

重加权的概念可以涵盖多种潜在的影响因素。尽管我们倾向于认为加权是将来自较低层次的皮质表征的证据结合起来，以影响或创造较高层次的表征，但加权也可能改变控制单个皮质区域内神经元相互作用的权重。同样，早期皮层区域的变化也可以在反应周期的后期被来自较高皮层区域重加权的反馈连接所影响，或者重加权可能改变较低区域之间的前馈连接。重加权可以在脑区内部和脑区之间发生。因此，它可以反映前馈、反馈或区域内的连接。我们的假设是，对多个脑区的神经活动进行独特的任务依赖性加权，可能是通过对注意力、决策和奖励的自上而下的编程，可能是平衡系统中可塑性和稳定性的一种方式。这种自上而下的任务依赖效应可以使早期的视觉皮层反应相对稳定——允许系统对个别任务的要求具有可塑性，同时仍然保持在其他任务和环境中的表现稳定性。

5.4.3　物体和场景的知觉学习

知觉学习不仅发生在低级或中级的任务中，而且也发生在高级的视觉任务中，如物体或面孔识别，这也被选择性地使用单细胞记录来研究。研究发现，在日常生活中，感知物体和面孔——特别是从不同的角度——是一项重要的视觉功能[109]。IT 皮层的损伤会干扰物体或面部的处理，研究人员主要关注于测量 IT 和邻近区域的反应，尽管存在一系列研究，但复杂的物体当然会通过腹侧通路进行识别，从 V1、V2、V4 一直到前额叶皮层[109]。

大多数这些高层次的研究——主要是在 IT 皮层，也包括 V4 和 PFC——都集中在寻找一些对特定训练对象有反应的神经元。我们的概要解释是，知觉学习主要是使用神经元来代表物体，通过重加权，这些神经元对早期视觉区域编码的大多数诊断性刺激特征变得敏感。经过大量训练，大脑早期区域编码的二维特征与代表三维物体的 IT 神经元相连，而 IT 神经元又与用于记忆和决策的 PFC 神经元相连。在第 2 章的语言中，这不是一个从预先存在的表示中筛选的过程，而是一个训练神经元去表示最能代表对象特征的（在数百万种可能的组合中）唯一组合的过程。

其中一项研究考察了 V4 神经元在训练猴子识别嵌入不同数量外部噪声中的物体时的反应（图 5.12）[110]。在这个延迟的样本匹配任务中，100% 一致性的测试刺激在样本刺激 1 秒后出现，样本刺激介于 0% 一致性（相位随机的噪声）和 100% 一致性（相对清晰）之间。猴子对四个重复的物体（熟悉的一组）和四个新的物体（新的一组）进行了 20 次训练，这些物体在每次训练中都是不同的。经过练习，熟悉的物体集的准确度超过了新的物体集，特别是在中间的一致性水平上。对四个熟悉的刺激物中的每一个和四个新的刺激物中的每一个（在猴子执行任务时测量）的神经反应模式之间的相互信息进行了计算。对 100% 一致性样本的反应在所有级别的训练中对熟悉的和新的刺激都表现出相同的反应率、可变性和互信息。当样本刺激处于刺激噪声的中间水平时，对熟悉的刺激的相互信息比对新的刺激要好。结论是，“V4 神经元的基本反应特性，似乎不会因学习而改变，这与即使经过广泛的训练，感受野的大小或方向调谐也不会改变的 V1 的研究结果相似[110]（p.280）”。相反，V4 神经元可能被“专门用于困难的辨别和不确定的视觉输入[110]（p.281）”（例如，对于那些带有外部噪声的刺激）。

训练后外侧 PFC 神经元的反应产生了相反但相关的结果模式[111]。外侧 PFC 接收来自 IT 皮层的输入，而 IT 皮层又接收来自其他视觉区域的输入。PFC 参与对视觉刺激的辨别、记忆或决策[112，113]。PFC 神经元对新刺激的反应比熟悉刺激的反应更强烈，特别是当存在外部噪声时，表现出在主动任务执行过程中的神经变化和行为改善之间的直接关系。这被解释为“当一个刺激变得更熟悉时，神经元编码的特征对识别它并不重要，从而会减少对它们的反应，留下更少的选择性更强的神经元，它们最适合代表熟悉的刺激”[111]（p.181）。

一项对 IT 皮层的早期研究显示，神经元对熟悉的物体有不同的反应[114]。猴子被训练去识别少量的线框或不规则的球状物体，给它们看一个旋转的三维视图几秒钟。然后，测试要求将旋转的目标视图与分散物体的随机视图区分开。在物体训练后的固定任务中，发现少量的 IT 神经元对物体的不同视图有选择性的反应。对大多数人来说，将图像从训练的方向旋转会减少反应；然而，少数人似乎对两个视图有反应，还有极少数人似乎对训练的物体产生了视图不变的反应。对于达到独立于视图的行为表现的五个广泛训练的对象，其中一些也显示出对尺寸和位置的不变性。在一项针对受训猴子的相关研究中，相对于未受训的对照组，更多的 IT 神经元（TE 区）在麻醉状态下对受训的二维形状刺激做出反应[115]。在另一项研究中，在固定任务中进行的测量发现，熟悉程度影响了神经反应的选择性（在直立方向上对受训物体最喜欢和最不喜欢的物体之间的反应差异）[116]。

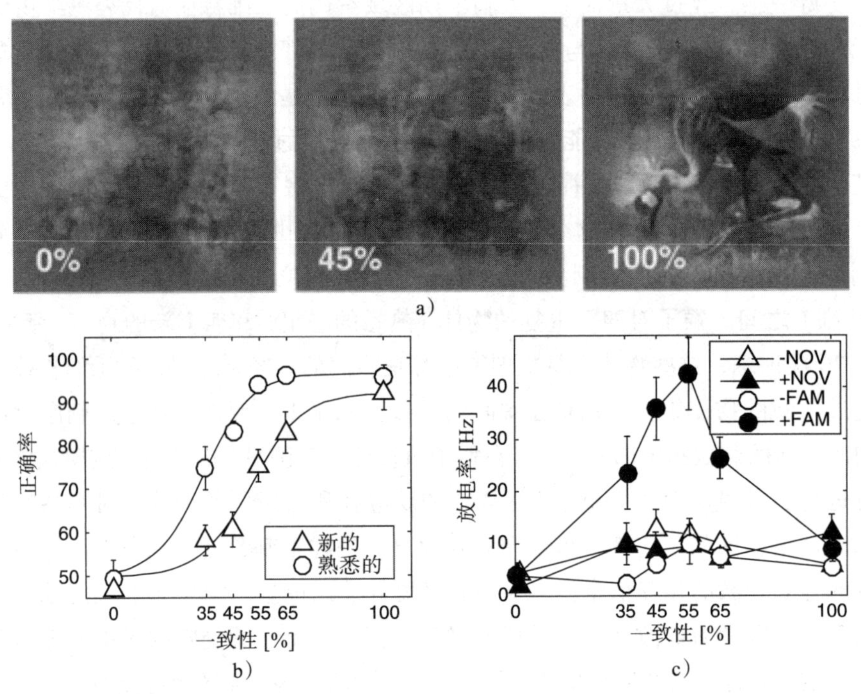

图 5.12　在不同相干的噪声（a）、行为准确性（b）和相应的 V4 对噪声刺激的反应变化（c）下，延迟的样本匹配任务中的知觉训练。在中等噪声水平下，熟悉的训练刺激会增加 V4 神经元的放电率。引自 Rainer、Lee 和 Logothetis[110] 的图 1、图 2 和图 4 的部分内容。知识共享，版权归 Rainer、Lee 和 Logothetis（2004）所有

还有一些证据表明，前 IT 神经元对与训练分类最相关的视觉特征变得敏感[117]。猴子被教导将人脸图或鱼分类到相应的类别，四个刺激维度中有两个随类别系统变化，其他两个随类别系统随机变化。经过训练后，IT 神经元对重要的分类特征表现出不同的敏感度。这发生在反应间隔的后面，可能反映了认知的自上而下效应。在一项单独但相关的研究中，对知觉特征诊断化合物的敏感度随着训练的进行而增加[118]。

那么，对物体和面孔的知觉学习涉及一个视觉过程的网络，从早期的视觉皮层（V1 到 V4）输入到 IT 皮层的物体表征，然后到 PFC。细胞记录研究通常表明，IT 皮

层或 PFC 中选定的个别神经元会对训练过的物体，或至少对这些物体的某些视图产生反应。这篇文献与涉及低级或中级视觉任务的研究的一个不同之处在于，这些训练有素的神经元有时是在被动任务条件下发现的。这些研究都没有试图估计这些少数神经元的反应是否能说明行为准确性的变化。结果摘要见表 5.3。

表 5.3 知觉学习对物体和自然场景任务中单细胞生理学的影响

来源	训练任务	神经任务	神经反应	模型分析	占比
Rainer、Lee 和 Logothetis[110]	噪声中的目标识别，延时样本匹配	V4，主动任务	在中间噪声中稍强的反应	互信息分析	不估计
Rainer 和 Miller[111]	噪声中的目标识别，延时样本匹配	侧面 PFC，主动任务	噪声中对熟悉刺激的反应减少	互信息分析	不估计
Logothetis、Pauls 和 Poggio[114]	旋转中的物体识别	IT 皮层，被动的，注视控制	选定神经元对熟悉物体的反应	神经测量辨别	不估计
Kobatake、Wang 和 Tanaka[115]	物体识别	IT 皮层，麻醉状态下	更多神经元调谐到训练过的物体上	无	不估计
Freedman 等人[116]	连续相同与不同的类别判断	IT 皮层，被动的，注视控制	增加直立训练物体的选择性	选择性分析（最大到最小响应）	不估计
Sigala 和 Logothetis[117]	两个类别判断	IT 皮层，主动任务	对相关特征的晚期神经反应	特征分析	不估计
Baker、Behrmann 和 Olson[118]	由特征组合定义的物体	IT 皮层，被动的，注视控制	在选定的神经元中对训练过的特征组合的反应	特征分析	不估计

我们认为，对于这些高层次的任务，知觉学习的主要功能是募集代表特定物体的神经元，通过重加权，这些神经元对早期视觉区域中编码的物体的最具诊断性的刺激特征敏感。可能的物体的宇宙以及定义它们的特征是庞大的。对于所有可能的特征组合都有预先存在的表征是不可能的。因此，符合逻辑的是，在这种情况下，学习涉及募集和训练神经元来代表每个独特的对象。通过广泛的训练，在早期大脑区域编码的二维特征与代表三维物体的 IT 神经元相连，而 IT 神经元又与用于记忆和决策的 PFC 神经元相连。使用第 2 章的术语，这似乎不是一个从预先存在的表征中筛选或选择的过程，而是一个训练神经元来代表最能代表物体的独特的特征组合（在数以百万计的这种可能的组合中）。

5.4.4 单细胞实验中的知觉学习综述

视觉知觉学习的细胞记录研究一直在寻找视觉皮层许多区域的神经反应的变化。研究人员研究了具有单一特征、中间模式和高水平刺激（如物体、面孔或场景）的任务中的学习。通过被动观看或注视任务进行的神经记录评估了学习所引起的持续性或更永久性的变化，而在动物执行训练任务时进行的记录可能显示了由知觉学习引起的短暂任务诱发的自上而下的神经反应变化，以及可能的持久变化。

总的来说，细胞记录研究表明，在学习过程中，早期视觉皮层的神经反应具有显著的稳定性。一般来说，V4以下区域的神经反应的变化只发生在主动任务条件下，而且往往有延迟潜伏期，这表明自上而下的影响。只有在主动任务执行的过程中，视觉皮层较高层次的皮层反应的经验依赖性变化才接近于解释训练后行为表现的实质性改善。相比之下，由V1或V2的变化引起的判别模型性能的微小变化，与行为改善相比小了一个数量级。然而，有一些证据表明，随着广泛的练习，视觉层次上的表征确实发生了持续性变化。这些变化是在IT皮层或PFC中对新实验的物体和相应神经元的敏感性的发展。这些研究倾向于分离出几个对特定物体表征选择性的神经元，而不考虑神经反应是否能说明行为的改善。

几乎所有这些关于知觉学习的细胞记录调查都测量单一皮质区域的神经反应，然而可塑性的真正故事很可能发生在以协调方式行动的相关脑区的网络中。鉴于目前的技术，在多个脑区同时进行测量是很有挑战性的，但测量这种关于自下而上和自上而下处理的重要发现可以在主动和被动观看过程中产生。这种情况的一个实际后果是，如果可能的话，应该测量视觉皮层神经反应中自上而下的瞬时变化和每一阶段的变化。尽管在被动观看或固定任务下测得的每一阶段的变化可能在主动任务执行期间也存在，但自上而下的变化实际上可能压倒这些小的变化。判断的精确度（即精细判断与粗略判断）是另一个未被充分使用的实验因素，它也可能有助于更好地确定视觉学习的精确表达。

早期视觉皮层的神经反应的短暂变化只发生在主动执行训练任务或非常类似的任务时，这体现了一种方式，即可以发生经验驱动的可塑性，同时使早期皮层反应相对稳定并经过校准以用于许多任务。然而，视觉学习在某些情况下要保留数年，必须反映出持久的可塑性。事实上（至少在迄今为止调查的案例中），早期视觉皮层的每一项变化都趋向于很小——太小，不足以解释学习的大部分——表明可塑性的重要部位发生在大脑网络的其他地方。在自上而下的活动中，早期视觉皮层更好地表达了学习，这一事实也强化了变化小的结论。

一种可能是，任务框架起源于前额叶皮层，而前额叶皮层反过来协调决策区域中的一个（或多个）任务特定的决策单元，而这些决策单元又通过学习到的权重结构被相关的感觉表征激活。然而，在现实中，存储这些学习到的视觉任务的不同痕迹可能涉及加强不同区域之间的联系。或者，它们可以存储在突触中，也可以通过表观遗传调节，但这意味着这两种过程需要不同种类的技术。

5.5　来自脑成像的证据

脑成像技术，包括PET、fMRI和EEG，提供了替代性的大脑活动措施，可能揭示了人类视觉知觉学习中更广泛的可塑性基础。虽然这样的研究相对较少，但我们继续将涉及特征、图案和物体的任务与低、中、高层次的视觉联系起来。在这一点上，几乎每一项研究都指向了与其他研究不同的东西。然而，原则上，来自大脑成像的证据可以提供有关多个大脑区域和网络同时变化的关键信息，并补充细胞记录研究提供的局部信息。

这里有一些初步的评论是有用的，现有的影像学研究经常比较训练前后的任务表现。有些研究使用固定的刺激物，因此性能水平在训练过程中得到提高。而在其他研究中，研究人员用非常容易的刺激物进行前后评估，这些刺激物会导致非常高的、不变的表现，又或者在成像过程中使用被动观看训练的刺激物。这些研究人员的动机是用不同的，通常是用更容易的刺激物（与训练任务相比）来评估大脑反应，作为对任务难度的控制，而任务难度本身会影响大脑活动。使用被动观看或控制任务与使用固定任务来评估单细胞记录的持续变化类似。这些选择是在知道任务的许多方面，包括预期的变化、刺激的变化、注意力的变化、任务难度和任务设置都可能影响在不同脑区测量的激活。

在这些研究中，主要的依赖指标是大脑部分区域的激活幅度。另一种技术是多元模式分析（MVPA），MVPA 使用机器学习方法（如支持向量机）来解码多个 fMRI 体素的活动模式，以预测任务分类，如检测实验中目标存在与否，或识别实验中目标的身份。通常，不同的模式分析器用于对知觉任务行为的训练前后的大脑激活模式进行分类（这本质上假设重加权证据以优化解读）。这种模式分类器的预测精度用于估计大脑的特定区域中可用的相关信息。MVPA 分析的使用与单单元记录中的人口反应分析在逻辑上是并行的。然而，fMRI 信号的质量限制了解码器的性能，通常导致相对于 MVPA 分类性能的概率水平的边际增长。

5.5.1　特征的知觉学习

使用 PET、fMRI 和 EEG 研究低水平视觉特征任务中的学习，并取得了各种结果。在一些研究中，大脑反应的振幅随着训练而降低；在其他情况下，振幅增加；还有一些没有变化，尤其是在早期视觉皮层区域。

一项功能磁共振解码研究发现，解码准确率只有在高视觉区域才会发生变化。相比之下，另一项研究发现，在较低的视觉区域，解码器的性能有所改善。这种结果的可变性很可能反映了实验选择的多样性：精细和粗略的辨别任务，简单刺激的被动观看和训练刺激的主动任务的执行，等等。训练的范围也因学习的不同而有很大差异。这种变化会使实验结果难以解释和理解。尽管如此，每一项研究都有自己的逻辑，而学习诱导调节的定位可能为涉及知觉学习的大脑网络提供了有用的线索。

一项值得注意的早期成像研究，使用 PET 成像（$_{15}$O-water 标记正电子发射断层扫描）检查了定向识别时的大脑反应，并且发现早期视觉皮层区域的激活减少[119]。训练前和训练后测量了观察者在执行三项任务之一时的大脑活动：围绕训练方向

(+45° ± 10°)、围绕未训练方向（–45° ± 10°）和控制任务的方向辨别。辨别任务（± 10°）在训练前和训练后对训练和未训练的方向都达到或接近最高准确度（>95% 的正确率)，选择这个任务是为了使不同条件下的表现相等。阈值方向辨别任务的训练（发生在成像环节之间）导致训练方向的行为阈值（JND）减少了 66%，未训练方向减少了 39%。训练后，V1、V2 和 V3 的大脑活动（区域脑血流，rCBF）减少，训练后的方向更明显。推论是，训练减少了参与任务的神经元数量，反映了对神经元表征的自下而上的选择，以及减少了对刺激位置的自上而下的注意力要求。

一项有关定向辨别知觉学习的 fMRI 研究发现，在接受非基数刺激训练后，V1 的活动增加 [120]。对基本方向（0° ± 2.4°）和倾斜方向（45° ± 6.7°）的方向辨别进行了检查，这两项任务（对于不同的精度判断）在训练前后均获得近似相等的接近上限的精度。在扫描仪外训练这些对斜刺激的判断，降低了 39% 的对比度阈值，增加了 V1 中对斜刺激的相对 fMRI 反应，而 V2 或 V3 中没有。所以，与之前的 PET 研究相比，这项研究发现训练增加了 V1 中对训练方向的反应，而在其他两个视觉区域 V2 和 V3 则完全没有。这些作者将这两种任务的差异归因于 PET 研究中使用的精细定向训练（JND 角差)，而 fMRI 研究中使用的是粗略辨别训练。

一项脑电图研究也发现与早期视觉皮层活动有关的特征反应的增加 [121]。观察者在训练后提高了检测周边正弦波的对比度阈值。在训练前后测量了对（“容易”）高对比度刺激的 EEG 反应。视觉诱发电位（VEP）的 C1 成分（刺激开始后 70 ～ 100ms）通常与来自 V1 或 V1、V2 和 V3 混合源的反应有关。经过训练后，C1 反应的振幅在训练地点的训练方向上有所增加。早期的视觉皮层反应可能是通过训练直接调节的，尽管更高的皮层区域的可塑性也可能是通过自上而下的影响促成的。与此相反，一项相关的研究 [122] 发现，由于纹理辨别任务的训练，C1 的振幅有所下降（见 5.5.2 节中关于模式任务的讨论)。

一项相关研究创新地通过使用基于 fMRI 的神经反馈来诱导 V1 的激活调节，当已知编码相关模式的 V1 区域的激活增加时，提供正向反馈，并显示行为的准确性有相应的改善 [123]。

一组相关研究集中在训练对成功解码不同兴趣区域的活动模式的影响。一项值得注意的 fMRI 研究发现，训练提高了对较高皮层活动模式的解码成功率，但发现早期视觉皮层的反应没有变化 [124]。这项研究对早期视觉皮层区域和较高区域，如侧顶皮层和角扣带皮层（ACC）的 BOLD 信号进行了多体素模式分析（MVPA)，在训练的第一天和第四天对方向辨别任务进行了估计。刺激物的方向可以在某种程度上从早期视觉区域和高级区域的活动中解码，然而，早期视觉区域的模式解码性能不受训练的影响，而 ACC 的解码活动则与行为的改善相关。作者认为，学习只发生在高阶区域，而不是在早期感觉区域。另一项 fMRI 解码研究发现，早期视觉区域 V1 ～ V4 的 BOLD 反应的整体水平没有变化 [125]，与另一项研究 [120] 不同，尽管研究人员确实发现了注意力依赖性的改善，但表明了自上而下过程的影响。在最近一项关于学习辨别嵌入外部噪声中的人脸和汽车的脑电图研究中，也报告了高层次决策过程的调节 [126]，与一些单细胞研究相类似 [89，94]。

如前所述，几个因素可能在早期视觉皮质变化结果的明显不一致中发挥作用。实验因素的变化以及主动与被动的人际关系背景可能会很好地影响结果。此外，在一些高级任务中，训练对早期视觉皮层区域的影响可能会随着训练的程度而改变，活动的增加可能与注意力的增加有关，特别是在动态学习过程的早期。

脑成像研究的稀缺性和结果的差异性对建立一个理论结构来组织它们是一个挑战。由于 fMRI 反应的时间分辨率较低，因此其结果可能与自上而下诱导的大脑皮层早期水平的变化相一致，这些变化来自大脑网络的较高区域。

5.5.2 模式的知觉学习

模式任务（中级视觉）学习的成像研究包括运动识别、纹理识别、视觉搜索和玻璃图案识别。在这方面，也有各种各样的结果。一些研究发现，早期视觉区域的反应有所增加，另一些研究发现，反应先增加后减少，还有一些研究显示反应减少。几项研究发现，有证据表明，在大脑高级区域的解码激活时，早期视觉区域的反应有更大的变化，这使得训练与知觉学习导致的早期视觉区域的增加或减少之间产生了联系。有趣的是，在少数情况下，结果与相关单细胞记录研究的结果不一致。此外，这组研究（不像那些涉及低水平特征的研究）通常涉及知觉训练前后在完全不同的行为准确性水平下的大脑激活测量，这表明至少有一些结果可能反映了任务难度或注意力转移的后果。

关于知觉学习的早期功能磁共振成像研究之一检查了运动训练的结果，并将结果解释为运动表征活动的增加和注意力的复杂影响 [127]。在本实验中，使用 20% 连贯的两帧随机点状运动刺激进行运动方向识别任务，经过四个块后，动作的正确率由接近概率提高到接近 100%。随着练习的进行，MT 中的功能磁共振成像反应增加了，而小脑和其他与注意力相关的区域的激活减少了，这可能反映了对感觉运动信息的重新记录，或与提高行为准确度相关的注意力或决策的变化。

另一项功能磁共振成像研究也检查了运动任务中的知觉学习，研究人员发现，在中级视觉区域的解码中出现了相对显著的变化 [128]。在一个从随机运动中检测出 15% 的一致运动的任务中，对单个运动方向进行训练，然后对 9 个运动方向的每项运动进行评估，检测的正确率从约 70% 提高到约 88%，最大的改进集中在训练方向附近。在行为训练之前和之后，使用运行归一化功能磁共振 BOLD 反应，对 9 个方向上 50% 一致运动与随机刺激的不同感兴趣区域创建了不同的多体素模式分类器。行为改进的大小和 V3A 的范围归一化解码器改进的大小是相似的，尽管在这种情况下解码器的总体精度没有明确给出，所以这种比较很难评估。一种可能的解释是，导致行为选择的较高区域从 V3A（一个运动整合区域）读取信息。

一些研究已经检查了纹理辨别任务（TDT）中的知觉学习，其中有一些牵涉 V1 的变化。在一项单次训练研究中，在单眼训练后的主动任务条件下，对 fMRI 扫描的表现进行了测试[129]。尽管在扫描仪中行为表现的准确性低得令人奇怪（57.75%，而在扫描仪外的训练中超过 80%），但在眼睛之间发现了不同的单一激活集群，这被解释为 V1 单眼细胞激活的变化。一项关于 TDT 训练的相关研究发现，在主动任务条件下，随着训练的进行，V1 的激活首先增加，然后减少[130]。V1 的一个亚区对应于训练的视觉象限的激活，随着行为任务表现的改善而增加。然而，随着训练的继续，V1 的激活水平恢复到原来的水平。研究人员认为这是一种可塑性，“在不同的阶段会出现不同的突触活动模式[130]。”（在其他模式中也发现了在学习过程中阶段性返回基线的例子，见第 10 章。）一种解释可能是训练早期 V1 激活的变化反映了注意力自上而下的强化影响。

在对训练和 TDT 任务的脑电图研究中，已经解决了相对迟缓的 fMRI 反应的时间模糊问题，这些研究发现早期视觉皮质反应在减少[122, 131]。在一个案例中，在一个视觉象限的训练前后，通过测量对简单的 TDT 刺激的 EEG 反应，发现刺激发作异步约为阈值的 5 倍。在这里，训练降低了 C1 反应的振幅，这被解释为学习增加了早期视觉皮层对面具的抑制反应[122]。最近的另一项研究中，在 TDT 任务训练前后使用高密度脑电图（EEG）进行测量，也发现 C1 反应下降，N1 波幅和潜伏期也下降，但 P3 增加。研究人员得出结论，知觉的可塑性发生在几个层次上，从早期的视觉反应到更高层次的注意力或认知反应[131]。

视觉搜索任务中的训练效果已经用 fMRI 进行了研究[132]。在简短的 12 个元素显示中，对训练和未训练的目标（不同方向的旋转 Ts）区块进行了 BOLD 激活。目标存在与否的判断准确率，训练过的为 90%，未训练过的为 20%，而在执行任务时，BOLD 激活在早期视觉区域增加，但在注意力网络中减少。比较 BOLD 反应在行为表现上的根本差异，包括在未训练的目标上低于机会表现的矛盾，对这种解释提出了挑战。不过，研究人员的结论是，与未经训练的任务相比，训练改变了整个大脑网络对训练任务的反应。

最后，训练对玻璃图案感知的影响也得到了测量[133]。玻璃图案是在一个点状图案，是在被复制并略微移动时产生的，从而导致对带有偏移的成对点的感知。观察者对围绕固定点同心移动的玻璃图案或远离固定点径向移动的玻璃图案进行区分，在 6 个级别的径向剪切中，信号点的比例为 45% 或 80%。早期视觉区和高级视觉区 V3a、V3b/KO、V7 和 LOC 的 fMRI BOLD 激活由解码器分别评估，这些解码器学会了对 6 个级别的径向剪切进行分类，每个区域的训练前和训练后的解码器都是分开的（图 5.13）。对于大多数视觉区域，解码器的分类率约为 20%，偶然性为 16.7%。训练只在较高的视觉区域改善了分类，这使这些研究人员得出结论：学习发生在这些较高的视觉区域。分类器性能的提高可能反映了表征的变化或反应噪声的减少。尽管没有报告分类器的性能和个别试验中相应的行为选择之间的关系，但是分类器提供的证据表明，在较高的皮质水平上可以读出信息。

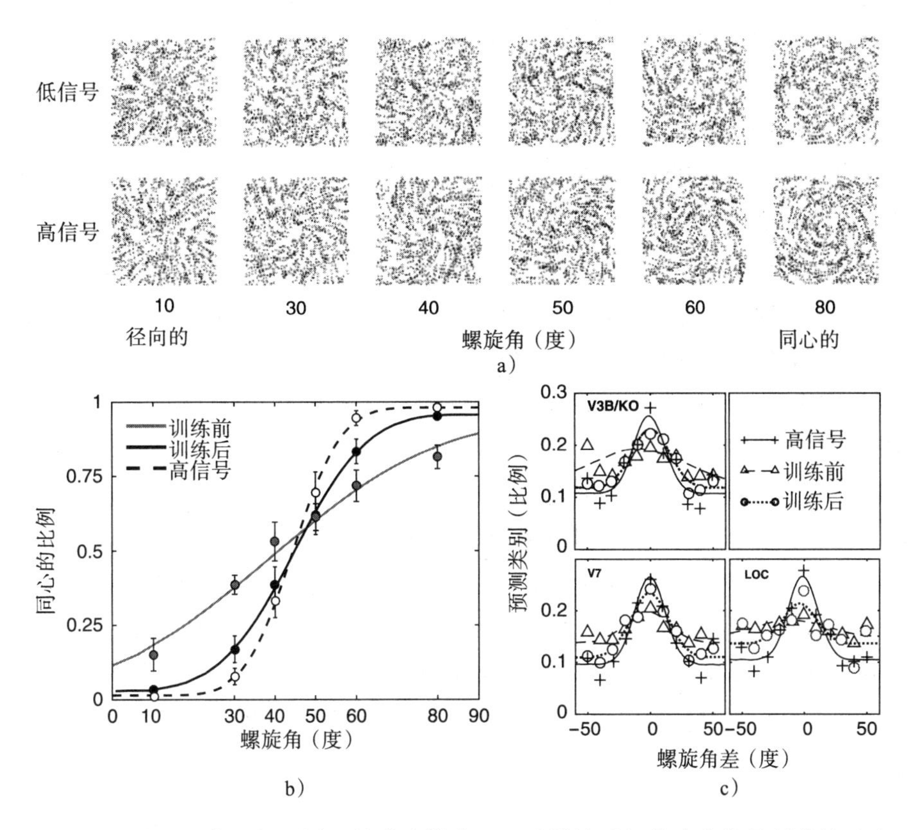

图 5.13 学习区分径向和同心的玻璃模式，以及训练后与非常高信号刺激的反应相比，在 LOC、V7 和 KO 中相应的多变量模式分类器的变化（偶然分类为 16.7%）。V1、V2、V3a、V3v、V3d、V4v 训练后变化不大。引自 Zhang 等人 [133] 的图 1 和图 2 的部分内容。知识共享，版权归 Zhang 等人（2010）所有

总而言之，每一项关于中等水平模式任务训练的成像研究都报告了大脑某处激活的有趣变化。一些研究发现，大脑相关感觉区域的活动发生了变化，而另一些研究则没有。这些研究通常保持刺激不变，这需要在非常不同的行为表现水平上进行比较。因此，推断因果关系是复杂的。观察到的知觉训练前后，大脑激活的变化是否导致了行为准确性的变化？或者，行为表现的变化介导了观察到的大脑激活？本系列的其他研究则侧重于体素模式解码器在视觉任务训练前后应用于不同兴趣区域的表现。这些研究倾向于发现高水平视觉区域的改善，这些区域的表征与训练任务的表征更接近，这与细胞记录研究的结论相似。同时，应该注意的是，研究人员发现了使用 MVPA 模式解码器改进分类的证据，这表明可能有更好的信息从这个位置读出，而不是读出发生在那里。我们将在本章末尾的一般性讨论中回顾这一点。

5.5.3 物体的知觉学习

有关训练对物体分类或命名的影响的大脑成像的研究屈指可数。在一项研究中，观察者识别出在固定物体的两边和定向元素中，哪个物体包含对称的轮廓，发现不同大脑区域的变化模式取决于轮廓的显著性[134]。本研究比较了低显著性条件（轮廓沿随机方向嵌入 Gabors 领域）和高显著性条件（轮廓沿相同方向嵌入 Gabors 领域）下的学习效果。对于低显著性目标，训练将轮廓检测从约 60% 提高到 85%，对于高显著性目标，训练将轮廓检测从约 73% 提高到 95%。低显著性任务训练导致早期视觉区域和较高区域（V1、V2、Vp、V4、LOC、pFs）fMRI BOLD 反应增加（其中 pFs 为后梭状沟）。高显著性任务的训练导致较高区域（LOC、pFs）的反应减少，而早期视觉区域的反应保持不变。功能磁共振成像反应变化的大小与受试者行为准确性的增加相关。在低显著性和高显著性状态下的不同模式表明，可塑性的灵活位置取决于任务的性质。

第二项研究训练观察者判断有方向的 Gabors 制成的斜线物体，其轴线与倾斜方向共线或正交[135]。没有反馈的曝光足以改善倾斜判断，但这只是对于更容易的共线显示而言，对于更困难的正交轮廓并没有明显效果。有了反馈，两种刺激都发生了学习，正交轮廓从接近机会 50% 增加到大约 80% 的准确度。fMRI 扫描测量了在主动任务中从视觉皮层到运动皮层（V3A、V3B、LOC 和其他更高区域）的反应振幅，并对轮廓和随机显示进行了测量。训练主要改变大脑高级区域的反应，而通过 LOC 的视觉区域基本保持不变。这表明可塑性发生在大脑的高级区域，特别是在需要监督训练的情况下。

5.5.4 知觉学习的脑成像研究综述

脑成像研究有可能为知觉学习的生理基础提供一个更全面的观点。这些方法可以揭示在知觉任务中活跃的区域网络，以及这些区域的反应如何随着训练而改变。相比之下，大多数细胞记录研究倾向于测量大脑单个区域的反应。在 5.5 节中，我们回顾了由知觉训练任务的三个层次：特征、模式和对象（低、中、高水平视觉）进行的成像研究结果。现有研究的累积结果尚不明确，也并不一致。一些研究发现，训练后某一特定区域的激活程度更高，而另一些研究发现，激活程度更低，还有一些研究发现，训练后某一特定区域的激活程度较低，甚至没有变化。在一些例子中，功能磁共振成像或脑电图的数据不同于相应的单细胞记录研究的数据。

如前所述，粗略辨别与精细辨别训练可能对大脑活动有重大影响，就像衡量主动任务表现与被动控制任务表现一样。此外，许多早期的脑成像研究都是基于训练前后对同一刺激反应的变化得出的结论，这在某些情况下对应于不同的行为层面。在这种情况下，要么是大脑反应的改变导致了行为准确性的提高，要么是每一种准确度的差异可能影响了观察到的神经反应的变化，或者两者都有。为了避免在不同的准确性水平上比较每个人的任务，一些研究人员选择更容易刺激（接近行为准确性上限）的反应进行比较，或在不同任务训练前后被动观看反应。只有在对学习进行进一步的成像研究时，我们才能确定哪种方法是最好的，从而使我们能够比较这些不同设计特征的研究结果。

对训练后早期视觉皮层激活的混合观察的一种可能的解释是，它建立在一项功能磁共振成像研究中对这种模式在训练早期和晚期之间动态变化的单一观察之上[130]。一种可能是对刺激的注意是在学习早期的主动任务中参与的。注意力最先改变（通常增强）V4 的反应，通过自上而下的反馈潜在地影响 V1[82]。然后，随着学习改善了从相关刺激表征到决策的联系，训练出来的人际关系不再依赖于注意力[136]（见第 9 章中的几个例子）。这一解释也可能与电子游戏玩家在视觉学习的早期阶段比那些不玩电子游戏的人表现出更快的学习能力的说法相一致[137]。从这个观点来看，至少有一些证据表明，早期视觉区域的活动增加，实际上可能是注意力的一种功能，这种功能在训练的早期就开始了，然后随着训练的进行，注意力逐渐消失。验证这种假设可以激发未来研究的设计。

不同的方法评估的不是基于激活视觉区域的本身，而是基于 MVPA 分析仪（多体素模式分析仪）对不同感兴趣区域的 fMRI 激活进行分类的能力。这些分析仪或解码器已用于量化信号相关的信息，这些信息可能导致行为分类。使用这种方法的研究报告，训练后解码器的准确性有所提高。然而，两个问题让解释复杂化。首先，结论可能是有限的，因为每一种解码器可能非常接近随机的结果，远低于行为分类准确率（例如，在一种情况下，解码器的分类从 50% 或偶尔增加到 55%，而行为的准确率是大于 80%）。体素包括许多神经元，它们对相关刺激特征的集体差异敏感性可能存在随机差异，从而限制了信息。其次，知觉训练前后使用了不同的解码器——因此，改进反映了反应模式或噪声的变化，以及分类器本身最新优化的解读。用于训练分类器的方法对输入信息质量的最小变化都非常敏感。最后，通过优化的机器学习来预测行为反应的能力并不意味着刺激模式在相应的大脑区域被分类。

总的来说，虽然一些研究表明，训练后早期视觉区域的活动发生了变化，但其他研究表明，将证据重加权到更高的视觉和决策区域，还有一些研究表明，期望和注意力的自上而下过程的影响是一致的[69]。关于知觉学习的成像研究相对较少，因此这一领域的研究还处于早期阶段。成像技术的发展、新的和改进的实验设计的发明，以及研究数量的增加，都可能影响解释和提高我们的理解。原则上，全脑成像技术应该为了解涉及感知和决策的大脑网络及其可塑性提供重要的见解。

还有许多其他有前途的新技术用于研究学习的基础。经颅磁刺激和经颅直流电刺激（transcranial direct current stimulation，tDCS）可能对学习的定位或机制有新的认识。本研究主要关注其他记忆现象，如工作记忆（例如，tDCS 刺激对工作记忆训练效果的改善或损害取决于刺激的任务和位置）[138，139]。

另一种新技术测量了大脑区域之间的联系，将特定大脑区域的白质束的完整性（通过扩散张量成像（DTI）测量）与各种学习形式的成功联系起来，从语言到一般的记忆任务[140-142]。例如，老年人的视觉知觉学习与早期视觉皮质下白质束的增厚有关，而年轻人则没有。

还有一些新的测量方法，使用动物的多细胞记录或人类的ECoG（皮质电图）或iEEG（颅内脑电图）来测量[144, 145]。这些新技术最终可能被证明有助于评估视觉处理的级联过程中的多个点，测量神经元组的发射模式之间的相关性，发现同步性在神经发射中的作用，以及训练如何改变这些属性。

其他新形式的大脑成像可能用于更好地理解大脑反应的不同种类的变化。例如，GABA成像用于对抑制过程的特殊敏感性。一个大脑区域可以增加或减少GABA的表达，GABA是一种参与神经元抑制性调节的分子。最近一项关于知觉学习的研究发现，两种不同的视觉任务会产生相反的效果[140]。训练后GABA在视觉皮层减少的个体在目标检测任务中表现更好，而训练后GABA增加的个体在特征辨别任务中表现更好——大致上是在粗略任务和精细任务中。未来的创新可能会改进GABA成像技术，它是指GABA与其他代谢物的变化。利用这种方法可以进一步阐明抑制过程和兴奋过程在视觉知觉学习中的作用。这一系列的新方法和新方向只是开始详细说明未来的研究将如何推进我们对学习可塑性本质的理解。

5.6　讨论

本章探讨了生理研究中必知的关于视觉感知学习的基础内容。通过综合分析，特别是根据细胞记录研究的文献，给出了一些见解。

到目前为止，该研究主要是寻找早期视觉皮层对训练刺激反应的变化。研究的主要目的，无论是明确的还是未明确的，似乎都是尽可能早地在视觉皮层中确立经验依赖性的变化的存在。在大量的研究中，研究人员测量了在主动任务、被动任务或控制任务中，大脑早期几个区域的变化；视觉任务本身也不同，首先是与给定的领域（如方向、立体视觉和运动）有关，但也与他们使用精细或粗略判断任务的选择有关。

即使我们承认所提供的方法的多样性可能会导致条件依赖性的解释，但某些广泛的，试探性的假设可以被勾勒出来。大部分的证据都支持视觉反应的普遍稳定性，特别是在那些最早的视觉皮层区域。在此背景下，有几份报告指出，早在V1的神经元中，调整后的神经元略微偏离相关的训练刺激特征（例如，在方向任务中略微偏离训练的方向）就出现了微妙的编码变化。但即使在这些情况下，在主动任务期间，经验依赖性的反应变化往往在较高的视觉区域明显增强（例如，V4相对于V1或V2；或在任务期间，IT皮层或MST相对于MT或V1）。

在被动观看或控制任务中，反应改变的证据只能解释非常少量的行为改善，通常小于十分之一（根据各种分类模型估计）。因此，学习几乎肯定会整合特定任务情境或目标的影响，而这些情境或目标又会在主动任务期间指定自顶向下的因素。此外，重要的功能变化在任何情况下都可能发生在上游。

强调主动任务表现的例外情况出现在高水平的物体识别任务中，其中一些例子在没有主动任务表现的情况下显示出学习调谐效应（例如，在固定任务或麻醉状态下）。在这些例子中，学习与IT皮层或PFC中出现的少数神经元有关，这些神经元代表个别熟悉的物体（有时取决于视图的选择）。然而，这些例子仅仅代表了少数选定的神经元的反应；没有进行计算来估计神经反应在整体上占了多少。

5.6.1 重加权在哪里

无论早期视觉皮层对输入刺激的反应是否有明显的调制——基本上是代表刺激的活动模式的调制，这些模式的分类以及随后的决定和行动转化几乎肯定是沿着处理途径进一步发生的。这些调控转化为与行为的联系，主要是在积极的任务表现下，这也表明所学到的东西存在于表征和决定之间的加权联系中，该决定至少是由存储在前额叶皮层的任务信息和自上而下的活动所共同规定的。基于这些观察的强烈主张，必须把参与视觉知觉学习的大量学习放在其他地方，即上游。在那里，关于任务的东西被记住并可以被部署，在某些情况下这需要花费几年时间。

换句话说，对视觉学习的生理基础的全面调查，不仅要关注甚至要主要关注表象，而且要追踪从这些表象到决策点的信息的加权连接。（一项潜在的相关研究利用光学和表观遗传学的方法，追踪了最初不活跃的细胞是如何参与啮齿动物V1的活跃单元的经验依赖网络中的[147]。）它还应该寻求了解任务背景或目标结构是如何被自上而下的影响所调用的，也许是通过涉及任务背景下的决策结构、奖励结构或注意力的参与。用第1章中介绍的重加权与表征二分法的语言来说，如果视觉皮层反应的第一阶段是表征，那么重加权或读出在哪里？

关注可能复杂的模型“解码器”如何读取早期皮层中刺激“编码”的信息可能会产生误导。正如我们所提到的，研究者可以测量皮层反应，然后用数学工具从这些反应中提取信息，在某种程度上可以预测行为反应，但这并不表明这样的过程是在那些被测量的早期皮层区域发生的（见图5.14）。事实上，一个更恰当的解释是，在一个或多个表征区域有足够的信息来支持观察到的行为——问题是这些信息在行为决策中的使用程度或效果如何。这些对生理观察的机器学习分析也许应该以一种不同的精神来理解：作为观察者的计算，采取刺激图像的无噪声副本，并计算一个理想的观察者可以完成多好的任务。

如果表征的变化相对较小，学习主要是通过将这些表征活动与决策联系起来的权重的变化，那么科学家面临的新挑战将是设计出新的方法，既能测量这些权重，又能测量在任务中活跃的其他大脑区域的权重，比如决策、学习和目标设定。在这一点上，考虑到该领域目前的情况，出现了一些问题：是否有可能揭示活跃期间大脑网络中涉及的区域和权重变化？如果是，正确的网络索引是什么？网络的位置和权重是否会在静息状态任务期间的连接中显示出来，或者是否会像fMRI和EEG那样，通过白质束的完整性变化来索引？从功能成像中估算出的连接图是否有助于识别相关的大脑区域？能否设计出能更好地揭示权重和权重变化的新成像模式？光学成像呢？考虑到现有的技术，我们是否已经达到了可以充分衡量学习的这些方面的程度？

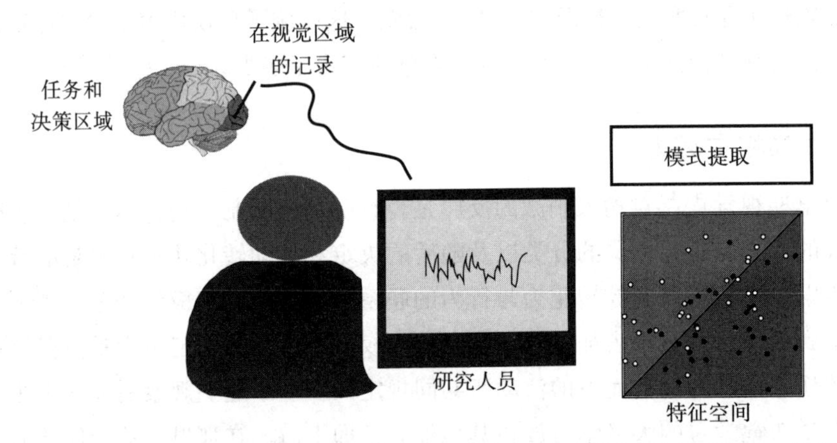

图 5.14　大脑中将视觉区域的活动转化为决策的习得权重在哪里？研究人员在计算机和复杂的模式识别算法的帮助下，成功地将两种不同的刺激分类。这表明，该位置的证据可以支持某种程度的分类——可能在更高的决策区域进行。很多知觉学习可能存在于证据和决策之间的联系，而这与研究者的模式提取算法所做的工作是相同的

5.6.2　与内部噪声和观察者模型的关系

在视觉学习任务中观察到的行为表现的改善必须反映观察者内在的信号和噪声特性的变化。因此，每项生理学研究都可以被看作对固有的嘈杂的生理学大脑反应某些方面的测量，这些反应原则上可以与观察到的行为变化有关。本章考虑了猴子的单细胞反应和人类跨脑区的fMRI和EEG激活中所揭示的一些相关证据。

知觉学习可以增加或减少神经活动。它还可以改变调整曲线，或在神经反应中导致信息的定量估计的改进，这些信息来自细胞反应中的种群代码的估计，或大脑成像中的解码或分类。从理论上讲，应该可以将这些生理反应的变化与第4章中讨论的学习机制联系起来，并使用外部噪声方法和观察者模型[如知觉模板模型（PTM）]进行探索。基于这个类比，生理反应振幅的变化可能与刺激增强有关，而神经调节的变化可能与感知模板的变化有关。在生理学的背景下，我们的目标是了解不同脑区神经元群的反应特性，并将这些神经元群的反应与信噪比的变化和行为结果联系起来。此外，正如我们将在后续章节讨论的多通道计算模型中看到的那样，在单个神经级别上回归

或将证据从较低级别重加权到较高级别，可以通过实现模板更改来改变内部噪声，从而限制每项数据的信噪比。

进一步将学习的生理学与 PTM 模型中规定的三种机制进行类比是值得研究的。观察者模型的优点是可以全面描述系统，包括相关信号信息的模板、反应的非线性和限制准确性的内在噪声。生理学中的相应分析将着眼于描述对信号的神经反应、这些反应中的噪声以及神经反应之间的相关性——所有这些属性都决定了特定任务的群体编码。

令人惊讶的是，尽管神经反应中的噪声——无论是通过单细胞记录还是功能磁共振成像激活来测量的——是神经反应的基本属性之一，但这些噪声属性与视觉知觉学习的关系还有待进一步研究。单个神经元的神经响应噪声的一种度量是所谓的 Fano 因子，定义为方差与实测时间间隔内神经峰值均值的比值。这是一种信噪比，一种相对于平均值的色散的度量。Fano 因子的减少表明，相对于平均发射率，响应中的噪声减少。Fano 因子和神经相关的实验研究在最近的几项单细胞记录视觉注意力中研究 [148-150]。然而，这种明确的噪声分析还没有被广泛地整合到视觉知觉学习的研究中。

我们建议，在关注学习后神经反应的振幅变化的同时，应系统地研究单细胞记录、脑电图和 fMRI 信号中反应可变性的变化。一个重要的方法是描述不同脑区的信号和噪声及其比率，以及不同神经元或不同区域的反应之间的协方差结构。多阵列神经记录的改进 [108] 和大脑成像模式的空间和时间分辨率的技术改进，有可能改变这些对神经群体反应的信号、噪声和相关特性及其与行为选择有关系的重要分析的质量。

5.6.3 详细计算研究

未来的进展也可能不仅来自实验，而且也来自对神经群体反应的理论或计算研究。最近在这方面的一项理论研究使用了一个计算模型，认为知觉学习可以反映对刺激物神经群体反应的改进概率的推断（例如，读出）[16]。本研究的主要模拟试图了解神经反应之间变化的相关性在预测行为中的作用，因为重点是预测外部噪声操作或阈值与对比度（TvC）函数（见第 4 章）。一个模拟的方向辨别的神经元模型包括视觉系统的各层，从视网膜神经节细胞，到 LGN，再到 V1。V1 层提供了被读出的刺激表征，以确定行为决定。模型的预测与知觉学习对 TvC（阈值与外部噪声对比）功能的行为影响进行了比较，其中从 LGN 到 V1 证据的前馈加权可以模拟知觉学习的观察效果。V1 神经元之间的递归连接的变化通常会增加神经元之间的相关性，这减少了在模拟中转化为行为选择的可用信息。前馈加权并没有增加，有时甚至降低了模拟中神经元反应之间的相关性。在一些单细胞记录研究中观察到的调谐功能的放大和轻微锐化被证明既不需要也不足以解释知觉学习中 TvC 功能的变化。此外，模拟表明，估计的神经 TvC 功能是相对稳健的，并不十分依赖于正在记录或模拟的神经元的数量。

虽然该研究 [16] 模拟了从视网膜到 V1 的多级神经系统，但同样的观点适用于视觉系统更高层次的多级神经系统。该研究强调了测量外部噪声函数对神经反应的潜在价值。对生理反应的性质和行为结果之间的关系进行建模，也可以将生理层面的分析、信号和噪声的系统分析联系起来，这种联系可以阐明这两种分析。其他类似的计算研究，也许是那些整合了整个观察系统的研究，可能会提供进一步的见解，从而直接影响未来对功能生理学的评估。

5.7 结论

本章利用细胞记录和脑成像的现有研究，回顾了不同脑区在不同分析水平的感知任务中的可塑性证据，包括那些专注于低水平的个体特征、中水平的视觉所代表的模式，以及高水平的物体和场景。虽然有一些关于早期视觉区域反应的适度变化的报告，但到目前为止，大部分的证据都指出了来自高层次视觉区域的读出或重加权的重要性。连接权重的测量和权重变化仍然是一个重大挑战。参与大脑活动生理评估的新技术的发展有望在整个知觉学习过程中同时对多个大脑区域的神经群进行新的测量。这些未来实验所收集的证据很可能更有把握地解决该领域的开放性问题，因为它们有望产生关于支持知觉学习的整个处理系统的可塑性变化的新的和完善的见解。

参考文献

[1] Striedter GF. *Neurobiology: A functional approach*. Oxford University Press; 2015.

[2] Horwitz B, Poeppel D. How can EEG/MEG and fMRI/PET data be combined? *Human Brain Mapping* 2002;17(1):1–3.

[3] de-Wit L, Alexander D, Ekroll V, Wagemans J. Is neuroimaging measuring information in the brain? *Psychonomic Bulletin & Review* 2016;23(5):1415–1428.

[4] Wandell BA, Smirnakis SM. Plasticity and stability of visual field maps in adult primary visual cortex. *Nature Reviews Neuroscience* 2009;10(12):873–884.

[5] Brodmann K. *Vergleichende lokalisationslehre der grosshirnrinde in ihren prinzipien dargestellt auf grund des zellenbaues*. Barth; 1909.

[6] von Economo CF, Koskinas GN. *Die cytoarchitektonik der hirnrinde des erwachsenen menschen*. Springer; 1925.

[7] Parent A, Carpenter MB. *Human neuroanatomy*. Williams and Wilkins; 1995.

[8] Thompson RF. *The brain: A neuroscience primer*. Macmillan; 2000.

[9] Kaufman P, Alm A. *Adler's physiology of the eye: Clinical application*. Mosby; 2003.

[10] Cornsweet T. *Visual perception*. Academic Press; 2012.

[11] Kaplan E, Shapley R. X and Y cells in the lateral geniculate nucleus of macaque monkeys. *Journal of Physiology* 1982;330(1):125–143.

[12] Nealey T, Maunsell J. Magnocellular and parvocellular contributions to the responses of neurons in macaque striate cortex. *Journal of Neuroscience* 1994;14(4):2069–2079.

[13] Merigan W, Katz LM, Maunsell J. The effects of parvocellular lateral geniculate lesions on the acuity and contrast sensitivity of macaque monkeys. *Journal of Neuroscience* 1991;11(4):994–1001.

[14] Hendry SH, Reid RC. The koniocellular pathway in primate vision. *Annual Review of Neuroscience* 2000;23(1):127–153.

[15] Malpeli JG, Baker FH. The representation of the visual field in the lateral geniculate nucleus of *Macaca mulatta*. *Journal of Comparative Neurology* 1975;161(4):569–594.

[16] Bejjanki VR, Beck JM, Lu Z-L, Pouget A. Perceptual learning as improved probabilistic inference in early sensory areas. *Nature Neuroscience* 2011;14(5):642–648.

[17] Burnat K. Are visual peripheries forever young? *Neural Plasticity* 2015;15:1–13.

[18] Tootell RB, Switkes E, Silverman MS, Hamilton SL. Functional anatomy of macaque striate cortex. II. Retinotopic organization. *Journal of Neuroscience* 1988;8(5):1531–1568.

[19] Hubel DH, Wiesel TN. Ferrier lecture: Functional architecture of macaque monkey visual cortex. *Proceedings of the Royal Society of London Series B: Biological Sciences* 1977;198(1130):1–59.

[20] Gilbert CD. Laminar differences in receptive field properties of cells in cat primary visual cortex. *Journal of Physiology* 1977;268(2):391–421.

[21] Martinez LM, Alonso JM, Reid RC, Hirsch JA. Laminar processing of stimulus orientation in cat visual cortex. *Journal of Physiology* 2002;540(1):321–333.

[22] Tootell R, Hamilton S, Silverman M, Switkes E. Functional anatomy of macaque striate cortex. I. Ocular dominance, binocular interactions, and baseline conditions. *Journal of Neuroscience* 1988;8(5):1500–1530.

[23] Horton JC, Hubel DH. Regular patchy distribution of cytochrome oxidase staining in primary visual cortex of macaque monkey. *Nature* 1981;292(5825):762–764.

[24] Leuba G, Kraftsik R. Changes in volume, surface estimate, three-dimensional shape and total number of neurons of the human primary visual cortex from midgestation until old age. *Anatomy and Embryology* 1994;190(4):351–366.

[25] Wandell BA. *Foundations of vision*. Sinauer Associates; 1995.

[26] Essen Dv, Zeki S. The topographic organization of rhesus monkey prestriate cortex. *Journal of Physiology* 1978;277(1):193–226.

[27] Mishkin M, Ungerleider LG, Macko KA. Object vision and spatial vision: Two cortical pathways. *Trends in Neurosciences* 1983;6:414–417.

[28] Van Essen DC, Maunsell JH. Hierarchical organization and functional streams in the visual cortex. *Trends in Neurosciences* 1983;6:370–375.

[29] Lennie P. Single units and visual cortical organization. *Perception—London* 1998;27:889–936.

[30] Maunsell JH, Newsome WT. Visual processing in monkey extrastriate cortex. *Annual Review of Neuroscience* 1987;10(1):363–401.

[31] Felleman DJ, Van Essen DC. Distributed hierarchical processing in the primate cerebral cortex. *Cerebral Cortex* 1991;1(1):1–47.

[32] Perry CJ, Fallah M. Feature integration and object representations along the dorsal stream visual hierarchy. *Frontiers in computational neuroscience* 2014;8,84:1–17.

[33] Damasio AR, Damasio H, Van Hoesen GW. Prosopagnosia: Anatomic basis and behavioral mechanisms. *Neurology* 1982;32(4):331–341.

[34] Zihl J, Von Cramon D, Mai N, Schmid C. Disturbance of movement vision after bilateral posterior brain damage: Further evidence and follow up observations. *Brain* 1991;114(5):2235–2252.

[35] Vaina LM. Functional segregation of color and motion processing in the human visual cortex: Clinical evidence. *Cerebral Cortex* 1994;4(5):555–572.

[36] Zeki S. A century of cerebral achromatopsia. *Brain* 1990;113(6):1721–1777.

[37] Agrawal P, Stansbury D, Malik J, Gallant JL. Pixels to voxels: Modeling visual representation in the human brain. *arXiv preprint 14075104*. 2014.

[38] Roe AW, Chelazzi L, Connor CE, Conway BR, Fujita I, Gallant JL, Lu H, Vanduffel W. Toward a unified theory of visual area V4. *Neuron* 2012;74(1):12–29.

[39] Kuffler SW. Discharge patterns and functional organization of mammalian retina. *Journal of Neurophysiology* 1953;16(1):37–68.

[40] Kourtzi Z, Connor CE. Neural representations for object perception: Structure, category, and adaptive coding. *Annual Review of Neuroscience* 2011;34:45–67.

[41] Albright TD, Desimone R, Gross CG. Columnar organization of directionally selective cells in visual area MT of the macaque. *Journal of Neurophysiology* 1984;51(1):16–31.

[42] Duffy CJ. MST neurons respond to optic flow and translational movement. *Journal of Neurophysiology* 1998;80(4):1816–1827.

[43] Orban GA, Lagae L, Raiguel S, Xiao D, Maes H. The speed tuning of medial superior temporal (MST) cell responses to optic-flow components. *Perception* 1995;24(3):269–285.

[44] Wurtz RH. Optic flow: A brain region devoted to optic flow analysis? *Current Biology* 1998;8(16):R554–R556.

[45] Graziano MS, Andersen RA, Snowden RJ. Tuning of MST neurons to spiral motions. *Journal of Neuroscience* 1994;14(1):54–67.

[46] Van Essen DC, Gallant JL. Neural mechanisms of form and motion processing in the primate visual system. *Neuron* 1994;13(1):1–10.

[47] Milner AD, Goodale MA. *The visual brain in action*. Oxford University Press; 1995.

[48] Cadieu CF, Hong H, Yamins DL, Pinto N, Ardila D, Solomon EA, Majaj NJ, DiCarlo JJ. Deep neural networks rival the representation of primate IT cortex for core visual object recognition. *PLoS Computational Biology* 2014;10(12):e1003963.

[49] Yamins DL, DiCarlo JJ. Eight open questions in the computational modeling of higher sensory cortex. *Current Opinion in Neurobiology* 2016;37:114–120.

[50] Yamins DL, DiCarlo JJ. Using goal-driven deep learning models to understand sensory cortex. *Nature Neuroscience* 2016;19(3):356–365.

[51] Yamins DL, Hong H, Cadieu CF, Solomon EA, Seibert D, DiCarlo JJ. Performance-optimized hierarchical models predict neural responses in higher visual cortex. *Proceedings of the National Academy of Sciences* 2014;111(23):8619–8624.

[52] Cadieu CF, Hong H, Yamins D, Pinto N, Majaj NJ, DiCarlo JJ. The neural representation benchmark and its evaluation on brain and machine. *arXiv preprint 13013530*. 2013.

[53] Van Essen DC. Organization of visual areas in macaque and human cerebral cortex. *Visual Neurosciences* 2004;1:507–521.

[54] Opris I, Bruce CJ. Neural circuitry of judgment and decision mechanisms. *Brain Research Reviews* 2005;48(3):509–526.

[55] Hikosaka O, Sesack SR, Lecourtier L, Shepard PD. Habenula: Crossroad between the basal ganglia and the limbic system. *Journal of Neuroscience* 2008;28(46):11825–11829.

[56] Rolls ET. The orbitofrontal cortex and reward. *Cerebral Cortex* 2000;10(3):284–294.

[57] Schultz W. Multiple reward signals in the brain. *Nature Reviews Neuroscience* 2000;1(3):199–207.

[58] Schultz W, Tremblay L, Hollerman JR. Reward processing in primate orbitofrontal cortex and basal ganglia. *Cerebral Cortex* 2000;10(3):272–283.

[59] Wise RA. Brain reward circuitry: Insights from unsensed incentives. *Neuron* 2002;36(2):229–240.

[60] Haber SN, Knutson B. The reward circuit: Linking primate anatomy and human imaging. *Neuropsychopharmacology* 2010;35(1):4–26.

[61] Shipp S. The brain circuitry of attention. *Trends in Cognitive Sciences* 2004;8(5):223–230.

[62] Kastner S, Pinsk MA. Visual attention as a multilevel selection process. *Cognitive, Affective, & Behavioral Neuroscience* 2004;4(4):483–500.

[63] Petersen SE, Posner MI. The attention system of the human brain: 20 years after. *Annual Review of Neuroscience* 2012;35:73–89.

[64] Recanzone GH, Merzenich MM, Jenkins WM, Grajski KA, Dinse HR. Topographic reorganization of the hand representation in cortical area 3b owl monkeys trained in a frequency-discrimination task. *Journal of Neurophysiology* 1992;67(5):1031–1056.

[65] Recanzone GH, Schreiner C, Merzenich MM. Plasticity in the frequency representation of primary auditory cortex following discrimination training in adult owl monkeys. *Journal of Neuroscience* 1993;13(1):87–103.

[66] Weinberger NM, Ashe JH, Metherate R, McKenna TM, Diamond DM, Bakin JS, Lennartz RC, Cassady JM. Neural adaptive information processing: A preliminary model of receptive-field plasticity in auditory cortex during Pavlovian conditioning. In Gabriel M, Moore J, eds., *Learning and computational neuroscience: Foundations of adaptive networks*. MIT Press;1990:91–138.

[67] Karni A, Sagi D. Where practice makes perfect in texture discrimination: Evidence for primary visual cortex plasticity. *Proceedings of the National Academy of Sciences* 1991;88(11):4966–4970.

[68] Ahissar M, Hochstein S. The reverse hierarchy theory of visual perceptual learning. *Trends in Cognitive Sciences* 2004;8(10):457–464.

[69] Smith JE, Chang'an AZ, Cook EP, Masse NY. *Linking neural activity to visual perception: Separating sensory and attentional contributions*. INTECH; 2012.

[70] Schoups A, Vogels R, Qian N, Orban G. Practising orientation identification improves orientation coding in V1 neurons. *Nature* 2001;412(6846):549–553.

[71] Schoups AA, Vogels R, Orban GA. Human perceptual learning in identifying the oblique orientation: Retinotopy, orientation specificity and monocularity. *Journal of Physiology* 1995;483(3):797–810.

[72] Vogels R, Orban GA. The effect of practice on the oblique effect in line orientation judgments. *Vision Research* 1985;25(11):1679–1687.

[73] Raiguel S, Vogels R, Mysore SG, Orban GA. Learning to see the difference specifically alters the most informative V4 neurons. *Journal of Neuroscience* 2006;26(24):6589–6602.

[74] Ghose GM, Yang T, Maunsell JH. Physiological correlates of perceptual learning in monkey V1 and V2. *Journal of Neurophysiology* 2002;87(4):1867–1888.

[75] Yang T, Maunsell JH. The effect of perceptual learning on neuronal responses in monkey visual area V4. *Journal of Neuroscience* 2004;24(7):1617–1626.

[76] Law C-T, Gold JI. Reinforcement learning can account for associative and perceptual learning on a visual-decision task. *Nature Neuroscience* 2009;12(5):655–663.

[77] Chowdhury SA, DeAngelis GC. Fine discrimination training alters the causal contribution of macaque area MT to depth perception. *Neuron* 2008;60(2):367–377.

[78] Adab HZ, Vogels R. Practicing coarse orientation discrimination improves orientation signals in macaque cortical area v4. *Current Biology* 2011;21(19):1661–1666.

[79] Motter BC. Neural correlates of feature selective memory and pop-out in extrastriate area V4. *Journal of Neuroscience* 1994;14(4):2190–2199.

[80] Luck SJ, Chelazzi L, Hillyard SA, Desimone R. Neural mechanisms of spatial selective attention in areas V1, V2, and V4 of macaque visual cortex. *Journal of Neurophysiology* 1997;77(1):24–42.

[81] Desimone R, Duncan J. Neural mechanisms of selective visual attention. *Annual Review of Neuroscience* 1995;18(1):193–222.

[82] McAdams CJ, Maunsell JH. Effects of attention on orientation-tuning functions of single neurons in macaque cortical area V4. *Journal of Neuroscience* 1999;19(1):431–441.

[83] McAdams CJ, Maunsell JH. Attention to both space and feature modulates neuronal responses in macaque area V4. *Journal of Neurophysiology* 2000;83(3):1751–1755.

[84] Cohen MR, Maunsell JH. Using neuronal populations to study the mechanisms underlying spatial and feature attention. *Neuron* 2011;70(6):1192–1204.

[85] Maunsell JH, Treue S. Feature-based attention in visual cortex. *Trends in Neurosciences* 2006;29(6):317–322.

[86] Williford T, Maunsell JH. Effects of spatial attention on contrast response functions in macaque area V4. *Journal of Neurophysiology* 2006;96(1):40–54.

[87] Hua T, Bao P, Huang C-B, Wang Z, Xu J, Zhou Y, Lu Z-L. Perceptual learning improves contrast sensitivity of V1 neurons in cats. *Current Biology* 2010;20(10):887–894.

[88] Law C-T, Gold JI. Neural correlates of perceptual learning in a sensory-motor, but not a sensory, cortical area. *Nature Neuroscience* 2008;11(4):505–513.

[89] Dosher BA, Lu Z-L. Perceptual learning reflects external noise filtering and internal noise reduction through channel reweighting. *Proceedings of the National Academy of Sciences* 1998;95(23):13988–13993.

[90] Gold JI, Shadlen MN. The neural basis of decision making. *Annual Review of Neuroscience* 2007;30:535–574.

[91] Gold JI, Law C-T, Connolly P, Bennur S. The relative influences of priors and sensory evidence on an oculomotor decision variable during perceptual learning. *Journal of Neurophysiology* 2008;100(5):2653–2668.

[92] Uka T, DeAngelis GC. Linking neural representation to function in stereoscopic depth perception: Roles of the middle temporal area in coarse versus fine disparity discrimination. *Journal of Neuroscience* 2006;26(25):6791–6802.

[93] Colby CL, Duhamel J-R, Goldberg ME. Ventral intraparietal area of the macaque: Anatomic location and visual response properties. *Journal of Neurophysiology* 1993;69(3):902–914.

[94] Dosher BA, Lu Z-L. Mechanisms of perceptual learning. *Vision Research* 1999;39(19):3197–3221.

[95] Gu Y, Liu S, Fetsch CR, Yang Y, Fok S, Sunkara A, DeAngelis GC, Angelaki DE. Perceptual learning reduces interneuronal correlations in macaque visual cortex. *Neuron* 2011;71(4):750–761.

[96] Angelaki DE, Gu Y, DeAngelis GC. Multisensory integration: Psychophysics, neurophysiology, and computation. *Current Opinion in Neurobiology* 2009;19(4):452–458.

[97] Britten KH. Mechanisms of self-motion perception. *Annual Review of Neuroscience* 2008;31:389–410.

[98] Kumano H, Uka T. Neuronal mechanisms of visual perceptual learning. *Behavioural Brain Research* 2013;249:75–80.

[99] Kovacs I, Kozma P, Feher A, Benedek G. Late maturation of visual spatial integration in humans. *Proceedings of the National Academy of Sciences* 1999;96(21):12204–12209.

[100] Li W, Gilbert CD. Global contour saliency and local colinear interactions. *Journal of Neurophysiology* 2002;88(5):2846–2856.

[101] Gilbert CD, Li W. Adult visual cortical plasticity. *Neuron* 2012;75(2):250–264.

[102] Kapadia MK, Ito M, Gilbert CD, Westheimer G. Improvement in visual sensitivity by changes in local context: Parallel studies in human observers and in V1 of alert monkeys. *Neuron* 1995;15(4):843–856.

[103] Chen M, Yan Y, Gong X, Gilbert CD, Liang H, Li W. Incremental integration of global contours through interplay between visual cortical areas. *Neuron* 2014;82(3):682–694.

[104] Li W, Piëch V, Gilbert CD. Perceptual learning and top-down influences in primary visual cortex. *Nature Neuroscience* 2004;7(6):651–657.

[105] Li W, Piëch V, Gilbert CD. Learning to link visual contours. *Neuron* 2008;57(3):442–451.

[106] McManus JN, Li W, Gilbert CD. Adaptive shape processing in primary visual cortex. *Proceedings of the National Academy of Sciences* 2011;108(24):9739–9746.

[107] Thiele A. Perceptual learning: Is V1 up to the task? *Current Biology* 2004;14(16):R671–R673.

[108] Yan Y, Rasch MJ, Chen M, Xiang X, Huang M, Wu S, Li W. Perceptual training continuously refines neuronal population codes in primary visual cortex. *Nature Neuroscience* 2014;17(10):1380–1387.

[109] Hoffman K, Logothetis N. Cortical mechanisms of sensory learning and object recognition. *Philosophical Transactions of the Royal Society of London B: Biological Sciences* 2009;364(1515):321–329.

[110] Rainer G, Lee H, Logothetis NK. The effect of learning on the function of monkey extrastriate visual cortex. *PLoS Biology* 2004;2(2):e44.

[111] Rainer G, Miller EK. Effects of visual experience on the representation of objects in the prefrontal cortex. *Neuron* 2000;27(1):179–189.

[112] Fuster JM. The PFC: Anatomy, physiology and neuropsychology of the frontal lobe. Raven Press; 1997.

[113] Fuster JM. Network memory. *Trends in Neurosciences* 1997;20(10):451–459.

[114] Logothetis NK, Pauls J, Poggio T. Shape representation in the inferior temporal cortex of monkeys. *Current Biology* 1995;5(5):552–563.

[115] Kobatake E, Wang G, Tanaka K. Effects of shape-discrimination training on the selectivity of inferotemporal cells in adult monkeys. *Journal of Neurophysiology* 1998;80(1):324–330.

[116] Freedman DJ, Riesenhuber M, Poggio T, Miller EK. Experience-dependent sharpening of visual shape selectivity in inferior temporal cortex. *Cerebral Cortex* 2006;16(11):1631–1644.

[117] Sigala N, Logothetis NK. Visual categorization shapes feature selectivity in the primate temporal cortex. *Nature* 2002;415(6869):318–320.

[118] Baker CI, Behrmann M, Olson CR. Impact of learning on representation of parts and wholes in monkey inferotemporal cortex. *Nature Neuroscience* 2002;5(11):1210–1216.

[119] Schiltz C, Bodart J-M, Michel C, Crommelinck M. A pet study of human skill learning: Changes in brain activity related to learning an orientation discrimination task. *Cortex* 2001;37(2):243–265.

[120] Furmanski CS, Schluppeck D, Engel SA. Learning strengthens the response of primary visual cortex to simple patterns. *Current Biology* 2004;14(7):573–578.

[121] Bao M, Yang L, Rios C, He B, Engel SA. Perceptual learning increases the strength of the earliest signals in visual cortex. *Journal of Neuroscience* 2010;30(45):15080–15084.

[122] Pourtois G, Rauss KS, Vuilleumier P, Schwartz S. Effects of perceptual learning on primary visual cortex activity in humans. *Vision Research* 2008;48(1):55–62.

[123] Shibata K, Watanabe T, Sasaki Y, Kawato M. Perceptual learning incepted by decoded fMRI neurofeedback without stimulus presentation. *Science* 2011;334(6061):1413–1415.

[124] Kahnt T, Grueschow M, Speck O, Haynes J-D. Perceptual learning and decision-making in human medial frontal cortex. *Neuron* 2011;70(3):549–559.

[125] Jehee JF, Ling S, Swisher JD, van Bergen RS, Tong F. Perceptual learning selectively refines orientation representations in early visual cortex. *Journal of Neuroscience* 2012;32(47):16747–16753.

[126] Diaz JA, Queirazza F, Philiastides MG. Perceptual learning alters post-sensory processing in human decision-making. *Nature Human Behaviour* 2017;1:35,1–9.

[127] Vaina LM, Sundareswaran V, Harris JG. Learning to ignore: Psychophysics and computational modeling of fast learning of direction in noisy motion stimuli. *Cognitive Brain Research* 1995;2(3):155–163.

[128] Shibata K, Chang L-H, Kim D, Náñez JE Sr, Kamitani Y, Watanabe T, Sasaki Y. Decoding reveals plasticity in V3A as a result of motion perceptual learning. *PLoS One* 2012;7(8):e44003.

[129] Schwartz S, Maquet P, Frith C. Neural correlates of perceptual learning: A functional MRI study of visual texture discrimination. *Proceedings of the National Academy of Sciences* 2002;99(26):17137–17142.

[130] Yotsumoto Y, Watanabe T, Sasaki Y. Different dynamics of performance and brain activation in the time course of perceptual learning. *Neuron* 2008;57(6):827–833.

[131] Ahmadi M, McDevitt EA, Silver MA, Mednick SC. Perceptual learning induces changes in early and late visual evoked potentials. *Vision Research* 2017;152:101–109.

[132] Sigman M, Pan H, Yang Y, Stern E, Silbersweig D, Gilbert CD. Top-down reorganization of activity in the visual pathway after learning a shape identification task. *Neuron* 2005;46(5):823–835.

[133] Zhang J, Meeson A, Welchman AE, Kourtzi Z. Learning alters the tuning of functional magnetic resonance imaging patterns for visual forms. *Journal of Neuroscience* 2010;30(42):14127–14133.

[134] Kourtzi Z, Betts LR, Sarkheil P, Welchman AE. Distributed neural plasticity for shape learning in the human visual cortex. *PLoS Biology* 2005;3(7):1317–1327.

[135] Zhang J, Kourtzi Z. Learning-dependent plasticity with and without training in the human brain. *Proceedings of the National Academy of Sciences* 2010;107(30):13503–13508.

[136] Dosher BA, Han S, Lu Z-L. Perceptual learning and attention: Reduction of object attention limitations with practice. *Vision Research* 2010;50(4):402–415.

[137] Kim Y-H, Kang D-W, Kim D, Kim H-J, Sasaki Y, Watanabe T. Real-time strategy video game experience and visual perceptual learning. *Journal of Neuroscience* 2015;35(29):10485–10492.

[138] Ferrucci R, Marceglia S, Vergari M, Marceglia S, Cogiamaniam F, Barvieri S, Scarpini E, Priori A. Cerebellar transcranial direct current stimulation impairs the practice-dependent proficiency increase in working memory. *Journal of Cognitive Neuroscience* 2008;20(9):1687–1697.

[139] Au J, Katz B, Buschkuehl M, Bunarjo K. Enhancing working memory training with transcranial direct current stimulation. *Journal of Cognitive Neuroscience* 2016;28(9):1419–1432.

[140] Schlegel AA, Rudelson JJ, Tse PU. White matter structure changes as adults learn a second language. *Journal of Cognitive Neuroscience* 2012;24(8):1664–1670.

[141] Flöel A, de Vries MH, Scholz J, Breitenstein C, Johansen-Berg H. White matter integrity in the vicinity of Broca's area predicts grammar learning success. *Neuroimage* 2009;47(4):1974–1981.

[142] Bennett IJ, Madden DJ, Vaidya CJ, Howard JH Jr, Howard DV. White matter integrity correlates of implicit sequence learning in healthy aging. *Neurobiology of Aging* 2011;32(12): 2317,1–12.

[143] Yotsumoto Y, Chang L-H, Ni R, Pierce R, Andersen GJ, Watanabe T, Sasaki Y. White matter in the older brain is more plastic than in the younger brain. *Nature Communications* 2014;5:5504,1–8.

[144] Geller AS, Burke JF, Sperling MR, Sharan AD, Litt B, Baltuch GH, Lucas TH II, Kahana MJ. Eye closure causes widespread low-frequency power increase and focal gamma attenuation in the human electrocorticogram. *Clinical Neurophysiology* 2014;125(9):1764–1773.

[145] Parvizi J, Kastner S. Promises and limitations of human intracranial electroencephalography. *Nature Neuroscience* 2018;21:474–483.

[146] Frangou P, Correia M, Kourtzi Z. GABA, not BOLD, reveals dissociable learning-dependent plasticity mechanisms in the human brain. *eLife* 2018;7:e35854.

[147] Marshel JH, Kim YS, Machado TA, Quirin S, Benson B, Kadmon J, Raja C, Chibukhchyan A, Ramakrishnan C, Inoue M, Shane JC, McKnight DJ, Yoshizawa S, Kato HE, Ganguli S, Deisseroth K. Cortical layer–specific critical dynamics triggering perception. *Science* 2019;365:558,1–12.

[148] Mitchell JF, Sundberg KA, Reynolds JH. Differential attention-dependent response modulation across cell classes in macaque visual area V4. *Neuron* 2007;55(1):131–141.

[149] Mitchell JF, Sundberg KA, Reynolds JH. Spatial attention decorrelates intrinsic activity fluctuations in macaque area V4. *Neuron* 2009;63(6):879–888.

[150] Cohen MR, Maunsell JH. Attention improves performance primarily by reducing interneuronal correlations. *Nature Neuroscience* 2009;12(12):1594–1600.

第四部分

模　　型

第 6 章

Perceptual Learning: How Experience Shapes Visual Perception

知觉学习模型

通过有效地获取实验结果和做出可测试的预测，定量模型在理解知觉学习现象中发挥了关键作用。在本章中，我们回顾了几个早期的经典模型，它们本质上都是重加权模型，并讨论了神经网络在知觉学习中的应用。本章的核心内容展示了神经元激活的模型表征与计算网络如何解释多种多样的学习现象。通过引入适当的新表征方式、决策或学习子系统，增强型 Hebbian 重加权模型（AHRM）和其他类似的模型也可以扩展到其他任务和领域。未来的模型可能需要使用重加权系统来创建新概念。

6.1 建模的目标

计算模型的开发和测试是认知神经科学许多领域的重要目标。知觉学习应该也不例外，然而这个领域常使用观察的方式来获知理论。观察到的现象和建模之间的差距留下了一个未被充分探索的中间地带，尽管离完善的模型还有很长的路要走，但即使是模型的部分发展也可以带来新的进展，促进我们对理论的理解，同时也可能对优化实际应用中的训练模式起核心作用。

前几章记录了视觉知觉学习中常见的可以进行建模的现象。这包括不同视觉编码水平下，在任务中学习的程度、范围和性质；训练的特异性或迁移程度；以及使用不同训练协议的结果。后续章节将考虑反馈、奖励和注意力的影响。目前的模型主要用于特定的领域和任务，并且可以实现许多（但不是所有）操作和囊括很多（但不是所有）现象，与此同时，需要进一步的工作来开发下一代更加健壮和全面的模型。

为了解决知觉学习问题，一个成功的预测模型必然包含几个关键功能。它需要对刺激进行编码，明确如何做出与任务相关的决策，并实现训练、测试和学习。每个功能都要能够在不同的模块中实例化。例如，表征模块将指定感官编码和由此产生的结果表征，决策模块将指定进行决策的方式，学习模块将指定学习规则。模型作为一个整体也可以指定注意力自上而下的影响、反馈和奖励的影响。当然，任何行为模式都必须包含内部噪声。

这种定量或计算模型应该对特定实验中观察到的现象产生精确和可验证的预测。测试模型预测的准确性反过来帮助我们确定所提出的表征、决策和学习的原则是否以预期的方式运行（见图 6.1）。这种理论、建模和实验之间的三方交流将是我们理解知觉学习的重要途径之一。建模是有益的，但并不容易。在视觉知觉学习中，精确模型的发展面临着许多关键的理论挑战。

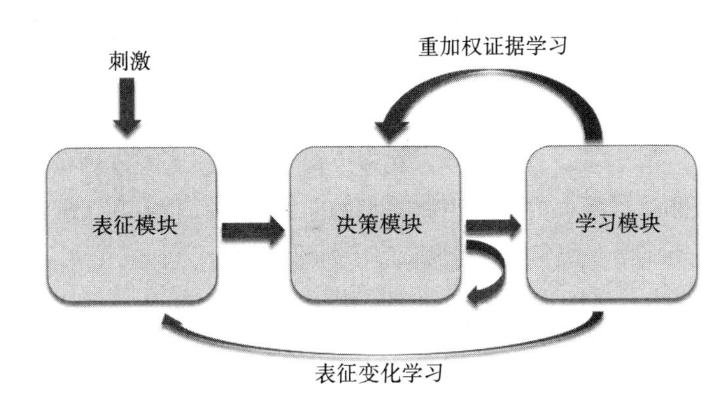

图 6.1　知觉学习模型的关键模块以及两种学习机制：重加权和表征变化

挑战 1： 即使是最简单的视觉任务也涉及从早期的视觉系统到高级决策和自上而下的任务相关的处理等多个层次的回路。这里的挑战是明确与任何给定任务最相关的层次，包括知觉、决策和学习过程，以及它们之间和它们内部的联系。到目前为止，还没有一个将相关计算模块与大脑功能联系起来的经过验证的规范模式。视觉皮层 V1、V4、MT 和 IT 等区域的功能以及相关的学习和决策机制仍在研究中。尽管如此，未来的模型应该尝试利用现有的大脑系统的相关知识来明确各功能模块和它们之间的相关性。

挑战 2： 根据需要，一个计算学习模型需要指定相关的感官表征和它们之间的连接。原则上，学习可以对现有的表征进行调优；它可以通过在任何前馈、反馈或多重表征层之间或内部的循环连接中进行重加权来实现；或者可以将两者结合起来。心理物理学研究和生理学调查中观察到的特异性可能会限制模型的可塑性水平和性质。

挑战 3： 一个计算模型必须指定在学习中使用的规则或算法，以及观察者的先验知识。学习前系统的初始状态反映了我们对任务的了解程度，这一先验知识将决定还需要学习多少知识以及学习所需的条件。如果先验知识较少，学习过程可能需要一个明确的指导；如果先验知识足够，指导可能就不是必要的了。

挑战 4： 如何在可塑性和稳定性之间取得恰当的平衡是一个基本的挑战（也是本书反复出现的主题）。学习（和可塑性）是在任何给定的任务中持续独立进行，还是学习系统在某个时刻变得稳定？一个成功的模型必须指定系统是否停止学习、何时停止学习（可能是因为内部噪声限制了进一步的改进），以及如何在更长的时间内保持学习，这些选择将与观察到的特异性和学习任务之间的迁移以及先前学习任务的保存有关。

挑战 5：学习模式的另一个限制是其机制的生物学可行性。一方面，纯粹的计算模型通常来源于抽象的属性；另一方面，知觉学习模型历来被认为与大脑系统和可塑性有关。特别是对于神经网络的建模，尽管提出了生物学上更可行的版本，但生物不可行性一直是评估某些学习规则（如完全监督的反向传播）的一个考虑因素 [1]。理想情况下，模型应该以生物学上的合理性为目标，在大脑系统的已知属性范围内工作。

挑战 6：想要建立学习模型的研究人员面临的最后一个重要挑战是，指定评估他们开发的模型所需的实验性质。虽然对模型的测试和评价不是模型本身的一部分，但是定义如何对模型进行严格的测试也是一个重要的挑战。例如，PTM 模型是由观察者的操作（注意力、学习等）、外部噪声、在多个精度水平或跨心理测量功能的测量来指定的。这些都在测试模板、内部噪声和模型的非线性方面很有用（事实上，我们的许多实验包括一些外部噪声和多个对比度或多个标准的组合）（详见第 4 章）。同样地，必须开发特定的测试方法来实现对知觉学习模型的评价和测试。

表 6.1 中列出的挑战描述了大多数经典模型所处的理论领域，在此基础上我们开发了我们的模型，即增强型 Hebbian 重加权模型 [2, 3]。AHRM 是本章的主要重点。在接下来的内容中，我们阐述了 AHRM 对相当多的观测经验数据的解释，同时在可塑性和稳定性之间取得了平衡。同样地，正如我们将看到的，通过使用足够好的（但仍然有些简化的）表征、决策和学习模块，AHRM 相比于抽象的模型或多或少有一些优势。（然而，无论是经典的模型还是 AHRM，都没有实现寻找、创建新的节点和新的加权结构。我们在 6.7 节的讨论中会谈到这一点。）然而，在描述 AHRM 及其应用之前，有必要先讨论一些经典的视觉知觉学习模型。我们的调查旨在提供一个基本的选择——可能的网络架构、不同的学习规则，以及自上而下的影响——这是构建一个成功的知觉学习模型的先决条件。

表 6.1 知觉学习建模的理论挑战

1. 明确知觉相关的大脑模块和噪声及其连接
2. 确定学习的层次和适当的学习规则
3. 指定在起始状态和任务环境中的先验知识
4. 考虑可塑性与稳定性之间的平衡
5. 考虑所有模型组件的生物学合理性
6. 指定在测试中使用的约束性实验

6.2 知觉学习的经典模型

早期经典的知觉学习模型是为了解决特定知觉任务中的学习而开发的。其中包括超锐度 [4-7]、运动方向辨别 [8]、对比度辨别 [9] 和方向辨别 [10]。在许多情况下（在任务、表征形式和学习规则中），经典的模型通常使感官表征保持不变，因此学习是通过集成进行的。于是，大多数计算模型在很大程度上关注重加权，并将此作为理解视觉学习的理论框架。

最早的经典模型之一，超基函数（HBF）模型，是为了解决视觉超锐度任务中的学习而设计的，观察者判断底线是否存在左右偏移[5]。它是最早使用的三层前馈网络架构之一，其中包括输入层、中间层表征（径向基函数）和由单个决策单元组成的输出层（见图6.2）。由于它的规范形式和在该领域的开创性地位，对该模型进行技术讨论是有用的。

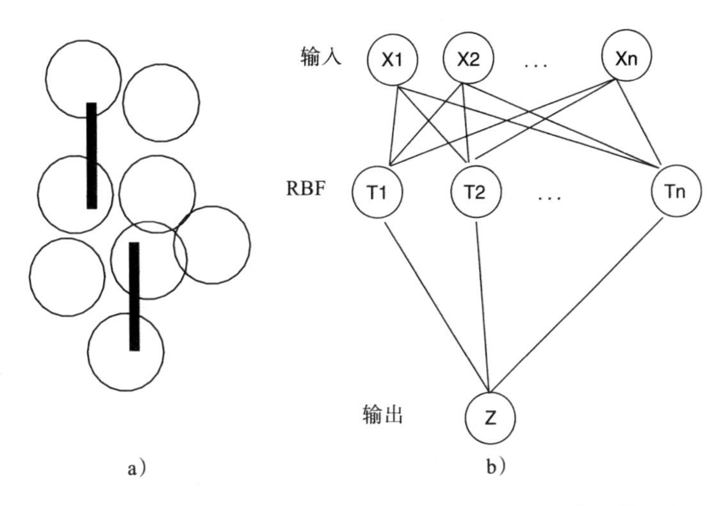

图6.2　Poggio、Fahle和Edelman的视觉超锐度任务网络模型[5]。a）在不同位置，游标偏移刺激覆盖在表示径向基函数的圆上。b）由输入层、非线性径向基函数和输出或决策单元组成的三层前馈网络。根据Poggio、Fahle和Edelman[5]的图2重绘，已获许可

在HBF的第一个网络层中，通过将输入图像与以视网膜位置 $x_i = G_\sigma(r - r_j) * I(r)$ 为中心的高斯滤波器进行匹配（卷积），将输入图像转换为不同感受野的活动，其中，$I(r)$ 是在位置 r 处的输入，r_i 是一个特定的感受野的中心，G_σ 是一个二维高斯分布。在第二层，该模型计算输入向量和一组模板 t_a 之间的相似度（距离）$Y_a = B(\|X - t_a\|_w)$，其中 $\|X - t_a\|_w$ 是输入向量和模板之间的加权距离，向量 w 包含了权重。（这些空间圆函数称为径向基函数，或RBF。）输入层和RBF层一起构成了表征模块。在最后一层中，单机制决策模块计算了RBF中激活的线性组合：$Z = \Sigma_a c_a y_a$。Z 的负值和正值对应于左上和右上的响应，隐式地假设偏差为零。接下来再增加决策噪声[6]。最后，学习模块随着模型在每次试验中接受刺激而更新权重。观察者“学习”了RBF单元的空间位置，并逆向决定权重，这是一种监督学习的形式。作者推测，在没有反馈的情况下，如果实验包含较大的偏移刺激，内部训练信号可能可用。

该开创性的模型采用了线性－非线性－线性的“三明治”夹层结构，其中内部表

征层的非线性计算与线性输入层和决策层相结合。(该模型的第一个版本还在无监督学习阶段增加了新的基函数单元来解决快速知觉学习，随后的监督学习解决了在长时间训练过程中较慢的知觉学习。) 虽然 HBF 的设计主要是为了解决任务学习，但这些改进是针对训练刺激的特定方面，比如线的方向、长度和它们之间的差距。

作为最早计算实现的知觉学习模型之一，HBF 是一个分水岭。尽管如此，它早期还是受到了一些批评：它缺少基函数之间的相互作用；使用生物学不可信的数学方法；预测接近偶然的初始表现，这在人类的表现中很少发生；未能在表征或决策中加入噪声，以预测随机性能；最后，尚不清楚该模型如何解决其他经验现象，如不同形式的反馈 [11]。

随后对 HBF 模型进行的一系列修改，旨在解决各种局限性 [6]。较新的变化保持了相关输入表征的数量为 8，同时添加随机输入单元，以模拟内部表征中的低水平噪声，用径向基函数代替中间层的有向基函数，并在输出层上增加了决策噪声。由此产生的模拟结果可以解释一些刺激操作的影响，比如线之间的偏移量的大小、线的长度，以及它们之间的距离，对学习和迁移的影响。另一项模拟研究通过比较两个监督学习规则和两个无监督 / 自监督学习规则来研究学习模式 [6]。对于监督学习，正确的反应是已知的；自监督学习假设在具有大偏移量的试验中存在内部反馈；而基于体验的规则只是适当地限制初始连接权重为正或负。作者倾向于自监督或无监督的学习规则，因为有时候学习是在没有外部反馈的情况下进行的。总的来说，这一系列论文描述了任何视觉知觉学习模型都必须解决的许多问题。因此，这为该领域内许多设计的选择做了铺垫。

在 HBF 及其分支的基础上，我们开发了一个类似的模型来学习随机点运动中的全局运动判断（图 6.3）[8]。以每个点的运动向量为输入，基于活动的加权平均值和有噪声的阈值函数，类 MT 单元的活动被调整到不同的运动方向（左或右），这些运动方向整合在与整体运动一致的大型感受野上。(在不同的版本中，整合要么通过对局部响应相乘，要么通过对局部响应求和。) 最后，学习是通过基于体验的规则或自监督的规则实现的，两者本质上都是 Hebbian。该模型不仅实现了学习，还预测了信号点的比例和点的总数对学习性能的影响，而且它还预测了对训练方向的完全特异性。研究人员将这些改进描述为学会忽略噪声。

这些模型的其他几个变体探讨了循环（反馈）和前馈权重的使用。在一个模型中，循环网络连接通过对输入刺激的“预处理”，在线性与非线性前馈分类之前“清理”输入，从而得出结论，学习不能“更好地编码刺激，而是以特定任务的方式修改神经响应，不太可能改进其他任务刺激的编码或表征 [7]（p.224）”。在这些变体中，决策基于从表征到决策的前馈连接的证据，而学习改变了反复出现的权重。另一个模型还提出，学习是通过注意力和反馈引导下的循环连接发生的（图 6.4）[4]，其目标是通过不断尝试反馈、块反馈、不相关反馈、有偏反馈和无反馈来实现差异学习 [12]。这还涉及三层前馈结构（输入层、隐藏层和两个竞争单元的输出层），并结合监督或自监督的指示信号，使这些信号驱动特定任务的自上而下的抑制，该抑制周期性地修改从输入层到隐藏层的权重。本质上，这个粗略的模型通过对任务相关的自上而下的抑制连接的重加权来学习[13，14]。

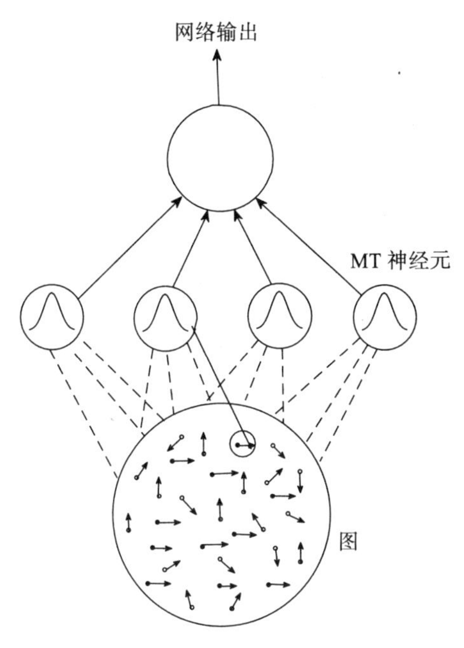

图 6.3　判断整体运动方向的模型。箭头表示信号点（黑圈）的运动方向和噪声点（白圈）的随机方向。MT 神经元编码不同方向的运动，输出决策反映了所有 MT 神经元的加权平均值。引自 Vaina、Sundareswaran 和 Harris[8] 的图 4，已获许可

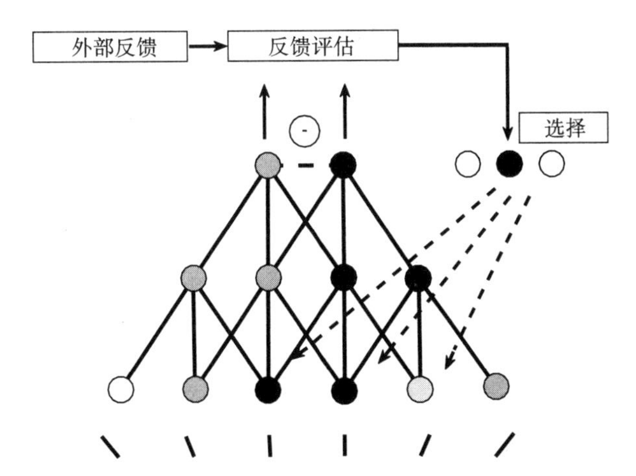

图 6.4　一种基于反馈的超锐度知觉学习扩展模型，基于反馈和三层前馈模型中的赢者通吃决策自上向下进行权重修改。引自 Herzog 和 Fahle[4] 的图 5，已获许可

这些经典模型通过在带有若干学习规则的三层结构中重加权，探索了学习的理论基础，但也为未来的模型留下了足够的空间，以更好地解决本章开头所描述的挑战。关于挑战 1，这些模型的感官表征往往是抽象和简化的，而内部噪声是捕获行为的随机方面所必需的，只在少数情况下被包括在内。关于挑战 2，之前的研究旨在预测学习，很少关注更复杂的结果。（这种对简单行为现象的关注是可以理解的，因为当时知觉学习实验也非常简单。）关于挑战 3，学习规则通常只是为了学习而测试，所以很少考虑其他操作[4, 6]。许多模型使用监督学习规则，而一些关于反馈的研究需要无监督和监督混合的学习规则来解决（有关此问题的进一步讨论，请见第 7 章）。此外，先验知识的潜在作用通常被忽略了。关于挑战 4，稳定性是这些模型的隐性特征，因为几乎所有模型都使用了某种形式的前馈重加权，使得底层表征基本没有变化[4, 6]。关于挑战 5，有时会提到生物学的合理性，但很少系统地检查（许多学习规则将在生物学上被认为是不合理的）。最后，大多数模型未能定义如挑战 6 中所述的验证和测试的要求。用于测试该模型的实验范式需要用于指定内部噪声的方法，就像在 PTM 的测试中使用的那样（详见第 4 章）。

6.3　重加权假设与 AHRM 模型

自早期经典模型问世以来，已经进行了数百项视觉知觉学习的实验研究。随着这些数据集的增长，我们现在有了更广泛的现象，可以根据这些现象来测试模型。在这一节中，我们将转向我们自己的模型（即 AHRM），以及它如何解释一系列经验现象，同时应对基本的设计挑战。

6.3.1　通过通道重加权进行知觉学习

尽管如今经典的计算模型得到了发展，但在行为学和生理学文献中，主要的理论立场是，视觉知觉学习是早期皮质感官表征的可塑性重新调整的结果。大约从 20 世纪 90 年代中期以来，行为和生理方面的文献一直受到与 V1 编码属性相关的任务中异常特异性的开创性观察的推动。这些观察结果导致了一个主要的观点，即视觉知觉学习的主要基础是早期皮层感官表征调谐的可塑性。

我们自己的方法专注于另一种假设。我们的目标是考虑有多少视觉知觉学习实际上可以通过重加权来解决，本质上是通过改进预编码信息对决策单元的“读取”。我们的建议最初来源于早期通过外部和内部噪声对视觉学习的分析（如第 4 章所述），它也来自可塑性应该与稳定性保持平衡的认识。我们认为，如果早期的感官表征随着新刺激的反应而不断变化，其结果将是不稳定的。我们的重加权理论表达了这样一种观点，即保持感觉系统的稳定校准必须是系统的整体目标。

这一领域中最早的一些外部噪声研究，让我们考虑通过重加权来解决知觉学习实验，他们使用 PTM 模型来分析学习是如何改变观察者的信号和噪声特性的（见 4.4.1 节）。在外部噪声排除和内部加性噪声（在两个精度水平下使用 TvC 函数进行测量）中，知觉学习显著地将对比度阈值降低了两倍[15]。这反过来又导向了我们最初提出的建议，即通过在多通道观察者中进行重加权来学习（见图 6.5）[13, 14]。我们的结论是“知觉学习主要是为了选择或加强适当的通道，并删除或减少来自不相关通道的输入。维护或加强最紧密相关的视觉通道和学习的分类结构之间的连接，而减少或消除来自其他通道的输入”[13]。

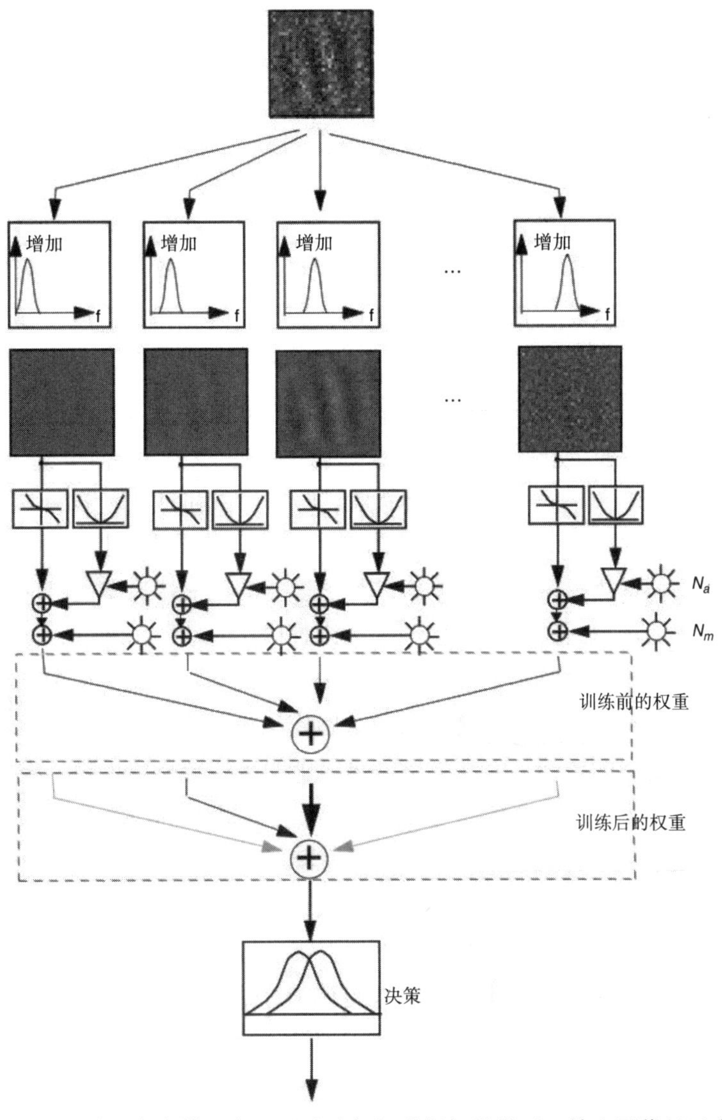

图 6.5 在多通道观察者模型中，通过重加权进行知觉学习。输入图像经过多个具有非线性和内部噪声的感觉通道（此处显示为对不同的空间频率和方向敏感）处理。根据 Dosher 和 Lu[13] 的图 3 改编

学习可以在不假设任何单个感官通道重调谐的情况下得到解决，但这在逻辑上并不排除单个通道重调谐的可能性。这种多通道重加权也提供了视网膜位置、空间频率和方向的特异性解释，因为这些特征在早期视觉皮层中有视网膜的表征。因此，重加权（选择性读取）可以解决特异性问题。（Mollon 和 Danilova 独立提出，特异性只需要从低层通道中读取，而不需要重调谐 [16]。）

其实在最初的重加权方案中，我们绘制了知觉学习的多通道模型（图 6.5），其中多通道的非线性和噪声响应被加权到决策中。下一步是实现多通道模型和重加权假设，并进行知觉学习实验，以生成用于测试内部噪声、非线性，特别是学习规则的丰富数据集。AHRM 是对这一挑战的回应。

6.3.2　AHRM 的发展

AHRM 直接源于学习反映多通道重加权的观点。和许多经典模型一样，AHRM 包括一个感官表征模块、一个决策模块和一个适合于每个任务定义的学习模块。感官表征模块模拟早期视觉皮层（V1）的特征神经元特性，它计算表征单元的噪声激活，然后对这些激活进行加权，以做出决策。最后，模型通过使用混合或半监督 Hebbian 学习规则更新权重来学习。在整个过程中，内部噪声在性能和学习方面都是一个限制因素。正如我们将看到的，这种混合的方法被证明是非常成功的。虽然重调谐以前是知觉学习主要的理论解释，但现在还包括重加权机制。

最初的 AHRM 是由 Alex Petrov 开发的，它实现了知觉学习的多通道模型，是涉及空间模式判断（如方向辨别）的应用（图 6.6）[2，3]。表征模块根据输入模式对方向和空间频率单元的激活进行编码。决策模块根据表征的激活情况做出方向判断。非线性决策单元将来自表征激活的加权证据和来自偏置单元的输入相结合，该偏置单元旨在平衡两种选择中的响应。学习模块使用带有偏差控制和反馈机制的 Hebbian 学习，对从表征单元到决策单元的连接进行重加权。在模拟响应之后，在 Hebbian 学习更新权重之前，如果有明确的反馈，那么将决策单元中的激活转移到正确的响应上。在没有反馈的情况下，学习是无监督的，可以直接提取激活表征和决策之间的相关性。在拟合数据时，模型精确地重复了实验：它接受观察者看到的刺激图像，对实验产生预测决策，在实验中学习，并使用这些数据进行分析。

表征模块的处理比大多数经典模型更加真实，具有非线性、限制内部噪声和归一化等早期视觉反应的特征。这个前端模块应该与 PTM 的噪声特性保持一致，而 PTM 之前用于表征观察者状态的变化（例如，学习、注意、适应；参见第 4 章）[13，14，17-24]。内部噪声给预测带来了随机性。初始权重的设置反映了一般的先验知识。通过这些方式，AHRM 旨在解决前面指出的许多建模挑战。正如我们将看到的，AHRM 的设计允许它做出与外部噪声研究中测量的机制一致的预测，对反馈可测试的预测（见第 7 章），以及对刺激的特异性学习的预测。实现的进一步细节详情见本章附录（6.8 节）。

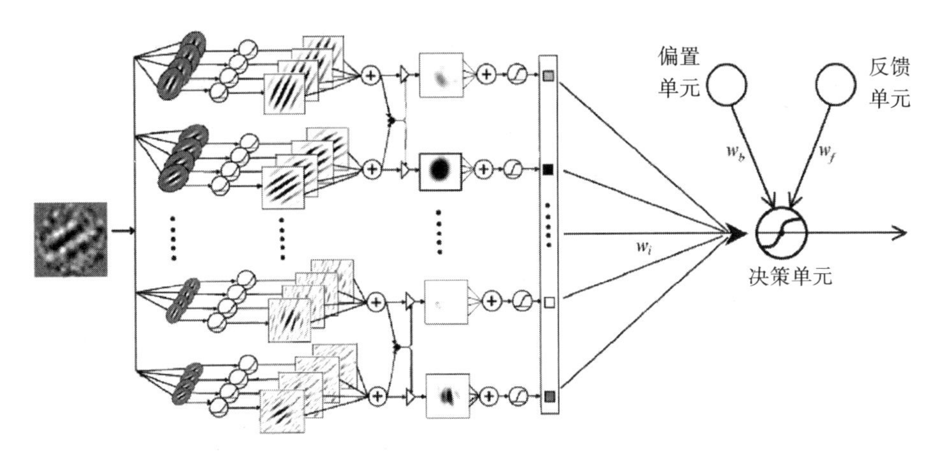

图 6.6　增强型 Hebbian 重加权模型（AHRM）。该模型采用刺激图像（最左），并在模拟早期视觉系统编码的表征模块中处理（左），以生成在决策模块（右）中加权的表征激活（垂直矩形）。在实验结束时，学习模块通过反馈和偏差控制增强的 Hebbian 学习来更新权重。模拟重新创建实验序列以做出预测。根据 Petrov、Dosher 和 Lu[2] 的图 6 和图 8 改编

随后的变体用特定刺激领域的替代表征模块代替了表征模块（例如，运动的方向或点游标任务）。最后，AHRM 被细化为一个集成重加权理论（IRT），包含（位置）不变的表征隐藏层以涵盖位置转移的各个方面（详见第 8 章）。

尽管受到了人类大脑特征的启发，但 AHRM 架构仍然是简化和抽象的。它将关键模块简化为其要点，以研究重加权或改变“读取”的学习原则。该框架还可以提供一个结构，其中包含可以在未来开发的更复杂的、中立的表征、决策或学习模块。

6.4　AHRM 的测试和应用

AHRM 模型已应用于一系列视觉学习的经典问题中。在这些应用中，大多数模型都适用于实验数据（在许多模型应用中，行为数据的预测模式和观察到的模式之间存在相似性）。

将模型准确地拟合到数据中需要估计其参数值，这通常是使用分层网格搜索方法来完成的。首先评估一个空间参数值的矩阵，然后缩小到更合适的参数空间。因为要处理添加到刺激中的外部噪声、模拟表征中的内部噪声和决策中的许多不同样本，所以每个模型拟合可以适度地密集计算。这还取决于预测参数的数量和模型的内在复杂度。模拟通常会运行很多次（成百上千次）来生成平均预测和置信区间。模型的每一次运行都会导致不同的响应序列，每个模拟观察者的权重变化也有所不同。由于内外噪声和不同的随机试验序列所产生的随机试验变化。从一次模拟运行到下一次模拟运行的性能差异可能表明了个别观察者之间结果的差异。

虽然 AHRM 有许多参数，但我们根据生理学先验地设置了许多参数值（例如，表征模块的方向和空间频率表征的带宽），还有些参数在最初的应用中进行了估计，在学习中保持不变[2，3]。在大约 15 个核心参数中，大多数（通常是 9 或 10 个）是固定的，而其余四五个的值略有变化，这与在特定实验中观察到的人类数据相匹配。这些可变参数值包括内部噪声、模型学习率、反馈和偏置控制的权重，有时还包括非线性决策。此外，初始权重通常设置为包括刺激域和任务指令的一些知识（例如，顺时针方向或逆时针方向的单位活动的初始权重分别设置为负值和正值）。这是为了考虑实验数据中的初始异常，不能与随机初始权重相匹配。探索性模拟表明，在计算数据方面，表征带宽或初始权重的适度变化远低于某些变量参数，如内部噪声和学习速率参数。

如下面几节所述，到目前为止，原始的 AHRM 模型在计算人类数据方面做得相当好。

6.4.1 非稳定环境下的知觉学习

我们最初的 AHRM 开发和测试基于相对复杂的实验，以该领域的标准来看，这个实验的目的是通过反复切换任务环境来提高学习的稳定性[2，3]。观察者判断了嵌入外部噪声的 Gabor 刺激（倾斜右上方或倾斜左上方）的方向，而外部噪声本身主要是向左或向右。（两个任务的关系为 D 类，见第 3 章。）Gabors 具有低、中或高对比度（图 6.7）。相比之下，操作响应精度的变化也限制了对系统非线性、系统信号和噪声特性的预测（见第 4 章）。

为了测试在学习中使用的架构和规则，我们选择了重复交替的设计。在第一个外部噪声方向的单个块后，外部噪声方向在每 8 个试验块后交替，总共有 5 次转换（每块进行 300 次试验）。此外，为了更充分地理解学习规则的本质，一组独立的观察在有反馈和没有反馈的情况下完成了这项任务（在不同的实验中）[2，3]。原则上，在具有隐藏层的网络中使用的完全监督反向传播学习规则应该能够通过学习两个外部噪声环境下的不同权重结构来克服转换成本，就像在排他或异或（XOR）问题中那样[25]。相比之下，在一个不那么复杂的网络中的 Hebbian 学习机制，即使是一个通过反馈监督增强的网络，也应该继续显示出持续的转换成本。

人类数据显示了许多预期的结果，但也有一些令人惊讶的结果。对于反馈训练的观察，观察到的可识别性（d'）显示出了通过训练块学习的过程，但每当外部噪声方向变化时也显示持续的切换成本（见图 6.7）。更高对比度的刺激当然会导致更高的反应精度。然而，这些可识别性曲线（在 d' 计算中）未能显示对比度和一致性之间明显违反直觉的相互作用（图 6.8）。同时，值得注意的是，在同等条件下（例如，在右倾斜的外部噪声中的右倾斜 Gabor）增加对比度，对响应精度有轻微的负面影响。只有在不一致的刺激下，较高对比度才能改善性能（例如，右倾斜的外部噪声中的左倾斜 Gabor）。AHRM 预测了这种不寻常的数据模式（见图 6.8 中的曲线）。第二个实验训练了在没有反馈情况下的观察者，发现了相同的学习模式，具有持续的切换成本和相似的一致性效果，学习主要是在总体的偏差水平上有所不同 [3]。在接受反馈训练的组中，外部噪声方向的净偏差为 57%，而没有反馈训练过的组的净偏差为 64%。

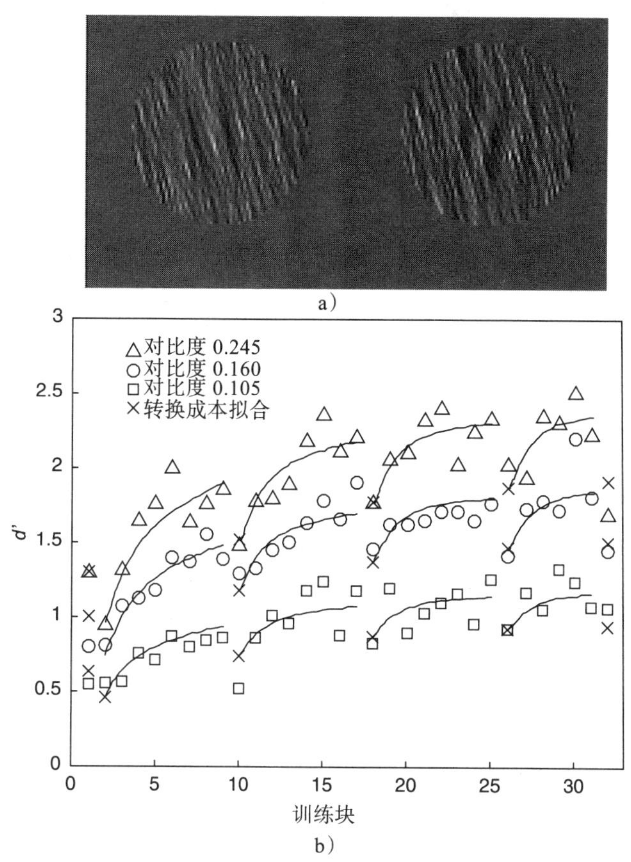

图 6.7　在交替的外部噪声环境下测试样本刺激。a）这里显示的是与外部噪声方向一致（倾斜左上方）或不一致（倾斜右上方）的左向外部噪声。b）将 Gabors 的三个对比度的可识别性作为训练块函数曲线。引自 Petrov、Dosher 和 Lu[2] 的图 1 和图 3

AHRM 为这种数据模式提供了自然的解释（见图 6.8 中的预测曲线），该模型的几个特点促成了它的成功。对比度系统的效应可以通过表征模块中的刺激变换来解释，其中包括非线性增益控制和内部噪声。与数据类似，该模型仅显示了对不一致刺激的巨大反差效应，对不一致刺激的反应精度只有非常小或轻微的反向影响。虽然乍一看，这一发现是违反直觉的，但实际上它是合乎逻辑的；对主要由外部噪声中无关方向能量驱动的表征单元来说，降低权重是有意义的。反过来，这也降低了来自一致性刺激的影响。虽然该模型在跨模块的训练中学习，但也承受了外部噪声方向的转换成本。在不同的外部噪声环境下，各方向之间争夺不同权重的推拉行为交替发生，而偏向于相关取向和空间频率的权重则通过学习而增加。

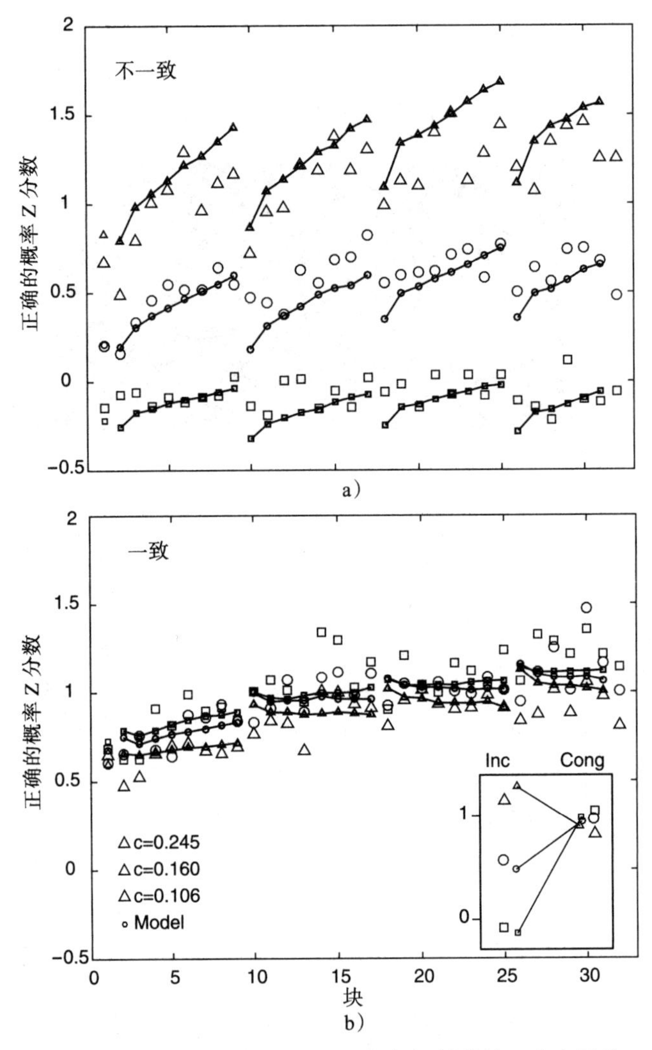

图 6.8　性能精度，显示为不一致（a）和一致（b）刺激的三个水平的 Gabor 对比度在训练块上反应概率的 Z 分数。数据是浅色的符号，AHRM 是深色符号和线条。引自 Petrov、Dosher 和 Lu[3] 的图 7

图 6.9 所示为最佳拟合模型的权重，该模型在连接表征和决策的权重的变化值中运行，为了解学习如何展开提供了一个途径。考虑到在训练开始时的高概率表现，模型中的初始权重包括了关于方向的先验知识、逆时针方向为负和顺时针方向为正的规定。在训练过程中，对 Gabor 目标的空间频率和方向最敏感的表征的权重增加，而其他表征的权重则减少。在该模型中，由于调整了其他外部噪声环境的权重而不再是最优的，且不一致权重的变化大于一致权重的变化，导致了转换代价的产生 [2, 3]。

为了进一步理解该任务的最优权重结构，我们进行了单独的分析，发现刺激下的二维空间频率 / 方向空间中的最优决策边界是近似线性的，尽管在两种外部噪声环境下有所不同。此外，该模型还预测，有反馈和没有反馈的学习是相似的，因为即使没有反馈，高对比度刺激也能提供好的信息。另一方面，当外部噪声发生变化时，偏差校正对于无反馈学习是必不可少的。在这种情况下，学习和性能通常在第一次进行外部噪声转换后不久就变得不稳定，进而导致精度损失，在没有偏差控制或反馈的情况下无法恢复性能。当有反馈时，它通常支配着偏差控制的影响。

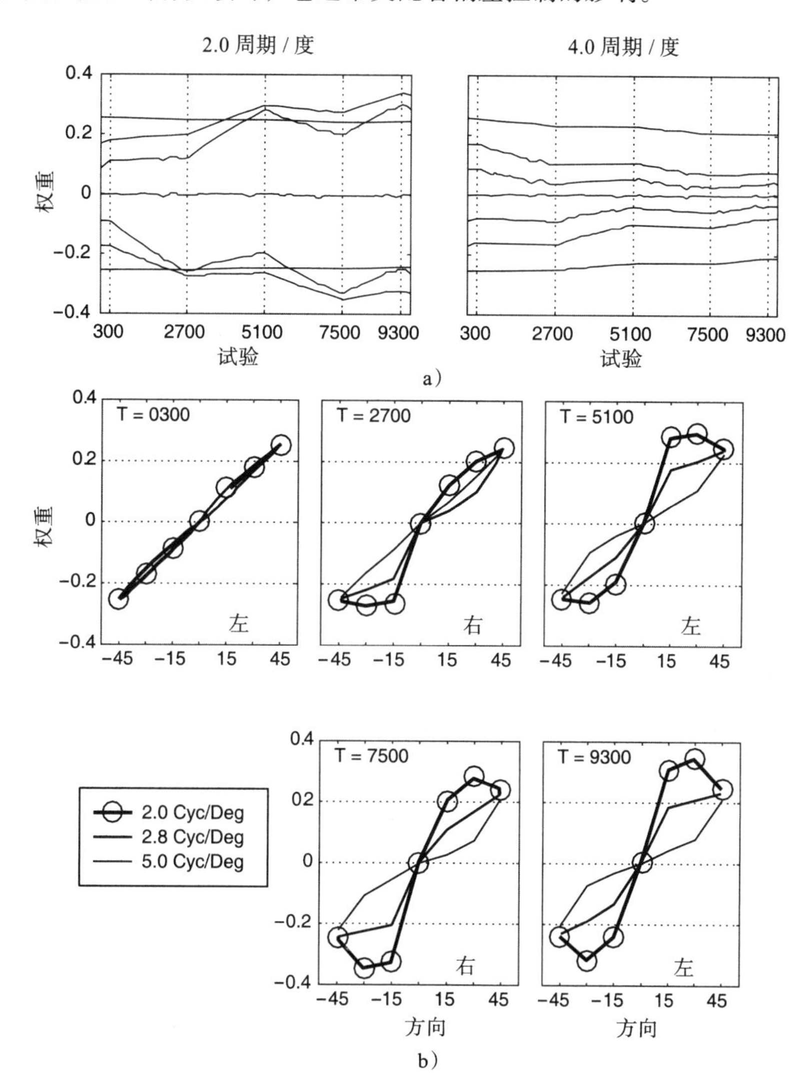

图 6.9 在最佳拟合 AHRM 模拟的外部噪声转换的学习过程中，权重随反馈而变化。a）以目标频率（每度 2 个周期）和另一个频率（每度 4 个周期）为中心的单位权重轨迹，每个方向都有线。b）在每个训练环境时期结束时的权重（T）。在大多数方向附近的权重随着环境的变化而变化，显示转换成本。引自 Petrov、Dosher 和 Lu[2] 的图 11

AHRM 使用了没有隐藏层的简单架构，以及增强型 Hebbian 学习规则。这并非偶然，而是为了适应观察到的数据而做出的调整。因为我们将实验的结构视为异或问题，我们首先拟合了一个具有隐藏层和反向传播学习规则的网络模型。然而，这个模型的学习功能太强大了，因而无法适应行为数据，它调整得太快，最终降低了转换成本。这使得我们得到了一个将无监督学习和监督学习结合起来的层次和规则更少的网络模型。幸运的是，这种形式的 AHRM 后来被证明可以适用于许多其他实验。特别地，混合学习规则已经被证明对预测反馈的行为影响至关重要（见第 7 章）。

AHRM 的设计目的是通过重加权稳定早期表征进行学习，同时也提供了一个评估早期知觉重调的框架。在单独的模拟中，我们测试了各种重调谐方案（例如，缩小调整到目标附近的单元、所有单元和其他方案的定向带宽）。模拟的结果显示，在性能上只有相对较小的改进，与观察到的行为改进相比，最佳方案 d' 中产生了 10% 的改进，但行为改进需要大一个数量级 [2]。然而，有趣的是，这 10% 的预测与 V1 对猴子行为反应的细胞重调谐贡献的预测一致（见 5.4.1 节）。从纯理论的角度来看，将新重调谐的表征中携带的信息转换为提高决策精度的能力，也需要改变读取方法，以便新学习的权重可以利用改变后的表征。更改编码方式的同时也需要更改解码方式。（如其他地方所讨论的，此模拟分析未包含相关的内部噪声或其对性能的潜在影响 [26]。）

这些有意改变环境的实验通过表征、决策、偏差控制、反馈以及学习规则和网络架构等模块，对重加权框架提出了挑战。然而，重加权已经能够很好地应对这些复杂的知觉学习模式。

6.4.2　知觉学习的基本机制

为了进一步检验 AHRM 模型，我们检验了它对早期外部噪声学习机制的解决能力。在 PTM 和外部噪声分析中确定了三种可能的机制：刺激增强、外部噪声排除和乘性噪声降噪 / 增益控制变化 [13，14]。在以前的数据集中还没有找到关于第三种机制的证据。（有关这些机制的描述，详见 4.4.2 节。）

一项模拟研究发现，AHRM 中的重加权确实可以解决联合刺激增强（零或低外部噪声的改进）、外部噪声排除和滤波（高外部噪声的改进）的典型模式。该模型适用于实验数据，实验在 8 个外部噪声水平下训练方向识别（ ± 12° Gabors），阶梯有两个精度标准，从而在所有外部噪声水平上降低了约 65% 的对比度阈值 [13，14]。该模型与数据非常吻合（图 6.10），占方差的 95.3%。同样地，重加权考虑了低水平和高水平外部噪声的改善，对应于刺激增强和外部噪声排除的混合。它还预测了两个精度标准水平之间的阈值偏移（对数尺度上的位移不变性，排除了增益控制或 PTM 分析中非线性的变化）[14]。选取部分内部噪声参数来拟合初始阈值后，选取学习率拟合数据，数据的所有剩余特性都脱离了模型结构。

对训练后模型权重变化的研究显示，在调整到接近 Gabor（每度 2 个周期， ± 12°）的空间频率和方向时，模型权重增加，而在不相关的空间频率和方向时，模型权重略有下降（详见 Lu、Liu 和 Dosher[27]）。最终的模型权重接近通过在高对比度和零外部噪

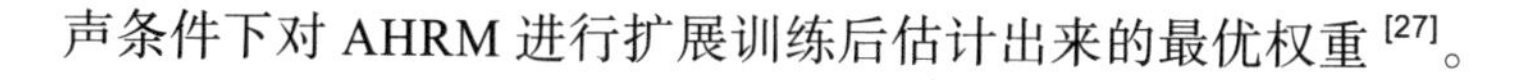

声条件下对 AHRM 进行扩展训练后估计出来的最优权重 [27]。

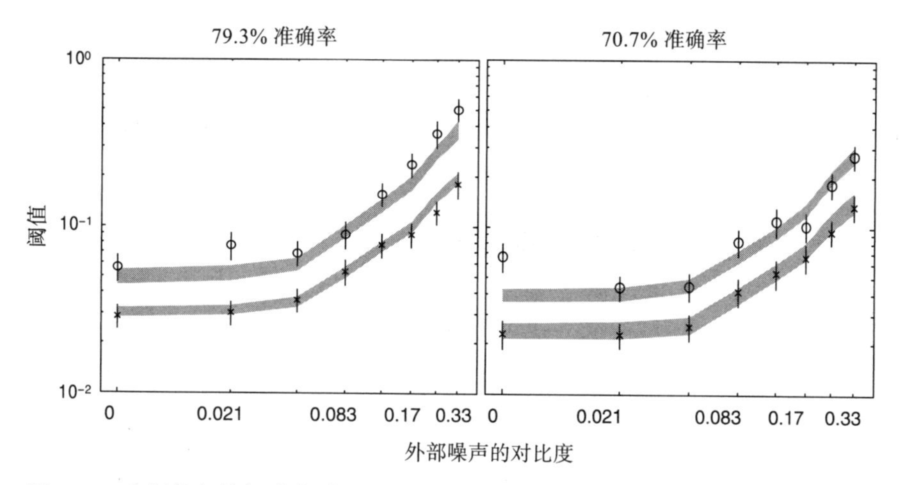

图 6.10 在阈值与外部噪声对比（TvC）曲线的两个精度水平上，AHRM 模型适合于定向辨别的知觉学习，比较早期（高阈值）和晚期（低阈值）水平的训练，显示在低、高外部噪声和在行为数据中发现的不同阈值精度的改善（见 4.4.2 节）（数据以符号表示，模型预测以灰色带表示）。根据 Lu、Liu 和 Dosher[27] 的图 4 重绘，数据来自 Dosher 和 Lu[13]

6.4.3 高噪声和低噪声下学习的非对称迁移

在 6.4.2 节中，当观察者接受所有外部噪声水平的混合训练时，AHRM 与性能的改进一致。然而，其他训练协议在零外部噪声和高外部噪声测试之间的学习和传输中产生了奇怪的不对称性 [28]。结果表明，AHRM 模型仍能较好地预测这些实验结果。在进行了零外部噪声和高外部噪声的预测试后，一组数据接受零外部噪声训练，而另一组接受高外部噪声训练。然后，每一组继续在转换条件下进行一项周边方向识别任务的训练（垂直 ± 8° 周边测量对比度阈值为 75%，在中央处执行 RSVP 任务如 3.4.3 节所述；见图 6.11）。在零噪声或高噪声环境下进行训练都会产生学习效果（$\log_{10}$ 对比度阈值和 $\log_{10}$ 训练块的负斜率），但零噪声环境下的训练几乎完全转化为高噪声环境下的测试，而高噪声环境下的训练对零噪声环境下的表现几乎没有什么好处。直观来看，这种不对称的转移似乎对重加权构成了挑战，但 AHRM 在处理这一问题上做得很好。

在两组训练中，与任务和刺激相关的表征的权重随着练习而增加，而其他权重则随着练习而减少（参见文献 [27] 中的权重）。在无外部噪声的情况下，训练的权重变化得更快；随后，在高外界噪声条件下进行的训练，权重有轻微的损失。在零外部噪声中的广泛训练能够达到近似于最优权重的结构，而在外部噪声中的训练永远不能达到，因为外部噪声使权重向随机方向偏离，从而偏离了最优权重状态。这些外部噪声的不稳定影响导致了训练和迁移的不对称性。

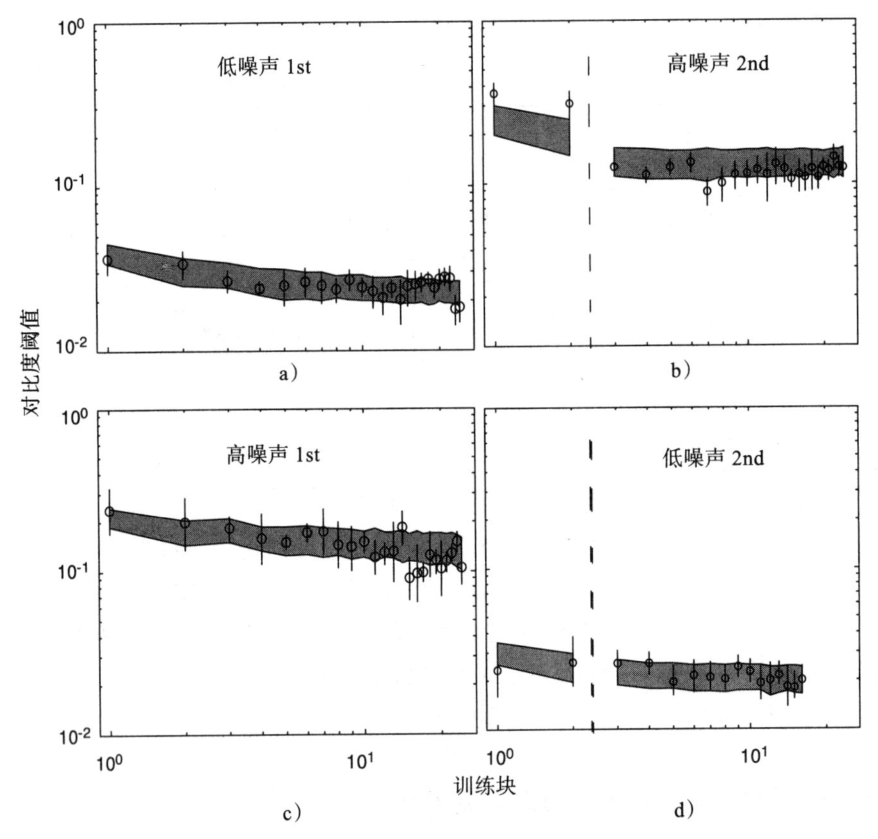

图 6.11　AHRM 模型（灰色带）解释了在低和高外部噪声训练的方向判断中迁移的不对称性，以对比度阈值（符号）来测量。首先学习从低噪声（a）迁移到一组高外部噪声（b）中，而高噪声（c）中的学习并不能提高在低噪声（d）中的性能。根据 Lu、Liu 和 Dosher[27] 的图 8 重绘，数据来自 Dosher 和 Lu[28]

6.4.4　预训练机制的影响

AHRM 还提供了在零或高外部噪声环境下进行预训练后的学习，其效果在左右运动方向识别中得到了证明。

在本研究中，三组数据接受了不同的预训练：没有预训练、高外部噪声的预训练和零外部噪声的预训练[29]。高外部噪声或低外部噪声的预训练将左右运动识别的相应对比度阈值分别降低了约 37% 和 44%。然后，在主实验（共 10 000 次试验）中，三组数据都接受了多层次的外部噪声的训练。在随后的主要实验的训练中，在无预训练的组中，所有外部噪声水平的阈值降低了约 41%；在高外部噪声的预训练组中，低外部噪声降低约 55%，高外部噪声阈值降低约 25%；在零外部噪声的预训练后，任何外部噪声水平的阈值降低只有大约 5%。在零噪声条件下进行预训练几乎可以完成完整的学习过程。(应当指出的是，三个观察者的阈值也有所不同。) AHRM 对主实验数据有很好的拟合，如图 6.12 所示。

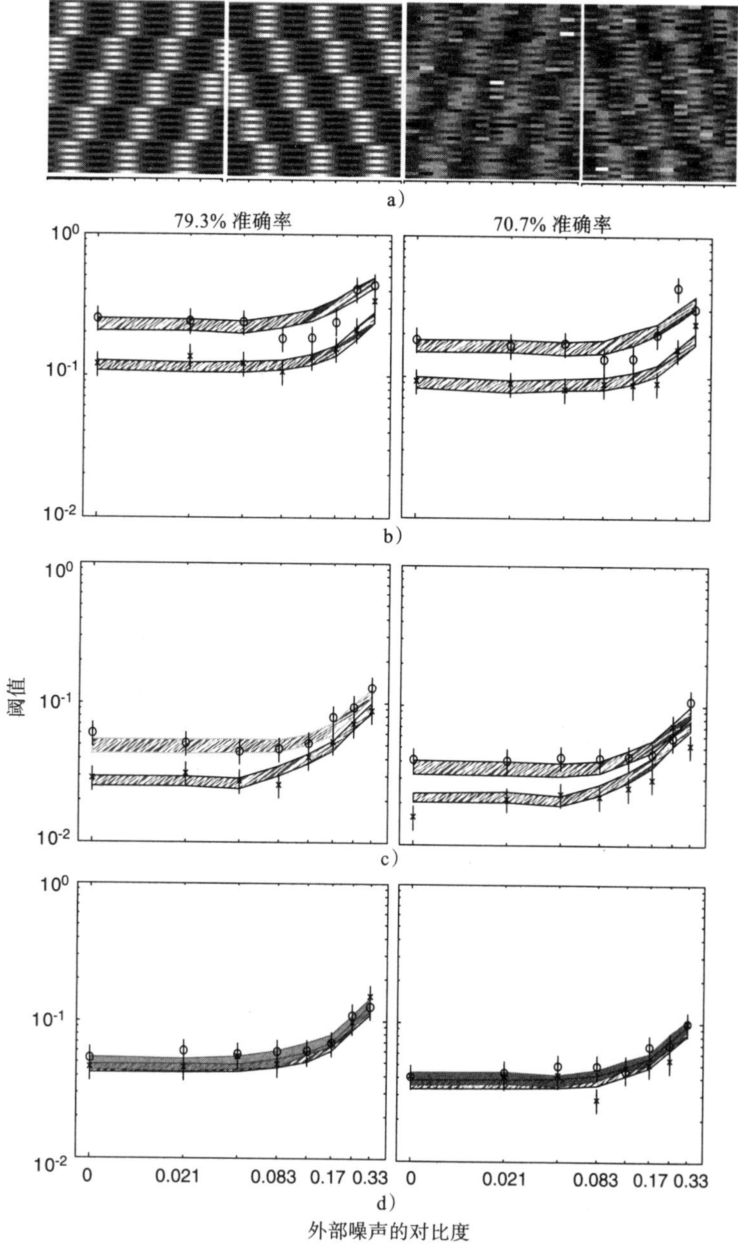

图 6.12　不同预训练后，学习区分不同外部噪声的左右正弦运动方向。在没有进行预处理（b)、高外部噪声预处理（c）和零外部噪声预处理（d）的情况下，在两个精度水平上对主任务进行学习前后的样本运动刺激（a）和对比阈值数据（符号）；AHRM 的拟合显示为灰色带。根据 Lu、Liu 和 Dosher[27] 的图 7、8 重绘，数据来自 Lu、Liu 和 Dosher[29]

零外部噪声的预训练在增加相关单位的权重时比高外部噪声的训练更有效，而高外部噪声的预训练在降低无关单位的权重方面更有效。AHRM 的这种应用利用空间和时间中的运动，以及 x 和 y 中的方向之间的类比来编码正弦波的运动刺激 [27]。（空间频率和方向调整表示处理了 5 帧正弦亮度运动，帧之间有 90° 相移，就像它们是 x-y 而不是 x-t 图像一样。）一个运动的感觉输入的模型，类似于在 V1 和 MT/MST 水平上的输入，随后被开发用于处理点运动 [30]，并已应用于运动域中的其他学习现象。

6.4.5　多任务的协同学习分析

在知觉学习中发现的另一个重要的经验现象是学习对任务的特异性。如果知觉学习是通过重调谐来实现的，那么在共享相同感官表征的不同任务中，学习应该是相互作用的，因为一个任务中的初始训练会改变另一个任务中使用的感官表征。相比之下，两种不同任务的决策结构通常通过重加权理论来完成，从而实现独立的学习和预测。

为了解决这些问题，AHRM 模型在实验中进行了测试，每 10 个块交替进行二分训练和游标偏移任务（见第 3 章）[31]。任务中使用了同样的刺激（在二分法中，中间点接近两个外部参考点的顶部或底部，而在游标法中，中间点接近参考点的左右，初始阈值偏移设置为标准的 70.7%）。人类数据显示，在这两个任务中，学习基本上是独立的，类似于之前的训练研究，每个任务中只有一个阶段的训练（见图 6.13）[32]。毫不奇怪，AHRM 与独立的知觉学习相一致，因为这两个任务需要单独的决策结构。该应用程序使用了一个新的表征模块，它在径向基函数中编码位置，并在位置单元增加内部噪声和分裂增益控制。除此之外，该模型和 AHRM 相同 [2, 3]。这种实现与早期游标任务的径向基函数模型有关，但不同的是，它还包含增益控制、非线性、内部噪声和 Hebbian 学习规则 [5, 6]。

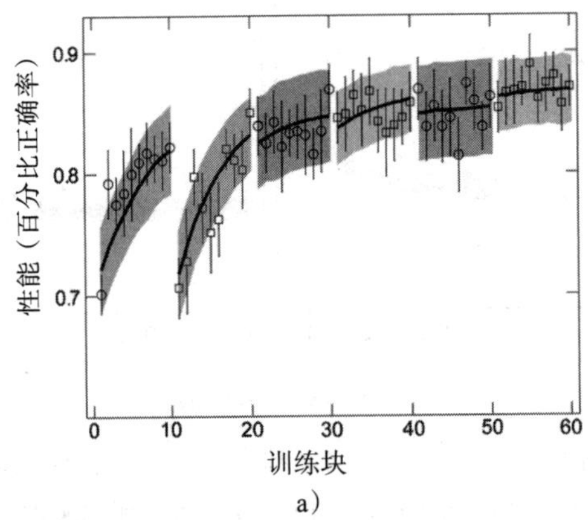

a)

图 6.13　利用交替任务训练对点刺激下的二分法和游标任务的协同学习，使用百分比正确率来衡量。具有前端编码空间位置的 AHRM 模型（具有分裂增益控制和内部噪声的径向基函数，未显示）(a 和 b)，以及两项任务的最佳拟合模型的权重图（c）。根据 Huang、Lu 和 Dosher[31] 的图 2 和图 6 重绘

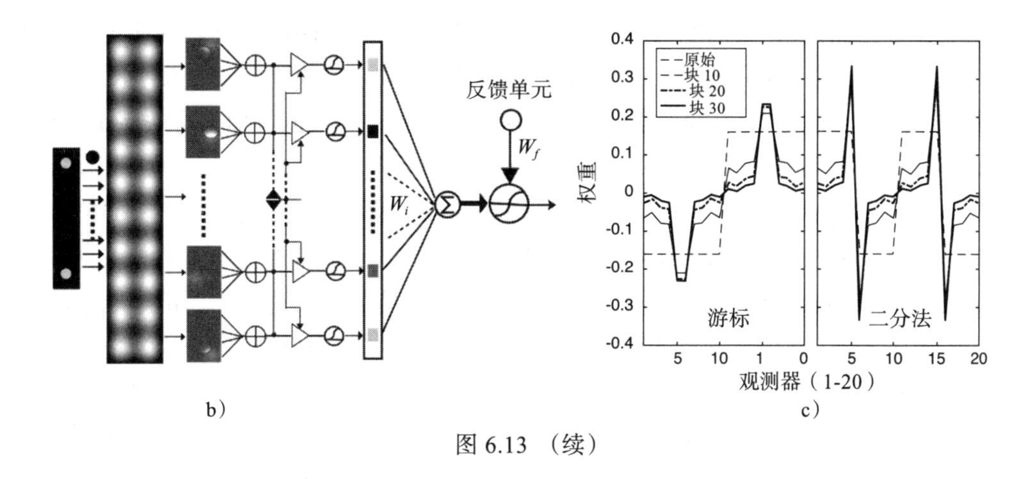

图 6.13（续）

6.5　学习的其他重加权模型

最近也提出了许多与 AHRM 具有相同架构，但可能具有不同的表征、决策和学习模块的模型。这些只代表了这种框架可以生成的模型的一小部分。

其中一个模型本质上是修改了经典的 HBF 模型来提高超敏度[6]。它用定向 Gabor 滤波器代替了中间层的单元，在响应中添加了简单的非线性，并使用了有监督规则（Widrow-Hoff 最小二乘损失）[33]。该模型（图 6.14）通过预测不同的线长度、分

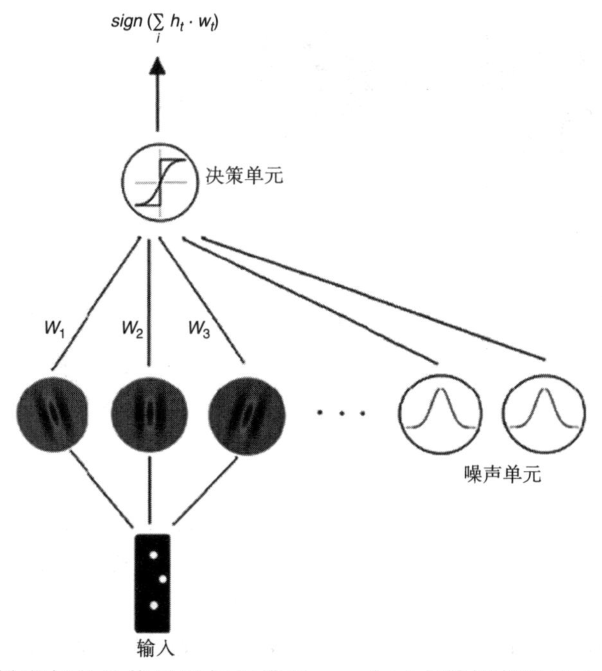

图 6.14　超锐度任务的修正重加权模型。一个三点游标刺激输入到有方向的 Gabor 基函数，其输出与噪声单元的输出被重加权到一个决策单元。根据 Sotiropoulos、Seitz 和 Seriès[38] 的图 1 重绘，已获许可

离、混合训练和转移到其他形式的超敏锐度的影响，对原始 HBF 模型的性能进行了改进 [34-38]。作者还将他们的模型与交替导向的外部噪声数据（但不符合一致性效应）相匹配，并指出这是“对 AHRM 的简化，包括在空间相位和尺度方面整合的多个阶段，具有复杂的操作，如响应标准化 [33]（p. 597）”。

另一种模型使用了 AHRM 的方向和空间频率表征模块，但替换了基于贝叶斯自适应精度池的不同决策和学习模块来预测倾斜判断 [39]。自适应精度池本质上是一种重加权的形式，它识别出驱动决策的少量感官输入，而忽略所有其他输入，留给决策的是一组稀疏的权重。精确池预测的精度远远超过了人类的实际精度。作者认为精确池预测模型是预测行为的上限，并强调了与贝叶斯范数相比，人类的效率相对较低 [39]。

另一个基于重加权的模型被开发出来，以解释猴子在运动方向判断的学习 [40]。该模型的架构类似于 AHRM，将表征模块替换为一个近似 MT 群体运动响应的模块，其重加权池用于模拟 LIP 中 MT 神经证据池的决策（图 6.15）。在该模型中，权重基于奖励期望误差（实际奖励和预期奖励之间的差异）进行更新，标记为强化学习。该模型适用于两种类型的左右运动方向数据识别：在具有 99.9% 运动一致性的试验中出现的错误率（标记为联想学习）和在运动相关性较弱的试验中出现的一致性阈值（标记为知觉学习）。该模型还预测了方向辨别的知觉学习精度仅为 ±10°，基于信息最多的神经元，这些神经元被假定为距离真实运动方向约为 40°。

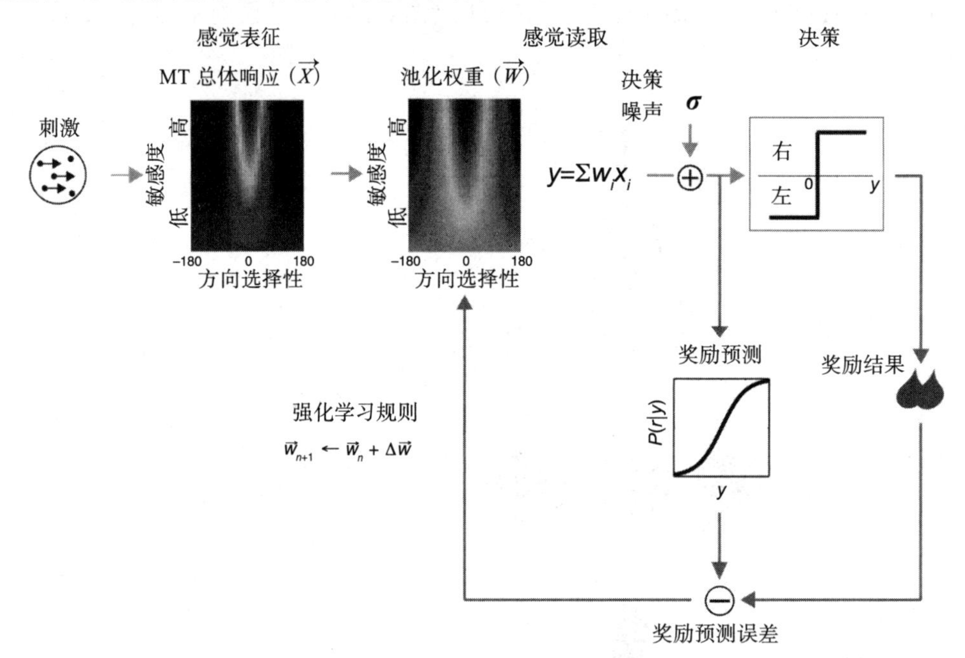

图 6.15　猴子的运动方向辨别的知觉学习重加权模型，参考 Law 和 Gold[40]。运动刺激激活一个类似 MT 的感觉表征，并通过权重结构传递到决策单元。由奖励期望与实际奖励之间的偏差所驱动的强化规则用于学习。引自 Law 和 Gold[40] 的图 1，已获许可

尽管它们在形式上有变化，但所有这些新模型也都是基于重加权知觉学习的原则，每个模型都使用类似 AHRM 的网络架构，取代其中一个或多个模型模块。在每一个项目中，重加权框架都成功地在数据上进行了学习。

6.6　总结

本章考察了许多视觉知觉学习的经典计算模型，重点关注了 AHRM 的结构，以及它如何解释一系列经验现象，最后简要介绍了近期类似的模型及其应用。每个模型都使用了一个专门用于刺激域的表征模块、一个专门用于任务判断的决策模块，以及一个基于神经网络理论的监督、无监督或半监督算法的学习模块。所有的模型都用某种形式的重加权来学习，几乎总是有稳定的初始感官表征。在测试过的实验中，重加权原则在解释人类行为数据方面是成功的。如果实际的学习将重加权与重调谐（表示增强）相结合，那么可能会将其纳入更广泛的重加权框架中。

AHRM 在许多方面超越了它的前辈，最显著的是它的表征模块的设计和噪声处理。经典模型通常使用符号化或简化的输入特征，而 AHRM 的表征模块被设计来模拟视觉系统对实际刺激图像的反应。AHRM 和其他相关模型的表征模块，包含了非线性和内部噪声，因此有能力各种各样的刺激做出预测。对具有不同对比度和外部噪声刺激的性能预测直接从“刚刚足够复杂”的表征计算中分离出来。AHRM（及其一些修改后的形式）也被证明可以有力地解释在多个任务领域的知觉学习的定量现象。它预测了转换成本的性质、不同外部噪声条件下知觉学习的机制、零和高外部噪声之间的不对称训练迁移，以及独立任务的协同学习。正如我们将在下面几章中看到的，AHRM 还组织了现有的文献，并对学习中的反馈、刺激和判断的泛化、多个任务的混合训练的影响以及学习的其他方面做出了新的预测。

最近一些具有类似架构的模型实现了替代表征或学习模块，同时保留了模型的基本架构。替代表征模块需要在一个新的任务领域进行预测（例如，将空间模式模块替换为表示运动或点位置的模块），而学习模块的变化似乎反映了对其他流行理论位置的偏好，如强化学习或贝叶斯推理。虽然这些替代形式成功地解释了知觉学习，但它们所应用的相应实验并没有设计对学习规则的有力测试。

我们最初的重加权实现和我们回顾的许多其他模型都使用了来自多个感觉通道证据的前馈重加权，有时称为通道重加权或改变读出[13, 14]。然而，重加权的概念很广泛——它并不局限于前馈连接。原则上，神经系统中的重加权可以通过许多连接方式发生：从一个模块或层到下一个模块或层的自下而上的前馈连接；来自高层模块的自上而下的反馈连接；模块网络之间前馈和反馈连接的相互作用；模块或区域内的循环连接。然而，纯粹的前馈重加权模型的广泛成功表明，它一般足以解释学习的行为测量，但也有来自生理学的证据表明，自上而下的信号会影响处理。综上所述，所有这些可能的配置（自下而上、自上而下和级别内）应该允许实现更灵活的重加权原则。

与此同时，经典模型和新模型都没有系统地解决那些学习需要寻找或创建神经元来表示由许多不同特征的组合组成的复杂物体或自然物体的情况。我们认为这种寻找或创造形式（在第 2 章中）能够解决所有可能的功能组合的组合爆炸问题。这与计算多个任务的方法没有什么不同，在这种方法中，模型简单地假设不同任务间存在新的决策单元和权重连接。未来的模型也许能够通过实现一个过程来解决这些问题，通过这个过程，寻找或修改神经元来表示高级视觉任务中固有的特征组合和子部件关系，同时保留选择性的重加权机制，这些机制在解决早期和中级视觉任务时非常强大。

最后，AHRM 提出了研究学习生理学的新方法。虽然早期的知觉学习定性理论早在 V1（甚至更早的 LGN）就提出了修正的皮层表征，重加权模型保持了最早的视觉表现层相对稳定。但对于那些具有多层架构的模型，将证据的权重从不变的低层调整到更高层的神经元，实际上改变了更高层的刺激表征。同样，新的决策神经元也必须用于新任务，因此新的权重结构将刺激表征与它们连接起来。重加权模型还强调不同处理模块之间的权重或连接。未来的生理学研究可能希望关注于测量权重及其变化。虽然到目前为止，在相对浅层的架构中前馈权重的调整已经为一系列知觉学习现象提供了很好的解释，但在更复杂、更强大、更灵活的多层网络中，前馈权重调整仍有待全面研究。遵循这一思路的一些努力将在第 8、9 和 12 章中讨论[41-43]。

6.7　未来方向

仅凭直觉是不足以评估所提出的学习原则如何在一个复杂的系统中协同工作的。由此可见，生成定量预测的正式计算模型至关重要。只有在一个正式的模型中，我们才能确定所提出的表征、决策和学习的原则是否以预期的方式运作，并做出直观的预期预测。

在实践中，关于知觉学习的理论陈述通常来自一小部分的实验研究。每一项实证调查都涉及刺激、任务和训练范式的选择。除此之外，它还必须明确训练试验的数量和反馈的种类。定量或计算模型可以帮助人类观察者避免冗长而昂贵的经验观测，从而节省宝贵的时间和资源。它通过有效地总结各种观察到的数据，并预测系统在新的测试条件下可能会如何运行来实现这一点。观察到的行为数据可能会证实模型，但它也可能反而会挑战模型，最终促使其改进。无论哪种情况，研究人员都有一个强大的工具，在有限的时间和研究能力下帮助优化发现。

模型还可以做出新的预测，驱动未来的模型验证，当模型在不同情况下的性能发生直观的变化时，就会产生这种预测。生成模型可以为许多实验协议做出预测，也可以作为计算优化训练协议的理论引擎（如第 12 章所述）。

未来的研究可能会从以下几个方向来推进这一倡议：

1. 为了挑战现有的模型并推动新的发展，未来的工作可能会测试更加多样化的刺激因素和任务。到目前为止，学习模型已经应用于单个任务，或者两个完全不同的任务，根据定义，它们需要不同的决策和决策权重。此外，绝大多数知觉学习实验都使用了两种替代任务，它们以相对简单的方式划分刺激空间。这些都被很好地描述，至少近似地描述为线性可分离识别问题。新的实验和模型应该开始接近现实世界的复杂性。

2. 未来的工作需要更全面地检查知觉系统中随机噪声的性质，以及学习是否改变噪声特性以及如何改变噪声特性。一些经典的模型增加了单一的决策噪声或几个表征噪声源 [13, 23]。在知觉模板模型中，内部噪声可以是内部加性噪声，也可以是内部乘性噪声。对于模型的可处理性，通常假设不同的内部噪声源是独立的，但如果内部噪声源是相关的，这将对信号中的可用信息有影响。如果学习降低了不同感觉单元中噪声之间的相关性，这可能是改善刺激编码的一种方法。一些模拟研究已经研究了诸如改变表征单元中活动之间的相关性等机制 [26]（在知觉模板模型中也有相关噪声的公式 [44]）。

3. 未来的计算研究可以包括在学习过程中自上而下、反馈或反复联系的变化。更复杂的架构已经在一些知觉学习的原理模型中概述了，但这些仍有待实现。这些建议包括具有隐藏层和门控结构的网络 [45]、反馈和循环 [4, 26]、注意力和其他自上而下的影响 [46-48]。

4. 未来的模型可以探索如何寻找新的单元来代表新的任务判断，或者在高级知觉任务中，代表新的多特征对象。这将需要丰富表征模块以包括多种输入，并可能解决如何合并这些输入来定义复杂的新实体（见第 2 章和第 8 章）。

5. 理想情况下，在不同描述层次上开发的模型将相互吻合，以创建对知觉学习系统的综合理解。本章中考虑的模型是从生物实现中抽象出来的，但它们阐明了主要的功能组件，并系统化该领域的研究结果。这些模型与神经元或神经元组在生物学上可信的计算模型之间的对应关系可能会带来新的见解，可以指导对神经计算和结构的功能意义的研究。

6.8 附录：AHRM 实现细则

本附录提供了 AHRM 的一些实现细节。这些公式同最初与 Alex Petrov[2, 3] 合作开发的公式一致，并在随后与 Jiajuan Liu 合作的出版物中进行了扩展 [27, 41, 49-54]。

6.8.1 表征模块

表征模块将刺激图像编码为分布在一组特征表示单元上的激活物——这里是一组方向和空间频率调谐滤波器。它还包括执行标准化和增益控制的后续处理阶段（见图

6.6），在原文中有更详细的讲述[2，3]。

简而言之，调整到不同方向 θ、空间频率 f 和空间相位 ϕ 的表征单元计算输入图像 $I(x, y)$ 的相敏映射 $S(x, y, \theta, f, \phi)$，位于视网膜位 (x, y)。在大多数应用中，有 35 个通道与以 7 个方向为中心的通道（$\theta \in [0°, \pm 15°, \pm 30°, \pm 45°]$）和 5 个空间频率相对应（每度 $f \in [1, 1.4, 2, 2.8, 4]$ 个周期）。在一些实验中，额外的方向跨越了整个 180°，每个通道按四个相位计算（$\phi \in [0°, 90°, 180°, 270°]$）（或相位正交）。一般来说，实验刺激并不与任何通道完全对应；相反，表征分布在一些部分匹配的通道上。相敏映射 $S(x, y, \theta, f, \phi)$ 用与二维 Gabor 感受野对应的模板来计算：

$$S(x, y, \theta, f, \phi) = |RF_{\theta, f, \phi}(x, y) \otimes I(x, y)|^2 \tag{6.1}$$

符号 $\otimes$ 表示卷积运算符；$|*|^2$ 表示修正，类似于其他形式的标准化计算[55]。在猕猴纹状皮质中，感受野带宽参数选择与副中央凹简单细胞的调谐相似（定向半振幅全带宽为 h_θ=30°，空间频率为 h_f=1）[56]。虽然这些值是典型的生理学值，但模型的敏感性分析显示，带宽的适度变化对行为数据的拟合没有什么影响[2]。然后通过相加，将相敏映射合并为相不变映射 $E(x, y, \theta, f)$，如下所示：

$$E(x, y, \theta, f) = \sum_{\phi} S(x, y, \theta, f, \phi) \tag{6.2}$$

相位不变性经常发生在 V1 复杂细胞中[56-58]，它已经用于纹理和运动知觉的其他模型[59-61]。相位组合后，使用非线性分裂归一化将响应转换为归一化映射 $C(x, y, \theta, \phi)$，如下式所示：

$$C(x, y, \theta, f) = E(x, y, \theta, f)/(s^2 + N(f)) \tag{6.3}$$

非线性分裂归一化项 $N(f)$ 是一个归一化池（单元激活的和），它与方向无关，并对空间频率进行了适度的调整。这个适度调整是为了近似在视觉皮层中观察到的分流抑制，结合所有方向的激活，只对空间频率进行适度的调整，与生理学和心理物理学证据相对应[23，62-65]。小的半饱和常数 s^2 防止除零，与外部噪声的刺激条件有关。

通过图像中与相关刺激大致对应的能量映射集，将激活信息进一步聚合为每个通道单个表征单元的激活 $A(\theta, f)$。一个全宽半高 h_f 的径向对称高斯核 W_f 近似于其加权和。在许多应用中，这大致相当于 2°，但这应该根据刺激情况进行调整。这种空间池化可以用式（6.4）和式（6.5）描述，同时引入了内部噪声 $\varepsilon_{\theta, f}$。

$$A'(\theta, f) = \sum_{x, y} W_r(x, y) C(x, y, \theta, f) + \varepsilon_{\theta, f} \tag{6.4}$$

$$A(\theta, f) = \begin{cases} \dfrac{1 - e^{-\gamma_r A'}}{1 + e^{\gamma_r A'}} A_{\max}, & A' \geqslant 0 \\ 0, & \text{其他} \end{cases} \tag{6.5}$$

对于高对比度的输入，这导致了正的和饱和的表征单元的激活。这些添加到表征单元的内部噪声，加上决策噪声，即使在没有外部噪声的情况下，也限制了预测行为性能的准确性 [23, 66-68]。

然后，该表征模块提取刺激图像并生成相应的分布式激活模式，其中每个单元的激活 $A(\theta, f)$ 对（噪声）归一化光谱能量进行编码，其灵敏度以相应的方向和空间频率为中心。虽然我们和其他人都在一系列任务中使用了知觉学习模型，包括方向判断 [2, 3, 27, 49]、游标偏移判断 [49, 50]、正弦运动判断 [27] 和倾斜判断 [39]，但其他类型的知觉任务，如其他类型的超锐度 [31] 或点运动任务，需要替代前端模块 [8, 30, 40]。虽然经过了简化，但这种感官表征的计算已经足以很好地解释一系列数据。

6.8.2 特定于任务的决策模块

决策模块将表征单元上的激活模式作为输入，并基于加权求和生成响应。例如，如果任务需要确定刺激是向参考角度的左上角还是右上角（逆时针或顺时针）倾斜，则调整到左或右的单元的活动在决策单元接收负或正权重。(两个相互竞争的决策单元也可以用来替代一个单元的决策模块，也可以以赢家通吃的竞争驱动决策 [2]。)

决策单元使用当前权重 w_i 的和表示激活。这个和还包括一个自上向下的偏置单元 b 的输入，加上高斯决策噪声 ε（均值为 0，标准差为 σ_d），如下式所示：

$$u = \sum_{i=1}^{N\text{ channels}} w_i a_i - w_b b + \varepsilon \tag{6.6}$$

决策单元 o' 的输出对应于二元行为响应，是 u 的符号函数，如式（6.7）和式（6.8）所示（例如，当 $o' < 0$ 时，模型向左响应，否则向右响应)。$\pm A_{\max}$ 是决策单元饱和时的正值或负值。

$$G(u) = \frac{1 - e^{-\gamma u}}{1 + e^{-\gamma u}} A_{\max} \tag{6.7}$$

$$o' = G(u) \text{ (early)} \tag{6.8}$$

这种在两种替代任务中的决策计算类似于一个单一的线性分类边界，该边界在表征空间中的方向是由当前的权重向量设置的 [2]。(请注意，我们随后开发了一个重加权框架的变体，以执行 n 种替代的强制选择 [69, 70]。)

在知觉学习实验中，指导观察者完成任务是一种常见的做法，包括在某些情况下向他们展示刺激的例子。通常情况下，先前经验和指令中的知识作为初始权重在模型中实现，即使是在训练前的初次表征中实现也是不可能的。这些初始值就像先验值一样，是训练早期模型表现的一个内在方面，尽管体现某些知识的不同初始权重设置经常导致类似的预测 [2]。例如，初始权重有时与表征单元相对于指示标准的首选方向成比例，或与垂直标准 $w_i = \left(\frac{\theta_i}{s}\right) w_{\text{init}}$ 成比例。在本章描述的应用中，初始权重反映的是指导任务相关维度的知识，而不是其他维度的知识（例如，如果任务是方向识别，则大致确定方向，但在空间频率上是平坦的）。这些初始权重通过学习不断修改。

6.8.3 学习模块

学习模块逐渐提升来自大多数诊断表征单元（通道）的输入，并降低了其他输入。在每次试验中，使用 Hebbian 规则更新权重，如果有反馈，则作为决策变量向正确响应转变，从而产生一个新的后期决策变量 o，如下式所示：

$$o = G(u + w_f F)(\text{late}) \tag{6.9}$$

反馈 $F = \pm 1$（二进制决策）添加到权重 w_f 的决策变量中。这使得延迟激活 o 向激活极限 $\pm A_{\max}$ 趋近，通常为 ±0.5。如果反馈权重较高，决策变量将会移动到正最大值或负最大值（以正确值为准）；如果反馈权重较低，决策变量可能只会轻微移动；而在没有反馈的情况下，决策变量往往处于中间范围，即 $o = o'$ 处。纯粹的 Hebbian 学习没有反馈。在 Hebbian 学习之前，将反馈整合到决策单元的后期激活中，将输入激活与更准确的决策变量联系起来，这实际上是一种半监督的形式。

权重变化的计算方式为式（6.10）～式（6.12）：

$$\delta_i = \eta a_i (o - \bar{o}) \tag{6.10}$$

$$\Delta w_i = (w_i - w_{\min})[\delta_i]_- + (w_{\min} - w_i)[\delta_i]_+ \tag{6.11}$$

$$\bar{o}(t+1) = \rho o(t) + (1-\rho)\bar{o}(t) \tag{6.12}$$

权重变化 δ_i 依赖于突触前激活 a_i、突触后激活 o 与其加权长期平均 $\bar{o}$ 的差值，以及模型的学习速率 η。式（6.11）通过将权重变化与其距离上限或距离下限成比例进行调整来限制权重（例如，O'Reilly 和 Munakata[71]）。在一些 Hebbian 模型中，增加了突触后激活与其加权长期平均值的比较，具有一定的生理学基础[72]。如式（6.12），长期平均对近期试验的权重更大。所有这些细节都是一种约束权重的标准化形式。同时，学习模块对从感官表征到决策的依据进行重加权，以提高反应分类的准确性。

6.8.4 自适应偏差或标准控制

自适应偏差或标准控制通过向决策单元添加校正输入来改变决策变量，以补偿即时响应历史中的偏差。这有助于通过抵消响应偏差来指导（监督）学习过程。当反馈可用时，它将占主导地位，而偏差控制变得不重要。然而，在没有反馈的非稳定学习条件下，这种偏差或标准控制已被证明对系统的稳定性和学习至关重要[3]。

自适应准则控制假设观察者监控他们自己的响应行为，并寻求响应频率的平衡，本质上是试图匹配在许多实验中平衡的刺激概率（例如，两种备选任务中 50% : 50%）。运行平均指数反映过去的响应历史，如式（6.13）和式（6.14）：

$$r(t+1)=\rho R(t)+(1-\rho)r(t) \tag{6.13}$$

$$b(t+1)=r(t) \tag{6.14}$$

这种对决策输入偏差的控制是一种薄弱的监督形式。偏差输入的不同权重用于模拟有反馈和没有反馈的行为数据中不同程度的偏差[2, 3]。它也用于模拟块反馈的效果[49, 50]。

参考文献

[1] Lillicrap TP, Cownden D, Tweed DB, Akerman CJ. Random synaptic feedback weights support error back-propagation for deep learning. *Nature Communications* 2016;7(1):1–10.

[2] Petrov AA, Dosher BA, Lu Z-L. The dynamics of perceptual learning: An incremental reweighting model. *Psychological Review* 2005;112(4):715–743.

[3] Petrov AA, Dosher BA, Lu Z-L. Perceptual learning without feedback in non-stationary contexts: Data and model. *Vision Research* 2006;46(19):3177–3197.

[4] Herzog MH, Fahle M. Modeling perceptual learning: Difficulties and how they can be overcome. *Biological Cybernetics* 1998;78(2):107–117.

[5] Poggio T, Fahle M, Edelman S. Fast perceptual learning in visual hyperacuity. *Science* 1992;256(5059):1018–1021.

[6] Weiss Y, Edelman S, Fahle M. Models of perceptual learning in Vernier hyperacuity. *Neural Computation* 1993;5(5):695–718.

[7] Zhaoping L, Herzog MH, Dayan P. Nonlinear ideal observation and recurrent preprocessing in perceptual learning. *Network: Computation in Neural Systems* 2003;14(2):233–247.

[8] Vaina LM, Sundareswaran V, Harris JG. Learning to ignore: Psychophysics and computational modeling of fast learning of direction in noisy motion stimuli. *Cognitive Brain Research* 1995;2(3):155–163.

[9] Sagi D, Adini Y, Tsodyks M, Technion AW. Context dependent learning in contrast discrimination: Effects of contrast uncertainty. *Journal of Vision* 2003;3(9):173.

[10] Teich AF, Qian N. Learning and adaptation in a recurrent model of V1 orientation selectivity. *Journal of Neurophysiology* 2003;89(4):2086–2100.

[11] Tsodyks M, Gilbert C. Neural networks and perceptual learning. *Nature* 2004;431(7010):775–781.

[12] Herzog MH, Fahle M. The role of feedback in learning a Vernier discrimination task. *Vision Research* 1997;37(15):2133–2141.

[13] Dosher BA, Lu Z-L. Perceptual learning reflects external noise filtering and internal noise reduction through channel reweighting. *Proceedings of the National Academy of Sciences* 1998;95(23):13988–13993.

[14] Dosher BA, Lu Z-L. Mechanisms of perceptual learning. *Vision Research* 1999;39(19):3197–3221.

[15] Graham NVS. *Visual pattern analyzers*. Oxford University Press; 1989.

[16] Mollon JD, Danilova MV. Three remarks on perceptual learning. *Spatial Vision* 1996;10(1):51–58.

[17] Dosher BA, Lu Z-L. Noise exclusion in spatial attention. *Psychological Science* 2000;11(2):139–146.

[18] Dosher BA, Lu Z-L. Mechanisms of perceptual attention in precuing of location. *Vision Research* 2000;40(10):1269–1292.

[19] Han S, Dosher BA, Lu Z-L. Object attention revisited: Identifying mechanisms and boundary conditions. *Psychological Science* 2003;14(6):598–604.

[20] Lu Z-L, Chu W, Dosher BA, Lee S. Independent perceptual learning in monocular and binocular motion systems. *Proceedings of the National Academy of Sciences* 2005;102(15):5624–5629.

[21] Lu Z-L, Dosher BA. Spatial attention: Different mechanisms for central and peripheral temporal precues? *Journal of Experimental Psychology: Human Perception and Performance* 2000;26(5):1534–1548.

[22] Lu Z-L, Dosher BA. External noise distinguishes attention mechanisms. *Vision Research* 1998;38(9):1183–1198.

[23] Lu Z-L, Dosher BA. Characterizing human perceptual inefficiencies with equivalent internal noise. *Journal of the Optical Society of America A* 1999;16(3):764–778.

[24] Lu Z-L, Liu CQ, Dosher BA. Attention mechanisms for multi-location first- and second-order motion perception. *Vision Research* 2000;40(2):173–186.

[25] Rumelhart D, Hinton G, Williams R. Learning representations by back-propagating errors. *Nature* 1986;323(6088):533–536.

[26] Bejjanki VR, Beck JM, Lu Z-L, Pouget A. Perceptual learning as improved probabilistic inference in early sensory areas. *Nature Neuroscience* 2011;14(5):642–648.

[27] Lu Z-L, Liu J, Dosher BA. Modeling mechanisms of perceptual learning with augmented Hebbian reweighting. *Vision Research* 2010;50(4):375–390.

[28] Dosher BA, Lu Z-L. Perceptual learning in clear displays optimizes perceptual expertise: Learning the limiting process. *Proceedings of the National Academy of Sciences* 2005;102(14):5286–5290.

[29] Lu Z-L, Chu W, Dosher BA. Perceptual learning of motion direction discrimination in fovea: Separable mechanisms. *Vision Research* 2006;46(15):2315–2327.

[30] Tlapale É, Dosher BA, Lu Z-L. Construction and evaluation of an integrated dynamical model of visual motion perception. *Neural Networks* 2015;67:110–120.

[31] Huang C-B, Lu Z-L, Dosher BA. Co-learning analysis of two perceptual learning tasks with identical input stimuli supports the reweighting hypothesis. *Vision Research* 2012;61:25–32.

[32] Fahle M, Morgan M. No transfer of perceptual learning between similar stimuli in the same retinal position. *Current Biology* 1996;6(3):292–297.

[33] Sotiropoulos G, Seitz AR, Seriès P. Perceptual learning in visual hyperacuity: A reweighting model. *Vision Research* 2011;51(6):585–599.

[34] Westheimer G, McKee SP. Spatial configurations for visual hyperacuity. *Vision Research* 1977;17(8):941–947.

[35] Seitz AR, Yamagishi N, Werner B, Goda N, Kawato M, Watanabe T. Task-specific disruption of perceptual learning. *Proceedings of the National Academy of Sciences* 2005;102(41):14895–14900.

[36] Webb BS, Roach NW, McGraw PV. Perceptual learning in the absence of task or stimulus specificity. *PLoS One* 2007;2(12):e1323.

[37] Seitz A, Watanabe T. A unified model for perceptual learning. *Trends in Cognitive Sciences* 2005;9(7):329–334.

[38] Sotiropoulos G, Seitz AR, Seriès P. Changing expectations about speed alters perceived motion direction. *Current Biology* 2011;21(21):R883–R884.

[39] Jacobs RA. Adaptive precision pooling of model neuron activities predicts the efficiency of human visual learning. *Journal of Vision* 2009;9(4):22,1–15.

[40] Law C-T, Gold JI. Reinforcement learning can account for associative and perceptual learning on a visual-decision task. *Nature Neuroscience* 2009;12(5):655–663.

[41] Dosher BA, Jeter P, Liu J, Lu Z-L. An integrated reweighting theory of perceptual learning. *Proceedings of the National Academy of Sciences* 2013;110(33):13678–13683.

[42] Sotiropoulos G, Seitz AR, Seriès P. Performance-monitoring integrated reweighting model of perceptual learning. *Vision Research* 2018;152:17–39.

[43] Wenliang LK, Seitz AR. Deep neural networks for modeling visual perceptual learning. *Journal of Neuroscience* 2018;38(27):6028–6044.

[44] Lu Z-L, Dosher BA. Characterizing observers using external noise and observer models: Assessing internal representations with external noise. *Psychological Review* 2008;115(1):44–82.

[45] Mato G, Sompolinsky H. Neural network models of perceptual learning of angle discrimination. *Neural Computation* 1996;8(2):270–299.

[46] Roelfsema PR, van Ooyen A. Attention-gated reinforcement learning of internal representations for classification. *Neural Computation* 2005;17(10):2176–2214.

[47] Roelfsema PR, van Ooyen A, Watanabe T. Perceptual learning rules based on reinforcers and attention. *Trends in Cognitive Sciences* 2010;14(2):64–71.

[48] Schäfer R, Vasilaki E, Senn W. Perceptual learning via modification of cortical top-down signals. *PLoS Computational Biology* 2007;3(8):e165.

[49] Liu J, Dosher B, Lu Z-L. Modeling trial by trial and block feedback in perceptual learning. *Vision Research* 2014;99:46–56.

[50] Liu J, Dosher BA, Lu Z-L. Augmented Hebbian reweighting accounts for accuracy and induced bias in perceptual learning with reverse feedback. *Journal of Vision* 2015;15(10):10,1–21.

[51] Liu J, Lu Z, Dosher B. Augmented Hebbian learning accounts for the complex pattern of effects of feedback in perceptual learning. *Journal of Vision* 2010;10(7):1115.

[52] Liu J, Lu Z-L, Dosher BA. Mixed training at high and low accuracy levels leads to perceptual learning without feedback. *Vision Research* 2012;61:15–24.

[53] Liu J, Lu Z-L, Dosher BA. Augmented Hebbian reweighting: Interactions between feedback and training accuracy in perceptual learning. *Journal of Vision* 2010;10(10):29,1–14.

[54] Liu L, Kuyk T, Fuhr P. Visual search training in subjects with severe to profound low vision. *Vision Research* 2007;47(20):2627–2636.

[55] Heeger DJ. Normalization of cell responses in cat striate cortex. *Visual Neuroscience* 1992;9(2):181–197.

[56] De Valois RL, Yund EW, Hepler N. The orientation and direction selectivity of cells in macaque visual cortex. *Vision Research* 1982;22(5):531–544.

[57] Movshon JA, Thompson ID, Tolhurst DJ. Spatial summation in the receptive fields of simple cells in the cat's striate cortex. *Journal of Physiology* 1978;283:53–77.

[58] De Valois RL, Albrecht DG, Thorell LG. Spatial frequency selectivity of cells in macaque visual cortex. *Vision Research* 1982;22(5):545–559.

[59] Adelson EH, Bergen JR. Spatiotemporal energy models for the perception of motion. *Journal of the Optical Society of America A* 1985;2(2):284–299.

[60] Knutsson H, Granlund GH. Texture analysis using two-dimensional quadrature filters. In *IEEE Computer Society Worshop Computational Architecture Pattern Analysis Image Database Management* 1983;206–213.

[61] Pollen DA, Ronner SF. Phase relationships between adjacent simple cells in the visual cortex. *Science* 1981;212(4501):1409–1411.

[62] Cannon MW, Fullenkamp SC. Spatial interactions in apparent contrast: Inhibitory effects among grating patterns of different spatial frequencies, spatial positions and orientations. *Vision Research* 1991;31(11):1985–1998.

[63] Carandini M, Heeger DJ, Movshon JA. Linearity and normalization in simple cells of the macaque primary visual cortex. *Journal of Neuroscience* 1997;17(21):8621–8644.

[64] Chubb C, Sperling G, Solomon JA. Texture interactions determine perceived contrast. *Proceedings of the National Academy of Sciences* 1989;86(23):9631–9635.

[65] Graham N, Sutter A. Normalization: Contrast-gain control in simple (Fourier) and complex (non-Fourier) pathways of pattern vision. *Vision Research* 2000;40(20):2737–2761.

[66] Ahumada A, Watson A. Equivalent-noise model for contrast detection and discrimination. *Journal of the Optical Society of America A* 1985;2(7):1133–1139.

[67] Burgess A, Shaw R, Lubin J. Noise in imaging systems and human vision. *Journal of the Optical Society of America A* 1999;16(3):618–618.

[68] Burgess A, Wagner R, Jennings R, Barlow HB. Efficiency of human visual signal discrimination. *Science* 1981;214(4516):93–94.

[69] Liu J, Dosher B, Lu Z-L. Perceptual learning in n-alternative forced choice with response and accuracy feedback, and a reweighting model. *Journal of Vision* 2017;17(10):1078.

[70] Dosher B, Liu J, Chu W, Lu Z-L. Dissimilarity and spatial separation enable perceptual learning in multitask visual training. *Journal of Vision* 2020; accepted.

[71] O'Reilly RC, Munakata Y. *Computational explorations in cognitive neuroscience: Understanding the mind by simulating the brain*. MIT Press; 2000.

[72] El B, Cooper L, Munro P. Theory for the development of neuron selectivity: Orientation specificity and binocular interaction in visual cortex. *Journal of Neuroscience* 1982;2(1):32–48.

第 7 章

Perceptual Learning: How Experience Shapes Visual Perception

反　馈

尽管反馈通常包含在知觉学习的规则中，但是在缺少反馈的情况下学习仍然可以发生。那么反馈在学习中的作用是什么呢？在本章中，我们将反馈分为不同类别，并讨论每种反馈的影响。这些包括逐项试验反馈、间歇或部分反馈、块反馈、错误反馈和夸大反馈，每种反馈都或多或少地依赖无监督或有监督的学习算法。实验研究文献里包括一组复杂的反馈现象，事实证明，这些现象可以通过增强型 Hebbian 重加权模型和其他半监督或混合学习模型的学习规则来很好地解释。

7.1　知觉学习中的反馈

成功的学习几乎总是需要练习。但只是简单的重复就足够了吗？知道自己在学习时的表现好坏有多么重要？即使你可以在不知道好坏的情况下学习，这样的学习又有什么用呢？什么样的监督评估或反馈有助于进行最有效的学习？

反馈、练习和学习之间的关系可能很复杂。在文献中，对反馈的各种处理产生了各种令人混淆的结果。在某些情况下，明确的反馈可以改善学习效果。在许多情况下，它都可以增强学习，因此确实是必要的。但是，在其他一些情况下，学习在没有反馈时也能进行。问题是这两种情况有何区别？

在典型的知觉学习实验中，即使反馈不是明确的可控因素，也通常会提供反馈。但是，要精确评估其作用，需要在其他等效的学习条件下比较几种不同的反馈方案。这样的研究可能有大量的信息。发现那些最有效的反馈形式以及可能决定这种效用的情况，其含义远不止上述所讨论的实验。这些研究原则上可以帮助揭示更多的通用学习原理，同时有助于设计现实世界中的训练方案。

无论是在实验室内还是实验室外，学习对于反馈的需要程度似乎都取决于任务的性质。一个人在有全部信息的情况下可能很容易学会对知觉刺激进行分类（例如，当外部老师为每种刺激提供预期的反应时）[1, 2]。但是，这种教学信号可能仅在某些时间可用，或者可能仅提供部分信息。如果没有老师，人们将不得不依据自己的常识和对刺激的统计来用任何可能的方式学习[3]。

人们在许多情况下都会学习，但是事实证明他们是否进行学习也取决于任务的难度。在没有反馈的情况下，可能会学会一项简单的任务，而反馈在要求更高的任务中可能是至关重要的。

神经网络学习理论相关领域中的类似区别提供了有用的框架。该领域在学习模式上作了区分，有纯监督的、纯无监督的和两者的混合[4]。纯监督学习是指使用完整教学信号的算法，纯无监督学习则表示不使用教学信号，混合学习表示教学信号为选择性实验提供部分信息或全部信息的情况[4，5]。

神经网络理论做出了进一步的相关区分。监督学习可以包含一个额外的教学信号，该信号完全指定了正确的响应；它还可能涉及强化学习，在强化学习中，信号传达响应的准确性（但不是正确的响应或错误的方向）。另一个新兴领域是机器学习理论，它进一步区分了完全监督学习和半监督学习，在完全监督学习中，每个实例都用正确的响应进行标记；在半监督学习中，仅实例中的一部分被标记[6]。

神经网络根据指定的规则或算法通过更改节点之间的连接权重来学习。在每种模式下（有监督、无监督、混合或半监督），已经提出并研究了几种学习方式。其中包括反向传播[7]、强化[8]、无监督 Hebbian[9]、改进 Hebbian[10，11]、Kohonen 规则[12，13]以及各种聚类算法[14]。某些学习规则（例如误差信号的反向传播）是完全监督的，而其他规则（例如 Hebbian 规则）则是无监督的。还有其他算法使用一些混合方式。

乍一看，似乎很容易识别人类观察者正在使用哪种学习模式，但是在实践中，很难确定一个给定的知觉学习实验中的特定规则或算法，因为有多个算法都可能与经验观察一致[15-18]。通常，为了排除不兼容的算法，从而缩小可能的学习模式集，必须改变其他实验因素。反馈操作则成为实验研究文献中的强大工具。

除了前面提到的问题外，还有涉及反馈提供的信息如何与奖励或注意力互动（第9章中讨论的主题），以及反馈过程如何在人脑中运行的问题。举一个例子，如果实验者在正确回答后发出嘟嘟声，而在错误之后发出嗡嗡声，这又如何引起不同的脑电信号来改变学习效果呢？显然，一个复杂的神经系统将参与任何基于反馈的学习。在本章的最后，我们简要地推测了反馈可能发挥作用的生物基质。

7.2 经验研究文献

最近，寻找反馈在知觉学习中的作用已成为研究的积极方向。从历史上看，绝大多数的经验研究都是相对简单的。虽然在实验室之外，许多现实世界中的情况要求更复杂或分级的决策，但他们还是使用逐项试验反馈，并且学习的知觉任务几乎总是涉及二元分类（例如，左 / 右，上方 / 下方，相同 / 不同）。在二分类任务中，任何准确性反馈不仅会告诉观察者他们的响应是否准确，当然还会指出正确的响应是什么（从两个选择中)。由此可见，在更复杂的任务中，关于反应准确性的反馈只能将完全监督与强化监督分开(本章稍后的主题)。

除了逐项试验反馈外，一些实验还研究了所谓的块反馈，该反馈提供了关于一组试验中性能的综合信息[19, 20]。在某些情况下，如我们将看到的，逐项试验反馈和块反馈都可以产生成功的学习，但逐项试验反馈的功能要强大得多。在一个特殊的演示中，即使在没有刺激的情况下，逐项试验反馈也为学习提供了一些帮助[21, 22]。

同时，我们知道，在某些情况下，学习是在没有外部反馈的情况下进行的[19, 20, 23-27](例如，第6章所述的交替外部噪声实验的无反馈变体)[10, 11]，但在刺激或任务较困难时，缺乏反馈的学习也常常会失败[19,20]。在一些研究中，尽管没有这种逐项试验反馈，也可能发生学习，但这种反馈能提高学习速率[23, 25]。另一项研究报告说，没有反馈的学习可以成功地达到渐近性能，而实验表明反馈的加入对其几乎没有影响[27]。

人们也对功能失调或误导性反馈(例如，与观察者的响应不相关的随机反馈，或有意地虚假反馈)造成的影响进行了研究。在一个例子中，人们发现错误的反馈会导致学习直接失效，但一旦提供了准确的反馈，学习就会迅速回跳[19]。对一部分近阈值刺激的错误反馈偏向于一种反应，导致明显的反应偏差，这种偏差延伸到了超阈值的刺激[28–30]。令人惊讶的是，有人提出夸大块反馈实际上可以提高学习速度[31]。

回顾一下，学习有时会在没有额外反馈时发生，甚至达到渐近水平。然而，反馈有时可以提高知觉学习的速度，或者使那些在非常困难的任务上不可能的学习成为可能，这些任务的初始任务性能很低[5, 32, 33]。尽管块反馈有时支持学习，但在视觉学习中，逐项试验反馈通常比块反馈更好。最后，错误或随机的反馈能够扰乱学习。

知觉学习模型在解释这一复杂的经验发现，然后产生新的预测时非常有用。广义上讲，这种建模文献表明，知觉学习既不是纯监督的也不是纯无监督的[34, 36]。正如我们先前所强调的，在没有模型的情况下，理论进展是定性的。在以下各节中，我们将介绍一些重要的网络学习理论规则，以及对监督的要求(7.3节)，指导我们对实验结果进行解释的规则(7.4节)，以及这些结果如何受反馈的影响。

7.3 学习规则和反馈

如前所述，知觉学习模型经常借鉴神经网络模型的概念、语言和算法[37, 38]。一旦指定了学习规则和系统架构，最有效的模型就可以产生非常有用的定量预测。

从第6章的示例中可以看出，网络模型至少包括一个输入层和一个决策层或输出层，其中，输入层表示来自刺激的输入，而输出层对刺激进行分类并由此确定响应(图7.1)。输入层和输出层之间的隐藏层允许刺激特征或特征组合的更复杂表示(如果这样的特征存在)，并实现更复杂的分类。加权连接类似于生物系统中的神经连接，将信息从输入层通过隐藏层发送到输出层。学习规则或算法通过更新节点(单位) i 和 j

之间的权重来在第 k 次试验中学习：$W_{ij}(k+1)=W_{ij}(k)+\Delta W_{ij}$，其中试验会导致权重 ΔW_{ij} 的改变。每个不同的学习规则可能会在学习过程中以不同的方式与反馈交互，因此经验数据可能有助于约束选择。

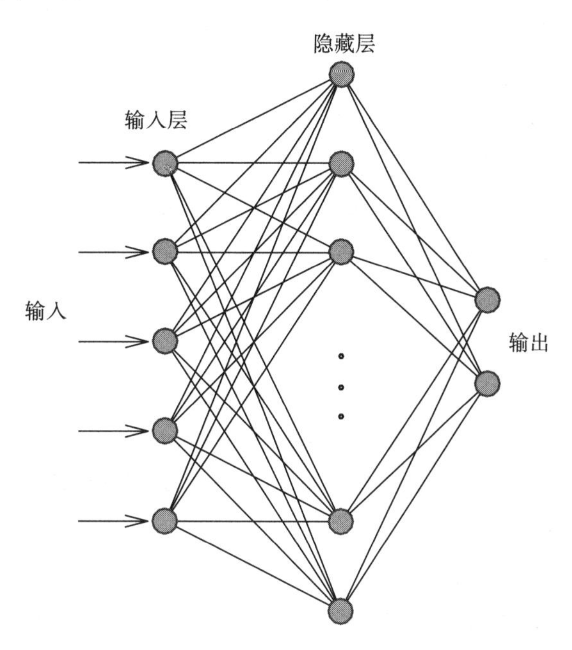

图 7.1 具有输入层、输出层和隐藏层的神经网络。每次试验后，通过学习规则或学习算法改变单元之间的权重来学习（与图 1.4 相同）

反向传播是用于在具有隐藏层的多层网络中进行学习的主要学习规则之一[1]。这个完全监督的规则可学习刺激输入和由“老师”提供的输出目标之间的关系。在知觉任务中，这等同于提供了指定每个试验的正确响应的反馈。误差信号、当前输出层和目标输出之间方向和大小的差异驱动权重的变化，并且误差信号通过网络的多个层传播回去。当网络仅具有输入层和输出层（一个感知器）时，反向传播规则默认为 delta 规则：$\Delta W_i=\eta(t-o)x_i$。这里，o 是给定当前权重状态的输出，t 是老师提供的目标输出，x_i 是输入单元 i 中的活动，而 η 是学习率。即权重变化与学习率、误差的大小和驱动输入单元的活动成正比。对于多个输出单元，规则为 $\Delta W_{i,j}=\eta(t_i-o_i)x_i$。例如，$o_i=\varphi(\sum_1^n W_{i,j}\,x_i)$，其中 $\varphi(z)=1/(1+\mathrm{e}^{-z})$，因此输出值为输入值的带权重的和，经过一个非线性激活函数 φ，如逻辑回归函数。通过将误差分配到每一层（通过对误差函数对应的各个权重进行微分），将这种 delta 规则推广到具有隐藏层的网络。

完全监督的反向传播规则非常强大，允许系统学习多层网络中的复杂映射。它使用微分来计算每个相连层的误差分配，这就是反向传播在生物学上不可行的原因，但研究人员正在开发与生物学更相关的变体[39, 40]。某些知觉学习模型已经不使用反向传播，部分原因是反向传播在生物学上是不可行的，也因为它需要明确的教学信号，这似乎与人们有时在没有任何反馈的情况下学习的观察结果不相容。

Hebbian 学习规则是标准的纯无监督学习规则之一。它增强了相互作用的单元之间的连接权重，提取出了它们之间的相关性。Hebb 是这样解释这条规则的："当细胞 A 的轴突接近到足以激发细胞 B，并反复或者持续地刺激细胞 B 时，一个或两个细胞发生某些生长过程或代谢变化，从而提高了 A 作为一个细胞来激励 B 的效率。"[41] 换个说法，"互相激励的细胞会绑定在一起。" Hebbian 学习的基本规则是 $\Delta W_{i,j} = \eta o_j x_i$，其中 x_i 表示"突触前"单元的活动，o_j 表示"突触后"单元的活动或输出，η 是学习率。权重变化取决于学习率以及 x_i 和 o_j 之间的相关性。Hebbian 学习并不使用教学信号，并且由于权重变化可以在局部计算，因此在生物学上被认为是合理的。如果输入和表征单元的活动与响应单元的活动充分相关，则会发生系统学习。这要求一开始就大概率有较好的表现（例如，在双选择的任务中通常有 70% ～ 75% 的正确率）。

Hebbian 规则存在技术问题：权重可能会无限增加，并且其大小变化可能由单个主要的信号不成比例地驱动。因此，在实际的实现中经常使用某种形式的规范化，例如，限制所有权重的总和、在突触前或突触后的激活上引入非线性变换，或在权重或激活级别上设置界限[42，43]。在 AHRM 中，权重变化的幅度取决于当前权重与最小值或最大值之间的差[10，11]。

尽管经典的 Hebbian 学习是完全无监督的，但可以通过来自反馈监督的信息来增强它。在 AHRM 中，当在 Hebbian 学习的一个周期之前可获得反馈时，决策单元（"突触后"）的活动会朝着正确的响应方向发展。因为相关的响应是正确的，所以学习结果的准确度会得到提高。如果在学习之初的性能准确度较低，则相关性较低，并且学习需要监督性输入。

在强化学习中（有时也称为弱监督学习），强化信号（积极或消极）提供监督。强化是探索的过程，其中学习是由不同选择的不同强化历史来驱动的。在计算机文献中，当一开始会以某种可能性产生几个竞争行为时，通常会应用强化学习。然后奖励会增加那些期望的动作发生的概率，并降低较不期望动作的概率。当存在多个可能的动作时，尽管没有指定错误的方向或严重程度，但奖励或惩罚（或信息等价物，反馈）的传递会提供有关响应是对还是错的信息。这自然符合某些现实情况。但是，像反向传播一样，强化学习仅在存在教学信号的情况下运行，而在没有教学信号的情况下，其本身无法提供无监督学习的机制。

对反馈的研究告诉我们很多关于人类在视觉知觉学习中实际使用的学习规则。对于没有反馈的学习、带逐项试验反馈的学习、带块反馈的学习和带错误或可操作的反馈的学习，这些研究都对学习规则的选择产生了重要的限制，以解释实验发现。尤其是，有时在没有反馈的情况下仍会进行学习，因此我们针对 AHRM[10，11] 的学习规则的选择集中在混合系统上，例如增强型 Hebbian 学习。在这种方案中，学习在完全无监督的情况下进行，没有反馈，但是反馈或监督在其他情况下可能是必要的，也可能是有用的。反馈在 AHRM 中的运作方式是，利用逐项试验的反馈将（较迟的）激活转移到正确的响应（在响应和反馈之后，但在学习之前）。如果是块反馈，这种情况就不能发生。

在一个与知觉学习模型相关的研究中，Law 和 Gold 重点研究了强化学习，引用了与神经生理学概念相关的奖励和奖励期望（请参见第 9 章）[44]。他们在一个实验中应用了一个强化模型，这个实验测试猴子对于两个可选择的行为（如左和右）的辨别能力。不同于强化学习发展的这种更一般的情况，在这种二元选择范式中，反馈确实提供了有关预期响应以及错误方向的信息。在 Law 和 Gold 的模型中，权重以这种方式改变（一种简单的形式）：$\Delta W_i = \eta C(r - E[r])x_i$。其中 i 表示一个响应单元，C 表示试验中的选择（例如，–1 表示左，1 表示右），r 是奖励（例如分别用 1 和 0 表示正确和错误的响应），$E[r]$ 表示奖励的期望。尽管该规则被归类为强化学习，但由于它使用了奖励预测误差，因此在双选择的情况下它将受到更全面的监督。按照规定，没有反馈就没有学习。为了在没有反馈或奖励的情况下解决知觉学习问题，此类强化学习模型需要进一步阐述——比如指定一种系统，在该系统中，可以使用无监督学习规则，但在奖励存在的情况下由强化学习取代。

最近已经提出了其他几种用于知觉学习的替代学习模式。这些包括自上而下的递归抑制[4]和注意力门控的学习[45]（请参见第 6 章）。其他的学习规则，例如 Kohonen 学习[12，13，46]，通常用于解释基于相似性和分组的无监督自组织图的发展，而对于知觉学习已扩展到更复杂的分类或多重响应任务这种情况，Kohonen 学习可能会起重大作用。在第 12 章中将描述 AHRM 所阐述的更复杂的模型以及一些变体。无论如何，显而易见的是，对反馈和奖励的操作提供了一些最强有力的行为方法，可用来指导我们理解实际使用的学习规则。

7.4　反馈和 AHRM

AHRM 已应用于许多反馈实验，并在这些实验中产生了一些重要的预测。它预测，如果初始性能准确度足够的话，那么在无监督模式这种缺乏反馈的情况也能进行学习；在训练时，它对反馈和性能水平之间的关系做出新且具体的预测；它为块反馈对学习（通过偏差控制）可能产生的影响提供了一个可能的解释；它还预测了错误反馈的潜在破坏性影响。在下面的章节中，我们将详细介绍 AHRM 预测的一些反馈现象。这里的许多研究都是由 JiaJuan Liu 完成的。

7.4.1　非平稳外部噪声环境下的反馈和学习

我们选择 Hebbian 学习作为基本规则的一个主要原因是，其在没有明确反馈的情况下进行学习的能力。在 AHRM 的发展中使用反馈的能力增强了这一规则。最初的经验测试比较了在交替的外部噪声范式中有反馈和没有反馈的知觉学习（详情见 6.4.1

节）[10, 11, 17]。在有反馈和没有反馈的实验中，学习过程中复杂的数据模式表现出惊人的相似性（尽管在没有反馈的情况下，反应更偏向于面向外部噪声的方向）。事实证明，近似等价很可能反映了在训练方案中做出的选择。在没有反馈的学习中，高对比度训练刺激的加入是一个重要的因素。至少在一些试验中，为了支持没有反馈的学习，足够的初始性能准确性是必要的。

7.4.2 目标训练的准确性和逐项试验反馈

研究表明，在相对较高的准确性训练中，学习也会在缺乏反馈的情况下发生。事实上，在这些情况下，反馈可能相对不重要。此外，反馈可以促进低准确性训练任务的学习，而没有反馈，学习可能无法进行。

在成功的学习的训练过程中，AHRM 模型预测了反馈与训练准确性水平之间的相互作用。这些 AHRM 模型的预测在训练 Gabor 方向辨别的实验中得到了验证（在高外部噪声的情况下，在中央凹处附近以顺时针或逆时针方向辨别）[47]。使用自适应程序通过设置 Gabor 对比度来控制训练精度，通过析因设计（65% 或 85% 正确率 × 有或没有反馈），在四组中对准确性和逐次试验反馈进行控制。AHRM 的数据和拟合情况如图 7.2 所示。

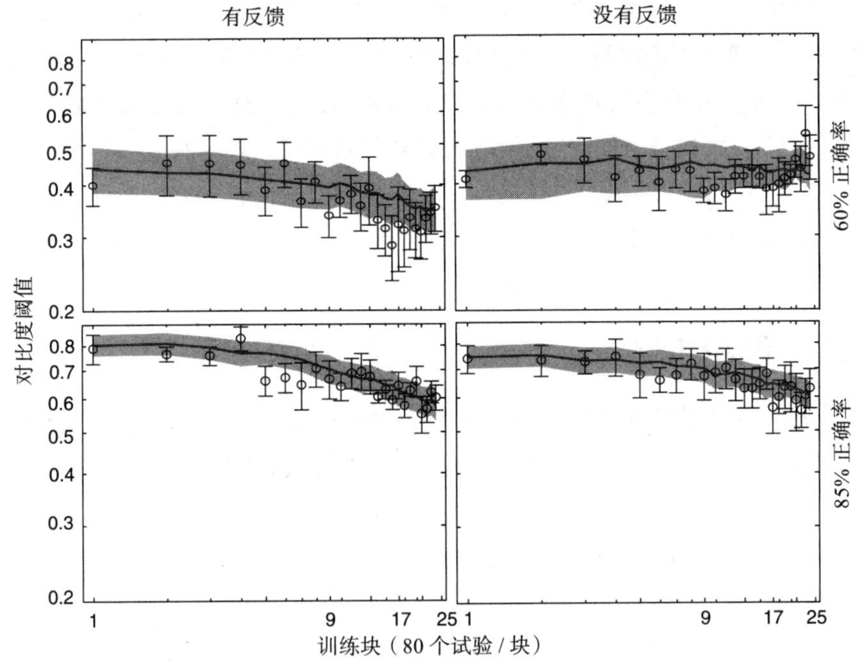

图 7.2 AHRM 预测了学习中的反馈与训练准确性之间的相互作用，在高外部噪声中的方向辨别的对比度阈值学习曲线中可见：65% 正确率的有反馈训练，65% 正确率的无反馈训练，85% 正确率的有反馈训练，85% 正确率的没有反馈训练；AHRM 预测（线和灰带）的数据（符号）。反馈对于只有 65% 而不是 85% 的训练准确性的学习非常重要。根据 Liu、Lu 和 Dosher[32] 的图 5 改编

如预期的那样，在没有反馈的情况下，训练后的低准确性（65%，没有反馈）的组中基本上没有进行学习，而训练后有更高准确性（85%，没有反馈）的组中，即使没有反馈，知觉学习也是强大的。反馈使学习能够在低准确性的训练（65%，有反馈）中进行，而添加反馈对高准确性的训练（85%，有反馈）的影响很小。确实发生过学习的三个组在统计学上等效地将阈值提高了 23% ～ 33%，而没有反馈和训练准确性低的组则基本上没有学习。AHRM 可以利用输入和输出之间的自然相关性来进行更高准确性的训练（尽管在必要时仍可以使用反馈），从而预测了这种相互作用。

定量模型的优势在于，它可以准确地预测在哪些训练准确性条件下，可能需要反馈来进行学习。尽管这些预测需要估计模型的某些参数值以说明观察者的初始性能，但这可以仅使用单个初始性能测量来实现。

7.4.3 包括高准确性试验的混合

在没有反馈的情况下进行学习的另一种方法是在同一任务中包括高性能的试验，这可以提高低准确性试验的性能，而在其他情况下可能需要逐项试验反馈来进行学习。在一些通过操作刺激之间的差异来控制性能的研究中已经对此进行了检验[10, 11]。这个想法是通过首次简单的试验来归纳初始的高性能，该技术从“insight”学习和“Eureka”效应的相关现象中汲取了线索[48-51]。

包含高准确性训练水平的试验的影响已经在一个实验中得到证明，该实验在 7.4.2 节中描述的定向辨别任务中，混合了在两个自适应阶梯中的训练[52]。有 6 个小组，其中 65%+ 65% 有反馈，65% + 65% 无反馈，85%+ 85% 有反馈，85%+ 85% 无反馈，65%+ 85% 有反馈，65%+ 85% 无反馈，训练精度由目标差异控制（图 7.3）。前四组重复了先前研究的结果，获得了相同的结果[32]。关键的新测试将两种训练的准确性混合在一起，包括有反馈与无反馈。即使在没有反馈的情况下，在训练方案中包括 85% 正确率的试验，也能为 85% 和 65% 的试验带来学习效果。AHRM 对数据做出了很好的解释。

最佳拟合模型中学习权重的变化与前面显示的模式相似（请参见第 6 章）。通过设置初始权重来结合一些关于方向和任务说明的先验知识。在没有反馈条件下进行的 65% + 65% 的训练中，权重几乎没有变化，这相当于没有学习。在发生学习的地方，训练会增加那些决定最相关的方向和空间频率单位的权重，并减少其他权重。尽管有反馈条件的 85% + 85% 导致了最大的权重变化，但所有条件（包括 85% 的试验或反馈）都产生了相似的权重，并预测了几乎等同的行为学习（有关详细信息，请参见文献 [52]）。

包含高准确性的刺激可能会在现实的情况下成功地促进学习，而在这种情况下，逐项试验反馈是不切实际的。至关重要的是，AHRM 模型能够预测改变 85% 的训练试验的比例对学习有何影响（见图 7.4），而模拟通常可以预测的是从同样数量的训练实验中，提高高性能训练水平的试验比例也会增加阈值提升的规模。

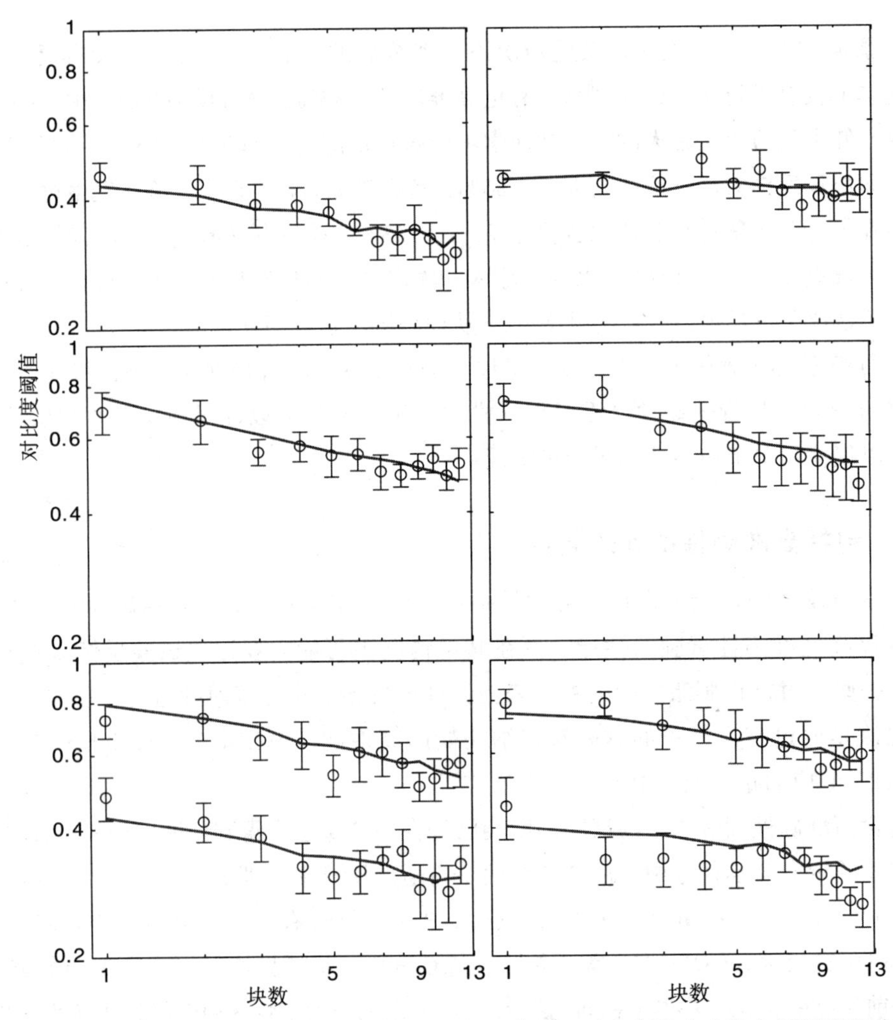

图 7.3　AHRM 预测了学习过程中反馈的相互作用以及高训练准确性和低训练准确性的混合。6 组的对比度阈值：65%+65%、85%+85% 或 65%+85%，有反馈和无反馈。引自 Liu、Lu 和 Dosher[52] 的图 5

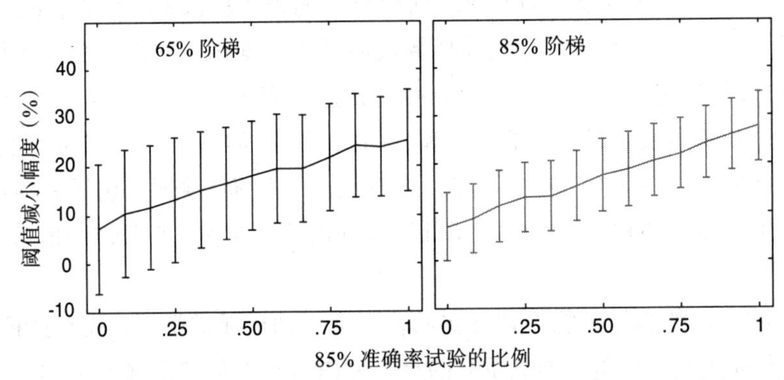

图 7.4　AHRM 模型预测的 65% 和 85% 无反馈训练阶梯的阈值降低百分比，是 85% 训练准确性试验与模拟训练混合比例的函数。引自 Liu、Lu 和 Dosher[32] 的图 1

7.4.4 建模逐项试验、错误、随机和反向反馈

如果我们的目标是了解不同类型的反馈如何影响学习的存在或学习的速率，那么自然就可以比较不同反馈条件下的学习结果。尽管逐项试验反馈是文献中最常用的（没有反馈是第二常用的），但是一些研究调查了块反馈以及可操作的、错误的、随机的或夸大的反馈。

在实验情况下，反馈通过使用错误消息、正确响应消息或两者一起来实现（例如，错误后的提示音，正确尝试后的提示音或每种情况的不同提示音）。在双选择的强制选择任务中，所有三种形式的反馈都提供等同的信息（尽管它们可能会导致错误和正确响应之间的显著性差异）。

Herzog 和 Fahle 的一项重要研究比较了在相同任务环境下的多种形式的反馈（在中央凹处的游标（Vernier）线判断，具有恒定的偏移量和正确率百分比作为从属测量值）[19]。这项研究远远超出了仅在一或两个反馈条件下进行测试的许多其他研究。使用无反馈、逐项试验反馈、块反馈、非相关反馈或可操作反馈的一些形式对不同组的观察者进行了训练（见图 7.5）。在一项对刺激的研究中，类似地评估了 AHRM 在这些不同反馈条件下解释学习的能力。[53]

尽管根据预先测试分别设置了初始游标偏移，但不同组的初始性能准确性略有不同（大概反映了随机分配给各组的受试者之间的差异）。理论上的重点是学习率。两种最常用的反馈形式显示出预期的效果——在没有反馈的情况下基本上不学习（给定的初始准确度接近 60%）和在有（准确的）逐项试验反馈的基础上进行鲁棒的学习。当只有一半的试验出现逐项试验反馈时，学习仍然发生。另一方面，发现不正确的逐项试验反馈会扰乱学习：随机的或与响应准确性无关的反馈没有帮助，与无反馈组一样，非相关反馈组也没有随着练习改善学习效果。最终仅在一个观察者中进行了反向反馈操作的测试，该反馈操作在训练过程中产生了非常不一致的性能。

我们使用方向和空间频率表征模块，用 AHRM 对这些结果进行建模[53]。这遵循了其他人的先例，这些人使用方向检测器计算了游标线的性能[36, 54]。AHRM 预测在无反馈组中有少量的学习，因为训练前的初始准确性较低。另一方面，逐项试验反馈促进了良好的学习。（出于相同的原因，这些结果与有反馈或没有反馈的 65% 准确性训练水平小组的结果相类似；请参见 7.4.2 节和 7.4.3 节。）该模型预测部分（50%）逐项试验反馈的学习速度会稍慢，但行为差异并不明显。同样，对于随机反馈，它预测没有学习或性能会略有下降，这再次与行为观察一致。最后，该模型预测正确分类的百分比会降低，因为反向的逐项试验反馈给出的是反向的响应。（一个真正的观察者可能怀疑反馈不正确，而选择忽略它，这是超出模型范围的认知策略。）简而言之，AHRM 预测很好地说明了学习者在各种反馈条件下学习率和存在性方面的差异。

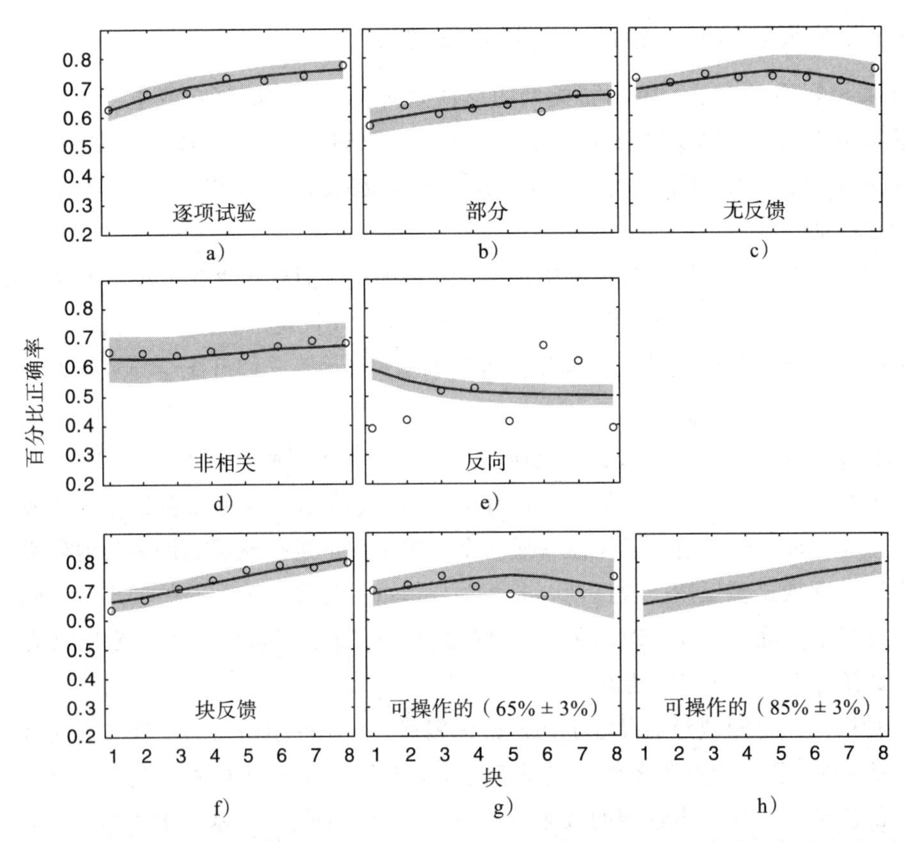

图 7.5　根据 AHRM 模型的拟合，不同形式的反馈在游标尺线偏移任务中产生不同的学习率。a）试验性反馈，b）部分试验性反馈，c）无反馈，d）不相关反馈，e）反向反馈，f）块反馈，g）可操作的块反馈（65% ± 3%），h）可操作性的块反馈（85% ± 3%）作为训练函数的正确百分比。数据是符号，来自 Herzog 和 Fahle[19]，线条和灰色带是优化的 AHRM 预测，并且在数据中除了图 e 以外，$n = 6 - 10$，在图 e 中，$n = 1$。引自 Liu、Dosher 和 Lu[53] 的图 4、图 5 和图 6

根据 AHRM 拟合估算的权重变化模式与该模型的其他应用中的模式相似。使用精确的逐项试验反馈的实践增加与检测游标刺激相关的非常小的方向最接近的单元的权重,（例如，将单元调至 ±15°）并减少其他通道的权重。这对于部分逐项试验反馈会更缓慢地发生。非相关组和错误反馈组的权重历史彼此不同，但二者都不预测任何学习。非相关的反馈倾向于将权重压缩为 0，这反映了反馈的不可靠性，以及在任何单独的模拟运行中都表现出随时间的偏差波动。直觉上，反相关或反向反馈将最相关通道的权重首先推向零，然后推向反向的权重，同时减少对其他相关性较低的通道的权重，最终预测性能或预测准确性下降。

模拟运行在逐项试验反馈条件下指一个观察者的学习，几乎每次模拟运行都遵循相同且可靠的学习模式，它代表了一个观察者在试行反馈条件下的学习。在许多模拟中，无反馈组的权重结构也显示出一个模式，即在相关通道上略微增加权重，在不相关通道上减少权重，但任何单一的模拟都是不稳定的，并且有可能产生偏差（例如，权重在平衡零点上方或下方漂移）。10 个观察者随机选择的平均值（就像在实验中一样）产生了与群体行为数据相匹配的预测。由此，一个有用的解释出现了：单个模拟运行综合起来，可以对学习做出重要的预测，这些预测不仅针对一个观察者，而且针对结果在观察者之间的分布。

7.4.5 建模块反馈

块反馈（例如，每组试验的百分比正确率）在某些情况下可以支持学习，尽管通常它不如逐项试验反馈有用。使用块反馈，学习在块内是无监督的，但这仍然允许一些学习。Herzog 和 Fahle 研究了几种形式的块反馈（见图 7.6）[19]。每 100 个试验中就有一个小组获得了准确的块反馈，表明这在某种程度上支持了学习。同时，另一个小组收到了可操作的块反馈，该反馈（不准确地）传达给了观察者，在整个训练过程中，准确性在 65% 正确率左右（65% ± 3%）。这种令人沮丧的反馈导致没有明显的学习。

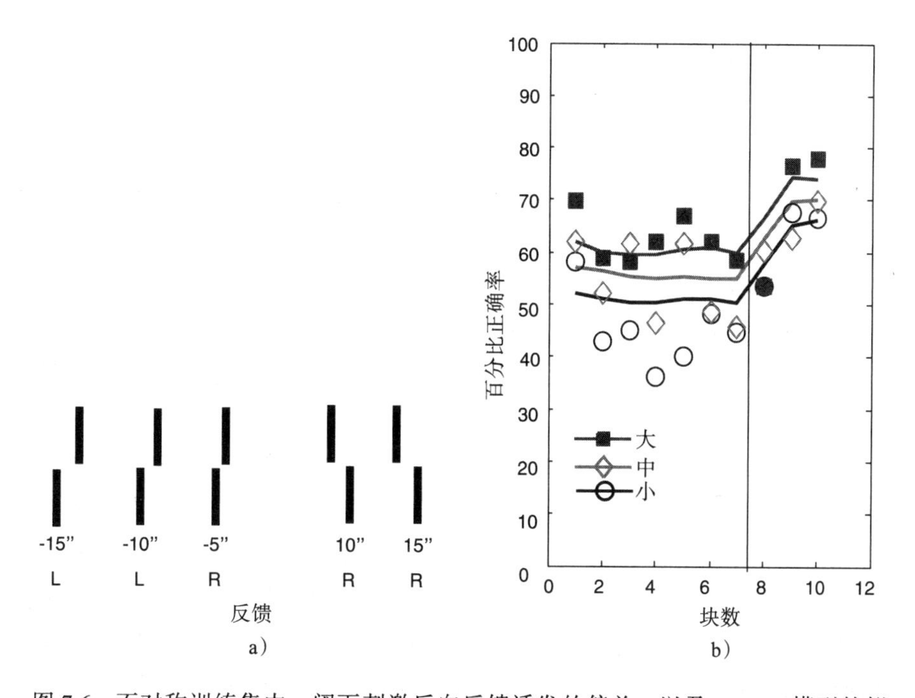

图 7.6 不对称训练集中，阈下刺激反向反馈诱发的偏差，以及 AHRM 模型的拟合。a）刺激和反应反馈的例子。b）AHRM 模型的小、中、大左偏移量和拟合（线）的正确百分比（符号）。数据来自 Herzog 和 Fahle[28] 的图 3，引自 Liu、Dosher 和 Lu[55] 的图 1

理解块反馈也许特别有用，因为这种间歇性的反馈可能在许多学习环境中是一种典型的存在。如何在定量学习模型的规则下使得块反馈支持学习？一些研究人员建议观察者在较差的块反馈之后，从先前块中减去或回滚权重变化，基本上从块的开始返回到较早的权重[4]。相比之下，AHRM 呈现了另一种情况。在研究几种替代方案后，我们认为块反馈改变了将分配给后续块中的偏置控制的权重；特别是，我们的假设是权重与最后一个块反馈的值成比例地在 0 到 1 之间线性变化，而正确率在 50% 和 100% 之间[53]。在这种理解下，偏差控制单元是一种纠正措施，可以抵消最近响应历史记录中观察到的偏差。假设更高的块反馈导致更多的偏差校正，从而抵消了带偏差的响应的趋势。AHRM 对两种块反馈条件的预测，以及对一种人为反馈高（85° ± 3°）的局部反馈条件的预测表明，块反馈应该像逐项试验反馈一样在相同的方向上移动权重，尽管速度更慢，可变性更大。相应地，AHRM 表明夸大的反馈将导致更好的学习[31]。

7.4.6　训练不对称与诱导偏差

错误或反向反馈对性能有影响，如果错误的反馈发生在一个方向而不是其他方向，结果就是有偏差的[53]。AHRM 模型已经能够预测一些由选择性错误反馈引起的偏差感应现象。Herzog 和他的同事在一系列的实验中研究了不对称的错误反馈和由此产生的反应偏差[28-30]。在一个典型的实验中，用 5 个游标偏移量对观察值进行训练，这 5 个偏移量分别是：大、中、小左下角偏移量和中、大右下角偏移量（见图 7.6）。在 Herzog 和 Fahle 的实验 3 中[28]，小的（阈下）左下角偏移量收到了反向反馈，表明是“右下角”的反应，这些刺激在三分之一的试验中都出现了。一种对许多左刺激偏好“右”响应的操作减少了所有左下角刺激的“左”响应的比例（只公开了左响应的数据）。当准确的反馈被恢复（在垂直线上），左偏移量有偏差的正确率就会迅速恢复。

对诱导偏差结果的最初解释是，知觉学习训练了响应偏差（信号检测理论意义上），从而降低了主导反馈的响应的判据，当正确的反馈被恢复时这种响应就会颠倒[28]。相比之下，AHRM 模型（图 7.7 中的线条）不是通过改变偏差（其中偏差结点与响应历史汇总的偏差相反）来解释数据，而是通过改变权重来决策，这在有错误反馈的训练过程中，会更倾向于错误反馈的响应。本质上，相关感官表征的权重向“正确”反应倾斜（类似于在信号检测理论中改变证据分布）。这影响了在小、中和大偏移量上的性能，因为所有这些偏移主要激活了垂直方向的左右的通道，尽管其激活程度不同。用错误的反馈指示“右”（而不是“左”）的试验改变了权重，同时改变了对所有偏移刺激的反应。

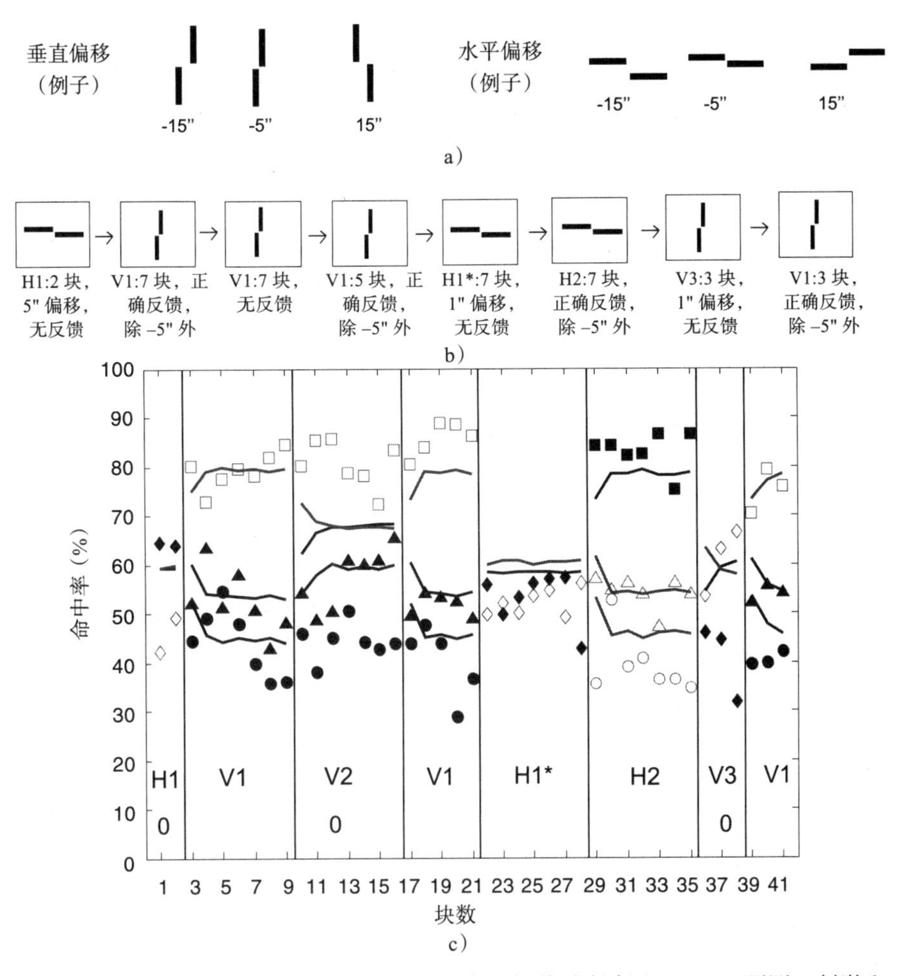

图 7.7 实验中的诱导偏差训练水平和垂直游标偏移判断和 AHRM 预测。刺激和训练方案（a 和 b），命中率数据（符号）和模型拟合（线）（c）。数据来自 Herzog 等人 [29]，根据 Liu、Dosher 和 Lu[55] 的图 5d 改编

这些偏差效应本身可以以各种方式特定地训练刺激。人们发现诱导偏差在很大程度上是针对（广泛分开的）受训练的方向的，如在一个复杂的实验中所显示的那样，该实验训练对水平线和垂直线的判断（见图 7.7）[29]。

在此实验中，使用了一个较小的错误反馈偏移量和一个两个较大的准确反馈偏移量，训练有两个不同的阶段：一些使用没有反馈的平衡刺激集来评估响应偏差，而另一些则使用标准偏差诱导训练（标记为 V1 和 H2）。简而言之，先对垂直偏移判断（V1）进行训练，这个判断不会影响水平偏移的判断（H1*），然后再单独对水平偏移判断进行训练（H2）。对方向的诱导偏差特异性是 AHRM 提供的自然性质的解释。水平和垂直游标刺激之间的方向空间很宽，这意味着垂直和水平刺激可以激活分得很开的方向和空间频率调谐的表征，从而使学习到的权重变化自然分离开（参考论文 [55] 获取

更多细节)。还有一项研究比较了系统性的不同反馈形式的学习。一组为无反馈、准确的逐项试验反馈、带有错误（反向的）小的偏移量的逐项试验反馈、准确的块反馈，一组是在两个不同的块长度中考虑错误反馈的块反馈[30]。在这个实验中，只有在逐项错误反馈的情况下，偏差才会出现，这对 AHRM 模型预测有重要意义。在这种情况下，块反馈是无效的。

因此，总的来说，AHRM 模型为迄今为止所有反向反馈实验报告的偏差现象提供了令人信服的解释。事实上，它是从感官表征到决策重加权的自然结果；要做出成功的预测，不需要进一步的加工。经过训练的权重变化本质上改变了决策单元的证据分布。这表明，尽管评价控制单元似乎是“偏差”效应的自然轨迹，但反馈对学习权值的影响实际上是一种更强大和自然的机制[55]。

7.5　多刺激识别中的学习

除了少数例外，知觉学习只在简单的双选择的辨别或检测任务中进行研究[56，57]。该领域里这种隐含的程序式的选择可能不必要地限制了研究的范围。目前，我们才刚刚开始了解反馈在当观察者被要求将刺激分类为更多的类别的情况下的作用和有效性，这种情况称为“*n*– 选择”识别。

反馈在这些情况里怎么运作呢？它什么时候最有用呢？它通过什么机制来影响学习呢？未来在这一研究较少领域的研究很有可能大大地扩展知觉学习的研究范式。

最核心的问题之一涉及学习的存在性和可能的鲁棒性。在绝对识别的相关领域，一些研究可追溯到 20 世纪 50 年代，这些研究在历史上曾导致研究人员得出这样的结论：单一维度的刺激识别仅限于 4 到 7 个类别，几乎没有显示出学习的潜力[58-62]。最近，人们发现在特定情况下也有学习，例如线长辨别，它在维度的末端增加新的刺激[63，64]。在这个经典的文献中，对于不同的刺激维度，在识别中有不同的限制。

重加权模型为理解多类别识别提供了一种相当不同的方法，而 *n*– 选择范式为研究反馈对学习的影响提供了一个有用的测试平台。在使用不同刺激的任务中，对性能的限制反映了前端模块如何代表这些类别以及在 *n*– 选择识别的权重空间中的可辨别性。如果观察者在某些情况下可以通过练习得到提高，这一发现将为有关学习中可能发生的监督类型的重要问题提供新的思路。

通过实验可以区分几种不同类型的逐项反馈，远远超出了反馈与无反馈的简单比较。例如，响应反馈是全监督的一种形式：它告诉观察者他们应该做出的响应，这可以与观察者自己做出的响应相比较。然而，准确性反馈更类似于通过强化的监督，即它告诉观察者他们的响应是对的还是错的，但不会告诉他们错误的程度和正确的响应是什么。我们已经能证明，在涉及方向判断和空间频率判断的 *n*– 选择任务中，有完全监督下的学习（对正确反应提供完全反馈）[65，66]。

也许令人惊讶的是，n– 选择识别的性能可以用比基本的 AHRM 稍微复杂一点的决策和学习规则来建模表示。最近，人们开发了一个处理 n– 选择任务的延伸模型（并且该模型的一个相关版本，基于集成重加权理论（IRT）且提供了 AHRM 的多位置、多层扩展，并将在第 8 章中进一步讨论）。在这个延伸模型中，决策单元——模板——被设置用于每一个响应类别，通过选择激活最强的决策单元或模板来做出最终的分类，这是一个“最大规则”[65-67]（图 7.8）。本质上，每个 n 决策单元为二元决策收集证据，而不管刺激是否符合这一类别。当定义模板或决策单元的权重得到改进时，学习就发生了。

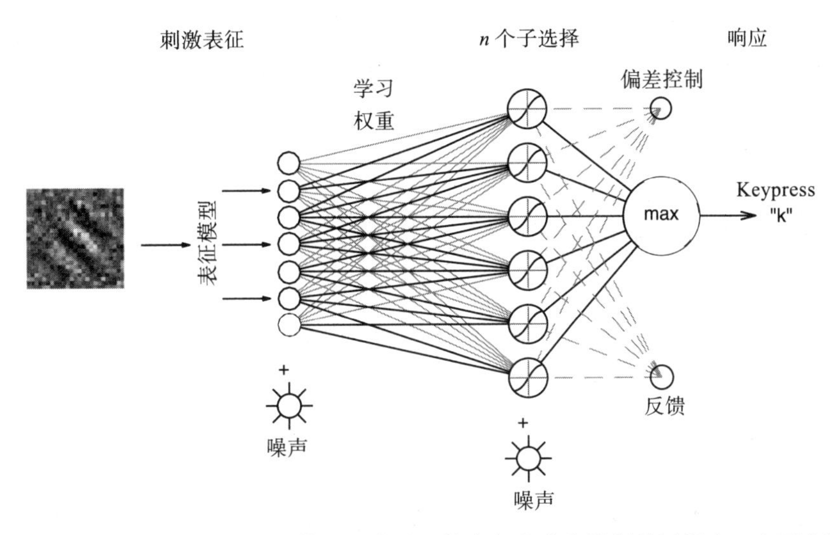

图 7.8　n– 选择识别的重加权模型的略图，其中每个响应类别的证据由一个子决策单元计算，试验中的响应对应于具有最大响应的决策单元（赢家通吃或最大规则决策）。在这个框架中，反馈性质的变化，对应于不同的监督水平，导致不同的学习率

对于这些延伸模型，如果有反馈的话，它就能用于改进每一个类别的决策单元的权重。无论哪个决策单元是正确的，一次试验的响应反馈促使所有 n 个类别决策单元做出匹配或不匹配的决定。在准确性反馈的情况下，错误响应提供的信息更少，导致决策单元对观察者给出的错误响应产生不匹配，但对其他 $n-1$ 个决策单元没有提供任何信息。在没有反馈的情况下，学习可能不像在二选一的情况下那么成功，除非有先验知识和高可见性使得在练习之前就有非常高水平的识别准确度。

研究人员刚刚开始通过实验来检验视觉知觉学习在这些 n- 选择任务领域中是如何运作的。目前为止，我们已经确定 8- 选择任务中学习是发生了的，并且我们已经发现了初步的证据来支持响应反馈、准确性反馈和无反馈条件下的预测任务在学习速率上的差异。从这些 n-AFC 再加权模型中可以得出许多预测，包括对不同监督水平下学习的预测。此外，这些模型还有望对混乱的数据（即对每个刺激的响应频率模式），对这些模型是如何随着训练而改变的，以及对模型对表征模块中不同刺激的激活模式的相似性是如何进行辨别的做出揭示性的预测。

7.6　总结

在视觉知觉学习实验中对反馈进行操作已成为研究学习规则或算法的关键方法。虽然大多数实验只使用了逐项试验反馈（因此没有做出比较），但是其他操作反馈的存在或反馈的形式的实验已经产生了引人注目的结果。这个新生的研究领域的进展是显著的。不同反馈条件产生的学习模式已经使研究人员认识到，直接学习既不是纯监督的，也不是纯无监督的，而是两者的混合体，这种混合体在不同且可预测的环境中占据主导。

首先作为人工神经网络发展起来的学习规则和架构为研究视觉知觉学习中的类似现象提供了一种理论结构。到目前为止，现有的行为数据与 AHRM 一致，该模型使用了由反馈和偏置增强的非监督的学习规则。在该模型中，学习在没有反馈的情况下在无监督模式下进行，以及在反馈可用时处于监督模式。

AHRM 特别有用，因为它能做出广泛的可测试预测。它预测，如果初始的任务性能水平足够好，则学习仍然可以在没有反馈的情况下发生。它还预测，当反馈不可用而且初始的性能并不令人满意时，即使大量的实践也会收获一些好处；在这些条件下，反馈可以允许知觉学习发生，而没有它则会失败。

一个受块反馈影响的根据 AHRM 生成的模型，对几种反馈条件都给出了一个很好的解释。该模型还预测，逐项试验反馈会损坏或延缓学习，并且这种错误的逐项试验反馈支持对刺激子集的客观上不正确的响应，会引起刺激分类中的系统性偏差。

从模型启发实验中出现的原则涉及不同情况，其中最重要的原则之一是反馈可能取决于训练期间的性能水平。当训练期间的准确性足够低，以至于无监督的学习不成功时，反馈是最必要的，而当训练期间的准确性高时，反馈可能是不必要的甚至是多余的，特别是对于双选择的任务时。一些实验通过使用调整刺激对比的自适应方法的训练使得性能维持在一个受控制的精确水平，尽管这些实验揭示了预测的相互作用，但如果在不同的精度水平发生训练时，是否会发生类似的发现仍然有待观察（例如，通过调整高对比度刺激的方向差异）。在后一种情况下，观察者将在学习期间对刺激进行越来越精细的区分，特别是在早期学习期间的刺激变化。对于包含复杂刺激的任务，保持刺激恒定和观察性能准确性的改进可能是唯一实用的实验选择；在这样的实验中，反馈的影响在逐渐增加的性能水平下被混合进训练的影响中。

必须强调的是，定量模型有着极大的益处。只有通过这样的模型，研究人员才可以精确研究反馈如何在训练中起作用，以及反馈如何依赖于任何给定的测试范例内的其他因素。随着研究人员努力扩展可变空间，包括多种类型的反馈、更复杂的任务和与奖励的互动，肯定需要进一步改进现有模型来解释新观察到的知觉学习的经验现象。

7.7 未来方向

目前，知觉学习中最突出的反馈模型是重加权模型。在这些模型中，重加权操作在相对简单的结构内运行，只有几层。增加层数这种结构的简单扩展将导致更丰富的可能性。

即使在相对简化的模型中，信息也可以集成在几层上，连接感官表征决策单元(通过隐藏层)，并将来自反馈的自上而下的信号集成到增强学习中。如何将更复杂和生物上合理的网络嵌入这些简化的学习模型仍有待观察。这同样可以说是这些模型如何用来发现感知、决策、解释和反馈特定学习的生物学特定神经实例。从这个意义上讲，反馈的实验研究可以通过多种方式与该领域的突出理论问题相关联，因此可能引导未来的研究。

用于研究知觉学习和反馈的实验一直都非常简单，并且集中在部分任务领域。通过实验研究广泛的任务和各种各样的反馈，甚至将这些研究扩展到现实世界中可用的反馈形式，将为知觉学习系统和学习规则提供新的见解。

此时，学习规则如何受到如奖励幅度、概率、时间，或注意力这些操作的影响，对此我们知之甚少。发现和提炼我们对这种关系的理解将有意义地扩展我们的实验方法。第9章给出了一些可能的方法。

学习对反馈的依赖是否取决于任务的性质？对不同形式的反馈的比较一直集中在较低级别的视觉任务上。对于如此简单的双选择的低级视觉任务，我们知道学习可以在没有反馈的情况下发生，这种学习已经通过选择性地调整现有表征的权重成功建模。不太清楚的是，需要创造新特征组合的表示形式的更高级别的视觉任务能否在无反馈时发生。通常，这些更高级别的任务涉及从更大集合（n– 选择）中命名或识别自然或合成目标。未来研究的一个方向可能是系统地比较在与低，中和高级视觉过程相关联的任务上的反馈和学习。

除了诱导偏差上的工作外，对于刺激和反应的相对频率的不平衡或不相等的情况的学习和反馈几乎没有研究。然而，在现实世界中，我们经常遇到不等的刺激概率，带偏差的响应环境，以及反馈是间歇的、不完整或含糊不清的情况。扩展评估学习的范式可能需要重新考虑学习规则，我们对期望和偏差建模方式的理解，以及其他普遍的任务知识。

对于多选择任务上（$n > 3$）的学习的研究，为在这些更复杂情况下对比具有不同程度监督的学习规则提供了许多扩展的机会，这可能会揭示反馈在学习中的差异重要性。第8章中描述了与此思想相关的一些新实验。

显而易见，抽象或者符号化反馈信息（哔哔声、蜂鸣或者单词）在基本的视觉任务中会影响学习。这些刺激需要在恰当的水平、位置和时间转换为神经教学信号来影响学习。这可能涉及将自上而下的信号广泛地传播到许多大脑部位，带来的可能结果是在许多区域的适应和稳定[68]。这种机制如何在生物系统中完成仍然是一个谜，尽管它可能与奖励和决策中心的行动有关，这个问题在第 9 章中提及。

一方面，在过去几十年中取得了实质性进展。我们现在可以更清楚地了解到知觉学习的工作方式，以及它的成功如何取决于训练方案。另一方面，我们仍有很长的路要走。在新的生物上合理的学习理论的发展中，实验和训练范式的扩展提供了对这些甚至更基础理论的研究潜力。

参考文献

[1] Jordan MI, Rumelhart DE. Forward models: Supervised learning with a distal teacher. *Cognitive Science* 1992;16(3):307–354.

[2] Reed RD, Marks RJ. *Neural smithing: Supervised learning in feedforward artificial neural networks*. MIT Press; 1998.

[3] Barlow HB. Unsupervised learning. *Neural Computation* 1989;1(3):295–311.

[4] Herzog MH, Fahle M. Modeling perceptual learning: Difficulties and how they can be overcome. *Biological Cybernetics* 1998;78(2):107–117.

[5] Dosher BA, Lu Z-L. Hebbian reweighting on stable representations in perceptual learning. *Learning & Perception* 2009;1(1):37–58.

[6] Mohri M, Rostamizadeh A, Talwalkar A. *Foundations of machine learning*. MIT Press; 2012.

[7] Rumelhart DE, Durbin R, Golden R, Chauvin Y. Backpropagation: The basic theory. In Chauvin Y, Rumelhart DE, eds., *Backpropagation: Theory, architectures and applications*. Laurence Erlbaum Associates;1995:1–34.

[8] Sutton RS, Barto AG. *Reinforcement learning: An introduction*. MIT Press; 1998.

[9] Sejnowski TJ, Tesauro G. The Hebb rule for synaptic plasticity: Algorithms and implementations. In Byrne JH, Berry WO, eds., *Neural models of plasticity: Experimental and theoretical approaches*. Academic Press;1989:94–103.

[10] Petrov AA, Dosher BA, Lu Z-L. The dynamics of perceptual learning: An incremental reweighting model. *Psychological Review* 2005;112(4):715–743.

[11] Petrov AA, Dosher BA, Lu Z-L. Perceptual learning without feedback in non-stationary contexts: Data and model. *Vision Research* 2006;46(19):3177–3197.

[12] Kohonen T. Self-organized formation of topologically correct feature maps. *Biological Cybernetics* 1982;43(1):59–69.

[13] Kohonen T. The self-organizing map. *Proceedings of the IEEE* 1990;78(9):1464–1480.

[14] Jain AK. Data clustering: 50 years beyond K-means. *Pattern Recognition Letters* 2010;31(8):651–666.

[15] Mitchison GJ, Swindale NV. Can Hebbian volume learning explain discontinuities in cortical maps? *Neural Computation* 1999;11(7):1519–1526.

[16] Oja E. Simplified neuron model as a principal component analyzer. *Journal of Mathematical Biology* 1982;15(3):267–273.

[17] Sanger TD. Optimal unsupervised learning in a single-layer linear feedforward neural network. *Neural Networks* 1989;2(6):459–473.

[18] Gerstner W, Kistler WM. *Spiking neuron models: Single neurons, populations, plasticity*. Cambridge University Press; 2002.

[19] Herzog MH, Fahle M. The role of feedback in learning a Vernier discrimination task. *Vision Research* 1997;37(15):2133–2141.

[20] Shiu L-P, Pashler H. Improvement in line orientation discrimination is retinally local but dependent on cognitive set. *Perception, & Psychophysics* 1992;52(5):582–588.

[21] Shibata K, Watanabe T, Sasaki Y, Kawato M. Perceptual learning incepted by decoded fMRI neurofeedback without stimulus presentation. *Science* 2011;334(6061):1413–1415.

[22] Choi H, Watanabe T. Perceptual learning solely induced by feedback. *Vision Research* 2012;61:77–82.

[23] Ball K, Sekuler R. Direction-specific improvement in motion discrimination. *Vision Research* 1987;27(6):953–965.

[24] Crist RE, Kapadia MK, Westheimer G, Gilbert CD. Perceptual learning of spatial localization: Specificity for orientation, position, and context. *Journal of Neurophysiology* 1997;78(6):2889–2894.

[25] Fahle M, Edelman S. Long-term learning in Vernier acuity: Effects of stimulus orientation, range and of feedback. *Vision Research* 1993;33(3):397–412.

[26] Karni A, Sagi D. Where practice makes perfect in texture discrimination: Evidence for primary visual cortex plasticity. *Proceedings of the National Academy of Sciences* 1991;88(11):4966–4970.

[27] McKee SP, Westhe G. Improvement in Vernier acuity with practice. *Perception & Psychophysics* 1978;24(3):258–262.

[28] Herzog MH, Fahle M. Effects of biased feedback on learning and deciding in a Vernier discrimination task. *Vision Research* 1999;39(25):4232–4243.

[29] Herzog MH, Ewald KR, Hermens F, Fahle M. Reverse feedback induces position and orientation specific changes. *Vision Research* 2006;46(22):3761–3770.

[30] Aberg KC, Herzog MH. Different types of feedback change decision criterion and sensitivity differently in perceptual learning. *Journal of Vision* 2012;12(3):3,1–11.

[31] Shibata K, Yamagishi N, Ishii S, Kawato M. Boosting perceptual learning by fake feedback. *Vision Research* 2009;49(21):2574–2585.

[32] Liu J, Lu Z, Dosher B. Augmented Hebbian learning accounts for the complex pattern of effects of feedback in perceptual learning. *Journal of Vision* 2010;10(7):1115.

[33] Lu Z-L, Liu J, Dosher BA. Modeling mechanisms of perceptual learning with augmented Hebbian reweighting. *Vision Research* 2010;50(4):375–390.

[34] Polat U, Sagi D. Spatial interactions in human vision: From near to far via experience-dependent cascades of connections. *Proceedings of the National Academy of Sciences* 1994;91(4):1206–1209.

[35] Vaina LM, Sundareswaran V, Harris JG. Learning to ignore: Psychophysics and computational modeling of fast learning of direction in noisy motion stimuli. *Cognitive Brain Research* 1995;2(3):155–163.

[36] Weiss Y, Edelman S, Fahle M. Models of perceptual learning in Vernier hyperacuity. *Neural Computation* 1993;5(5):695–718.

[37] Rumelhart DE, McClelland JL, Group PR. *Parallel distributed processing*. Vol. 1. IEEE; 1988.

[38] McClelland JL, Rumelhart DE, Group PR. *Parallel distributed processing*. Vol. 2. MIT Press; 1987.

[39] Lillicrap TP, Cownden D, Tweed DB, Akerman CJ. Random synaptic feedback weights support error backpropagation for deep learning. *Nature Communications* 2016;7.

[40] Neftci EO, Augustine C, Paul S, Detorakis G. Event-driven random back-propagation: Enabling neuromorphic deep learning machines. *Frontiers in Neuroscience* 2017;11:324.

[41] Hebb DO. *The organization of behavior: A neuropsychological approach*. Wiley; 1949.

[42] Sanger TD. Analysis of the two-dimensional receptive fields learned by the generalized Hebbian algorithm in response to random input. *Biological Cybernetics* 1990;63(3):221–228.

[43] Gerstner W, Kistler WM. Mathematical formulations of Hebbian learning. *Biological Cybernetics* 2002;87(5–6):404–415.

[44] Law C-T, Gold JI. Reinforcement learning can account for associative and perceptual learning on a visual-decision task. *Nature Neuroscience* 2009;12(5):655–663.

[45] Roelfsema PR, van Ooyen A. Attention-gated reinforcement learning of internal representations for classification. *Neural Computation* 2005;17(10):2176–2214.

[46] Kohonen T. The self-organizing map. *Neurocomputing* 1998;21(1):1–6.

[47] Liu J, Lu Z-L, Dosher BA. Augmented Hebbian reweighting: Interactions between feedback and training accuracy in perceptual learning. *Journal of Vision* 2010;10(10):29,1–14.

[48] Ahissar M, Hochstein S. Task difficulty and the specificity of perceptual learning. *Nature* 1997;387(6631):401–406.

[49] Papathomas TV, Gorea A, Feher A, Conway TE. Attention-based texture segregation. *Attention, Perception, & Psychophysics* 1999;61(7):1399–1410.

[50] Rubin N, Nakayama K, Shapley R. Abrupt learning and retinal size specificity in illusory-contour perception. *Current Biology* 1997;7(7):461–467.

[51] Goldhacker M, Rosengarth K, Plank T, Greenlee MW. The effect of feedback on performance and brain activation during perceptual learning. *Vision Research* 2014;99:99–110.

[52] Liu J, Lu Z-L, Dosher BA. Mixed training at high and low accuracy levels leads to perceptual learning without feedback. *Vision Research* 2012;61:15–24.

[53] Liu J, Dosher B, Lu Z-L. Modeling trial by trial and block feedback in perceptual learning. *Vision Research* 2014;99:46–56.

[54] Sotiropoulos G, Seitz AR, Seriès P. Changing expectations about speed alters perceived motion direction. *Current Biology* 2011;21(21):R883–R884.

[55] Liu J, Dosher BA, Lu Z-L. Augmented Hebbian reweighting accounts for accuracy and induced bias in perceptual learning with reverse feedback. *Journal of Vision* 2015;15(10):10,1–21.

[56] Gold J, Bennett P, Sekuler A. Signal but not noise changes with perceptual learning. *Nature* 1999;402(6758):176–178.

[57] Gold JM, Sekuler AB, Bennett PJ. Characterizing perceptual learning with external noise. *Cognitive Science* 2004;28(2):167–207.

[58] Miller GA. The magical number seven, plus or minus two: Some limits on our capacity for processing information. *Psychological Review* 1956;63(2):81–97.

[59] Garner WR, Hake HW. The amount of information in absolute judgments. *Psychological Review* 1951;58(6):446–459.

[60] Hake HW, Garner W. The effect of presenting various numbers of discrete steps on scale reading accuracy. *Journal of Experimental Psychology* 1951;42(5):358–366.

[61] Pollack I. The information of elementary auditory displays. *Journal of the Acoustical Society of America* 1952;24(6):745–749.

[62] Shiffrin RM, Nosofsky RM. Seven plus or minus two: A commentary on capacity limitations. *Psychological Review,* 1994;101(2):357–361.

[63] Rouder JN, Morey RD, Cowan N, Pealtz M. Learning in a unidimensional absolute identification task. *Psychonomic Bulletin & Review* 2004;11(5):938–944.

[64] Dodds P, Donkin C, Brown SD, Heathcote A. Increasing capacity: Practice effects in absolute identification. *Journal of Experimental Psychology: Learning, Memory, and Cognition* 2011;37(2):477–492.

[65] Dosher B, Liu J, Lu Z-L. Perceptual learning of spatial frequency identification through learned reweighting. *Journal of Vision* 2017;17(10):490.

[66] Liu J, Dosher B, Lu Z-L. Perceptual learning in n-alternative forced choice with response and accuracy feedback, and a reweighting model. *Journal of Vision* 2017;17(10):1078.

[67] Aberg KC, Herzog MH. About similar characteristics of visual perceptual learning and LTP. *Vision Research* 2012;61:100–106.

[68] Seitz A, Watanabe T. A unified model for perceptual learning. *Trends in Cognitive Sciences* 2005;9(7):329–334.

对迁移性和特异性进行建模

迁移性和特异性代表了知觉学习两个方面的典型特征。对刺激属性或空间位置的特异性推动了早期关于视觉皮质在学习中的作用的猜测。但是当迁移性出现时，它的机制是什么呢？在本章中，我们介绍了一个集成重加权理论（Integrated Reweighting Theory，IRT），以通过改善重加权和从更高级别的表征中读出数据的方式来解释迁移性。当学习专注于这些更高级别的表征时会发生迁移，而在学习专注于较低级别的表征时，则会发生特异性。这一原则对许多具有挑战性的观察进行了解释，包括学习期间迁移性的分级性质和可变性质。

8.1 集成重加权理论

知觉学习的特性中被讨论最多就是其对于训练任务的特异性。学习通常是特定于任务的特点，甚至特定于受训练的视网膜位置（这在历史上成为了在早期视觉皮层中学习诱发的神经重调谐的主张的核心基础）。然而，学习在一些时候确实发生了迁移。为什么这种情况会发生，以及什么时候会发生？是什么让某些类型的训练比其他训练更易发生迁移？当迁移确实发生时，它是如何完成的？

我们已经探讨过（第3章）特异性和迁移性的实验发现。在本章中，我们建立了一个理论框架和相应的计算模型，来说明何时以及如何在训练时发生迁移，并初步关注跨越视网膜位置的迁移。

由于不同的低级特征和空间位置在早期皮质区域中具有稍微不同的表征，因此我们认为依赖于这些早期表征的任务应该具有特异性。根据这个观点，需要对迁移性的能力而不是学习的特异性进行解释。迁移如何发生？对于训练于特定特征或视网膜位置的那些任务，如何将训练成果应用于其他特征或位置？

本章的大部分内容给出了一个可能的答案。如我们将看到的，IRT是AHRM的扩展，这里解释了横跨使用不同表征层级的不同任务之间的迁移。更高级别的不变表征（与许多任务的变化相关）为迁移提供了支撑。虽然存在许多与我们竞争的假设[1]，但我们的观点是基于这样一个观点：当训练和迁移任务借鉴了共同的表征和过程时，迁移就会发生[2]。

8.2　对迁移性的日常类比

在语言学习中，可以找到一种针对知觉学习的特异性和迁移性的通俗类比。一个说英语的人如果已经掌握了西班牙语，可能会发现学习意大利语变得更容易。另一方面，掌握英语和学习西班牙语可能对学习汉语没有什么好处。在这种情况下，我们可以说，对西班牙语的学习可以迁移到意大利语的学习，但这二者相对于汉语的学习则有各自的特异性。每种语言都包括物理刺激、音素和音调，就像文字一样；其他层次的表现形式也可能包括词汇、语法和含义。共享语音或符号输入、同源词、语法或其他兼容的形式可能有助于立即理解或随后学习一门新语言。两种语言细节上的竞争或干涉可能还有更微妙的方式。这一语言类比说明了一个更广泛的观点，即不同层次的表示和过程之间的共性或差异在学习过程中产生积极或消极的交互作用。

另一个有用的类比是在多种运动的学习中发现的。从头开始学习羽毛球可能会对学习另一种球拍运动（如壁球）有积极的影响。处理球拍，判断目标物的距离，以及管理挥拍的方面都是适用于这两种游戏的技能。相反，我们可能会认为在某些运动组合之间存在负迁移，例如在棒球中，球经常在本垒板附近下降，而在垒球中，球经常在本垒板附近上升。其他运动之间的差别可能很大，既不存在正迁移，也不存在负迁移。（在知觉学习领域，这种学习的独立性称为完全特异性。）

基于学习可能发生迁移（见图 3.3）的任务对之间的关系，将知觉学习中特异性和迁移性的实验文献（第 3 章）分为 4 类。正如刚才提到的直观类比，它是表示和过程之间的重叠（或者，用神经网络的语言来说，加权连接和决策单元），这种重叠决定了可能的结果和对特异性和迁移性的合理解释。简而言之，两个任务之间的关系取决于它们是否共享刺激表征、决策判断（两者都有，或者两者都没有）。在多层网络中，这些任务关系当然可能更加复杂，但基本思想是相同的。训练和迁移任务之间的关系，以及它们是否共享表征和权重，决定了两个任务中的训练是否预期会产生交互作用——学习到的权重是否可以被共享或是分开且独立的。

正如我们在第 3 章中看到的，这个分析虽然简化了，但提供了一个强大的理论框架，阐明了训练和迁移任务之间的不同关系是如何映射到行为数据中观察到的许多模式上的。例如，如果两个任务使用不同的表征，但判断相同，那么将表征与判断连接起来的权重必须是独立的，并且默认具有特异性（无论学习是重调谐表征还是重加权感官证据来做出决定，这都是正确的）。在回顾文献后，我们的结论是实验数据要么与重加权假说一致，要么正向支撑该假说，而表征变化在几个关键的实验中被排除。（当然，正如我们指出的，如果任务需要一个分层架构来解释数据，那么关系可能会更复杂，这可能会产生一些混合解释。）带着这些初步的结论，我们继续开发 IRT 框架为迁移性建模。这样做的原因基于这样一种见解，即具有特异性表征和不变表征的网络结构可以通过重加权学习来解释许多观察到的分级的迁移模式或特异性。

在接下来的内容中，我们将重点讨论设计用于解释位置迁移的 IRT 实现。我们展示了这个模型是如何解释一系列新实验数据的。使用位置以外的不变表征实现的 IRT 可以用于解释其他类型的迁移。在本章的最后，我们考虑了替代理论以及未来模型的可能发展。

8.3　分层表征和迁移

在认知能力和知觉学习的背景下，大脑可以类比为一个从早期表征到决策中，连接刺激和响应的多层次网络。从在初级视觉皮层的第一次分析，到次级视觉皮层的许多其他表征，再到代表决策和行动的高级皮层区域，每个早期表征都与一些更高层次的表征相联系。

在这样的多层网络模型中，重加权原则上可以改变从一个表征层到下一个表征层的连接权重的大小，在一个表征层内部，这些连接是从较低的感觉区域到较高的决策区域，或通过反馈从较高的级别到较低的级别。任何相关的表征也可以直接或间接地连接到一个任务定义的决策单元（或多个单元）。不同层级的权重可以同时或者连续进行学习。在网络中，将高质量信息与决策（和行动）联系起来的权重应该在学习过程中得到加强。

这些直觉引出了集成重加权理论（IRT）[2]——一种设计用于解释位置上迁移的框架。相比 IRT 更简单的增强型 Hebbian 重加权模型（AHRM）包括两层，一层是刺激表征，另一层只有一个决策单元（有时是多个决策单元），刺激表征层通过前端表征来计算激活值。IRT 在这个模型的基础上增加了几组位置特异的表征（例如在实验中，每个视网膜位置有一组）和一层位置不变的表征，这些表征的单元对任何位置的刺激做出反应。（例如，位置不变表征可能编码刺激中的空间频率和方向内容，而不考虑该表征出现的位置。）所有这些特定于位置和位置不变级别的表征都与一个（或多个）决策单元相连。正迁移发生在训练任务和迁移任务之间的学习权重结构重叠和兼容时，负迁移发生在学习权重结构重叠和不兼容时。第三种可能是，如果权重结构没有重叠，或者重叠的程度最小，训练任务和迁移任务就各自独立学习。在 IRT 框架中，从一个位置到另一个位置的学习迁移是因为学会了基于位置不变性的权重表征，在随后的新任务中的学习涉及位置特异性的表征的权重的学习和继续基于位置不变性的权重的学习。学习使用与 AHRM 相同的增强型 Hebbian 学习规则，重加权从位置特异表征和位置不变表征到决策的连接之间的权重[3, 4]。

经过修改以包含不同种类的不变表征的同一 IRT 框架，原则上可以扩展到不变表征上的其他迁移形式。然而，在所有这些形式中，模型都有一个核心主张：知觉学习从一个任务迁移到另一个任务——无论是正迁移还是负迁移——当且仅当连接输入表征、高级表征或决策的权重结构存在重叠时。在图 8.1 中可以找到这方面的示意图，图中显示了重叠或分离的任务网络，这些网络协调了训练任务和迁移任务之间的交互。此外，虽然这些都被描述为前馈网络（相应地，目前所有的 IRT 实现都使用前馈网络），但也可以发展出类似的概念，即包含反馈或自上向下权值或连接层内单元的权值的网络。

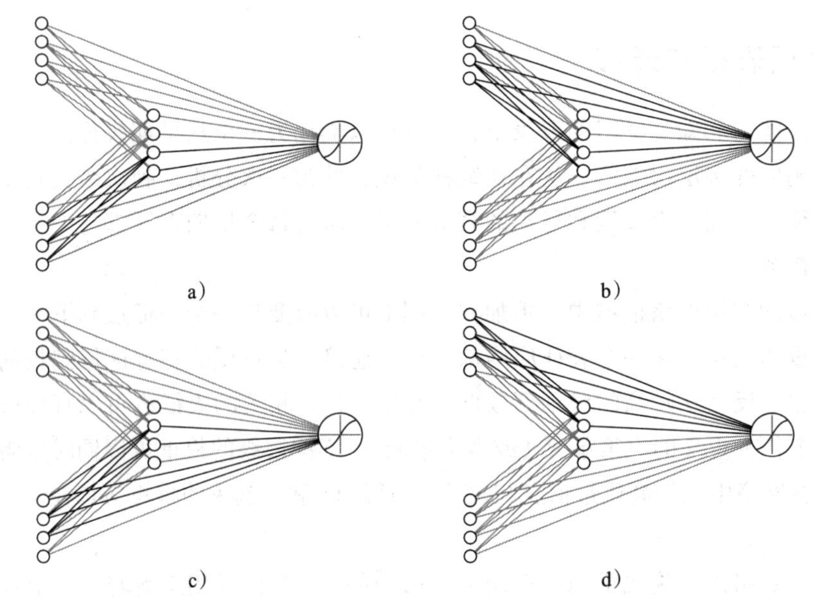

图 8.1　假设的权重结构是针对与初始任务有不同类型重叠的任务显示的。a）初始任务的权重（从左到右前馈传播）。b）低级单元（例如，在不同位置）的权重不同，但决策的高级权重相同的任务。c）从低级单元和高级单元到决策的权重部分重叠的任务。d）从初始任务开始，在各个级别上具有不同权重的任务。迁移与权重结构的重叠有关

在 IRT 的原始实现中，知觉学习被编成程序来同时调整网络各层到决策单元的权重[2]。在每次试验中，所有位置特异和位置不变表征的权重都以相同的学习率更新（一种可以很容易地被放松以允许不同速率的简化）。然而，在不同应用的学习过程中，位置特异或位置不变表征与决策之间连接的权重或多或少地总是改变很快。这既可能是因为一些表征携带了更有用的信息，又可能是因为在实验设计中，来自不变表征的连接在更多的试验中经历学习。

本质上，迁移操作是通过在多层网络的不同层进行学习来实现的。因此，核心观点就是视觉对象在带有不同程度的不变性的多个层次上表示。在这种观点下，早期水平的表征涉及简单的特征（比如方向和空间频率），这些特征分别表示视野中的不同位

置，而更高层次的表征则结合或转换这些简单的特征来表示更复杂的东西。更高层次的表征也常常被看作是更抽象的。例如，它们对于其他特征是不变的，结合来自许多位置的信息（因此成为位置不变）或者结合来自不同规模的输入（因此成为大小不变）。然后以独特的方式组合这些不变的特征来表示特定的对象或模式。图 8.2 显示了由计算机视觉 [5] 的共同原理发展而来的表征层次结构（参见 Leonardis 和 Fidler[6]）。

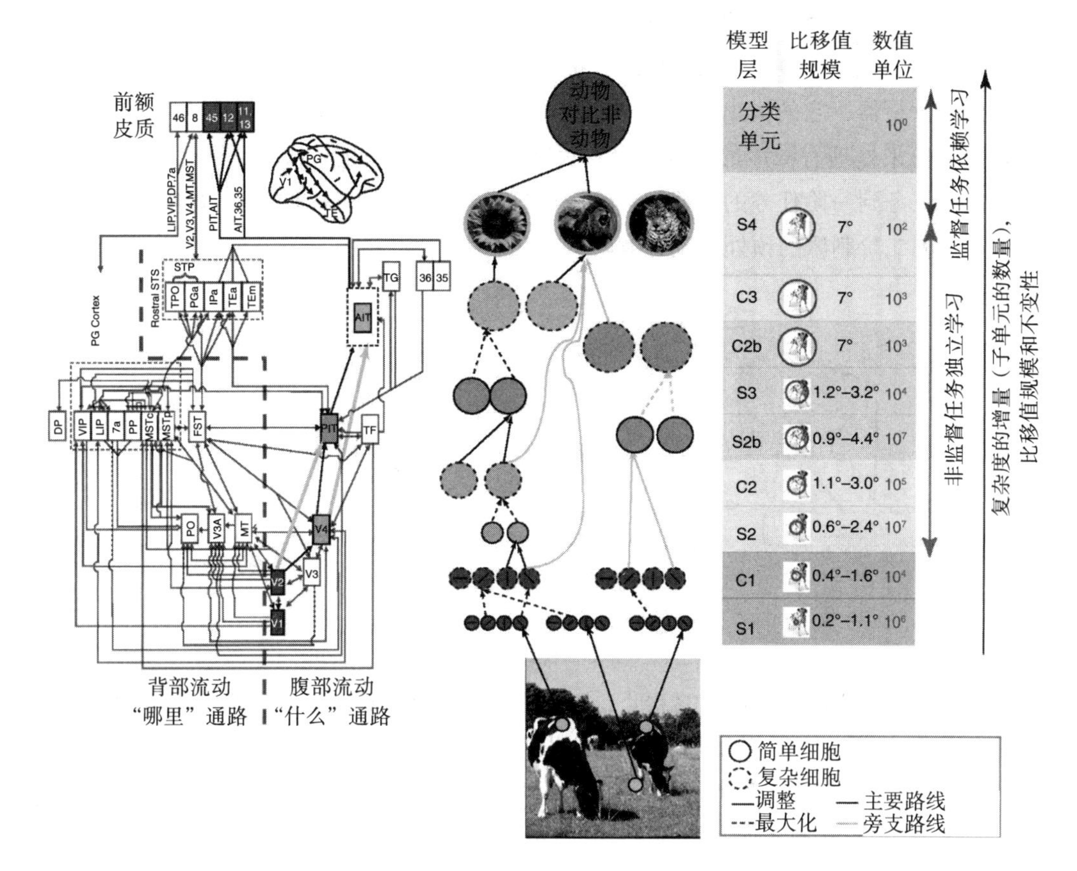

图 8.2　该图为视觉对象表征层次的图示，范围从早期视觉皮层的低级方向和空间频率表征到高级对象表征。引自 Serre、Oliva 和 Poggio[5] 的图 1。版权归美国国家科学院（2007）所有

8.4　预分层模型

在开始对 IRT 进行分析之前，有必要指出，已经有一些三层网络被提出来解释某些任务的特异性或迁移性。其本质上是 IRT 的前驱形式，这些模型在一种情况下解释了涉及眼睛的特异性和传递模式（3.4.2 节）[7]，在另一种情况下解释了一阶或二阶系统（3.4.4 节）[8-10]。例如，对眼睛的特异性或迁移性的解释需要至少三层：左眼表征和右眼表征，以及在双眼组合之上的更高级别的表征，最后加上一个决策层（见

图 8.3）[11-13]。在这个（前馈）框架中，如果知觉学习显著改善了从更高级别的后双眼表征到决策的连接，则学习从一只眼睛迁移到另一只眼睛，如果一只眼睛训练后在任务上的表现基本上能完全迁移到另一只眼睛，这意味着学习主要发生在这个更高的水平。为了解释一阶和二阶纹理或运动任务之间的迁移模式，需要一个多级的结构，这个结构考虑到了决策来解释观察到的迁移中的不对称性，在这种结构中，学习二阶任务提高了在一阶任务上的学习能力。一阶刺激被认为直接输入到与决策相关的一阶表征中，但二阶刺激必须首先通过整流（或“获取”二阶信息的其他处理）进行预处理以激活模式分析器，它的输出依次通过与决策相连的一阶表征[15, 17-19]。学习二阶任务需要训练权值来处理有噪声的二阶信息，也需要训练权值来进行决策，而后者的权值协调从二阶任务到一阶任务的转移。训练一阶任务的同时也训练这些权重影响决策单元，但有噪声的二阶刺激的预处理没有效果。

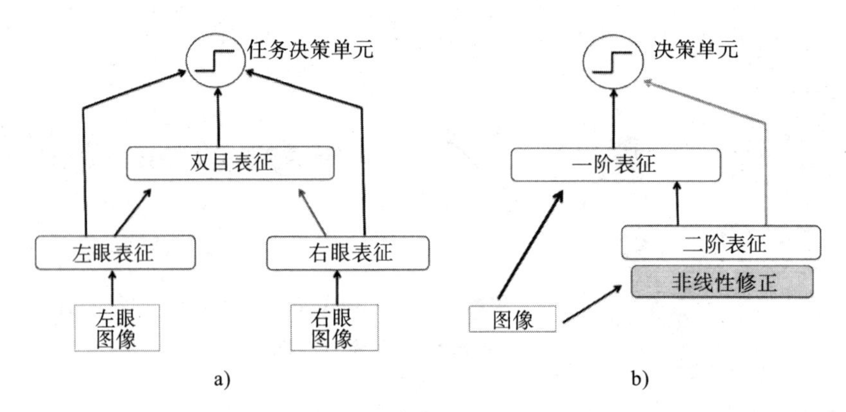

图 8.3 不同形式的不对称转移的 IRT 型模型的示意图。a）从单个眼睛表征到决策的学习权重不会转移到另一只眼睛，而从双目表征到决策的学习权重会转移。b）从一阶表征到决策的权重改进可以用一阶或二阶任务训练，而只有用二阶刺激训练才能改进二阶任务

因此，这种三层网络模型可以被视为 IRT 的早期前驱，只是在第二层表征中编码了不同的内容。

8.5 属于 IRT 的 AHRM

通往 IRT 的关键一步当然是 AHRM。值得注意的是，AHRM 本身对同一位置的特异性或迁移性做出了许多预测。尽管 AHRM 在学习特性上类似于两层模型，但它实际上比简单的两层网络模型更复杂，因为其前端包含一个多层模块，用于模拟早期视觉系统的方向和空间频率响应，从而构建刺激空间。它与简单的两层神经网络模型的不同之处还在于，它在表征（和早期非线性）中包含了内部噪声。

AHRM 对在同一位置训练的任务的迁移性和特异性做出了准确和可验证的预测。如前所述，当刺激条件从无外部噪声变为高外部噪声时，该模型成功地预测了迁移[20]（见 6.4.3 节）；它系统地预测了在低或高外部噪声中对涉及两者的测试进行预处理的结果（见 6.4.4 节）[21]；它预测了对同一刺激共同学习两种不同判断的独立性（特异性）(见 6.4.5 节）[22]，这里假设非常不同的判断需要不同的决策单元，并具有独立的权重结构。AHRM 也用同样的判断来预测其他刺激。有一个使用简化表征模块的相关模型也类似地做出了这样的预测（见 6.5 节）[23]。总之，IRT，包括 AHRM 和其他一些相关模型，已经对单一训练位置的特异性和迁移性做出了许多预测，这些预测已在实证研究中得到验证。然而，如何解释视网膜位置迁移性的问题仍然存在。

8.6　具有位置不变表征的 IRT

我们的第一个多层 IRT 的计算实现旨在研究学习受到训练过后的位置和在位置间进行迁移的特异性（图 8.4）[2]。如前所述，它使用了一种结构，其中一层由多组特定于位置的表征组成（训练和测试的每个视网膜位置各一组），第二层是位置不变表征，第三层用于决策，它们都依赖于 AHRM 的学习规则[3, 4]。除此之外，表征激活通过 AHRM 的多层前端进行。

IRT 的第一次实验测试集中在方向辨别上。图 8.4 展示了 IRT 模型，它有两个位置特定的表征和一个位置不变的表征，每组由 35 个单元组成（7 个方向 ×5 个空间频率），但一些实验应用需要额外的位置特定表征，用于额外的测试位置或更宽的范围和方向或空间频率的采样，以覆盖所有的刺激。因此，位置不变激活是根据具有不同带宽假设的刺激来计算的[2, 24, 25]，或者在变体模型中，通过使用来自位置特异表征的输入计算[23]。

在将该模型应用于数据时，位置特异表征的参数（方向和空间频率带宽以及非线性）是从 AHRM 以前的应用中设定的。位置不变的表征被认为比位置特定的表征噪声更大，调谐范围更广（根据对参数敏感性的分析，精确的定量关系对于不同的刺激略有不同）。与 V1 相比，该方案大体上与 V4（或更高可视区域）中方向调谐的不变表征的类比一致[26, 27]。我们需要更宽的带宽和更高的内部噪声水平来拟合行为数据[2]。(到目前为止，尽管位置特异和位置不变的学习速率在逻辑上可能不同，但我们只假设了一个单一的模型学习速率。事实上，其他研究人员对 IRT 模型已经进行了修改，他们将这两个层次的表征与决策之间连接的权重的学习率解耦[28]。)

模拟 IRT 包括在行为实验中重复精确的试验序列和刺激。该模型生成模拟响应，并以对人类数据分析的方式对该响应进行分析。当训练和（或者）传输方案的细节在更短或更长的块中改变或交错时，它能预测将会发生什么[29,30]。它可以对学习进行预测，比如使用不断刺激的方法，使用具有固定刺激的自适应阶梯用于训练更高或者更低的

精确度水平 [31, 32]，或者使用更多或更少的精确判断（相似模式）。值得注意的是，它还可以预测不同的反馈系统 [33]，并可以扩展到合并的注意力或奖励操作（见第 9 章）。根据所使用的刺激的性质（例如，运动、立体、颜色），可以使用附加的前端模块来扩展 IRT，而其他 IRT 变体可能实现不同形式的不变性（例如，方向不变性），以解决其他类型的迁移。

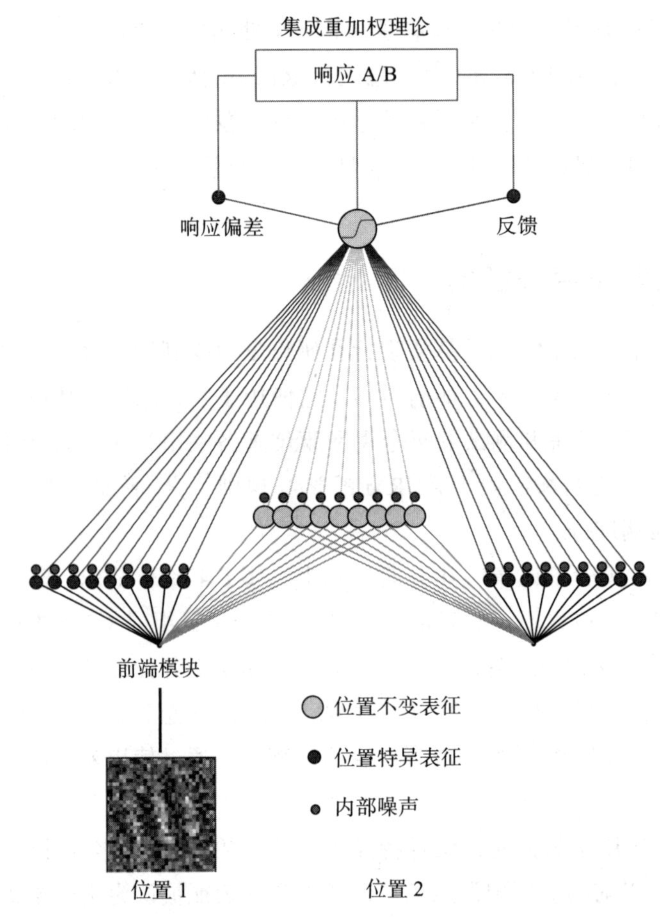

图 8.4 一种集成重加权理论，旨在说明关于位置的迁移性和不同的刺激。这里所示的架构包括两组特定于位置的表征单元和一组位置不变的表征单元，每一组都针对方向和空间频率进行调整，并由前端模块进行计算。权重结构将每个单元连接到决策单元。一种增加了偏差和反馈输入的 Hebbian 学习规则通过为连接重加权来学习。引自 Dosher 等人 [2] 的图 1

IRT 框架可能产生的应用才开始被人们探索 [2]。利用与它相似或性能相当的模型，它有望产生关于学习和迁移的新预测，这些预测反过来可以指导一个经验和理论研究的项目 [1, 28]。然而，即使在最初阶段，IRT 已经产生了一系列令人信服的预测，这些预测超越了位置不变性，包括任务精度、训练量和多任务交互程度的影响。此外，实现的 IRT 模型可以对不同的训练协议进行预测，而其基本架构的通用性允许它根据任务域进行调整和更改。

8.7 IRT 的实验应用

在这一节中，我们考察了 IRT 模型在实验数据上的各种应用。这些应用包括位置和特征特异性，任务精度在决定特异性和迁移性中的作用，训练偏差的特异性，旨在提高一般化能力的双重训练范式，以及在任务漫游（task roving）范式中一起训练的任务之间相互作用的解释。

8.7.1 位置和特征特异性

IRT 的首次实现研究了与刺激方向和位置变化相关的差异迁移性。关注这两个变量有两个充分的原因。许多以前的行为研究集中在视网膜位置或刺激特征的变化上，但不是两者都有[7, 34-38]。第一个 IRT 分析测试了同一环境中的三种变化，使得直接比较三种形式的特异性成为可能[2]。与早期对位置特异性的强烈主张相反（有时甚至仅相隔几度视角[7]），一项更广泛的综述表明了迁移性和特异性的混合。特征特异性也是如此，有时表现出很高的特异性，有时表现出混合效应。与口头说明不同，模型特别适合解释这种影响，因为它们能做出可以测试并适合数据的分级定量预测。

在 IRT 的第一次应用中，当在三组不同的观察者中进行测试时，初始的训练任务之后会转换到一个新的地点、新的方向，或者两者都有的一个状态[2]。该试验使用相对精确的 Gabor 方向判断（倾斜 35° ± 5° 或 55° ± 5°）测试一个或另一个对角线的外围位置（西北 / 东南或西南 / 东北象限），目标位置在每次试验中预先确定。测试在零外部噪声和高外部噪声两种情况下进行，并且估计阶梯的对比度阈值为 75% 正确率（阶梯的平均值为 3:1 和 2:1）。观察者在初始阶段被训练在一个对角线上的一个方位判断（8 个块），然后被转移到另一个对角线上的相同方位（组 L）和相同位置的另一个参考角度（组 O），或者被转移到另一个参考角度和另一个对角线（组 OL），然后被再次训练（另外 8 个块）。正如预期的那样，在最初的学习阶段，三个组的对比度阈值在统计上是相等的，而在不同的迁移任务中，它们如我们所预见地出现差异（见图 8.5）。判断在新位置上的相同方位（例如，西北 / 东南至西南 / 东北）会导致最多的迁移发生，而判断同一位置的新方向（例如，35° ± 5° 至 55° ± 5°）会导致最少的迁移发生。改变位置和方向导致模型性能变为中等水平。

IRT 预测了这种发现模式，如图 8.5 所示。为了更详细地解释，最大的（正）迁移发生在不同位置（组 L）的同一方向测试中，其中从位置不变表征到决策的学习权重是初始迁移到新位置的同一任务的基础。当方向改变但位置没有改变时，迁移最少（组 O），在这种情况下，必须为位置特定和位置不变表征的新方向学习新的决策权重。如果方向和位置都被转换（组 OL），会有一个中间结果——模型表明，部分迁移是由整个学习过程中的权重变化引起的，这些变化有利于表示更好地调整到 Gabor 目标的空间频率。图 8.6 显示了行为数据最佳拟合模拟的典型权重结构，包括第一次训练任务的特定位置表征的权重、迁移任务的位置不变表征和位置特异表征（从上到下）的初始权重、初始训练后的权重和迁移任务练习后的权重（从左到右）。

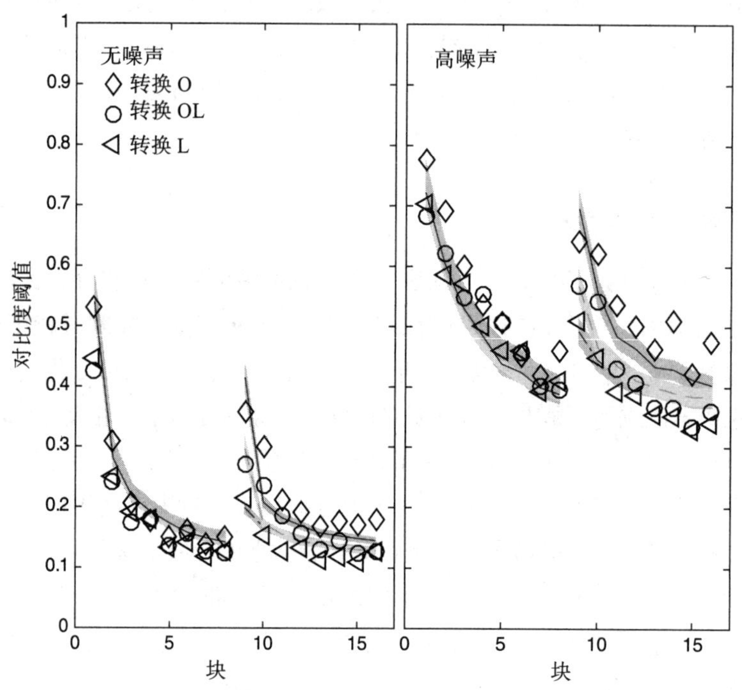

图 8.5　知觉学习可提高定向任务中的对比度阈值，并且对于改变方向（O）、位置（L）或两者（OL）（数据点）的三组观察者，在 IRT 模拟（平滑曲线）的预测下，知觉学习转移到新的视网膜位置和 / 或方向。根据 Dosher 等人 [2] 的图 3 重绘

设置训练前的初始权重，包括基于任务指令的关于任务中要辨别的方向的一般知识。在最初的训练任务的练习后，所有三个组的权重都通过学习最接近 Gabor 方向和空间频率的上弦表征单元而改变。在该任务中，位置特异表征中的相关权重的大小（正或负）增加，而相关的位置不变表征的噪声降低了（因为位置不变表征噪声更大，调谐范围更广，并且该模型基于它们的信噪比忽略了相关的表征）。在迁移任务的练习之后，在不同位置进行相同方向判断训练的组在所有单元组中显示出一致的方向调谐权重；在不同方位的相同位置进行训练的组显示了在相关空间频率的两个参考角度周围的一些方位调整，对于最近训练的方位具有更大的权重（例如，由于干扰而遗忘）；同时切换方向和位置的组在单独的位置特异表征中显示出围绕各自参考方向的调整，在训练和转移任务之间没有共享经验的位置不变表征上具有相对较低的权重。

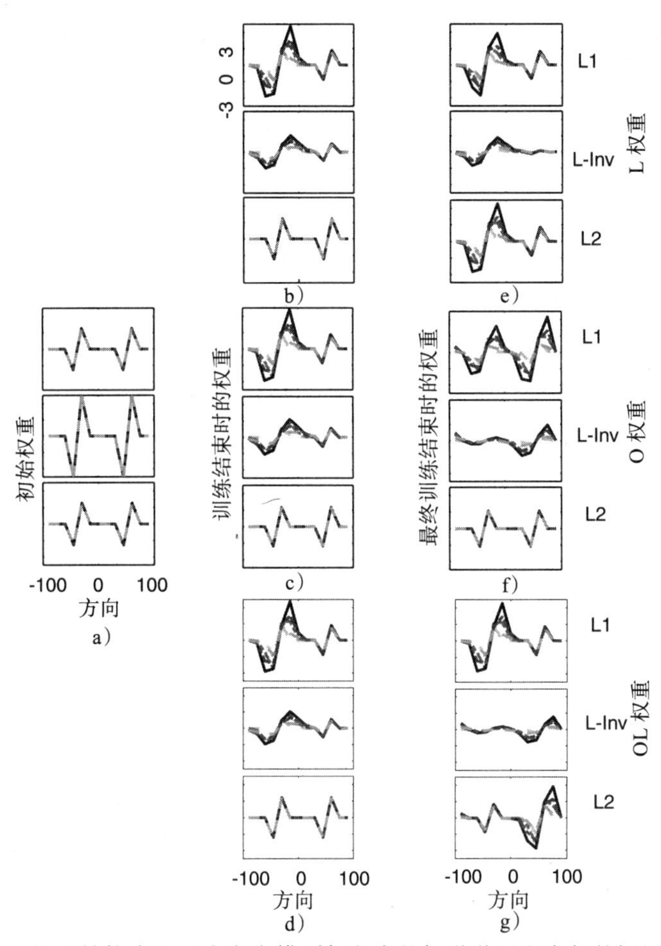

图 8.6　IRT 权重结构表达了在方向辨别任务中的知觉学习和向新的视网膜位置和方向的迁移。三组初始训练开始时的权重结构（a），初始训练结束时的权重结构（b，c，d），以及在迁移阶段训练结束时的权重结构（e，f，g），分别对应组 L、组 O 和组 OL。在每组中，中间代表位置不变的权重，顶部和底部显示两个特定于位置的权重。根据 Dosher 等人 [2] 的图 S3 重绘

如前所述，IRT 能够基于初始训练任务和迁移任务之间学习的权重结构的兼容性来解释转移的幅度。这与低水平重调谐的特异性的定性属性形成鲜明对比，低水平重调谐提供的预测基础很少，尤其是定量预测。

8.7.2　任务精度和迁移性

知觉学习中一个早期且有影响力的主张是“特异性的程度取决于训练条件的难度”[34]（p.401）。现有证据表明，特异性实际上在很大程度上由迁移任务的需求控制，特别是迁移任务的精度 [39]。

IRT 也对这一现象提供了解释。声称训练中的任务难度会产生特异性最初是基于

在纹理识别任务的发现得来的。在这项任务中，难度是通过改变目标和背景元素之间的角度差来控制的[34]。在最初的研究中，将“简单”任务（角度差为30°，目标位于两个位置之一）的训练迁移到具有不同方向和位置的类似“简单”任务（类似于这里的OL）。另一方面，针对“困难”任务（目标在两个位置之一的角度差为16°）的训练未能迁移到相应的“困难”任务（参见4.5.1节的描述）。（我们建议将这种角度差异的操作称为任务精度，因为难度一词通常指的是任务执行的精度，而这些研究都使用75%的正确阈值，该阈值在所有情况下保持精度不变[39]。）

在一项旨在更全面地检验假设的实验中，训练和迁移任务中的方向判断操作是解耦的。这使得有可能确定是训练任务的性质，迁移任务的性质，还是控制特异性的一些相互作用在影响实验。相应的实验交叉了4个训练组（低–低、高–低、高–低、高–高）的训练和迁移任务的精度[39]。在每组中，方向判断（5°±或12°±）在零和高外部噪声中测试，然后方向和视网膜位置在训练和迁移之间改变（如在原始纹理研究中）。例如，在高–低组中，首先在西北/东南位置的35°±5°方向上训练的观察者将迁移到西南/东北位置的55°±12°方向上。IRT预测了在行为数据中观察到的令人十分惊讶的结果模式（见图8.7）。

值得注意的是，迁移任务中的表现只反映了迁移任务的精度：迁移到高精度任务的两组具有基本相同的阈值函数，而不管初始训练是在低精度任务还是高精度任务（低–高和高–高）上。同样，转移到低精度任务的两组在迁移任务上也表现出基本相同的阈值函数（低–低和高–低）。也就是说，无论原始训练的精度如何，迁移到高精度任务都会产生更多的特异性。

这样做的直观原因是，精确的判断需要对相关信息进行更精细的调整。要区分两个仅相差几个旋转角度的模式，需要更好地调整权重和更高的对比度来达到目标精度水平。另一方面，分辨出差异为20°或30°的模式可以在权重调整不太好的情况下出现，并且可以在对比度较低的情况下成功达到目标精度水平。最初的训练任务调整权重以支持与Gabor目标刺激匹配的方向和空间频率，同时增加位置特异表征的权重并减少位置不变表征。转换任务（不同的方向和位置）需要学习新的权重。在模拟中，性能的迁移反映了改进的空间频率调谐和从噪声较大和不太精确的位置不变表征到决策的权重减少的结合（出于与8.7.1节所述相同的原因）。

IRT预言了迁移性依赖于迁移任务精度的，而不是训练后的任务[39]。在其他几项研究中，可能与这些预测略有不同的地方，几乎肯定反映了这些实验中不同的程序细节。例如，一项没有控制训练任务准确性的实验（即，观察者接受固定刺激训练以提高正确率，而不是使用阶梯训练来控制准确性）表明，训练任务对特异性的影响非常小，而对迁移任务精度的影响更大[41]。IRT（或竞争性定量模型）等框架的优点之一是，这种发现可以通过模型进行分析、预测和最终解释。

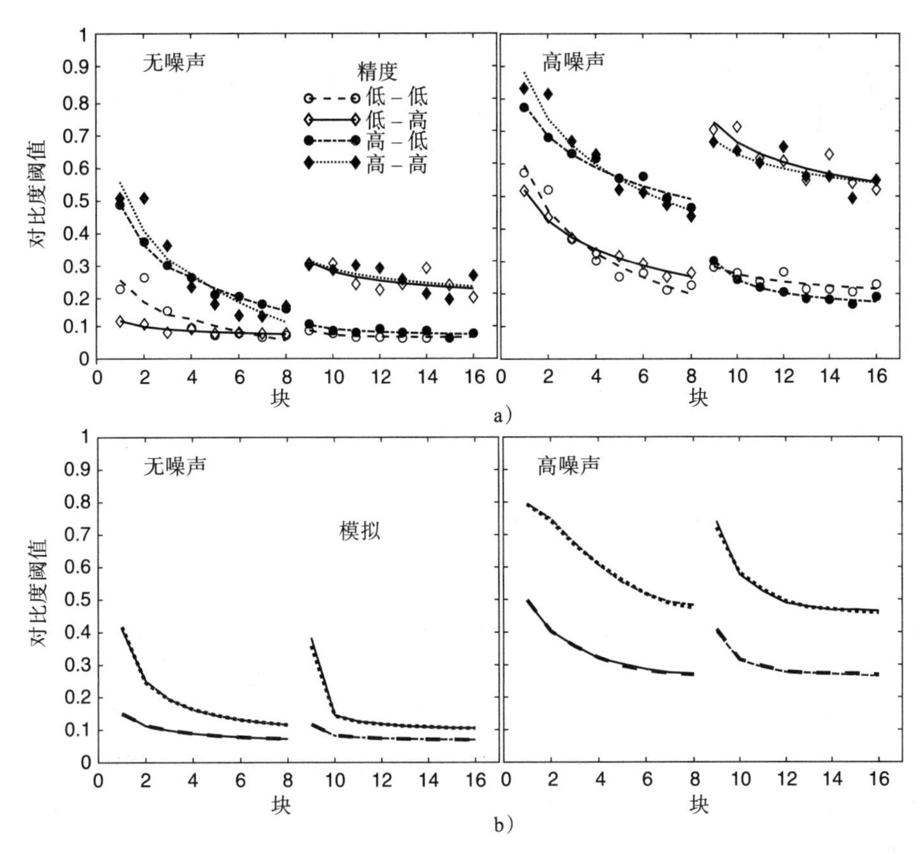

图 8.7 知觉学习和迁移到新方向和视网膜位置是训练后的任务和迁移任务中任务精度的函数。a）在无噪声和高外部噪声的实验中，四组观察者的对比度阈值。b）IRT 模拟的预测。图 a 中的数据根据 Jeter 等人[39]的图 2c 重绘，模型模拟来自 Liu、Dosher 和 Lu[40]，已获作者许可

8.7.3 在不同位置的偏差训练的特异性和迁移性

IRT 还被用来为大量关于诱导响应偏差的知觉学习的重要文献建模。一组实验表明，错误的反馈可以在响应中诱导学习偏差，甚至在单独的位置中诱导相反偏差（参见 7.4.6 节诱导偏差范式的讨论）[42]。在游标线任务中，一对更大的偏移刺激总是收到精确的反馈，并且在训练期间与一个更小的单个偏移刺激混合，该刺激收到反向的错误反馈——另一个训练位置反之亦然（即一个 ± 15" 的较大偏移对，其中左侧位置有 –5"，右侧的位置有 +5"）。带有错误反馈的训练将所有响应转移到错误反馈所支持的方向上（图中显示为单个刺激的命中率增加，而另一个方向上的偏移刺激的命中率降低），然后错误反馈一旦消除即可恢复。数据（见图 8.8）显示了在两个训练位置的相反诱导偏差。

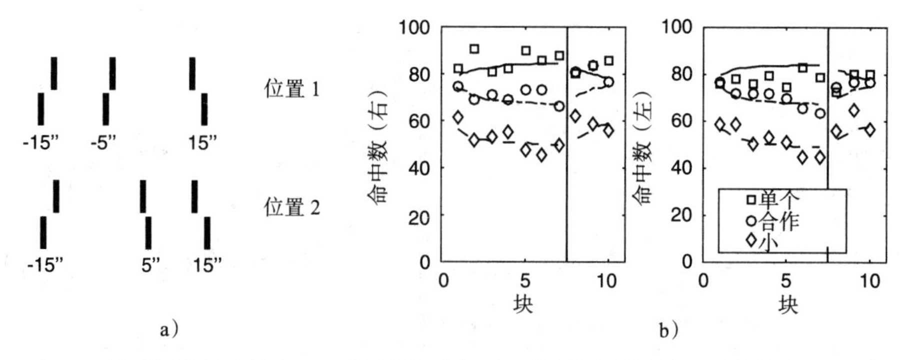

图 8.8　通过错误的反馈和 IRT 模型的预测，在不同的位置诱导相反的偏差。a）游标刺激在两个位置，小偏移刺激接收错误反馈。b）学习数据（符号）显示了在错误反馈方向上增加的偏移，当错误反馈随着 IRT（线）的拟合被移除（在垂直线处）时，错误反馈恢复，显示为两个位置中相反的命中率。根据 Liu、Dosher 和 Lu[40] 的图 6 重绘

IRT 轻松地解释了这些结果。当反向反馈在错误反馈的方向上（在两个位置上相反）移动单独的位置特异表征上的权重时，产生了相反的偏差。这些相反的诱导偏差包含在位置特异的权重中，而两个位置的相反错误反馈在位置不变单元的学习权重中相互抵消（尽管如此，位置不变单元通过将有用的方向和空间频率单元连接到决策来继续支持任务学习）。因此，大量最初被理解为在信号检测标准中变化的发现通过使用 IRT 模型进行定量预测 [24]。

8.7.4　双重训练、范式特异性和位置迁移性

最近的大量研究集中在交叉训练方案上，该方案旨在促进迁移到新的视网膜位置，通常用于表现出高度特异性的训练任务。3.5.4 节讨论了许多不同的实验交叉训练方案 [43-45]。交叉训练影响的确切原因和普遍性在该领域仍有激烈的争论 [30，46-48]。

一个这样的双重训练实验和相应的 IRT 模拟的结果如图 8.9 所示。在该实验中，在两个位置（对照 L1 和 L2）预先测试对比度阈值，然后在 L1 中训练垂直 Gabor 的对比度判断（对照 L1）后，评估 L2 的对比度阈值，然后在 L2 中训练垂直 Gabor 的方向判断（方向 L2）后，再次评估 [49]。他们的想法是，在 L2 进行不同任务的交叉训练，可以提高通常表现出特异性的对比度判断（对照 L2）的迁移。数据显示，交叉训练确实将 L2 的对比度阈值提高到接近 L1 的渐近水平（在训练之后对照 L1）。

IRT 近似解释了这种模式，这表明通过重复对比 L2 的评估，以及通过连续学习对噪声位置不变表征的相对权重进行总体重新平衡，可以提高性能 [50]。随后的一系列模拟研究（由一个不同的研究小组进行）开发了一个更灵活的类似 IRT 的模型结构。这明确地增加了改变位置特异（类似 V1）和位置不变（类似 V4）表示的相对权重的能力，以说明许多这些双重训练和交叉训练范例 [28]。

同样，定量模型可以提供定性主张所不能提供的独特见解。不同交叉训练范例中的迁移程度原则上可能取决于看似不重要的方案选择，例如训练阶梯的性质 [46]。在一个例子中，使用单个长自适应阶梯（在初始稳定后，倾向于在更窄的刺激范围内训练）的训练被证明会导致更高的特异性，而使用一系列短阶梯（在更多的试验中训练低精度判断的刺激并使用更宽的刺激范围）的训练会导致更高的迁移性 [46]。只有像 IRT 和它的变体这样的模型，或者将来可能开发的其他竞争者模型，才可能预测这种依赖性（图 8.9）[30]。

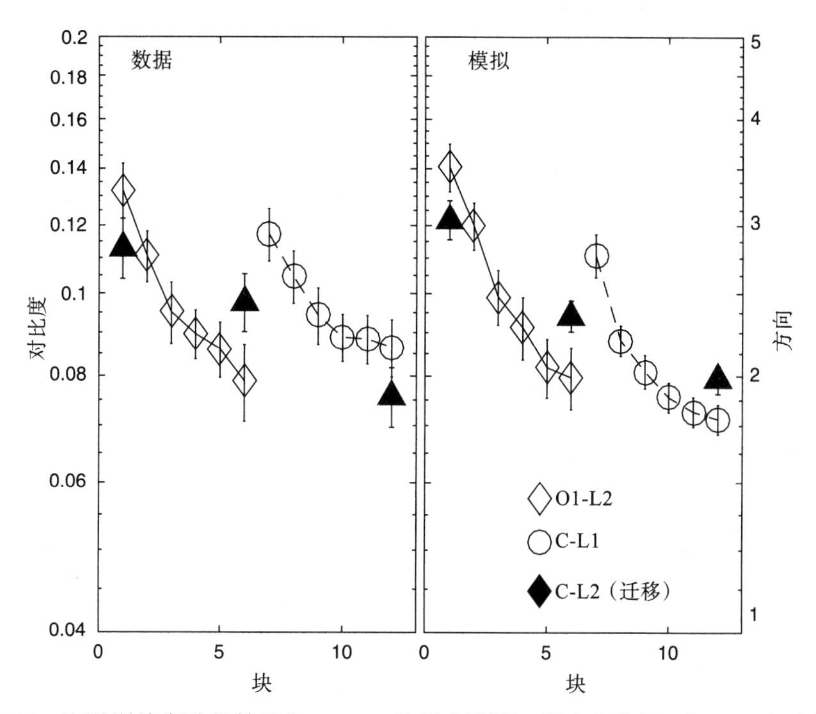

图 8.9 双重训练实验的结果和 AHRM 的相应预测，其中在位置 2（O1-L2）上训练水平 Gabor 的方向判断完成了使用垂直 Gabor（C-L1）到新位置（C-L2）的对比度判断的转移。引自 Xiao 等人 [49] 的图 2B（左），模拟来自 Liu、Lu 和 Dosher[50]，已获许可

8.7.5 任务漫游和多个位置

IRT 预言的另一个有趣现象是任务漫游。漫游是一种现象的名称，在这种现象中，即使在单独训练时相同的任务可以很容易地被学习到，但如果几个任务（或任务变体）的混合训练则会严重干扰学习（见 2.2.3 节）[44，51-53]。

在包括听觉任务在内的各种任务中都发现了这种干扰 [54，55]。在重加权模型的背景下，它们具有直观意义。此外，根据 IRT/AHRM，可以预测在某些情况下会发生干扰，但在其他情况下不会 [56]。每当混合任务变量的最优权重结构相互冲突时，学习就会中断。当这种情况发生时，随着其他任务变体的练习，在接下来的几次试验中，提高一个任务变体权重的变化可能会被消除。事实上，最具破坏性的漫游例子是那些具有高刺激重叠和相同空间位置的漫游。然而，当两个任务所需的判断完全不同时（需要独立的决策单元和完全独立的权重结构来执行），这两个混合的任务是独立学习的（如 6.4.5 节所述，游标任务和二分判断任务的混合训练）[22]。

然而，即使交错的任务是相似的，如果各自的刺激在刺激空间中相距足够远，将它们的表征与决策关联起来的权重也将是不同的。由此可见，在混合训练中学习两者应该是可能的。对于 AHRM 来说，在充分分离的刺激下进行混合训练的学习能力也出现了，它在一个单一的位置进行学习，如模拟预测所示（见图 8.10）。

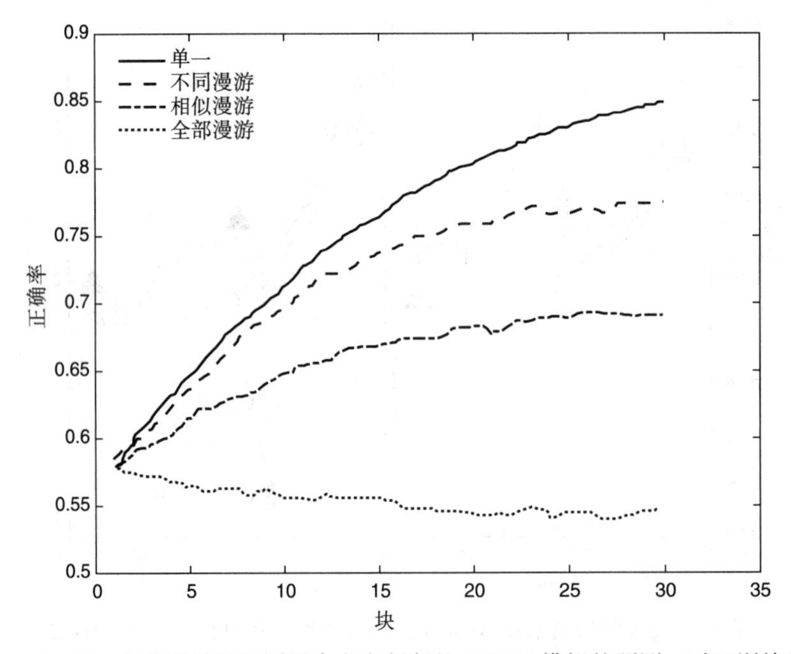

图 8.10　在一个位置学习不同混合方向判断的 AHRM 模拟的预测。对于训练单一参考角（无游动）、两个相距很远的参考角、两个更近的参考角以及 4 个参考角混合训练的实际性能损失较小，学习依次更快

IRT 框架预测了漫游对学习的许多影响。例如，在其他条件相同的情况下，即使任务在不同的地点进行训练，对多项任务的混合训练也会相互影响。这是因为所有位置都在位置不变的表征上训练权重。

为了测试 IRT 模型所做的预测，我们设计了一个实验，在 4 个训练组中的不同位置训练 4 种不同的方向辨别任务组合。一组在 4 个位置（如从垂直方向来看，–67.5°，–22.5°，22.5° 或 67.5°）分别训练 4 个不同的参照角度（$\theta \pm 12°$，顺时针或逆时针），或者进行最大漫游；第二组训练为两个更接近的参照角度（如西北和东南位置的 22.5°，西南和东北位置的 67.5°）；第三组包含两个间隔很大的分别在两个位置训练的参照角度（如西北和东南位置的 –22.5°，西南和东北位置的 67.5°）；第四组在 4 个位置训练一个单一的参照角度（标记为 all、near、far 和 single）。使用自适应方法，训练精度可以保持在 75% 正确率的恒定水平。

这个实验的结果（图 8.11）对于理解混合任务训练的结果以及重加权知觉学习理论有着深远的意义。在这 4 个位置训练的任务组合相互作用很强，这一结果表明学习不能仅仅——甚至主要——是早期视网膜定位视觉皮层重调谐（表征变化）的结果。两个额外的相似参考角度的结合比两个不同的参考角度显示出更多的干扰，这进一步证明了刺激差异在漫游实验中促进学习的重要性。

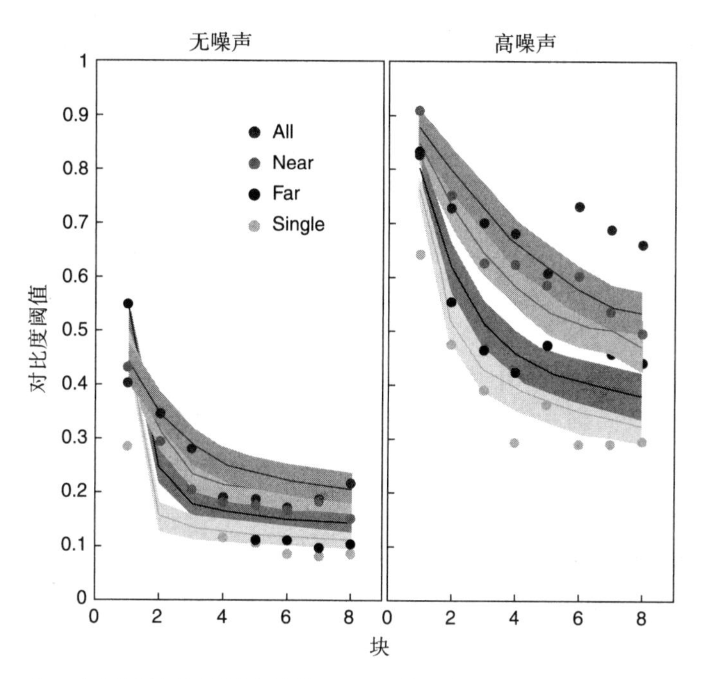

图 8.11　在 4 个不同位置的混合训练显示了学习中的相互作用，这取决于这些位置的方向辨别任务之间的关系。从这四组的学习曲线中可以看出，当在所有位置训练相同的参考角度或对于广泛分离的参考角度时，学习最快；对于相似的参考角度，学习较慢；对于 4 个参考角度，学习最慢。带状线显示了最佳拟合 IRT 模型拟合的预测。引自 Dosher 等人 [25]，已获许可

学习过程中的干扰是相似方向刺激需要相反反应的情况下，紧密表征重叠和最佳权重不相容的直接结果。所有这些结果都是由 IRT 预测的，其中网络权重受到不同程度的干扰。我们的结论是，如果相关的权重空间——这里是表征单位中的方向调整——是可分离的，那么，学习的权重更新可以独立学习，因此即使在混合的情况下也可以学习多项任务。这种可能性与 IRT 一致，进一步强调了该模型的解释性前景。

8.8 其他模型

IRT 不是解释知觉学习中迁移性的唯一模型。其他理论也有助于理解这一现象。其中一些是计算模型，而大多数依赖于关于迁移过程的定性陈述。此外，大多数早期的计算模型（如第 6 章所讨论的）都是在只考虑学习的情况下设计的；迁移性并不是它们的重点。一些模型，如游标偏移判断模型，考虑了对刺激变量的特异性，但没有明确考虑学习如何迁移到不同的视网膜位置或基本不同的刺激。

也许最著名的关于迁移性和位置迁移性的主张来自逆向层次理论（Reverse Hierarchy Theory，RHT）[57]。该理论提出，视觉层次的顶层首先被训练，顶层的学习对于简单的任务是可迁移的；视觉层次的较低层次（更接近 V1）的学习可能会表现出更多的特异性，预计只会在训练的后期发生，并且只在执行任务时才会发生。这些宽泛的口头主张是该领域中较为突出的。因为 RHT 遵循关于大脑皮层视觉表征生理层次的直觉，所以它有很强的直觉吸引力，但它仍然是非计算性的，并且没有做出具体的定量预测。（还要注意的是，口头主张认为简单任务的训练应该导致更多的迁移发生，这是实验性的挑战，如 8.7.2 节所述[39]。）很少有人提出额外的具体预测来检验这一理论。

关于迁移性的其他观点集中在这样一个概念上，即它是从学习抽象规则中产生的。这些主张主要是在交叉训练论文的背景下提出的，它们推断交叉训练后迁移到新的位置必须反映某种形式的认知规则归纳，或者基于其他通用的学习，如时间模式[58, 59]，但抽象规则的确切性质及其与一般化的关系尚未具体说明。当然，缺少实现的计算模型并不意味着这些想法是不正确的。事实上，以计算形式实例化这些想法（然后在与 IRT 及其变体的竞争测试中使用它们）有可能给现有模型带来新的重要特征。

IRT 的关键思想是，迁移是通过体现某种形式不变性的高级表征的学习权重来实现的。本章回顾了最初的 IRT，或者在某些情况下更简单的 AHRM，是如何在广泛的实验操作中解释迁移模式的。成功的预测包括转换方向或位置的迁移、任务精度在迁移中的作用、一些交叉训练的形式，以及多任务漫游设计中的学习。

在许多方面，IRT 的影响已经远远超出了最初的预期。此外，还开发了相关方法来解释其他迁移现象。从 IRT 架构开始，我们已经探索了几个相关的模型。其中包括一个带有简化前端的模型，用于检测不同刺激下的迁移[23]，以及一个 IRT 的变体，该变体在位置不变表征中输出的激活略有不同[23]。在另一个例子中，研究人员修改了学习规则，使得使用置信度计算来改变“V1”和“V4”级别的学习率成为可能[30]。尽管这些模型大体上遵循 IRT 的框架，但它们中的每一个在细节上都不同于最初的 IRT。在某一种情况下，新模型引入了更多的灵活性（例如，几个学习率），因此应该能够考虑使用更复杂的数据集。另一个模型使用前馈和反馈（自下而上和自上而下）的联系，以便将迁移作为一种快速自组织学习的形式[1, 60]。在这些不同的模型中，IRT 架构的广泛结构被证明是灵活的和可扩展的。未来的修改可能会允许新的预测来说明在其他任务领域的迁移性。

IRT/AHRM 框架的一个重要特征是，前端表征模块被设计成与外部噪声研究和知觉模板模型（PTM）揭示的视觉响应的信噪比特性一致，如第 4 章所述。IRT 明确将内部噪声和非线性纳入前端，将刺激图像转换为一组刺激表征单元上的激活；它同样包含了从表征到决策的每个阶段的内部噪声，以及刺激表征的反应和决策规则中的非线性因素。所有这些因素都有助于模型的通用性和健壮性。

最近的另一个发展是聚焦于使用卷积神经网络（Convolution Neural Network，CNN），在某些情况下，使用深层（多层）CNN（DCNN）来解释知觉学习。这些网络最初是为图像处理中的对象识别而开发的，当用大量图像和对象标签进行训练时，对它们的分类相对来说是成功的。

如前所述（见 5.2.2 节），多层 CNN 的下层（通常是前三至五层）具有据称与早期视觉皮层相似的响应[61-63]。事实上，一些研究人员认为，与从单细胞记录研究中推断的结果相比，深层 CNNs 可能对信息技术等视觉区域的细胞行为提供了更好的解释[61，64]。这些深度学习网络，或它们的浅层两层或三层变体，在对象识别领域进行了广泛的研究，并越来越多地被认为在功能磁共振成像和其他脑成像方法中对早期视觉系统的反应建模是有用的，最近已应用于知觉学习。

有一个例子使用了一个基于“神经认知器”模型的浅层两层 CNN 和一个与强制选择的双选择任务中的两个响应相对应的两个单元输出层[67]。具体描述如下：“ CNN 网络中的每一层计算多个特征图（或通道），其中每个通道对应于图像中的斑块卷积的特定滤波器……除了卷积子层之外，每个层还包括附加操作（子层）。其中一些操作与视觉系统中已知的操作相对应”[67]（p.2）。

浅层 CNN 网络模型用于生成预测，这些预测对应于关于方向和位置迁移和精度数据的顺序属性（图 8.5 和图 8.6）。这些模拟对一般错误率的改善作出了一般的定性预测，将这作为相对较长的训练“时期”的函数（见图 8.12）。（该模拟模型不适用于行为实验的对比度阈值数据，也不适用于训练试验的数量或实验的试验结构一样的训练。）在这个建模练习中，网络有 8846 个权重和偏差参数，使用随机生成的一组权重进行初始化，并在初始训练任务（生成预测的点）中训练收敛。重点在于广泛的早期训练衍生出“与所显示的刺激相匹配的边缘特征”，并且训练位置在背景中“突出显示”[67]（p.6）。也就是说，这个模拟练习的目标主要是理解特征通道的设计。

深度中枢神经系统在视觉知觉学习中的另一个应用，旨在为训练前后模型中的反应模式提供一个连接功能，以从生理学中获得一些关于知觉学习的关键发现[68]。该项目研究了 CNN 的多个前期层的变化，这些变化被认为与生理学文献中描述的早期视觉皮层区域（V1、V2、V4）相对应。这里的重点是将模型中假神经元响应模式的变化与某些单细胞记录研究中报道的类似模式联系起来（第 5 章）。在这里，CNN 的训练也有一点常规；它并没有像在相应的单细胞研究中发现的那样明确地模拟特定的任务和训练方案。

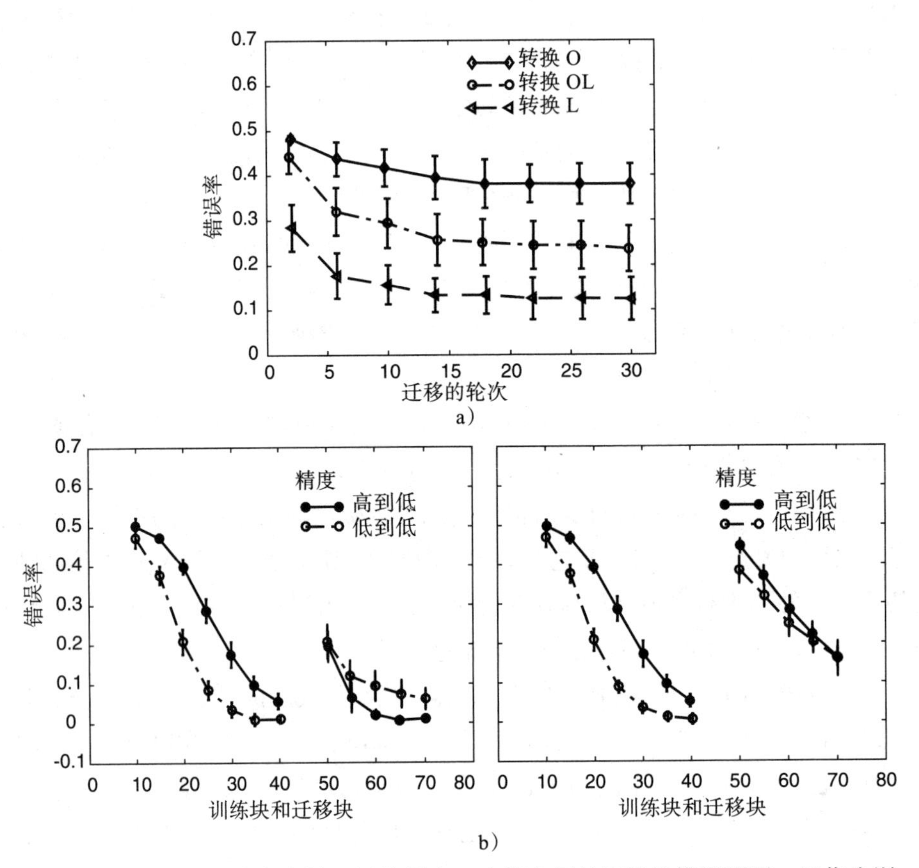

图 8.12　对具有两个卷积神经网络层和一个输出层的网络的模拟预测，以作为训练时期的函数的一般误差率的形式，用于涉及位置和方向转换的传输（a）或训练后的任务和迁移任务的任务精度差异（b）。IRT 模型与目标实验的实际对比度阈值数据的对应拟合如图 8.5 和图 8.6 所示。引自 Cohen 和 Weinshall[67] 的图 7 和图 6

这种 CNN 模型，尤其是深度学习的对应模型，是非常强大的学习机器。当受到系统原则的适当约束时，它们承诺提供一个广泛而强大的框架，以将表征的变化和用于决策的证据的权重进行合并。事实上，一种解释是深度学习模型的早期卷积层执行寻求服务于 IRT/AHRM 前端功能的操作。特别是，在 IRT 中的学习权重可能类似于在 CNN 中用于训练特定的任务的前几层学习权重（而 CNN 的前层已经根据以往的经验进行了大量的训练）。然而，这些模型和 IRT 模型之间一个有趣的区别是，它们经常将早期权重的变化“束缚”在其他类似的表示上——假设事实上在一个位置的训练传播到网络的其他类似部分。发生这种情况是为了在一个位置受训练的对象可以在另一个位置被识别，从而通过假设将位置迁移到系统中。

这只是一个个例，提出一个更普遍的观点。虽然这些强大的 CNN 模型有很大的希望，但它们也面临着许多技术挑战。此外，正如我们之前所讨论的，DNN 或 CNN 模型到目前为止还没有包含对内部噪声的有意义的处理，内部噪声是人类系统的一个基本属性。与此同时，IRT——一个简单得多的计算模型——提供了实际行为数据的定量解释。

另一个基于非常不同的原理的模型被提出来解释视觉学习。所谓的“在哪里 – 是什么网络”（Where-What Network，WWN）模型使用“大脑启发的‘在哪里 – 是什么’视觉运动通路的神经形态计算模型”来模拟学习和迁移[1]（p.1）。这种 WWN 模型涉及多层的层状皮层结构，受到视觉皮层层和柱的启发：特征神经元将自下而上的感觉输入与自上而下的运动输入相结合，并使用 Hebbian 学习和“k-winner take all”竞赛来设计它们的调谐。该模型提出，“任务外过程中的连接的门控自组织”解释了迁移——本质上，自上而下的隐式训练过程是迁移过程中快速学习的前提[1]（p.1）。该论文引用了通过模拟双重训练结果的预测来测试该模型，作者认为前馈重加权模型（如 IRT/AHRM 模型，或者就此而言，深层 CNN 模型）与已知的自上而下的低级皮层表征的递归输入完全不一致。对这种观点的回应也许可以考虑到 IRT 的版本，既有反馈，也有前馈连接。

WWN 模型还对表征变化和读出数据进行了比较。该模型基于这样的想法，即学习会导致下皮层表征和读出数据的变化。作为对该想法的一种反驳，关注作者的建模练习是很有趣的一个方面[1]。从所公开的计算中可以估计，由感觉重调谐引起的 d' 中的学习变化为 0.0098，由重加权引起的学习变化为 0.247，这表明由感觉重调谐引起的行为改善约为整体改善的 5%。这些估计与我们自己对 AHRM 因重调谐而产生的最大改善规模的估计非常相似（不到 10%）。换句话说，综合来看，这些结果可能表明，读出的变化，比如在 IRT/AHRM 模拟的那些，仍然占学习的最大份额。此外，与早期的学习模型和 DNN/CNN 模型一样，WWN 模型没有明确包含内部噪声。

总之，简化的前馈重加权模型为许多知觉学习、反馈和迁移现象提供了强有力的定量解释。即便如此，这些简化的模型可以扩展到包括反馈的重加权和模块内的循环连接，以及前馈连接。例如，有一个已提出的模型使用固定的前馈连接（所有权重都设置为 1）和不同权重的抑制性自上而下连接，以及反 Hebbian 规则来解释知觉学习[69]。（这种模型与对应的前馈网络非常相似。）以这些方式扩展网络连接的本质可以很容易地概括 IRT 框架，使其更加灵活，也许更符合生理学。此外，未来的模型可能会寻求更直接地考虑大脑微观结构和功能的各个方面。迁移性的一般问题对于知觉学习的理论及其在实际应用中的有用性非常重要，因此它值得进一步发展和测试。

8.9 未来方向

在这一章中，我们检验了集成重加权理论（IRT）对迁移性和特异性的预测。关键的观点是使用更高的不变表征水平作为迁移性的支架。我们最初的实现侧重于空间位置上的传输。在这个框架中，当从高级位置不变表征到决策的权重在初始训练后的任务和迁移任务之间既有用又一致时，位置迁移就发生了。正如模型对数据的应用所示，该框架提供了有趣的新预测，即从训练中的跨位置交互到任务精度的作用。这个框架似乎也预测了许多其他现象。这些因素包括较长训练的效果（例如，增加特异性）、使用不同训练范例的后果（例如，一个长阶梯，而不是几个短阶梯，包括简单的试验）以及其他因素。

从计算机科学中用于对象识别的多级层次结构中获得进一步的启发，提出了其他形式的高阶表征不变性。例如，某些视觉知觉任务显示出高度的尺度不变性（尽管其他任务没有）。许多任务在模式判断中表现出颜色不变性。还有其他一些例子。至少在其中的一些情况下，有可能创建其他种类的不变表征，以对其他形式的迁移性或特异性做出新的预测。事实上，新的不变表征的开发可以通过补充或创建新的表征单元来实现，也可以通过重加权来合并单独的较低级别的表征。

扩展该模型的其他方法可能包括在不同的表征层次上对不同的学习速率进行编程的方案，为表征前端引入不同的计算形式，使用更复杂的深度学习网络，或者整合所谓的神经形态学习系统。

这些理论的每一个创新都有可能导致一系列的实验研究，其动机是对新的扩展模型的计算预测。关于每种不变性的假设可以很容易地在不同的任务领域产生一系列的实验和模型研究。例如，空间频率不变性比方向不变性更强大吗？相位不变性（或相位正交汇集，如在当前的前端实现中）是在什么时候表征性能的？有没有相位特异性是自然的或者可以通过实践发展的任务？这些问题只是暗示了未来可探索的许多方向。

知觉学习的主要模型有一天可能会变得像最近在计算机科学和图像处理领域感兴趣的深度卷积神经网络一样复杂。然而，目前 IRT 框架和浅层 CNN 模型的实现只使用了几层来学习感知任务本身（可以使用大量训练来开发早期的层）。因为层内重加权或重加权到更高层次可以表现为对后续层的表征改变，这些分级形式也能够将表征变化整合为重加权的特殊情况[2-4]。

更复杂的模型可能会在未来几年出现。然而，即使模型越来越接近模拟大脑解剖和生理学，简化的模型，如 IRT 模型，在有效预测是首要考虑的某些情况下可能仍有优势。如果我们能够证明更简单的近似模型提供了一个足够好的关于特异性和转移性的相关行为观察的解释，这可能就是特别正确的。

参考文献

[1] Solgi M, Liu T, Weng J. A computational developmental model for specificity and transfer in perceptual learning. *Journal of Vision* 2013;13(1):7,1–23.

[2] Dosher BA, Jeter P, Liu J, Lu Z-L. An integrated reweighting theory of perceptual learning. *Proceedings of the National Academy of Sciences* 2013;110(33):13678–13683.

[3] Petrov AA, Dosher BA, Lu Z-L. The dynamics of perceptual learning: An incremental reweighting model. *Psychological Review* 2005;112(4):715–782.

[4] Petrov AA, Dosher BA, Lu Z-L. Perceptual learning without feedback in non-stationary contexts: Data and model. *Vision Research* 2006;46(19):3177–3197.

[5] Serre T, Oliva A, Poggio T. A feedforward architecture accounts for rapid categorization. *Proceedings of the National Academy of Sciences* 2007;104(15):6424–6429.

[6] Leonardis A, Fidler S. Learning hierarchical representations of object categories for robot vision. In Kaneko M, Nakamura Y, eds., *Robotics Research*. Springer; 2010:66:99–110.

[7] Schoups AA, Vogels R, Orban GA. Human perceptual learning in identifying the oblique orientation: Retinotopy, orientation specificity and monocularity. *Journal of Physiology* 1995;483(3):797–810.

[8] Zanker JM. Perceptual learning in primary and secondary motion vision. *Vision Research* 1999;39(7):1293–1304.

[9] Chen R, Qiu Z-P, Zhang Y, Zhou Y-F. Perceptual learning and transfer study of first- and second-order motion direction discrimination. *Progress in Biochemistry and Biophysics* 2009;36:1442–1450.

[10] Petrov AA, Hayes TR. Asymmetric transfer of perceptual learning of luminance- and contrast-modulated motion. *Journal of Vision* 2010;10(14):11,1–22.

[11] Karni A, Sagi D. Where practice makes perfect in texture discrimination: Evidence for primary visual cortex plasticity. *Proceedings of the National Academy of Sciences* 1991;88(11):4966–4970.

[12] Zhang J-Y, Zhang G-L, Xiao L-Q, Klein SA, Levi DM, Yu C. Rule-based learning explains visual perceptual learning and its specificity and transfer. *Journal of Neuroscience* 2010;30(37):12323–12328.

[13] Sowden PT, Rose D, Davies IR. Perceptual learning of luminance contrast detection: Specific for spatial frequency and retinal location but not orientation. *Vision Research* 2002;42(10):1249–1258.

[14] Chubb C, Sperling G, Solomon JA. Texture interactions determine perceived contrast. *Proceedings of the National Academy of Sciences* 1989;86(23):9631–9635.

[15] Chubb C, Sperling G. Drift-balanced random stimuli: A general basis for studying non-Fourier motion perception. *Journal of the Optical Society of America A* 1988;5(11):1986–2007.

[16] Baker CL. Central neural mechanisms for detecting second-order motion. *Current Opinion in Neurobiology* 1999;9(4):461–466.

[17] Graham N, Sutter A. Normalization: Contrast-gain control in simple (Fourier) and complex (non-Fourier) pathways of pattern vision. *Vision Research* 2000;40(20):2737–2761.

[18] Wilson HR. Non-Fourier cortical processes in texture, form, and motion perception. *Cerebral Cortex* 1999;13:445–477.

[19] Dosher BA, Lu Z-L. Level and mechanisms of perceptual learning: Learning first-order luminance and second-order texture objects. *Vision Research* 2006;46(12):1996–2007.

[20] Dosher BA, Lu Z-L. Perceptual learning in clear displays optimizes perceptual expertise: Learning the limiting process. *Proceedings of the National Academy of Sciences* 2005;102(14):5286–5290.

[21] Lu Z-L, Chu W, Dosher BA. Perceptual learning of motion direction discrimination in fovea: Separable mechanisms. *Vision Research* 2006;46(15):2315–2327.

[22] Huang C-B, Lu Z-L, Dosher BA. Co-learning analysis of two perceptual learning tasks with identical input stimuli supports the reweighting hypothesis. *Vision Research* 2012;61:25–32.

[23] Sotiropoulos G, Seitz AR, Seriès P. Perceptual learning in visual hyperacuity: A reweighting model. *Vision Research* 2011;51(6):585–599.

[24] Liu J, Dosher BA, Lu Z-L. Augmented Hebbian reweighting accounts for accuracy and induced bias in perceptual learning with reverse feedback. *Journal of Vision* 2015;15(10):10,1–21.

[25] Dosher B, Liu J, Chu W, Lu Z-L. Roving: The causes of interference and re-enabled learning in multi-task visual training. *Journal of Vision* 2020; in press.

[26] Ringach DL, Hawken MJ, Shapley R. Dynamics of orientation tuning in macaque primary visual cortex. *Nature* 1997;387(6630):281–284.

[27] McAdams CJ, Maunsell JH. Effects of attention on orientation-tuning functions of single neurons in macaque cortical area V4. *Journal of Neuroscience* 1999;19(1):431–441.

[28] Sotiropoulos G, Seitz AR, Seriès P. Performance-monitoring integrated reweighting model of perceptual learning. *Vision Research* 2018;152:17–39.

[29] Aberg KC, Herzog MH. About similar characteristics of visual perceptual learning and LTP. *Vision Research* 2012;61:100–106.

[30] Talluri BC, Hung S-C, Seitz AR, Seriès P. Confidence-based integrated reweighting model of task-difficulty explains location-based specificity in perceptual learning. *Journal of Vision* 2015;15(10):17,1–12.

[31] Liu J, Lu Z, Dosher B. Augmented Hebbian learning accounts for the complex pattern of effects of feedback in perceptual learning. *Journal of Vision* 2010;10(7):1115.

[32] Liu J, Lu Z-L, Dosher BA. Mixed training at high and low accuracy levels leads to perceptual learning without feedback. *Vision Research* 2012;61:15–24.

[33] Liu J, Dosher B, Lu Z-L. Modeling trial by trial and block feedback in perceptual learning. *Vision Research* 2014;99:46–56.

[34] Ahissar M, Hochstein S. Task difficulty and the specificity of perceptual learning. *Nature* 1997;387(6631): 401–406.

[35] Shiu L-P, Pashler H. Improvement in line orientation discrimination is retinally local but dependent on cognitive set. *Perception, & Psychophysics* 1992;52(5):582–588.

[36] Dosher BA, Lu Z-L. Perceptual learning reflects external noise filtering and internal noise reduction through channel reweighting. *Proceedings of the National Academy of Sciences* 1998;95(23):13988–13993.

[37] Dosher BA, Lu Z-L. Mechanisms of perceptual learning. *Vision Research* 1999;39(19):3197–3221.

[38] Crist RE, Kapadia MK, Westheimer G, Gilbert CD. Perceptual learning of spatial localization: Specificity for orientation, position, and context. *Journal of Neurophysiology* 1997;78(6):2889–2894.

[39] Jeter PE, Dosher BA, Petrov A, Lu Z-L. Task precision at transfer determines specificity of perceptual learning. *Journal of Vision* 2009;9(3):1,1–13.

[40] Liu J, Dosher B, Lu Z-L. An integrated reweighting theory accounts for the role of task precision in transfer of perceptual learning for similar orientation tasks. *Journal of Vision* 2015;15(12):34.

[41] Wang X, Zhou Y, Liu Z. Transfer in motion perceptual learning depends on the difficulty of the training task. *Journal of Vision* 2013;13(7):5,1–9.

[42] Herzog MH, Ewald KR, Hermens F, Fahle M. Reverse feedback induces position and orientation specific changes. *Vision Research* 2006;46(22):3761–3770.

[43] Zhang J-Y, Wang R, Klein S, Levi D, Yu C. Perceptual learning transfers to untrained retinal locations after double training: A piggyback effect. *Journal of Vision* 2011;11(11):1026.

[44] Zhang J-Y, Kuai S-G, Xiao L-Q, Klein SA, Levi DM, Yu C. Stimulus coding rules for perceptual learning. *PLoS Biology* 2008;6(8):e197.

[45] Zhang J-Y, Yang Y-X. Perceptual learning of motion direction discrimination transfers to an opposite direction with TPE training. *Vision Research* 2014;99:93–98.

[46] Hung S-C, Seitz AR. Prolonged training at threshold promotes robust retinotopic specificity in perceptual learning. *Journal of Neuroscience* 2014;34(25):8423–8431.

[47] Liang J, Zhou Y, Fahle M, Liu Z. Specificity of motion discrimination learning even with double training and staircase. *Journal of Vision* 2015;15(10):3,1–10.

[48] Liang J, Zhou Y, Fahle M, Liu Z. Limited transfer of long-term motion perceptual learning with double training. *Journal of Vision* 2015;15(10):1,1–9.

[49] Xiao L-Q, Zhang J-Y, Wang R, Klein SA, Levi DM, Yu C. Complete transfer of perceptual learning across retinal locations enabled by double training. *Current Biology* 2008;18(24):1922–1926.

[50] Liu J, Lu Z-L, Dosher B. Multi-location augmented Hebbian re-weighting accounts for transfer of perceptual learning following double training. *Journal of Vision* 2011;11(11):992.

[51] Yu C, Klein SA, Levi DM. Perceptual learning in contrast discrimination and the (minimal) role of context. *Journal of Vision* 2004;4(3):4,169–182.

[52] Kuai S-G, Zhang J-Y, Klein SA, Levi DM, Yu C. The essential role of stimulus temporal patterning in enabling perceptual learning. *Nature Neuroscience* 2005;8(11):1497–1499.

[53] Parkosadze K, Otto TU, Malania M, Kezeli A, Herzog MH. Perceptual learning of bisection stimuli under roving: Slow and largely specific. *Journal of Vision* 2008;8(1):5,1–8.

[54] Amitay S, Hawkey DJ, Moore DR. Auditory frequency discrimination learning is affected by stimulus variability. *Perception & Psychophysics* 2005;67(4):691–698.

[55] Banai K, Amitay S. Stimulus uncertainty in auditory perceptual learning. *Vision Research* 2012;61:83–88.

[56] Dosher B, Chu W, Liu J, Lu Z-L. Perceptual learning of task mixtures. *Journal of Vision* 2012;12(9):767.

[57] Ahissar M, Hochstein S. The reverse hierarchy theory of visual perceptual learning. *Trends in Cognitive Sciences* 2004;8(10):457–464.

[58] Wang R, Cong L-J, Yu C. The classical TDT perceptual learning is mostly temporal learning. *Journal of Vision* 2013;13(5):9,1–9.

[59] Wang R, Zhang J-Y, Klein SA, Levi DM, Yu C. Task relevancy and demand modulate double-training enabled transfer of perceptual learning. *Vision Research* 2012;61:33–38.

[60] Ji Z, Weng J, Prokhorov D. Where-what network 1: "Where" and "What" assist each other through top-down connections. Paper presented at IEEE International Conference on Development and Learning; 2008.

[61] Yamins DL, Hong H, Cadieu CF, Solomon EA, Seibert D, DiCarlo JJ. Performance-optimized hierarchical models predict neural responses in higher visual cortex. *Proceedings of the National Academy of Sciences* 2014;111(23):8619–8624.

[62] Yamins DL, DiCarlo JJ. Using goal-driven deep learning models to understand sensory cortex. *Nature Neuroscience* 2016;19(3):356–365.

[63] Yamins DL, DiCarlo JJ. Eight open questions in the computational modeling of higher sensory cortex. *Current Opinion in Neurobiology* 2016;37:114–120.

[64] Cadieu CF, Hong H, Yamins DL, Pinto N, Ardila D, Solomon EA, Majaj NJ, DiCarlo JJ. Deep neural networks rival the representation of primate IT cortex for core visual object recognition. *PLoS Computational Biology* 2014;10(12):e1003963.

[65] Fukushima K. Neocognitron: A hierarchical neural network capable of visual pattern recognition. *Neural Networks* 1988;1(2):119–130.

[66] Fukushima K. Artificial vision by multi-layered neural networks: Neocognitron and its advances. *Neural Networks* 2013;37:103–119.

[67] Cohen G, Weinshall D. Hidden layers in perceptual learning. *Proceedings of the IEEE Conference on Computer Vision & Pattern Recognition (CVPR)*;2017:4554–4562.

[68] Wenliang LK, Seitz AR. Deep neural networks for modeling visual perceptual learning. *Journal of Neuroscience* 2018;38(27):6028–6044.

[69] Herzog MH, Fahle M. Modeling perceptual learning: Difficulties and how they can be overcome. *Biological Cybernetics* 1998;78(2):107–117.

第 9 章

Perceptual Learning: How Experience Shapes Visual Perception

任务、注意力与奖励的自上而下的影响

知觉学习通常出现在以目标为导向的任务中。注意力、奖励以及任务需求，它们都提供了选择相关刺激特征的方式，因此也就具备了同时影响当前的表现与学习过程的潜质。在本章中，我们将展示任务需求如何影响学习内容、注意力为什么能通过知觉编码的方式影响知觉学习，以及知觉学习如何能够反过来在具有挑战性的任务中减少对注意力的需求。奖励也可以通过直接调控学习过程或刺激编码的增强来影响知觉学习。这些自上而下的因素勾画了一个关于大脑功能的更宽广的网络，并且它们可能在确定学习率和学习效率时起到关键作用。它们还可以进一步融入更复杂的学习规则中。

9.1 知觉学习与选择性

学习从来都不是无中生有的。尽管有的学习是隐式且完全基于个人体验的，但大部分的学习都是在执行目标导向任务的过程中发生的，伴随着相关刺激以及由当时的情境以及指导决定的判断。这些目标导向的行为活动必然包括在大脑的处理过程中，并且需要某种形式的自上而下的指导。

在所有影响学习的自上而下的因素中，最重要的甚至对于任务表现而言更重要的是任务结构、注意力以及奖励。随着对这些可能的影响因素的深入探查，一连串的问题也随之而来：学习是否超出了指定任务的范畴？学习需要注意力吗？学习和奖励之间是否存在某种关联？如果是，奖励与反馈所传递的信息有何不同？

我们很自然地会认为，学习可能特定于与任务直接相关的输入，并且注意力也会对学习过程产生影响。类似地，奖励所带来的激励能够提升学习效果，这也是不言而喻的。但已有的文献中有多少证据能够从实验层面支持这些断言，并更进一步回答这些问题呢？本章探讨的是我们已知的所有这些自上而下的因素对学习过程所产生的复杂影响。

为了说明所涉及的许多问题，请考虑一个实验，在这个实验中，观察者必须判断实验室内的一块屏幕上显示的正弦波图案的方向。对应的图案必须从周围环境提供的视觉、听觉以及触觉信息中进行提取，譬如电脑屏幕的边饰或墙上挂钟的嘀嗒声。几乎可以肯定，观察者的表现会随着训练的推进而得到提升，而且他们的表现仅仅通过他们对于方向的判断来度量，这种判断可能基于反馈而得出，也可能会受到奖励的影响。这个判断任务指明了刺激（即方向）的相关特征，需要做出的判断（顺时针还是逆时针），以及公开明了的行为响应（按动右侧或者左侧按钮）。

然而，这个实验方案留下了许多悬而未决的问题。目标刺激的其他特性是否被编码了（譬如它们的空间频率、大小或对比度）？是否只有有意设置且出现过的刺激被囊括到学习中，还是说学习可以拓展到未出现过的特征或甚至其他刺激上呢？反馈或奖励的细节是否会影响任务的学习速度？

当我们在考虑大脑过程的时候，类似的问题也会出现。视觉层次结构有很多表征刺激的模块，它们几乎是同时起作用的，而学习要求观察者关注那些最有效地编码目标特征的模块，并将它们与决策联系起来。知觉学习可能涉及所有这些潜在的影响因素。

当我们在考虑当前已有的关于自上而下的影响的理论时，很重要的一点是将基于假设或推断出来的理论与基于实验结果的理论区分开来。如果研究者在一个特定的任务中证明发生了学习，并且推断出任务相关性、注意力或奖励可能发挥的作用，那么这个推断可能也会引出的问题和它所能回答的问题一样多。为了更精确地探究自上而下的影响所发挥的作用，实验必须包含关于影响学习的因素的对照试验，且在这些因素中，任务、注意力或奖励必须被显式地操控。

有一些实验——但并不如你所想的那么多——已经通过显式操控的方式探索了这些因素所起到的作用。而其他调查都仅仅暗示了它们的某些影响或机制。通过明确地关注这些自上而下的因素，未来的实验有望明确具体地指出学习过程中更普遍的选择性原理，同时也为其他形式的干预提供可能的途径。

9.2　任务相关和任务无关的学习

任何视觉刺激都包含多个特征。譬如，在本章开头所介绍的例子中，一个带有方向性的图案刺激——根据定义，包含了其空间范围、空间频率或纹理、对比度、在屏幕上的位置，以及其他的特性。然后问题来了：知觉学习是仅仅关注与任务相关的特征（一个或多个），还是学习了其他关于该刺激的特征呢？

现有的一系列的研究已经探究了，任务相关的学习[1]与所谓的任务无关的学习二者之间的差别。对于前者而言，现有的研究集中关注的问题为：是否只有那些与以目标为导向的任务最相关的特征或刺激被学习，还是有额外的、与任务相关的刺激的特征也偶然地被学习到了。后者探讨了与任务无关的刺激（那些与以目标为导向的任务无直接关联的刺激）的各个方面是否，以及在什么情况下会被隐式地学习。

9.2.1　与学习任务相关的判断

有一些证据表明，知觉学习能够在一个复杂的图像上聚焦于单一的、与任务相关的特征或是维度[2]。在一项研究中，两个不同的判断可以从同一个具有相同线条纹理但布局不同（7×5 或 5×7），要么含有要么不含有方向的不同线条的刺激中得出（具体详见图 9.1）[2]。人们发现，这两个判断的学习实本质上是独立的。尽管这项研究仅仅在任务指令上有所不同，一个已经被广泛引用的具有权威性的观点是，注意力只会影响在知觉学习中与任务相关的特征（这一点在 9.3.2 节中也会提到），一个从推论得出的结论是：两项任务对注意力的引导方式不同。其他研究也类似地研究了受到指引的任务相关性对学习到的知觉判断的作用。这些包括了与独立知觉学习中线刺激的对比度和方向有关的证明[3]，以及与复合游标刺激中水平或垂直偏移判断的独立性的证明，后者同时包含所提到的这两种刺激[4-6]。（这些研究的另一种解释是，学习在娴熟的判断中出现。）

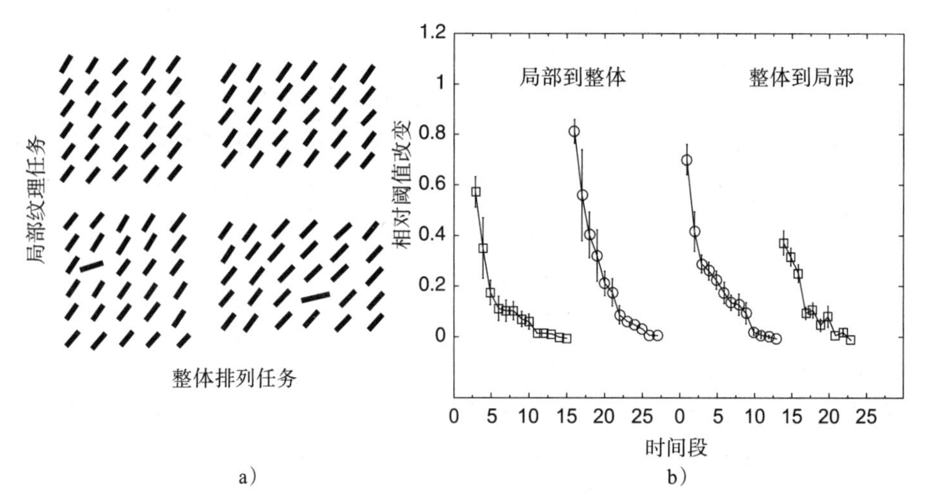

图 9.1　练习仅训练与任务相关的刺激的特征。a）刺激因局部目标和整体形状布局而异。b）整体形状和局部纹理方向的检测是独立学习的，由较短的阈值刺激的出现与实践异步这一事实可见。引自文献 [2] 中的图 1 和图 4，版权归美国国家科学院（1993）所有

除了这些研究之外，还通过更细微的实验研究了任务相关性的选择效果，这些实验结果表明这些效果会与其他因素相互作用。在其中一项研究中，观察者在图片中练习对运动的判断，这些图片既包括与任务相关的向右移动的点，也包括与任务无关的向下移动的点。即使通过训练提高了任务相关方向上的连贯性阈值和有利于任务相关动作的双目竞争优势，学习也未能改善实践中的速度辨别[7]。有报告指出，类似的效果也出现在涉及方向运动的后效任务[8]。这些例子揭露了令人惊讶的事实：即使学习不足以改善与任务相关的判断本身，执行特定任务实际上也可能会影响其他相关的

判断。

同时，在其他情况下，学习对任务相关刺激做出判断的过程也会造成学习抑制任务无关特征的副作用。在一项研究中，对于经过训练以做出运动方向判断的观察者而言，研究发现与任务相关的点运动方向的连贯性阈值降低了，而在干扰运动的方向上连贯性阈值则相应提升[9]。现在认为，对刺激的无关方面的抑制仅发生在与主要任务处理时存在竞争关系的超阈值特征（suprathreshold feature）上；此外，与任务相关的学习和对习得的在任务无关特征上的抑制可以一同出现。（注意，该结论适用于不同于所谓的基于体验的任务无关学习的实验方案，后者要求与任务无关的刺激接近阈值；见 9.2.2 节。）有关从属学习的另一个例子有时会出现在较低级别的任务继承了较高级别任务的益处时。譬如，根据观测，对随机点运动方向判定的训练能够同时提升在受训练的方向上的检测能力以及辨别能力，而对检测能力的训练则无法提升辨别能力[10]。

综上，上述结果表明，显式地经过练习的任务判断是关键的选择机制，并且可塑性主要集中在与训练任务或判断直接相关的复杂刺激的那些特征上。但是，也有例外。当一个不相关的特征或刺激呈现出强烈的竞争行为时，有时也可能会出现学习性抑制。与任务相关的选择与时而发生的对任务无关的竞争者的撤销选择，一并构成了一个强大的用于选择学习中涉及的感官表现形式的复合原理。不管是增加任务相关的感官表征的权重，还是在必要时减少与竞争性的、任务无关的感官表征的权重，都与知觉学习中的重加权框架一致。

在考虑这些理论的立场时，应当注意到，尽管通常以强有力的形式陈述与任务相关的学习的结论，但是（据我们所知）只有一项研究明确地试图评估已学到的关于刺激的附带特征的知识[11]。有很多问题还有待研究者去解决。以随机点运动显示的学习为例：运动方向是唯一囊括在学习中的特征吗？例如，如果将点由暗转换为亮（与具有相同或不同颜色的侧翼一样），将会发生什么？又或者，切换到不同的速度、点的数量或运动区域会产生何种影响？学习这些附带特征是否包含某种特异性？

9.2.2　与任务无关的知觉学习

尽管在很多情况下学习会导致对阈值以上的、与任务无关的刺激的抑制，但在某些情况下，对于阈下（阈值以下）的、与任务无关的刺激也会发生（正）知觉学习。带标签的与任务无关的知觉学习（task-irrelevant perceptual learning，TIPL）或与任务无关特征的被动知觉学习[13-14]，这种现象已经在一系列的研究中被探究过了。这些研究发现，在主要任务中出现的与目标时间紧密相关的、与任务无关的刺激可以体现知觉学习[1, 7, 13, 15-21]。

在 TIPL 的经典演示中，它将在固定位置上的 10 个字母的快速串行视觉展示（Rapid Serial Visual Presentation，RSVP）流中检测与报告目标字母的主要任务与字母周围环状的弱随机点运动配对[13]。在体验阶段，观察者报告称在 RSVP 流末尾较暗的字母中观测到了两个较亮的字母。同时，与目标字母在时间上配对的具有非常低的连贯运动（5%）的所有刺激都沿着相同的方向（有时称为外露方向）运动（见图 9.2）。与任务无关的知觉学习是通过对比前测与后测来进行估量的，其中观察者指明了他们所观察到的具有 5% 或 10% 连贯运动刺激的 8 个运动方向中的其中一个。虽然在进行接触训练的前后偶然地也会接到针对 5% 连贯运动刺激的方向的报告，但对于 10% 的连贯刺激而言，暴露方向以及两个相邻方向在训练后都被更为频繁地辨认出来了，虽然后者的程度更小。已经有观点提出，与任务相关的目标与潜在的与任务无关的刺激物在时间上的配对是与任务无关的知觉学习的关键要素。

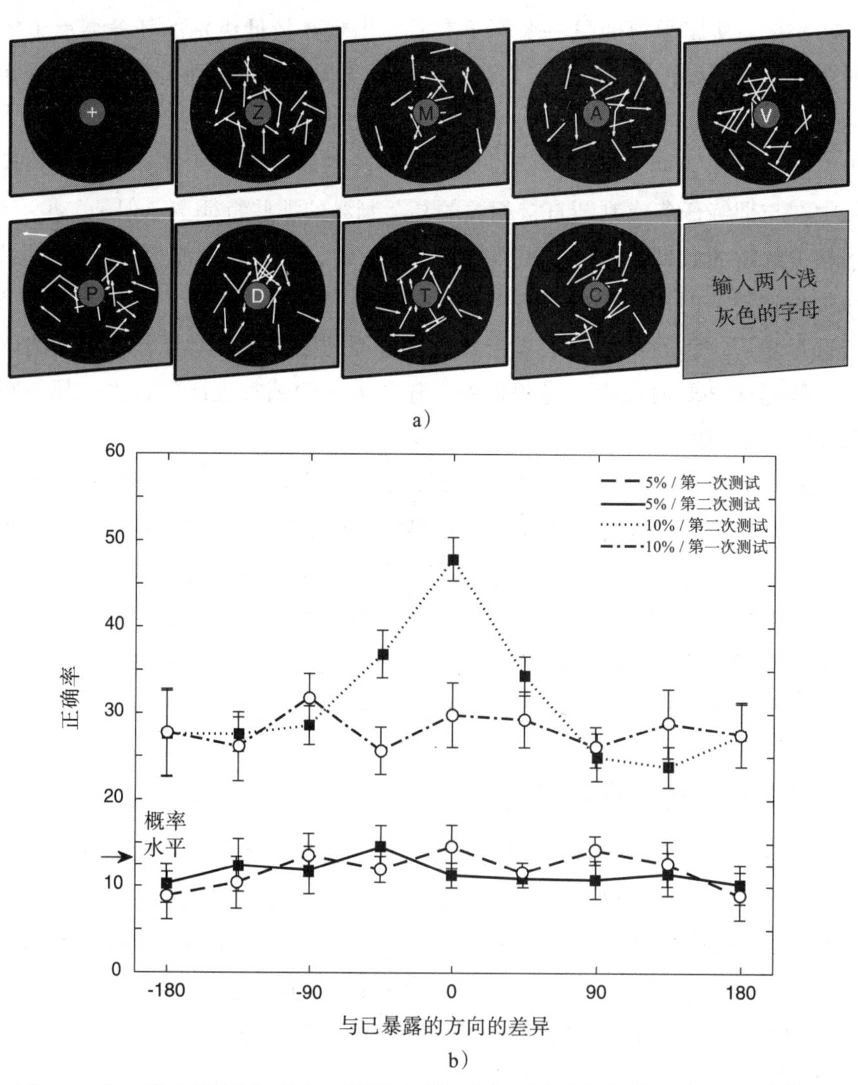

图 9.2　在一张包含了随机点的图像上进行关于运动方向的与任务无关的学习。a）在暴露阶段的训练任务的图示。b）已暴露方向的与任务无关的学习。引自 Tsushima 和 Watanabe[1] 的图 1，已获许可

研究人员认为，这项研究中与任务无关的学习是由对目标的检测所触发的大脑内部产生的奖励信号引发的（请参见 9.4 节有关奖励和知觉学习的讨论）。在学习阶段的一个简化的仅使用 4 个运动方向的研究发现，只有在与目标字母进行时间上配对（重叠且稍稍在前）的方向才展示出学习行为 [20]。

在另一项研究中，当对目标字母的检测因为注意力失灵被抑制的时候（这种现象是这样的：当第二个目标紧随在第一个目标后出现的时候，对前者的检测能力会降低），与任务无关的学习失效了 [18]。在随后的过程中，与任务无关的学习仅在难以观测到与任务无关的刺激时才会发生 [1]。运动刺激处于阈下或接近阈下的组给出了与任务无关的知觉学习的证据，而接受阈上运动刺激的组则没有。此外，当将两个与任务无关的局部随机点运动的分布进行整合以构成一个全局的运动方向的时候，只有局部运动分量被学习到了 [21]，这个结果在其他几篇论文中也有刊布 [22, 23]。在大多数实验中，与任务无关的点具有高对比度，并且弱运动信号是由低运动连贯性导致的；另一种演示方法使用了具有高运动连贯性但低对比度的点，并且即使在根本不存在运动刺激的情况下，也发现了在报告与目标字母配对的与任务无关的运动方向时，存在习得的偏差 [18]。

与任务无关的知觉学习在其他几个点运动以外的领域内也被发现了，包括在时间上与快速串行视觉展示中的字母目标配对的昏暗的 Gabor 斑块㊀的方向，以及通过使用前景中与具有高对比度的形状目标匹配的局部方向创建的阈下的全局轮廓 [26]。另一个例子在对象命名或视觉搜索的背景下训练任意复杂的线形，并且类似地汇报了一些与任务无关的知觉方面专业知识的进展 [27]。

9.2.3 总结

任务相关性被认为是在复杂的视觉环境中决定学习内容的一个非常强有力的原则。任务相关性原则要求学习与任务相关的特征，而在某些情况下也可能会出现竞争性、超阈值的与任务无关的刺激的习得性抑制。然而，在某些情况下，也会发生关于与任务无关的刺激的知觉学习，这些刺激称为阈下或接近阈下的刺激。这促使了 Watanabe、Seitz 以及他们的同事，提出了一个内部奖励响应的暂时配对视觉知觉学习的关键作用。奖励在知觉学习及其理论中的作用将会在 9.4 节中再次考虑。

将来我们依然可以做大量的工作来检验这些现象。现有的针对特异性以及迁移性的实验性测试主要集中在改变判断的主要特征（例如，水平和垂直的游标偏移，上下运动和左右运动），评估与任务相关的刺激无关的特征是否以及在何种程度上，被融合到学习中，这在相当程度上还是未被得到充分地研究。

㊀ Gabor 斑块是一种使用高斯函数和正弦函数乘积形式表达出来的波形。——译者注

9.3　注意力与知觉学习

任务相关性——其本身由任务判断所驱动——会极大地影响学习的内容。这就是所谓的顾名思义。但是，一些研究者提出，注意力实际上是主要的门控机制，甚至有人声称注意力是学习的必要前提 [26]。

尽管许多研究人员认为注意力和学习之间存在紧密的联系，但对于这种联系的解释却又五花八门 [2，28-31]。此外，学习可以在阈下（因此没有被注意到）的与任务无关的刺激上发生，这一事实表明这种联系不是绝对的 [13，19]。事实上，正如我们将会看到的，知觉学习与注意力之间的关系就像是一条双向道路。正如注意力可能影响学习一样，知觉学习可以改变任务执行过程中对注意力的依赖或是调度 [27]。

以下引文给出了为什么注意力对学习很重要的不同解释：

学习是由注意力驱动的，其中注意力是一种用于选择相关神经元集合的机制，选择是通过增加对应神经元的功能性权重来完成的 [29]（p.460）。

知觉学习包括了两类区域之间的直接交互，其一与面部（以及物体）识别相关，另外一个则与空间注意力、特征绑定、记忆回溯相关 [30]（p.596）。

知觉学习展现出与注意力之间强烈的互动，表明它处于自上而下的控制中。注意力对于合并统一过程是必要的 [31]。

我们假设对位置的学习能够提升对周围位置的空间注意力，这是一种非特异性的刺激 [32]（p.1924）。

在这些引文中，注意力被认为是通过选择对应的神经集群、协调特征以及记忆，还有提高统一性来起作用的；又或者，在一种与之相反的解释中，通过将注意力引导至对学习而言正确的位置来使其起作用。但是，在这些引文所对应的文献中，注意力很少被显式地操作。

知觉学习与注意力的融合在直觉层面上是有意义的。它们二者都倾向于提高表现，并且都具有相似的生理表现。话虽如此，注意力以及学习之间几乎可以肯定具有比“直截了当”更微妙的联系。首先，注意力并不是单一的：有空间上的注意力，特征上的注意力，或者目标上的注意力；并且原则上，它们中的每一个都在学习中起着不同的作用。其次，学习与注意力之间所具有的这种相互作用并不暗示着注意力对学习起到门控的作用。这种相互作用可能也以另一种方式来起作用：一个困难的最初需要注意力来执行的任务可能会随着知觉学习的进行而变得越来越自动化，进而在学习上的进展可能会消除对注意力的需求，反过来则不是这样（详见 9.3.3 节）。

在 9.3.1 ～ 9.3.5 节中，我们会关注那些探讨了注意力与知觉学习之间联系的文献，着眼于哪些情况下注意力被显式地操作，哪些情况下注意力的作用被简单地推理出来。

9.3.1 注意力控制系统

自 20 世纪 90 年代以来，大脑的注意力环路一直是一个重要的研究主题。这些研究大多数包括人类大脑成像 [33-35]，并且已经在一些综合性综述中进行了总结 [36-38]。通过对注意力施加控制，研究者识别出了两个紧密相连的系统：一个背侧额顶系统，它与受到自上而下引导的、自主的、施加于特征或空间的注意力有关；以及一个腹侧额顶系统——研究者相信它在检测到外部世界的事件发生并触发注意力转移时就会参与进来 [34]。这两个系统大致对应于内源性（自发的或目标导向的）注意力和外源性（非自发的或因警觉而产生的）注意力之间的区别。几个相连的大脑区域参与到这些注意力网络中：一个相连区域包括背侧系统的视觉皮层、额叶眼动区（frontal eye fields，FEFs）以及顶内沟（intraparietal sulcus，IPS）；另外的相连的区域还有腹侧系统中的视觉皮层、颞顶交界点（temporoparietal junction，TPJ）以及腹侧前额叶皮质（ventral frontal cortex，VFC）。这些网络中可能存在的（大脑的）半球偏侧化㊀（hemispheric lateralization），网络之间的合作程度，以及这些网络本身的详细情况，依然是开放的研究主题。

这些系统的实验性研究依赖于不同类型的实验。对背侧网络的研究主要集中在先前提到的视觉空间中的注意力上，尽管该网络也与在特征注意力相关 [39]（详见 9.3.2 节）。有效功能连接的测量（譬如，通过 fMRI 的 Granger 因果分析）表明，背侧系统对视觉皮层具有自上而下的影响，以及自下而上的连接，并且额叶眼动区 / 顶内沟的经颅磁刺激会对复杂网络中的视觉皮层 [40-43] 的响应产生影响 [38]。

腹侧系统（尤其是颞顶交界点）的功能，多少还是更具争议性的，虽然人们相信当自上而下的注意力参与其中时，它会受到抑制，并在自下而上的系统处理一个显著的但始料未及的刺激时重新恢复其作用；而且它参与将注意力转移到一个新的位置的过程中 [44]。（其他功能，例如社会认知和心智理论，也与颞顶交界点相关联 [38]。）从这些假设来看，似乎背侧系统在很大程度上控制了注意力的自主部署，而腹侧系统则在处理示警和切换。这种分工暗示着从示警系统到自主注意力系统的某种协调或信息递交，以及自主系统的部分抑制或调节示警系统的能力 [34，44，45]。

大脑的背侧和腹侧的注意力网络是注意力的控制系统，但它们也通过与视觉皮层区域的连接、自上而下地调节刺激的处理以及分析。也正因为此，研究也集中在注意力对视觉皮层神经响应的影响上。对注意力自上而下影响的研究（在猴子身上使用单细胞记录方法，有时候也在人类身上使用功能磁共振成像）已经表明，注意力和知觉学习似乎以相似的模式在视觉皮层中引发了变化，虽然为了更好地理解其中一个，我们可能同时需要理解另一个，以及它们之间潜在的相互关系。

与随后探究知觉学习对视觉皮层神经元的影响的研究一样，相对大量的单细胞记

㊀ Lateralization 即大脑的某一侧半脑主导特定活动或身体机能的现象。——译者注

录以及功能磁共振成像的相关文献都将空间注意力（但有一些例子中是特征注意力）与初级视觉皮层中小到中等程度的响应变化相关联，譬如V4，也可能是V1[㊀]（虽然后者可能反映了来自较高级的视觉区域的反馈）[9, 35, 46-66]。正如我们将看到的，两种现象之间明显的相似之处涵盖了多种可能性。注意力可能会影响即时行为，并且注意力的部署还可能为在知觉学习的研究中观测到的某些生理变化提供另一种解释，尤其是对于那些在主动执行任务以及训练早期所测得的生理变化（请参见第5章）。

9.3.2　注意力的类型与基本的注意力范式

注意力对于知觉学习的影响通常被视作一个整体的现象。然而，无论是在理论层面还是实验层面，文献资料将注意力划分为三种被广泛研究的注意力形式：空间、特征，以及对象（更不要说与警惕有关的注意力了）。尽管不同形式的注意力具有某些共同的属性，但它们起作用的方式都有些不同，并且都已经在不同的特征行为范式中进行了测试。在这三种形式中，注意力经常（尽管并非总是如此）会提高检测或判别的准确性，或者缩减响应时间，并且在存在外部噪声或图像混杂时尤为重要[67, 68]。当利用知觉模板模型和外部噪声操作进行测量时，注意力能够排除外部噪声/干扰因素，并且/或许增强刺激表征，而外部噪声的去除通常会对结果起到主导作用（请参见第4章）。但是，每种形式的注意力似乎也具有其自身的属性，并且普遍被认为在不同的情况下具有不同的作用。

空间注意力提升了在空间内一个区域的处理性能。它可能与眼睛注视的点一致，它也可以通过外部提示或内部目标从该点移开[70, 71]。无论是将空间注意力部署到吸引注意力的刺激（外在注意力）上，还是基于自上而下的选择（可能由更具象征意义的外部提示来定向）（内在注意力），它都有助于其所关联的空间区域中的处理过程，并同时从其他地方提取处理资源。在实验室中，通常会通过以下方式来操作空间注意力：在观察者执行视觉任务时通常会提示观察者注意一个或几个位置，通常是涉及单个刺激和响应的任务。

特征注意力根据特征值（例如，处理一种颜色或一个方向）来选择输入。这似乎是知觉行为的自然方面，这在寻找某些特定事物时（例如，人群中身穿红色外套的朋友）可能会参与其中。通常认为，在一个位置上关注某个特征也会促进整个视野范围内对同一特征的关注。在实验室中，通常通过在试验之前提供提示来操作特征注意力，引导观察者将注意力集中在所出现的特征值上；它还通常使用要求单一响应的任务。

对象注意力选择一个对象，并已经声称可以同时处理和绑定该对象的多个特征而

㊀ 视觉皮层（visual cortex）是指大脑皮层中主要负责处理视觉信息的部分，位于大脑后部的枕叶。人类的视觉皮层包括初级视皮层（V1，也称纹状皮层（striate cortex））以及纹外皮层（extrastriate cortex，例如V2，V3，V4，V5等）。初级视皮层位于Brodmann17区（楔叶）。纹外皮层包括Brodmann18区和Brodmann19区。参照中文维基百科“视觉皮层”条目。——译者注

不会造成损失[79]。在最初的研究中，对象注意力是通过从一个对象上同时获取几个特征来索引的，正如我们可以从对象上提取一个特征。因此，对象注意力通常使用实验室范式，该范式将对比单个对象的多个判断与在多个对象得到的相同判断（例如，指出一个对象的颜色以及另一对象的方向）[80]。将注意力划分到不同的对象尤其具有挑战性，当对不同的特征（例如，一个对象的颜色和另一个对象的方向）进行判断时[80, 81]。

原则上，这三种常见的不同形式的注意力，在知觉学习的不同阶段有不同的操作方式。要证明注意力会影响知觉学习，就需要进行一项在其他等效任务中对注意力进行操作的实验。这种操作可以比较有注意力和没有注意力参与的学习情况，也可以通过分级的方式来控制注意力的级别。如果只用最少的注意力就足以进行知觉学习，那么更多的注意力是否会提高学习效果或加快学习速度呢？如果注意力过滤掉了位置、特征或对象，那学习是否就不会发生，还是有的时候无论如何都会发生？最近有一些研究对这些问题进行了探究，但仍需要探索多种注意力的操作方式及其对知觉学习的影响。

正如前面列出的引文所示，关于注意力和学习的大多数主张都认为，注意力是知觉学习的前提或提高了知觉学习的程度。然而，另一个不同的问题关注的是反向的影响，即学习状态是否在任务期间对注意力的需求有任何影响，如果有的话，影响的程度是多少[27]。下面我们将回答这两个问题。

9.3.3 注意力对与任务相关的知觉学习的影响

正如我们已经看到的，一个支持注意力在知觉学习中起到核心作用主要观察结果是，学习在很大程度上受限于驱动任务响应的特征（请参见 9.2.1 节）[2, 3, 5, 6-8]。这种断言的一个典型说法是："如果不持续不断地关注要学习的特征，知觉学习就不会发生。"[19] 注意力会分配给与任务相关的特征，并且通常是具有因果关系的；这通常是一个假设，而不是推论。只有很少的实验可以直接操作注意力，以便在有注意力和没有注意力的情况下比较与任务相关的知觉学习。一项显式地操作注意力的重要实验着眼于在训练混合试验中，分配给焦点注意力、分散注意力或没有注意的位置知觉学习（见图 9.3）[83]。在焦点注意力的情况下，提示了一个位置；在分散注意力的情况下，两个位置被同时提示；而第 4 个位置从未被提示。（这些是由不同观察者组中外源性或内源性的预提示操作的。）后来，在抵消刺激后，再次提示四个位置中的其中一个，然后观察者做出粗略的关于方向判定的决策。

甚至在学习之前，注意力也会影响表现的准确性，并依赖于预提示的条件：没有注意力和分散注意力的位置准确性比焦点注意力位置差。这些都是标准的注意力效果。在练习之后，受到关注的位置在对方向的判断上得到了改善，在集中关注位置的学习发生得略快，但没有注意力的位置即使在有反馈的情况下也没有学习（尽管尚不清楚这是否可能只简单地反映出没有注意力的位置的低准确性以及延迟的提示和反馈；请参见第 7 章）。

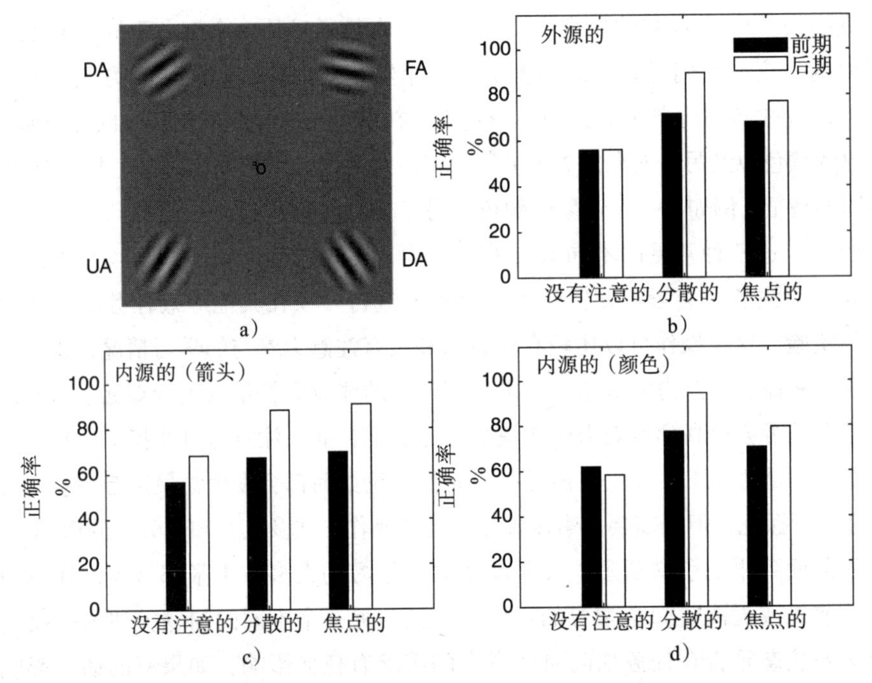

图 9.3 空间注意力会影响对方向判别的知觉学习。焦点注意力，分散注意力和通过提示来定义的没有注意的位置（a）。训练前后针对外源的（b）、内源的箭头（c）和内源的颜色（d）提示组的正确率百分比。根据 Mukai 等人（文献 [82] 中的图 5）的选定数据重绘

这项研究的解释受到质疑，理由是它使用的是主体内部设计思路（withinsubject design）[11，83]。但是，我们认为，在同一图片内的关于注意力的清晰展示，以及不同位置上所表现出来的不同的学习情况，为注意力控制学习的速度和发生与否的观点提供了第一个有力的证据。

人们经常引用另一个发现来支持这种观点，即空间注意力在目标具有不同空间分布的纹理任务中训练了几组观察者的学习起门控作用[26]。在不同的组中，目标可能出现在视线关注点左右两侧的两个位置中的一个（水平的两个位置），视线关注点的对角线上（两个位置的对角线），或中心区域的任何位置（20 个位置的中心）。通过阈值的减少 [刺激呈现的不同时性（stimulus onset asynchrony，SOA）] 来显示学习情况，在所有显示位置训练后测得的检测图如图 9.4 所示。不同组的检测图更倾向于水平训练后在焦点范围内的水平斑块，对角线训练后在焦点范围内的对角斑块和中央斑块训练后的中心区域。作者得出的结论是，注意力从注视扩展到涵盖目标区域，并且“注意力对于学习既是必要的又是充分的”（p.1360），而且“即使对于目标从未出现的位置而言，注意力也足以提高表现”（p.1357）[26]。尽管如此，无论直觉上如何，这里的归因，即将注意力视作学习的成因，是一个推断。其他替代解释也是可能成立的，例如，知觉训练引导注意力集中在某些位置（因果关系的相反方向），或者训练创建了更准确的目标反应关联。

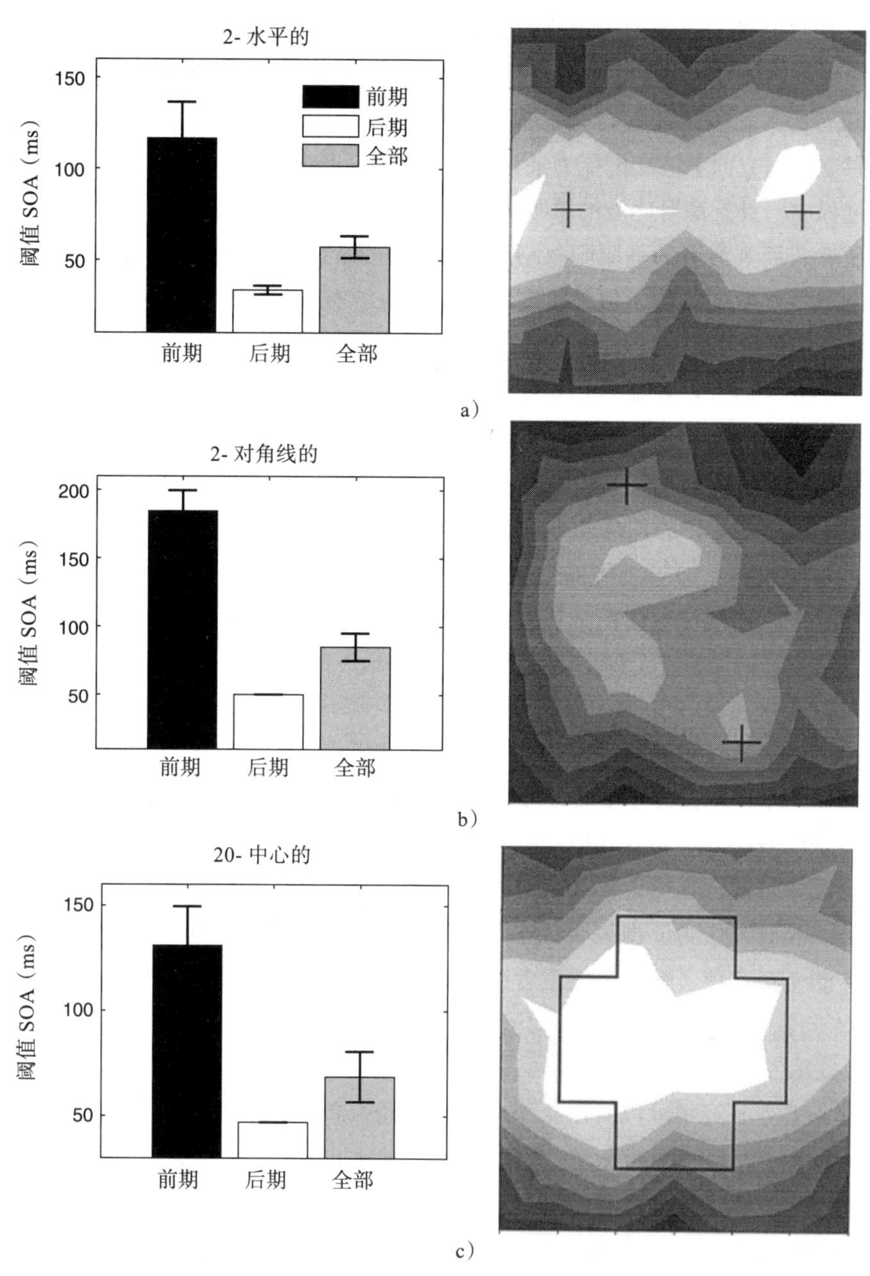

图 9.4　具有不同目标分布的纹理辨别训练对训练后测得的检测阈值具有不同的影响。学习中的阈值降低（左侧）和测试后的检测分布（右侧）显示为两位置水平（a）、两位置呈对角（b）以及 20 个中心位置的训练（c），并且以符号“+”或轮廓表示；较高的精度表现为更小的值。这幅图在经过同意的前提下，参照了 Ahissar 和 Hochstein[26] 的图 6，并且基于图 4 的数据重绘

在强耦合假设的一个反例中，注意力在训练眼睛优势的实验中仅具有非常微妙的

作用[84]。眼睛优势，被定义为观察者在眼睛看到不同图像时将看到的内容汇报给强眼而不是弱眼的可能性，并且（眼睛优势）已通过实验测得，这是通过测量需要对弱眼施加多少额外的对比度才能使得其汇报概率（与强眼）相等测得的。在这项研究中，强眼对弱眼在受训方向上的支配能力通过名为“推拉”（push-pull）的过程得以重新平衡。在这个过程中，具有高对比度的单眼提示（给出方块的轮廓）倾向于一个在弱眼中受到关注的位置；而观察者的强眼则忽略了在不被注意的位置上高度可见的光栅。尽管辅助测试有一些细微的影响，但并没有说明注意力能够提升经过重新平衡后的眼睛优势上的知觉学习的效果。

最近的几项研究已经显式地操作了群组设计之间的空间注意力，关注的重点是迁移。其中一项研究专注于在高精度方向辨别任务中学习后的差异位置迁移，其中一组具有中性提示（注视范围内的点），另一组具有有效的外源性提示（在相关图像上显示正上方的点）[83]。最初的训练图像在视线关注点的左侧和右侧都有目标，其中一个为了响应被事后提示，而第二阶段则要么使用原始的两个位置，要么使用相邻的位置。在第一阶段中，无论存不存在注意力（外源性提示以及中性提示），学习都会以近乎相同的速率发生——但另一个反例是注意力对主要任务的学习率的影响。

在另一项研究中，在没有注意的组中选择学习不会发生的训练，而其中有效的外源性预提示使得学习和迁移都成为了可能。这种模式可以在IRT模型的框架内进行解释：信息预提示可以使处于非提示位置的位置特异刺激尽早被排除，从而允许学习涉及位置不变的表征内容，这些内容随后成为传递的基础，而具有中性提示，来自所有位置的刺激将被混合在位置不变表征中，因此学习只能涉及特定于位置的表征。经常引用的另一项研究作为证据表明，注意力对学习起到门控作用的结论可能不是真正具有诊断性的。在这项研究中，注意力控制的学习被认为可以解释水平和垂直游标判断的学习特异性，即使这些判断的特异性可以很容易地建模，而无须在注意力中具有一席之地（见第6章）。

从这一系列研究中可以得出几个合理的结论。首先，空间注意力支持甚至使得知觉学习可以发生，尽管空间上划分的注意力可能就足够了，也可能不需要焦点注意力。在其他情况下，注意力的必要作用的证据不那么令人信服，并且可能暗示相反的因果关系：知觉学习训练了注意力的分布，反之不然。在诸如隐式的眼睛优势的情况下，当注意力仅与感知任务间接相关时，似乎对学习没有什么影响。应该注意的是，至少在这一点上，大多数寻求证据来证明注意力和学习之间存在联系的实验都涉及空间注意力，这与生理学和功能磁共振成像文献中空间注意力的主导地位平行。特征或对象注意力在知觉学习中的潜在作用可能相等，也可能不相等，并且仍然是未来研究的开放主题。

9.3.4　注意力对与任务无关的学习的影响

从理论上讲，注意力也起着门控功能，该功能决定何时进行与任务无关的学习[1, 86, 87]。在这种情况下，注意力被认为在阻止学习中起核心作用。基于与任务无关的运动刺激以及时间上与快速串行视觉展示（RSVP）字母目标[13]配对的学习，似乎只有在运动信号是阈下的或者接近阈下的情况下才会发生，而当运动信号更明显时则不会[1]。已提出的解释是，阈上刺激与中心快速串行视觉展示任务竞争，从而触发注意力系统来主动抑制与任务无关的竞争信号，消除与任务无关的学习[87, 88]。根据这一观察，有人提出学习信号和注意力信号共同对与任务无关的学习起门控作用。这个想法最近被编入概念模型中，该模型的主要区别在于与任务相关的刺激和与任务无关的刺激，因此注意力有时会抑制与任务无关的刺激，而奖励会增强与任务相关和与任务无关的选择或阈下刺激[89]。为了支持这个观点，已经在前额叶皮质（lateral prefrontal corext，LPFC）上进行了更高水平的血氧水平依赖（blood oxygenation level dependent，BOLD）功能磁共振成像，它与关于容易感知更高一致性的与任务无关的运动刺激的注意力的控制相关[87]。

9.3.5　知觉学习改变了对注意力的需求

尽管关注的重点一直是注意力是学习的门户，但有明显的经验证据给出了相反的看法：知觉学习可以改变执行任务时对注意力的需求。关于学习在事先需要注意力请求的过程中所起作用的研究，在所有的研究中，可以追溯到 Shiffrin 和 Schneider 的开创性工作[90]。他们的工作表明，在一个字母阵列中寻找目标字母的行为可以通过上千次持续的尝试，经由一个缓慢且需要注意力的受到目标数量以及图像尺寸限制的过程，转换为一个自动化的且不依赖于任何一者的过程。这种影响方向——学习改变了对注意力的需求，而不是注意力对学习起门控作用——在文献中具有更长且更实质的内容。

在一个示例中，通过学习降低了对象注意力的限制。按照最初的定义，对象注意力选择一个对象，如果两个相同的特征出现在不同的对象上，则可以更轻松地报告其多个特征——这种差异称为双对象报告缺陷[79]。如图 9.5 所示，通过对一项任务进行训练，系统地减少了双对象报告缺陷，该任务中两个 Gabor 对象出现在焦点区域内的对角象限上[27]。每个对象都有两个特征：方向（顶部向左或向右倾斜）和相位（中心亮或暗）。在学习开始时，相对于指出同一个对象上的两个相同特征（one object，two responses，1O2R）的任务而言，指出一个对象的方向以及另一个对象的相位（two objects，two responses，2O2R）的表现更为糟糕——这是经典的双对象缺陷。随后的练习在所有条件下均改善了性能，尤其是在关键的双对象（2O2R）条件下，因此经过大约 12 次练习后，它接近了单对象甚至单响应条件下的性能。这些改进部分针对特定位置：在切换到其他对角线位置（图 9.5 中的垂直虚线标记）后，重新出现了双对象缺陷。在另一项使用时间序列任务的研究中，注意力眨眼的负面影响也随着训练进行而减少。注意力眨眼是指在快速串行视觉展示中检测到在第一个目标之后不久出现的第二个目标的能力降低[91-93]。即使是中等程度的训练，也基本上可以使第二个目标能够被重新指出[94]。在两种情况下，训练都降低或消除了表现中出现的注意力瓶颈。

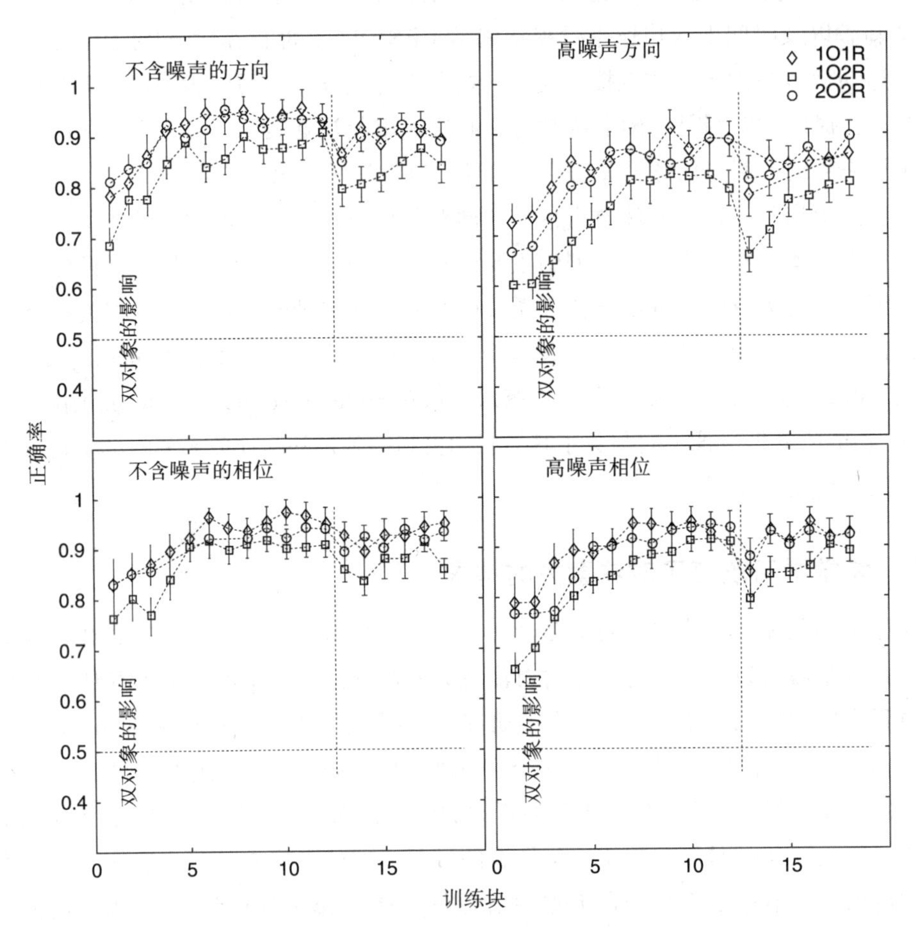

图 9.5 知觉学习减少了在没有（左）和有（右）外部噪声的情况下测试的方向判断（上）和相位判断（下）的双对象注意力缺陷的局限性。观察者要么指出了单一目标的一个 Gabor 方向（右上方或左上方）和相位（中心暗或亮）（1O2R），一个对象的方向以及另一个对象的相位（2O2R），要么仅仅只是一个对象的一个特征（1O1R）。在垂直虚线处，两个对象的训练位置从一个对角线切换到另一个。插图表明了双目标缺陷（2O2R-1O1R）的变化。根据 Dosher、Han 和 Lu[27] 的图 1 和图 2 重绘

即使在基本的知觉任务（例如亮度辨别）中，练习也可以减少注意力的需求。在这些实验中，与单焦点位置的亮度判别相比，在训练之前，当目标位置未知且注意力分散时，亮度判别阈值要高得多。训练后，基本上消除了分散注意力的成本，而焦点注意力的表现则基本保持不变（见图 9.6）。

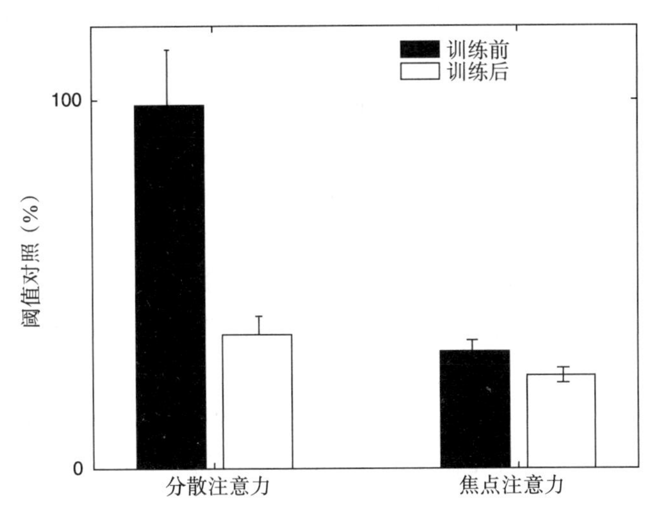

图 9.6　在目标位置已知或未知的包含四个位置的图像上训练亮度判别消除了在空间上分散注意力的成本，同时使焦点注意力的性能表现基本不变。根据 Ito、Westheimer 和 Gilbert[95] 的图 5b 的数据重绘

训练注意力集也是可能的。纹理辨别研究（见图 9.4）最初被解释为注意力对知觉学习起门控作用的证据，并且也可能貌似合理地反映了学习是注意力分散的一种机制 [26]。类似地，已经要求训练观察者通过颜色而不是形状来识别目标，以提高注意力对形状的抑制 [96]。对颜色（特征）的视觉搜索的长期训练可以在一个独立的三阶运动方向任务上使该颜色更为敏感 [97，98]。注意力和学习之间相互作用的另一个方面是，在学习任务之后，无论学习是否需要注意力，且即使没有注意力，新的专业知识也可以成功地被表达出来 [99]。

就生理证据而言，通常与注意力相关的反应会在训练过程中发生变化。实际上，一些研究人员甚至提出“在学习过程中看到的（不同）刺激诱发的反应（可能）仅反映注意力调节的变化，而不是刺激的自下而上处理的变化 [100]（p.3899）”。同样，在有注意力以及没有注意力的情况下进行方向判别的功能核磁共振成像结果也有相关的报道；与此同时，在视觉搜索的电生理学（electrophysiological，EEG）的研究中，也指出了注意力特征及其所诱发的反应也会随着学习过程的变化而变化 [101]。此外，有时在麻醉的动物中也能够观察到学习的结果，例如，早期视觉皮层反应幅度的改变，因此根据定义，它既不依赖于注意力也不依赖于意识。

9.3.6　总结

关于注意力在使知觉学习得以发生的过程中起到至关重要的作用的命题，已经成为了一个核心的解释性假设。然而，文献表明，最强有力的主张实际是基于对任务相关性的操作，而不是基于注意力的操作。另一个结论是，实践或训练可以改善决策，或者通过注意力提高可感知性和对决策边界进行微调后所作出的决策实践，来一同调节任务相关性。

与任务无关的知觉学习的存在——它相较于其他因素，对阈下的刺激更为可靠；这种看法引出了一个理论，即当刺激是阈上的刺激时，基于注意力的对任务无关的刺激的抑制就被触发了。尽管与任务无关的学习中操作注意力是可能的，但这并不是这些研究的重点。一种可能的预测是，在注意力分散的情况下，在阈上刺激上更可能发生与任务无关的学习，而这可能会消除基于注意力的抑制。对于假设跟踪目标位置分布的注意力过程，可以得出类似的论点，这几乎总是会在每个位置所训练的目标数量上产生差异。

在许多情况下，知觉学习的确可能受到注意力的影响。然而，在最常被引用的研究中，其作用是推断而不是度量出来的。只有很少的研究显式地操作注意力，并在其他相同的任务情况下对知觉学习进行测量。一项与上述一致的研究比较了焦点注意力、分散注意力和无注意力条件下的学习，发现即使分散注意力也足以进行学习，而不被关注的位置的学习数据却是模棱两可的 [82]。其他研究将外源性提示的注意力与中性注意力条件进行了比较，主要关注的是转移的结果 [11，83]。到目前为止，只有很少的研究进行了显式的注意力操作。可以想象，将来的研究将操作特征注意力的程度（无，单一的，多个的）或对象注意力，并对学习率和转移进行测量。

相反，实践证明可以对注意力（或对注意力的需求）会产生深远的影响，其研究历史更为悠久以及稳健。知觉学习可以训练特定的关于注意力的空间分布 [26] 或特征选择 [96]。也许更常见的是，如果有足够的练习，则在任务表现一开始就具有挑战性的情况下不需要注意力也能够对注意力进行部署，并获得较好的表现。用 Shiffrin 和 Schneider[90] 的话来说，这些任务已经变得自动化且不再需要注意力了。

正如我们所强调的，注意力与知觉学习的相互作用沿着一条双向的道路前进。直觉表明，可能会出现兼有两个方向的影响：早期执行任务和早期学习可能需要注意力，此后，随着受过训练的任务变得自动化，对注意力的需求可能会消失。未来，研究人员有很多方法可以更全面、准确地探索这种联系。

9.4　奖励和知觉学习中的其他干预

另一种可以调节知觉学习的自上而下的控制的潜在强大形式是奖励。同样，在这里，对显式操作奖励的知觉学习的实验性探究相对而言还是比较少的。当然，奖励在学习的悠久概念上历史研究（可追溯到关于强化条件的早期研究）中起着核心作用，从而给人一种印象，即奖励的重要性几乎是不言而喻的 [102]。具有正向效能的奖励通常会导致受奖励的行为的出现次数更多，而具有负向效能的奖励会导致目标行为的出现次数减少（或避免该行为的出现）。我们从更广泛的背景下的多年研究中可以得知，奖励有几种类型。主要的奖励是直接且实际的：譬如，从动物那里剥夺得到的水或者食物，或者肢体受到冲击，或者肢体浸入冰水中。次要的奖励通常是象征性的。对于人类而言，例子包括金钱或金钱的图片，或免费商品的优惠券。一些次要奖励可能是间接的，例如主管的口头赞扬或同事的批评，或者在快速串行视觉展示中检测目标的隐含价值。

与强化学习或操作性条件作用类似，在理论层面上，奖励可以在知觉学习中发挥重要的作用。但是，尽管许多关于人类的知觉学习的研究都使用了某种形式的反馈，但迄今为止，很少有研究使用表示有形事物的主要奖励或次要奖励。即使在猴子的知觉学习研究中（使用水或果汁等主要奖励），对差异性奖励的影响的检查频率也比人们预期的要低。

下一节非常简要地考虑了奖励的大脑电路，以及奖励可能通过与感觉和决策系统的连接来影响学习的可能方式（另请参见第 5 章）。奖励期望和奖励预测误差的生理学概念是相关的，它们在强化学习算法中的使用也是如此。然后，我们回顾了使用显式奖励的有关人类视觉知觉学习的文献，数量相对较少；最后简要提及了可能会影响知觉学习的一些相关药物干预措施。

9.4.1　奖励系统

与目标导向行为相关的大脑奖励回路与认知脑中枢和运动控制区域有相互作用。从生理学上我们可以知道，奖励系统中的活动不仅对已被给予的奖励做出反应，而且还对奖励的预期或期望做出响应。对被给予的奖励结果的反应被认为募集了具有辅助运动区域的尾状核的中部，壳核以及尾状核的背侧，而对奖励的预期与中脑和基底前脑区域 [如伏隔核（nucleus accumbens，Nacc）] 的活动有关。一种概念是处理奖励涉及多巴胺途径和几个皮质纹状体投影的收敛。这些回路以及它们之间的交互已经在动物 [103] 中进行了广泛的探究，将来还会继续在猴子以及人类身上进行研究 [104]。

这些皮质 – 基底神经节回路中的顺序性激活发生在（一般的）学习过程中 [105]。在单一的处理刺激的时间段内，做出选择并执行行为可能涉及预期的阶段以及随后的奖励处理阶段。实际上，许多模型关注奖励预测误差，其中学习的发生作为对奖励结果与奖励预期的偏差的响应 [106-110]。

奖励预测误差是强化学习算法中的典型组成部分 [111]。在这些算法中，预测的奖励是根据奖励预测误差和学习率参数控制的，在逐项试验的基础上进行更新。如果奖励的意外情况稳定，则预测的奖励最终会收敛到实际奖励的期望值，这为稳定学习提供了一种不错的方法。与奖励预测错误有关的信号已经在几个大脑区域被发现。例如，猴子的腹侧被盖区（ventral tegmental area，VTA）通过在整个奖励系统中广播预测错误信号而参与了强化学习，这是理论层面上的结论，也受到了啮齿类动物对腹侧被盖区的电微刺激（实验）的支持 [112-114]。依赖于任务的差异性，奖励预测错误信号也已经在其他区域被发现了 [114-117]。

通过直接影响初级视觉皮层的反应，奖励可能会影响视觉知觉学习的另一种方式。奖励信号被认为是直接或间接地通过外侧膝状体（lateral geniculate nucleus，LGN）从基底前脑到皮质的连接来调节初级视觉皮层中的对比敏感度，又或者，它们可以连接到基底前脑的奖励处理中心，就像在一些研究中所说明的那样（见图 9.7）[118]。不管影响是兴奋性的还是抑制性的，奖励系统都可以通过这些回路直接影响多个视觉区域（例如 V1 和 V4）的响应[119-122]。如果奖励通过以这种方式改变早期感官表征中的活动来影响视觉学习，则奖励的这种影响与注意力的作用相似，尽管效果可能更大。在人类的功能磁共振成像中，早期视觉反应或皮质的更高视觉关联区域中的奖励或奖励预测错误产生了类似作用，在某些研究中，一项研究的奖励被表明可以改变下一次试验的预期基准[58, 123, 124]。

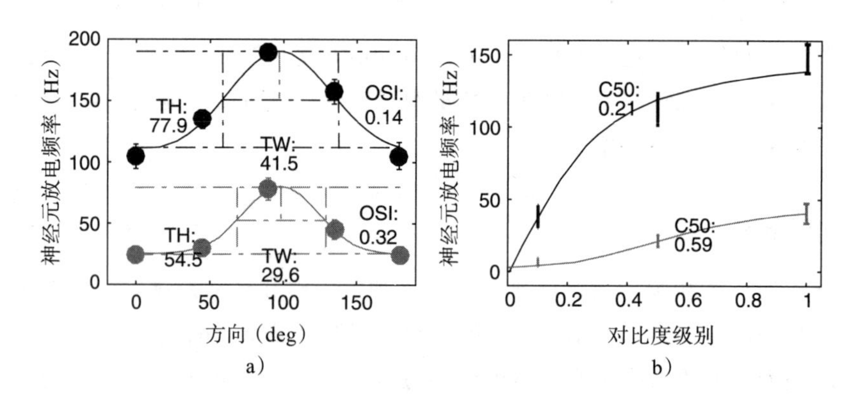

图 9.7 基底前脑的深部脑刺激影响 V1 神经元的方向敏感度（a）和对比敏感度（b），说明奖励回路的激活可能对视觉皮层活动产生影响，这种影响可见于有（上曲线）和没有（下曲线）刺激的功能。引自 Bhattacharyya 等人[118]的图 2 的部分内容（开放获取）

奖励在早期视觉皮层对视觉刺激的反应中引起的变化可能具有几种不同的作用，并且这些作用在文献中已有不同的解释。对视觉皮层的这种奖励作用可能会导致基准值激发的预期变化，以及调节对比敏感度。一种理论上的解释是，这些调节实际上是由注意力的变化所介导的。这里的想法是奖励会影响注意力，然后注意力会改变早期视觉皮层对传入刺激的反应[125]。相反，其他研究人员声称，奖励系统和注意力系统只是在早期视觉区域有高度的功能性重叠以及类似的交织效果[127]。还有一些人观察到，奖励和注意力可以协同或独立地起作用，以调节早期视觉皮层的响应[128]。

在学习和执行视觉任务中，注意力和奖励的关系仍然是一个悬而未决的问题。在决策系统中，奖励似乎与感觉信息集成在一起以选择响应。除了奖励对感觉反应的潜在直接影响或通过注意力变化介导的作用外，还报告了奖励信息会改变将感觉信息整合到决策和反应的决策神经元的行为。所谓的决策神经元已经将先验概率和奖励信息以及感官信息整合到决策中，然后该决策就成为行动的基础。奖励对感觉信息和决策的这些假设性影响有可能在信号检测理论框架内进一步估计，并通过在随机游走反应模型中的证据积累进行扩展，如在一些示例研究中所探讨的那样 [129, 130]。

奖励影响决策神经元反应的证据已经在了几个大脑区域中指出。在猴子的 LIP 的神经反应中，已经积累了做出决定的感觉证据，其中的神经放电方式与行为反应的选择和时机相关 [131-134]。这些神经元对刺激信息有反应，但对其他因素也有反应 [135]。例如，一项研究 [136] 发现，猴子 LIP 神经元编码了绝对奖励和相对奖励，以及对感觉输入的响应。这些神经元的活动由（预期的）相对奖励值驱动，然后在试验的后期由感官证据驱动，最后由该试验中的实际行为选择驱动，如图 9.8 所示 [137]。类似的或相关的影响已经在（四叠体中的）上丘被发现过 [138, 139]。在此基础上，研究人员提出，在不同的大脑区域，可能存在这种受奖励影响的决策神经元网络。

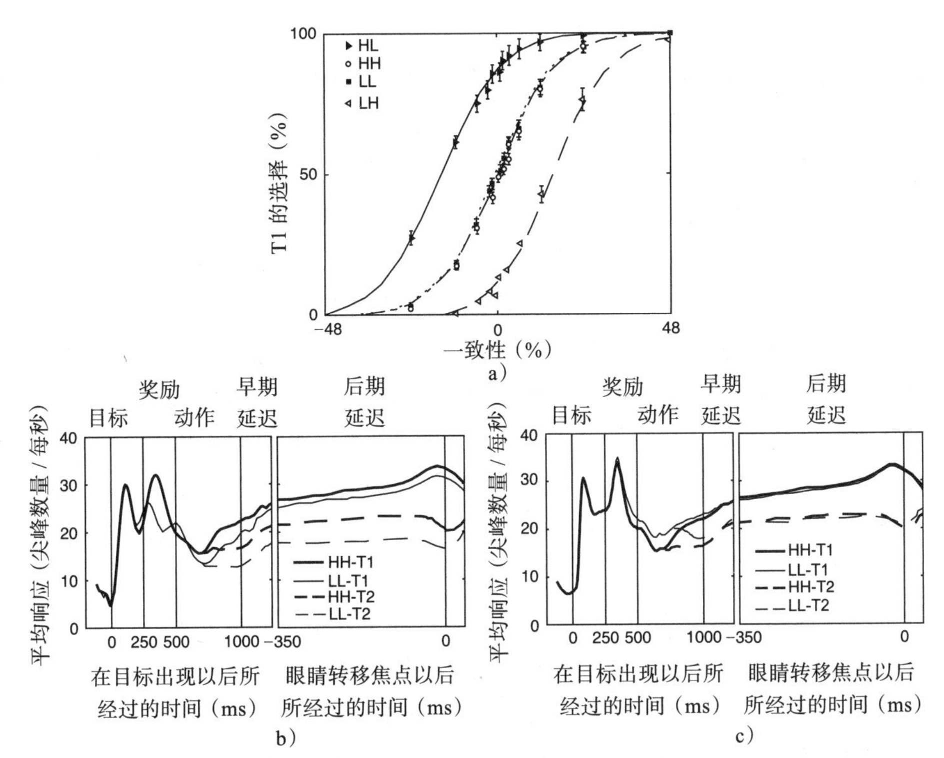

图 9.8 猴子 LIP 的神经活动取决于综合决策变量，包括运动连贯任务中的奖励条件。预提示表明左右两个位置（LL、HH、LH 和 HL）的相对奖励大小（低或高）。a）作为运动一致性的函数，猴子 A 的行为选择概率，在奖励偏向反应 1 时向左移动，在奖励偏向反应 2 时向右移动，并且在平衡奖励（LL 或 HH）时向中间移动。猴子 A 在不同试验阶段的平均 LIP 放电率依赖于绝对奖赏（HH 相对于 LL）（b）和相对奖赏（HH 相对于 HL）（c）。引自 Rorie 等人 [136] 的图 2c、图 3a 和图 4a，版权归 Rorie 等人（2010）所有

总之，越来越多的证据表明，奖励对早期视觉皮层区域的反应有影响。对这些感觉反应的调制可能要么通过注意力回路发生，要么通过奖励系统和相关的早期视觉皮层区之间的独立且直接的相互作用而发生。无论是哪种情况，早期视觉皮层反应的变化都很容易对知觉任务中的学习产生影响，无论是通过基准的提升，还是通过对刺激的增强对比反应。也有证据表明，相对的奖励或奖励期望对输入累加器或决策神经元的一种影响发生在更高级的区域，如 LIP 和其他区域。改变对决策的计算方式也应该对知觉学习产生影响，其中一个理论基础是，早期感官表征或决策的改变暗示了一些可获得的证据，甚至对于非监督式学习规则，如 Hebbian 重加权，也起到暗示作用，这已经是在奖励的直接信息价值之外了。在学习算法中整合奖励或奖励预测错误的潜在方法将在 9.6 节中予以考虑。

9.4.2　人类知觉学习中的奖励

在一般的学习理论中，奖励会改变潜在反应或行为的相对频率。在知觉学习中，问题是不同的：奖励能否改善视觉辨别判断的表现或学习情况？

旨在表明动物（或人类）学会更频繁地产生奖励反应，或者将眼睛移到能获得更多奖励的位置的实验无法回答这个问题。相反，相关的问题是，奖励是否提高区分视觉刺激的能力，还是改变区分视觉刺激的学习方式。此外，我们还可以问，除了奖励本身提供的信息外，奖励是否有任何影响（例如，关于响应的准确性）。

虽然在人类知觉学习研究中很少使用对奖励的操作，但它们涵盖了一个奇怪的范围。这些奖励包括给予贫困者果汁或水等物质奖励，以及象征性的次级奖励，如硬币的图片或稍后发放的货币奖励。一些研究人员甚至提出，探测目标本身就会触发内源性的或自我产生的强化或奖励信号[19, 140]。后一个观察引出了第一个关于知觉学习中奖励的提议，而且是在与任务无关的学习的语境中。这些作者提出，在主要任务中发现一个目标会产生内源性奖励信号，这反过来又会影响对几乎同时发生的其他刺激的学习[19]。一项研究进一步支持了这一观点，在这项研究中，参与者被告知发现一个中心目标会导致更大的、在整个阶段上的奖励，这使得他们表现出了更强大的、与任务无关的学习效果[140]。相应的内源性奖励信号，如果我们能够测量它们，原则上可以是预期的或者反应的，并且可能通过与物质奖励结果相同的途径操作。

更直接的奖励探索操作了显性奖励的可能性，并观察了对知觉学习的影响[141]。在这项研究中，每项试验均提出了三种噪声导致刺激中的一种，每种刺激均分配了不同的奖励概率（80%、50% 或 20%）。具有差异的奖励改变了响应的概率。学习仅针对具有高奖励概率（80%）的刺激，因为这是唯一相应的响应增加（采用或不采用范例）的刺激，而对刺激的响应则接受 50% 或 20% 的奖励，其响应略有下降（图 9.9）。但是，另一种解释是，增加奖励概率会影响响应选择，可有效地作为视刺激而定的偏差来进行响应。

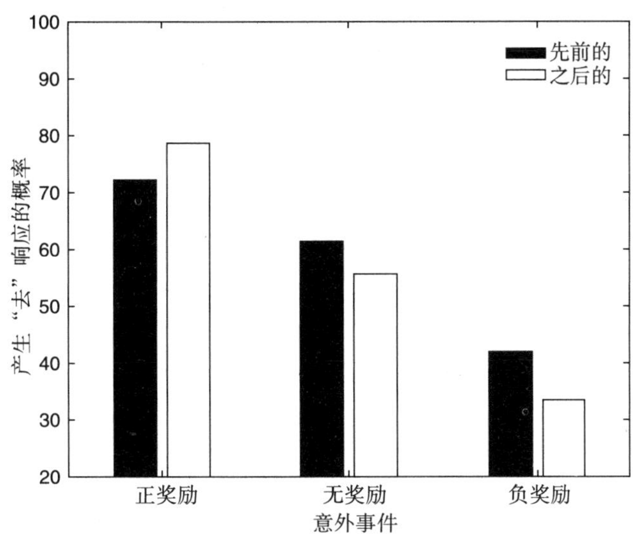

图 9.9　训练影响了在“去”或“不去”范式中对具有不同奖励概率的刺激物作出反应的倾向。根据 Kim、Seitz 和 Watanabe[141] 的图 4a 的数据重绘

在第一批证明奖励对辨别力影响的研究中，水滴与近潜意识的一个方向的正弦波斑块成对出现，而不是第二个控制方向——所有这一切都是在观察者没有明确任务的情况下进行的。在单独的实验中，方向性刺激通过低对比度被下意识地制造出来，或者通过持续的闪光抑制造成无意识的情况（例如，在一只眼睛中短暂地呈现方向性刺激，而另一只眼睛则不断地受到复杂轮廓的闪光刺激）[142]。与接触前的基准相比，接触奖励后的辨别力有所提高，但对照组的辨别力没有提高 [14]。作者得出结论，“在缺少任务的情况下，在没有意识到刺激的呈现或奖励偶发事件的情况下”，成年人通过刺激 – 奖励配对学习 [14]（p.700）。这项研究超越了阈下刺激对条件作用的其他证明，提出了知觉过程的变化 [143, 144]。从数据中可以看出，奖励可以诱导知觉学习，甚至当刺激本质上是潜意识时也可能发生这种情况 [145]。

虽然引人注目，但这些研究留下了几个突出的问题。奖励的相对幅度或时机是否会影响学习的速度或普遍性？奖励的运作方式与反馈不同吗？是奖励本身重要，还是奖励传达的信息才真正重要呢？找到这些问题的答案可以提高我们利用奖励系统优化知觉学习的能力。

一组研究试图通过操纵奖励的大小和类型来回答其中一些突出的问题；这些研究还检测了迁移性的几个度量指标 [146]。即使在所有条件下都提供了准确性反馈，在高强度的逐项试验奖励条件下，知觉学习的速率也较高，从而平衡了每次试验的反应准确性信息。在主要实验中，对比敏感度（通过 Gabor 斑块进行测试）通过 5 种形式的奖励进行实验：高奖励、潜意识（高）奖励和低逐项试验奖励、块奖励和无奖励。训练前和训练后对比敏感度功能的评估也在训练和未训练的眼睛上测得（见图 9.10）。奖励包括（中国）货币图片的组合，逐项试验显示的分数计数器，以及各种块性能的测量（与奖励条件相关）。补偿的货币价值还取决于分数如何转化为货币补偿：高奖励、潜意识奖励和块奖励条件获得低基薪，这样总补偿严重依赖于基于表现的奖励分数，而低和无奖励条件使用低转化率和高基薪。其他实验比较了在 Gabor 游标偏移和全局运动方向任务中的逐项试验奖励和无奖励的情况。在所有这些实验中，奖励提高了学习的速度。另外，迁移的数量（迁移到另一只眼睛、位置或刺激）取决于训练过的任务中的学习量。也就是说，为了有东西可以转移，有意义的学习必须发生。

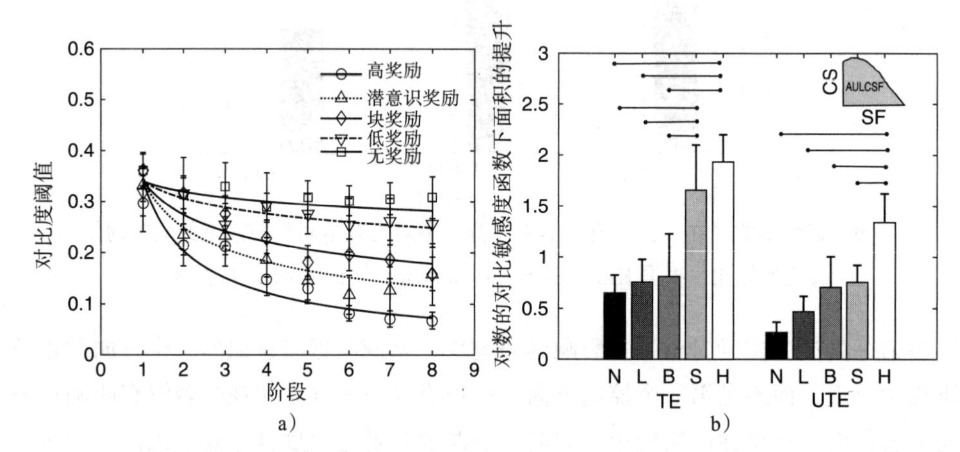

图 9.10　5 种不同的奖励方案在 Gabor 游标任务（a）中产生不同的学习率，在受过训练和未经训练的眼睛 [TE（trained eyes）和 UTE（untrained eyes）]（b）中，对比敏感度函数的改进量相应地有所不同。基于有效性排序，它们分别是高奖励、潜意识奖励、块奖励、低奖励和无奖励（H、S、B、L、N），补充到有关反应准确性的逐项试验反馈中。引自 Zhang 等人 [146] 的图 1 的部分内容

总而言之，对知觉学习中的奖励的研究远远少于反馈（甚至是在没有任何反馈的情况下的学习）。一些研究简单地记录了奖励概率或奖励幅度对表现的影响，暗示了奖励权变在学习中的作用。另一组研究表明，即使刺激是潜意识的或者几乎是潜意识的，学习也可以单独在对奖励信号的反应中进行。最后一组研究证明了奖励对视觉知觉学习速度的作用，即使反馈提供了关于反应准确性的信息 [147]。同时，悬而未决的问题仍然存在，有足够的空间进一步研究奖励在视觉知觉学习中的作用，以及它与注意力和任务相关性的可能交互作用。

9.4.3　知觉学习中的药物干预

药物干预是改变知觉学习的另一个潜在的强有力的手段，目前已有一些关于人类实验的报告。这里考虑这个研究领域，因为一些（虽然不是全部）化学制剂可能通过类

似于注意力或奖励的机制来达到它们的效果。然而，另一种不同的可能性是，一些药物干预可能会改变知觉学习的巩固。引用一篇综述："学习……可能通过释放神经调质来调节，如乙酰胆碱和多巴胺，这些神经调质通过学习来限制感觉可塑性，从而保护感觉系统不受不良可塑性的影响"[148]（p.149）。一个针对人类的系统研究项目包括寻找副作用很少的药物或者影响这些假设成分的意外结果的药物。希望能够分别或同时提高知觉任务的表现或改善学习情况。

药剂或药物对知觉学习的影响已经在几个可能的模式上进行了检验，以探究对学习的影响。例如，神经递质乙酰胆碱（ACh）可以调节许多认知功能，包括注意力和记忆。一种观点认为，乙酰胆碱影响神经可塑性是通过选择性地增强与行为相关或有意识刺激的感官反应[149, 150]。当乙酰胆碱在持续注意力的条件下释放时，众所周知它会影响感觉反应[151-154]。在一项研究中，类胆碱（功）能的增强（给药多奈哌齐，一种胆碱酯酶抑制剂）被证明会影响在随机点运动方向辨别任务中的知觉学习[150]。与安慰剂相比，使用该药物进行训练可以更快地改善运动方向差异的阈值，而且根据报告，其学习效果更有针对性（见图 9.11）。正如典型的知觉学习一样，这些训练效果持续时间相对较长，并且在训练后 5 ～ 15 个月仍然存在[155]。

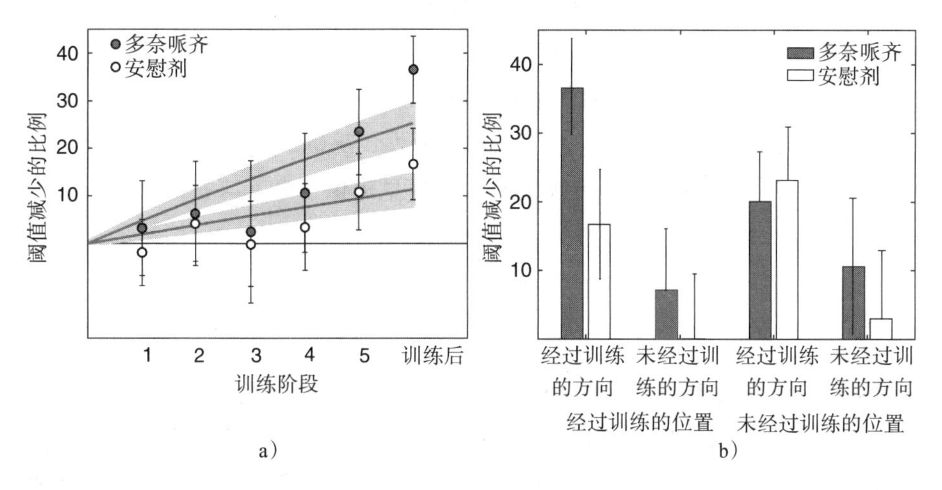

图 9.11　胆碱能增强增加了人类知觉学习的幅度和特异性。作为多奈哌齐或安慰剂训练函数的阈值降低（a），以及在训练和未训练位置的训练和未训练运动方向的阈值提高（b）。引自 Rokem 和 Silver[150] 的图 3 和图 4，已获许可

药物制剂的另一个潜在影响涉及记忆巩固的变化，类似于陈述性学习中的胆碱能效应[156]。至少一项研究表明胆碱能调节视觉知觉学习中的巩固行为。在练习结束后立即咀嚼尼古丁口香糖，与安慰剂相比，增强了第二天在视觉纹理辨别任务中的学习表现（这种尼古丁状态变化通过脑电图测量进行了验证）[157]。在这项研究中，较高水平的神经递质乙酰胆碱被认为会促进知觉学习的巩固，尽管较低水平的神经递质乙酰胆

碱通常被证明会促进陈述性记忆的巩固。(作者意识到了这种差异，并声明这可能表明了不同的学习机制或复杂的剂量反应效应。)

在涉及药理学影响的许多可能的机制中，多巴胺也可能是具有核心地位的。这反映了奖励和多巴胺能系统之间关系的公认中心性，以及广为人知的证据表明多巴胺在强化学习中的作用[158]。还有报道称，脑前额叶外皮中多巴胺的变化可以改变猴子的V4神经元的调谐，其方式与观察到的注意力变化相似[159]。其他观察结果也支持这一普遍观点。例如，一些初步证据表明，多巴胺剂量影响弱视的知觉学习。据报告，给予左旋多巴－卡比多巴并结合间或闭塞健康的眼睛，可以改善弱视眼的表现，改善过去典型包眼年龄的儿童的双眼融合（尽管在闭塞条件下与实践的相互作用是推断出来的，而不是在这些研究中操作的）[160, 161]。在一个可能相关的发现中，帕金森病患者在序列和模式学习方面的学习能力下降[162]，而左旋多巴被证明可以改善慢性中风患者的运动学习能力[163]。

值得注意的是，这里详细介绍的少数药物干预的报告已经研究了它们对人类的影响。除此之外，在啮齿动物和猴子的听觉知觉学习和触觉学习中，还有许多其他药理作用的例子，这些研究强调了对早期听觉和触觉区域变化的调节[164, 165]。这些可能都与某些强化学习[158, 166]和类别学习[167-170]理论中对神经调质系统的关注有关。

总而言之，使用药剂来增强或抑制知觉学习的潜力似乎很诱人，但仍然需要在人类身上做更多的工作来了解每种潜在药物干预的作用机制。原则上，行动点可以是感官反应、注意力系统、决策、对奖励的敏感性、巩固或这些的某种组合。这些研究为总体上增强知觉学习和提供与康复相关的信息提供了令人兴奋的可能性（参见第12章）。

9.4.4　总结

奖励对知觉学习的影响的全面分析（超出了它所携带的任何纯信息价值）正在进行中。奖励可能会改变在某些位置或具有某些特征的刺激中寻找信息的倾向，并且同样可能导致在选择不同反应时经历由经验引起的变化。虽然有信息表明奖励可以增强辨别任务中的学习，但通过注意力转移可能介导的方式仍然需要研究。同样，与外部奖励相比，内源性信号或潜意识奖励信息的相对价值仍未得到充分探索。在奖励是间歇性的情况下，内部奖励信号在维持行为方面起着重要作用，这似乎是合理的，特别是在啮齿动物的相关发现中。未来的研究还有许多潜在的方向。

奖励可以以多种方式影响知觉学习。它可能直接影响早期的感觉处理，导致刺激的感觉编码的幅度增加或选择的改变。或者，它可能会引起注意力系统的关注，这也可能导致感官编码的这些变化。另一种选择是，奖励通过偏向奖励的刺激或行为对奖励敏感的变化来改变决策和响应的目标和结果。另一种可能性是奖励或奖励幅度可能会改变学习率。另一个可能性是，奖励可能会影响巩固行为。尽管探索这些不同影响的经验证据相对较少，但每种机制都与已知的大脑奖励编码生理学有关。

奖励结果、奖励期望和奖励预测误差的影响以及它们如何影响学习之间存在重要的理论区别。知觉表现和知觉学习可能对这些奖励的任何一种理论结构都很敏感。事实上，在一些已经开展的研究中，令人着迷的问题之一是内源性奖励的潜在强大作用，以及这是否可能有助于在无反馈条件下进行明显的无监督学习。系统地研究奖励在知觉学习中的作用可以进一步消除这些机制中存在的歧义，进而不仅可以更好地理解奖励在学习中的作用，还可以提供更有效的训练方案，并促进学习的药物干预。

9.5　自上而下的影响、重加权，以及选择与创造

许多由一系列大脑功能支持的自上而下的影响需要在任何以目标为导向的活动（包括感知任务）背景下组织表现和学习。执行此类任务涉及识别相关刺激并选择适当的决策计算。它还可以吸引注意力以增强某些刺激的表现或过滤掉其他刺激的影响。最后，它可能会受到奖励性质的影响。

在涉及注意力和奖励的例子中，独立的研究已经标识出了特定的大脑控制系统，并且越来越多的证据将这些系统与早期视觉皮层区域的反应变化联系起来。正如我们所见，任务、注意力和奖励的潜在影响应该被纳入解释知觉学习的重加权框架中。我们在这里简要指出一种整体方法，同时在 9.7 节（附录）中更详细地延展这个框架。

这里我们的分析主要集中在基础的 Hebbian 学习规则上

$$\delta_i = \eta a_i (o - \bar{o}) \tag{9.1}$$

其中 a_i 是在表征单元 i 下的活动，η 是学习率，$(o - \bar{o})$ 是输出（对于它的长期平均而言），而 δ_i 是与连接表征和决策有关的权重的变化量。奖励可能会用以下方式整合到这个基本等式中

$$\delta_i = \eta a_i (o - \bar{o})(r - \hat{r}) \tag{9.2}$$

其中 r 是实验中的奖励，$\hat{r}$ 是奖励的期望。我们可以更进一步地理解这个等式（正如先前讨论的一些研究所证实的），即表征 a_i 和学习率 η 本身的激活可能受到任务、注意力和奖励的影响。

简而言之，所有三个自上而下的影响都可以纳入驱动学习的学习规则中。将这些影响纳入 AHRM 和 IRT 的学习规则是相对简单的 [171-173]。AHRM/IRT 学习规则的变化，以及为整合奖励而提出的几个替代框架是 9.7.1 节的主题 [166, 174, 175]。

在深入研究每一种自上而下的影响所涉及的复杂机制之前，有两点需要考虑。

首先，任务、注意力和奖励可以通过多种方式改变学习规则或与之相关的输入，其中许多可以等效地映射到学习率的变化上。其次，为了进一步追求和测试特定的预测，需要一个足够强大的生成模型来对不同的实验条件进行预测。这是因为自上而下的因素对学习率的影响可能取决于表征的层次结构、所需的决策以及该任务的性能模型。

另一个需要考虑的问题是，这些自上而下的学习因素如何使选择现有表征和创建新表征组合以定义独特对象之间的功能差异复杂化或相互作用。我们在第 2 章中提出，第一个过程在低层次的视觉任务中更与学习相一致，而第二个过程在高层次的视觉任务中更与学习相一致，包括那些与对象的处理相关的任务。一种可能的假设是，对于学习涉及选择决策的最佳表征输入的低层次任务，任务的结构对决策更为关键，而当学习需要创建表征时，注意力可能更为关键，这些表征整合了定义任务中对象的特征组合。第二种情况可能涉及寻找部分表征，然后在学习过程中加以详细阐述。这个假设为未来实验研究注意力和奖励在与不同视觉层次结构相关的任务中的影响提供了理论基础。

9.6　总结与未来方向

我们在本章开始时观察到，学习很少会无中生有。它几乎总是作为目标导向任务的一部分出现在特定的环境中（尽管不能完全排除从单纯的接触中学习）。实现目标导向的行为需要识别和选择相关的感官输入，建立行为相关的决策，以及确定在学习过程中哪些地方需要加入可塑性。与选择性相关的 3 个主要的自上而下的因素是：任务结构、注意力和奖励。这些因素中的任何一个或全部都可能在学习中起作用。

对文献的回顾表明，学习主要发生在与任务相关的特征或刺激上，以服务于特定的任务判断，虽然似乎也有例外。与目标一同出现的近阈值的、与任务无关的刺激（因此也与奖励一同出现）有时也可以被学习。至少到目前为止，关于视觉知觉学习中注意力的文献提供了一个更加模糊的图景。一种解释是，注意力介导与任务相关的学习，同时抑制与任务无关的学习的阈上刺激。然而，很少有研究显式地操作注意力和对学习进行测量；在那些少数进行了这种操作和测量的文献中，有适度的证据表明，更多的注意力可以导致更多的学习。而对于另一个方向的关系的证据——知觉学习可以减少在最初需要注意力的行为任务中对注意力的需求，则更为稳健。最后，奖励和强化一直是该领域的重要理论概念，在很大程度上继承了更广泛的强化和学习理论。然而，在这里，消除反馈信息与奖励的影响之间歧义的研究——虽然具有暗示的意味——才刚刚开始。有一些初步的证据表明，更高的奖励幅度能产生更高的学习率。这项工作应该加以复制和扩展。

作为我们分析自上而下影响的一部分，我们仍然认为，选择性重加权为理解视觉知觉学习提供了最强的理论结构。尽管任务结构、注意力和奖励几乎肯定会对每次试验期间的激活和反应产生直接影响，但这些直接的逐项试验差异的后果也将被纳入学习的权重结构中。探索这些因素的重要性需要在其他相似或等效的学习任务中进行显式操作的新实验。与这些实证研究相一致的是，一个新的框架在扩展的增强型 Hebbian 学习规则或替代模型中标记任务、注意力和奖励的影响，应该以计算方式建模并通过实验进行测试。

9.7　附录：知觉学习的扩展模型

这个附录考虑了任务、注意力和奖励是如何被整合到现有的知觉学习模型中的，这对于理解相关的大脑功能有潜在的影响。执行一项任务意味着选择相关的刺激和建立一个组织选择行为的决策结构。完成这个任务可能需要注意力来增强刺激或刺激特征的表征。奖励或奖励期望的效果可能会影响选择偏差、决策或学习。本章回顾的实验证据表明了这些因素中的每一个是如何运作的，并提供了一些关于在知觉学习中相互作用的大脑系统的功能的一般原则。无论是单独工作还是集体工作，调节刺激表征、决定和偏见、反馈的解释或学习率都可以影响知觉学习。模型，无论是定量模型还是过程模型或者大脑系统模型，都需要指定这些潜在过程中的每一个是如何发挥作用的。在这个附录中，我们提出了一个扩展的学习方程框架，包括任务、注意力和奖励在一个扩展模型的背景下基于 AHRM[172, 173]。同样的发展可以应用于 IRT[171]。

在最初的 AHRM（见第 6 章）中，表征模块根据视觉输入图像的表征单元对激活进行计算。这些嘈杂的激活，由学习的权重（w_i）加权，连同最近响应中的加权偏差测量（$w_i\, b$），驱动决策单元（或多个单元）的输出。然后，在每次试验的响应之后，权重被更新，将反馈（$w_f f$）纳入 Hebbian 学习规则。隐式地，模型选择与任务相关的刺激和将相应特征表征（例如，空间频率和方向、运动、空间位置）连接到决策单元的初始权重，以体现任务指令和领域的先验知识。新版本的学习等式明确标记了对任务（T）、注意力（A）和奖励（R）的潜在依赖性。例如，表征激活的强度可能共同取决于注意力、奖励和任务；初始权重应取决于任务和注意力；偏见或反馈的方面可能取决于奖励或奖励的期望。我们已经使用先前的研究来引导直觉，以了解哪些因素可能影响任务、注意力和奖励。

在 AHRM 中，输入决策单元的表征单元激活的加权和（与等式 6.6 相同）为

$$u = \sum_{i=1}^{n\ \text{channels}} z w_i\, a_i - w_b\, b + \varepsilon \tag{9.3}$$

标记了对任务、注意力和奖励的潜在依赖性的相应等式是

$$u = \sum_{i=1}^{n\ \text{channels}} w_i\,(A, T)\; a_i(T, A, R) - w_b\,(R) b(R) + \varepsilon \tag{9.3'}$$

等式中给出的 T、A 和 R 表明，对应的参数依赖于这些因子。(注意到，我们选择了形如 $w_i\ (A, T)$ 的表示法来表示权重的值可能取决于注意力和任务。另一种表示法可能会是 $w_i^{A,\,T}$。) 等式中任意分量对 T、A 和 R 的依赖性反映了这些因素的影响。然后，聚合输入 u 通过一个非线性操作来产生决策单元 o' 的早期输出，决策单元 o' 决定该试验的响应。如果有反馈，那么在学习周期之前，这个早期输出被转移到一个新的、更精确的后期输出 o；如果没有反馈 $o = o'$。原始的增强型 Hebbian 学习规则（等式（6.10））是

$$\delta_i = \eta a_i\,(o - \overline{o}) \tag{9.4}$$

为了重述公式，表征单元 i 的权重变化与 δ_i 成正比，这取决于学习率 η、表征单元 a_i 中的激活，以及决策单元的输出与其长期新近度 – 加权运行平均值之间的差异，或 $(o - \overline{o})$(输出活动的标准化形式)。

在扩展的框架中，学习率 η 可以取决于注意力、奖励或两者，即 $\eta(A, R)$。生理学和实证文献还表明，知觉学习可以通过奖励或奖励预测错误来调节。奖励预测错误的潜在影响以奖励项（$r - \hat{r}$）的形式输入到学习方程中，该奖励项会调节变化信号 δ_i 的大小，从而产生新的扩展的 δ 规则：

$$\delta_i = \eta(A, R)a_i(T, A, R)(o - \overline{o})(r - \hat{r}) \tag{9.4'}$$

在 Hebbian 规则的扩展中，学习信号的大小取决于实际奖励 r 和期望奖励 $\hat{r}$ 的偏差。这个扩展的规则代表了学习规则中关于奖励、任务和注意力的一个概念。使用这些规则学习，就像 AHRM/IRT 一样，仍然是一个混合系统，它可以在有反馈、没有反馈或没有奖励的情况下运行(通过将奖励项设置为 1)。

考虑到扩展的等式其本身，学习率、激活和奖励的变化可以等效地映射到学习率 η 的变化之上(同时，加入反馈误差项可以提供一种有效的学习率随实验变化而变化的机制)。若要更详细地理解这种扩展的学习规则在具有特定表征和决策单元的架构中如何运行，则几乎可以肯定的是，我们需要进行仿真建模。这是因为要求包括内部噪声和非线性，以预测实际行为的表现，以及在任务的训练中使用的不同刺激中有用信号和干扰噪声的分布如何影响学习。这似乎是可能的，或者说甚至是很有可能的——奖励条件可能从本质上调整学习率；而任务和注意力的影响可能以更复杂的方式被调节，这取决于刺激。

我们注意到，将奖励纳入学习规则之前已经有其他研究人员提出过，这些替代形式可以与此处得到的用于增强型 Hebbian 重加权的形式进行比较。此处 δ 规则中的奖励预测误差项类似于 Herzog 及其同事的提议，他们将 Hebbian 规则 [等式（9.5）] 和增强型 Hebbian 规则的基于全监督纠错 [等式（9.6）]、基于奖励的学习 [等式（9.7）] 或奖励预测误差 [等式（9.8）] 区分开来[174]：

$$\Delta w_{ij} = \mathrm{pre}_i \times \mathrm{post}_j \ \text{(Hebbian)} \tag{9.5}$$

$$\Delta w_{ij} = \text{pre}_i \times E_{ij} \text{（全监督 Hebbian）} \tag{9.6}$$

$$\Delta w_{ij} = \text{pre}_i \times (\text{post}_j - \overline{\text{post}_j}) \times R \text{（基于奖励的 Hebbian）} \tag{9.7}$$

$$\Delta w_{ij} = \text{pre}_i \times \text{post}_j \times (R - \hat{R}) \text{（奖励预测误差 Hebbian）} \tag{9.8}$$

在他们的等式中，突触后的激活 post_j 等效于等式（9.4'）中的 o。等式（9.6）中的 E_{ij} 是一个完全受监督的误差项，它将突触后的输出与教师提供的目标值进行比较。从技术上讲，等式（9.7）中这种基于奖励的 Hebbian 学习规则形式对应于所谓的 $R_{\max}$ 形式[107]。有人认为 $R_{\max}$ 奖励规则过于强大，而奖励预测误差依赖于对预测奖励的估计[174]。最后，有些人认为，完全监督的规则可能太强大以至于无法与观察到的学习相一致，并且尽管正在开发更合理的新监督形式的学习，但它们的神经合理性已然遭到了质疑[176]。

AHRM [等式（9.4'）] 的扩展 δ 规则也与 Roelfsma 及其同事提出的注意力作为门控的强化学习（the attentiongated reinforcement learning，AGREL）模型相似[166, 175]。注意力门控强化学习将广泛的奖励信号和注意力功能结合在一起，通过为个体的感觉或输入单位“分配信任”，将权重的变化限制在被认为是响应的主要驱动因素的单位上。Roelfsma 等人提出一个在学习过程中改变权重的方程式：

$$\Delta w_{ij} = \eta \cdot a_i \cdot f(o_j) \cdot g(R) \cdot \text{FB}_{sj} \text{（注意力门控强化）} \tag{9.9}$$

在这个等式中，$f(o_j)$ 是响应（决策）单元 j 中突触后的活动的某个函数，$g(R)$ 是该试验奖励结果的某个函数，FB_{sj} 是来自获胜的响应单元 s 的注意力反馈信号。最后一个因素是与强化或基于奖励的 Hebbian 学习的关键背离。它将权重变化的发生限制在那些最为强烈地支持所选响应的少数连接之上（类似于鼓励稀疏表征的网络惩罚）。这种注意力加权学习模型在功能上也类似于学习权重变化的完全受监督的反向传播模型[166]。

我们选择了 δ 规则的特定形式来更改等式（9.4'）中的权重，以便与 AHRM 学习规则向后兼容。该规则已在知觉学习中针对许多数据集进行了广泛的定量测试。提出的增强型 Hebbian 学习规则扩充的架构和学习规则可以很容易地直接纳入 IRT（第 8 章）。

这个理论框架提供了一个结构，在这个结构中，我们可以探索任务、注意力在知觉学习中所起到的作用。模型模拟或推导可能产生新的预测——关于这些自上而下的影响如何能够在具体的任务和刺激中进行实证检验。需要 n 个替代决策而不是 2 个替代决策的情况（在第 6 章和第 8 章中描述），可能是区分增强 Hebbian 学习和其他形式的强化学习的一种方法。总之，这些方法提供了一个框架来考虑具有任务选择性重加权的知觉学习。

参考文献

[1] Tsushima Y, Seitz AR, Watanabe T. Task-irrelevant learning occurs only when the irrelevant feature is weak. *Current Biology* 2008;18(12):R516–R517.

[2] Ahissar M, Hochstein S. Attentional control of early perceptual learning. *Proceedings of the National Academy of Sciences* 1993;90(12):5718–5722.

[3] Shiu L-P, Pashler H. Improvement in line orientation discrimination is retinally local but dependent on cognitive set. *Attention, Perception, & Psychophysics* 1992;52(5):582–588.

[4] Herzog M, Fahle M. Learning without attention. Paper presented at the 22nd Gottingen Neurobiology Conference; 1994.

[5] Hung S-C, Seitz AR. Prolonged training at threshold promotes robust retinotopic specificity in perceptual learning. *Journal of Neuroscience* 2014;34(25):8423–8431.

[6] Fahle M, Morgan M. No transfer of perceptual learning between similar stimuli in the same retinal position. *Current Biology* 1996;6(3):292–297.

[7] Paffen CL, Verstraten FA, Vidnyánszky Z. Attention-based perceptual learning increases binocular rivalry suppression of irrelevant visual features. *Journal of Vision* 2008;8(4):25,1–11.

[8] Vidnyánszky Z, Sohn W. Learning to suppress task-irrelevant visual stimuli with attention. *Vision Research* 2005;45(6):677–685.

[9] Gal V, Kozák LR, Kóbor I, Bankó EM, Serences JT, Vidnyánszky Z. Learning to filter out visual distractors. *European Journal of Neuroscience* 2009;29(8):1723–1731.

[10] Huang X, Lu H, Tjan BS, Zhou Y, Liu Z. Motion perceptual learning: When only task-relevant information is learned. *Journal of Vision* 2007;7(10):14,1–10.

[11] Szpiro SF, Carrasco M. Exogenous attention enables perceptual learning. *Psychological Science* 2015;26(12):1854–1862.

[12] Sayim B, Westheimer G, Herzog MH. Contrast polarity, chromaticity, and stereoscopic depth modulate contextual interactions in Vernier acuity. *Journal of Vision* 2008;8(8):12,1–9.

[13] Watanabe T, Náñez JE, Sasaki Y. Perceptual learning without perception. *Nature* 2001;413(6858):844–848.

[14] Seitz AR, Kim D, Watanabe T. Rewards evoke learning of unconsciously processed visual stimuli in adult humans. *Neuron* 2009;61(5):700–707.

[15] Gutnisky DA, Hansen BJ, Iliescu BF, Dragoi V. Attention alters visual plasticity during exposure-based learning. *Current Biology* 2009;19(7):555–560.

[16] Ludwig I, Skrandies W. Human perceptual learning in the peripheral visual field: Sensory thresholds and neurophysiological correlates. *Biological Psychology* 2002;59(3):187–206.

[17] Nishina S, Seitz AR, Kawato M, Watanabe T. Effect of spatial distance to the task stimulus on task-irrelevant perceptual learning of static Gabors. *Journal of Vision* 2007;7(13):2,1–10.

[18] Seitz AR, Nanez JE, Holloway SR, Koyama S, Watanabe T. Seeing what is not there shows the costs of perceptual learning. *Proceedings of the National Academy of Sciences* 2005;102(25):9080–9085.

[19] Seitz A, Watanabe T. A unified model for perceptual learning. *Trends in Cognitive Sciences* 2005;9(7):329–334.

[20] Seitz AR, Watanabe T. Psychophysics: Is subliminal learning really passive? *Nature* 2003;422(6927):36.

[21] Watanabe T, Náñez JE, Koyama S, Mukai I, Liederman J, Sasaki Y. Greater plasticity in lower-level than higher-level visual motion processing in a passive perceptual learning task. *Nature Neuroscience* 2002;5(10):1003–1009.

[22] Pilly PK, Grossberg S, Seitz AR. Low-level sensory plasticity during task-irrelevant perceptual learning: Evidence from conventional and double training procedures. *Vision Research* 2010;50(4):424–432.

[23] Wehrhahn C, Rapf D. Perceptual learning of apparent motion mediated through ON- and OFF-pathways in human vision. *Vision Research* 2001;41(3):353–358.

[24] Rosenthal O, Humphreys GW. Perceptual organization without perception: The subliminal learning of global contour. *Psychological Science* 2010;21(12):1751–1758.

[25] Wong YK, Folstein JR, Gauthier I. Task-irrelevant perceptual expertise. *Journal of Vision* 2011;11(14):3,1–15.

[26] Ahissar M, Hochstein S. The spread of attention and learning in feature search: Effects of target distribution and task difficulty. *Vision Research* 2000;40(10):1349–1364.

[27] Dosher BA, Han S, Lu Z-L. Perceptual learning and attention: Reduction of object attention limitations with practice. *Vision Research* 2010;50(4):402–415.

[28] Goldstone RL. Perceptual learning. *Annual Review of Psychology* 1998;49(1):585–612.

[29] Ahissar M, Hochstein S. The reverse hierarchy theory of visual perceptual learning. *Trends in Cognitive Sciences* 2004;8(10):457–464.

[30] Dolan R, Fink G, Rolls E, Booth M, Holmes A, Frackowiak RSJ, Friston KJ. How the brain learns to see objects and faces in an impoverished context. *Nature* 1997;389(6651):596–599.

[31] Crist RE, Li W, Gilbert CD. Learning to see: Experience and attention in primary visual cortex. *Nature Neuroscience* 2001;4(5):519–525.

[32] Xiao L-Q, Zhang J-Y, Wang R, Klein SA, Levi DM, Yu C. Complete transfer of perceptual learning across retinal locations enabled by double training. *Current Biology* 2008;18(24):1922–1926.

[33] Posner MI, Petersen SE. The attention system of the human brain. *Annual Review of Neuroscience* 1990;13(1):25–42.

[34] Corbetta M, Shulman GL. Control of goal-directed and stimulus-driven attention in the brain. *Nature Reviews Neuroscience* 2002;3(3):201–215.

[35] Desimone R, Duncan J. Neural mechanisms of selective visual attention. *Annual Review of Neuroscience* 1995;18(1):193–222.

[36] Petersen SE, Posner MI. The attention system of the human brain: 20 years after. *Annual Review of Neuroscience* 2012;35:73–89.

[37] Posner MI. *Cognitive neuroscience of attention*. Guilford Press; 2011.

[38] Vossel S, Geng JJ, Fink GR. Dorsal and ventral attention systems: Distinct neural circuits but collaborative roles. *The Neuroscientist* 2014;20(2):150–159.

[39] Liu T, Hospadaruk L, Zhu DC, Gardner JL. Feature-specific attentional priority signals in human cortex. *Journal of Neuroscience* 2011;31(12):4484–4495.

[40] Vossel S, Weidner R, Driver J, Friston KJ, Fink GR. Deconstructing the architecture of dorsal and ventral attention systems with dynamic causal modeling. *Journal of Neuroscience* 2012;32(31):10637–10648.

[41] Ruff CC, Bestmann S, Blankenburg F, Bjoertormt O, Josephs O, Weiskopf N, Deichmann R, Driver J. Distinct causal influences of parietal versus frontal areas on human visual cortex: Evidence from concurrent TMS–fMRI. *Cerebral Cortex* 2007;18(4):817–827.

[42] Ruff CC, Blankenburg F, Bjoertomt O, Bestmann S, Freeman E, Haynes J-D, Rees G, Josephs O, Deichmann R, Driver J. Concurrent TMS–fMRI and psychophysics reveal frontal influences on human retinotopic visual cortex. *Current Biology* 2006;16(15):1479–1488.

[43] Blankenburg F, Ruff CC, Bestmann S, Bjoertomt O, Josephs O, Deichmann R, Driver J. Studying the role of human parietal cortex in visuospatial attention with concurrent TMS–fMRI. *Cerebral Cortex* 2010;20(11):2702–2711.

[44] Corbetta M, Patel G, Shulman GL. The reorienting system of the human brain: From environment to theory of mind. *Neuron* 2008;58(3):306–324.

[45] Bressler SL, Tang W, Sylvester CM, Shulman GL, Corbetta M. Top-down control of human visual cortex by frontal and parietal cortex in anticipatory visual spatial attention. *Journal of Neuroscience* 2008;28(40):10056–10061.

[46] Luck SJ, Chelazzi L, Hillyard SA, Desimone R. Neural mechanisms of spatial selective attention in areas V1, V2, and V4 of macaque visual cortex. *Journal of Neurophysiology* 1997;77(1):24–42.

[47] Motter BC. Neural correlates of feature selective memory and pop-out in extrastriate area V4. *Journal of Neuroscience* 1994;14(4):2190–2199.

[48] Motter BC. Focal attention produces spatially selective processing in visual cortical areas V1, V2, and V4 in the presence of competing stimuli. *Journal of Neurophysiology* 1993;70(3):909–919.

[49] Kastner S, Pinsk MA, De Weerd P, Desimone R, Ungerleider LG. Increased activity in human visual cortex during directed attention in the absence of visual stimulation. *Neuron* 1999;22(4):751–761.

[50] Kastner S, De Weerd P, Desimone R, Ungerleider LG. Mechanisms of directed attention in the human extrastriate cortex as revealed by functional MRI. *Science* 1998;282(5386):108–111.

[51] Connor CE, Preddie DC, Gallant JL, Van Essen DC. Spatial attention effects in macaque area V4. *Journal of Neuroscience* 1997;17(9):3201–3214.

[52] McAdams CJ, Maunsell JH. Attention to both space and feature modulates neuronal responses in macaque area V4. *Journal of Neurophysiology* 2000;83(3):1751–1755.

[53] Williford T, Maunsell JH. Effects of spatial attention on contrast response functions in macaque area V4. *Journal of Neurophysiology* 2006;96(1):40–54.

[54] Mitchell JF, Sundberg KA, Reynolds JH. Differential attention-dependent response modulation across cell classes in macaque visual area V4. *Neuron* 2007;55(1):131–141.

[55] Mitchell JF, Sundberg KA, Reynolds JH. Spatial attention decorrelates intrinsic activity fluctuations in macaque area V4. *Neuron* 2009;63(6):879–888.

[56] Byers A, Serences JT. Exploring the relationship between perceptual learning and top-down attentional control. *Vision Research* 2012;74:30–39.

[57] Byers A, Serences JT. Enhanced attentional gain as a mechanism for generalized perceptual learning in human visual cortex. *Journal of Neurophysiology* 2014;112(5):1217–1227.

[58] Serences JT. Value-based modulations in human visual cortex. *Neuron* 2008;60(6):1169–1181.

[59] Serences JT, Yantis S. Selective visual attention and perceptual coherence. *Trends in Cognitive Sciences* 2006;10(1):38–45.

[60] Martinez A, Anllo-Vento L, Sereno MI, Frank LR, Buxton RB, Dubowitz DJ, Wong EC, Hinrichs H, Heinze HJ, Hillyard SA. Involvement of striate and extrastriate visual cortical areas in spatial attention. *Nature Neuroscience* 1999;2(4):364–369.

[61] Duncan J, Humphreys G, Ward R. Competitive brain activity in visual attention. *Current Opinion in Neurobiology* 1997;7(2):255–261.

[62] Reynolds JH, Pasternak T, Desimone R. Attention increases sensitivity of V4 neurons. *Neuron* 2000;26(3):703–714.

[63] Sundberg KA, Mitchell JF, Reynolds JH. Spatial attention modulates center-surround interactions in macaque visual area v4. *Neuron* 2009;61(6):952–963.

[64] Buracas GT, Boynton GM. The effect of spatial attention on contrast response functions in human visual cortex. *Journal of Neuroscience* 2007;27(1):93–97.

[65] Li X, Lu Z-L, Tjan BS, Dosher BA, Chu W. Blood oxygenation level-dependent contrast response functions identify mechanisms of covert attention in early visual areas. *Proceedings of the National Academy of Sciences* 2008;105(16):6202–6207.

[66] Lu Z-L, Li X, Tjan BS, Dosher BA, Chu W. Attention extracts signal in external noise: A BOLD fMRI study. *Journal of Cognitive Neuroscience* 2011;23(5):1148–1159.

[67] Dosher BA, Lu Z-L. Noise exclusion in spatial attention. *Psychological Science* 2000;11(2):139–146.

[68] Lu Z-L, Dosher BA. Spatial attention: Different mechanisms for central and peripheral temporal precues? *Journal of Experimental Psychology: Human Perception and Performance* 2000;26(5):1534–1548.

[69] Hetley R, Dosher BA, Lu Z-L. Generating a taxonomy of spatially cued attention for visual discrimination: Effects of judgment precision and set size on attention. *Attention, Perception, & Psychophysics* 2014;76(8):2286–2304.

[70] Posner MI. Orienting of attention. *Quarterly Journal of Experimental Psychology* 1980;32(1):3–25.

[71] Wundt W. *Elemente der völkerpsychologie*. A. Kröner; 1912.

[72] Egeth HE, Virzi RA, Garbart H. Searching for conjunctively defined targets. *Journal of Experimental Psychology: Human Perception and Performance* 1984;10(1):32–39.

[73] Dosher BA. Models of visual search: Finding a face in the crowd. In Scarborough D, Sternberg S, eds., *An invitation to cognitive science: Methods, models, and conceptual issues*. Vol. 4. 1998;455–521.

[74] Maunsell JH, Treue S. Feature-based attention in visual cortex. *Trends in Neurosciences* 2006;29(6):317–322.

[75] Cohen MR, Maunsell JH. Using neuronal populations to study the mechanisms underlying spatial and feature attention. *Neuron* 2011;70(6):1192–1204.

[76] Saenz M, Buracas GT, Boynton GM. Global effects of feature-based attention in human visual cortex. *Nature Neuroscience* 2002;5(7):631–632.

[77] Tse C-H, Lu Z-L, Sperling G. Attending to red and green concurrently in different areas reduces attentional capacity. *Investigative Ophthalmology and Visual Research* 2000;41:S42.

[78] Treue S. Neural correlates of attention in primate visual cortex. *Trends in Neurosciences* 2001;24(5):295–300.

[79] Duncan J. Selective attention and the organization of visual information. *Journal of Experimental Psychology: General* 1984;113(4):501–517.

[80] Dosher B, Lu Z-L. Object attention. In Raaijmakers JGW, Criss AH, Goldstone RL, Nosofsky RM, Steyvers M, eds., *Cognitive modeling in perception and memory: A festschrift for Richard M. Shiffrin*. 2015:35–62.

[81] Han S, Dosher BA, Lu Z-L. Object attention revisited: Identifying mechanisms and boundary conditions. *Psychological Science* 2003;14(6):598–604.

[82] Mukai I, Bahadur K, Kesavabhotla K, Ungerleider LG. Exogenous and endogenous attention during perceptual learning differentially affect post-training target thresholds. *Journal of Vision* 2011;11(1):25,1–15.

[83] Donovan I, Szpiro S, Carrasco M. Exogenous attention facilitates location transfer of perceptual learning. *Journal of Vision* 2015;15(10):11,1–16.

[84] Xu JP, He ZJ, Ooi TL. Perceptual learning to reduce sensory eye dominance beyond the focus of top-down visual attention. *Vision Research* 2012;61:39–47.

[85] Fahle M. Perceptual learning: A case for early selection. *Journal of Vision* 2004;4(10):4,879–890.

[86] Tsushima Y, Sasaki Y, Watanabe T. Greater disruption due to failure of inhibitory control on an ambiguous distractor. *Science* 2006;314(5806):1786–1788.

[87] Tsushima Y, Watanabe T. Roles of attention in perceptual learning from perspectives of psychophysics and animal learning. *Learning & Behavior* 2009;37(2):126–132.

[88] Choi H, Seitz AR, Watanabe T. When attention interrupts learning: Inhibitory effects of attention on TIPL. *Vision Research* 2009;49(21):2586–2590.

[89] Seitz AR, Watanabe T. The phenomenon of task-irrelevant perceptual learning. *Vision Research* 2009;49(21):2604–2610.

[90] Shiffrin RM, Schneider W. Controlled and automatic human information processing: II. Perceptual learning, automatic attending and a general theory. *Psychological Review* 1977;84(2):127–190.

[91] Weichselgartner E, Sperling G. Dynamics of automatic and controlled visual attention. *Science* 1987;238(4828):778–781.

[92] Duncan J, Ward R, Shapiro K. Direct measurement of attentional dwell time in human vision. *Nature* 1994;369(6478):313–315.

[93] Shapiro KL, Raymond JE, Arnell KM. Attention to visual pattern information produces the attentional blink in rapid serial visual presentation. *Journal of Experimental Psychology: Human Perception and Performance* 1994;20(2):357–371.

[94] Choi H, Chang L-H, Shibata K, Sasaki Y, Watanabe T. Resetting capacity limitations revealed by long-lasting elimination of attentional blink through training. *Proceedings of the National Academy of Sciences* 2012;109(30):12242–12247.

[95] Ito M, Westheimer G, Gilbert CD. Attention and perceptual learning modulate contextual influences on visual perception. *Neuron* 1998;20(6):1191–1197.

[96] Dixon ML, Ruppel J, Pratt J, De Rosa E. Learning to ignore: Acquisition of sustained attentional suppression. *Psychonomic Bulletin & Review* 2009;16(2):418–423.

[97] Tseng C-H, Gobell JL, Sperling G. Long-lasting sensitization to a given colour after visual search. *Nature* 2004;428(6983):657–660.

[98] Tseng C-H, Vidnyanszky Z, Papathomas T, Sperling G. Attention-based long-lasting sensitization and suppression of colors. *Vision Research* 2010;50(4):416–423.

[99] Bao M, Yang L, Rios C, He B, Engel SA. Perceptual learning increases the strength of the earliest signals in visual cortex. *Journal of Neuroscience* 2010;30(45):15080–15084.

[100] Bartolucci M, Smith AT. Attentional modulation in visual cortex is modified during perceptual learning. *Neuropsychologia* 2011;49(14):3898–3907.

[101] Hamamé CM, Cosmelli D, Henriquez R, Aboitiz F. Neural mechanisms of human perceptual learning: Electrophysiological evidence for a two-stage process. *PLoS One* 2011;6(4):e19221.

[102] Skinner BF. *The behaviour of organisms: An experimental analysis*. D. Appleton-Century; 1938.

[103] Belin D, Everitt BJ. Cocaine seeking habits depend upon dopamine-dependent serial connectivity linking the ventral with the dorsal striatum. *Neuron* 2008;57(3):432–441.

[104] Haber SN, Knutson B. The reward circuit: Linking primate anatomy and human imaging. *Neuropsychopharmacology* 2010;35(1):4–26.

[105] Tanaka SC, Doya K, Okada G, Ueda K, Okamoto Y, Yamawaki S. Prediction of immediate and future rewards differentially recruits cortico–basal ganglia loops. *Nature Neuroscience* 2004;7(8):887–893.

[106] Farries MA, Fairhall AL. Reinforcement learning with modulated spike timing-dependent synaptic plasticity. *Journal of Neurophysiology* 2007;98(6):3648–3665.

[107] Frémaux N, Sprekeler H, Gerstner W. Functional requirements for reward-modulated spike-timing-dependent plasticity. *Journal of Neuroscience* 2010;30(40):13326–13337.

[108] Izhikevich EM. Solving the distal reward problem through linkage of STDP and dopamine signaling. *Cerebral Cortex* 2007;17(10):2443–2452.

[109] Legenstein R, Pecevski D, Maass W. A learning theory for reward-modulated spike-timing-dependent plasticity with application to biofeedback. *PLoS Computational Biology* 2008;4(10):e1000180.

[110] Loewenstein Y. Robustness of learning that is based on covariance-driven synaptic plasticity. *PLoS Computational Biology* 2008;4(3):e1000007.

[111] Sutton RS, Barto AG. *Reinforcement learning: An introduction*. MIT Press; 1998.

[112] Arsenault JT, Rima S, Stemmann H, Vanduffel W. Role of the primate ventral tegmental area in reinforcement and motivation. *Current Biology* 2014;24(12):1347–1353.

[113] Bromberg-Martin ES, Matsumoto M, Hikosaka O. Dopamine in motivational control: Rewarding, aversive, and alerting. *Neuron* 2010;68(5):815–834.

[114] Schultz W, Dayan P, Montague PR. A neural substrate of prediction and reward. *Science* 1997;275(5306):1593–1599.

[115] McClure SM, Berns GS, Montague PR. Temporal prediction errors in a passive learning task activate human striatum. *Neuron* 2003;38(2):339–346.

[116] Nomoto K, Schultz W, Watanabe T, Sakagami M. Temporally extended dopamine responses to perceptually demanding reward-predictive stimuli. *Journal of Neuroscience* 2010;30(32):10692–10702.

[117] O'Doherty JP. Reward representations and reward-related learning in the human brain: Insights from neuroimaging. *Current Opinion in Neurobiology* 2004;14(6):769–776.

[118] Bhattacharyya A, Veit J, Kretz R, Bondar I, Rainer G. Basal forebrain activation controls contrast sensitivity in primary visual cortex. *BMC Neuroscience* 2013;14(1):55,1–13.

[119] Frankó E, Seitz AR, Vogels R. Dissociable neural effects of long-term stimulus–reward pairing in macaque visual cortex. *Journal of Cognitive Neuroscience* 2010;22(7):1425–1439.

[120] Goard M, Dan Y. Basal forebrain activation enhances cortical coding of natural scenes. *Nature Neuroscience* 2009;12(11):1444–1449.

[121] Pinto L, Goard MJ, Estandian D, Xu M, Kwan AC, Lee S-H, Harrison TC, Feng G, Dan Y. Fast modulation of visual perception by basal forebrain cholinergic neurons. *Nature Neuroscience* 2013;16(12):1857–1863.

[122] Shuler MG, Bear MF. Reward timing in the primary visual cortex. *Science* 2006;311(5767):1606–1609.

[123] Krawczyk DC, Gazzaley A, D'Esposito M. Reward modulation of prefrontal and visual association cortex during an incentive working memory task. *Brain Research* 2007;1141:168–177.

[124] Weil RS, Furl N, Ruff CC, Symmonds M, Flanding G, Dolan RJ, Driver J, Rees G. Rewarding feedback after correct visual discriminations has both general and specific influences on visual cortex. *Journal of Neurophysiology* 2010;104(3):1746–1757.

[125] Della Libera C, Chelazzi L. Visual selective attention and the effects of monetary rewards. *Psychological Science* 2006;17(3):222–227.

[126] Stănişor L, van der Togt C, Pennartz CM, Roelfsema PR. A unified selection signal for attention and reward in primary visual cortex. *Proceedings of the National Academy of Sciences* 2013;110(22):9136–9141.

[127] Engelmann JB, Damaraju E, Padmala S, Pessoa L. Combined effects of attention and motivation on visual task performance: Transient and sustained motivational effects. *Frontiers in Human Neuroscience* 2009;3:4,1–17.

[128] Baldassi S, Simoncini C. Reward sharpens orientation coding independently of attention. *Frontiers in Neuroscience* 2011;5:13,1–11.

[129] Green D, Swets J. *Signal detection theory and psychophysics*. Wiley;1966.

[130] Ratcliff R, McKoon G. A retrieval theory of priming in memory. *Psychological Review* 1988;95(3):385–408.

[131] Gold JI, Shadlen MN. Neural computations that underlie decisions about sensory stimuli. *Trends in Cognitive Sciences* 2001;5(1):10–16.

[132] Roitman JD, Shadlen MN. Response of neurons in the lateral intraparietal area during a combined visual discrimination reaction time task. *Journal of Neuroscience* 2002;22(21):9475–9489.

[133] Mazurek ME, Roitman JD, Ditterich J, Shadlen MN. A role for neural integrators in perceptual decision making. *Cerebral Cortex* 2003;13(11):1257–1269.

[134] Huk AC, Shadlen MN. Neural activity in macaque parietal cortex reflects temporal integration of visual motion signals during perceptual decision making. *Journal of Neuroscience* 2005;25(45):10420–10436.

[135] Gold JI, Shadlen MN. The neural basis of decision making. *Annual Review of Neuroscience* 2007;30:535–574.

[136] Rorie AE, Gao J, McClelland JL, Newsome WT. Integration of sensory and reward information during perceptual decision-making in lateral intraparietal cortex (LIP) of the macaque monkey. *PloS One* 2010;5(2):e9308.

[137] Bendiksby MS, Platt ML. Neural correlates of reward and attention in macaque area LIP. *Neuropsychologia* 2006;44(12):2411–2420.

[138] Ratcliff R, Cherian A, Segraves M. A comparison of macaque behavior and superior colliculus neuronal activity to predictions from models of two-choice decisions. *Journal of Neurophysiology* 2003;90(3):1392–1407.

[139] Ratcliff R, Hasegawa YT, Hasegawa RP, Smith PL, Segraves MA. Dual diffusion model for single-cell recording data from the superior colliculus in a brightness-discrimination task. *Journal of Neurophysiology* 2007;97(2):1756–1774.

[140] Pascucci D, Mastropasqua T, Turatto M. Monetary reward modulates task-irrelevant perceptual learning for invisible stimuli. *PloS One* 2015;10(5):e0124009.

[141] Kim D, Seitz AR, Watanabe T. Visual perceptual learning by operant conditioning training follows rules of contingency. *Visual Cognition* 2015;23(1–2):147–160.

[142] Tsuchiya N, Koch C. Continuous flash suppression reduces negative afterimages. *Nature Neuroscience* 2005;8(8):1096–1101.

[143] Öhman A, Mineka S. Fears, phobias, and preparedness: Toward an evolved module of fear and fear learning. *Psychological Review* 2001;108(3):483–522.

[144] Jessup RK, O'Doherty JP. It was nice not seeing you: Perceptual learning with rewards in the absence of awareness. *Neuron* 2009;61(5):649–650.

[145] Xue X, Zhou X, Li S. Unconscious reward facilitates motion perceptual learning. *Visual Cognition* 2015;23(1–2):161–178.

[146] Zhang P, Hou F, Yan F-F, Xi J, Lin B-R, Zhao J, Yang J, Chen G, Zhang M-Y, He Q, Dosher BA, Lu Z-L, and Huang C-B. High reward enhances perceptual learning. *Journal of Vision* 2018;18(8):11,1–21.

[147] Anderson BA. The attention habit: How reward learning shapes attentional selection. *Annals of the New York Academy of Sciences* 2016;1369(1):24–39.

[148] Seitz AR, Dinse HR. A common framework for perceptual learning. *Current Opinion in Neurobiology* 2007;17(2):148–153.

[149] Sarter M, Hasselmo ME, Bruno JP, Givens B. Unraveling the attentional functions of cortical cholinergic inputs: Interactions between signal-driven and cognitive modulation of signal detection. *Brain Research Reviews* 2005;48(1):98–111.

[150] Rokem A, Silver MA. Cholinergic enhancement augments magnitude and specificity of visual perceptual learning in healthy humans. *Current Biology* 2010;20(19):1723–1728.

[151] Arnold H, Burk J, Hodgson E, Sarter M, Bruno J. Differential cortical acetylcholine release in rats performing a sustained attention task versus behavioral control tasks that do not explicitly tax attention. *Neuroscience* 2002;114(2):451–460.

[152] Silver MA, Shenhav A, D'Esposito M. Cholinergic enhancement reduces spatial spread of visual responses in human early visual cortex. *Neuron* 2008;60(5):904–914.

[153] Greuel JM, Luhmann HJ, Singer W. Pharmacological induction of use-dependent receptive field modifications in the visual cortex. *Science* 1988;242(4875):74–77.

[154] Kilgard MP, Merzenich MM. Cortical map reorganization enabled by nucleus basalis activity. *Science* 1998;279(5357):1714–1718.

[155] Rokem A, Silver MA. The benefits of cholinergic enhancement during perceptual learning are long-lasting. *Frontiers in Computational Neuroscience*, 2013;7:66,1–7.

[156] Cahill L, McGaugh JL. Mechanisms of emotional arousal and lasting declarative memory. *Trends in Neurosciences* 1998;21(7):294–299.

[157] Beer AL, Vartak D, Greenlee MW. Nicotine facilitates memory consolidation in perceptual learning. *Neuropharmacology* 2013;64:443–451.

[158] Holroyd CB, Coles MG. The neural basis of human error processing: Reinforcement learning, dopamine, and the error-related negativity. *Psychological Review* 2002;109(4):679–709.

[159] Noudoost B, Moore T. Control of visual cortical signals by prefrontal dopamine. *Nature* 2011;474(7351):372–375.

[160] Leguire LE, Walson PD, Rogers GL, Bremer DL, McGregor ML. Levodopa/carbidopa treatment for amblyopia in older children. *Journal of Pediatric Ophthalmology and Strabismus* 1995;32(3):143–151.

[161] Leguire LE, Walson PD, Rogers GL, Bremer DL, McGregor ML. Longitudinal study of levodopa/carbidopa for childhood amblyopia. *Journal of Pediatric Ophthalmology and Strabismus* 1993;30(6):354–360.

[162] Price A, Shin JC. The impact of Parkinson's disease on sequence learning: Perceptual pattern learning and executive function. *Brain and Cognition* 2009;69(2):252–261.

[163] Rösser N, Heuschmann P, Wersching H, Breitenstein C, Knecht S, Flöel A. Levodopa improves procedural motor learning in chronic stroke patients. *Archives of Physical Medicine and Rehabilitation* 2008;89(9):1633–1641.

[164] Bao S, Chang EF, Woods J, Merzenich MM. Temporal plasticity in the primary auditory cortex induced by operant perceptual learning. *Nature Neuroscience* 2004;7(9):974–981.

[165] Dinse HR, Ragert P, Pleger B, Schwenkreis P, Tegenthoff M. Pharmacological modulation of perceptual learning and associated cortical reorganization. *Science* 2003;301(5629):91–94.

[166] Roelfsema PR, van Ooyen A, Watanabe T. Perceptual learning rules based on reinforcers and attention. *Trends in Cognitive Sciences* 2010;14(2):64–71.

[167] Ashby FG, Alfonso-Reese LA. A neuropsychological theory of multiple systems in category learning. *Psychological Review* 1998;105(3):442–481.

[168] Ashby FG, Ennis JM, Spiering BJ. A neurobiological theory of automaticity in perceptual categorization. *Psychological Review* 2007;114(3):632–656.

[169] Maddox WT, Ashby FG. Dissociating explicit and procedural-learning based systems of perceptual category learning. *Behavioural Processes* 2004;66(3):309–332.

[170] Poldrack RA, Foerde K. Category learning and the memory systems debate. *Neuroscience & Biobehavioral Reviews* 2008;32(2):197–205.

[171] Dosher BA, Jeter P, Liu J, Lu Z-L. An integrated reweighting theory of perceptual learning. *Proceedings of the National Academy of Sciences* 2013;110(33):13678–13683.

[172] Petrov AA, Dosher BA, Lu Z-L. The dynamics of perceptual learning: An incremental reweighting model. *Psychological Review* 2005;112(4):715–743..

[173] Petrov AA, Dosher BA, Lu Z-L. Perceptual learning without feedback in non-stationary contexts: Data and model. *Vision Research* 2006;46(19):3177–3197.

[174] Herzog MH, Aberg KC, Frémaux N, Gerstner W, Sprekeler H. Perceptual learning, roving and the unsupervised bias. *Vision Research* 2012;61:95–99.

[175] Roelfsema PR, van Ooyen A. Attention-gated reinforcement learning of internal representations for classification. *Neural Computation* 2005;17(10):2176–2214.

[176] Neftci EO, Augustine C, Paul S, Detorakis G. Event-driven random back-propagation: Enabling neuromorphic deep learning machines. *Frontiers in Neuroscience* 2017;11:324,1–18.

对比、应用和优化

第 10 章

Perceptual Learning: How Experience Shapes Visual Perception

可塑性的形式和其他模态

感官过程的可塑性不但发生在视觉知觉学习中，而且也发生在非常不同的时间尺度上，从进化和发展到即时适应。学习也发生在视觉之外的其他模态，包括听觉、触觉、味觉和嗅觉，以及多模态交互。虽然，这些领域的可塑性与视觉知觉学习有许多相似之处，但也有一些关键区别。尽管即使对看起来相似的刺激，视觉知觉学习也不同于其他形式的学习，如类别学习，但重加权的关键理论概念在所有这些领域都是重要的，并可能在每个领域中判断系统行为的可塑性和稳定性之间发挥着相似的作用。

10.1 学习和可塑性

视觉知觉学习只是我们适应环境的非凡能力的众多例子之一。无论是数千代人，一个人的寿命，还是在一个新的感知环境的最初几个小时，这种适应能力都是成功的关键，这一能力不仅是人类，也是所有生物系统的关键。

本章探讨了可塑性的概念——在多时间尺度上改变和适应的机制。从这个意义上说，知觉学习可以被看作是符合一般适应性的进化框架，就像这个更广泛的环环相扣的变化框架可以影响我们对它的理解。接下来，我们将讨论视觉以外的知觉学习方式：听觉、触觉、味觉、嗅觉和多模态。最后，我们将这些学习模态与通常被认为是认知或概念的类似类别学习形式进行比较。

当然，关于这些主题中的任何一个都可以写一整本书，或者至少是长篇论文。我们这一章的目标是在不同的可塑性形式中确定共同的原则，不同的经验方法可以有益地扩展到其他领域，并且在一个领域发展起来的理论思想和模型可能（或已经）应用于其他领域。即使存在显著的差异，广泛的相似之处也有助于指向更基本的原则。

10.2 可塑性的不同时间尺度

视觉系统是一个强大的处理引擎。它的许多模块和区域协调了知觉信息的复杂流动，使我们能够如此有效地与世界接触。像其他感官系统一样，人类视觉系统已经进化到支持处理刺激环境中的线索。然而，即使经过了数百万年的进化，人类的视觉功能仍需在儿童早期的一段重要时期内继续发展和改善，以给予正常的视觉体验。成年人的视觉处理可能会随着长时间的经验或特定任务的刺激进一步微调。微调的一种形式是通过对之前刺激的快速感官适应来实现的。另一种是通过训练或练习，或知觉学习进行改善。

这些不同形式的可塑性在不同的时间尺度上发挥作用，从几代人的变化到一秒或更短时间内的反应调整。理解所有这些层次上的可塑性范围，可以为视觉知觉学习的特殊角色或生态位提供见解，并引导我们考虑知觉学习与发展以及适应之间的相互作用（见表 10.1）。

表 10.1　视觉可塑性的形式

	时间尺度	持续时间	主要基础
进化	数百万年	世代	基因相关
发育	数年	一生	神经结构相关
知觉学习	数分钟至数小时	数年	神经可塑性
适应	数秒到数年	数秒到数年	神经敏感性

进化过程中的可塑性涉及在代际层面上响应环境需求的变化。在这种背景下，人类的独特成功是真正非凡的。当环境因素或经验在发展过程中或在环境压力下改变表观遗传表达时，传递给个体的遗传密码是可塑的[1-3]。

在人的一生中，人类表现出一个相对较长的出生后发展期，有时被解释为增强的大脑能力和最初的脆弱性之间的权衡（相较之下，其他物种的新生儿较早发育成熟）[4, 5]。视觉的发育从出生一直持续到青春期。不同的视觉功能可塑性的周期差别很大，有些能力在一两年内达到成人的基本水平，而另一些能力则在成年早期继续发展。当然，在生命的另一端，感知能力会随着年龄的增长而减弱。

在一个非常迅速的时间尺度上，对环境刺激的适应可以使观察者对最近的输入非常敏感。某些形式的感官适应要么在几秒内衰退或逆转，而那些伴随较长时间的感官诱导的适应可能持续更长的时间——几个季度，甚至数年。

如前面章节所述，视觉知觉学习可以通过数百或数千次的训练来改善知觉判断，通常需要几个小时或几天的时间。这一领域的研究强调了成年人的学习能力（通常是年轻人），然而知觉学习可能在发育和衰老过程中有重要的应用。早期发育阶段被认为是对经历异常敏感的时期，而经历可以影响某些视觉功能出现的时间和程度[6]。类似地，视觉知觉训练可能与对最近刺激的适应相互作用、减弱或以其他方式改变[7-9]。

总而言之，视觉系统不是静止的，而是随着发展、学习和适应而变化的动态系统。在极限情况，特别是在应对重大挑战时，它可能也反映了它的进化遗留。下面是对视觉进化、发展和适应的一个简单概述。

10.2.1 视觉进化

人类通过视觉系统不断进化来支持与世界的互动。如果我们在一个稳定的环境中移动，我们可以识别场景中的物体，估计它们的速度，或者解读它们在视网膜上的运动。我们使用这些视觉输入来指导我们的运动动作。尽管达尔文提出了著名的警告——“我坦率地承认，如果认为眼睛拥有无可比拟的装置，可以调节焦距以适应不同的距离，可以接收不同数量的光线，还可以校正球差和色差，这些都是自然选择造成的，那么我认为这是极其荒谬的。然而理智告诉我……”[10]（p.168）——主流的假设是，人类视觉系统进化到可以提取最有可能发生在自然场景中的有意义的信息。

灵长类动物的早期祖先大约在8000万年前出现在进化分支中，与啮齿类动物、飞行狐猴、树鼩、兔形动物和其他真弓形目超级分支（超纲）的成员不同，后者早在9000万年前就与其他胎盘哺乳动物区分开[11]。灵长类动物分为真灵长类（狐猴、婴猴等）和类人猿（猴子、猿和人类），据估计现代人类的祖先在600万～800万年前发生了分化，这可能是适应干旱气候的草原的一部分[12]。

对现有数据的一种解释是，对这种新环境的行为需求的进化适应支持了灵长类动物大脑中密集分布的各种神经元的发育。在一个众所周知的比较中，将猫头鹰猴的大脑与刺豚鼠的大脑进行了对比，刺豚鼠是一种大型的中南美洲啮齿类动物。猫头鹰猴的大脑重16克，有大约15亿个神经元，而稍大一些的刺豚鼠大脑重18克，只有9亿个神经元。与大型动物的对比更明显[12]。与之相比，成年人大脑据估计包含约860亿个神经元[13]。（灵长类动物大脑更高的神经密度来自平均更紧凑的神经元，尽管它们也有更大的尺寸、形状和功能，以支持各种不同的计算集合[13]。）

灵长类动物的视觉系统进化出了关键的功能特征，使它们适应视觉表现[14]。甚至被认为是夜间活动的早期灵长类动物，也表现出对中心视觉的重视，它们的眼睛朝前以更好地支持深度感知（虽然眼睛里在直接光刺激的基础上增加反射光刺激的反射表面已经消失了）。随着类人猿变得昼化，视锥细胞和视杆细胞的比例发生了变化，以支持在更高亮度下的色觉，以及在夜间的亮度。多种分化的锥体受体的存在被认为在食物选择上产生了优势[15，16]。其他适应性改变了外侧膝状核（LGN）的功能和结构，以强调中央视觉和双目深度[17，18]。

灵长类动物还以其较大的视觉皮层而著称[19]。人类的初级视觉皮层是大脑皮层中视觉表现和处理过程的第一个驿站，它比其他类似大小的哺乳动物大两到三倍，尽管人类的初级视觉皮层比其他灵长类动物小一些。灵长类动物的视觉皮层也进化出了更复杂的视觉区域结构，与来自听觉和躯体感官系统的输入信息整合在一起，帮助身体在环境中定位周围的物体。与此同时，后顶叶皮层进化来支持运动的规划和动作的表达[20]。人类的眼睛不是一个完美的光学仪器，但眼睛的光学传输的图像与早期视觉系统的神经编码相匹配[21，22]。

人们认为视觉系统的进化与自然环境中的线索有特殊关系——“自然场景统计”[23]。

最近的研究表明，对亮度或对比度等特征的神经反应很好地跨越了这些特征的范围，包括对视觉世界中明暗模式的统计 [23-26]。此外，人类的三种锥体受体被认为提供了一种非常好的（虽然不是完美的）颜色自然变化的表现 [27-30]。来自自然场景的视觉输入的表征可能使一种稀疏的皮层表征成为可能，这种表征将反应集中在更少的神经元上，从而在神经系统中保存能量 [31-33]。在进行更高层次的知觉任务时，人类仍然可以做出对自然场景统计和视觉神经元的反应特性相当敏感的知觉推断 [23]。

综上所述，很明显，人类的视觉系统以及灵长类动物的视觉系统已经进化了数千年，以优化视觉功能和在环境中行动的能力。

10.2.2　视觉发展

人类和其他灵长类动物天生的视觉过程在生命最初的几个月和几年里经历了进一步重大的形态和功能变化，这与检测和分类视觉线索的能力提高有关。虽然新生儿对光线、颜色和移动物体的变化几乎会立即做出反应，但这些能力远不如成年人敏感。还不成熟的眼睛和控制它们的肌肉，随着生长和发育而改善。眼睛视网膜的神经系统和视觉系统的神经回路也经历着快速的变化。

然而，大多数出生后的视觉发育被认为反映了在视觉皮质中所执行功能的发展。某些大脑皮层功能在生命的最初几个月表现出显著的发展，而另一些则在儿童早期得到改善，有些直至青春期仍发育良好。下面的内容只是人类和其他灵长类动物出生后视觉发育的粗略描述（更多细节，请参见 Boothe、Dobson 和 Teller 的工作 [34]）。

新生儿视力的一个限制因素直接与眼部接收到的信息相对于成人的减少有关——由于瞳孔较小而导致光线减少，由于视锥密度较小而导致感觉减少。在出生后的早期阶段，瞳孔的大小和调节，以及视锥密度都有所改善。另一个重要的因素是两只眼睛的肌肉控制，帮助视网膜聚焦图像，并协调它们的位置以观察目标位置。这些在出生后的前两到三个月有所改善。特别是两眼之间的协调对于注视相关刺激、对立体信息进行编码以及对近场深度的感知都是必要的 [34-36]。

尽管有这些生理变化，一些研究人员估计，在早期发育过程中，眼部的先天变化对视觉功能改善的影响不超过 25%[37-39]。剩下的 75% 归因于视觉皮层及其传入连接的改变。早期新生儿的大脑皮层发育在第一年的最后三分之一时期表现出视觉皮层快速且重要的生长和重组。虽然从视网膜到 LGN 的连接，以及大量初级视觉皮层，在出生后不久就建立了，但突触密度在第一年发生了显著的变化，沿着这条通路的连接可能是影响空间和时间视觉灵敏度的最重要因素 [40-42]。长期的大脑皮层相互作用的发展一直持续到青春期。这些远距离的交互作用有助于支持对图案或纹理的感知，这些图案或纹理整合了视野中更大区域的信息。

自 20 世纪 70 年代以来，对婴幼儿视觉表现的研究已经发生了变化，人们开始测量优先注视和视觉诱发电位 [36, 38]。方向选择性、空间频率选择性、运动方向敏感度、视觉敏感度、立体敏感度、不同视觉纹理的分割，以及其他一系列需要在更大视觉区域整合的任务，都在不同发展阶段的儿童中得到了评估。从这项研究中，我们看到了视觉功能发展过程中一系列迷人而复杂的阶段[38]。图10.1根据从文献中挑选的估计数字抽样说明了其中几个。

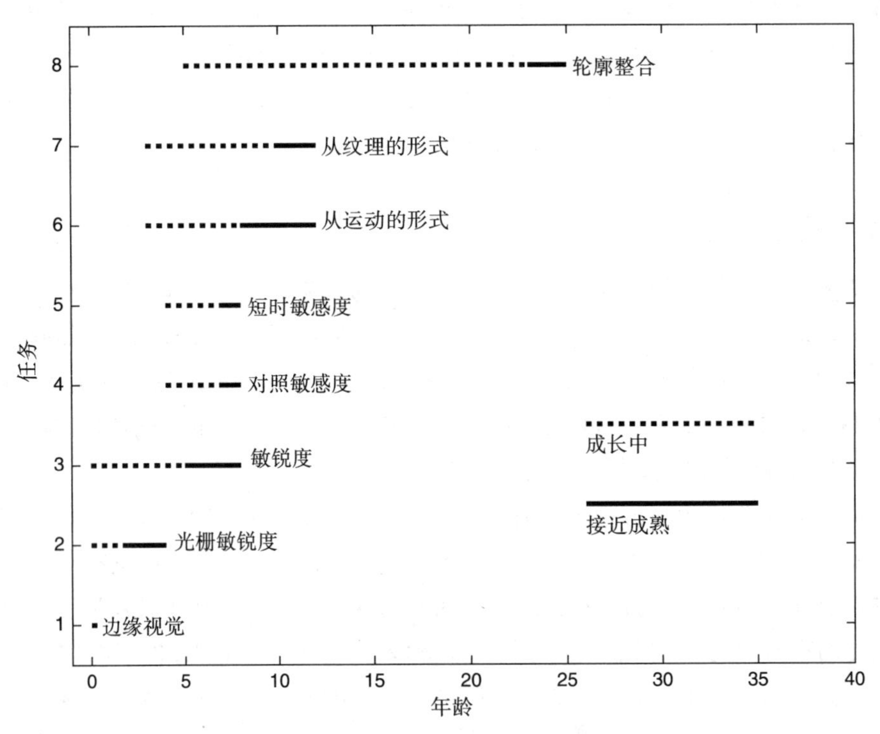

图10.1 从文献中估计的一些视觉功能的发育年龄范围。虚线表示成长的时期；实线表示接近成熟的表现。从相关文献中估计出近似的学习周期

从行为测量或电生理学测量来估计视觉功能发育的大致顺序，在发育早期就表现出基本特征的成熟（图10.1）。信号的方向（如左或右对角条纹）和空间频率（如细模式与粗模式）在3到6周的婴儿视觉诱发电位中已经被观察到[43，44]。据估计，与运动方向相关的信号会在10至12周后形成[44-46]，双眼交互作用在大约3至4个月时形成[47-49]，双眼立体视觉线索产生的深度差异在11至18个月时形成[47，49-53]。视敏度要到5到7岁时才能完全发育[54，55]，而对照敏感度似乎在7岁左右接近成人水平[42]。

研究显示，4岁时，处理快速变化的视觉输入信息的能力提高到接近成年人的水平，而处理缓慢变化的视觉输入信息的能力的提高一直持续到7岁左右。对运动和纹理的敏感度也出现在儿童早期[56]。运动方向敏感度和方位敏感度是形状感知的基础，与图形－背景分离和形状识别一样，它们很早就被发现了。更复杂的运动刺激需要从多种运动元素中整合整体运动模式[57，58]似乎比方向纹理（11～12年）的形式更早接近成熟（7～8年）。

高级视觉功能的发展，特别是那些涉及远距离互动的功能，已经被测量到持续到成年早期。一个测量这一点的例子，即从局部定位元素整合的模式轮廓知觉（如远距离轮廓整合），已经表明发展持续到青春期后期 [59]。

这些视觉发展的显著例子暗示了一系列的功能。有些人可能很早就达到成熟水平，而有些人需要几年时间，还有一些人需要持续相当长的时间。在某些关键时期，重要的是这些发展发生在自然视觉体验的存在；如果视觉输入质量差或经验有限，它们就可能不正常 [34，38]。在这些较早时期，大脑似乎具有独特的可塑性，这在医学上有着广泛的意义。例如，患有白内障的儿童在早期的关键时期会出现弱视 [60]。使用动物模型的工作正开始阐明神经回路和分子机制之间复杂的相互作用，这些神经回路和分子机制在早期发育的关键时期调节经验对大脑系统的影响 [61]，它们可能与其他发育过程相互作用，产生不同的视觉功能。

10.2.3 适应

进化和早期个体的发展所包含的长期变化大概决定了观察者稳定的成熟状态。相比之下，适应性是一种可塑性，它可以是相当短暂的，尽管在某些情况下它可能会持续较长时间。它不仅包括对光线水平的反应 [62]，还包括方向、颜色或图案等视觉特征 [63-65]。适应改变了系统，这样视觉反应不仅依赖于当前的刺激，也依赖于最近经历的类似刺激 [65]。

适应被认为有一个功能性目标，即增强对新特征的反应，同时减少对重复刺激的反应。图 10.2 显示了适应前后对刺激物的假设反应的一些估计影响——在这种情况下，对环境季节性变化造成的长期适应。在这种情况下，当光照发生显著波动时，适应可能也有助于保持感知的恒定，从而维持系统的平衡。随着眼睛因衰老而发生变化，长期适应可能对保持知觉的稳定性也很重要。

自 1834 年关于瀑布错觉的最初报告以来，人们就一直在研究这种适应现象及其相关的错觉后效 [66]。在这个错觉中，瀑布一侧静止的岩石在大约一分钟后就会以所谓的运动后效应向上移动。从视网膜到视觉皮层的最高层次，几乎在视觉系统的每个层次都有类似的效果。

视网膜最重要的功能之一是适应环境光的水平。这种适应似乎调整了视觉系统的灵敏度，使人能够在光线微弱的黑暗环境中感知，否则就很难看清。长时间暴露在彩色刺激下会影响随后的颜色感知，长时间暴露在方向刺激下会影响随后的方向感知 [67，68]。在这些经典的适应示范中，知觉在“排斥”后效中从适应刺激转移。例如，McCollough 效应将感知从红色适配器转移到绿色感知。在适应单一颜色 [69]、单一空间频率 [63] 和许多其他特征 [70-73] 后，可以观察到排斥后效。除了对感知造成偏见，适应可以影响辨别或分类适配器附近刺激的能力 [64，74]。

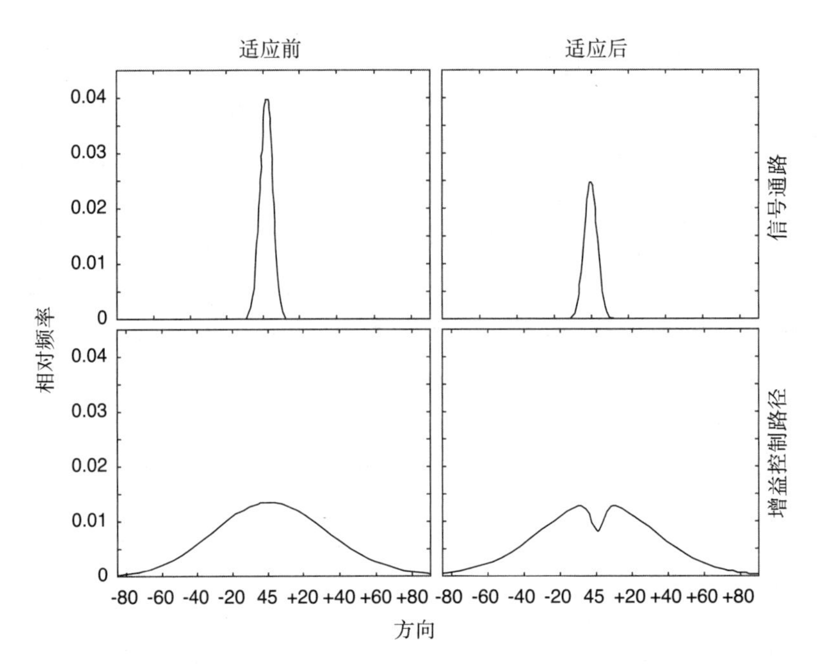

图 10.2　适应 45° 方向刺激后对信号和噪声的反应。在信号通路和更宽的增益控制标准化池中，适配器附近的响应都减少了。引自 Dao、Lu 和 Dosher[68] 的图 9

虽然这一领域的主要研究焦点是发生在非常短的间隔（秒到分钟）的适应，有些适应持续数周甚至更久[75, 76]。长期暴露在环境中，如自然环境的季节性变化或使用彩色隐形眼镜，可能会导致这种长期适应[77]。还有其他的例子。例如，长期处在特定环境中，弯曲或倾斜的线似乎是直的，更垂直或水平[78,79]。这种在适应之后的感知转变，通常是对广泛的刺激，称为“再标准化”——新常态的创造。这种过程可以作为一种稳定机制，根据当前环境统计数据校准当前响应。（图 10.3 举例说明了由于长期暴露在苍翠和干旱环境中不同的颜色分布而导致的颜色敏感度的假设变化。）

视觉系统的老化也会产生系统性的长期变化，这可能需要长期的适应来支持感知能力。例如，随着年龄的增长，晶状体中的色素密度发生了变化。通过适应的再标准化可以弥补颜色信息的“泛黄”，并且在临床应用中，如白内障手术后，感知可能需要更长的时间才能适应新的正常状态[80]。虽然一些与衰老相关的视觉系统变化无法被稳定，可能导致功能下降，但适应等机制发挥着重要的补偿作用。

适应和发育是如何在所有这些变化中共同作用，稳定视觉系统的反应，这是非常值得注意的。适应可能在视觉处理的每个阶段都有作用：它可能会对感知产生短期和长期的影响[65]；作为一种机制，使系统适应变化的环境；使系统对新信息更加敏感[77]。

图 10.3　模拟说明在适应苍翠或干旱环境的颜色分布后，颜色外观的感知变化。引自 Webster[73] 的图 2，已获许可

10.2.4　讨论

可塑性发生在多个时间尺度上。在这个简短的介绍中，我们概括了在进化、发育和适应过程中发生的可塑性的几个特征。总之，这些不同的可塑性量表至少与视觉知觉学习的三个原则有关：感知系统的可塑性；在整个大脑环境中可塑性的发生；以及平衡可塑性和稳定性的重要性，或内稳态的优点。

通过研究视觉知觉学习与其他形式的可塑性之间的关系，提出了许多关于这些不同形式的可塑性如何相互作用的引人注目的问题：进化以何种方式约束或引导了视觉知觉学习的特性 [81]？有效的知觉学习有助于进化选择吗 [82]？如果在早期发展过程中可塑性更强，知觉学习是否可以提高儿童的感知能力，或用于治疗或改善发育迟缓或疾病 [83]？是否存在重新开启可塑性或重新开启关键时期的干预措施 [84-86]？这种干预是否可以与知觉学习相结合来提高治疗效果？适应与视觉知觉学习之间是否存在相互作用？如在学习纹理任务中提出的，适应是增强还是减少了知觉学习和泛化 [7, 87]？如果是这样，是否应该在学习协议中控制适应性以优化视觉知觉学习？

这些问题跨越了人类生命的不同时间尺度。目前，这方面的研究还相对较少，而且很多问题还有待解决。这一领域的进一步研究可能会对现有的学习模式提出重要的扩展或阐述。

10.3 其他感官模态的学习

虽然本书的重点是视觉学习，但知觉学习广泛发生在所有的感官模态中，包括听觉、触觉、味觉和嗅觉。它也可能是多感官的。在接下来的内容中，我们将重点介绍这些不同模态下的知觉学习的一些例子，着眼于识别原则和发现其间的对应关系。我们的目的是使不同的方法和模型相互融合，并在不同的领域中提取共同的原则和结论。人类的听觉学习可能是非视觉学习模态中被文献研究最广泛的领域。它也与视觉知觉学习有很多相似之处，所以我们的分析从这里开始。

10.3.1 听觉知觉学习

和在视觉领域类似，知觉学习发生在许多听觉刺激和任务中。它发生在简单刺激、中级刺激（如合成正弦波复合物）以及自然刺激（比如语音）的特征上。考虑到听觉领域的复杂性，听觉学习，特别是与语音相关的学习，是一个庞大的研究领域，相应地也有大量的书籍和论文。

在下面，我们概述了这些发现的一个样本。为了与第 2 章和第 3 章的视觉知觉学习的叙述结构相对应，我们考虑了在基础、中级和高级听觉刺激和判断有关的听觉训练效果的工作。接下来，我们检查这些学习效果的特异性和迁移性，包括在听觉学习中普遍存在的对泛化的不同侧重。然后，我们检查了学习机制，包括侧重于测量内部噪声减少的实验，以及使用与我们和其他人在视觉领域开发的模型类似的重加权模型。最后，我们认为早在初级听觉皮层（A1）的生理变化可能是听觉知觉学习可塑性的基础，证据表明任务依赖的重调谐是重要的。

和视觉一样，知觉学习也发生在许多基本听觉判断上。在与频率或谐波等频谱特性相关的判断中已经报道了之一点；时间属性，如声音的持续时间或两个声音之间的异步性；以及定位是基于两耳信号之间的相对强度或相对相位。在相关实验中，这些判断通常要求观察者区分不同时间间隔的刺激。在一个典型的例子中，观察者可能会被要求判断哪个间隔包含更高频率的音调，或者三个连续间隔中的哪个音调与其他两个音调不同。事实上，使用非常短的听觉刺激的双间隔和三间隔辨别任务是听觉中最常用的，因此，也自然地在听觉知觉学习中使用。

一个重要的早期研究使用了频率辨别任务。研究人员在两个音程中分别呈现不同的音对，并让观察者选择包含高频音第二个位置的音对的音程 [88]。相对辨别阈值的差异随着练习而显著减少（见图 10.4），前测和后测之间存在显著差异（$\Delta f_n/\Delta f_2$）是 200Hz 的标准音调的 0.4，或者说前测的阈值是后测的 2.6 倍）。在 6000Hz 以下使用几种不同音调标准进行训练，也可以产生在 200Hz 下对应的学习，这表明了一些泛化（图 10.5）。其他研究也显示了类似的学习效果。在三间隔任务中使用 5Hz 和 8Hz 的标准音调 [89]，在双间隔任务中使用 1000Hz 的标准音调训练后，差异阈值提高了 50% 以上[90]。这些基本任务的改进是足够大的，从行为上来说是相当显著的。与视觉知觉学习一样，听觉学习也经历了数百次试验，尽管早期快速学习有时也被观察到[91]。事实上，一份报告甚至显示，从前测到后测，在三间隔范式下，观察者选择了奇数频率，即使在练习过程中所有的音调本质上都是相同的——这可能是因为人们对标准音调的某些了解[92]。

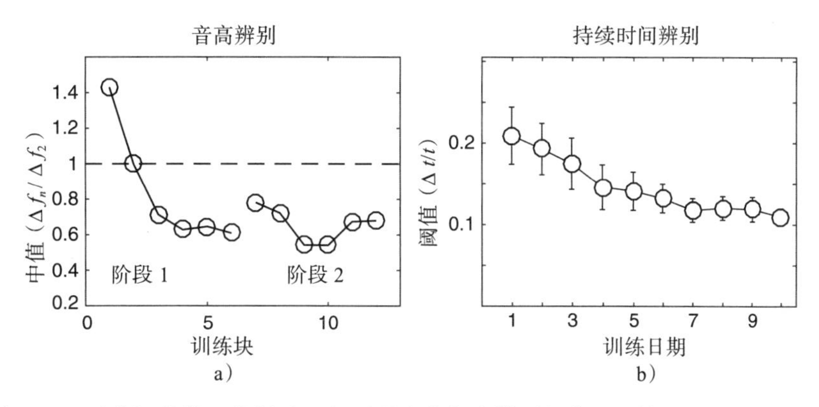

图 10.4 听觉知觉学习的例子。a）听觉音高频率辨别阈值（在第 2 块归一化为 1）。b）短时间隔或持续时间辨别。根据 Demany[88] 的图 1 和 Wright 等人[93] 的图 2b 的数据重绘，已获许可

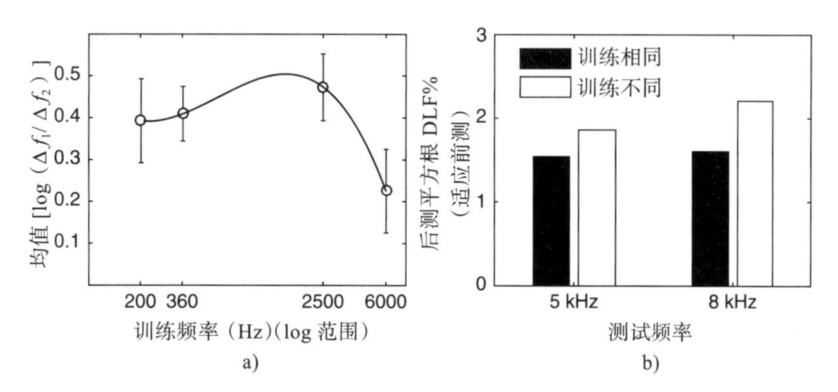

图 10.5 听觉频率辨别学习的泛化性（a）和特异性（b）。引自 Demany[88] 的图 3 和 Irvine 等人[89] 的图 2c

学习也可以专注于时间特征，包括训练短时间隔辨别，有时称为“听觉间隔辨别”。在时间间隔任务中，一个间隔包含一个标准持续时间为 t 的音调，另一个包含稍长（或稍短）的音调，即 $t+\Delta t$。观察者要选择较长（或较短）声音的间隔。训练听觉间隔辨别同样降低 50% 或更多的间隔阈值，如 100ms 标准间隔和 1kHz（1000Hz）音调（图 10.4）[93]。

学习也被报道存在于需要空间定位声音的任务中。这可能是基于两耳之间的强度差异（“耳间水平差异”）或两耳听到声音时的时间差（“耳间时间差异”）[94, 95]，尽管

据报道学习水平差异的能力更强大[96]。虽然学习似乎发生得更慢，但是基于振幅调制（通常是正弦）载波音调的其他复杂辨别的学习也有报道[95]。

听觉知觉学习也被报道用于使用更复杂刺激的中级任务（但仍然比语音简单）。例如，声调复合体的一些突现性质的识别，如基频，在某些情况下被报道为容易受训练影响。这里，研究人员区分了不同感知机制下的学习：在耳蜗中，基频和谐波在或不在同一频段中的情况。如果基频和谐波在早期的频段中广泛分离，任务就标记为“可解决的”，而如果它们共享早期的频段，则任务标记为“不可解决的”。训练可以提高可解决刺激的差异阈值，但对于需要分辨不可解决谐波的刺激只能微弱地提高或根本没有提高[97]。

在高级任务和刺激的听觉知觉学习中，研究最广泛的案例涉及语音。由于语音识别具有明显的现实重要性，并与人类语言的病因学的哲学问题有关，因此语音识别一直是听觉任务中研究最多的一个。一组学习研究集中于改进识别新的或不标准的语音形式，如外语的语音对比，未知的口音或方言，或退化的语音。另一组研究了对局部经验敏感的分类变化，如其他地方讨论的那样[98]。

一些样本研究可以代表更大的领域，给人一种跨语言语音训练的感觉，具有明确的实际意义。几项实验训练了在说话者的母语中没有使用的第二语言中典型的语音对比。在一项研究中，对母语为日语的人来说，辨别 /r/ 和 /l/ 发音的难度随着训练形式的不同而变化。在一所英语大学学习的日本人接受的训练是在最初的位置、最后的位置和其他不同的语境中使用 /r/ 和 /l/ 对比的最小词组（例如 light-right、collect-correct、real-rear）。使用来自几个谈话者的符号（样本）进行训练，可以在最小对测试中合理地归纳为新例子，虽然学习效果本身是较小的（只把成绩的正确率从 80% 提高到 86%）[99]，而当使用单个谈话者的符号进行训练时，主要将其概括为同一个谈话者说的其他词[100]。这些训练效果可能比预期的要小，这反映出听者已经接受了大量的英语训练。对未接受过英语培训的日本听众进行类似的培训，效果更佳[101]。就像在视觉领域一样，经过训练的好处在几个月后仍然有效[101]。提高 /r/ 和 /l/ 发音的训练似乎也有实际的好处[102]。类似的结果被扩展到其他语音区别和其他语言对比中的调性[103]。通过对以另一种语言为母语的人（例如，以中文为母语的人听英语）的句子的转录准确性来衡量的重音语音训练，得到的进步较小，可能只有 10%，且仅在培训中包含了几名谈话者时对新谈话者适用[104]。虽然一些研究使用了大量的练习，但其他一些研究报告说，即使只接触了几分钟，也有显著的改善[105]。

在一个单独的子域，适用于不同的操作环境，训练已经被证明可以提高识别噪声中的语音，压缩语音，频谱缩减语音。因为与用于耳蜗植入物的信号之间的关系，频谱缩减语音是特别有趣的，耳蜗植入物的性能通常会随着经验的提高而提高[106]。在其他例子中，在低可预测性和高可预测性句子中最后一个单词的转录训练，或在听觉噪声中识别说话者的性别的训练，被报告为训练后的表现略有改善[106]。经验还表明，可以改善对简化的（频谱缩减的）自然环境声音（例如，机械、空气动力学或身体声音）和频谱缩减语音的辨别能力，这对人工耳蜗植入者来说是一个挑战 [107]。此外，特殊训练提高了人们对"噪声声码"语音的感知能力，这是一种声音转换形式，在一些耳蜗植入物中使用，它将说出的句子中的能量转换为听觉噪声载体上相应的振幅剖面模式。在这种情况下，学习似乎需要在训练中自上而下地了解句子内容 [108]。

与视觉知觉学习一样，听觉知觉学习的特异性和泛化性可以诊断相关的机制。最近的一篇综述中总结到，对听觉任务的训练通常会产生特异性和迁移性（泛化性）的混合 [109]。虽然特异性和迁移性的相对显著性似乎在两种模式中有所不同，但这个过程似乎与视觉任务训练中发现的特异性和泛化性的混合过程相似。

一些例子将使与视觉的比较更加具体。例如，频率辨别训练往往对训练频率表现出相对较高的泛化，即使对类似的训练频率也有一些残留的特异性。一项研究（图 10.5a）测量了在不同标准频率下训练 200Hz 标准的双间隔四音任务的频率辨别能力的提高，并发现 200Hz、360Hz，甚至 2600Hz 的训练有实质性的和类似的好处，但在 6000Hz 的训练中明显减少 [88]。在其他的例子中，当训练刺激与后测相匹配时，在 5Hz 或 8Hz 的奇音三间隔范式下进行训练，表现出更大的表现改善，尽管交叉训练也很重要（图 10.5b）[89]；其他研究中也有类似发现 [110，111]。

频率辨别训练经常被报道在耳朵上大幅泛化 [109，111]，但至少也要部分地针对训练持续时间 [110]。在短时间隔区分的情况下，训练的好处也倾向于在一些正交维度上泛化，如音频，但不适用于其他间隔时间 [93，109，112]。例如，以 100ms 为基础持续时间的训练，可从 1kHz 泛化到 4kHz 载波，但不能泛化到 50ms 或 200ms 的持续时间。在一个奇怪的现象中，短时间隔辨别有时甚至被证明是从听觉领域迁移到其他感官领域 [109]。尽管使用不同标准存在不确定性或漫游，学习发生时不同时间标准的混合训练可以提高泛化程度 [112]。

从这些观察中可以得出几个初步结论。视觉和听觉知觉学习都导致了这种学习的特异性和泛化性的结合。如果关注差异，我们可以推测，泛化在听觉领域更有特点，而视觉学习则更具特异性，这种差异可能有程序和结构上的原因。例如，许多听觉评估采用了前测和后测穿插训练的设计，包括任务显示出相对快速的初始学习。（受控分析认为，这种快速的听觉学习代表的是知觉学习而不是程序学习 [91]。）如果一个任务确实有快速学习的成分，那么即使没有进行干预训练，从前测到后测的改进也可能发生，因此在一些研究中可能导致对泛化的高估（测量特异性的其他设计方法见 3.8 节）。

尽管模式之间存在这些可能的差异，以及关于任务程序的推论区别，但应该强调的是，学习的主要理论和方法问题在视觉和听觉领域显示出广泛的相似性。除了这些同源性，听觉学习还展示了在视觉领域观察到的其他现象，包括刺激不确定性和漫游效应。

在一项研究中，听者用固定的标准声调训练时很容易学会辨别频率，但当标准声调适度变化或漫游时，学习就慢得多。就像视觉模拟一样，对于更好的听者，学习呈现在了广泛的不同标准中[90]。使用漫游的标准进行训练也会导致更多迁移，而使用单一标准音调进行训练则会导致更多的特异性，并且标准音调的漫游损害了听力差的听者的学习和迁移。

另一篇最近的论文回顾了目前相当多的关于目标不确定性的文献，以及对语音和非语音的知觉学习的漫游[113]。这些听觉任务中的发现与视觉任务中的非常相似。在漫游和视觉训练的情况下，重加权模型已经开发出来，以解释在视觉方面相当相似的漫游实验结果（见第8章）。的确，这可能激发听觉知觉学习中类似的迁移模型（当然，这需要一个合适的表征模块和决策结构来完成相关的听觉任务）。

除了这些功能上的相似之处，视觉和听觉似乎也有相似的学习机制，最近的分析显示，听觉学习使用的是外部噪声操作和模型，与外部噪声操作和视觉的知觉模板模型非常相似（见第4章）。事实上，在听觉研究中，使用外部噪声和噪声载体比视觉研究的历史要长得多[114]，利用外部噪声来指定观察者模型首先起源于听觉领域[115]。尽管使用外部噪声方法来了解观察者变化的机制（例如，由注意力或学习引起的）最初是在视觉应用中开发的，所有这些方法都是为了对观察者进行建模而设计的，特别是针对内外噪声所带来的局限性。

就像在视觉领域一样，对噪声的分析也可以与生理反应相关。生理学研究分析了听觉系统上行处理通路中的内部噪声（有时称为内在噪声）的来源，包括毛发细胞转导的随机过程、神经编码和外周传递，以及更多的中心噪声；其他研究也集中在可能改变神经反应甚至是耳朵肌肉活动的自上而下过程。最近的一篇论文回顾了这些数据[116]，重点关注了内部噪声作为听觉表现的限制因素的潜在作用。这在一项实验中得到了具体的说明，当所有三个间隔播放相同的刺激（没有外部噪声）时，听者从三个间隔中选择一个最大声的，这与三个间隔中的脑电图反应的波动直接相关[117]。

在外部噪声的研究中，就像那些关于视觉的研究一样，知觉学习经常被证明在有外部噪声的刺激和没有外部噪声的刺激下都能提高表现（分别在外部和内部噪声范围内）。例如，在一项研究中，听者在接受不同任务的训练后，分辨后置噪声掩码与单独噪声掩码的音调的能力有所提高[118]。在没有外部噪声的情况下，表现也得到了改善。另一项使用不同形式的外部噪声的研究表明，当听者从两个间隔中选出音调最高的那一个时，训练能提高辨别频率的能力[119]。（在这一实验中，通过从两个不同重叠程度的频率分布中选择不同试验的频率来操作外部噪声。）利用观察者模型，该研究的作者得出结论，学习这些任务对应内部噪声的减少。在我们对（视觉）学习机制的分析中，这将称为知觉模板模型（参见第4章）中的刺激增强（内部加性噪声减少）。需要不同种类的研究来揭示听觉学习中外部噪声排除的精确机制。正因为如此，学习与内部噪声减少的联系只能被视为一种机制的记录，而不能排除另一种。

其他一些关于听觉学习的研究直接受到视觉学习中观察到的迁移不对称性的启

发 [120]。一项类似的听觉研究发现，长短音调的听觉频率辨别之间存在不对称的训练转移 [121]。短音调训练转化为长音调辨别，反之则不行。这些结果的理论解释是，长音调训练促进了在长时间内内部噪声的平均，而短音调训练减少了锁相内噪声，这种减少可用于改善这两种情况。简而言之，在零噪声或高噪声环境下，听觉学习的结果与视觉知觉学习的结果相似，其解释与刺激和任务的性质相适应。

所有这些收集到的证据使得一些研究人员提出了听觉知觉学习的重加权模型（图 10.6）。该模型类似于视觉知觉学习的重加权模型，并已通过类似实验进行了验证 [116, 122, 123]。在这个模型中，刺激结合了听觉信号和外部听觉噪声；输入通过一组听觉通道进行分析，这些听觉通道为刺激的任务相关特征编码，并加入内部噪声；然后对这些通道中产生的活动加权并与决策噪声相结合，决策驱动行为反应；最后，从基本同构于视觉观察者模型的一般框架开始，学习可能会改变模型（或先验）的权重（见图 6.5）。

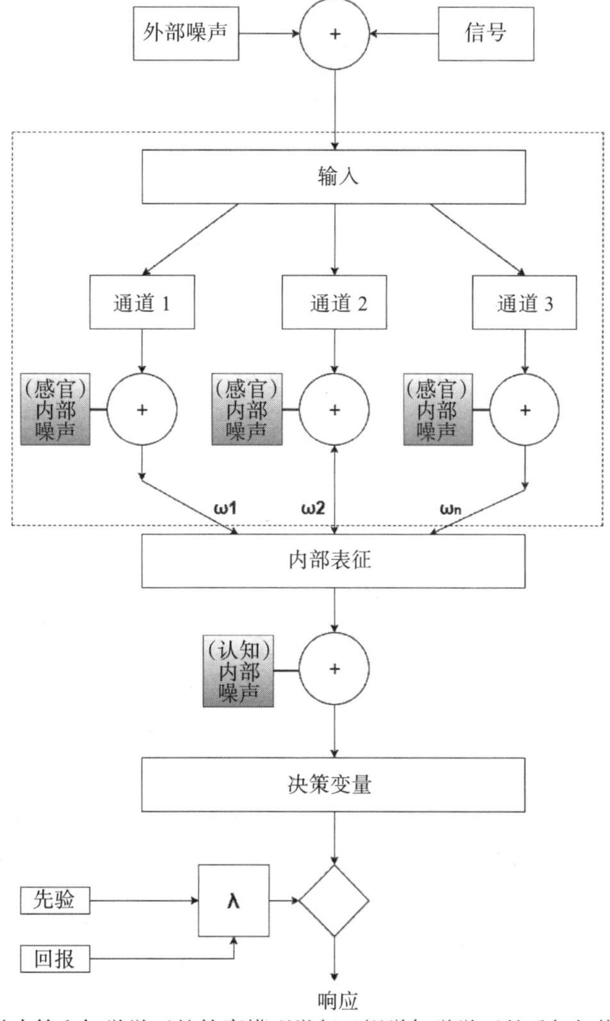

图 10.6　听觉决策和知觉学习的轮廓模型类似于视觉知觉学习的重加权模型 [122, 123]。引自 Amitay 等人 [116] 的图 1，已获许可

当然，表征模块——听觉通道分析——将专门用于任何给定的听觉任务。例如，在检测音调时，这些通道可能是一组听觉带通滤波器，从高到低（耳蜗底圈到蜗顶）调谐到不同的频带，就像耳蜗转导的经典模型一样[124]。对于间隔检测，通道很可能被调整为不同的时间周期或计数。这些模型的相关实验研究仅在没有外部噪声的情况下检查了频率辨别的学习，由此得出的结论是“神经网络模拟……建议通过重加权影响早期感官表征的频率特异性通道来降低噪声……与视觉任务学习的结论一致”(p.71)[116]。此外，对耳朵[125]或频率范围[126]的注意也可能影响表现，可能是通过增强对听觉输入的反应（见第9章）。同样地，如果这个模型通过操纵外部噪声的实验进行测试，我们期望外部噪声的排除也可以通过训练得到改善。

利用听觉皮层可塑性的生理测量对听觉学习的研究，在大鼠、猫和其他动物的研究中也有很长的历史。一些研究已经使用脑电图或功能磁共振成像来检查人类的听觉知觉学习。我们只考虑一些来自动物研究的代表性发现，并提供对人类工作更完整的回顾。为了提前给出概述，在主动任务执行过程中，特别是对人使用脑成像技术时，研究人员观察到了训练后听觉感官反应的变化。这与视觉区域相似，在主动任务条件下，视觉皮层中学习的最强效应也被发现（见第5章）；然而，A1神经元（初级听觉皮层）的反应变化似乎比V1的可塑性变化更广泛。

让我们从一些经典的报告开始。在啮齿类动物的听觉研究中，早期感官皮质的可塑性首次得到了证实。这些研究表明，训练要么增加或减少了神经元的放电概率，要么使神经元的最佳频率向强化频率转移[127-129]。一项有影响力的研究记录了成年猫头鹰猴初级听觉皮层中代表训练频率的皮层区域的变化，并表明这些变化与频率辨别任务中的行为表现相关[130]。在这个实验的训练任务中，每次试验中出现一系列多达12对音调对，猴子发现了与标准音调有小频率差异的那一对。训练使部分猴子的阈值频率增量（$\Delta f/f$）从8%左右降低到2%以下，误警率有一定变化（$< 15\%$），而心理测量函数斜率增加，同时d'增加。

初级听觉皮层（A1）是一个音位图，其中不同的“波段”对不同的听觉频率敏感，这种图已经成为评估动物学习导致的表征变化的一个广泛使用的指数。如刚才描述的，在大多数研究中，在麻醉下被动倾听时，训练会使敏感于训练频率的张力位区发生改变，并且评估了与频率辨别阈值的关系，这在最近的一篇综述中得到了总结[131]。在一项同时改变刺激强度和频率的研究中，与未经训练的对照组相比，训练频率判断会在不改变声音强度编码的情况下扩大训练频率的表征，而训练强度辨别会在不改变频率编码的情况下改变针对训练强度范围的反应（见图10.7）[132]。然后，大脑皮层表征的变化与知觉学习的数量相关。这项研究的结论是，听觉皮层的可塑性变化是由与任务相关的判断维度自上而下驱动的，导致只改变了那些与任务最相关的编码（见第9章中有关视觉中自上而下相关效应的讨论）。

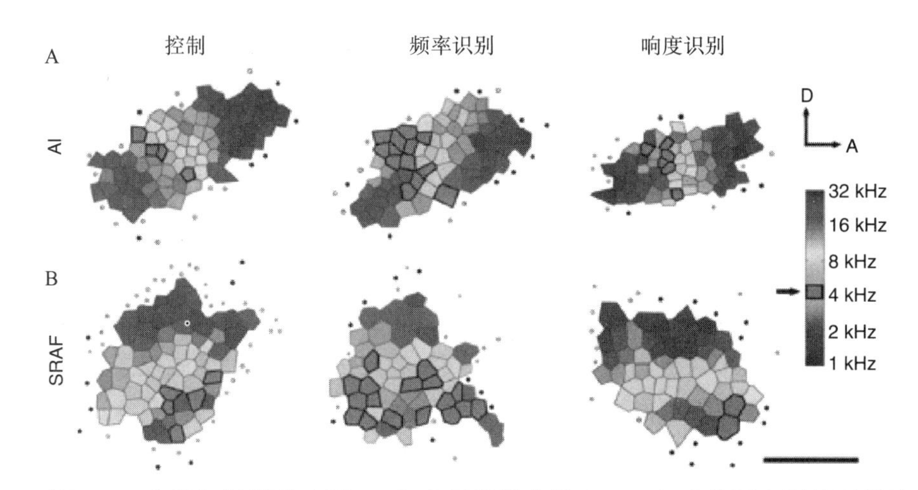

图 10.7　大鼠初级听觉皮层 A1 和次级听觉皮层（SRAF）音位频率图的可塑性变化。即使刺激是在强度任务中听到的，训练频率在 4kHz 附近的增加表示仅在频率任务中训练的动物中看到。引自 Polley、Steinberg 和 Merzenich[132] 的图 3a 和图 3b。版权归 Polley、Steinberg 和 Merzenich（2006）所有

另一方面，一个单独的研究发现，在被麻醉的猫的 A1 地图中 [133]，频率辨别的知觉学习没有发生变化，这表明行为改善可能也发生在没有早期听觉皮层的持续变化的情况下。这些作者推测，A1 地图的变化与行为表现的改善的相关性可能取决于任务 [130]，(尽管也可能有其他的解释) [134]。这些关于学习中 A1 可塑性参与的混合结果似乎也与学习对 V1 影响的混合结果相似 (见第 5 章)。

一个引发思考的说法是，在听觉学习的早期阶段观察到的皮层可塑性，在学习的后期会受到“再归一化”的影响 [135]。这为早期在训练中出现的生理反应变化后来消失的发现提供了一个名称——回到训练前的特征——而学习仍然存在。有几项相关研究支持这一观点。一项研究表明在没有训练任务的情况下，使用神经刺激（胆碱能基底核）在音位图中诱导可塑性，其变化与性能的改善有关。另一项矛盾的研究发现，在没有训练任务的情况下，由微刺激引起的音位图变化与行为表现无关 [136]。

得出的结论可能是，虽然早期听觉皮层的表征修饰可能发生，但这既没有必要也不足以解释感知表现的改善。这一观点在一篇综述论文中得到了详细的阐述，文中引用了训练对动物 A1 可塑性的混合效应，得出的结论是“增加的地图表征与提高 (表现) 的一般相关性尚不清楚 [137]（p.471）”。类似的发现和陈述出现在震动触觉训练改变运动地图之间关系的早期有影响力的研究中 [138]。这种观点似乎也与对听觉学习的脑成像研究的评论所得出的结论相一致 [139]，在这些研究中，听觉皮层对训练刺激的反应在一些研究中有所增加，而在另一些研究中有所减少。例如，一项用正电子放射断层造影术（PET）对标准和怪异辨别的研究显示，训练后听觉皮层的活动增强 [140]，而另一项功能磁共振成像研究显示，训练后听觉皮层的反应减弱 [141]。同样，这种混合的大脑成

像结果与视觉知觉学习中发现的混合结果相似（见第 5 章）。显然，在学习过程中，早期听觉皮层反应的可塑性可能取决于任务的性质、测量反应的训练阶段，甚至是被训练的物种[9, 142]。

我们在这里的目的不是要求跨领域的一致性，而是建议在任何给定的研究中将生理学与行为联系起来分析，这可以通过其他模式的相关分析提供背景和视角[138]。这种对听觉中知觉学习导致的皮层变化和相应行为变化之间关系的分析往往依赖于相关性[139]，而最近视觉学习的生理学研究越来越多地使用人口反应模型或机器学习解码器来将生理学与行为选择联系起来。这些基于模型的方法可以在单细胞记录、多细胞记录、脑电图或功能磁共振成像中更好地估计这种关系，从而为学习导致的行为改善提供更实质性的解释。另一种可能是，不管使用的方法多么复杂，第一皮层表征的变化只能微弱或适度地预测改善，这表明大脑网络的其他部分发生了变化。（例如，在学习的早期，大脑皮层反应的变化可能反映了注意力的自上而下效应，随着注意力在训练后的表现中变得不那么必要，这种效应随后消失。）

正如我们所看到的，听觉和视觉知觉学习之间的相似性是显著的。虽然每一种学习方式的细节都是独特的，但总体上的相似之处是很大的（见表 10.2）。两个领域都表达了对低级特征、中级模式和高级自然刺激的学习。这两种模式同样显示出训练的部分特异性和部分迁移性（虽然听觉知觉学习可能比视觉任务更泛化）。两者都容易受到刺激漫游或不确定性的干扰。两者都将学习与减少内部或外部噪声的有效影响联系起来。两者在感官表征上都有一些变化（尽管 A1 的变化可能强于 V1）。

表 10.2　听觉和视觉知觉学习中的经验现象

低、中、高三个等级的知觉学习
部分特异性和部分迁移性
由于刺激漫游或不确定性而导致学习的减少
改进的限制内外噪声和观察者模型机制
感官皮质的可塑性和自上而下的调节

当它们确实发生时，这两种形式之间的差别很可能反映出它们各自的表征和过程中内在的定量或定性的差别。然而，通常使用的实验任务和技术也往往不同，这种方法上的差异实际上可能会产生观察到的结果上的差异。不管怎样，有一点可以明确的是，这两个领域在许多知觉学习的原则和现象上有着压倒性的共同之处。因此，增加技术和模型的交流有可能丰富这两个研究领域。

10.3.2　触觉知觉学习

一种表现学习和可塑性的模态是触摸。这一领域有时称为触觉或体感学习，在早期的心理学历史中，人们通过使用两点辨别任务对其进行了著名的研究[143]。动物的体感可塑性也是最早的报道之一，相应的动物体感组织及其对经验的敏感性的文献也较多。我们在这里接触了一些经典的研究，同时把我们的分析集中在少数关注人类触觉辨别的研究上。在很多方面，人类触觉学习的结果与视觉和听觉的结果是平行的，并可以相应地分类。然而，与其他模态的研究不同，对人类学习的研究主要集中在泛化的分布上。

让我们首先讨论广泛的文献，关于触觉刺激在动物皮层的分布表征，以及学习的泛化。关于习得的可塑性的一些最早的证据与训练大鼠的胡须感觉有关。这一物种的胡须受到的压力反映在初级体感皮层的一种分布组织表征上，也称为胡须皮层（或“桶状皮层”），这些区域的组织方式类似于其他模态的皮层柱。这些表征似乎是学习中作为胡须位置函数的泛化梯度的基础[144，145]。参与任何特定任务的分布组织和大脑区域也被发现依赖于被测试的触觉辨别的特殊形式[146]。

关于灵长类动物的经验影响，最早被广泛引用的研究之一是猫头鹰猴的手部表征的可塑性[138]。在训练动物分辨一根手指的触觉振动频率差异后，早期体感皮质区（3b 区）的分布组织发生了变化（例如，相对于 20Hz 标准的快速压力模式的差异）。行为辨别能力在多次测试中得到改善，训练手指的阈值约为 2.3Hz，而相邻手指的阈值约为 4.35Hz，其他手指的阈值为 6Hz 或更多。体感皮层的神经反应图也在几个方面发生了变化。训练后的地图更复杂；与对照组相比，训练手指上的训练皮肤位置的皮质面积要大 1.5 ～ 3 倍（尽管代表手指的整个皮质区域并不大），代表训练过的手指区域的神经元的感受域有时会延伸到代表相邻手指的感受域。然而奇怪的是，虽然训练提高了表现，改变了大脑皮层的地图，但两者的变化并没有高度相关。此外，研究结果表明，如果训练手指的一小部分被替换成手指的其他部分（如果这会影响行为），那么这些其他区域就会处于不利地位，任何重调谐都可能是暂时的。（不同于其他的振动触觉任务，频率辨别在早期的躯体感觉皮层中编码。）

对人类触觉学习的研究强调了训练后的泛化模式，并暗示了可塑性的方向。一项经典研究考察了在学习了三种触觉识别形式后手指的泛化：振动频率、点状压力和粗糙度[147]。在每个实验中，观察者根据与任务相关的维度（例如，更高或更低的频率、压力或粗糙度）判断刺激的高低。从表现略高于概率（62% ～ 65% 正确）开始，观察者接受培训直到他们达到表现标准（80% ～ 85% 正确）。学习通常是快速的，经过成百上千次的训练。然而，泛化的模式是不同的：频率辨别特定于训练过的手指；点状压力辨别泛化到相邻的手指，部分到未经训练的手的相应手指；粗糙度辨别推广到邻近的手指，部分推广到同一只手的其他手指，几乎完全推广到未训练手的同源手指。将这些结果与已知的生理学联系起来可以得出两个推论。首先，频率辨别似乎使用了早期体感皮层的表征，那里几乎所有的细胞都对单一手指敏感。其次，点状压力或粗糙度辨别似乎依赖于次级体感皮层编码的信息，那里的感受野通常对不止一根相邻的手指敏感，并有投射到另一只手相应的皮质区域。（这些对应于 Brodman 3b 区和 II 区，详情参见 Harris、Harris 和 Diamond 的综述[147]。）

由于这项研究和其他研究的结果，主流观点是训练改变了体感皮层的拓扑表征。然而，另一种观点，也是我们所支持的观点，是学习改善了这些表征的读出（重加权），或者自上而下的任务重加权暂时改变了这些拓扑表征。考虑到培训时间相对较短以及拓扑变化可能具有短暂性，这似乎尤其合理。

在不同空间尺度上学习粗糙触觉方向识别后，发现了相关的泛化模式[148]。在这项研究中，观察者使用一套黄铜穹顶进行训练，这些穹顶上雕刻着不同尺度（线宽和间距）的水平或垂直线光栅，通常用于测试盲人。蒙上眼睛的受试者被训练用一个食指辨别，测量训练前后的阈值（T）、相邻阈值（A）和另一只手相应的同源手指阈值（H）和其他手指的阈值（O）等。与之前的实验中压力和粗糙度一样，学习在不同尺度下对邻近和同源手指的空间方向进行区分[147]。对这些结果的普遍解释是，学习反映了皮层表征的改变；相对地，我们认为这些数据也与来自这些区域的学习读数（重加权）信息相一致。

与重加权的解释相一致，使用功能磁共振成像的人类大脑成像主要发现训练后大脑高级区域的反应变化；例如，在一个类似于三点游标任务的触觉灵敏度任务中，行为阈值从大约 1.2ms 改变到小于 0.2ms 的偏移量[149]。训练后，在辅助运动前区（pre-SMA）发现了更多的大脑激活，该区域与决策网络相关，但没有出现在体感皮层中。连通性分析中，从体感皮层和额叶视野到决策区域的权重也发生了变化。作者的结论是，学习是通过重加权（未改变的）感官反应皮层的感知读出而发生的。（然而，需要注意的是，在训练前和训练后的成像过程中，刺激被选择来近似等同于行为准确性，这一做法也用于一些视觉学习功能磁共振成像研究，具有值得争议的优势；见第 5 章。）

从这些研究中可以得出几个关键点。早期的动物触觉学习研究报告了体感皮质的变化，改变了拓扑表征，尽管这些变化和行为之间的关系是不同的。对人类的研究报告了手指内和手指之间不同的行为泛化模式，当映射到次级体感皮质表征的已知属性时，这是有意义的。只有在振动触觉频率辨别中，学习效应仅限于训练过的手指，这与初级体感皮层的特性一致。这项人类功能磁共振成像研究还发现，学习在很大程度上与决策区激活的变化有关，这似乎与从体感皮层到决策的连通性变化有关。虽然人类行为研究可能与体感皮质的习得性变化一致，或者与从这些表征到决策的证据重加权一致，但这项功能磁共振成像研究倾向于后者。显然，还需要做更多的工作才能得出最终结论。

需要再次明确的是，在触觉学习和视觉知觉学习之间有许多重要的相似之处。据我们所知，例如，不确定性操作和外部噪声操作都没有在触觉领域进行。同样，更复杂的模型和方法，包括功能磁共振成像中的连通性分析，可以用来量化大脑活动（或动物的细胞反应）是如何解释触觉学习行为的。跨学科对话可能是有益的。重要的是，早期关于学习影响的生理报告是在触觉领域进行的，后来才在视觉领域进行。就像后续关于视觉和听觉学习的研究从早期的触觉研究中收集了很多信息一样，这也可能反过来起作用。

10.3.3 味觉和嗅觉的知觉学习

味觉和气味（嗅觉）也表现出很强的可塑性。这两个系统中的受体对化学物质的分子结构都很敏感，对食物的反应都很高。每一种形态既独立又共同运作（尽管许多人认为我们所认为的味觉的很大一部分实际上是由嗅觉调节的）。

与味觉和气味相对应的感觉系统已被广泛研究，特别是在啮齿类动物身上[150-152]。事实上，动物的味觉和气味的生理学与大量的文献有关，在这里只能简要地指出。相比之下，在人类身上，只有少数研究认为，后天习得的改进可以改善味觉或嗅觉的辨别能力。和前面的模式一样，这些人类研究将是我们评论的重点。

味觉感知是选择食物和鉴别有毒物质的关键。目前的理论认为哺乳动物能感觉到 4 种基本的味道：咸、酸、甜、苦（还有鲜味，一种与谷氨酸有关的风味）。这一区域反映了不同味觉感受器对特定蛋白质结合和离子规格的感知差异[153]。这些感觉编码随后在初级嗅觉和味觉皮层表达，并进一步在高级皮质区域处理。味觉和嗅觉也以特殊的方式汇聚并相互作用，彼此改变对方的感知[154-157]，可能是通过眶额皮质（OFC）编码的相互作用[156]。

经验在很大程度上影响了味觉判断。有许多例子可供选择。例如，一系列味觉测试已被证明可以改善葡萄糖品尝者对葡萄糖含量的辨别能力[158]。检测谷氨酸一钠（MSG）的浓度阈值已知受到近期和长期经验的影响。（有趣的是，在食用味精 10 天后，美国和欧洲品尝者的阈值变低，而长期接触味精文化的日本品尝者的阈值检测甚至更低，当停止食用味精时，这些短期接触的影响就消失了[159，160]。）经验也被证明会改变对许多其他化学物质的检测，甚至是非常常见的物质，如糖[161，162]。在一项研究中，不同的化学物质经过多次测试后，需要系统地降低浓度，才能在标准条件下被判定为等强度，相应的敏感性功能看起来类似于其他感官模态中的学习曲线。相应地，根据功能磁共振成像的测量，额定强度的增加与感觉皮质的激活增加相关[163]。

在这些例子中，味觉感知都受到经验的影响。虽然有些案例被解释为敏感化的一种形式（因为知觉所需的数量较少），但其他案例似乎反映了更传统的学习形式。然而，与其他形式的知觉学习不同的是，这些变化往往显示出对基线敏感度的快速回归，与视觉、听觉和触觉的知觉学习的长期持续形成鲜明对比。

培训和经验也被证明对辨别啤酒或葡萄酒等更复杂的日常物质很重要，特别是在所谓的多啜方案中。（虽然作为味觉的研究，气味经常有助于识别食物和饮料，同样的研究有时也被引用在嗅觉知觉学习的综述中。）早期的一个实验对比了不同的训练方案对两种葡萄酒样本辨别的影响[164]。在这项研究中，经验有时会提高对某些葡萄酒的两种样品是否相同的判断，但对其他葡萄酒的判断就没那么好了；与此同时，其他形式的培训似乎收效甚微。在另一项研究中，啤酒新手要么接受品尝经验，要么接受标签指导（啤酒品尝者，就像葡萄酒品尝者一样，已经开发了一套描述和分类系统），要么两者兼而有之[165，166]。在任何条件下进行训练，将观察者暴露在啤酒的味道中，提高了对相同啤酒样本的相似性评级和匹配识别；一项相关研究显示，用 4 种白葡萄酒训练后，相同 / 不同的辨别能力有所增加 [167]。虽然这些实验中的训练效果是混合的，特别是对于复杂的味觉，但也有很多例子表明经验确实提高了辨别能力。

当挥发性物质的气味分子与鼻腔嗅上皮中的受体结合时，就会发生类似于味觉、嗅觉或气味的原理。这些受体的活动被传递到嗅球的肾小球和二尖瓣细胞，然后在嗅皮质和其他区域进行进一步处理 [168]。来自几个区域的嗅球突触的输出，包括负责编码气味的梨状皮质，与影响和记忆有关的杏仁核和内嗅皮质。气味的化学结构编码在前梨状皮质，而后梨状皮质被认为更多参与气味的分类和辨别。然后，来自这些区域的信息被投射到眶额叶皮层，其作为更复杂的气味感知和多感觉整合的表征基础。（另一个专门用于检测信息素的辅助嗅觉接收系统被认为可能仍然在人类身上发挥作用 [169]。）

一个经典的观点是，嗅觉直接编码气味的化学结构 [170]。另一种观点是，气味的最初化学编码“不能通过行为或有意识地获得，相反，这是随后皮层合成处理的第一个必要阶段，而这反过来又驱动嗅觉行为”，在这个过程中，复杂的化学特征集合被合成为气味“物体”，并根据经验在梨状皮层中编码 [168]。尽管几乎所有的真实气味都是复杂的化学组合，但在超过两种气味的混合物中，人们相对地无法识别或辨别其中的单个成分，这就支持了这一观点 [168, 171]。（这似乎与第 2 章中讨论的基于经验创建复合对象的新神经表征的情况完全一致。）

对气味成分的熟悉程度已被证明能提高辨别混合气味的能力 [172]。在一项研究中，观察者被训练给 7 种不熟悉的、按强度配对的气味贴上标签，然后被测试判断间隔一定时间的两种气味是否相同。与学习给另一组气味贴上标签或不进行训练相比，进行基于标签的以较低程度上的“归类”（可操作为用一系列形容词对气味进行评价）的训练提高了辨别气味是否相同的能力。甚至仅仅是暴露就可以改变基于复杂感知的检测。在一项研究中，在不同的日子里，仅仅暴露在熟悉气味的环境中三次，对气味的辨别能力就增加了一倍多（d' 约为 4，与 1.6 相比），而且还改变了对气味相似性的感知 [173]。另一项使用信息素的研究显示，暴露于培烯酮降低了许多观察者对雄烯酮的阈值，包括一些最初对这种化学物质检测很差的人 [174, 175]。

一些成像研究已经证明了气味经验对人类皮层反应的影响。一项功能磁共振成像研究调查了暴露于气味后的行为强度阈值，以及梨状皮质（被认为反映了气味的质量和结构）和眶额皮质（被认为表达了对习得气味的感知）中相关的功能磁共振成像活动 [171]。部分数据见图 10.8。在接触目标气味的几分钟内，强度等级近似呈指数下降。这种暴露增强了功能磁共振成像对与品质相关的气味的反应，但对来自不同功能组的功能相似的气味或不相关的气味却没有增强。相比之下，两种相关气味的左嗅眶额皮质的信号都增强了。只有眶额皮质的功能磁共振成像信号的变化与辨别能力或暴露前后的相似性评分的变化相关。这些暴露的影响被归类为知觉学习而不是习惯化，因为它们在暴露 24 小时后仍然可见。作者总结道，“ OFC 中学习诱导激活的大小直接预测了相似性判断任务中感知增强的程度……表明嗅觉 OFC 在知觉学习中起着关键作用[171]（p.1103)”。

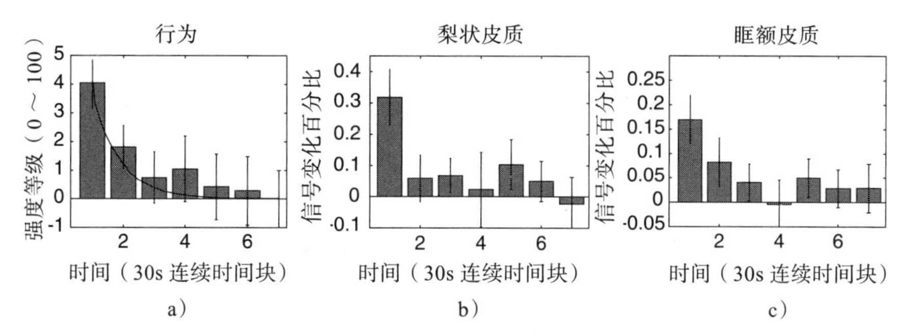

图 10.8 暴露在气味中会影响行为和大脑活动。知觉强度等级在暴露于气味的几分钟内下降（a），同时梨状皮质（b）和眶额皮质（c）的活动也下降。眶额皮质的反应变化与行为变化和刺激的可辨别性评级相关。引自 Li 等人[171]的图 3 和图 5 的部分内容，已获许可

这项功能磁共振成像研究支持这样一种观点，即气味知觉反映了高级皮层中对气味物体的习得性依赖经验的编码[168]。虽然不排除一些经验依赖低层的变化表征编码刺激的化学性质，研究结果强调了学习在高级皮层中产生反应的作用，高级皮层是气味知觉的基础，并促进了区分相似气味的能力。似乎气味的神经表征是由低水平的嗅球编码以及受学习和经验调节的高水平皮质输入的动态产物[171]。

在早期皮层区对味觉和气味进行近似独立编码后，两种方式的信息流在眶额皮质汇合，共同作用于神经元[156, 176]。这些趋同的输入影响气味[154]和味道[156]的表征。在嗅觉学习中，只有少数将味觉与气味配对的试验被证明能改变知觉。例如，将蔗糖与一种无味的气味（如荔枝）配对，可以提高甜味等级[155]。在另一个例子中，当气味和味道搭配时，如果与蔗糖配对，气味被认为更甜；如果与柠檬酸配对，气味被认为更酸[154, 155]。虽然味觉和气味配对的影响似乎并不取决于意识，但当需要注意单独的因素时，交叉影响会减少或抑制，这强调了自上而下的影响在知觉中的潜在作用[157]。利用功能磁共振成像和其他成像方法，研究人员发现了一些大脑区域对气味和味觉共同做出反应，包括尾侧眶额皮质、杏仁核和其他几个皮质区域[156]。此外，眶额皮质的一个部分的激活模式与嗅觉 / 味觉组合的一致性（一致性）评级和愉悦评级相关。也许最引人注目的是，即使将刺激与视觉图像配对，也会影响对嗅觉输入的反应[177]。

这些研究表明，味觉和气味的感知，以及它们之间的相互作用，反映了先前的经验，并在大脑的不同区域进行编码。视觉、听觉和触觉也是如此。然而，在味觉和嗅觉方面，仅仅是暴露，以及训练、偶然性和语义标记，已经被证明会引起感知的改变。虽然不能排除这些刺激的化学成分的低级表征中的一些变化，但最重要的影响似乎是享乐性特性，味觉和气味的可辨别性是由所谓的刺激报到上游的合成表征驱动的。暴

露、行为训练或注意力会反过来影响这些高阶编码。

人类对味觉和嗅觉的知觉学习与一些一般的学习原则是一致的。然而，它与其他模式也有独特的区别。与低级表征相关的可塑性在某些情况下似乎相当迅速，在相对较短的接触或训练期间发生，在许多情况下可能会相对较快地恢复到稳定状态——在几个小时或一两天。另一方面，对较高层次的味觉或气味的经验依赖型感知，一旦学会，就可以相当稳定。在这方面也有相似之处。这类物体或类别编码的发展，似乎与视觉高级知觉学习中对物体如面孔或物体的新表征的发展类似，虽然对刺激化学性质的低级表征可能会或不会随着经验而改变，这些更综合的高级表征似乎主导了人类的意识知觉。更高层次的表征可以整合来自气味和味道的信息，在某些情况下甚至是视觉和语义线索，反映了多个信息源的更高层次的融合。从更基本的感官证据中获得的多个线索对这些表征的收敛或影响，本身也受到自上而下分类的影响，是另一个从重加权中自然出现的过程。在这些意义上，复杂感觉物体的经验依赖合成表征的出现似乎支配着更高层次的敏感性形式。这些复杂的合成表征出现的过程似乎更可能反映了新表征的创造，以表示特殊的特征组合，而不是对已经存在的低层次表征的简单选择（见第 2 章）。

10.3.4 多感官知觉学习

知觉学习总是涉及大脑网络的相互作用，而其中一些网络似乎是连接在一起的，以整合来自多种感官模式的信息。丛林中的捕食者既可以听到也可以看到。我们同时品尝和闻到一个橙子。物体可以同时被触摸和看到。

近几十年来，多感官处理，或多感觉一起处理，一直是一个活跃的研究领域。该研究主要关注两种（或更多）感官模式的输入交互作用产生行为反应的程度[178, 179]。接下来，我们将重点关注训练对这些多感官效应的影响，以及对应地，多感官经验对知觉学习的影响。知觉训练是否改变了多模态中线索的相互作用？我们能否通过在训练中添加其他感官线索来改善一种学习方式？一种模态的训练是否会迁移到另一种模态的类似判断？我们能否用一种感官模态中经过训练的判断来代替通常在另一种感官模态中处理的信息？尽管对多感官效应的研究由来已久，但其中一些问题现在才刚刚开始探索。

这一研究领域的一个观点是，两种感官模态输入的交互或整合依赖于在整合的时间窗口内发生的事件。例如，如果听觉和视觉刺激发生在很近的时间内，它们就会捆绑在一起，并被视为同一视听事件的一部分。在一项研究中，知觉学习显著地将整合窗口的宽度减少了大约一半（测量方法是，当声音引导或跟随某种时间滞后时，判断听觉音调和视觉闪光同时出现的概率的变化）[180]。在这种情况下，知觉学习可以更准确地标记滞后的音调，而仅暴露刺激的控制并不影响整合窗口。

知觉学习也可以改变跨感官注意力线索的运作方式。在一项实验中，使用视觉错位但同时进行的听觉和视觉刺激的不相关训练可以修改视觉辨别中听觉提示的空间校准 [181]。在注视左侧或右侧的 5 个空间位置测量表现。在训练前，如果听觉提示的来源与中心位置在空间上是一致的，那么在那个位置上的表现会更好，但经过大量训练后，视觉和声音线索的错位改变了自然联想，并将有效预警的好处转移到近端位置，而不是与声音一致的位置（同时保持听觉线索的晚期抑制效应不变）。一项相关研究发现，从听觉任务的跨模态线索中获得的任务无关性学习也会导致视觉运动方向的任务无关性学习 [182]。

这种关系反过来也起作用：跨感官线索可能加快知觉学习 [183]。例如，在训练中添加一致的听觉运动线索，可以改善低相关点运动检测任务的学习，即使是单独的视觉刺激测试；与此同时，不一致的听觉线索（屏幕右侧和左侧的讲话者产生了不同强度的听觉线索）并不影响学习 [184, 185]。这些发现被解释为多感官学习的一种形式，但即使在没有听觉刺激的情况下，视觉运动辨别的好处也逐渐增加，所以似乎不太可能训练出一种专门的多感官表征。另外，一致性听觉线索可能提供额外的信息，例如学习过程中的反馈，只有当它与视觉运动方向一致时才有效。

另一项研究集中在训练的跨模态迁移上，有人认为这也反映了多模态学习。在一项研究中，不同的观察者小组接受了视觉、听觉或听觉和视觉时间顺序判断方面的训练（TOJ），其中观察者指出两个事件（两个听觉、两个视觉，或各一个）中哪个最先发生 [186]。视觉事件间的阈值时间间隔较长，但学习速度较快；听觉事件间的阈值时间间隔较短，但学习速度较慢。唯一适度的迁移是从视觉训练到听觉和视觉测试条件（见图 10.9）。类似地，在听觉持续时间辨别方面的训练并没有迁移到改善视觉持续时间辨别的表现 [187]。相反，据报道，短时间隔训练或运动间隔训练的迁移更普遍 [188, 189]，这使得一些研究人员得出结论认为更显著的特征更有可能被概括，以及事件的时间安排可能是现实世界多感官事件的一个突出方面 [190]。然而，另一种解释可能仅仅是，训练可以改善任何限制表现的因素，即时间属性对视觉线索的限制比听觉线索的限制更大。

这里的见解可能有助于指导学习的实际应用，例如感官替代设备，它为声音或触觉创造代表性的代理，使盲人通过听觉“看”，聋人通过视觉“听”，等等 [190, 191]。正如最近的一篇综述所概述的那样，使用视觉－听觉替代装置（将视觉像素编码成频率或频率和时间的听觉信号）进行训练已经取得了一些成功 [192]。视力正常的人能够通过最低限度的训练将听觉编码模式与位置、方向或大小不同的视觉模式联系起来，而更多的训练在解释熟悉的刺激时产生好处 [192]。这项研究提出的一个观点是，许多重要的功能，如物体识别或分类，都发生在大脑区域，这些区域主要接收来自一种方式的输入，但要么已经接收，要么可以训练接收来自其他方式的输入 [190, 193]。事实上，一项成像研究得出的结论是，在训练任务中，次级通道输入和高级大脑区域之间的联系会加强 [193]。

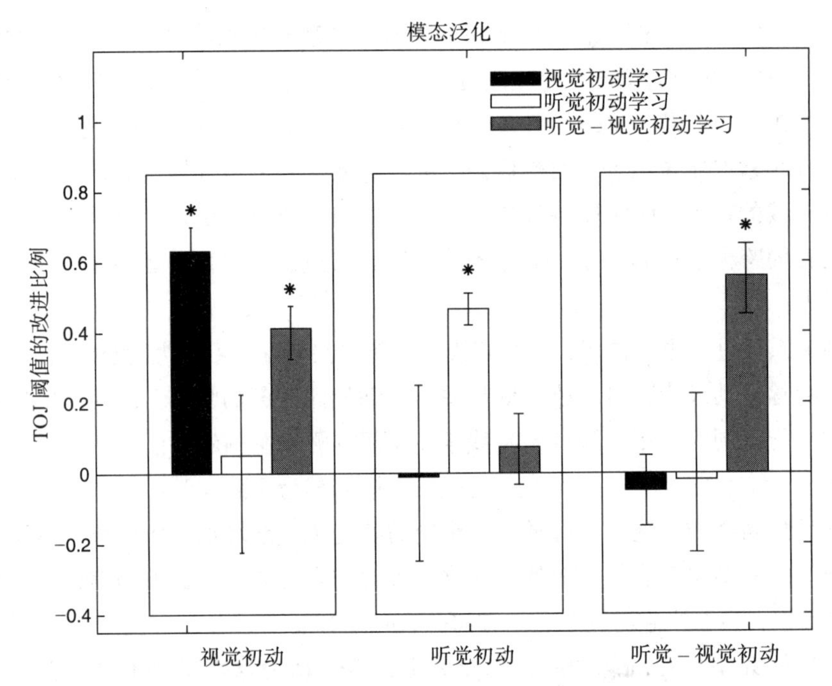

图 10.9　在视觉、听觉、听觉和视觉训练条件下的时间顺序判断的训练改进，以及向其他模式的迁移。学习的唯一迁移是从视觉训练到听觉和视觉的时间顺序判断。引自 Alais 和 Cass[186] 的图 2，已获许可。知识共享，版权归 Alais 和 Cass（2010）所有

总之，似乎在许多情况下，大脑例行整合来自多种模态的输入。输入被组合起来理解语言（说话人的嘴唇运动、面部表情和其他手势，以及其他提示）[194]。目标不仅可以通过视觉，而且可以通过触摸或听觉来理解。这里回顾的研究使用了多感官刺激或多感官训练方案，得出一个共同的结论，即知觉学习经常影响多感官表征或它们的可获得性。然而，很难准确地得出结论，这种效应依赖于真正的多感官处理或多感官表征。对于决策的双重输入、联想学习或学习过程中的反馈等二次信息，可能还有其他解释。尽管有这些说明，多感官知觉学习提出了一个迷人的研究课题，值得进一步研究。

10.3.5　总结

在本节中，我们分析了重点在人类数据上的视觉、听觉、触觉、嗅觉、味觉和多模态组合等感官模式的学习现象。许多经验主义的学习现象都在其中出现。学习在每种模态中都发生了，尽管比率相当不同。根据刺激和任务的不同，特异性和普遍性混合在一起出现了。用外部噪声方法测量的学习的机制，迄今为止只在视觉和听觉领域进行研究。在后者中，限制性能的内部噪声（以及可能的外部噪声）的指示变化与视觉

中的发现相平行。对多模态学习的听觉和视觉形式，甚至触觉学习的类似分析，可能是可行的，但由于各种原因，这些化学感官似乎要复杂得多。

可塑性的生理基础及其与学习的行为测量的关系已经在大多数模态中被检验。在几乎所有的研究中，学习模式都涉及低水平和高水平的感官皮质，而这些感官皮质系统地依赖于任务。一些研究注意到注意力、任务背景和其他自上而下过程的重要作用，有时是主导作用。然而，这些相似超越了这些现象学上的平行，还包括了方法和模型之间的潜在交叉。

无论何种方式，只要训练提高了判断的准确性，从定义的本质上就必须反映出经验依赖的信噪比改善，从而限制了这些知觉判断。无论在什么领域，正式的模型都可以在测试这种学习机制的想法中发挥关键作用。此外，这些模型可能为理解生理学提供了一个背景。我们预计，模式之间出现的一个共同主题将是在多重表征水平的学习中重加权的作用。具体情况可能有所不同，但从一个表征水平到下一个表征水平的证据读出改进的总体理念，很可能在未来描述许多这些模式的模型中发挥基本作用。

在知觉学习科学的历史上，一些最早的研究出现在体感和听觉改善的背景下。这些开创性的研究启发并为后来的视觉研究提供了信息。他们无疑在对潜在的大脑基质进行生理分析方面处于领先地位。然而，不同模态之间存在显著的差异。用来登记感觉输入的受体显然对每种感觉都是独特的，而大脑中表征和处理的组织也相应地由独特的系统来表示感觉信息。然而，除了这些直接的差异之外，之前的文献分析还强调了可塑性（低水平表征的变化）和稳定性（与决策相关的变化）的等级平衡中其他几个明显的差异。学习的速度似乎在不同的模态之间也有很大的不同，正如所学内容的特殊性一样。然而，目前仍有相对较少的实验研究将数据作为这些结论的基础，而且某些模态的研究多于其他模态。即使是某些经典研究，也会在解释和说明的层面引起争论。

在不久的将来，应该有机会使用一种模态中发展出来的范式、方法和模型来交叉促进其他模态的研究。这样，研究人员就可以确定其他学习的一般原则，或者进一步界定它们各自的应用范围。例如，我们在视觉和听觉中发现了许多现象，但这些现象还有待于其他模态的研究。这些包括（但不限于）任务漫游或任务混合对学习的影响，学习的信号 – 噪声机制，以及在特定模式下学习的计算模型的发展。

这项研究也可能开始揭示大脑感官学习的进化发展。某一功能回路是否先以一种模态进化，然后才迁移到另一种形态？或者相似的功能回路独立地出现在每个模态中？或者，作为第三种选择，协调和整合知觉模式的需要是否限制了每种模态下学习系统的进化，从而使它们变得彼此相似？将不同的学习方式与行为和生理方法进行比较，可能有助于对人类感官能力进化的基本推断。

10.4 类别学习

知觉学习与表面上看起来非常相似的类别学习，或者将潜在的不同感官物体分类的能力有何不同？两者之间的潜在关系是微妙的。虽然知觉学习和类别学习通常被认为是不同的学习形式，但它们仍然有许多共同的特征，特别是在视觉领域。例如，刺激表征和决策规则看起来很相似，尽管研究这两种形式的实验往往使用不同种类的刺激分布和不同的范式。一些研究人员甚至提出，这两个学习领域依赖于完全不同的生理学基础[195]。

在视觉刺激下的类别学习已经成为广泛的实验、理论发展和生理学研究的主题。这个研究项目与知觉学习项目有许多重要的范式差异，最显著的是在实验方法上。在视觉知觉学习实验中，刺激物通常只在决策的维度上发生变化（例如，只在方向判断中发生变化），而且在许多情况下，不同的试验几乎没有不同的刺激。在类别学习实验中，刺激倾向于同时在两个或多个维度上变化（如方向和空间频率；颜色、形状和数字），以及各种刺激在不同的试验中进行测试。在知觉学习研究中，观察者被直接告知所需的分类（例如，他们被告知判断的方向是顺时针还是逆时针垂直，甚至可能显示一些刺激的例子），而在标准的类别学习任务中，观察者不知道判断的性质，必须从反馈中推断出分类的预期基础（例如，不同方向和空间频率的刺激被分为任意类别 A 和类别 B，这必须从反馈中推断出来）。类别可能是基于方向、空间频率，或者两者的结合。在知觉学习中，刺激通常很难发现，因为低对比度或涉及细微的区分，而在分类中，刺激的差异通常很容易发现。

几种理论上不同的类别学习形式已经被确认。这些形式包括所谓的*基于规则的*类别和*信息集成*类别，以及第三种基于*原型学习*的类别。图 10.10 演示了规则和信息集成分类任务版本的示例刺激，以及决策边界。在基于规则的情况下，分类只依赖于空间频率（条的大小，高与低），而完全不依赖于方向。这两类被一个垂直于空间频率维度的线性边界分开。在信息集成示例中，分类反映了空间频率和空间方向的结合。这两类仍然以线性边界分开；然而，（对角线）边界现在不垂直于任何轴。这些刺激来自一个实验，这个实验比其他许多实验更能控制刺激组；在这种情况下，除了旋转之外，它们是相同的，所以原则上，在信号检测机制中，分类应该给理想的观察者带来相同的困难。先前实验的例子还包括其他种类的维度，如数字、颜色、大小或背景颜色；在这些实验中，刺激的感觉属性并没有得到很好的控制，但结果却非常相似。第三种形式的原型类别学习通常使用随机点模式进行测试（图 10.10c），其中 A 类包含一个略有变化的原型模式，而 B 类的例子是与原型更不同的随机点模式。

基于规则的分类任务被证明是这三类任务中最容易学习的。这在一定程度上是定义性的，因为基于规则的指定通常指的是那些可以通过明确的推理来解决的任务。然而，在某些情况下，基于规则的任务涉及多个维度，如果决策边界很容易由简单的规则构建，比如“高空间频率和左向”（注意几种标准的神经心理学测试，比如威斯康星卡片分类任务（PAR Corporation，D. A. Grant and E. A Berg，developers），它本身是额叶功能的一种常见测量方法，用来检查在一系列刺激中从一种分类基础迁换到另一种分类基础有多容易；例如从基于颜色的分类到基于形状的分类。）信息集成任务需要以不太明显的方式组合来自两个或更多维度的信息，通常学习起来更慢，也更难以用语言表达[196]。如果只有几个例子，记忆可能就足够了，但如果有很多刺激，那么就必须建立一个真正的综合决策边界。原型学习可能更类似于信息集成类别学习，因为它通常不涉及维度决策规则，而一些理论将原型类别学习归为范例学习[197, 198]。

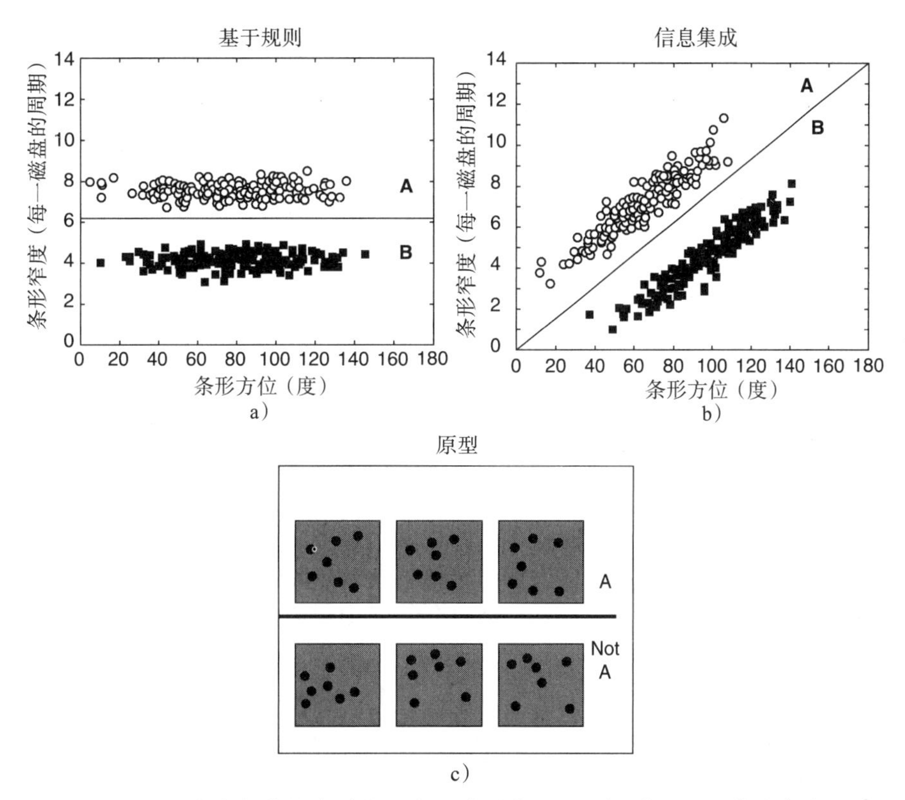

图 10.10　基于维度变化的类别学习有两种形式：基于规则（a）和信息集成（b）。第三种形式（c）基于原型加变化。引自 Ashby 和 Valentin[195] 的图 1，以及 Ashby 和 Ell[196] 的框 3，已获许可

基于规则的学习经常在经验和神经心理学的基础上与信息集成学习进行对比。一个强有力的主张是，这两种学习方式分别由不同的神经系统支持，即陈述性学习系统和程序性学习系统[199-202]。COVIS（言语系统和内隐系统之间的竞争）模型提出基于额叶的陈述性系统学习显式规则，而基于基底神经节的程序性系统可以学习更复杂的类别结构[199]。

这样的系统在许多可观察到的方面有所不同。陈述性系统速度快，而程序性系统

速度慢，并且是增量式的，在学习过程中需要一致和及时的反馈[195，196]。陈述性系统与前额叶皮层、前扣带皮层（ACC）的决策中心和海马体有关，而程序性系统与补充运动区纹状体有关，丘脑的核被认为主要依赖于与奖励相关的多巴胺能纤维投射。这种双系统模型受到了其他研究者的挑战，也有人提出了替代的单系统模型[198，203，204]。

双系统解释的一个关键预测是，信息集成（程序性）系统应该依赖于及时的学习奖励或反馈，而基于规则的（陈述性）系统则不需要。如果学习信息集成分类是由基底神经节奖励系统介导的，那么推理就应该依赖于及时的反馈，通常在反应后 2s 内被操作化。相比之下，如果基于规则的学习是由额叶陈述系统调节的，那么它对反馈延迟的敏感度应该要低得多。结果表明，与 0s 或 1000s 相比，反馈延迟为 0.5s 的信息集成学习更成功；事实上，任何 2.5s 或更长时间的反馈延迟都会导致信息集成类别学习受损[205]。另一方面，基于规则的类别学习能够经受住长达 10s 的反馈延迟[206-208]。这些结果被引用来支持涉及类别学习的陈述性和程序性神经系统[195]。在不同的经验操作下，两类类别学习的区别得到进一步支持。例如，基于规则的类别学习，也许依赖于对可能规则的逻辑推理，更受并发工作记忆需求[209]、可能的类别数量[210]，或睡眠剥夺[211]的影响。另一方面，根据 Ashby 和 Valentin 的综述[195]，基于基底神经节奖励结构的信息集成类别学习更容易受到反馈延迟[207]、反应映射变化[212]和刺激空间类别分离[213]等因素的干扰。

虽然分类学习和知觉学习通常被分开对待，但它们有一些共同的特征。刺激可以放置在一个多维空间中，分类通常可以在这个空间中表示为一个决策边界，而这两者的学习都涉及改进决策边界的演化（或者内部可变性的减少）。然而，除了这些形式上的相似之处，这两个领域有很大的不同。在知觉学习中，用语言表达规则的能力，如选择更顺时针方向或最高频率——这些通常在指令中提供——并不能保证快速学习或对所学内容进行简单的维度解释。知觉学习通常在没有反馈的情况下也会发生，在某些情况下，添加反馈是不重要的（见第 7 章）。的确，某些研究人员最近提出，知觉学习可能不同于两种类别学习形式，并得到早期感官皮质的支持[199]。

一篇论文明确研究了威尔逊病患者的知觉学习和类别学习之间的关系，结论是这种关系特别复杂[214]。威尔逊病涉及基底神经节的损害，这被认为是重要的信息集成类别学习。这样的患者群体允许我们进行相关研究，测量基于规则的类别学习、基于信息的类别学习和在不同外部噪声水平下对同一受试者的视觉知觉学习。测量指标包括基于规则的类别任务和信息集成类别任务的学习速率和最终准确率，以及在不同外部噪声水平下的知觉学习强度。威尔逊病患者在高外界噪声条件下的类别学习和知觉学习均有缺陷，但在低外界噪声条件下没有。也就是说，只有高外界噪声下的知觉学习与信息集成类别学习相关；其他相关性均不显著。

这种相关分析表明，高外部噪声环境下的视觉知觉学习与信息集成之间存在关系，而与基于规则的类别学习则没有关系。然而，这样的结果并不能解释威尔逊病患者在无外部噪声或低外部噪声条件下几乎完整的知觉学习形式[214]。当然，这只是一项研究，还需要更多的研究来充分理解分类和知觉学习的神经基质之间的关系。

更一般地说，类别学习和知觉学习在原则上可能共享概念刺激空间和反应类别。它们可能共享刺激的表征，包括变化的维度，以及决定刺激分类和反应的最终类别边界。在我们看来，即使这两个领域可以在相同的维度结构中概念化，但它们在本质上是不同的。这两种情况的限制因素似乎不同。

在类别学习中，必须学习的是类别边界的一般位置——因为观察者开始从未定义的类别，并且必须从一系列试验的反馈中推断出它们。刺激通常是相对容易看到且有明确的感觉表征。通常，刺激在一个或多个维度上存在显著的变化。主要测量中的限制因素，即正确分类刺激标准数量或推断类别规则的试验次数，可能不受感官表征中的可变性或相对信噪比的限制。相比之下，在知觉学习中，观察者通常从实验者的指示或情境开始，对任务有一个清晰的概念性理解，然后辨别受到噪声（内部或外部）或被辨别的刺激物的相似性的限制。通常情况下，使用的是相同的或相对较小的一组训练刺激，因此，不确定性不在于确定要执行什么任务，而在于正确地加权感觉表征，以便进行判断。也就是说，限制因素是感官信息中的信噪比和决策边界的优化。

总之，在类别学习实验中，观察者必须发现定义类别的规则，通常刺激本身很容易看到，但是可变的。在知觉学习实验中，观察者通常会预先知道反应规则，但必须发现如何解释嘈杂的、微弱的或类似的感官信息。这些理解学习的互补方法有可能被结合起来，并以各种方式进行实验测试，这将丰富我们对多种情况下学习的边界条件的理解。模型的细化，包括对正确分类的性质的不确定性以及刺激本身的内部和外部变化，可能最好地反映了自然环境中的知觉学习。

10.5　总结

可塑性发生在几个时间尺度和多种模态中，以更好地适应现实世界的挑战。本章首先考虑了视觉系统在不同时间尺度上的可塑性的多种形式。然后进一步分析了不同感官模态下的知觉学习，并以比较学习类别的相关形式结束。对于许多模态，动物模型的相关文献是大量的，所以我们的调查必然是部分的，强调在人类观察组的发现。在其他情况下，研究文献比较稀少和初级。在某些模态中，某些学习、保留、迁移、机制和知觉学习和任务模型的测试仍有待探索。

尽管研究的阶段不同，但特别引人注目的是，在知觉学习的现象学跨模态的共性。在视觉知觉学习中发现的三个原则似乎也出现在其他地方：首先，学习发生在复杂的大脑网络环境中，在不同的表征和处理水平上；其次，这些学习现象在可塑性的优势和对神经系统和信息系统稳定性的需求之间取得了关键性的平衡；最后，重加权感官输入来驱动决策和行为，这几乎肯定是通过寻找噪声中的最佳信号来学习的一个要素。

这些原理可以概括为多级复杂性、稳定性 / 可塑性平衡和重加权原理。所有这些似乎都超越了特定领域的差异。

当然，这些差异也需要加以考虑，因为它们揭示了知觉模式之间的显著差异。这包括学习的水平、速率、持久性和特异性，其中每一个都可能被优化，以最适合感官信息的进化适应性的不同用途。它们也可能与不同的侧重点相对应，即每种模式下的学习在早期和晚期皮质区域所处的位置略有不同，尽管所有这些都肯定涉及一些与决策和运动控制相关的共同回路。

还有许多其他形式的学习可能具有基本类似的性质。虽然超出了本章的范围，但运动学习，就像知觉学习一样，受到信号内部噪声的限制，经常整合多个线索来指导行为。同样，经典条件反射在学习过程中的奖励机制与知觉学习中的奖励机制没有什么不同。似乎有许多相同的核心机制体现在所有形式的学习中，包括感觉输入和效应输出。未来的研究有望进一步阐明这些相似和不同之处。

在本章的开始，我们将知觉学习与其他不同时间尺度的生物过程联系起来：物种进化和早期认知发展是一个极端，即时情境适应是另一个极端。这些可塑性尺度之间的可能关系仍然是一个研究和可能应用的开放领域。如何利用知觉训练在发展中的力量？如何综合短期适应和知觉学习之间的相互作用？

另一个重要的研究重点涉及在时间上密切同时发生的多种感官模式的功能。学习在微调多感官事件解释中的作用，以及相反地，多感官线索在知觉学习中的可能作用都值得进一步分析。综合多特征或多对象表征的相对重要性也应进一步检查。为了将知觉和其他相关的感官和运动学习形式整合到我们对更大的人类认知系统的理解中，未来的科学将需要检验每种学习形式独立于其他形式进行的程度，或者发展多模态协同作用的程度。

参考文献

[1] He S, Li X, Chan N, Hinton DR. Review: Epigenetic mechanisms in ocular disease. *Molecular Vision* 2013;19:665–674.

[2] Keverne EB, Curley JP. Epigenetics, brain evolution and behaviour. *Frontiers in Neuroendocrinology* 2008;29(3):398–412.

[3] Keverne EB, Pfaff DW, Tabansky I. Epigenetic changes in the developing brain: Effects on behavior. *Proceedings of the National Academy of Sciences* 2015;112(22):6789–6795.

[4] Dye M. The advantages of being helpless: Human brains are slow to develop—a secret, perhaps, of our success. *Scientific American* February 2010.

[5] Isler K. Brain size evolution: How fish pay for being smart. *Current Biology* 2013;23(2):R63–R65.

[6] Gottlieb G. The roles of experience in the development of behavior and the nervous system. *Studies on the development of behavior and the nervous system*. Vol. 3. Elsevier;1976:25–54.

[7] Censor N, Karni A, Sagi D. A link between perceptual learning, adaptation and sleep. *Vision Research* 2006;46(23):4071–4074.

[8] Harris H, Gliksberg M, Sagi D. Generalized perceptual learning in the absence of sensory adaptation. *Current Biology* 2012;22(19):1813–1817.

[9] Yotsumoto Y, Watanabe T, Sasaki Y. Different dynamics of performance and brain activation in the time course of perceptual learning. *Neuron* 2008;57(6):827–833.

[10] Darwin C. *On the origins of species by means of natural selection*. Murray;1859.

[11] Meredith RW, Janečka JE, Gatesy J, Ryder OA, Fisher CA. Impacts of the Cretaceous Terrestrial Revolution and KPg extinction on mammal diversification. *Science* 2011;334(6055):521–524.

[12] Kaas JH, ed. *The evolution of the visual system in primates*. The New Visual Neurosciences. MIT Press;2013.

[13] Azevedo FA, Carvalho LR, Grinberg LT, Farfel JM, Ferretti REL, Leite REP, Filho WJ, Lent R, Herculano-Houzel S.. Equal numbers of neuronal and nonneuronal cells make the human brain an isometrically scaled-up primate brain. *Journal of Comparative Neurology* 2009;513(5):532–541.

[14] Ross C, Martin R. The role of vision in the origin and evolution of primates. *Evolution of Nervous Systems* 2007;4:59–78.

[15] Wikler KC, Rakic P. Distribution of photoreceptor subtypes in the retina of diurnal and nocturnal primates. *Journal of Neuroscience* 1990;10(10):3390–3401.

[16] Regan BC, Julliot C, Simmen B, Vienot Fo, C-D P, Mollon JD. Fruits, foliage and the evolution of primate colour vision. *Philosophical Transactions of the Royal Society B: Biological Sciences* 2001;356(1407):229–283.

[17] Weller RE, Kaas JH. Parameters affecting the loss of ganglion cells of the retina following ablations of striate cortex in primates. *Visual Neuroscience* 1989;3(4):327–349.

[18] Lane R, Allman J, Kaas J, Miezin F. The visuotopic organization of the superior colliculus of the owl monkey (*Aotus trivirgatus*) and the bush baby (*Galago senegalensis*). *Brain Research* 1973;60(2):335–349.

[19] Felleman DJ, Van Essen DC. Distributed hierarchical processing in the primate cerebral cortex. *Cerebral Cortex* 1991;1(1):1–47.

[20] Kaas JH, Gharbawie O, Stepniewska I. The organization and evolution of dorsal stream multisensory motor pathways in primates. *Frontiers in Neuroanatomy* 2011;5:34:1–7.

[21] Liang J, Williams DR. Aberrations and retinal image quality of the normal human eye. *Journal of the Optical Society of America A* 1997;14(11):2873–2883.

[22] Wandell BA. *Foundations of vision*. Sinauer Associates;1995.

[23] Geisler WS. Visual perception and the statistical properties of natural scenes. *Annual Review of Psychology* 2008;59:167–192.

[24] Laughlin SB. A simple coding procedure enhances a neuron's information capacity. *Zeitschrift fuer Naturforschung* 1981;36(9–10):910–912.

[25] Frazor RA, Geisler WS. Local luminance and contrast in natural images. *Vision Research* 2006;46(10):1585–1598.

[26] Cormack LK, Liu Y, Bovik AC. Disparity statistics in the natural environment. *Journal of Vision* 2005;5(8):604.

[27] Maloney LT. Evaluation of linear models of surface spectral reflectance with small numbers of parameters. *Journal of the Optical Society of America A* 1986;3(10):1673–1683.

[28] Maloney LT, Wandell BA. Color constancy: A method for recovering surface spectral reflectance. *Journal of the Optical Society of America A* 1986;3(1):29–33.

[29] Brainard DH, Freeman WT. Bayesian color constancy. *Journal of the Optical Society of America A* 1997;14(7):1393–1411.

[30] D'Zmura M, Iverson G. Color constancy. I. Basic theory of two-stage linear recovery of spectral descriptions for lights and surfaces. *Journal of the Optical Society of America A* 1993;10(10):2148–2165.

[31] Barlow H. Single units and sensation: A neuron doctrine for perceptual psychology? *Perception* 1972;1:371–394.

[32] Field D. What is the goal of sensory coding? *Neural Computation* 1994;6(4):559–601.

[33] Olshausen BA, Field DJ. Sparse coding with an overcomplete basis set: A strategy employed by V1? *Vision Research* 1997;37(23):3311–3325.

[34] Boothe RG, Dobson V, Teller DY. Postnatal development of vision in human and nonhuman primates. *Annual Review of Neuroscience* 1985;8(1):495–545.

[35] Teller DY, Movshon JA. Visual development. *Vision Research* 1986;26(9):1483–1506.

[36] Dobson V, Teller DY. Visual acuity in human infants: A review and comparison of behavioral and electrophysiological studies. *Vision Research* 1978;18(11):1469–1483.

[37] Banks MS, Bennett PJ. Optical and photoreceptor immaturities limit the spatial and chromatic vision of human neonates. *Journal of the Optical Society of America A* 1988;5(12):2059–2079.

[38] Braddick O, Atkinson J. Development of human visual function. *Vision Research* 2011;51(13):1588–1609.

[39] Kiorpes L, Movshon JA. Neural limitations on visual development in primates. *Visual Neurosciences* 2003;1:159–173.

[40] Blakemore C, Vital-Durand F. Organization and post-natal development of the monkey's lateral geniculate nucleus. *Journal of Physiology* 1986;380(1):453–491.

[41] Blakemore C. Maturation and modification in the developing visual system. *Perception*. Springer;1978:377–436.

[42] Ellemberg D, Lewis TL, Liu CH, Maurer D. Development of spatial and temporal vision during childhood. *Vision Research* 1999;39(14):2325–2333.

[43] Braddick O, Wattam-Bell J, Atkinson J. Orientation-specific cortical responses develop in early infancy. *Nature*, 1986:320(6063);617–619.

[44] Braddick O. Orientation- and motion-selective mechanisms in infants. In Simons K, ed., *Early visual development: Normal and abnormal*. Oxford University Press;1993:163–177.

[45] Wattam-Bell J. Development of motion-specific cortical responses in infancy. *Vision Research* 1991;31(2):287–297.

[46] Braddick O, Birtles D, Wattam-Bell J, Atkinson J. Motion- and orientation-specific cortical responses in infancy. *Vision Research* 2005;45(25):3169–3179.

[47] Braddick O, Atkinson J, Julesz B, Kropfl W, Bodis-Wollner I, Raab E. Cortical binocularity in infants. *Nature* 198;288(5789):363–365.

[48] Julesz B, Kropfl W, Petrig B. Large evoked potentials to dynamic random-dot correlograms and stereograms permit quick determination of stereopsis. *Proceedings of the National Academy of Sciences* 1980;77(4):2348–2351.

[49] Petrig B, Julesz B, Kropfl W, Baumgartner G, Anliker M. Development of stereopsis and cortical binocularity in human infants: Electrophysiological evidence. *Science* 1981;213(4514):1402–1405.

[50] Birch EE, Gwiazda J, Held R. Stereoacuity development for crossed and uncrossed disparities in human infants. *Vision Research* 1982;22(5):507–513.

[51] Braddick O, Wattam-Bell J, Day J, Atkinson J. The onset of binocular function in human infants. *Human Neurobiology* 1982;2(2):65–69.

[52] Held R, Birch E, Gwiazda J. Stereoacuity of human infants. *Proceedings of the National Academy of Sciences* 1980;77(9):5572–5574.

[53] Fox R, Aslin RN, Shea SL, Dumais ST. Stereopsis in human infants. *Science* 1980;207(4428):323–324.

[54] Mayer D, Beiser A, Warner A, Pratt E, Raye K, Lang J. Monocular acuity norms for the Teller Acuity Cards between ages one month and four years. *Investigative Ophthalmology & Visual Science* 1995;36(3):671–685.

[55] Maurer D, Lewis TL. Visual acuity: The role of visual input in inducing postnatal change. *Clinical Neuroscience Research* 2001;1(4):239–247.

[56] Parrish E, Giaschi D, Boden C, Dougherty R. The maturation of form and motion perception in school age children. *Vision Research* 2005;45(7):827–837.

[57] Morrone M, Burr D, Vaina LM. Two stages of visual processing for radial and circular motion. *Nature* 1995;376(6540):507–509.

[58] Newsome WT, Pare EB. A selective impairment of motion perception following lesions of the middle temporal visual area (MT). *Journal of Neuroscience* 1988;8(6):2201–2211.

[59] Kovács I. Human development of perceptual organization. *Vision Research* 2000;40(10):1301–1310.

[60] Kalia A, Lesmes LA, Dorr M, Gandhi T, Chatterjee G, Ganesh S, Bex PJ, Sinha P. Development of pattern vision following early and extended blindness. *Proceedings of the National Academy of Sciences* 2014;111(5):2035–2039.

[61] Takesian AE, Hensch TK. Balancing plasticity/stability across brain development. *Progress in Brain Research* 2013;207:3–34.

[62] Shapley R, Enroth-Cugell C. Visual adaptation and retinal gain controls. *Progress in Retinal Research* 1984;3:263–346.

[63] Blakemore C, Sutton P. Size adaptation: A new after-effect. *Science* 1969;166(3902):245–247.

[64] Clifford CW. Perceptual adaptation: Motion parallels orientation. *Trends in Cognitive Sciences* 2002;6(3):136–143.

[65] Bao M, Engel SA. Distinct mechanism for long-term contrast adaptation. *Proceedings of the National Academy of Sciences* 2012;109(15);5898–5903.

[66] Adams R. An account of a peculiar optical phenomenon seen after having looked at a moving body, etc. *The London, Edinburgh, and Dublin Philosophical Magazine and Journal of Science* 1834;5(29):373–374.

[67] Mitchell DE, Muir DW. Does the tilt after-effect occur in the oblique meridian? *Vision Research* 1976;16(6):609–613.

[68] Dao DY, Lu Z-L, Dosher BA. Adaptation to sine-wave gratings selectively reduces the contrast gain of the adapted stimuli. *Journal of Vision* 2006;6(7):739–759.

[69] Webster MA, Mollon J. The influence of contrast adaptation on color appearance. *Vision Research* 1994;34(15):1993–2020.

[70] Calder AJ, Jenkins R, Cassel A, Clifford CW. Visual representation of eye gaze is coded by a nonopponent multichannel system. *Journal of Experimental Psychology: General* 2008;137(2):244.

[71] Lawson RP, Clifford CW, Calder AJ. About turn the visual representation of human body orientation revealed by adaptation. *Psychological Science* 2009;20(3):363–371.

[72] Fang F, He S. Viewer-centered object representation in the human visual system revealed by viewpoint aftereffects. *Neuron* 2005;45(5):793–800.

[73] Webster MA. Adaptation and visual coding. *Journal of Vision* 2011;11(5):3;1–23.

[74] Regan D, Beverley K. Postadaptation orientation discrimination. *Journal of the Optical Society of America A* 1985;2(2):147–155.

[75] Vul E, Krizay E, MacLeod DI. The McCollough effect reflects permanent and transient adaptation in early visual cortex. *Journal of Vision* 2008;8(12):4:1–12.

[76] Zhang P, Bao M, Kwon M, He S, Engel SA. Effects of orientation-specific visual deprivation induced with altered reality. *Current Biology* 2009;19(22):1956–1960.

[77] Juricevic I, Webster MA. Variations in normal color vision. V. Simulations of adaptation to natural color environments. *Visual Neuroscience* 2009;26(1):133–145.

[78] Gibson JJ. Adaptation, after-effect and contrast in the perception of curved lines. *Journal of Experimental Psychology* 1933;16(1):1–31.

[79] Gibson JJ, Radner M. Adaptation, after-effect and contrast in the perception of tilted lines. I. Quantitative studies. *Journal of Experimental Psychology* 1937;20(5):453–467.

[80] Delahunt PB, Webster MA, Ma L, Werner JS. Long-term renormalization of chromatic mechanisms following cataract surgery. *Visual Neuroscience* 2004;21(3):301–307.

[81] Bedford FL. Constraints on perceptual learning: Objects and dimensions. *Cognition* 1995;54(3):253–297.

[82] Rozin P, Schull J. The adaptive-evolutionary point of view in experimental psychology. In Atkinson RC, Herrnstein RJ, Lindzey G, Luce RD, eds., *Handbook of experimental psychology*. Wiley-Interscience;1988:503–546.

[83] Gibson EJ. Perceptual learning in development: Some basic concepts. *Ecological Psychology* 2000;12(4):295–302.

[84] Fagiolini M, Fritschy J-M, Löw K, Möhler H, Rudolph U, Hensch TK. Specific GABAA circuits for visual cortical plasticity. *Science* 2004;303(5664):1681–1683.

[85] Hensch TK. Critical period plasticity in local cortical circuits. *Nature Reviews Neuroscience* 2005;6(11):877–888.

[86] Hensch TK, Fagiolini M, Mataga N, Stryker MP, Baekkeskov S, Kash SF. Local GABA circuit control of experience-dependent plasticity in developing visual cortex. *Science* 1998;282(5393):1504–1508.

[87] Sagi D. Perceptual learning in vision research. *Vision Research* 2011;51(13):1552–1566.

[88] Demany L. Perceptual learning in frequency discrimination. *Journal of the Acoustical Society of America* 1985;78(3):1118–1120.

[89] Irvine DR, Martin RL, Klimkeit E, Smith R. Specificity of perceptual learning in a frequency discrimination task. *Journal of the Acoustical Society of America* 2000;108(6):2964–2968.

[90] Amitay S, Hawkey DJ, Moore DR. Auditory frequency discrimination learning is affected by stimulus variability. *Perception & Psychophysics* 2005;67(4):691–698.

[91] Hawkey DJ, Amitay S, Moore DR. Early and rapid perceptual learning. *Nature Neuroscience* 2004;7(10):1055–1056.

[92] Amitay S, Irwin A, Moore DR. Discrimination learning induced by training with identical stimuli. *Nature Neuroscience* 2006;9(11):1446–1448.

[93] Wright BA, Buonomano DV, Mahncke HW, Merzenich MM. Learning and generalization of auditory temporal-interval discrimination in humans. *Journal of Neuroscience* 1997;17(10):3956–3963.

[94] Wright BA, Zhang Y. A review of learning with normal and altered sound-localization cues in human adults. *International Journal of Audiology* 2006;45(supl):92–98.

[95] Zhang Y, Wright BA. An influence of amplitude modulation on interaural level difference processing suggested by learning patterns of human adults. *Journal of the Acoustical Society of America* 2009;126(3):1349–1358.

[96] Zhang Y, Wright BA. Similar patterns of learning and performance variability for human discrimination of interaural time differences at high and low frequencies. *Journal of the Acoustical Society of America* 2007;121(4):2207–2216.

[97] Grimault N, Micheyl C, Carlyon RP, Collet L. Evidence for two pitch encoding mechanisms using a selective auditory training paradigm. *Perception & Psychophysics* 2002;64(2):189–197.

[98] Samuel AG, Kraljic T. Perceptual learning for speech. *Attention, Perception, & Psychophysics* 2009;71(6):1207–1218.

[99] Logan JS, Lively SE, Pisoni DB. Training Japanese listeners to identify English /r/ and /l/. A first report. *Journal of the Acoustical Society of America* 1991;89(2):874–886.

[100] Lively SE, Logan JS, Pisoni DB. Training Japanese listeners to identify English /r/ and /l/. II. The role of phonetic environment and talker variability in learning new perceptual categories. *Journal of the Acoustical Society of America* 1993;94(3):1242–1255.

[101] Lively SE, Pisoni DB, Yamada RA, Tohkura Y, Yamada T. Training Japanese listeners to identify English /r/ and /l/. III. Long-term retention of new phonetic categories. *Journal of the Acoustical Society of America* 1994;96(4):2076–2087.

[102] Bradlow AR, Pisoni DB, Akahane-Yamada R, Tohkura Y. Training Japanese listeners to identify English /r/ and /l/. IV. Some effects of perceptual learning on speech production. *Journal of the Acoustical Society of America* 1997;101(4):2299–2310.

[103] Wang Y, Spence MM, Jongman A, Sereno JA. Training American listeners to perceive Mandarin tones. *Journal of the Acoustical Society of America* 1999;106(6):3649–3658.

[104] Bradlow AR, Bent T. Perceptual adaptation to non-native speech. *Cognition* 2008;106(2):707–729.

[105] Clarke CM, Garrett MF. Rapid adaptation to foreign-accented English. *Journal of the Acoustical Society of America* 2004;116(6):3647–3658.

[106] Loebach JL, Bent T, Pisoni DB. Multiple routes to the perceptual learning of speech. *Journal of the Acoustical Society of America* 2008;124(1):552–561.

[107] Shafiro V, Sheft S, Gygi B, Ho KTN. The influence of environmental sound training on the perception of spectrally degraded speech and environmental sounds. *Trends in Amplification* 2012;16(2):83–101.

[108] Davis MH, Johnsrude IS, Hervais-Adelman A, Taylor K, McGettigan C. Lexical information drives perceptual learning of distorted speech: Evidence from the comprehension of noise-vocoded sentences. *Journal of Experimental Psychology: General* 2005;134(2):222–241.

[109] Wright BA, Zhang Y. A review of the generalization of auditory learning. *Philosophical Transactions of the Royal Society B: Biological Sciences* 2009;364(1515):301–311.

[110] Delhommeau K, Micheyl C, Jouvent R. Generalization of frequency discrimination learning across frequencies and ears: Implications for underlying neural mechanisms in humans. *Journal of the Association for Research in Otolaryngology* 2005;6(2):171–179.

[111] Demany L, Semal C. Learning to perceive pitch differences. *Journal of the Acoustical Society of America* 2002;111(3):1377–1388.

[112] Karmarkar UR, Buonomano DV. Temporal specificity of perceptual learning in an auditory discrimination task. *Learning & Memory* 2003;10(2):141–147.

[113] Banai K, Amitay S. Stimulus uncertainty in auditory perceptual learning. *Vision Research* 2012;61:83–88.

[114] Green D, Swets J. *Signal detection theory and psychophysics*. Wiley;1966.

[115] Ahumada A, Watson A. Equivalent-noise model for contrast detection and discrimination. *Journal of the Optical Society of America A* 1985;2(7):1133–1139.

[116] Amitay S, Zhang Y-X, Jones PR, Moore DR. Perceptual learning: Top to bottom. *Vision Research* 2014;99:69–77.

[117] Amitay S, Guiraud J, Sohoglu E, Zobay O, Edmonds BA, Zhang, Y-X, Moore DR. Human decision making based on variations in internal noise: An EEG study. *PloS One* 2013;8(7):e68928.

[118] Amitay S, Irwin A, Hawkey DJ, Cowan JA, Moore DR. A comparison of adaptive procedures for rapid and reliable threshold assessment and training in naive listeners. *Journal of the Acoustical Society of America* 2006;119(3):1616–1625.

[119] Jones PR, Moore DR, Amitay S, Shub DE. Reduction of internal noise in auditory perceptual learning. *Journal of the Acoustical Society of America* 2013;133(2):970–981.

[120] Dosher BA, Lu Z-L. Perceptual learning in clear displays optimizes perceptual expertise: Learning the limiting process. *Proceedings of the National Academy of Sciences* 2005;102(14):5286–5290.

[121] Amitay S, Zhang Y-X, Moore DR. Asymmetric transfer of auditory perceptual learning. *Frontiers in Psychology* 2012;3:508;1–8.

[122] Dosher BA, Lu Z-L. Perceptual learning reflects external noise filtering and internal noise reduction through channel reweighting. *Proceedings of the National Academy of Sciences* 1998;95(23):13988–13993.

[123] Dosher BA, Lu Z-L. Mechanisms of perceptual learning. *Vision Research* 1999;39(19):3197–3221.

[124] Patterson R, Robinson K, Holdsworth J, McKeown D, Zhang C, Allerhand M. *Auditory physiology and perception*. Oxford;1992.

[125] Woldorff MG, Gallen CC, Hampson SA, Hillyard SA, Pantev C, Sobel D, Bloom FE. Modulation of early sensory processing in human auditory cortex during auditory selective attention. *Proceedings of the National Academy of Sciences* 1993;90(18):8722–8726.

[126] Hansen JC, Hillyard SA. Endogenous brain potentials associated with selective auditory attention. *Electroencephalography and Clinical Neurophysiology* 1980;49(3):277–290.

[127] Bakin JS, Weinberger NM. Classical conditioning induces CS-specific receptive field plasticity in the auditory cortex of the guinea pig. *Brain Research* 1990;536(1–2):271–286.

[128] Weinberger NM. Specific long-term memory traces in primary auditory cortex. *Nature Reviews Neuroscience* 2004;5(4):279–290.

[129] Weinberger NM, Hopkins W, Diamond DM. Physiological plasticity of single neurons in auditory cortex of the cat during acquisition of the pupillary conditioned response. I. Primary field (AI). *Behavioral Neuroscience* 1984;98(2):171–188.

[130] Recanzone GH, Schreiner C, Merzenich MM. Plasticity in the frequency representation of primary auditory cortex following discrimination training in adult owl monkeys. *Journal of Neuroscience* 1993;13(1):87–103.

[131] Weinberger NM, Ashe JH, Metherate R, McKenna TM, Diamond DM, Bakin JS, Lennartz RC, Cassady JM. Neural adaptive information processing: A preliminary model of receptive-field plasticity in auditory cortex during Pavlovian conditioning. In Gabriel M, Moore J, eds. *Learning and computational neuroscience: Foundation of adaptive networks*. MIT Press;1990:91–138.

[132] Polley DB, Steinberg EE, Merzenich MM. Perceptual learning directs auditory cortical map reorganization through top-down influences. *Journal of Neuroscience* 2006;26(18):4970–4982.

[133] Brown M, Irvine DR, Park VN. Perceptual learning on an auditory frequency discrimination task by cats: Association with changes in primary auditory cortex. *Cerebral Cortex* 2004;14(9):952–965.

[134] Recanzone GH. Perception of auditory signals. *Annals of the New York Academy of Sciences* 2011;1224(1):96–108.

[135] Reed A, Riley J, Carraway R, Carrasco A, Perez C, Jakkamsetti V, Kilgard MP. Cortical map plasticity improves learning but is not necessary for improved performance. *Neuron* 2011;70(1):121–131.

[136] Talwar SK, Gerstein GL. Reorganization in awake rat auditory cortex by local microstimulation and its effect on frequency-discrimination behavior. *Journal of Neurophysiology* 2001;86(4):1555–1572.

[137] Ohl FW, Scheich H. Learning-induced plasticity in animal and human auditory cortex. *Current Opinion in Neurobiology* 2005;15(4):470–477.

[138] Recanzone GH, Merzenich MM, Jenkins WM, Grajski KA, Dinse HR. Topographic reorganization of the hand representation in cortical area 3b owl monkeys trained in a frequency-discrimination task. *Journal of Neurophysiology* 1992;67(5):1031–1056.

[139] Binder JR, Liebenthal E, Possing ET, Medler DA, Ward BD. Neural correlates of sensory and decision processes in auditory object identification. *Nature Neuroscience* 2004;7(3):295–301.

[140] Holcomb H, Medoff D, Caudill P, Zhao Z, Lahti AC, Dannals RF, Tamminga CA. Cerebral blood flow relationships associated with a difficult tone recognition task in trained normal volunteers. *Cerebral Cortex* 1998;8(6):534–542.

[141] Jäncke L, Gaab N, Wüstenberg T, Scheich H, Heinze H-J. Short-term functional plasticity in the human auditory cortex: An fMRI study. *Cognitive Brain Research* 2001;12(3):479–485.

[142] Kang D-W, Kim D, Chang L-H, Kim Y-H, Takahashi Em Cain MS, Watanabe T, Sasaki Y. Structural and functional connectivity changes beyond visual cortex in a later phase of visual perceptual learning. *Scientific Reports* 2018;8(5186):1–9.

[143] James, W. *The principles of psychology*. Vol. 1. Holt;1890.

[144] Harris JA, Petersen RS, Diamond ME. Distribution of tactile learning and its neural basis. *Proceedings of the National Academy of Sciences* 1999;96(13):7587–7591.

[145] Petersen RS, Diamond ME. Spatial-temporal distribution of whisker-evoked activity in rat somatosensory cortex and the coding of stimulus location. *Journal of Neuroscience* 2000;20(16):6135–6143.

[146] Kaas JH. The functional organization of somatosensory cortex in primates. *Annals of Anatomy—Anatomischer Anzeiger* 1993;175(6):509–518.

[147] Harris JA, Harris IM, Diamond ME. The topography of tactile learning in humans. *Journal of Neuroscience* 2001;21(3):1056–1061.

[148] Harrar V, Spence C, Makin TR. Topographic generalization of tactile perceptual learning. *Journal of Experimental Psychology: Human Perception and Performance* 2014;40(1):15–23.

[149] Sathian K, Deshpande G, Stilla R. Neural changes with tactile learning reflect decision-level reweighting of perceptual readout. *Journal of Neuroscience* 2013;33(12):5387–5398.

[150] Alberts JR. Olfactory contributions to behavioral development in rodents. In Doty RL, ed., *Mammalian olfaction, reproductive processes, and behavior.* Academic Press;1976:67–94.

[151] Buck LB, Bargmann C. Smell and taste: The chemical senses. *Principles of Neural Science* 2000;4:625–647.

[152] Gottfried JA, Zald DH. On the scent of human olfactory orbitofrontal cortex: Meta-analysis and comparison to non-human primates. *Brain Research Reviews* 2005;50(2):287–304.

[153] Matsunami H, Montmayeur J-P, Buck LB. A family of candidate taste receptors in human and mouse. *Nature* 2000;404(6778):601–604.

[154] Stevenson RJ, Prescott J, Boakes RA. The acquisition of taste properties by odors. *Learning and Motivation* 1995;26(4):433–455.

[155] Stevenson RJ, Boakes RA, Prescott J. Changes in odor sweetness resulting from implicit learning of a simultaneous odor-sweetness association: An example of learned synesthesia. *Learning and Motivation* 1998;29(2):113–132.

[156] De Araujo IE, Rolls ET, Kringelbach ML, McGlone F, Phillips N. Taste-olfactory convergence, and the representation of the pleasantness of flavour, in the human brain. *European Journal of Neuroscience* 2003;18(7):2059–2068.

[157] Prescott J, Murphy S. Inhibition of evaluative and perceptual odour–taste learning by attention to the stimulus elements. *Quarterly Journal of Experimental Psychology* 2009;62(11):2133–2140.

[158] Eylam S, Kennedy L. Experience-induced increases in sensitivity for glucose in human glucose-hypogeusics. *Chemical Senses* 1998;23:588–589.

[159] Kobayashi C, Kennedy LM. Experience-induced changes in taste identification of monosodium glutamate. *Physiology & Behavior* 2002;75(1):57–63.

[160] Kobayashi C, Kennedy LM, Halpern BP. Experience-induced changes in taste identification of monosodium glutamate (MSG) are reversible. *Chemical Senses* 2006;31(4):301–306.

[161] Cain WS, Schmidt R. Sensory detection of glutaraldehyde in drinking water—emergence of sensitivity and specific anosmia. *Chemical Senses* 2002;27(5):425–433.

[162] Gonzalez KM, Peo C, Livdahl T, Kennedy LM. Experience-induced changes in sugar taste discrimination. *Chemical Senses* 2008;33(2):173–179.

[163] Faurion A, Cerf B, Pillias A-M, Boireau N. Increased taste sensitivity by familiarization to novel stimuli: Psychophysics, fMRI and electrophysiological techniques suggest modulations at peripheral and central levels. In Rouby C, Schaal B, Dubois D, Gervais R, Holley A, eds., *Olfaction, Taste, and Cognition,* Cambridge University Press;2002:350–366.

[164] Walk RO. Perceptual learning and the discrimination of wines. *Psychonomic Science* 1966;5(2):57–58.

[165] Meilgaard M, Dalgliesh C, Clapperton J. Beer flavour terminology 1. *Journal of the Institute of Brewing* 1979;85(1):38–42.

[166] Meilgaard M, Reid D, Wyborski K. Reference standards for beer flavor terminology system. *Journal of the American Society of Brewing Chemists* 1982;40(4):119–128.

[167] Owen DH, Machamer PK. Bias-free improvement in wine discrimination. *Perception* 1979;8(2):199–209.

[168] Wilson DA, Stevenson RJ. The fundamental role of memory in olfactory perception. *Trends in Neurosciences* 2003;26(5):243–247.

[169] Trotier D, Eloit C, Wassef M, Talmain G, Bensimon JL, Døving KB, Ferrand J. The vomeronasal cavity in adult humans. *Chemical Senses* 2000;25(4):369–380.

[170] Laurent G, Stopfer M, Friedrich RW, Rabinovich MI, Volkovskii A, Abarbanel HD. Odor encoding as an active, dynamical process: Experiments, computation, and theory. *Annual Review of Neuroscience* 2001;24(1):263–297.

[171] Li W, Luxenberg E, Parrish T, Gottfried JA. Learning to smell the roses: Experience-dependent neural plasticity in human piriform and orbitofrontal cortices. *Neuron* 2006;52(6):1097–1108.

[172] Rabin MD. Experience facilitates olfactory quality discrimination. *Perception & Psychophysics* 1988;44(6):532–540.

[173] Jehl C, Royet J, Holley A. Odor discrimination and recognition memory as a function of familiarization. *Perception & Psychophysics* 1995;57(7):1002–1011.

[174] Stevens DA, O'Connell RJ. Semantic-free scaling of odor quality. *Physiology & Behavior* 1996;60(1):211–215.

[175] Stevens DA, O'Connell RJ. Enhanced sensitivity to androstenone following regular exposure to pemenone. *Chemical Senses* 1995;20(4):413–419.

[176] Sewards TV, Sewards MA. Cortical association areas in the gustatory system. *Neuroscience & Biobehavioral Reviews* 2001;25(5):395–407.

[177] Gottfried JA, Dolan RJ. The nose smells what the eye sees: Crossmodal visual facilitation of human olfactory perception. *Neuron* 2003;39(2):375–386.

[178] Diederich A, Colonius H, Schomburg A. Assessing age-related multisensory enhancement with the time-window-of-integration model. *Neuropsychologia* 2008;46(10):2556–2562.

[179] Rach S, Diederich A, Colonius H. On quantifying multisensory interaction effects in reaction time and detection rate. *Psychological Research* 2011;75(2):77–94.

[180] Powers AR, Hillock AR, Wallace MT. Perceptual training narrows the temporal window of multisensory binding. *Journal of Neuroscience* 2009;29(39):12265–12274.

[181] Beer AL, Batson MA, Watanabe T. Multisensory perceptual learning reshapes both fast and slow mechanisms of crossmodal processing. *Cognitive, Affective, & Behavioral Neuroscience* 2011;11(1):1–12.

[182] Beer AL, Watanabe T. Specificity of auditory-guided visual perceptual learning suggests crossmodal plasticity in early visual cortex. *Experimental Brain Research* 2009;198(2–3):353–361.

[183] Shams L, Seitz AR. Benefits of multisensory learning. *Trends in Cognitive Sciences* 2008;12(11):411–417.

[184] Kim RS, Seitz AR, Shams L. Benefits of stimulus congruency for multisensory facilitation of visual learning. *PLoS One* 2008;3(1):e1532.

[185] Seitz AR, Kim R, Shams L. Sound facilitates visual learning. *Current Biology* 2006;16(14):1422–1427.

[186] Alais D, Cass J. Multisensory perceptual learning of temporal order: Audiovisual learning transfers to vision but not audition. *PLoS One* 2010;5(6):e11283.

[187] Lapid E, Ulrich R, Rammsayer T. Perceptual learning in auditory temporal discrimination: No evidence for a cross-modal transfer to the visual modality. *Psychonomic Bulletin & Review* 2009;16(2):382–389.

[188] Bartolo R, Merchant H. Learning and generalization of time production in humans: Rules of transfer across modalities and interval durations. *Experimental Brain Research* 2009;197(1):91–100.

[189] Planetta PJ, Servos P. Somatosensory temporal discrimination learning generalizes to motor interval production. *Brain Research* 2008;7(81):51–57.

[190] Proulx MJ, Brown DJ, Pasqualotto A, Meijer P. Multisensory perceptual learning and sensory substitution. *Neuroscience & Biobehavioral Reviews* 2014;41:16–25.

[191] Bach-Y-Rita P, Collins CC, Saunders FA, White B, Scadden L. Vision substitution by tactile image projection. *Nature*, 1969;221(5184);963–964.

[192] Kim J-K, Zatorre RJ. Generalized learning of visual-to-auditory substitution in sighted individuals. *Brain Research* 2008;1242:263–275.

[193] Kim J-K, Zatorre RJ. Tactile–auditory shape learning engages the lateral occipital complex. *Journal of Neuroscience* 2011;31(21):7848–7856.

[194] McGurk H, MacDonald J. Hearing lips and seeing voices. *Nature* 1976;264(5588):746–748.

[195] Ashby FG, Valentin VV. Multiple systems of perceptual category learning: Theory and cognitive tests. In Cohen H, Lefebvre C, eds., *Handbook of categorization in cognitive science*. Elsevier; 2005:547–572.

[196] Ashby FG, Ell SW. The neurobiology of human category learning. *Trends in Cognitive Sciences* 2001;5(5):204–210.

[197] Posner MI, Keele SW. On the genesis of abstract ideas. *Journal of Experimental Psychology* 1968;77(3,part 1):353–363.

[198] Nosofsky RM, Stanton RD, Zaki SR. Procedural interference in perceptual classification: Implicit learning or cognitive complexity? *Memory & Cognition* 2005;33(7):1256–1271.

[199] Ashby FG, Alfonso-Reese LA. A neuropsychological theory of multiple systems in category learning. *Psychological Review* 1998;105(3):442–481.

[200] Ashby FG, Crossley MJ. A computational model of how cholinergic interneurons protect striatal-dependent learning. *Journal of Cognitive Neuroscience* 2011;23(6):1549–1566.

[201] Ashby FG, Ennis JM, Spiering BJ. A neurobiological theory of automaticity in perceptual categorization. *Psychological Review* 2007;114(3):632–656.

[202] Ashby FG, Waldron EM. On the nature of implicit categorization. *Psychonomic Bulletin & Review* 1999;6(3):363–378.

[203] Nosofsky RM, Kruschke JK. Single-system models and interference in category learning: Commentary on Waldron and Ashby (2001). *Psychonomic Bulletin & Review* 2002;9(1):169–174.

[204] Kruschke JK. ALCOVE: An exemplar-based connectionist model of category learning. *Psychological Review* 1992;99(1):22–44.

[205] Worthy DA, Markman AB, Maddox WT. Feedback and stimulus-offset timing effects in perceptual category learning. *Brain and Cognition* 2013;81(2):283–293.

[206] Dunn JC, Newell BR, Kalish ML. The effect of feedback delay and feedback type on perceptual category learning: The limits of multiple systems. *Journal of Experimental Psychology: Learning, Memory, and Cognition* 2012;38(4):840–859.

[207] Maddox WT, Ashby FG, Bohil CJ. Delayed feedback effects on rule-based and information-integration category learning. *Journal of Experimental Psychology: Learning, Memory, and Cognition* 2003;29(4):650–662.

[208] Filoteo JV, Maddox WT, Ing AD, Zizak V, Song DD. The impact of irrelevant dimensional variation on rule-based category learning in patients with Parkinson's disease. *Journal of the International Neuropsychological Society* 2005;11(5):503–513.

[209] Waldron EM, Ashby FG. The effects of concurrent task interference on category learning: Evidence for multiple category learning systems. *Psychonomic Bulletin & Review* 2001;8(1):168–176.

[210] Maddox WT, Ashby FG, Ing AD, Pickering AD. Disrupting feedback processing interferes with rule-based but not information-integration category learning. *Memory & Cognition* 2004;32(4):582–591.

[211] Maddox WT, Glass BD, Wolosin SM, Savarie ZR, Bowen C, Matthews MD, Schnyer DM. The effects of sleep deprivation on information-integration categorization performance. *Sleep* 2009;32(11):1439–1448.

[212] Ashby FG, Ell SW, Waldron EM. Procedural learning in perceptual categorization. *Memory & Cognition* 2003;31(7):1114–1125.

[213] Ell SW, Ashby FG. The effects of category overlap on information-integration and rule-based category learning. *Perception & Psychophysics* 2006;68(6):1013–1026.

[214] Xu P, Lu Z-L, Wang X, Dosher B, Zhou J, Zhang D, Zhou Y. Category and perceptual learning in subjects with treated Wilson's disease. *PLoS One* 2010;5(3):e9635.

第 11 章

应　用

知觉学习具有令人兴奋的潜力，可以应用于现实世界中的问题。在本章中，我们将考虑视觉训练方法如何应用于两个广泛的领域：教育和矫正。我们首先考虑了数学和阅读教学中一些方法的使用，然后探索在弱视、近视、低视力、白内障和更高级的功能障碍（例如，诵读困难症和注意力不集中症）的治疗潜力。在外科手术后或将辅助设备应用到日常工作中时，训练可能发挥明确的作用。在每个领域，将训练干预措施引入市场和临床应用都面临着独特的挑战和特殊的机会。

11.1 从实验室到世界的知觉学习

从人类对知觉学习的最早观察中可知，人类通过在现实世界领域的广泛实践得到了非常多的专业知识。专家可以对新手不易接近的世界进行感知和分类，并通常可以将这些知觉转化为专家行为。只有具备专业的知觉知识，才能在同行中脱颖而出。品酒师、音乐家、羊毛分级师和飞行员都是这方面的例子。

知觉学习始于现实世界，后来才进入实验室，但我们怎么才能把研究从实验室带回到现实世界中呢？现实世界的专业知识很复杂，并且可能涉及许多层次的学习，从知觉、运动到认知。专业知识的不同方面往往很难区分。相比之下，实验室里的实验是被严格控制的，可以把这些不同的成分分开。数十年来的实验室研究，通常使用简化的刺激和任务情境，对学习的功能和机制、学习过程的模型以及潜在的大脑可塑性有许多深刻的见解。但是，如何将这些见解和发展转化为现实世界的情况呢？

在本章中，我们将专门研究知觉学习的应用。虽然可能涉及决策、注意力、认知策略和知觉，但大多数都与视觉领域有关。接下来的调查考虑了一系列干预措施和训练方案。这些内容包括提高阅读和数学学习能力，使用电子游戏增强知觉能力，以及旨在改善如弱视、近视等视觉功能缺陷的部分。

这些应用在不同程度上存在于理论和实践的边界上。有些类似于实验室干预，而另一些则试图以设备或应用程序的形式将视觉训练程序引入消费者市场。商业化可能带来了新的挑战，尤其对于学术研究者而言。商业化不再只是人类研究审查委员会的领域，而是要求从业人员在困难的监管环境中起到引领的作用，设计有效的交付包，并确定最有可能从他们的培训干预中受益的亚群体。这项研究的一些前沿可能包括旨在增强或提供“仿生”替代受损感觉输入的设备。随着增强传感设备的出现，以及数字监测、数字交付、人工智能和机器学习方法的出现，这些和其他训练技术几乎肯定会被纳入教育、专业知识和矫正中。从实验室走向世界的步伐只会越迈越大。

11.2　知觉训练与专业知识

在大多数现实情况下，专业知识是成功的关键。几乎在任何情况下都有这样的例子，即必须执行一项复杂的任务才能达到预期的结果。擅于读取图像的人在机场担任安检人员，或在医院担任 X 光病理学家。农业工作时间表是根据气象专家阅读气象卫星图像的预测而制定的。一些体育专业人士被选中的部分原因是他们的知觉特长。外科医生在他们的技术实践中依赖于知觉和运动技能。这些例子说明，专业知识是先进公民社会的基础。

专家的表现和新手有什么不同[1]？一个核心原则是专家可以感知他人无法看到或理解的事物。知觉特定的模式可以改善特定领域的记忆，从而减少认知工作量。在早期对国际象棋大师的分析中，专家能够识别出复杂的模式，而新手只能通过努力才能理解[2-5]。与业余棋手相比，象棋大师在真正对弈的棋盘上看到的棋子和它们之间的关系更有意义。一旦认识到这一点，这种模式就会很自然地让人们产生关于哪步棋可能有用的想法，同时对棋盘和对弈过程进行记忆和重建。从这个意义上说，专家的知觉往往是专家策略的一个组成部分。

对一组完整的特征或特征模式的检测几乎可以自动地引导推论或下一步。无论是看气象图还是看 X 射线图像都是正确的[6, 7]，同样，就像某个特定意义的数字可能会突然出现在数学家面前一样，比如 1728 被认为是一个完美的立方体，或者 65 537 被认为是已知的最大费马素数。（除了识别模式的简单能力之外，流畅性也起着作用，大致可以理解为识别或处理某种事物的速度[8, 9]。）

至少在现实生活中，专业知识的获得需要大量的实践。这一真理使得研究人员和专家对于需要多少实践提出了一些经验法则。其中一种说法是，要成为许多复杂领域的专家至少需要 10 年时间。另一种说法是，它需要 10 000 小时的练习[11, 12]。（这两个值似乎大致相同：在 10 年里投入 10 000 小时，相当于每天将近 3 小时。）然而知觉学习，至少就大多数工作中的科学家所做的研究而言，倾向于通过数千次而不是数小时的试验来衡量，尽管如此，被试者所学到的东西仍可能会显著地提高个人能力。

虽然认识到原始实践的价值，但其他研究人员认为，时间仅占成就差异的一半左右。其他关键因素可能包括起步年龄、天赋或某些其他个人特征[13]。以音乐为例，有人声称，从练习中获益的能力本身就是一种遗传特征[14]。个人天赋固然重要，但不可否认的是，即使把天赋的价值考虑在内，为了获得重要的专长，大量有意识的练习总是必要的。除此之外，个人能力的自然进步也很重要，无论是因为各种经验的积累（如天气预报中自然发生的事件），还是多年来对越来越困难的任务的指导和实践。

这就提出了一个问题，即有组织的知觉训练是否可以缩短获得专业知识的时间。有几个来自自然领域的例子表明，答案可能是肯定的。其中一个领域涉及自然刺激或它们的合成近似。在这种情况下，一项受商业启发的研究通过对诊断特征的集中培训，训练新手确定小鸡的性别（一种专门的农业技术），使其接近于专家的水平[15]。在另一项研究中，在感知详细的物种级别（“大蓝冠鹭”）上的训练分类比在更一般的物种级别（“涉禽”或“猫头鹰”）上的训练分类能更快地提高对鸟类的识别能力，并能更好地转移到新的样本和未训练过的类别上[16]。其他关于人脸识别[17]和分类知觉学习，以及被称为“greebles”[18]的奇怪的人工实体的例子，已经在第2章讨论过了。（Greebles是一种合成实体或化身，旨在在视觉上复制自然物体的某些复杂性。）

医学图像的读取是视觉训练有助于专业知识的另一个重要领域。研究表明，医学X射线专家对医学X射线中低对比度点的敏感度高于新手，而训练新手检测人工X射线图像中的点，提高了他们以后在实际医学X射线中检测异常的能力[19]。在另一个例子中，基于自适应方法的知觉学习模块通过暴露与损伤、炎症或其他疾病过程相关的样本图像，改善了皮肤组织病理学分类[20]。重复观看外科手术视频片段同样可以改善相关的模式识别[21]，同时知觉训练在护理教育中也有应用[22]。

这些例子说明了进行知觉训练以增强或加快特定领域专业知识训练的潜力。除了在医学上的应用，另一组专门的领域可能证明了知觉学习在复杂的操作环境中的有用性。虽然这些领域还只是有选择地探索，但仍有一些有趣的研究。其中一种是使用飞行员所使用的知觉培训模块将不同的地面地形、航空海图模式和飞行仪器提供给受训人员。训练后的非飞行员的相应判断的速度和准确性接近有经验的飞行员，然后再进行额外的训练，因此作者提出知觉学习模块可以自动化并提高飞行员操作活动的某些组成部分的流畅性[8]。一项类似的研究表明，运动显示训练提高了大学生对汽车碰撞轨迹的估计[23]。

视觉训练干预也已在体育运动中实施。让大学棒球运动员练习在一系列视觉搜索任务中发现目标，提高了这些运动员的对比敏感度功能。这项研究的作者甚至认为，这种训练可能是该球员所在球队在那个赛季整体战绩提高的原因[24]。其他研究小组已经研究了用耐克眼镜进行视觉训练的潜在好处，这种设备可以打断周围环境的视野，创造一种频闪体验。在一项研究中，选手们戴着眼镜练习了视觉运动训练任务，从而提高了运动敏感度和对中心视觉的注意力，但对周边视觉没有改善[25，26]。在另一项研究中，经过训练后的冰球运动员在冰上的表现有了明显的改善，而对照组则没有任何改善。这些例子表明，在困难的观看条件下训练可能得到提高，但是可能在视觉表现上是持续表现出来的，进而有助于整体的运动表现。

在所有这些领域得出的逻辑结论是，知觉训练的潜在应用是必然的。训练模块可以从实验室开发的方案中得到启发，甚至只是简单地导入。尽管有相当多的理由让我们对这一前景感到兴奋，但我们也必须记住，现实世界的任务往往涉及动态、复杂环境中复杂线索的选择或分类。当将它们与典型的实验室研究进行比较时，更是如此。此外，现实世界的专业知识的另一个特征是它在面对环境变化时的稳定性。这几乎肯定需要在语境中建立对复杂线索的表征。考虑到这一点，知觉训练可以从更适度的目标开始：从一组复杂的交互技能中改进一个组件。如果知觉能力是限制个人能力的一个重要因素，那么训练可能是专业知识的一个关键因素。正如我们在对学习和迁移的分析中提出的，这意味着要训练限制因素[27]。

进一步的研究表明，知觉训练模块可能会简单地通过安排接触在现实生活中不经常发生的训练实例，人为地加速罕见事件的体验，从而加速学习。例如，一项对皮肤组织学的视觉训练的研究显示了一长串与短时间内的损伤或疾病相关的图像，这是标准临床训练经验在如此短的时间内无法企及的暴露史。同样地，回放相关手术图像的视频剪辑可提供许多重复图像，这需要无数次实际的手术才能实现。在标准的现实世界实践之外的单纯重复对相关知觉分类的流畅性有潜在的好处，当然，方案必须注意不要过度训练异常罕见的实例或给它们错误频率的图像[8]。

这一警告反映了在设计训练模式时需要考虑的一个重要缺陷。在自然环境中，低概率例子通常需要数千小时才能体验到，如果大量接触这些例子，可能会导致对这些实例的不切实际的基本比率估计，从而损害最终决策。由于种种原因，找到一个最佳的知觉学习模式是一个具有挑战性的设计问题。开发成功的干预需要理解问题域，包括知觉刺激的变化和通常驱动行为辨别和行动的复杂综合线索集。在某些情况下，成功的设计可能需要评估不同知觉配置的相对频率，以便将基本速率纳入训练。使用计算机算法来模拟自然情况的关键方面是特别重要的，因为学习方案能够加速专业知识的获得。

11.3 教育中的知觉学习

越来越多的人认为，知觉学习在教育领域具有潜在的变革作用。这种想法催生了教育神经科学领域，或称神经教育，近年来它已逐渐成为许多教育研究项目的焦点。教育与知觉训练和可塑性的融合——传统的认知神经科学领域——在这一新兴领域引发了新的研究[28-33]。(具有讽刺意味的是，在某些方面，这可以被视为回到重复和训练的日子，尽管人们希望有更有效的方案设计。)

在教育领域中实现能力历来被定义为与学习事实或解决问题有关。在这种观点下，教育主要依赖于新信息或新概念的获取[34]。然而，流畅地使用这些信息往往是教育的另一个目标，而通过训练获得的知觉专业知识在支持流畅的表现方面可以发挥合理的作用。

知觉训练可用于改善从感官输入中提取相关信息，开发对更复杂输入模式的有效编码，以及提高模式识别等技能。因此，知觉识别功能的发展被认为是提高早期教育核心技能的重要因素之一，如阅读和数学[34, 35]。也有人提出，知觉训练原则上可以影响更普遍的能力，如工作记忆，相反它又被更复杂的技能所用[36, 37]。在本节中，我们讨论一些关于知觉学习在几种经典教育应用中的作用的初步研究。

11.3.1 训练听觉以提高语言和阅读能力

知觉训练可以改善阅读和语言处理吗？有两个备受瞩目的研究记录了这两个领域的明显改善，从而激发了一系列关于知觉训练干预措施对教育影响的研究[35, 38]。其中一些潜在的好处来自令人惊讶的方法，例如训练儿童辨别快速听觉序列，以提高听觉语言知觉，从而激发进一步的兴趣。这些听力技能与阅读之间的关系是基于以下观点，即“对非语言听觉、视觉和交叉模式处理的研究表明，阅读障碍的儿童可能有一些非常基本的非言语知觉困难”，尤其是“阅读障碍儿童在顺序处理时间模式方面有困难[39]（p.171）”。（另请参见国际阅读障碍协会，https://dyslexiaida.org/definition-of-dyslexia/。）

这类最初的研究使用电子游戏来训练有语言学习障碍的儿童[35, 38]。训练方案包括非语音的听觉刺激，尽管这些刺激具有与语音相关的特征，并且使用的频率在英语辅音的共振峰范围内（一个频率的能量集中）。另一项任务涉及从语音样本中快速呈现的辅音–元音对的时间顺序判断。据报道，对于那些被认为有语言缺陷的孩子（7～10岁），在一个月内进行 20 小时的训练，可以在很多方面提高语言接受能力。反过来，研究人员因此声称，用他们的方法进行几个小时的训练，可以使孩子们在语言评估中比其他正常水平进步大约一年[35, 38]。其观点是，对这些孩子来说，处理快速转换的语言是一个瓶颈，一旦得到纠正，他们就可以表达出与年龄相称的词汇和语法能力水平[38]。

受到这些发现的启发，一个培训项目被开发出来并商业化为 Fast ForWord（科学学习公司）。然而，随后的研究和分析得出了更为谨慎的结论[40]。关于需要培训的关键缺陷在于时间顺序（不同于歧视本身）的说法也受到了质疑[41]。这场争论特别有趣，因为它围绕着本书中心的许多技术问题。在城市学校的二年级和七年级学生中，一项针对阅读和语言能力较弱风险的学生进行的随机现场试验得出的结论是，该项目“总体来说，没有帮助学生提高他们的语言和阅读理解的测试成绩”（尽管作者报告了现场设置中的一些实施问题，这些问题可以反过来用来质疑他们的结果）[42]。这项研究的作者继续说：“我们的补充分析，检查了参与的因果效应，显示当中学教师和学生信守承诺，更忠实地达到科学学习设定的完成标准时，这些学生在阅读理解方面表现出了统计学上的显著提升[42]（p.99）”。一项对 6 项使用阅读或口语标准化测试的研究进行的分析得出结论:"没有证据表明……Fast ForWord 对于治疗儿童的口语或阅读困难是有效[40] (p.224)"。应该注意的是,许多对这些培训方案的原始研究比较了培训前和培训后接受语言的特殊研究测试的分数,而不是广泛的标准化测试。虽然这些方法仍然被许多人视为有潜力的,但测试的历史表明,即使在培训方案的早期开发阶段(当实际可行时),将多种评估纳入其中也很重要。

针对其他有阅读困难的人群,已经有一些相关培训项目的测试。一项研究表明,有阅读障碍或其他学习困难的人(称为 DLD)在简单的听觉辨别能力上也表现得较差,可以接受标准听觉任务的训练。一系列的测试同样显示了语言工作记忆的改善,尽管在阅读或非语言认知任务上没有改善。这些研究人员得出结论,听觉训练可能是"提高一般工作记忆技能的一种工具,这种技能的潜在机制似乎与简单音调和复杂语音共享[43] (p.115)"。

然而,到目前为止,这项研究历史对将最初的实验室测试转化为现实世界的教育、商业或临床应用所面临的挑战提出了警示。许多早期的实验室研究报告发现,对困难的时间听觉因素任务进行有针对性的训练,似乎可以产生显著的改善。这使得研究人员预计,同样的培训计划对阅读的影响可能比实际情况要大得多。这里的重点不是要挑战实验室观察的合理性,也不是要对训练方案进行更有针对性的测试,而是要强调棘手问题的普遍性,以及将这些方案扩展到实际应用教育领域的总体难度(我们将在 11.6 节详细讨论这一主题)。

11.3.2　在数学教育中训练视觉知觉

当我们想到数学学习时,我们通常想到的是学习概念、程序、算法或解决形式问题的类比。但是,在获得这些领域的专业知识的过程中,学生还必须清楚地知道何时可以应用哪些概念以及如何应用算法。因此,模式识别和选择方面的培训被认为是一种提高能力和提供基于技能的操作实践的可行方法,并且以期在标准数学教育中发挥重要作用。

这一观点在最近的一些概念证明研究中得到了贯彻,在这些研究中,所谓的知觉学习模块(PLM)被提出具有"解决重要的、被忽视的学习维度,包括发现和流畅地处理关系的潜力[8] (p.301)"。这些原理甚至被认为可能适用于复杂的符号任务[8]。数学教育中的情况在某些方面可能类似于知觉技能在其他概念技能(如国际象棋或围棋)中的作用,专家"看到"输入中的模式,并知道正确的走法[5, 10, 44-47]。

这篇文献的核心观点是概念知识依赖于程序知识,通常涉及对输入问题的模式识别。由此可见,知觉学习可以提高发现问题相关模式的可能性和流畅性[48, 49]。基于这一推理的一项研究检验了 PLM 训练线性关系映射的有效性,线性关系是中学数学的一个主题。这些线性关系可以用文字问题、方程或图表来表示。例如,对于一个线性方程 $y = (50/2)x + 10$,学生可以从三个图形中选择对应的图形,或者反过来,提供一张图选择对应的方程或文字问题（见图 11.1）。培训前和培训后的测试都是一个文字问题、图形或方程，然后学生给出一个图形或方程作为回答。尽管两种干预措施都得到了改善，但与控制实践条件相比，使用 PLM 的训练在随后的问题的准确性方面带来了更大的改善。针对这些问题的 PLM 训练甚至可以提高已经掌握了这些问题的 12 年级（高中）的学生的表现（尽管这可能反映了对进修课程的需要）。例如，其他研究显示，在使用知觉模块训练后，代数转换的反应时间的提高与流畅性有关，而不是准确性。

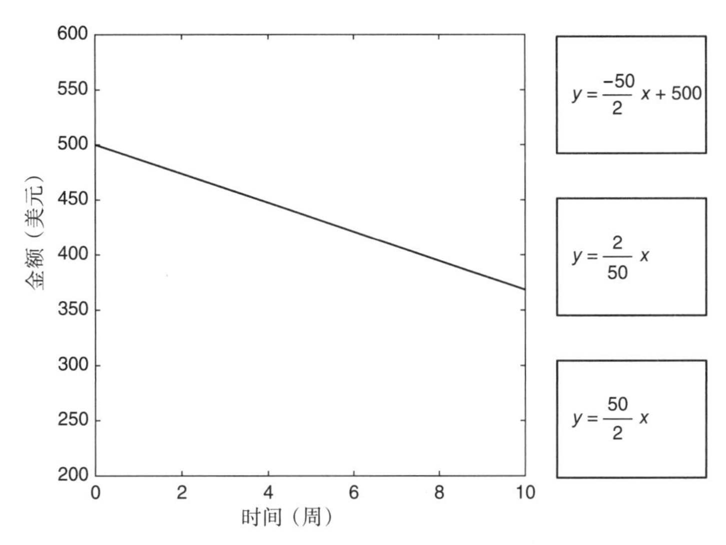

图 11.1 知觉学习模块（PLM）用于训练对数学中线性关系的不同表示的理解。这里的例子类似于 Kellman、Massey 和 Son[8] 的例子

综上所述，通过知觉训练来促进对模式或映射结构的认知，已被证明是对中学数学教育标准方法的补充。然而，文献中出现的一个问题是，在研究中是否使用了适当的控制干预措施，以及其他形式的一般性问题练习可能在某种程度上已经涉及一些知觉训练。一个相关的问题是，知觉模块训练在多大程度上产生了特定于训练模式的改进或增强了更深层次的概念理解。

11.4 使用电子游戏训练视觉知觉

最近，一种特别引人注目的学习方法引起了主流的关注，它将电子游戏视为一种训练干预手段[50]。据说电子游戏可以改善从注意力、决策到知觉功能等方方面面。将游戏作为视觉训练的一种形式在这里引起了特别的关注。

电子游戏训练与其他形式的视觉训练形成了鲜明的对比，主要是由于它们具有广泛的概括性的训练效果，如“玩某些类型的游戏，即所谓的‘动作类游戏’，导致一系列行为能力的改善远远超越游戏本身的范围[51]（p.103）”。然而，其他研究人员对这些结论提出了质疑。质疑者的质疑往往集中在“玩家”之间的比较上，某些可能是自我选择的高视觉功能和“非游戏玩家”[50，51]。尽管如此，电子游戏训练可能会发挥独特作用，因为它具有激发和奖励用户的独特能力，这具有启发性。

据称，玩动作类电子游戏对从低级知觉任务到涉及认知控制的高级活动都有好处。电子游戏专业性有利于提高视觉灵敏度和标准视觉视野测试[53-56]、反应速度[57，58]和时间顺序的判断[59]。研究人员指出，玩游戏还可以提高人们在快速变化的显示器中注意相关细节的能力[60-65]。它也与更高层次的功能如追踪运动目标[60，66，67]、决策能力[68]、记忆力[69，70]、认知控制[71]、任务转换或双任务性能等方面的改善有关[72-78]。

据报道，受电子游戏体验影响的任务范围很广，但并不是无限的，也不是不加区别的[79-82]。尽管如此，理解游戏可能对人类产生的许多影响仍然是难以捉摸的。改善是训练本身的结果，还是反映了期望、动机或觉醒的增加？观察到的改善在多大程度上是相关的而不是因果的？针对最后一个问题，许多研究都是横向的，比较长期电子游戏玩家和非电子游戏玩家，这样观察到的差异至少可以部分反映出游戏玩家群体的自我选择。

最近的一篇文章列举了22个关于电子游戏的横向研究（其中18个报告了显著的影响）和9个明确的训练研究（其中8个报告了显著的改善）[50]。（然而，应该注意的是，这两类研究中有几项实际上是在不同的论文中报告了来自同一群体的数据，因此这些观察结果不能说反映了研究对象的完全覆盖。）此外，该文章的作者得出结论：“即使采用最优的招聘策略，专家与新手的相关和横向结果的差异也只是暗示了游戏的好处……声称游戏能够改善认知能力需要类似于临床试验的实验设计；在这种情况下，才是一个训练实验[50]（p.3）”。

为了最终证明电子游戏训练可以改善其他性能，需要进行明确的训练研究[51]。这类研究招募了不玩游戏的受试者，然后训练一组人玩动作电子游戏，另一组人玩另一款游戏，以此来控制动机、参与度、日程安排、与实验者的互动以及其他措施（见11.6.2节）。在这些研究中，也要注意确保小组和游戏的测试顺序在测试前和测试后的辅助措施中是平衡的。这些方案的总体目的是防止偶然的介质或混淆。例如，如果评估测试受益于眼动的策略使用，并且实验游戏（而非控制游戏）鼓励眼动，这可能有利于对实验训练的操作进行泛化。

另一个悬而未决的问题是，这种电子游戏能够产生广泛的训练效果（包括对视觉知觉、注意力和高级认知功能的影响）。许多关键研究都借鉴了粉丝社区的启发式类型分类，如“动作游戏”或“第一人称射击游戏”。这些特征是“复杂的3D设置、快速移动或高度瞬态的目标、强大的外围处理需求、大量的杂乱以及需要在高度集中和高度分散的注意力之间持续切换[51]（p.103）”。控制类游戏（如《俄罗斯方块》或《模拟城市》）可能很吸引人，但可能不需要动作类游戏的快速反应或注意力转换。然而，为了避免根据训练效果的性质重复地将不同的游戏分配为训练游戏和控制游戏，在未来的研究中，有必要实践和测试让一个游戏有效而另一个不那么有效的方法。不这样做将会限制将来对有效训练方案的重要特征的理解。

电子游戏的使用和研究的流行催生了许多应用种类，包括在游戏环境中利用知觉训练的思想来启发实验室进行训练的游戏的设计。理论前提是电子游戏训练在释放可塑性方面更有效，因此允许研究人员使用它来训练特殊人群。无论是现成的动作游戏还是“设计师游戏”，都是为了提供与特定人群相关的培训而设计的，目的是利用游戏环境的积极性和奖励结构。一项研究使用标准动作电子游戏（荣誉勋章，太平洋攻击）训练弱视成年人，将弱视成年人的正常视力眼遮盖住促进用弱视眼看，并将该组与另一组遮住一只眼睛来练习非动作游戏（象棋）的正常成年人进行比较 [83]。结果表明，与另一组相比，40 ～ 80 小时的视频游戏训练在视觉敏锐度（33%）、位置敏锐度（16%）、空间注意力（37%）和立体敏锐度（54%）评估方面提高了人的能力。另一项研究提出了类似的发现 [54]。与此同时，第三项研究报告说，当阅读困难的儿童玩了 12 小时的动作视频游戏后，发现这种游戏比通过一年的自主阅读发展或传统阅读疗法更快地提高了他们的阅读速度，这种改善归功于视觉注意力的增强 [84]。其他创始者开发了自己的设计游戏，以训练视觉功能作为培训模块或应用程序，包括许多旨在改善老年人或有特定视觉功能障碍人群的视觉教育计划和其他商业应用程序。

鉴于视频游戏行业的规模和我们现在花在屏幕前的时间，使用电子游戏平台进行知觉训练只会越来越多。在这种不可避免的增长中，该领域可能会发现并编纂视频游戏培训成功的关键因素。对快速视觉分析、决策和行动的需求是否至关重要？训练是否会改善选择性注意力的一般功能 [85]？这些游戏通常会改变刺激设置，从而影响训练效果的普遍性，这是真的吗？动作电子游戏是否以一种特殊的方式利用奖励和惩罚机制，从而得到高水平的积极性和参与度？还是电子游戏的特性影响了学习能力 [86]？

对于所有潜在的矫正方法，人们有肯定认同的，也有怀疑猜测的。明确的结论需要进一步的研究和数据。为了使这个项目取得成功，实验需要更有针对性，包括对相关视频游戏特征进行有原则的分类，以及一个经验测试程序，以确定这些特征的优缺点。

11.5 视觉训练的限制

到目前为止，我们已经看到了特殊专业知识的发展的详细研究，在数学和语言教育中使用视觉训练，以及使用电子游戏来提高视觉学习和注意力。现在我们来看看视觉训练在改善视觉缺陷方面的潜在作用。

越来越多的人通过训练来治疗临床人群的视力缺陷。这些人包括弱视、近视、老化或老花眼、低视力、白内障术后视力调整和皮质性失明（皮质盲）。其中一些是在早期视觉发育过程中变成的，另一些可能是由于衰老或长期视力矫正，还有一些反映了活跃的疾病发展或恶化。接下来，我们将从研究最广泛的弱视开始，在每一个例子中检验视觉训练的效果。

11.5.1 弱视

弱视通常是一只眼睛在使用过程中皮质缺陷而引起的视觉状况，已经成为矫正视力训练研究的重要中心。弱视有时称为“懒眼”，弱视的特征是空间视力的下降，通常是由于视觉发育异常所致，据估计影响约北美人口的 2% ～ 4%。有三种典型的弱视：各向异性弱视、斜视性弱视和所谓的剥夺性弱视。在各向异性弱视中，由于近视、远视或严重散光，两眼的光线的折射有很大差异。在斜视性弱视中，眼睛不能正确对齐(不论是对眼还是发散眼)，因此两只眼睛中的图像不能同时结合。在剥夺性弱视中，某些过程，如儿童白内障，会限制一只眼睛或双眼的视力，总是选择使用优势眼，从而造成双眼功能的下降。由于在神经或皮质处理的关键阶段发育缺陷，因此弱视眼不能简单地用屈光镜或矫正手术来矫正[87，88]。

弱视的临床诊断通常是由两眼的视力差异引起的，例如好眼的视力为 20/20 或 20/25，弱视眼的视力为 20/40 至 20/200。如果在儿童时期（7 ～ 8 岁）发现这种情况，标准的治疗方法是给视力好的眼睛补上眼罩，从而强制使用弱视的眼睛。另一种治疗方法是使用阿托品滴眼液使视力好的眼睛图像模糊。在这两种情况中，治疗力量增加了对弱视眼的依赖，使得约 75% 的患者的弱视眼视力得到改善[89-92]。

尽管弱视的临床定义基于视力，但其他视觉功能也受到影响，包括对比敏感度[93-95]、超锐度[96，97]、运动知觉[98]、轮廓融合[99]、空间横向交互[100，101]、视觉拥挤[102]、立体视觉和双目交互依赖于两只眼的相似输入[103]。然而，即使在治疗后，“好”眼仍然占主导地位，双眼功能降低或不足。事实上，眼罩本身可能会对双眼视觉产生负面影响[104]，一些研究人员认为这是弱视的核心缺陷[105]。目前，导致弱视眼普遍表现缺陷的根本限制性因素仍未完全确定。

对于 8 ～ 10 岁以及 10 岁以上的人来说，积极的视觉训练主要是作为修补的一种替代方法进行的，对于这些人来说，修补不再被认为是临床适用的。回到最初的矫正训练研究，许多早期单眼训练研究表明，弱视眼在训练任务中的能力得到改善，对其他任务的部分泛化能力得到改善，并且视力的敏锐度有所提高[106]。一篇综述文章列出了 11 项研究，这些研究报告的训练效果提高两倍或两倍以上（即训练后阈值是训练前阈值的一半）[107]。另一个分析得出的结论不太乐观，估计敏锐度的平均改善为 0.17log MAR 个单位（log 最小分辨角的对数）——相当于视力表上的一两条线之间的距离，虽然大约三分之一的个人显示改进了 0.2log MAR 个单位甚至更多。当测量立体视觉时，几乎一半的人表现出两个八度或更多的改善[108]。先不考虑精确的测量方法，我们有理由得出这样的结论：训练弱视眼可以显著改善视力，即使是对已经过了弱视关键期的成年人来说也是如此，至少对某些人来说是这样。

第一个关于弱视知觉学习有影响力的研究引入了所谓的 CAM（Cambridge）训练方案[106]，在该方案中，弱视儿童一边观看不同空间频率的旋转图像，一边在显示器的透明板上玩井字游戏。据报道，在总实验时间少于一小时（包括每天几分钟，持续几天）后，视力有显著改善。随后的研究发现，在没有旋转的空间频率图像的情况下，用首选的打了补丁的眼睛玩游戏，可以提高视力[109]。结合使用各种对照的后续研究，这向一些研究人员表明，短期补片或遮挡加上近视觉活动对训练配方很重要，而不是更复杂的 CAM 方案[110-112]。

另一种方法是独立发展，训练任务中，需要精细的辨别。在屈光参差性弱视眼中，强化训练游标视敏度任务显著提高了游标视敏度和 Snellen 视敏度[113-116]。在另一个例子中，训练具有高对比度共线侧翼 Gabor 光栅的检测方法，从较低到较高的空间频率，随着方向和侧翼距离的变化，改善了低对比度 Gabor 的检测并提高了 snellen 敏锐度[117]。

关于弱视缺陷的一个可检验的假设是，内部噪声和不良的知觉模板限制了弱视眼。这表明训练减少了限制噪声的影响，从而改善模板。为了检验这一点，一项研究对单眼成人各向异性弱视患者进行了单眼训练，以检测不同外部噪声中嵌入的 Gabor[118, 119, 126]，训练提高了 TvC 功能的低外部噪声区域和高外部噪声区域的对比度阈值（信号对比度阈值与外部噪声对比度）（从 3 : 1 和 2 : 1 阶梯上测量，分别为 79.3% 和 70.7%；见图 11.2）[118]。这些发现与通过减少内部噪声来改善外部噪声的排除和刺激增强的机制相一致（如第 4 章所述）。

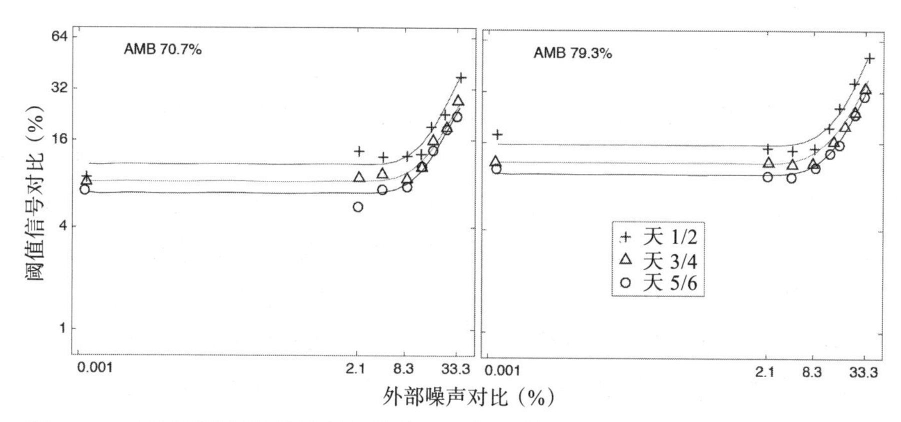

图 11.2　对比检测训练弱视者知觉学习机制的外部噪声分析。训练提高了所有水平的外部噪声的性能，这是知觉模板模型中刺激增强和外部噪声排除的混合（第 4 章）。引自 Huang、Lu 和 Zhou[118] 的图 3

其中一个更有效的训练方案试图训练性能方面的限制因素。弱视的一个这样的限制是敏锐度，它对应于对高空间频率的知觉，由此建议集中训练在接近对比敏感度函数极限的相对较高的空间频率上。一项研究通过分别测量每只眼睛在训练前后的对比敏感度函数，将一组经过这种集中训练的受试者与另一组在混合空间频率下训练的受试者进行了比较。与对照组相比，集中训练比混合空间频率训练更有效。弱视眼的对比敏感度和视敏度的改善在某种程度上可以推广到另一只眼，其效果持续了一年或更长时间[120]。另一项研究将弱视的集中训练与正常视力个体的集中训练进行了比较，每组在各自的高空间频率极限附近进行训练（分别为每度 10 和 25 个周期）[121]。与正常视力观察者相比，弱视者的训练效果的幅度和带宽显示出更大范围的空间频率改善，后者的训练效果更集中在单一训练的空间频率上（见图 11.3）弱视人群的培训产生了相对广泛的好处。这种集中的空间频率训练还在更大范围的空间和时间频率上改善了视觉运动检测能力[122]。

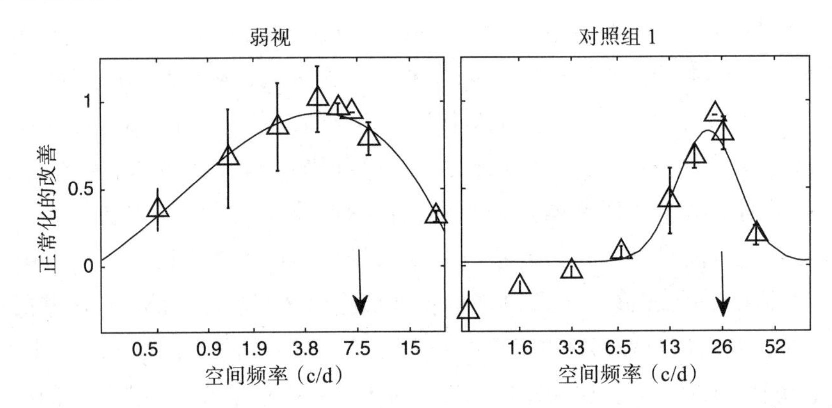

图 11.3　弱视者和正常对照组在单一频训练（箭头所示）后不同空间频率的对比敏感度的平均改善。训练弱视者导致了更宽的泛化范围。引自 Huang、Zhou 和 Lu[121] 的图 5

虽然这种敏锐度的改善是有希望的，但仍存在一个问题：双目视觉缺陷能否得到类似的改善？双目视觉，被一些人认为是弱视的核心缺陷，是深度知觉、手眼协调和伪装物体识别的基础。在实践中，其他任务不需要两只眼睛的输入，因此弱视可以简单地依靠好眼睛[123, 124]。通过遮住标准眼或者其他抑制优势眼的治疗方法可能会通过降低有效的双眼功能而对双目视觉或立体视觉产生影响[125]。另一方面，如果弱视眼的输入变得与对侧眼的输入具有可比性，则单眼训练可能最终会改善双眼功能。（严格地说，单眼训练本身并不针对双目视觉，研究更倾向于使用超过双目视觉的视敏度作为结果指标，因为视敏度是弱视诊断的基础。）在一项针对双眼训练的研究中，通过在弱视眼内放置对比度更高的图像来降低相对眼优势，以减少对该眼的抑制[126]。训练包括判断相干阈值附近的随机点运动方向，随机选择哪只眼睛包含信号点或噪声点。这极大地提高了相干性阈值，直到弱视眼的相干性阈值仅比对侧眼稍差，这概括为弱视眼的视敏度和立体视敏度的提高。总的来说，明确集中于双眼性能的训练方法似乎更具有普遍的效果。

为了消除对弱视的抑制，使用了电子游戏。一项研究使用俄罗斯方块来检查在优势眼内使用对比度降低形状进行双目视觉训练的效果，这比对照组在优势眼遮住的情况下单眼训练的视觉敏锐度更高 [127]。随后将单眼组转换成双眼训练不仅可以进一步改善视力，还能显著改善立体视觉（见图 11.4）。（在这项屈光参差性弱视和斜视性弱视的研究中，没有测量这些改善与双眼抑制的相关性。）

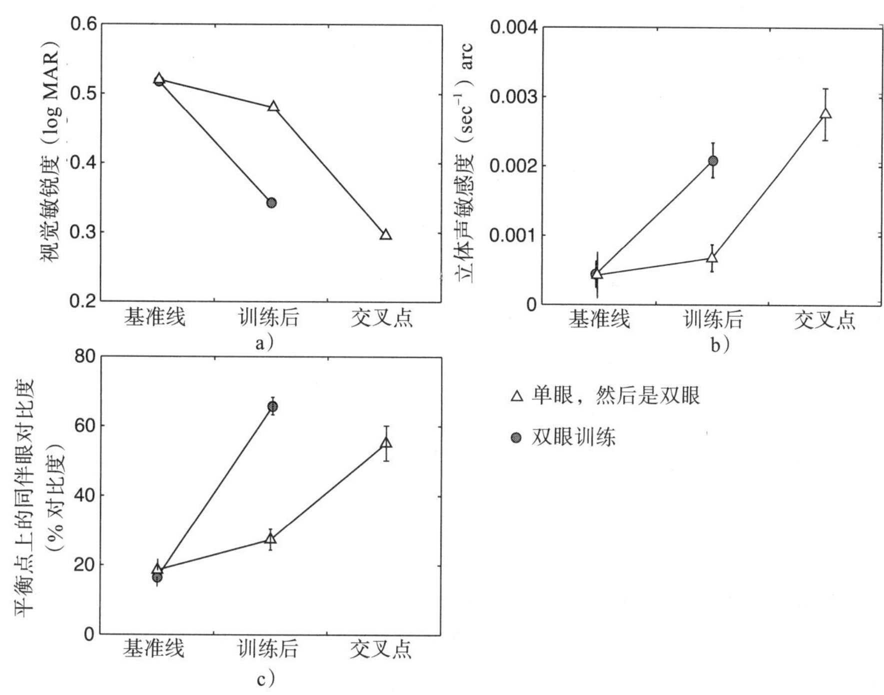

图 11.4 对于接受单眼训练后再进行双眼训练或先接受双眼训练的组来说，双眼不同图像的双视训练在提高视觉敏锐度（a）、立体敏感度（b）和平衡点测量（c）方面比弱视眼的单眼训练更有效。引自 Li 等人 [127] 的图 1，已获许可

另一项同样使用电子游戏和双视显示器的训练研究也显示了视觉敏锐度和立体视觉的改善 [128]。在每次训练开始时，观察者玩了 40 个小时的电子游戏，这种游戏降低了正常眼睛的对比度，以使两只眼睛的外观相等。这种调整本身产生了一种相对双眼抑制的方法，定义为眼间比率（正常眼和弱视眼的对比度）。训练前，眼间比率与弱视眼的视力差和立体敏感度差有关（屈光参差性弱视比斜视性弱视的症状更强）。训练减少了弱视眼的抑制，改善了 Gabor 检测，并提高了视力。然而，视力提高的幅度并不是通过双眼抑制的变化来预测的，这使作者质疑释放抑制是训练因素的关键这一假设。另一项复杂的研究使用“推拉”训练方案训练眼睛之间的双眼平衡，该方案在抑制强眼的同时刺激弱眼，以便“重新校准兴奋性和抑制性相互作用的眼间平衡 [129]（p.R309）”。这提高了弱视眼的对比度阈值，并在不改变另一只眼的对比度阈值的情况下提高了立体阈值。然而，另一项研究直接训练了深度判断，使差距阈值提高了约 37%，立体感提高了近 60%，视觉敏锐度提高了约一行（视力表），即 19%；这些改进

在 5 个月后测试时基本得以保留，如图 11.8 所示 [130]。

所有的这些研究都表明，无论是对观察者进行视敏度、对比敏感度还是双眼功能方面的训练，这种干预都有明显的前景。知觉学习提高了视敏度（定义弱视的核心指标），并推广到弱视眼的其他空间视觉功能，同时改善了双目视觉和立体视觉。尽管由此产生的训练效果在敏锐度方面看起来并不明显（可能在视力表上只有一到两行），在双眼功能方面的重要性也不大，但这种改善在日常生活中可能具有真正的意义。

然而，如何设计训练方法能对病人产生最好的效果仍待确定。或许，将高频检测的集中训练与专门针对双目再平衡的训练结合起来，会是一个较佳的方法。寻找这些成人弱视康复的最佳方案仍然是一个热门的研究领域。尽管迄今为止，大多数工作都集中在对现有范例的逐步修改上，但该领域也开始探索更多奇特的和入侵性的干预措施，如经颅磁刺激 [131, 132]、寻求“重新打开可塑性的窗口”的药物疗法 [133-135] 和多日光剥夺。

弱视康复研究有许多潜在的价值。确定核心缺陷及其在不同患者群体中的变化方式，仍然是该领域的一个持续性项目。这些问题对于将理论转化为改善日常视觉功能的干预措施来说无疑是非常重要的。未来的研究可能还会评估一系列功能的缺陷，包括视力、对比敏感度、双目和立体功能，以及注视稳定性或眼睛协调性。这可能有助于进一步明确在不同形式弱视中潜在的异质性缺陷，从而提出不同的训练干预措施，这些干预措施可能侧重于潜在亚组中的主要限制因素。

到目前为止，文献倾向于对不再被认为是标准矫正治疗候选对象的成年人进行测试训练。儿童知觉学习干预的潜力值得进一步研究。典型的矫正通常会延长剥夺期，使用目标方案的矫正可能会缩短剥夺期。然而，标准的矫正和减弱方案本质上是单眼的，因此实际上可能会抑制而不是增强双眼的视觉功能，而这种缺陷可以通过训练来对抗。至少，在矫正不成功的个体中追求知觉学习方案是合理的。矫正、视觉训练和其他方法（如大脑刺激）的结合可能是最佳的治疗方法。当然，正是因为儿童在发展的关键时期更容易受到不可预见的副作用的影响，所以在进行这种干预时需要谨慎。

广泛地说，有许多方法可以改进测量和训练方法。这些包括更精确地分类弱视类型，更精确地记录个人病史和治疗的细节，明智地使用弱视眼的最佳光学矫正（这可能需要几个月内频繁的矫正调整）。增加具有替代治疗作用的对照组将特别有用，因为这种取样更接近随机临床试验的标准。使用较大的随机选择的治疗组和对照组将进一步防止训练中的选择偏差，并有助于对病人亚型的理解。除了这些措施，未来的工作也将受益于核心缺陷的计算模型的发展，以及不同形式的抑制和眼睛之间的相互作用，以及可能增加动物模型的测试 [87, 136]。所有这些方面都值得追求。综上所述，我们希望它们将对核心缺陷和在广泛的任务中观察到的缺陷之间的联系有一个更复杂的理解，这不能仅仅由现象学产生，最终提高成功实际干预的机会。

11.5.2 近视

一些类似于弱视治疗的方法已经成功地改善了轻度至中度近视（近视）的视力。近视是一种常见的视觉疾病，通常用矫正镜片来治疗，它包括聚焦不良和随之而来的无法远距离分辨细节。（这是因为角膜相对于眼球长度的曲率过大，导致图像聚焦在眼球前方而不是眼球上。）美国国家眼科研究所估计，美国 50 岁以下人口中近 43% 患有近视 [137]。（确切的发病率取决于多种因素，包括年龄、种族和地区，中国和环太平洋地区的发病率甚至更高 [137]。）虽然近视发病率上升的原因尚不确定，可能有遗传和行为原因，但人们普遍认为这是由于阅读和使用计算机等时间增加造成的。最近的流行病学研究表明，增加儿童在户外的时间可能会是一个缓解因素 [137，138]。

几个研究小组试图设计出对抗近视的训练。由于主要治疗方法是屈光矫正（眼镜或隐形眼镜），因此目标是通过改善解释视网膜上模糊图像的神经过程来消除轻度病例对眼镜的需求。已经实现了两种主要方法：第一，在有相邻干扰物的情况下进行训练检测；第二，训练在一系列空间频率或高频截止点附近的对比敏感度（参见前面弱视讨论中的相关描述）。

在这两种主要的训练方法中，已经开发了几种方法。神经视觉方法是一种打包方案，它通过使用不同空间频率、方向和空间排列的刺激来训练参与者在有侧翼的情况下检测 Gabors。在几个月内进行了 30 次 30 分钟的测试，测试并训练了参与者的个人对比度阈值。一项类似的研究发现，轻度近视患者（矫正 –1.75 屈光度或更低）的训练效果中等，对比敏感度功能有显著改善，平均视力为 0.22 logMAR 单位，屈光不正无变化（对照组也无改善）[139]。该研究声称训练“促进了皮层水平的神经连接”并“提高了神经元效率”。另一项类似的研究也报告了对比敏感度和平均视敏度的改善（2.1 行 logMAR，–0.5 至 –1.5 屈光度近视，保持在 12 个月）[140]。随后，有人提出了侧翼的存在是否是训练的重要组成部分的问题，导致一系列的研究测试没有侧翼的空间频率训练的结果。一项研究训练轻度近视患者（–0.75 至 –2 屈光度）在阈值或阈值附近检测无侧翼的低、中或高空间频率 Gabors，视力只有适度的提高。虽然经过大量训练后，视力（0.16 logMAR 单位）显著改善，但游标灵敏度、对比敏感度、横向交互作用测试、屈光、调节或瞳孔大小没有变化 [141]。另一方面，在 10 次训练中，近视患者在截止频率下的集中单眼训练（矫正高达 6 屈光度或更高）改善了训练和未训练眼睛的整个对比敏感度曲线和视力，改善量与神经视觉训练相同（logMAR 改善相当于 2.5 行）[142]。通过比较训练前后的 TvC 曲线，这些改善反映了排除外部噪声和降低内部噪声的改善。事实上，这项研究表明，使用截止频率训练，在较短的训练周期内，近视视力和对比敏感度实际上可以实现相同或更大的改善。

这些研究表明，与弱视训练方法相似的几种训练方法也能改善轻度至中度近视未矫正眼的视力。结果表明，训练不会改变眼睛的光学或功能特性，而是改善了大脑皮层的信息使用。最佳培训干预产生了大约两行改进（在 logMAR 图表上）。应该注意的是，屈光镜片、隐形眼镜和屈光手术都有财务成本，并且可能涉及并发症（隐形眼镜感染、手术的意外副作用等）。虽然临床与双线改善的相关性一直存在争议，但它可能使轻度近视患者更经常地放弃镜片，或者减少其他人手术的次数（例如，在沙漠条件下工作的军事人员经常使用屈光手术）。即使知觉学习不能完全消除对矫正镜片的需求，它也可能有助于减缓病情的发展（尽管这种可能性被认为是推测性的）。

11.5.3 老化和老花眼

和大多数日常过程一样，视觉功能也不能免受衰老的影响。正常的与年龄相关的视力丧失包括对比敏感度降低[143]、视觉敏锐度[144，145]、空间视觉[146]、运动感知[147]以及其他缺陷[148]。从公共健康的角度来看，对比敏感度和敏锐度的降低尤其重要，因为它们与老年人跌倒和驾驶事故的发生率相关[149，150]。与年龄相关的视力下降发生在整个视觉通路中，从角膜到皮层[151]。它们可以从视网膜上的光学质量下降中发现，并向上移动到早期视觉皮层的抑制过程或在初级或次级视觉皮层的时间处理的变化中[148]。另一种与年龄相关的变化发生在老花眼中，其中眼睛变得不能聚焦于附近的物体，反映了晶状体弹性的丧失、晶状体曲率的变化或肌肉对曲率的控制减少。

许多研究已经测试了一系列的干预措施，以确定训练是否可以减轻这些与年龄有关的视力下降。训练已被证明在许多方面有助于表现。该方法在亮度和字母识别方面提高了响应速度[152]，在有效视场测试中提高了玻璃图案的分类能力[153]或性能[154]，在纹理识别方面提高了视觉识别能力[148]。

最后一项研究得到了不同寻常的良好控制，因此值得进一步关注。研究人员最初进行筛查，以保证正常或矫正至正常的视力，排除眼睛或认知疾病（青光眼、黄斑变性、帕金森氏病等）。他们还通过准直透镜来调节显示器的视角，以消除老年人和年轻人（平均年龄分别为 72 岁和 21 岁）之间的调节差异。在纹理任务中，训练接近阈值的 SOAs（对遮罩的延迟）被证明可以将年龄较大的观察者的阈值从大约 1.5s 提高到大约 0.25s（接近大学年龄观察者的未训练阈值），而训练更长时间几乎没有影响（见图 11.5）。3 个月后，这种改善仍然保持，但这些改善是针对训练后的视觉象限的，并没有改善有用视野测试中的表现，这表明矫正的选择性效果。在另一种任务中，年龄较大的观察者被发现更容易受到高外部噪声的影响，他们在高外部噪声训练中的对比度阈值显示出更大的改善[155]。在这里，年长的观察者在训练后的表现也接近训练前年轻观察者的水平，而训练后视力略有提高（相当于 0.5 logMAR 线）。

据报道，某些训练在老花眼观察者身上也成功了。例如，使用神经视觉的方法进行训练提高了未矫正的近视力（0.22 logMAR 单位），以及多个空间频率的对比敏感度[139]。使用侧翼进行对比检测的训练方案同样提高了处理速度、对比敏感度和近视力（约 0.2 logMAR 单位）[156]。在后一种情况下，训练将对比度检测提高了 20% ～ 30%，最小的可读印刷品的阅读速度提高了约 17 个单词 / 分钟，这足以使许多人进入更舒适的阅读范围（见图 11.6）。这些对老年老花眼的干预在不改变身体调节、瞳孔大小或眼睛其他物理特性的情况下产生了功能改善。在保持物理刺激处理不变的同时，训练增强了视觉信息的使用。在许多情况下，训练的效果直接转化为视力的提高，有时甚至是对比敏感度的提高。尽管还有很多有待研究，但从这项研究中已经清楚的是，基于训练干预，功能表现的一些改善是可能的。虽然在许多情况下，改善的幅度不大，但它们可能对受影响的个人仍然具有临床意义。

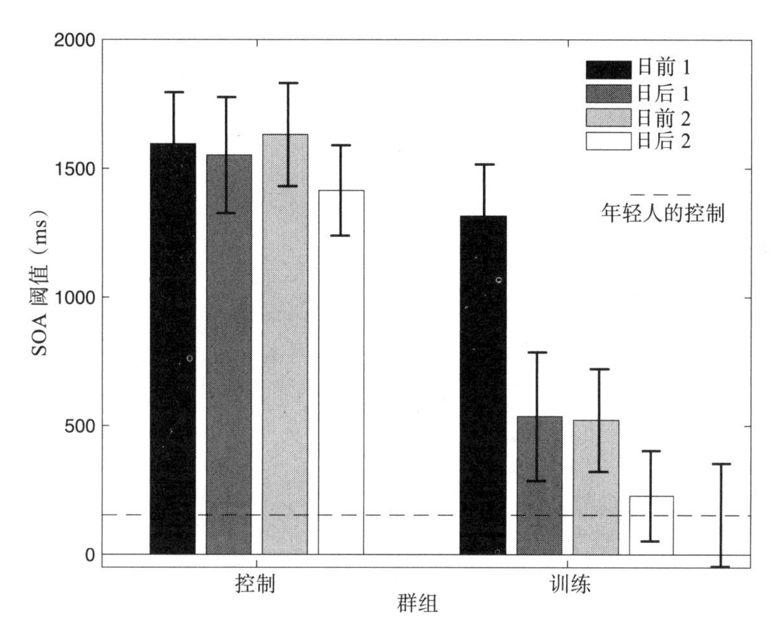

图 11.5 知觉学习减少了在阈值附近接受纹理辨别任务训练的老年人的刺激显示和掩蔽之间的阈值时间。根据 Anderson 等人 [148] 的图 2 中的数据重新绘制

11.5.4 低视力

与训练相关的改进已经扩展到低视力条件。其中最常见的是年龄相关性黄斑变性（AMD），这是一种损害中央视觉的疾病，在阅读和其他视觉活动中产生临床上显著的功能损失 [157，158]。大多数关于中央视觉损失的研究都集中在阅读上，行为矫正包括增加照明、放大镜或在单字格式中使用更大的字体显示在周边 [159]。除了 AMD 之外，其他疾病，如糖尿病视网膜病变，可导致视野中的斑块丢失，而青光眼 [160] 和色素性视网膜炎 [161] 倾向于显示神经细胞丢失，从周边开始，逐渐发展到靠近眼窝的隧道视觉。对于受影响的个人来说，这些形式的低视力在日常生活中构成了重大挑战，其中大多数不容易通过行为改变或健康辅助手段来纠正。

目前，关于低视力个体知觉学习的研究相对较少。在其中一项研究中，受试者进行了各种视觉搜索的练习，这项任务大致相当于在复杂的场景中寻找视觉对象 [162]。这项任务在视力正常的老年人群中效率较低，他们速度较慢，且更容易出错[163-166]。这项研究中的患者大多年龄在 68 ～ 81 岁之间，视力非常低（矫正视力低于 20/200 或视野不到 20%）。大约 70% 的患者患有黄斑变性，另外还有一些患者患有青光眼、糖尿病性视网膜病变、视网膜色素变性、视网膜脱离和其他疾病。视觉搜索训练改善了低视力组和对照组的视觉能力，最大的改善出现在困难训练条件下的最初几个阶段。

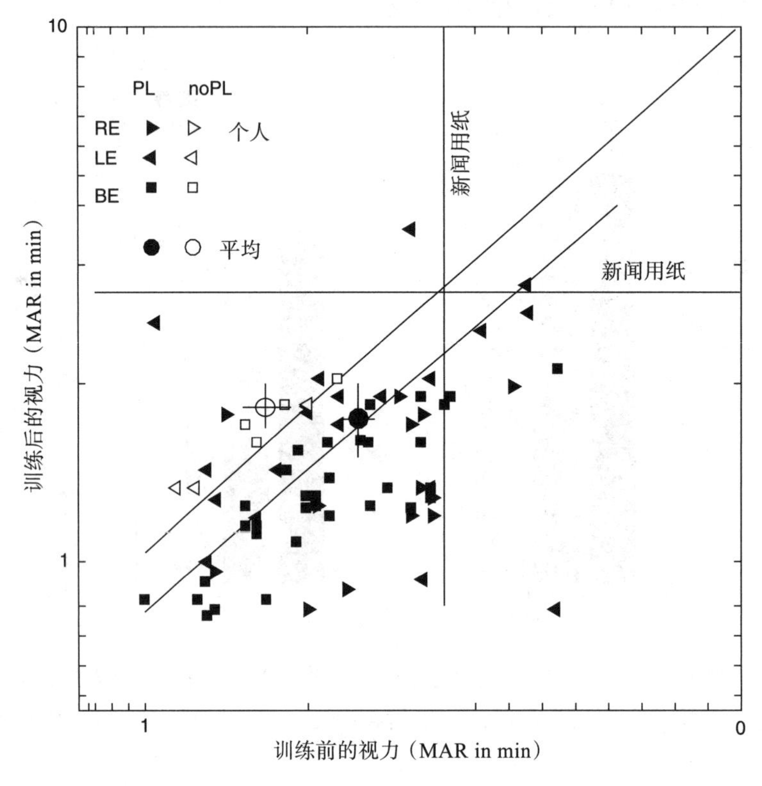

图 11.6　共线侧翼的对比度检测中的知觉训练提高了大约两条线的视觉敏锐度（logMAR，在有知觉学习（PL）和没有知觉学习（noPL）的观察者的个体和平均数据中看到）。引自 Polat 等人[156]的图 1a，知识共享，版权归 Polat 等人（2012）所有

其他项目旨在通过训练来提高外围的阅读速度。在一项研究中，实践表明，练习可以提高正常视力的老年人（以及正常视力的年轻人）中对周边字母三字母组的识别，在训练过的字体大小和视野中，阅读速度提高了 60%[167，168]。然而，其他研究在周围最小的可行印刷尺寸下，对中央视力丧失的人进行 RSVP 阅读训练，尽管这些训练没有成功地提高阅读速度，同时保持关键字体大小、首选视网膜位置和视力基本不变[159]。

这些研究大多集中在患有某种形式的中枢性视力丧失的患者身上。对于这些患者，盲点或斑块（暗点）往往会迫使他们依赖周边视觉，导致他们在周边形成一个或多个首选视觉位置，或首选视网膜位点（PRL）。在一些研究中，知觉学习被认为在促进好的

PRL 的选择、稳定和眼动控制方面有潜在的作用。在具有模拟暗点的正常视力观察者（其中计算机将注视附近的刺激显示为空白）中，研究了这种 PRL 的发展，他们通过实践相对快速地发展了一个 PRL，即使许多其他位置在视觉上是相等的 [169]。外围知觉的局限性之一是拥挤，即一个字母周围的侧翼或杂乱无章的东西限制了它的识别；它随着与眼窝的距离增加，并取决于侧翼字母与目标字母的距离 [102，170-172]。已经表明，正常视力个体的知觉训练可以减轻拥挤的负面影响，因此这种训练也有助于克服周围处理的局限性，这对于中心视力丧失的人来说至关重要 [173]。尽管修复低视力状况的研究才刚刚开始，但即使是适度的训练效益也将有助于改善这些人群的日常视觉功能。

11.5.5 手术、镜片和传感器植入的调整

涉及视力的新医疗技术和干预措施越来越普遍，有些人可能会从适应期的经验或训练中受益。一个常见的例子是在白内障手术中插入新的晶状体。还有一个积极的研究议程，以开发诸如视网膜或皮质植入物之类的假体，然后将其他感官的输入功能化为视觉代理。在大多数情况下，有一个类似于适应新眼镜的调整期。对于外来的修复术或视觉输入的主要转换，更大转换幅度的输入将更类似于棱镜或反转眼镜。

在大多数情况下，适应期的方法仅仅与日常的经验有关。在少数情况下，使用特定的接触方案来改善或加速患者的过渡。在所有这些情况下，不可否认的是经验在视觉功能恢复中起着至关重要的作用。然而，尚待解决的问题是，具体的知觉学习或训练应用程序在多大程度上可以通过利用视觉可塑性来进一步优化这一适应期。

在过去的几年里，许多试验报告集中于手术干预后视力的改善，以及对经验的依赖。例子包括儿童白内障手术矫正后视觉功能恢复的案例研究、更广泛的手术干预的案例研究、新插入的多焦点镜片的性能测量以及模拟假体的研究。除了其他医学应用，手术干预后不同程度的功能恢复也成为了更普遍的视觉可塑性的一个新问题。认知神经科学家可以从现有的视觉恢复医学文献中了解到什么？在接下来描述的研究中，研究活动与眼科医生基于人道主义的自主研究相结合，以调查成人视力恢复的时间表和发展因素。最基本的问题是，如果一种情况，比如儿童白内障，在以后的生活中通过手术得到矫正，那么有多少功能是立即恢复的，又有多少是在视觉输入恢复后经过进一步的经验才出现的？

其中一项名为“ Prakash 项目”的研究与印度的一项外联活动有关，该活动追踪了 11 名接受手术矫正双侧儿童白内障的患者 [174]。对于这项研究中的患者，白内障通常在 1 岁前发病，手术时间在 8 ～ 16 岁之间。在手术前，大多数患者的视力很差（通过在 1 米距离上的手部运动或手指计数测试进行测量）。白内障手术后一周内，患者的对比敏感度功能有所改善，但仍有所不足，尤其是在高空间频率下。到 26 个月时，大约一半的个体的对比敏感度进一步提高，这大概反映了从正常的日常功能中学到的知识（参见图 11.7 中的一些样本受试者的数据）。在埃塞俄比亚进行的一项相关研究考察

了密集型早发双眼白内障手术后的形状识别[175]。对视觉功能的评估是通过视觉搜索一个由某些特征定义的独特物体。通过低级特征（如颜色、大小或形状）区分物体的能力达到了与对照组相当的水平，而患者在依靠中级视觉线索（如遮挡、阴影、三维形状或虚幻的轮廓）的任务中继续表现出缺陷。这些中级缺陷甚至在术后两年都没有什么变化。

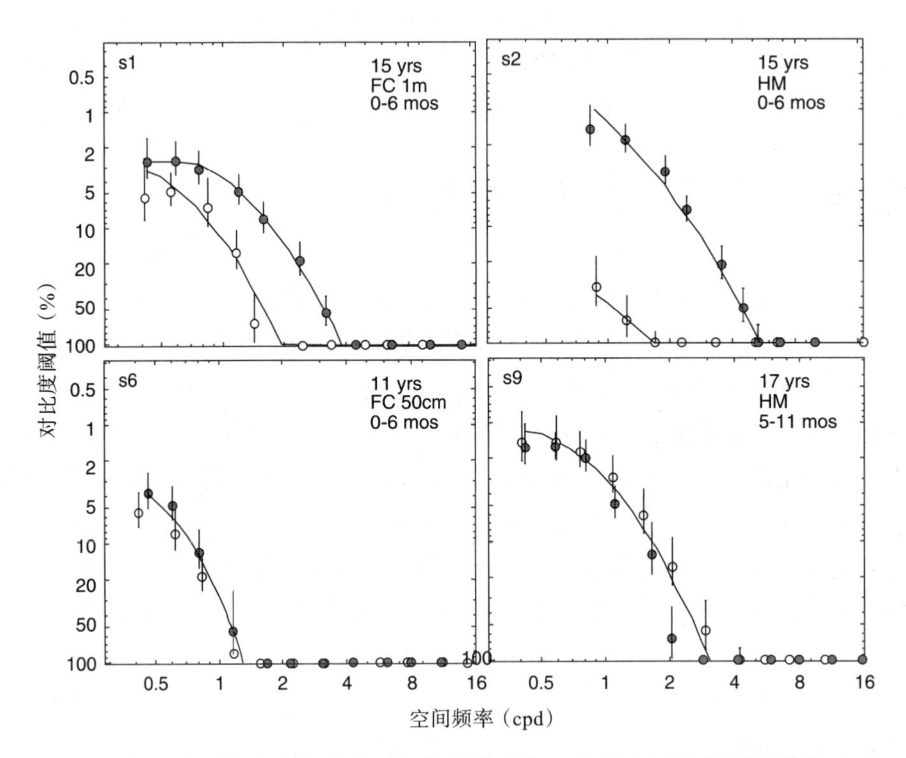

图 11.7　对于由双侧儿童白内障引起的视觉剥夺，手术后立即（浅色圆圈）和 26 个月（深色圆圈）时的对比敏感度，个体样本显示不同空间频率的改善（顶部）和未显示改善（底部）。引自 Kalia 等人[174]的图 1，版权归美国国家科学院（2013）所有

这些干预措施的恢复模式与 Mike May 的相似，他可能是研究最多的成年人视力恢复的案例[176, 177]。如第 1 章所述，May 在 3 岁时遭遇了一次事故，使他失明，但 43 年后接受了完整的角膜移植。手术后，当光学模糊的时候，他在低水平任务中的能力，包括简单的形式、颜色和运动知觉方面，与正常观察者相比是合理的。但是，他在更复杂的形状、物体和面部识别任务方面仍然明显不足，特别是那些涉及三维处理的任务[176]。在干预后的 10 年里，他在中级和高级功能方面仍然几乎没有或根本没有改善[178]。从这个案例和其他案例可以推断，更复杂的特征识别的恢复将受到患者在早期视觉发育关键时期所经历的剥夺的限制。当与视觉功能相关的早期视觉发育正常时，恢复更有可能成功。

关于更常规的干预措施，一些训练研究检查了通常作为白内障手术的一部分而植入的镜片在生命后期的调整。其中一项研究对接近 70 岁的患者双眼植入多焦点人工晶状体（Alcon 实验室的 ReSTOR 或高级医学光学公司的 Tecnis ZM900）后的视觉表现进行了研究 [179]。多焦点人工晶状体通常需要长时间的调整。这些患者在非优势眼中进行了阈值方向辨别任务（角度差异阈值），在训练过的方向附近得到了 82% 的判断改善，而不影响未训练过的优势眼。(数据的一个有趣方面是，对于最初表现最差的人，这些改善似乎更大。) 训练干预后 6 个月，远视视力和其他几项指标也略有改善。这表明，一种有效的显性训练形式可能会对在适应新镜片方面遇到问题的个体产生显著的功能改善。

另一方面，神经科学的发展和有关可塑性的观念，越来越多地导致寻求使用假肢替代物或其他形式的刺激来替代失去的肢体或失去的感觉的技术研究。在视力方面，许多公司正在使用假体植入物来代替失明。各种研究检测了更不寻常的视觉假体干预，包括视网膜植入物 [180, 181]，对视力受损或失明个体视网膜进行电刺激 [182-184]，以及对视觉皮层的刺激 [185, 186]。

为了研究使用假体传递编码的潜在好处，研究人员评估了在正常视力的人在模拟人工视觉的情况下，学习的作用和最终可实现的性能水平 [187]。消息编码将 300 像素图像降级为 4 个普通字母（法语）单词呈现在周围。尽管这些信息最初会导致阅读效果下降，但在几个月的大约 70 小时的练习过程中，这些显示变得越来越有用——对于适应假体装置的视力有严重挑战的人来说，这是一项非常合理的时间投资。这表明，视觉假体可能最终与评估耳蜗植入调整的研究平行 [188]。就耳蜗植入而言，植入后的初始水平和随后的改善已显示出相当大的差异，这取决于语前耳聋儿童 [189-191] 的剥夺期长度和该装置的参数 [192, 193]。对该装置中编码的信号处理变化的调整也具有挑战性。例如，长期使用人工耳蜗的人，然后暴露于移位耳镜下，在三个月的调整期内，在某些方面有所改善，但在最初的临床确定的设置下，从未达到人工耳蜗的性能水平 [194]，尽管据报道，对于更渐进的移位，调整更好 [188]。手术后或调整后的方法主要依赖于自然接触以产生对设备的适应，尽管基于计算机的主动听觉训练方法已被证明在听觉识别和人工耳蜗的性能方面产生了改善 [195, 196]。

除了对听觉和触觉可塑性的早期研究之外，研究人员还对用另一种感官替代受损的感官产生了兴趣（见 10.3.4 节中的简要论述）[197-199]。其中一些研究涉及视觉系统突然或退化性损伤的盲人或近盲人，必须记住，这种损伤可能为大脑中通常代表这些输入的区域的不寻常的补偿性可塑性奠定基础。尽管有些人认为成人的这些可塑性变化可能比最初认为的要少 [178, 200]。

如前所述，已经尝试了许多视觉到听觉的替代装置 [201]。其他例子集中于将感官替代成二维触觉刺激列阵，以替代视觉或前庭信号 [197, 198, 202]。其中一些研究了在未受影响的个体中使用替代装置的可能性，如在蒙住眼睛的受试者身上用触觉显示视觉输入。

最近，有一些公司已经开发了植入装置来代替盲人的视觉输入，通常使用电极网格投影相对粗糙的视觉图案。目前，这些替代了一些视网膜或皮层上的视觉输入。但它们传递的信息远不能恢复视力——尽管任何改善都可能对日常功能有用[203]。与此同时，这些初步干预措施可能为未来植入装置的开发形成研究基础[180，181，183，184，204]。作为这个更广泛研究项目的一部分，有用信息的提取取决于调整和训练的周期。一些最近的研究试图描述一个观察者的知觉与视网膜植入设备（the Argus，来自重见光明医疗设备公司）[205]，显然最终目标是插入刺激图像的反向工程转换，以提高与通常感知的图像的有效性和一致性[182，203，206]。在人工耳蜗植入装置的设计中也使用了类似的过程，既改进了编码方案，又依赖于人对装置的适应性调整。

总之，通过手术干预、特殊镜片和植入物实现功能性视力恢复的过程在不同程度上取决于经验或训练，以实现最佳的干预后恢复。对丧失正常视觉发育的个体进行手术干预，似乎能够使基本或低级视觉功能（如亮度、颜色、大小和运动）得到合理但不完全的恢复。训练可以提高某些个体的对比敏感度，但中级或高级视觉功能的恢复往往受到更多限制，即使有时间和经验也是如此。这条规则的一个例外，适用于经历正常早期视觉发育、随后视力丧失，然后进行手术矫正的人，他们更有可能恢复全部功能。这些结果与人工耳蜗植入患者的发现相似。在这个领域，部分功能是由感觉替代装置产生的。同样地，已经报道了用于盲人视网膜输入的植入替代物的有用信息。

通常，医疗干预后的改善和调整是自然发生的，但我们也知道，更系统的训练形式可能会改善或加快这种自然的学习曲线。到底什么样的方案对任何给定的干预、条件或患者群体最有效，这仍然是个待解决的问题。有希望解决的第一步是尝试相关条件下最成功的训练方案（例如，在弱视患者中进行截止频率训练），尽管该方案的个案成功率尚待评估。

11.5.6　皮质盲

视觉训练也被用来研究部分视觉缺陷的性质，包括那些由大脑损伤导致的皮质盲。由于中风、事故或肿瘤，V1 或其他视觉区域的传入连接受损后，会发生皮质盲。眼睛和皮层的其他部分保持完整，但是对代表基本视觉特征并将该信息发送到纹状体外视觉皮层的 V1 的损伤尤其严重[207，208]。结果是半视野中的意识视力丧失，对日常功能有显著影响[209，210]。尽管在某些情况下对运动、形式和颜色进行保留[211]，但它通常比完整的半视野差一到两个对数单位[212]。这种残留的敏感性会导致在没有意识的情况下对受影响的视野中的刺激进行超分类，从而产生术语“盲视”[211，213]。与其他中风或脑损伤患者一样，功能的部分恢复通常发生在最初的 3 ～ 6 个月内（尽管也可能发生相应 LGN 的逆行变性）。然而，一些研究人员发现，盲区的视力有时可以通过明确的训练进一步提高。这是最近一篇综述的主题[210]。

尽管在中风或运动系统受损后，通常会采用积极的康复计划，但研究人员报告称，皮质盲患者的标准康复方案尚未建立[214]。对于大多数患者来说，受损后的改善通常涉及使用补偿性眼球运动，重新定向注视以覆盖视野。一项说明性研究训练一组人在注视时检测一个单一的周边光线，而另一组人在扫描一块光板时检测一个由四个光线组成的正方形。经过四周的训练，在允许眼球运动的情况下，检测准确率和反应时间都有所提高，但在需要注视的情况下则没有。眼球运动训练在不改变盲区的情况下提高了日常生活技能，这些学习效果在8个月后仍然存在。由NovaVision开发的一种不同的方案，即视觉恢复疗法（VRT），训练患者在盲区和视区之间的许多点上检测亮光[215]。尽管最初的报告称，该方案在检测、扩大视野和改善日常视觉功能方面有所改善[216]，但随后的试验得出结论，该方案实际上训练小的、快速的眼球运动，以达到目标[217，218]。

另一个康复方案是基于利用残余功能，特别是对短暂或运动刺激的残余敏感性。在一项研究中，患者在家中接受了几个月的训练，以检测盲区中的图案斑块，旨在刺激近峰值空间和时间频率敏感性（每度一个周期和10Hz闪烁）[212]。根据临床视野所测量的，改进部分推广到了盲区中未经训练的位置，并且训练还减小了盲区的大小。遵循这一逻辑的一个相关训练方法训练了全局运动，引起了人们的极大兴趣，因为一些视觉运动路径在V1损伤中幸存下来[210]。盲区的运动方向阈值在训练后的视网膜位置基本恢复正常，而且这种情况部分普及到其他刺激和任务（检测漂移光栅的对比敏感度、外部噪声中的运动阈值和检测亮度增量）[219]（见图11.8）。研究人员得出结论，训练增强了（重加权）将残余功能连接到更高视觉区域的路径，基本上绕过了受损的V1。

进一步开发其他训练方法，其中一些使用了外部噪声方法。在一个例子中，外部噪声范式和知觉模板模型（PTM；见第4章）的变体被用来进一步评估盲区损伤的限制性，通过测量不同水平的外部噪声（在这种情况下，以随机移动点的不同方向范围来实现）的全局运动方向的阈值差异来产生阈值与噪声函数[220]。盲区和完整区的阈值主要在低外部噪声中存在差异，这表明盲区受到高水平内部噪声的影响，在乘性内部噪声或外部噪声处理方面变化很小或没有变化。

所有这些研究都证实，与V1病变相关的皮质盲可以从康复训练中受益，至少在某种程度上是这样。与中风相关的运动系统损伤后的康复训练理念相同，即使这种训练的最终效果达不到完全的功能，也应该进行这种训练。目前，似乎有两种有希望的训练方法。一个侧重于训练补偿性眼动方法，而另一个训练残余的视觉功能，以将连接重新加权（或重新路由）到更高级别的视觉区域。有人提出，训练可能取决于几个生理机制：学习对V1完整区域进行加权、V1邻近的完整区域的可塑性，以及V1受损区域的恢复。其他改善似乎反映了决策的次级途径的可塑性增强[207，221]。如前文所述（11.5.5节），对感觉或大脑系统的损害被认为会引发先前服务于受损输入功能的皮质代表可塑性的补偿，或许也会引发替代路径的发展。未来应开展研究，以开发成功的训练方案，同时注意了解什么时候以及什么给定的方案可能最适合个别患者的需要。

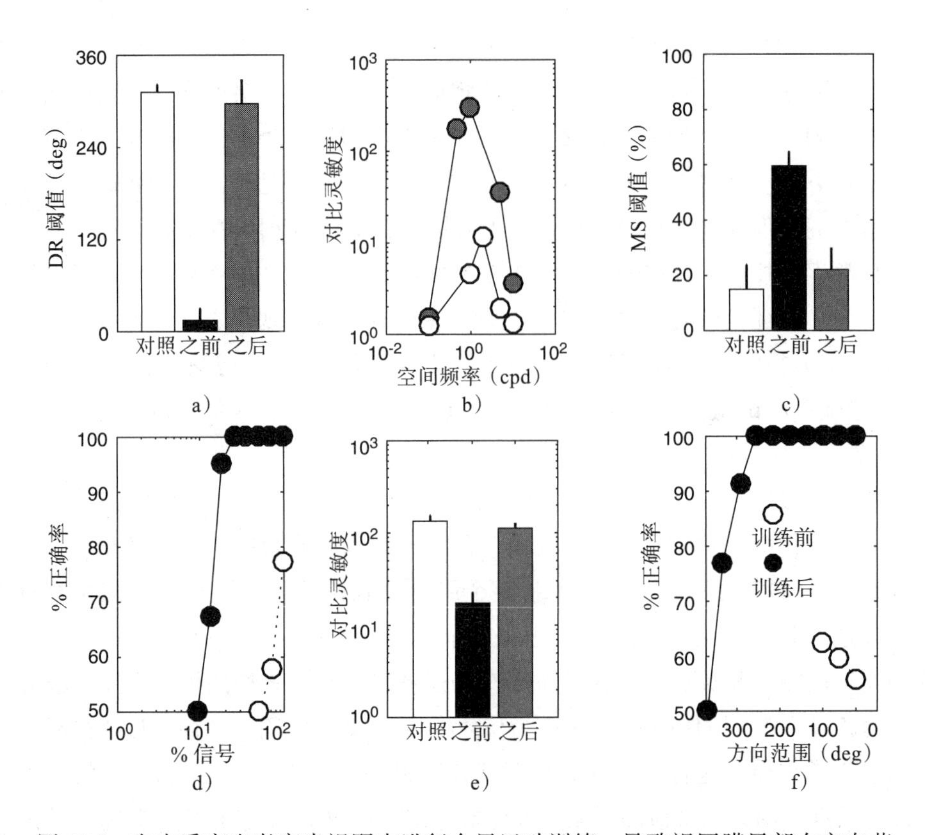

图 11.8　在皮质盲患者盲半视野中进行全局运动训练，导致视网膜局部在方向范围阈值（a, b）、左右方向判断（c, d）和漂移光栅方向的对比敏感度（e, f）方面的特异性改善。引自 Huxlin 等人 [219] 的图 2

11.6　总结

知觉学习的实际应用还处于早期阶段，但在一系列领域中发现，最显著的是在一系列视觉条件下的教育教学和医疗康复方面。在许多应用中，知觉分析可能只是对目标行为有贡献的几个处理方面之一。在这些情况下，我们的想法是某种形式的知觉分析可能是人类整体能力的一个重要限制因素。如果这是真的，知觉训练可能有益于特定的子组件，这样，视觉训练可能有助于更复杂行为的整体改善。这个想法如图 11.9 所示。

知觉学习最常被引用的标志性发现之一是它对特定刺激或任务的明显特异性（第 3 章）。观察到的特异性模式可能具有有用的理论含义，特别是当它有助于精确定位可塑性的位置和机制时。也就是说，特异性很少是转化应用的一个优点，几乎总是需要广泛的训练来完成相关任务。即便如此，只要这个任务对学习者来说是至关重要的，一个标准的训练方案或应用程序在特定的训练任务中仍然是有用的。例如，训练提高阅读能力，即使是特定于一种经过训练的字体，仍然可以低视力的人带来功能上的显著好处。

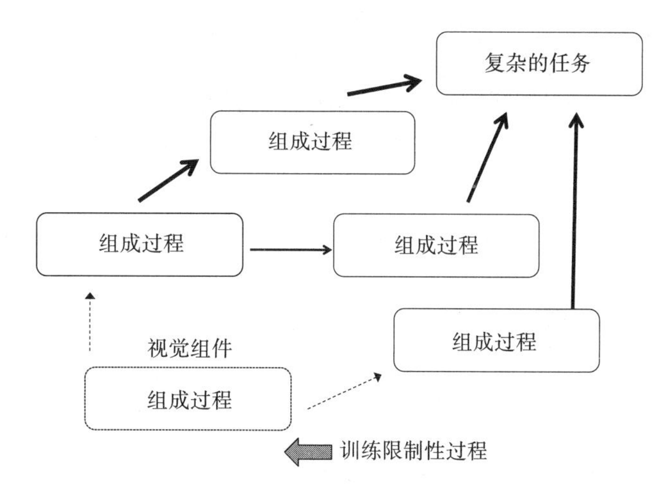

图 11.9 训练一个弱的视觉成分来补充复杂任务的其他成分，可能是通过训练限制因素来提高整体性能的有效方法

普遍性无疑是许多形式的康复训练的愿望。对于有视觉缺陷的人群来说，尤其如此。对于他们来说，一种形式的训练在理想情况下会有助于更广泛的日常功能 [222]。例如，工作记忆的训练研究之所以受到如此广泛的关注，原因之一是它们被认为可以改善任何依赖于流动知识的任务 [36、37]。另一方面，在大多数领域很少期望广泛的概括，而某些类型的学习的特殊性不需要总是被视为一种批评。例如，在数学中，如果一个与线性函数相关的知觉训练模块（图 11.1）改进了线性问题的求解，它就不会自动扩展到求解二次方程或涉及复数方程的能力。虽然对简单功能的知觉和概念化的改善可能会使学习者为更复杂的问题做好准备，但几乎可以肯定的是，仍然需要对那些更复杂的功能进行直接训练 [223, 224]。因此，一些因素将在确定给定的学习方法是否有实用价值方面发挥作用：训练是否会对个人产生实质性的改善？训练的实用性或者成本是多少？训练出来的功能本身有多大用处？训练在多大程度上可以推广到其他相关任务？

11.7 转换知觉学习

一旦一个训练方案被研究并证明是成功的，或者至少是潜在的成功，接下来又如何呢？无论是在教育、医疗矫正还是其他领域，从实验室到市场的道路必然涉及其自身的一系列因素。其中一些是偶然的、看似表面的，但其他可能是实质性的。许多都围绕着监管环境。任何给定产品的具体道路都必须经过这些考虑的组合。商业培训应用程序的开发可能不仅取决于成功的方法，还取决于风险资本的可用性；同样，医疗应用可能首先需要通过食品药品监督管理局（FDA）的监管程序，其中可能包括注册临床试验。在接下来的内容中，我们将概述几个例子以及商业化道路上可能出现的相关问题。

11.7.1　商业化

本章回顾了在3个主要领域使用专业培训方法的成功和挑战：（1）领域专业知识的发展；（2）教育应用；（3）视力有问题的特殊人群。许多项目都记录了与培训相关的重大改进，足以保证转化为实际应用。在这项学术研究的背景下，一个营利性领域如雨后春笋般出现：新商业平台、应用程序和设备广泛出现。在iTunes商店中搜索“视力训练”“视觉训练”“眼睛训练”或“听觉训练”等术语，会出现价格不等的可用应用程序页面，其中一些应用程序需要支付月服务费。其他商业产品使用特殊用途的计算机程序，甚至特殊的物理设备。（虽然这些应用程序、程序和设备大多是在学术研究的基础上开发出来的，但也有一些与学术界有关。事实上，我们中的一个人（Lu）在一家从事开发视觉测试算法和设备的公司中有商业利益。）

将培训应用程序或设备主要用于娱乐或充实是一回事，但声称这种培训将有显著的临床益处则是另一回事。一款高端桥牌游戏可能会让大脑回路保持活跃，而大脑回路对于在衰老过程中保持活跃至关重要，但玩这款游戏的主要动机是享受，任何认知上的好处都是次要的。对于许多认知和知觉的应用，关系是相反的：认知或知觉的改善是首要的，任何享受都是次要的或工具性的。其中一些应用程序、程序和设备是针对特定情况的。RevitalVision、Amblyotech和Vivid Vision旨在训练弱视或斜视；NeuroVision和GlassesOff分别指近视和老花眼；ULTIMEYES承诺在视觉上有广泛的改进；NovaVision旨在改善创伤性脑损伤后的视力。

其他应用程序已经在教育领域推出，旨在帮助学生克服特定的条件。Fast ForWord旨在利用知觉训练来提高阅读成绩差的个人的语言功能和阅读能力。InsightLT系统将知觉学习纳入数学、医学和地理培训，面向广大人群。从更广的范围来看，几家大型商业企业已经做出营销声明，称它们有助于“训练你的大脑”（有些企业因夸大其词而被联邦贸易委员会罚款）。

数字健康监测和培训的爆炸式增长导致了对这个看似巨大的行业的大规模投资。一些消息来源称，到2020年，预计市场价值将达到每年60亿美元，市场领域包括生物识别、测试和培训（http://sharpbrains.com/executive-summary/）。显而易见的是，将知觉学习转化为易于使用的应用程序和系统的各种尝试，无论成功与否，都反映了投资者和消费者日益增长的兴趣。

11.7.2　挑战

除了变幻莫测的市场之外，从实验室研究到应用程序的转变还存在实质性的、不可避免的内在挑战。在许多方面，这些挑战与当前实验和计算科学中高度关注的可复制性问题有关，也与人类临床试验的实际考虑有关。这些问题背后的核心是实验室研究（通常使用更小的受试者样本和更受控的程序）能否成功扩展到更多样化的人群和更少受控的临床或市场培训环境。在许多情况下，另一个挑战出现了：如何将训练方法的可推广性扩展到相关功能的广泛增强。

将实验室发现转化为现实世界的应用程序，必须包括比目前典型的基础研究中的更完整的测试程序。有几种方法或途径可能有助于应对这些挑战。其中一些与进行临床试验的过渡中使用的方法有关（见表 11.1）。

表 11.1 实验室转换中实验因素很重要

复制、更大的主题样本、元分析
对照组
随机分配到各组
评估前和评估后电池
课题子类型的分类

谨慎的第一步是对一项或多项现有的复制研究，或对文献中的多项研究进行分析。类似于前面讨论的电子游戏训练的回顾，这需要包括适当的统计校正。另一种可能是简单地使用比原始研究更大的受试者样本[225, 226]。这些方法的目的都是获取更多的数据。这样做应该有助于克服小规模研究固有的系统级或主题可变性，从而增加证明开发商业产品的努力和费用是值得的可能性。

知觉学习的实验室研究往往也相对简单。他们倾向于研究一到两个简单的训练任务，同样，要么不评估迁移，要么最多使用一到两个转移测试。这两个限制都可以通过使用更先进、更有效的测试方法来克服。这里最重要的原则也许是使用适当的对照组。这些组中的个体应以与实验训练组相同的方式进行分配和测试，不同之处仅在于省略了训练干预或使用了选定的对比干预。这种设计是临床研究中典型的随机对照试验[227]，然而，许多知觉学习文献中的标准设计并没有使用独立的对照组，这很可能是因为需要更大的样本量（见 3.8.4 节中的替代方案）。所讨论的任何一种方法都将为缓解对可复制性的担忧做出重大贡献。

在第一步之后，医学应用的临床试验倾向于奖励双盲设计。训练方法中的类似情况也面临着自身的困难。真正的双盲设计很难在训练方案中实现，因为在锻炼或冥想干预中，人们几乎肯定会在治疗过程中发现一些东西。尽管如此，仍然可以对小组分配盲目的研究小组成员进行盲目的评估前和评估后测试和数据分析。其他形式的控制训练干预也可能以同样的方式让受试者参与进来，但预计不会有那么大的效果（尽管对于每种情况都应考虑拒绝最佳治疗的伦理问题）。

实验设计的一个特征将进一步为实验室研究提供信息，即使纯粹是为了研究目的，也将在一系列任务中包括更广泛的评估前和评估后电池和转移测试（见图 11.10）[222]。根据定义，这种设计要求更高，但它们将有助于支持更好的人群亚型分类，同时有助于更好地理解迁移。如果一种亚型的干预比另一种亚型的干预更成功，特定人群的亚型分类将支持更细微的结论（例如，不同形式的弱视或不同形式的阅读障碍）。通过一系列迁移任务的评估，可以更好地了解培训干预的益处范围，有助于回答一系列问题：干预是否提高了受训任务或相关任务的性能？它能改善现实生活中的任务或活动的结果吗？干预在一般人群或特定人群中是否有任何意想不到的副作用？这种更完整的信息肯定会指导未来的转化产品设计。

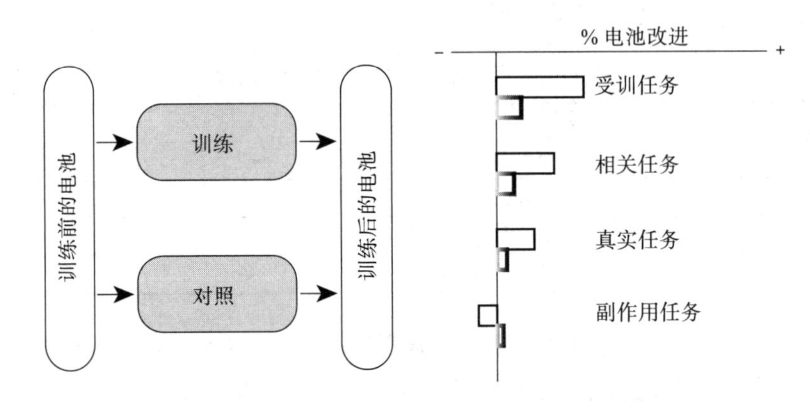

图 11.10　建议的实验结构旨在支持向实际应用的转化，说明对照组的微小变化和训练组的较大变化。这些设计的特征类似于临床试验的一些特征，包括对照组、更全面的训练前和训练后电池，这些电池评估训练任务、相关任务和其他现实世界任务的益处以及潜在的副作用。引自 Lu、Lin 和 Dosher[222] 的图 1

11.7.3　监管环境

任何转化知觉学习产品在走向市场的路上都会面临许多障碍。如果产品针对特定条件的矫正或用于临床人群，这些障碍将特别有意义。无论是哪种情况，产品都必须在给定的监管环境下进行协商，因此商业化背后的选择会产生重大影响。例如，当一个训练系统或应用程序的预期用途，如“标签声明、广告材料、制造商或其代表的口头或书面声明”所表达的那样，旨在帮助“诊断疾病或其他状况，或治愈、减轻、治疗或预防疾病，或旨在影响人体的结构或任何功能”并且“确保安全和有效性所需的监管水平根据该设备对公众健康的风险的不同而有所不同”时，FDA 将其作为医疗设备进行监管[228]。视觉训练方法被转化为商业产品，提出具体的健康主张，而不是简单地作为娱乐或丰富活动进行营销，将需要通过 FDA 进行管理。早期向 FDA 专家咨询，可以通过指导产品开发的特定方面来追求风险较小的商业化路线，从而节省时间。

如果一个训练系统要作为治疗性医疗程序的一部分来推广（类似于中风后物理和职业治疗的作用），那么它就成为一个治疗方案，需要成功的临床试验才能广泛应用。无论一种特殊的训练产品更适合作为临床试验还是作为医疗器械进行测试，这两种监管途径的程序都会提出潜在副作用的重要问题。在基础科学中，使用人类受试者的研究人员必须告知他们研究方案的潜在风险和益处，并向他们保证相关的机构审查委员会已经批准了这些方案。对于视力训练的临床应用，目标人群的需求和脆弱性将是确定如何评估潜在风险和益处的核心。视觉体验在儿童时期的视觉功能发展中起着独特的作用 [229]，这反过来又意味着在评估和发展针对儿童的训练方法方面有更高的标准。或者，失明患者在应对现有的日常功能丧失时，他们尝试不同形式的康复或再训练的意愿可能会有所不同。从根本上说，是开发和销售医疗设备还是作为训练应用程序的决定必须根据具体情况而定，同样也要根据适当的评估标准做出决定。

医疗或商业应用程序评估中的另一个核心问题是，采用培训系统的机会成本与其他可行的干预措施或活动相比如何。如果商业产品很贵或涉及处方，这些成本可能是字面上的，但它们也可能是更分散的，涉及可以用于其他方面的时间和精力。对于视觉训练来说，通常需要几天或几节课，时间要求可能特别重要，因为它们可能会降低对方案的遵从性，还因为它们可能会取代其他可能更有价值的补救形式。出于这个原因，视觉训练系统应该在功效和效率两方面进行优化。此外，临床测试和监管都涉及自身成本。因此，一旦试验开始，就会限制新方案或程序的纳入。

那些渴望将培训创新推向市场的人提出了以下问题：监管和监督视力培训产品最合适的方法是什么？监管环境是否应该像药品开发一样严格？一些评论者建议，FDA 应该将其他健康或健身的非侵入性产品与治疗性游戏产品同等对待。监管医疗智能手机应用程序的方法在很大程度上仅限于向开发者和消费者发布指南。随着该领域的进步和发展，监管环境可能会有效地提供从基础研究到应用的不同途径。

尽管通过监管系统获得批准方案或批准设备的过程可能比开发复杂工具更具挑战性，但也有显著的好处。消费者可以从已被证明有效并已针对潜在副作用进行筛选保证的方案、设备或应用程序中受益。商业开发人员从产品的官方批准和认可中获益，有效地使其在某些治疗环境中的使用合法化，并为其提供有价值的推广。出于所有这些原因，监管环境可能会随着该领域本身的变化而变化。

11.8　总结

除了纯粹研究的内在好处之外，人们对将知觉学习研究的原则和结果转化为实际应用也很感兴趣。本章考虑了许多受经验结果和理论原则启发的潜在应用实例。这些包括基于训练的知觉领域专业知识的发展，知觉训练在教育中的使用，实验室训练方法在视觉临床人群中的应用，以及数字游戏在未来发展中的作用。尽管领域如此广泛，研究人员才刚刚开始触及表面。还有更多的领域、技能和功能有待研究。

知觉学习的前景与它的应用挑战相匹配。也许对未来研究最严肃的呼吁是，使用精心选择的控制干预措施和随机分配的受试者条件的大样本实验——这是一种受生物医学研究临床试验系统启发的研究模式。鉴于实验室文献中的许多观察到的特殊性，以及在大多数实际应用中普遍性的重要性，我们还提倡使用更广泛的训练前和训练后评估组，并改善受试者的人口统计学特征。理想实验的所有这些特征，加上实施广泛的知觉训练本身，产生了对时间和资源的实际需求。这表明，在进行大规模实验之前，有必要在较小规模的实验室干预中仔细完善方案，同时系统地使用技术模型来优化培训方案。

事实上，这里考虑的许多或大多数研究都是从小规模的实验室研究开始的。在制定方法和研究时，重要的是要从已经知道的东西开始。从实践的角度来看，这通常意味着评估是众所周知的实验室测试，训练方法与实验室开发的方法相同或相似。现有的评估和培训方案提供了一个很好的起点。已经测试过的知觉学习的原理和模型可以进一步为应用选择提供信息。下一步是看看是否有办法提高学习的效率，并将这些提高推广到一组目标刺激和任务。最终，好的理论和好的计算模型将成为企业的核心。第 12 章研究了实现这种优化的正式结构。

参考文献

[1] Chi MT, Glaser R, Farr MJ. *The nature of expertise*. Psychology Press;2014.

[2] De Groot AD, de Groot AD. *Thought and choice in chess*. Vol. 4. Walter de Gruyter;1978.

[3] De Groot AD, Gobet F, Jongman RW. *Perception and memory in chess: Studies in the heuristics of the professional eye*. Van Gorcum;1996.

[4] Gobet F, Simon HA. Recall of random and distorted chess positions: Implications for the theory of expertise. *Memory & Cognition* 1996;24(4):493–503.

[5] Reingold EM, Charness N, Pomplun M, Stampe DM. Visual span in expert chess players: Evidence from eye movements. *Psychological Science* 2001;12(1):48–55.

[6] Hoffman RR, Fiore SM. Perceptual (re)learning: A leverage point for human-centered computing. *IEEE Intelligent Systems* 2007;22(3):79–83.

[7] Klein GA. *A recognition-primed decision (RPD) model of rapid decision making*. Ablex;1993.

[8] Kellman PJ, Massey CM, Son JY. Perceptual learning modules in mathematics: Enhancing students' pattern recognition, structure extraction, and fluency. *Topics in Cognitive Science* 2010;2(2):285–305.

[9] Logan GD. Toward an instance theory of automatization. *Psychological Review* 1988;95(4):492.

[10] Chase WG, Simon HA. Perception in chess. *Cognitive Psychology* 1973;4(1):55–81.

[11] Ericsson KA, Krampe RT, Tesch-Römer C. The role of deliberate practice in the acquisition of expert performance. *Psychological Review* 1993;100(3):363–406.

[12] Gladwell M. The picture problem. *The New Yorker* 2004: Dec. 13;74–81.

[13] Hambrick DZ, Oswald FL, Altmann EM, Meinz EJ, Gobet F, Campitelli G. Deliberate practice: Is that all it takes to become an expert? *Intelligence* 2014;45:34–45.

[14] Mosing MA, Madison G, Pedersen NL, Kuja-Halkola R, Ullén F. Practice does not make perfect: No causal effect of music practice on music ability. *Psychological Science* 2014;25(9):1795–1803.

[15] Biederman I, Shiffrar MM. Sexing day-old chicks: A case study and expert systems analysis of a difficult perceptual-learning task. *Journal of Experimental Psychology: Learning, Memory, and Cognition* 1987;13(4):640–645.

[16] Tanaka JW, Curran T, Sheinberg DL. The training and transfer of real-world perceptual expertise. *Psychological Science* 2005;16(2):145–151.

[17] Peterson MF, Abbey CK, Eckstein MP. The surprisingly high human efficiency at learning to recognize faces. *Vision Research* 2009;49(3):301–314.

[18] Gauthier I, Williams P, Tarr MJ, Tanaka J. Training "greeble" experts: A framework for studying expert object recognition processes. *Vision Research* 1998;38(15):2401–2428.

[19] Snowden PT, Davies IR, Roling P. Perceptual learning of the detection of features in x-ray images: A functional role for improvements in adults' visual sensitivity? *Journal of Experimental Psychology: Human Perception and Performance* 2000;26(1):379–390.

[20] Krasne S, Hillman JD, Kellman PJ, Drake TA. Applying perceptual and adaptive learning techniques for teaching introductory histopathology. *Journal of Pathology Informatics* 2013;4(1):34–41.

[21] Guerlain S, Green KB, LaFollette M, Mersch TC, Mitchell BA, Poole GR, Calland JF, Lv J, Chekan EG. Improving surgical pattern recognition through repetitive viewing of video clips. *IEEE Transactions on Systems, Man, and Cybernetics—Part A: Systems and Humans* 2004;34(6):699–707.

[22] Cioffi J. Expanding the scope of decision-making research for nursing and midwifery practice. *International Journal of Nursing Studies* 2012;49(4):481–489.

[23] DeLoss DJ, Bian Z, Watanabe T, Andersen GJ. Behavioral training to improve collision detection. *Journal of Vision* 2015;15(10):2;1–7.

[24] Deveau J, Ozer DJ, Seitz AR. Improved vision and on-field performance in baseball through perceptual learning. *Current Biology* 2014;24(4):R146–R147.

[25] Appelbaum LG, Schroeder JE, Cain MS, Mitroff SR. Improved visual cognition through stroboscopic training. *Frontiers in Psychology* 2011;2:276;1–13.

[26] Schroeder JE, Appelbaum LG, Cain MS, Mitroff SR. Examining the effects of stroboscopic vision. *Journal of Vision* 2011;11(11):1015

[27] Dosher BA, Lu Z-L. Perceptual learning in clear displays optimizes perceptual expertise: Learning the limiting process. *Proceedings of the National Academy of Sciences* 2005;102(14):5286–5290.

[28] Gabrieli JD. Dyslexia: A new synergy between education and cognitive neuroscience. *Science* 2009;325(5938):280–283.

[29] Mason L. Bridging neuroscience and education: A two-way path is possible. *Cortex* 2009;45(4):548–549.

[30] Petitto L-A, Dunbar K. New findings from educational neuroscience on bilingual brains, scientific brains, and the educated mind. Paper presented at Conference on Building Usable Knowledge in Mind, Brain, and Education: 2004.

[31] Fischer KW. Mind, brain, and education: Building a scientific groundwork for learning and teaching. *Mind, Brain, and Education* 2009;3(1):3–16.

[32] Carew TJ, Magsamen SH. Neuroscience and education: An ideal partnership for producing evidence-based solutions to guide 21st century learning. *Neuron* 2010;67(5):685–688.

[33] Ansari D, De Smedt B, Grabner RH. Neuroeducation—a critical overview of an emerging field. *Neuroethics* 2012;5(2):105–117.

[34] Kellman PJ, Massey CM. Perceptual learning, cognition, and expertise. *Psychology of Learning and Motivation* 2013;58:117–165.

[35] Merzenich MM, Jenkins WM, Johnston P, Schreiner C. Temporal processing deficits of language-learning impaired children ameliorated by training. *Science* 1996;271(5245):77–81.

[36] Au J, Sheehan E, Tsai N, Duncan GJ, Buschkuehl M, Jaeggi SM. Improving fluid intelligence with training on working memory: A meta-analysis. *Psychonomic Bulletin & Review* 2015;22(2):366–377.

[37] Jaeggi SM, Buschkuehl M, Jonides J, Perrig WJ. Improving fluid intelligence with training on working memory. *Proceedings of the National Academy of Sciences* 2008;105(19):6829–6833.

[38] Tallal P, Miller S, Bedi G, e Byrna G, Wang, X, Nagarajan S, Schreiner C, Jenkins W, Merzenich MM. Fast element enhanced speech improves language comprehension in language-learning impaired children. *Science* 1996;271(5245):81–84.

[39] Tallal P. Language and reading: Some perceptual prerequisites. *Bulletin of the Orton Society* 1980;30(1):170–178.

[40] Strong GK, Torgerson CJ, Torgerson D, Hulme C. A systematic meta-analytic review of evidence for the effectiveness of the "Fast ForWord" language intervention program. *Journal of Child Psychology and Psychiatry* 2011;52(3):224–235.

[41] Studdert-Kennedy M, Mody M. Auditory temporal perception deficits in the reading-impaired: A critical review of the evidence. *Psychonomic Bulletin & Review* 1995;2(4):508–514.

[42] Borman GD, Benson JG, Overman L. A randomized field trial of the Fast ForWord language computer-based training program. *Educational Evaluation and Policy Analysis* 2009;31(1):82–106.

[43] Banai K, Ahissar M. Perceptual learning as a tool for boosting working memory among individuals with reading and learning disability. *Learning & Perception* 2009;1(1):115–134.

[44] Simon H, Chase W. Skill in chess. In Levy D, ed., *Computer chess compendium*. Springer; 1988:175–188.

[45] Reitman JS. Skilled perception in Go: Deducing memory structures from inter-response times. *Cognitive Psychology* 1976;8(3):336–356.

[46] Chi MT. Two approaches to the study of experts' characteristics. In Ericsson KA, Charness N, Hoffman RR, Feltovich RJ, eds., *The Cambridge handbook of expertise and expert performance*. Cambridge University Press;2006:21–30.

[47] Jung WH, Kim SN, Lee TY, Jang JH, Choi C-H, Kang D-H, Kwon JS. Exploring the brains of Baduk (Go) experts: Gray matter morphometry, resting-state functional connectivity, and graph theoretical analysis. *Frontiers in Human Neuroscience* 2013;7(633):1–17.

[48] Kellman PJ, Massey C, Roth Z, Burke T, Zucker J, Saw A, Aguero KE, Wise JA. Perceptual learning and the technology of expertise: Studies in fraction learning and algebra. *Pragmatics & Cognition* 2008;16(2):356–405.

[49] Silva AB, Kellman P. Perceptual learning in mathematics: The algebra-geometry connection. Paper presented at the Twenty-First Annual Conference of the Cognitive Science Society;1999.

[50] Boot WR, Blakely DP, Simons DJ. Do action video games improve perception and cognition? *Frontiers in Psychology* 2011;2:226:1–8.

[51] Green CS, Bavelier D. Action video game training for cognitive enhancement. *Current Opinion in Behavioral Sciences* 2015;4:103–108.

[52] Kristjánsson Á. The case for causal influences of action videogame play upon vision and attention. *Attention, Perception, & Psychophysics* 2013;75(4):667–672.

[53] Appelbaum LG, Cain MS, Darling EF, Mitroff SR. Action video game playing is associated with improved visual sensitivity, but not alterations in visual sensory memory. *Attention, Perception, & Psychophysics* 2013;75(6):1161–1167.

[54] Li R, Polat U, Makous W, Bavelier D. Enhancing the contrast sensitivity function through action video game training. *Nature Neuroscience* 2009;12(5):549–551.

[55] Buckley D, Codina C, Bhardwaj P, Pascalis O. Action video game players and deaf observers have larger Goldmann visual fields. *Vision Research* 2010;50(5):548–556.

[56] Caplovitz GP, Kastner S. Carrot sticks or joysticks: Video games improve vision. *Nature Neuroscience* 2009;12(5):527–528.

[57] Dye MW, Green CS, Bavelier D. Increasing speed of processing with action video games. *Current Directions in Psychological Science* 2009;18(6):321–326.

[58] Dye MW, Green CS, Bavelier D. The development of attention skills in action video game players. *Neuropsychologia* 2009;47(8):1780–1789.

[59] Donohue SE, Woldorff MG, Mitroff SR. Video game players show more precise multisensory temporal processing abilities. *Attention, Perception, & Psychophysics* 2010;72(4):1120–1129.

[60] Dye MW, Bavelier D. Attentional enhancements and deficits in deaf populations: An integrative review. *Restorative Neurology and Neuroscience* 2010;28(2):181–192.

[61] Green CS, Bavelier D. Action video game modifies visual selective attention. *Nature* 2003;423(6939):534–537.

[62] Green CS, Bavelier D. Action-video-game experience alters the spatial resolution of vision. *Psychological Science* 2007;18(1):88–94.

[63] Feng J, Spence I, Pratt J. Playing an action video game reduces gender differences in spatial cognition. *Psychological Science* 2007;18(10):850–855.

[64] Wu S, Spence I. Playing shooter and driving videogames improves top-down guidance in visual search. *Attention, Perception, & Psychophysics* 2013;75(4):673–686.

[65] Castel AD, Pratt J, Drummond E. The effects of action video game experience on the time course of inhibition of return and the efficiency of visual search. *Acta Psychologica* 2005;119(2):217–230.

[66] Green CS, Bavelier D. Effect of action video games on the spatial distribution of visuospatial attention. *Journal of Experimental Psychology: Human Perception and Performance* 2006;32(6):1465–1478.

[67] Trick LM, Jaspers-Fayer F, Sethi N. Multiple-object tracking in children: The "Catch the Spies" task. *Cognitive Development* 2005;20(3):373–387.

[68] Green CS, Pouget A, Bavelier D. Improved probabilistic inference as a general learning mechanism with action video games. *Current Biology* 2010;20(17):1573–1579.

[69] Sungur H, Boduroglu A. Action video game players form more detailed representation of objects. *Acta Psychologica* 2012;139(2):327–334.

[70] Blacker KJ, Curby KM. Enhanced visual short-term memory in action video game players. *Attention, Perception, & Psychophysics* 2013;75(6):1128–1136.

[71] Colzato LS, van den Wildenberg WP, Zmigrod S, Hommel B. Action video gaming and cognitive control: Playing first person shooter games is associated with improvement in working memory but not action inhibition. *Psychological Research* 2013;77(2):234–239.

[72] Colzato LS, van den Wildenberg WP, Hommel B. Cognitive control and the COMT Val158Met polymorphism: Genetic modulation of videogame training and transfer to task-switching efficiency. *Psychological Research* 2014;78(5):670–678.

[73] Karle JW, Watter S, Shedden JM. Task switching in video game players: Benefits of selective attention but not resistance to proactive interference. *Acta Psychologica* 2010;134(1):70–78.

[74] Colzato LS, van Leeuwen PJ, van den Wildenberg WPM, Hommel B. DOOM'd to switch: Superior cognitive flexibility in players of first person shooter games. *Frontiers in Psychology* 2010;1:8;1–5.

[75] Green CS, Sugarman MA, Medford K, Klobusicky E, Bavelier D. The effect of action video game experience on task-switching. *Computers in Human Behavior* 2012;28(3):984–994.

[76] Strobach T, Frensch PA, Schubert T. Video game practice optimizes executive control skills in dual-task and task switching situations. *Acta Psychologica* 2012;140(1):13–24.

[77] Cain MS, Landau AN, Shimamura AP. Action video game experience reduces the cost of switching tasks. *Attention, Perception, & Psychophysics* 2012;74(4):641–647.

[78] Chiappe D, Conger M, Liao J, Caldwell JL, Vu K-PL. Improving multi-tasking ability through action videogames. *Applied Ergonomics* 2013;44(2):278–284.

[79] Boot WR, Kramer AF, Simons DJ, Fabiani M, Gratton G. The effects of video game playing on attention, memory, and executive control. *Acta Psychologica* 2008;129(3):387–398.

[80] Gaspar JG, Neider MB, Crowell JA, Lutz A, Kaczmarski H, Kramer AF. Are gamers better crossers? An examination of action video game experience and dual task effects in a simulated street crossing task. *Human Factors: The Journal of the Human Factors and Ergonomics Society* 2014;56(3):443–452.

[81] van Ravenzwaaij D, Boekel W, Forstmann BU, Ratcliff R, Wagenmakers E-J. Action video games do not improve the speed of information processing in simple perceptual tasks. *Journal of Experimental Psychology: General* 2014;143(5):1794–1805.

[82] Murphy K, Spencer A. Playing video games does not make for better visual attention skills. *Journal of Articles in Support of the Null Hypothesis* 2009;6(1):1–20.

[83] Li RW, Ngo C, Nguyen J, Levi DM. Video-game play induces plasticity in the visual system of adults with amblyopia. *PLoS Biology* 2011;9(8):e1001135.

[84] Franceschini S, Gori S, Ruffino M, Viola S, Molteni M, Facoetti A. Action video games make dyslexic children read better. *Current Biology* 2013;23(6):462–466.

[85] Achtman RL, Green CS, Bavelier D. Video games as a tool to train visual skills. *Restorative Neurology and Neuroscience* 2008;26(4–5):435–446.

[86] Bavelier D, Green CS, Pouget A, Schrater P. Brain plasticity through the life span: Learning to learn and action video games. *Annual Review of Neuroscience* 2012;35:391–416.

[87] Kiorpes L. Visual processing in amblyopia: Animal studies. *Strabismus* 2006;14(1):3–10.

[88] Levi DM. Visual processing in amblyopia: Human studies. *Strabismus* 2006;14(1):11–19.

[89] Flynn JT, Schiffman J, Feuer W, Corona A. The therapy of amblyopia: An analysis of the results of amblyopia therapy utilizing the pooled data of published studies. *Transactions of the American Ophthalmological Society* 1998;96:431–453.

[90] Holmes JM, Repka MX, Kraker RT, Clarke MP. The treatment of amblyopia. *Strabismus* 2009;14(1);37–42.

[91] PEDI Group. A randomized trial of prescribed patching regimens for treatment of severe amblyopia in children. *Ophthalmology* 2003;110(11):2075–2087.

[92] PEDI Group. Randomized trial of treatment of amblyopia in children aged 7 to 17 years. *Archives of Ophthalmology* 2005;123(4):437–447.

[93] Bradley A, Freeman R. Contrast sensitivity in anisometropic amblyopia. *Investigative Ophthalmology & Visual Science* 1981;21(3):467–476.

[94] Hess R, Howell E. The threshold contrast sensitivity function in strabismic amblyopia: Evidence for a two type classification. *Vision Research* 1977;17(9):1049–1055.

[95] Levi D, Harwerth R. Contrast evoked potentials in strabismic and anisometropic amblyopia. *Investigative Ophthalmology & Visual Science* 1978;17(6):571–575.

[96] Kelly SL, Buckingham TJ. Movement hyperacuity in childhood amblyopia. *British Journal of Ophthalmology* 1998;82(9):991–995.

[97] Levi DM, Klein S. Hyperacuity and amblyopia. *Nature* 1982;298(5871):268–270.

[98] Simmers AJ, Ledgeway T, Hess RF, McGraw PV. Deficits to global motion processing in human amblyopia. *Vision Research* 2003;43(6):729–738.

[99] Hess RF, McIlhagga W, Field DJ. Contour integration in strabismic amblyopia: The sufficiency of an explanation based on positional uncertainty. *Vision Research* 1997;37(22):3145–3161.

[100] Bonneh YS, Sagi D, Polat U. Local and non-local deficits in amblyopia: Acuity and spatial interactions. *Vision Research* 2004;44(27):3099–3110.

[101] Bonneh YS, Sagi D, Polat U. Spatial and temporal crowding in amblyopia. *Vision Research* 2007;47(14):1950–1962.

[102] Levi DM. Crowding—an essential bottleneck for object recognition: A mini-review. *Vision Research* 2008;48(5):635–654.

[103] Walraven J, Janzen P. TNO stereopsis test as an aid to the prevention of amblyopia. *Ophthalmic and Physiological Optics* 1993;13(4):350–356.

[104] Webber AL, Wood JM, Gole GA, Brown B. Effect of amblyopia on self-esteem in children. *Optometry & Vision Science* 2008;85(11):1074–1081.

[105] Huang C-B, Zhou J, Lu Z-L, Feng L, Zhou Y. Binocular combination in anisometropic amblyopia. *Journal of Vision* 2009;9(3):17;1–16.

[106] Campbell FW, Hess RF, Watson PG, Banks R. Preliminary results of a physiologically based treatment of amblyopia. *British Journal of Ophthalmology* 1978;62(11):748–755.

[107] Levi DM, Li RW. Perceptual learning as a potential treatment for amblyopia: A mini-review. *Vision Research* 2009;49(21):2535–2549.

[108] Tsirlin I, Colpa L, Goltz HC, Wong AM. Behavioral training as new treatment for adult amblyopia: A meta-analysis and systematic review. *Investigative Ophthalmology & Visual Science* 2015;56(6):4061–4075.

[109] Tytla ME, Labow-Daily LS. Evaluation of the CAM treatment for amblyopia: A controlled study. *Investigative Ophthalmology & Visual Science* 1981;20(3):400–406.

[110] Ciuffreda K, Goldner K, Connelly R. Lack of positive results of a physiologically based treatment of amblyopia. *British Journal of Ophthalmology* 1980;64(8):607–612.

[111] Nyman K, Singh G, Rydberg A, Fornander M. Controlled study comparing CAM treatment with occlusion therapy. *British Journal of Ophthalmology* 1983;67(3):178–180.

[112] Schor C, Wick B. Rotating grating treatment of amblyopia with and without eccentric fixation. *Journal of the American Optometric Association* 1983;54(6):545–549.

[113] Levi DM, Polat U. Neural plasticity in adults with amblyopia. *Proceedings of the National Academy of Sciences* 1996;93(13):6830–6834.

[114] Levi DM, Polat U, Hu Y-S. Improvement in Vernier acuity in adults with amblyopia: Practice makes better. *Investigative Ophthalmology & Visual Science* 1997;38(8):1493–1510.

[115] Li RW, Levi DM. Characterizing the mechanisms of improvement for position discrimination in adult amblyopia. *Journal of Vision* 2004;4(6):7;476–487.

[116] Li RW, Provost A, Levi DM. Extended perceptual learning results in substantial recovery of positional acuity and visual acuity in juvenile amblyopia. *Investigative Ophthalmology & Visual Science* 2007;48(11):5046–5051.

[117] Polat U, Ma-Naim T, Belkin M, Sagi D. Improving vision in adult amblyopia by perceptual learning. *Proceedings of the National Academy of Sciences* 2004;101(17):6692–6697.

[118] Huang C-B, Lu Z-L, Zhou Y. Mechanisms underlying perceptual learning of contrast detection in adults with anisometropic amblyopia. *Journal of Vision* 2009;9(11):24;1–14.

[119] Levi DM, Li RW, Klein SA. "Phase capture" in amblyopia: The influence function for sampled shape. *Vision Research* 2005;45(14):1793–1805.

[120] Zhou Y, Huang C, Xu P, Tao L, Qiu Z, Li X, Lu Z-L. Perceptual learning improves contrast sensitivity and visual acuity in adults with anisometropic amblyopia. *Vision Research* 2006;46(5):739–750.

[121] Huang C-B, Zhou Y, Lu Z-L. Broad bandwidth of perceptual learning in the visual system of adults with anisometropic amblyopia. *Proceedings of the National Academy of Sciences* 2008;105(10):4068–4073.

[122] Hou F, Huang C-B, Lesmes L, Feng L-X, Tao L, Zhou Y-F, Lu Z-L. qCSF in clinical application: Efficient characterization and classification of contrast sensitivity functions in amblyopia. *Investigative Ophthalmology & Visual Science* 2010;51(10):5365–5377.

[123] Jones RK, Lee DN. Why two eyes are better than one: The two views of binocular vision. *Journal of Experimental Psychology: Human Perception and Performance* 1981;7(1):30–40.

[124] Sheedy JE, Bailey IL, Buri M, Bass E. Binocular vs. monocular task performance. *Optometry & Vision Science* 1986;63(10):839–846.

[125] Webber AL, Wood JM, Gole GA, Brown B. The effect of amblyopia on fine motor skills in children. *Investigative Ophthalmology & Visual Science* 2008;49(2):594–603.

[126] Hess R, Mansouri B, Thompson B. A new binocular approach to the treatment of amblyopia in adults well beyond the critical period of visual development. *Restorative Neurology and Neuroscience* 2010;28(6):793–802.

[127] Li J, Thompson B, Deng D, Chan LY, Yu M, Hess RF. Dichoptic training enables the adult amblyopic brain to learn. *Current Biology* 2013;23(8):R308–R309.

[128] Vedamurthy I, Nahum M, Huang SJ, Zheng F, Bayliss J, Bavelier D, Levi DM. A dichoptic custom-made action video game as a treatment for adult amblyopia. *Vision Research* 2015;114:173–187.

[129] Ooi TL, Su YR, Natale DM, He ZJ. A push-pull treatment for strengthening the "lazy eye" in amblyopia. *Current Biology* 2013;23(8):R309–R310.

[130] Xi J, Jia W-L, Feng L-X, Lu Z-L, Huang C-B. Perceptual learning improves stereoacuity in amblyopia. *Investigative Ophthalmology & Visual Science* 2014;55(4):2384–2391.

[131] Walsh V, Ashbridge E, Cowey A. Cortical plasticity in perceptual learning demonstrated by transcranial magnetic stimulation. *Neuropsychologia* 1998;36(4):363–367.

[132] Seitz AR, Dinse HR. A common framework for perceptual learning. *Current Opinion in Neurobiology* 2007;17(2):148–153.

[133] Fagiolini M, Fritschy J-M, Löw K, Möhler H, Rudolph U, Hensch TK. Specific GABAA circuits for visual cortical plasticity. *Science* 2004;303(5664):1681–1683.

[134] Hensch TK. Critical period plasticity in local cortical circuits. *Nature Reviews Neuroscience* 2005;6(11):877–888.

[135] Hensch TK, Fagiolini M, Mataga N, Stryker MP, Baekkeskov S, Kash SF. Local GABA circuit control of experience-dependent plasticity in developing visual cortex. *Science* 1998;282(5393):1504–1508.

[136] Kiorpes L, Movshon JA. Neural limitations on visual development in primates. *Visual Neurosciences* 2003;1:159–173.

[137] Foster P, Jiang Y. Epidemiology of myopia. *Eye* 2014;28(2):202–208.

[138] Rose KA, Morgan IG, Ip J, Kifley A, Huynh S, Smith W, Mitchell P. Outdoor activity reduces the prevalence of myopia in children. *Ophthalmology* 2008;115(8):1279–1285.

[139] Durrie D, McMinn PS. Computer-based primary visual cortex training for treatment of low myopia and early presbyopia. *Transactions of the American Ophthalmological Society* 2007;105:132–138.

[140] Tan DT, Fong A. Efficacy of neural vision therapy to enhance contrast sensitivity function and visual acuity in low myopia. *Journal of Cataract & Refractive Surgery* 2008;34(4):570–577.

[141] Camilleri R, Pavan A, Ghin F, Battaglini L, Campana G. Improvement of uncorrected visual acuity and contrast sensitivity with perceptual learning and transcranial random noise stimulation in individuals with mild myopia. *Frontiers in Psychology* 2014;5(1234):1–6.

[142] Yan F-F, Zhou J, Zhao W, Li M, Xi J, Lu ZL, Huang CB. Perceptual learning improves neural processing in myopic vision. *Journal of Vision* 2015;15(10):12,1–14.

[143] Richards OW. Effects of luminance and contrast on visual acuity, ages 16 to 90 years. *Optometry & Vision Science* 1977;54(3):178–184.

[144] Chapanis A. Relationships between age, visual acuity and color vision. *Human Biology* 1950;22(1):1–33.

[145] Kahn HA, Leibowitz HM, Ganley JP, Kini MM, Colton T, Nickerson RS, Dawber TR. The Framingham eye study. I: Outline and major prevalence findings. *American Journal of Epidemiology* 1977;106(1):17–32.

[146] Sekuler R, Owsley C, Hutman L. Assessing spatial vision of older people. *Optometry & Vision Science* 1982;59(12):961–968.

[147] Anderson GJ, Atchley P. Age-related differences in the detection of three-dimensional surfaces from optic flow. *Psychology and Aging* 1995;10(4):650–658.

[148] Andersen GJ, Ni R, Bower JD, Watanabe T. Perceptual learning, aging, and improved visual performance in early stages of visual processing. *Journal of Vision* 2010;10(13):4, 1–13.

[149] Owsley C, Ball K, McGwin G Jr, Sloan ME, Roenker DL, White MF, Overley ET. Visual processing impairment and risk of motor vehicle crash among older adults. *Journal of the American Medical Association* 1998;279(14):1083–1088.

[150] Owsley C, Stalvey B, Wells J, Sloane ME. Older drivers and cataract: Driving habits and crash risk. *Journal of Gerontology Series A: Biological Sciences and Medical Sciences* 1999;54(4):M203–M211.

[151] Spear PD. Neural bases of visual deficits during aging. *Vision Research* 1993;33(18):2589–2609.

[152] Ratcliff R, Thapar A, McKoon G. Aging, practice, and perceptual tasks: A diffusion model analysis. *Psychology and Aging* 2006;21(2):353–371.

[153] Mayhew SD, Li S, Storrar JK, Tsvetanov KA, Kourtzi Z. Learning shapes the representation of visual categories in the aging human brain. *Journal of Cognitive Neuroscience* 2010;22(12):2899–2912.

[154] Richards E, Bennett PJ, Sekuler AB. Age related differences in learning with the useful field of view. *Vision Research* 2006;46(25):4217–4231.

[155] DeLoss DJ, Watanabe T, Andersen GJ. Improving vision among older adults: Behavioral training to improve sight. *Psychological Science* 2015;26(4):456–466.

[156] Polat U, Schor C, Tong J-L, Zomet A, Lev M, Yehezkel O, Sterkin A, Levi DM. Training the brain to overcome the effect of aging on the human eye. *Scientific Reports* 2012;2(1):1–6.

[157] Elliott DB, Trukolo-Ilic M, Strong JG, Pace R, Plotkin A, Bevers P. Demographic characteristics of the vision-disabled elderly. *Investigative Ophthalmology & Visual Science* 1997;38(12):2566–2575.

[158] Friedman DS, O'Colmain BJ, Munoz B, Tomany SC, McCarty C, de Jong PTVM, Nemesure B, Mitchell P, Kempen J, Congdon N. Prevalence of age-related macular degeneration in the United States. *Archives of Ophthalmology* 2004;122(4):564–572.

[159] Chung ST. Improving reading speed for people with central vision loss through perceptual learning. *Investigative Ophthalmology & Visual Science* 2011;52(2):1164–1170.

[160] Quigley HA. Number of people with glaucoma worldwide. *British Journal of Ophthalmology* 1996;80(5):389–393.

[161] Hamel C. Retinitis pigmentosa. *Orphanet Journal of Rare Diseases* 2006;1(1):1–12.

[162] Liu L, Kuyk T, Fuhr P. Visual search training in subjects with severe to profound low vision. *Vision Research* 2007;47(20):2627–2636.

[163] Somberg BL, Salthouse TA. Divided attention abilities in young and old adults. *Journal of Experimental Psychology: Human Perception and Performance* 1982;8(5):651–663.

[164] Kramer AF, Martin-Emerson R, Larish JF, Andersen GJ. Aging and filtering by movement in visual search. *Journal of Gerontology Series B: Psychological Sciences and Social Sciences* 1996;51(4):P201–P216.

[165] Anandam BT, Scialfa CT. Aging and the development of automaticity in feature search. *Aging, Neuropsychology, and Cognition* 1999;6(2):117–140.

[166] Scialfa CT, Jenkins L, Hamaluk E, Skaloud P. Aging and the development of automaticity in conjunction search. *Journal of Gerontology Series B: Psychological Sciences and Social Sciences* 2000;55(1):P27–P46.

[167] Yu D, Cheung S-H, Legge GE, Chung ST. Reading speed in the peripheral visual field of older adults: Does it benefit from perceptual learning? *Vision Research* 2010;50(9):860–869.

[168] Chung ST, Legge GE, Cheung S-H. Letter-recognition and reading speed in peripheral vision benefit from perceptual learning. *Vision Research* 2004;44(7):695–709.

[169] Kwon M, Nandy AS, Tjan BS. Rapid and persistent adaptability of human oculomotor control in response to simulated central vision loss. *Current Biology* 2013;23(17):1663–1669.

[170] Nandy AS, Tjan BS. The nature of letter crowding as revealed by first- and second-order classification images. *Journal of Vision* 2007;7(2):5,1–26.

[171] Pelli DG, Tillman KA, Freeman J, Su M, Berger TD, Majaj NJ. Crowding and eccentricity determine reading rate. *Journal of Vision* 2007;7(2):20,1–36.

[172] Tillman K, Pelli D, Freeman J, Su M, Berger T, Majaj N. Reading is crowded. *Journal of Vision* 2007;7(9):341.

[173] Hussain Z, Webb BS, Astle AT, McGraw PV. Perceptual learning reduces crowding in amblyopia and in the normal periphery. *Journal of Neuroscience* 2012;32(2):474–480.

[174] Kalia A, Lesmes LA, Dorr M, Gandhi T, Ghatterjee G, Ganesh S, Bex PJ, Sinha P. Development of pattern vision following early and extended blindness. *Proceedings of the National Academy of Sciences* 2014;111(5):2035–2039.

[175] McKyton A, Ben-Zion I, Doron R, Zohary E. The limits of shape recognition following late emergence from blindness. *Current Biology* 2015;25(18):2373–2378.

[176] Fine I, Wade AR, Brewer AA, May MG, Goodman DF, Boynton GM, Wandell BA, MacLeod DI. Long-term deprivation affects visual perception and cortex. *Nature Neuroscience* 2003;6(9):915–916.

[177] Saenz M, Lewis LB, Huth AG, Fine I, Koch C. Visual motion area MT+/V5 responds to auditory motion in human sight-recovery subjects. *Journal of Neuroscience* 2008;28(20):5141–5148.

[178] Huber E, Webster JM, Brewer AA, MacLeod DIA, Wandell BA, Boynton M, Wade AR, Fine I. A lack of experience-dependent plasticity after more than a decade of recovered sight. *Psychological Science* 2015;26(4):393–401.

[179] Kaymak H, Fahle M, Mester U, Ott G. Intraindividual comparison of the effect of training on visual performance with ReSTOR and Tecnis diffractive multifocal IOLs. *Journal of Refractive Surgery* 2008;24(3):287–293.

[180] Humayun MS, de Juan E, Dagnelie G, Greenberg RJ, Propst RH, Phillips DH. Visual perception elicited by electrical stimulation of retina in blind humans. *Archives of Ophthalmology* 1996;114(1):40–46.

[181] Weiland JD, Liu W, Humayun MS. Retinal prosthesis. *Annual Review of Biomedical Engineering* 2005;7:361–401.

[182] Beyeler M, Rokem A, Boynton GM, Fine I. Learning to see again: Biological constraints on cortical plasticity and the implications for sight restoration technologies. *Journal of Neural Engineering* 2017;14(5):051003.

[183] Luo YH-L, Da Cruz L. The Argus® II retinal prosthesis system. *Progress in Retinal and Eye Research* 2016;50:89–107.

[184] Ahuja AK, Dorn J, Caspi A, McMahon MJ, Dagnelie G, daCruz, L, Stanga P, Humayun MS, Greenberg RJ, Argus II Study Group. Blind subjects implanted with the Argus II retinal prosthesis are able to improve performance in a spatial-motor task. *British Journal of Ophthalmology* 2011;95(4):539–543.

[185] Dobelle WH, Mladejovsky M, Girvin J. Artificial vision for the blind: Electrical stimulation of visual cortex offers hope for a functional prosthesis. *Science* 1974;183(4123):440–444.

[186] Normann RA, Maynard EM, Rousche PJ, Warren DJ. A neural interface for a cortical vision prosthesis. *Vision Research* 1999;39(15):2577–2587.

[187] Sommerhalder J, Oueghlani E, Bagnoud M, Leonards U, Safran AB, Pelizzone M. Simulation of artificial vision. I: Eccentric reading of isolated words, and perceptual learning. *Vision Research* 2003;43(3):269–283.

[188] Fu Q-J, Galvin JJ. Perceptual learning and auditory training in cochlear implant recipients. *Trends in Amplification* 2007;11(3):193–205.

[189] Fryauf-Bertschy H, Tyler RS, Kelsay DM, Gantz BJ, Woodworth GG. Cochlear implant use by prelingually deafened children: The influences of age at implant and length of device use. *Journal of Speech, Language, and Hearing Research* 1997;40(1):183–199.

[190] Tyler R, Fryauf-Bertschy H, Gantz B, Kelsay D, Woodworth G. Speech perception in prelingually implanted children after four years. In Honjo I, Takahashi H, eds., *Cochlear implant and related sciences update.* Vol. 52. Karger;1997:187–192.

[191] Svirsky MA, Teoh S-W, Neuburger H. Development of language and speech perception in congenitally, profoundly deaf children as a function of age at cochlear implantation. *Audiology and Neurotology* 2004;9(4):224–233.

[192] Dorman MF, Loizou PC, Rainey D. Speech intelligibility as a function of the number of channels of stimulation for signal processors using sine-wave and noise-band outputs. *Journal of the Acoustical Society of America* 1997;102(4):2403–2411.

[193] Wilson BS, Finley CC, Lawson DT, Wolford RD, Eddington DK, Rabinowitz WM. Better speech recognition with cochlear implants. *Nature* 1991;352(6332):236–238.

[194] Fu Q-J, Shannon RV, Galvin JJ III. Perceptual learning following changes in the frequency-to-electrode assignment with the Nucleus-22 cochlear implant. *Journal of the Acoustical Society of America* 2002;112(4):1664–1674.

[195] Fu Q-J, Galvin J, Wang X, Nogaki G. Moderate auditory training can improve speech performance of adult cochlear implant patients. *Acoustics Research Letters Online* 2005;6(3):106–111.

[196] Eisner F, McGettigan C, Faulkner A, Rosen S, Scott SK. Inferior frontal gyrus activation predicts individual differences in perceptual learning of cochlear-implant simulations. *Journal of Neuroscience* 2010;30(21):7179–7186.

[197] Proulx MJ, Brown DJ, Pasqualotto A, Meijer P. Multisensory perceptual learning and sensory substitution. *Neuroscience & Biobehavioral Reviews* 2014;41:16–25.

[198] Bach-y-Rita P, Collins CC, Saunders FA, White B, Scadden L. Vision substitution by tactile image projection. *Nature*, 1969;221(5184):963–964.

[199] Bach-y-Rita P, Tyler ME, Kaczmarek KA. Seeing with the brain. *International Journal of Human-Computer Interaction* 2003;15(2):285–295.

[200] Wandell BA, Smirnakis SM. Plasticity and stability of visual field maps in adult primary visual cortex. *Nature Reviews Neuroscience* 2009;10(12):873–884.

[201] Kim J-K, Zatorre RJ. Generalized learning of visual-to-auditory substitution in sighted individuals. *Brain Research* 2008;1242:263–275.

[202] Tyler M, Danilov Y, Bach-y-Rita P. Closing an open-loop control system: Vestibular substitution through the tongue. *Journal of Integrative Neuroscience* 2003;2(2):159–164.

[203] Fine I, Boynton GM. Pulse trains to percepts: The challenge of creating a perceptually intelligible world with sight recovery technologies. *Philosophical Transactions of the Royal Society B: Biological Sciences* 2015;370(1677):20140208.

[204] Da Cruz L, Coley BF, Dorn J, Merlini F, Filley E, Christopher P, Chen FK, Wuyyuru V, Sahel J, Stanga P, Humayun M, Greenberg RJ, Dagnelie G, Argus II Study Group. The Argus II epiretinal prosthesis system allows letter and word reading and long-term function in patients with profound vision loss. *British Journal of Ophthalmology* 2013;97(5):632–636.

[205] Nanduri D, Fine I, Horsager A, Boynton GM, Humayun MS, Greenberg RJ, Weiland JD. Frequency and amplitude modulation have different effects on the percepts elicited by retinal stimulation. *Investigative Ophthalmology & Visual Science* 2012;53(1):205–214.

[206] Horsager A, Greenwald SH, Weiland JD, Humayun MS, Greenberg RJ, McMahon MJ, Boynton GM, Fine I. Predicting visual sensitivity in retinal prosthesis patients. *Investigative Ophthalmology & Visual Science* 2009;50(4):1483–1491.

[207] Cowey A, Stoerig P. The neurobiology of blindsight. *Trends in Neurosciences* 1991;14(4):140–145.

[208] Stoerig P, Cowey A. Visual perception and phenomenal consciousness. *Behavioural Brain Research* 1995;71(1):147–156.

[209] Brandt T, Thie A, Caplan L, Hacke W. Infarcts in the brain areas supplied by the posterior cerebral artery: Clinical aspects, pathogenesis and prognosis. *Der Nervenarzt* 1995;66(4):267–274.

[210] Das A, Huxlin KR. New approaches to visual rehabilitation for cortical blindness: Outcomes and Putative Mechanisms. *The Neuroscientist* 2010;16(4):374–387.

[211] Weiskrantz L. *Blindsight.* Oxford University Press;1986.

[212] Sahraie A, Trevethan CT, MacLeod MJ, Murray AD, Olson JA, Weiskrantz L. Increased sensitivity after repeated stimulation of residual spatial channels in blindsight. *Proceedings of the National Academy of Sciences* 2006;103(40):14971–14976.

[213] Weiskrantz L, Warrington EK, Sanders M, Marshall J. Visual capacity in the hemianopic field following a restricted occipital ablation. *Brain* 1974;97(1):709–728.

[214] Ellison A, Walsh V. Perceptual learning in visual search: Some evidence of specificities. *Vision Research* 1998;38(3):333–345.

[215] Kasten E, Sabel BA. Visual field enlargement after computer training in brain-damaged patients with homonymous deficits: An open pilot trial. *Restorative Neurology and Neuroscience* 1995;8(3):113–127.

[216] Kasten E, Wüst S, Behrens-Baumann W, Sabel BA. Computer-based training for the treatment of partial blindness. *Nature Medicine* 1998;4(9):1083–1087.

[217] Balliet R, Blood KM, Bach-y-Rita P. Visual field rehabilitation in the cortically blind? *Journal of Neurology, Neurosurgery & Psychiatry* 1985;48(11):1113–1124.

[218] Reinhard J, Schreiber A, Schiefer U, Kasten E, Sabel BA, Kenkel S, Vonthein R, Trauzettel-Klosinski S. Does visual restitution training change absolute homonymous visual field defects? A fundus controlled study. *British Journal of Ophthalmology* 2005;89(1):30–35.

[219] Huxlin KR, Martin T, Kelly K, Riley M, Friedman DI, Burgin WS, Hayhoe M. Perceptual relearning of complex visual motion after V1 damage in humans. *Journal of Neuroscience* 2009;29(13):3981–3991.

[220] Cavanaugh MR, Zhang R, Melnick MD, Das A, Roberts M, Tadin D, Carrasco M, Huxlin KR. Visual recovery in cortical blindness is limited by high internal noise. *Journal of Vision* 2015;15(10):9,1–18.

[221] Weiskrantz L. Roots of blindsight. *Progress in Brain Research* 2004;144:227–241.

[222] Lu Z-L, Lin Z, Dosher BA. Translating perceptual learning from the laboratory to applications. *Trends in Cognitive Sciences* 2016;20(8):561–563.

[223] Craig SD, Hu X, Graesser AC, Bargagliotti AE, Sterbinsky A, Cheney KR, Okwumabua T. The impact of a technology-based mathematics after-school program using ALEKS on student's knowledge and behaviors. *Computers & Education* 2013;68:495–504.

[224] Falmagne J-C, Albert D, Doble C, Eppstein D, Hu X. *Knowledge spaces: Applications in education.* Springer;2013.

[225] Begley CG, Ioannidis JP. Reproducibility in science: Improving the standard for basic and preclinical research. *Circulation Research* 2015;116(1):116–126.

[226] Lindsay DS. *Replication in psychological science.* Sage Publications;2015.

[227] Sibbald B, Roland M. Understanding controlled trials: Why are randomised controlled trials important? *BMJ: British Medical Journal* 1998;316(7126):201.

[228] Food and Drug Administration (FDA). Mobile medical applications: Guidance for industry and Food and Drug Administration staff. FDA;2015.

[229] Braddick O, Atkinson J. Development of human visual function. *Vision Research* 2011;51(13):1588–1609.

优　化

强大的知觉学习计算模型的存在为训练的优化打开了一扇大门。作为这一新范式的一部分，优化的目的是搜寻训练协议，以最大限度地提高有用的特性，如学习的规模、训练的效率、对相关任务的迁移或概括，以及更好地进行保留。许多问题现在可以首先利用计算框架进行探索，其中定义了优化目标，指定了潜在的训练操作的域，并且一个好的生成模型已经对结果做出了预测。一个搜索路径将根据期望的目标评估所有可能的协议，然后可以通过实验验证最佳的协议。现有的文献已经提出了一些可能提高学习和概括能力的操作，而人工智能和机器学习的新技术也有望加速新方向的研究。

12.1　利用视觉知觉学习

在过去的几十年里，知觉学习的科学得到了极大的发展。从 20 世纪 90 年代早期视觉可塑性的观察报告开始，该领域进入了一个激烈的活动和创新时期。计算机、先进的建模方法和脑成像技术的兴起进一步加速了新的发现。所有这些因素将研究推向了一个甚至在 20 世纪 80 年代都无法想象的方向。

该领域的优势之一是关于视觉领域学习基本原理的理论层面的激烈辩论。其中一些侧重于现象学，例如学习对视觉任务水平的依赖，而另一些则考虑了特异性和迁移性的平衡。然而，争论的中心是功能性和可塑性的问题。学习是否主要通过信噪比的变化发生？如果是这样，这是编码（重调谐）或解码（读出或重加权）更改的产物吗？这些不同的过程与可塑性和稳定性之间的平衡有何关系？

本书旨在从多个层面对该领域进行评估：现象层面、实验层面和理论层面。我们对实验领域和学习的主要现象进行了调研，对历史以及当前的模型都进行了检验，并考虑了已知的生理学对这些模型的限制。随着我们的深入，我们已经指出了可能进一步发展研究或回答开放性问题的新实验或模型的可能方向。我们还试图在结构化讨论和研究的核心理论偶极子之间取得明智的平衡：稳定性与可塑性、信号与噪声，以及编码（重调谐）与解码（读出或重加权）。

当我们总结这本书的时候，把这个领域的未来作为一个整体来考虑是很自然的。在我们看来，未来研究最令人兴奋的途径之一是理论与实践的结合，这种结合可以加速两者的进步。将新的理论发展应用于实际应用的一个有希望的方法是，在最优化的背景下进行学习的研究。

人类天生就是目标导向型的，我们的大部分认知和知觉机制都通过进化得到了优化，以实现有用的功能。知觉学习是如此重要的能力，因为知觉本身是如此重要，形成了更复杂和必要的任务的内在部分。随着研究人员致力于理解知觉学习及其工作原理，人们会越来越自然地问，什么是获得更好的知觉的最佳方式？这就是最优化的方法在未来的知觉学习研究中有潜在的变革作用的地方。

12.2 一个最优化框架

最初起源发展于数学和经济学——最优化理论及其相关方法已经进入了从计算机科学到运筹学甚至棒球的一系列令人印象深刻的领域。从根本上说，最优化是指在一组备选方案中选择最佳备选方案（如某些标准所定义的）。

最优化的数学理论的先驱研究可以追溯到20世纪30年代以及苏联经济学家和数学家Leonid Kantorovich的工作[1-3]。Kantorovich提出的基本思想是，使用模拟，而不是对每个可能的选择方案进行实际的经验测试，可以更有效地搜索最佳行为方式，以达到所期望的目标。因此，计算可以节省宝贵的时间和精力。

无论是经济学、化学还是认知科学，最优化这一门学科都要求研究人员指定需要进行优化的目标。那么，在知觉学习中，我们要问的第一个重要问题是如何选择“最佳”的训练协议。在对训练进行优化时，我们认为至少应该有5个目标：量级、稳健性、泛化性、学习如何进行学习、保留（见表12.1）。对于其中一些，例如学习量或泛化性的某些方面，已经存在大量文献来指导可能的设计因素的选择。对于其他方面，例如稳健性和保留，甚至稳定性，指导协议选择的直接证据要少得多（尽管可以借鉴相关领域的相关发现）。

表 12.1 对知觉学习进行优化的潜在目标

量级（magnitude）：通过相对有效的训练协议最大化学习量。这侧重于具有高学习率的训练
稳健性（robustness）：在即时训练环境之外的环境中提高训练任务的表现。这种训练的重点是在实验室、模拟器或诊所中进行训练，以扩展在给定任务中的性能，使其适用于广泛的情况
泛化性（generalization）：将训练的好处扩展到类似或相关的刺激和任务。这意味着重视迁移到新任务和情况的训练
学习如何进行学习（learning to learn）：启用对一项任务的训练，以提高学习后续任务的能力
保留（retention）：在更长时期内最大化收益的训练，包括了注意力可能集中在其他任务上的条件
稳定性（stability）：在初始任务中进行学习，使得能够在后续训练中幸存下来

知觉学习领域的理论发展与数学优化相结合，这可能会定义理论和实践的一个重

要前沿。首先调查所有可能的训练协议以确定最好的训练协议，这通常是不可能的，而且肯定是低效的。简单地注意到一个条件比另一个更好或更差，虽然可能有用，但并不是优化。使用优化框架非常重要，因为它允许在转向更昂贵和耗时的测试之前，通过计算方法对协议进行虚拟评估。

追求最优化还有另一个优点：它提供了强大的理论背景，可以在其中测试现有模型并开发更好的模型。最优化框架可能会建议新的协议进行经验测试，包括那些结合了更复杂的训练方法的协议。选定的例子可以激发经验测试，并且如果有必要，模型可以反过来被修改，使其预测得更为准确。

基于本书所发展的理论见解，本章首先考虑数学优化如何适用于视觉知觉学习。接下来，我们转向实证文献，提出可以被视为驱动学习和泛化性的可能操作或因素，从而为潜在协议的搜索领域提供信息。然后，我们继续讨论不同学习规则的影响、生成模型在优化中的作用和要求，以及当前讨论对可复现的科学的影响。最后，我们讨论了机器学习的最新发展可能对下一代生成模型产生的潜在影响。

12.3 优化的步骤

在视觉知觉学习的背景下，最优化调用了一系列程序，目的是从一系列可能的协议中选择最好的协议，这些协议由一些标准定义组成。该框架有几个关键部分：一个标准函数（a criterion function），称为*目标函数*（objective function）；*域*（domain），或一组可能的训练协议；一个*预测引擎*（predictive engine），通常是一个定量模型，可以对任何协议进行预测；一种*搜索算法*（search algorithm），提供一种搜索该域的方法；*验证测试*（validation test），以衡量预测的准确性。

这 5 个步骤（表 12.2）形成了一次优化，可以重复进行，如图 12.1 所示。如果经验评估和验证表明生成理论发生了变化，那么这可能会导致另一个优化周期。图 12.2 显示了一个类似的示意图，更具体地侧重于优化知觉学习协议。

表 12.2 优化知觉学习的 5 个步骤

目标函数：定义优化的目标。这包括选择要学习的目标任务和指定评分系统——要改进或最大化的行为的某些功能
预测引擎（生成模型）：一个生成模型，它采用每个输入配置，并可能具有指定的模型参数，并预测性能结果。这可以是一个方程、一个函数或一组代码。在知觉学习中，它是一种学习和表现的量化模型
域：一组已被指定的操作（及其范围）定义了搜索域。在知觉学习中，这可能包括对比度、训练准确性、训练进度或任务格式等的变化。这些决定了一组可能的备选训练方案，从中选择最佳的备选方案
搜索算法：一种搜索最佳训练协议（和可能的模型参数）的算法或方法。如果基本模型参数值已知，则搜索受到搜索空间大小的限制；如果需要估计模型参数值，则搜索过程可能需要自适应程序来同时找到参数和最佳协议
验证测试：在验证性实验中测试优化框架生成的预测。预测失败可能意味着我们需要修改生成模型或典型参数，然后将其用于改进另一次优化循环

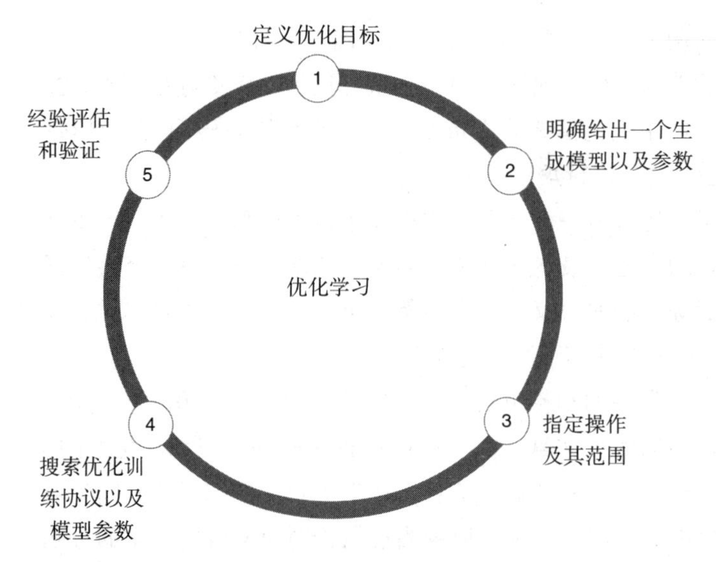

图 12.1　示意图描述了通过使用生成模型及其参数搜索可能的操作进行预测来优化学习的过程

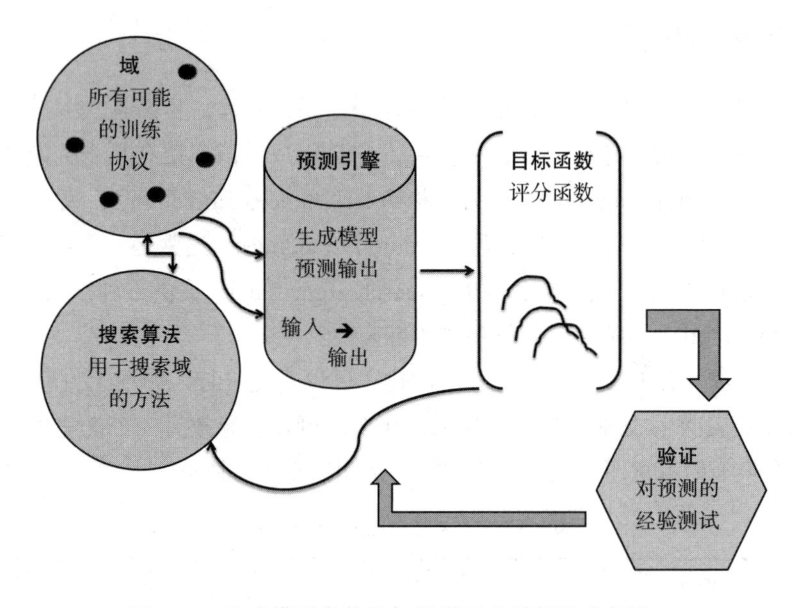

图 12.2　生成模型是优化知觉学习的关键组成部分

在任何优化问题中，第一个重要的步骤是选择要最大化的目标。这个过程从研究人员（或产品开发人员）定义目标函数开始。一个简单的目标函数可能只有一个目标，例如最大化学习率，而更复杂的函数可能结合多个目标，例如学习率和迁移到另一个任务的数量。目标函数指定与每个目标相关的度量以及它们多个结果的权重（定义多个目标之间的权衡）[4-6]。在命名层面上，复杂目标函数的优化称为帕累托优化，产生全局最优的备选方案称为帕累托最优，目标权衡的备选方案集（可能仅发生在所有备选方案的一个子集上）称为帕累托集（the Pareto set）[5]。在偶然的情况下，优化一个目标也可能优化另一个目标。当然，在其他情况下，优化一个目标会损害另一个目标。(是否是这种情况取决于目标。例如，优化学习率的程序可能对保留起到相反的作用。)

一个预测引擎或生成模型是优化框架的核心要素。在知觉学习中，它是一种计算模型，它选择训练协议和训练刺激的一个特例，并且预测人类的表现。这种模型可用于计算可能被操作的每个因素的许多不同水平及其所有组合的预测结果。它使用计算来代替更耗时和资源密集型的经验实验，从而免去了人类观察者对更有前途的训练方案的测试。这在知觉学习中尤为重要，因为在同一个观察者中使用的多个训练协议肯定会进行交互(因此，对于单个训练协议，观察者只能评估一次)。

发展和选择一个强大的生成模型也是基础研究项目的核心。一个好的模型需要足够具体，以预测给定任务领域中各种训练协议的结果。对于某些视觉任务，我们已经有了强大的候选模型；例如，IRT 或 AHRM，或它们的竞争者，可能在模式判别这个领域中是一个好的起始点[7-9]。然而，未来可能需要创建全新的模型，或扩展现有模型，以更充分地考虑不同任务领域的性能。

强大的生成模型是优化的理想选择，但即使没有生成模型，使用替代方法进行的优化仍可能卓有成效。尽管完全生成模型（例如，对每个特定的训练方案在逐项试验的基础上进行预测的模型）会更可取，但从经验关系、启发式结果或基于经验发现的近似公式得出的近似模型仍然可以节省时间。以这种方式工作将帮助研究人员或设计师思考可能的操作空间，进而给出更有可能的研究点来专注于实证工作或模型开发。

即使在不完美的情况下，优化也是一个有用的工具。可能有一些经验法则仍然可以帮助指导优化过程。在指定几乎任何生成模型时，重要的是选择合理的参数值，以便模型实际生成合理的预测。值的选择可能依赖于将模型拟合到以前的数据集得出的可用信息。一种更通用和技术上更复杂（并且可能计算复杂）的方法是使用贝叶斯方法来表征参数分布。原则上，这可能涉及分层方法，该方法指定超参数在观察者组上的分布，这些观察者组反过来表征生成模型中使用的参数值[10-14]。在优化空间的层面上，可以从现有文献中选择定义搜索域的潜在操作集。或者，该集合可能包含受原则或直觉启发而新设计的操作。几个这样的想法已经被提出，包括在训练中使用简单的试验(尤里卡效应（the Eureka effect))或通过训练电子游戏来改善迁移，每一个都有一些经验支持[15, 16]。然而，观察特定任务中操作的积极影响只是优化的一步。由于操作通常是孤立研究的，我们往往不知道任何给定操作的影响可能有多普遍，或者多个设计因素可能如何相互作用。这就是生成模型成为优化过程中如此有价值的部分原因。

优化还需要找到有效的方法来搜索许多可能的替代方案。如果备选方案的数量很少，那么使用任何方法进行搜索都应该相对容易，包括对所有可能的选项进行详尽的搜索。然而，随着更多因素、级别和组合的出现，搜索空间对于穷举方法来说太大了。在这种情况下，确定合理的搜索方法将是优化过程的重要组成部分，尤其是对于不规则的优化空间。（常规空间是局部变化产生相似预测结果的空间；在这样的空间中，可能可以使用传统的搜索方法，例如，为可微目标函数设计的梯度下降[17]。）如果搜索空间很大，则可能必须使用抽样方法，其中，来自先前样本的信息有助于将搜索集中在更有希望的区域（例如，已开发出某些遗传算法来处理多目标问题）[6]。此处的搜索过程具有另一层次的复杂性，尽管如前所述，可能会根据实验证据估计参数。

事实上，至少有两个层次的协议可以优化。第一个，也是我们目前讨论的重点，涉及计算定义协议的所有可能因子组合的结果（或者至少从其中进行抽样）。在这种情况下，选择将在整个训练过程中定义一个稳定的协议（例如，如果域包含可能的训练准确度，如 55% 或 60% 来定义一个楼梯目标性能水平，以及是否存在反馈，那么域的一个因素可能是 70% 的训练准确度，而且没有反馈贯穿始终）。然而，第二个更高层次的优化可能包括从所有这些可能性中选择下一个试验的训练（例如，在一次试验中选择 75% 没有反馈的训练，在下一次试验中选择 95% 的准确度有反馈的训练，等等）。这种更高层次的优化保证能够找到至少和任何更简单的协议一样好的协议（所有这些协议都是特殊的子情况）——但是它也可能会导致一个可能的训练序列的组合爆炸，这些训练序列可能包含域中的数十亿协议（这几乎肯定需要动态规划等现代方法）。尽管最优化科学可以很快变得复杂，但我们必须强调，即使是相对简单的最优化形式，也可以使我们对知觉学习的理解取得重大进展。随着时间的推移，更具适应性的逐项试验评估和培训方法可以集成到这个领域，从而逐渐接近更高层次优化的复杂性[18, 19]。

一旦搜索空间开始产生强大的候选训练协议，就应该使用验证实验来测试优化过程所产生的预测，以确保研究人员走在正确的路上。这是一个实验——旨在测试对几种协议的生成模型的预测。通常，最有用的验证实验是那些包含预测以系统方式不同的几种条件的实验。当可能的协议涉及以前仅单独测试过的因素组合时，验证实验对于确定是否需要改进生成模型尤为重要。另一种验证，称为*交叉验证*，检查在一组观察者或一组参数上测试的优化是否可以在新集合中重复[20]。另一个验证级别可能涉及检查整个验证训练协议中实验观察数据与生成模型预测的一致性。

到目前为止，我们已经讨论了优化的 5 个步骤，显得它们好像彼此不同；在某些情况下，合并两个或三个步骤会更高效。例如，搜索和经验评估可以同时进行；在这种情况下，生成模型和搜索算法将选择下一个要检查的训练协议。或者，可以根据正在进行的经验测试更新模型的参数值，在整个优化练习过程中重新计算模型预测。这种自适应优化将类似于自适应测试方法中使用的程序，例如阈值和对比度函数[21]、对比度敏感度函数[22]或是非辨别[23]。鉴于在大多数实际应用中，多个结果共同有助于稳健且有用的知觉学习，因此可以将复杂的标准集用作指南针。然而，在某些情况下，单独考虑每个目标可能在策略上更有用，分析目标何时可能兼容、相互独立或冲突。

有了这个优化框架，研究团队准备好探索可能的训练协议的广阔空间，并且配备了一个比简单的直觉更强大的工具。同时，优化一个给定的知觉学习问题可能是一个对计算和实验有需求的项目。虽然最优化方法才刚萌芽，但在我们看来，它已经准备好产生理论和实践层面上的好处。模型生成的技术进步和搜索方法的创新有望加速研究。

尽管现有文献已经隐含地，而且通常只是定性地关注学习量和迁移程度这两个目标，但这两者都可以从不同的角度进行研究。在下文中，我们首先使用增强型 Hebbian 学习规则的预测特性，然后使用实验文献中出现的训练和刺激选择的潜在因素来考虑这些目标。综合起来，这些考虑有助于勾勒出一些可能影响知觉学习的可能操作。

12.4 优化学习的量级

驱动优化的主要目标之一是通过使用最少的训练量使学习最大化。正如学习规则所指出的那样，许多受到实验操作的因素在这里是相关的：信号强度、任务精度、反馈、注意力和奖励（所有这些都在前面的章节中讨论过）。重加权模型，反过来，产生对训练协议的其他方面的预测，如调度、混合的任务类型，或包括高性能（“容易”）的刺激。表 12.3 所列因素指出可能的变化，并简要地对以下小节列出的因素进行说明。对于感兴趣的读者，我们还列出了进一步的参考资料。

12.4.1 对学习规则的分析

生成模型是一种可以对任何训练协议进行相关预测的模型。它必须模拟精确的实验方案并生成逐项试验的预测。原则上，单个模型可以对许多不同的训练协议进行预测，尽管在某些情况下，可能需要为特定任务域（例如，颜色或运动）开发新的表征模块。为了具体起见，在本节中，我们分析了集成重加权理论（IRT）的学习规则，以揭示可能影响学习率的可能操作 [7-9, 24]。

正如我们在第 9 章中看到的，重要的自上而下的因素，如任务、注意力和奖励，可以影响在行为上观察到的学习率。为了更好地理解这些因素可能影响学习的可能方式，我们扩展了 IRT 的学习规则，以纳入这些自上而下的因素（图 12.3）。延伸的增强型 Hebbian 学习规则是

$$\delta_i = \eta^{A,R,T} a_i^{A,R,T} (o^T - \bar{o}^T)(r^T - \hat{r}^T) \tag{12.1}$$

在权重变化的 Hebbian 方程中，每个表征单元 i 的 δ_i 是模型学习率 η、表征的活动 a_i 和决策单元的输出激活 o 的乘积或 $\delta_i = \eta a_i o$，并且在新的版本中，自上而下的因素可以改变学习方程的每个部分。因此，注意力、奖励和任务都可能影响学习率。这种自上而下的影响不仅仅是假设的。正如第 9 章所探讨的，这些因素的存在是不可否认的，尽管它们对学习的精确功能影响仍有待被实证文献充分说明。

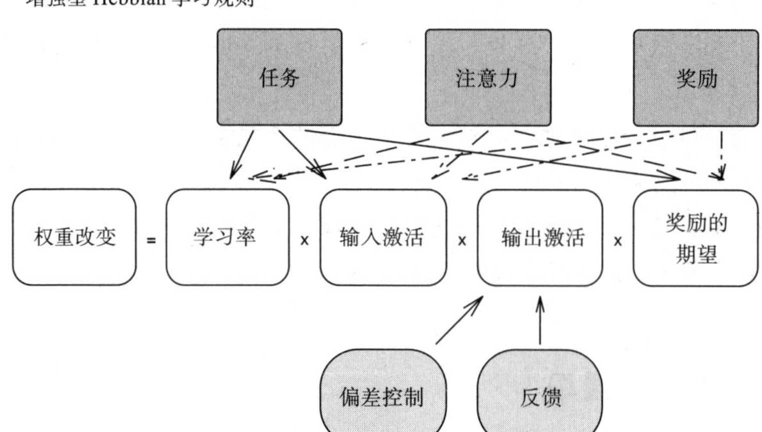

图 12.3　增强型 Hebbian 学习规则的术语，以及可能影响它们的自上而下的因素（用箭头表示）。偏差和反馈通过在学习前转移输出激活来扩展 IRT 中的 Hebbian 学习

虽然不作为学习规则的一个显式部分，但内部噪声（和外部噪声）的存在也可以有力地影响学习。高水平的内部噪声不可避免地掩盖了需要学习的相关信号。任何减少内部（或外部）噪声的经验操作都可能提高经验学习率。这是因为更好的信号将被整合到每个试验的权重变化中（尽管在任何给定的试验中的学习显然也取决于试验方案的性质）。在训练过程中，对刺激、任务或计划安排的每一次操作，原则上都可以改变观察到的学习速率。

除了这些自上而下的因素之外，还可以考虑学习中的其他潜在因素。可以开发生成模型以纳入与适应、巩固、遗忘以及其他学习过程相对应的其他潜在重要机制。为了预测睡眠 [25-32] 或感官适应 [25, 33-35] 等操作及其与学习的相互作用，需要用到此类扩展。修改后的生成模型也可以基于实验观察到的影响而出现。这种类型的开发可以显著推动当前模型的覆盖领域。

12.4.2　促进学习的操作

在本节中，我们简要地讨论了文献提出的几个明显的操作，按刺激因素、反应因素、任务因素、反馈、奖励和注意力、规划、药物或其他生理刺激的类别列出。表 12.3 中列出的操作与训练协议中可能出现的变化相一致，而简要的描述为感兴趣的读者指出了相关的文章。

刺激因素。众所周知，两个容易操作的刺激因素，即信号对比度和外部噪声的存在，会对学习产生重大影响。增加目标刺激的对比度应该会增加学习率，这不仅基于对学习规则的分析，而且是从先前的实验结果中得到的。更高的对比度会增加输入单

元中的活动 a_i，在其他条件相同的情况下，这将增加响应准确度。然而，如果目标是优化低对比度刺激的学习，那么在训练期间使用哪种对比组合是最佳的？改变训练准确度和反馈[36]或包括高对比度刺激的实验研究表明，即使在没有反馈的情况下，包括一些高对比度刺激[7, 8]也能提高性能。一些操作的潜在后果已经使用 IRT/AHRM 作为生成模型进行了预测，并进行了实证测试。其中包括使用一组固定的对比度模拟训练[37]，从高对比度刺激开始的多个短阶梯，以及单个更长的阶梯[38]。作为更一般的优化工作的一部分，这些预测应在相同的任务和情况下进行实验验证，以支持有关协议的相对有效性的声明。

表 12.3 影响学习量的潜在因素示例

刺激
刺激对比度
外部噪声
判断精度
反应
所需的反应精度（自适应阶梯水平）
置信度
反应类型（例如，口头、按钮按下、操纵杆、隐蔽的生物信息）
任务
感官判断（例如，检测、判别、n– 选择）
表现测量指标的类型（例如，不同的阈值、对比度阈值、正确率）
反馈
逐项试验的反馈模式（例如，一致的、部分的等）
反馈中的信息（例如，准确性、目标反应）
块反馈
被夸大的反馈
生物反馈（例如，脑电图、功能磁共振成像的可视化）
奖励和注意力
外源性（外部的）奖励
内源性（内部产生的）奖励
奖励幅度
奖励频率
注意力操作
规划
试验或阶段规划（例如，实验次数、阶段的数量）
试验判断困难和任务的混合
自适应过程的类型（例如，长阶梯和短阶梯）
药物和刺激
药物干预或营养干预
大脑调制 [例如，磁刺激、经颅直流电刺激（tDCS）]

外界噪声是另一个影响学习（和迁移）的因素，同时对视觉判断也有直接影响。此外，这种操作发生在具有视觉拥挤或伪装的自然观察环境中。它们也出现在可选择的

传感器环境（如夜视或雷达）和医疗成像显示器中[39-41]。大量的外部噪声相应地增加内部噪声，导致更高的内部乘性噪声。研究发现，即使在训练过程中采用自适应阶梯控制性能准确性，外部噪声也会降低学习速度。这种效应是为了应对外界噪声而从一个试验到另一个试验将重物推向不同方向的自然结果。重加权模型通常预测，在有外部噪声的情况下，大多数任务的训练效率应该较低——尽管显然在某些情况下，学习外部噪声是任务[42, 43]。

另一个潜在的强大因素涉及判断精度的选择（这也可能被视为任务训练操作）。这样的选择决定了观察者在训练期间所经历的刺激集。即使目标是优化高精度判断，优化计算也可以确定在低精度任务中首次训练的有用性[44]。如果首先在高精度任务中进行训练并没有在训练早期没有显示出任何好处，这可能尤其如此。这意味着训练期间遇到的刺激可能直接影响学习率。根据定义，刺激集将取决于范式选择（例如阈值差异的选择）[45, 46]。几乎不可能凭直觉判断所有这些不同的因素将如何权衡和相互作用，因此计算模型的可用性成为一项更大的资产。

反应因素。例如，表现测量的选择或反应的性质也会对学习产生影响。在自适应协议中设置一个性能水平，例如在训练期间保持 85% 的准确率，这将影响学习率和对其他因素（如反馈）的敏感性。（值得注意的是，虽然这些操作是响应因素，但是它们是根据观察者的反应设置的，它们也会改变刺激；例如，通过改变对比度或刺激集。）通常，以更高的准确度进行训练（例如，更高的刺激对比度）已被证明可以产生更稳健的学习，尽管学习做出一些反应错误的价值仍然没有得到很好的定量理解[37]。一般原则是将一些高精度试验囊括进来可以增强学习，这反过来又提高了在相同基本任务的低精度条件下的性能[15, 37, 47]。

任务因素。例如，判断的性质不仅会影响学习速度，还会影响学到的内容。一个这样的例子涉及检测和辨别任务之间的比较。在检测中，性能被认为受益于更广泛地汇集刺激证据，而在辨别任务中，有必要更严格地关注区分刺激中的证据。两种任务导致学习不同事物的结论是对以下发现的一种解释：即使在使用类似刺激时，训练检测对辨别的迁移也有限，反之亦然[48-51]。如第 8 章所讨论的，另一个影响学习的任务因素是增加任务中响应类别的数量（例如，n 个替代的选择），这会导致较低的猜测率，因此每次试验将携带更多信息来推动学习（以及为反馈创造新的可能性）[52, 53]。

反馈。反馈是一个强大的因素，已被证明对学习很重要，尤其是在挑战性任务中。许多反馈操作已经在两种替代任务中进行了研究[24, 54-56]，但是，如第 7 章所述，反馈的影响可能很复杂。在某些情况下，准确的反馈可能对学习至关重要，而在其他情况下，它可能相对不重要[36, 54]。结果的模式（至少到目前为止）与 IRT/AHRM 的预测一致，允许在有或没有反馈的情况下学习[30, 43, 55, 56]。n- 选择强制选择范式还为与不同水平的监督（“老师”提供的信息）下的学习直接比较创造了机会。在这个通用框架中，所谓的响应反馈指定了对正确和错误试验（完全监督学习）的期望响应，准确度反馈仅针对具有准确响应的试验（部分或半监督学习）指定了期望响应，并且没有反馈不提供任何信息（无监督学习）。最近发展出来的 *n*- 选择 IRT 模拟了不同类型监督的后果，这个候选生成模型可以提供更广泛的框架，在该框架内平衡学习期间安排反馈监督的成本与学习率的好处。

尽管在视觉学习的背景下还处于起步阶段，但生物特征反馈（例如 EEG、fMRI、心率）已经开始在训练方面进行研究。在这个领域，已经区分了两种形式的反馈：直接反馈和间接反馈。在前者中，提供有关行为的某些目标方面的反馈供观察者（用户）控制 [57]。在一项具有挑战性的研究中，与 fMRI 中测量的 V1 像素活动相关的生物特征反馈用于训练视觉任务 [58]。在间接生物特征反馈中，观察者增强了一些实验者认为与表现相关的生物特征指标 [57-59]。例如，一些研究人员推测伽马频率脑电波与视觉知觉有关，从而导致假设增加伽马频率大脑活动（已知与某些知觉任务相关）可能会影响学习率。

奖励、注意力和大脑刺激。奖励和注意力，以及某些脑刺激方法（如直流电刺激），越来越被视为与知觉学习相关，尤其是在训练的早期阶段（回顾见第 9 章）。尽管文献是零散的，但很明显（也许并不奇怪）外源性奖励可以在指导知觉学习方面取代信息反馈 [60-62]。奖励本身，或奖励的差异分配，也已被证明支持更快速的学习 [63]。外源性奖励的时机、幅度或分布的确切影响仍有待研究，详细的学习规则表明它们可能很重要（参见 12.4.1 节和图 12.3 ）。基于模型的探索将有助于指导这些调查。

据报道，乙酰胆碱等药物对学习的影响指出了另一种可能的训练干预范式（尽管需要仔细权衡副作用和其他成本）[64，65]。其他物理干预模式，如经颅磁刺激，也已开始得到积极研究 [66-71]。现在尚未开发定量预测药剂或磁刺激影响的生成模型，尽管可以使用启发式估计作为第一近似值。

任务规划。学习中最重要和最明显的操作之一涉及训练安排。这也是最容易操作的方法之一。此外，规划选择是不可避免的，包括诸如训练次数、每次训练的试验次数和总训练天数等基本因素。然而，除此之外，它们还包括关于混合不同刺激或任务的决定，例如将较容易的试验与困难的试验混合，从较容易的试验开始，是否使用自适应楼梯，如果是，使用何种类型，等等。最近的一项调查试图确定仍然产生学习的最少训练试验次数，以及将相同的试验总数分配到更多阶段中的后果 [72-74]。在某些情况下，例如纹理辨别任务，研究人员建议在一个阶段中安排更多的试验，将导致更多的适应和更少的学习——换句话说，少即是多 [34]。事实上，以较少的试验获得大致相同的学习量将具有明显的实际优势。

要优化的任何规划因子显然都存在于一个大的且可能未指定的集合中。他们几乎肯定会受到实验性考虑的激励，并受到实用性的限制。例如，一个高中学生可能总共只有三个一小时的培训时间，而军事学院学员的时间安排要求可能更为严格。培训应用程序的可用性，无论是在规划、便携式显示功能，还是其他方面的考虑，都必然会限制可能性。在所有这些情况下，优化仍然能够对在实际约束条件下选择一个有希望的协议做出重大贡献。

12.4.3 总结

数学优化提供了有效识别一个或多个训练协议以实现一组目标的理论框架。研究人员确定感兴趣的任务并在实用性的约束内选择一组操作——这定义了所有协议的域，在这些域上的性能将从计算层面上进行优化。然后，研究人员可以使用计算机方法来模拟使用生成模型的虚拟实验，有效地搜索巨大的可变空间。执行搜索以优化应用于所有训练试验的给定范式或找到更高级别的优化，其中不同操作定义了每个试验使用的训练。无论采用何种搜索方法，研究人员都必须指定要操作的许多因素。在本节中，我们检查了几个这样的类别，简要指出每个类别可能改变学习的方式。(我们的重点是学习程度，尽管这只是众多目标中的一个可能目标，尽管这是一个非常常见的目标。) 根据经验，具有理论基础和定量精确的生成模型将在优化中最有用。然而，在此类模型尚不存在的情况下，基于某些实验确定的启发式或近似计算规则的模型仍将证明是非常有用的。

12.5 优化稳健性、泛化和转移

优化的第二个目标可能是最大化泛化能力。这可能涉及将经过训练得到的改进推广到在不同环境中执行的相同任务、相关任务或更复杂任务中的整体性能。

这里的一个直观类比是网球训练。假设我们的协议试图通过使用吐球的机器来训练网球挥杆动作。如果用机器训练提高击球能力（相同的技能），即使球是由人类对手传出或在不同的观察条件下，也会出现第一种泛化。如果训练还提高了打棒球或壁球的能力，则可以说发生了第二种形式的泛化。第三种形式的泛化发生在训练服务于提高整体网球成绩的广泛目标时，击球可能只是其中的一部分。一个例子可能是一般的身体条件，这可能会通过提高总体力量或有氧能力来影响任务表现的许多方面。

在视觉知觉学习中，训练后的表现对新的和不同的环境的稳健性是一个尚未得到充分研究但意义重大的问题，在应用文献中比在实验文献中讨论得更多。应用心理物理学的一个例子是，建议使用实验室视觉搜索训练协议，以改进机场安检人员在X光图像中搜索武器的工作[75, 76]。另一个例子是在航空中使用飞行模拟器（不同程度的逼真度）来改进真实飞机的飞行[77, 78]。这里的问题涉及为了促进普遍化的学习，实验室中必须恢复多少真实世界的任务环境[79]。与此相关的是，在一项任务中的培训能在多大程度上扩展到其他任务？所有这些问题都没有得到充分的研究，因为当考察迁移时，它通常只发生在一个单一的迁移任务中。

考虑一些具体的例子：在一个主要方向上训练运动方向的表现提高是只体现在邻

近的方向，还是在所有的方向，或是在介于二者之间的一些分级的功能？一个空间频率模式的训练方向辨别能扩展到其他空间频率吗？使用一种字体的训练字母识别是否适用于其他字体？回答这些问题需要一系列的迁移任务。

另一个很少研究的问题涉及在更复杂的复合任务中，应该训练什么来提高性能。训练子组件是提高整体性能的一种有效方法吗？或者，有没有更好的方法来对两个或多个子组件技能的训练进行排序？或者，也许，在更复杂的任务中简单地训练观察者会更好吗？例如，如果你正在训练对比敏感度函数，以期提高特殊视觉人群在各种视觉任务中的表现（如第 11 章所述），那么最好的方案是什么？所有这些问题在很大程度上仍有待回答。

此外，泛化几乎肯定地与在训练任务中获得的学习量交织在一起。如果一开始的学习量很大，更多的泛化几乎肯定更有可能：例如，在一个训练效果非常大的任务中，较少的比例泛化实际上可能会导致更好的表现，相比于适度的初始改进后所得到的更多的泛化而言。最近，一项比较不同奖励条件的研究报告了与原始学习量成正比的迁移证据 [63]。由于这些原因，联合优化学习和泛化的量级几乎肯定是可取的。

12.5.1 迁移模型示意图

为了优化学习和泛化，目标函数需要包括两者的度量。为了定义目标函数，必须确定训练和迁移任务的性能度量以及每个度量的相对权重（值）。下一个目标是确定一个生成模型，该模型可以对迁移和学习进行预测。这样的模型需要预测目标函数中指定的潜在训练协议的所有相关度量的性能。完成此操作后，将组合预测的性能度量以生成搜索空间中每个协议的适合度分数（fitness score）。然后，需要开发适当的搜索算法。

在这种情况下，一个挑战将是识别（或者可能创建）一个强大的生成模型，以成功地预测迁移。虽然这种模式可能仅仅存在于遥不可及的地平线之上，但仍然可以提前谈一些关于它的事情。如果学习和泛化都是训练的目标，那么模型应该对两者都做出预测。在这一点上，只有几个这样的模型，所以能够预测不同条件下的迁移是相当有限的。即使是一个相对简单的学习模型，也会自然而然地产生一些关于通过刺激进行迁移的预测。例如，AHRM 可以预测同一任务中不同刺激和视网膜位置之间的迁移程度。其他形式的转移，如位置转移，最近已经开发了类似的定量形式，该形式使用 IRT[9, 80]。然而，对于任何基于重加权的生成模型，无论细节如何，迁移的质量将直接反映为：在一个任务中学到的权重是否也能提高迁移任务的表现。这直接来自通过重加权进行学习的前提。

另一种产生概括形式的完全不同的方式可能涉及改变知觉系统的状态。例如，具有降低系统内部噪声效果的干预可能会产生广泛的影响，正是因为内部噪声会限制任何任务的性能，而内部噪声的存在会减慢学习速度。然而，目前尚不清楚什么样的操作可以减少内部噪声。一些建议指出，在纹理辨别任务中减少蒙版时间的训练是改善视觉系统时间响应的一种途径，可能会影响许多需要快速刺激分析的任务[81]。

这种训练技术（或将）旨在一般地调节系统。训练某些认知能力也被建议作为广泛概括的基础。例如，工作记忆容量可能会限制需要比较多个刺激的任务的性能，例如 *n* 间隔（*n*-interval）任务。许多研究人员研究了工作记忆的训练，希望任何改进都能反过来改善一系列功能，包括任何依赖于记忆的视觉任务[82，83]。另一种可能被训练的潜在相关认知能力是从一项任务切换到下一项任务的能力。同样，原则保持不变：训练可能会改善任务切换[84-86]，这反过来可能会提高其他涉及切换任务的表现或学习。尽管当前的知觉学习模型框架没有解决这些一般能力或如何训练它们，但新的生成模型可能会寻求将它们结合起来的方法。

未来的生成模型将需要创建或扩展模型框架，以考虑涉及注意力、奖励、任务转换或工作记忆的训练，或多个刺激领域（例如，动作和颜色）的影响。与此同时，现有的经验证明模型和几个基于模型的预测可以一起提出几个可能的操作来提高泛化，我们下面将考虑这个问题。

12.5.2　用于泛化的操作

几乎所有现有的迁移或泛化研究都会检查受训任务中的学习，然后测量对密切相关的迁移任务中的即时表现（或有时对后续学习）的可能影响。如前所述，这些实验的更强版本将包括几个转移任务、训练和转移任务的混合练习，或训练将广泛应用于许多任务的更基本的视觉方面。另一方面，如果最重要的目标确实是优化特定传输任务的性能，则应将该任务的直接练习作为基准，尽管很少这样做。表 12.4 列出了可能影响泛化的因素。由于迁移几乎肯定需要大量学习作为先决条件，因此这里还包括了许多影响学习的因素。在接下来的内容中，我们将重点放在具有泛化性的新操作上。

刺激因素。未来的研究需要解决的一个重要问题是，知觉学习相对于表现环境的特殊性。是否应在不同的亮度、照明、眩光或外部噪声环境下进行训练？虽然这些基本问题可能对于预测如何最好地训练日常视力至关重要，但是这些基本问题尚未得到系统的研究。例如，如果发现在实验室典型的较暗适应状态下的学习不能转移到明亮的日光环境中，这样的发现将要求开发高照度训练协议。如果是这样的话，那么现有的光适应[87-89]和学习方法就需要被整合到生成模型中。另一个悬而未决的问题涉及在训练环境中显式变化的作用，以及对预期的实际性能环境的最终概括。在多种环境下的训练能够提高泛化能力吗？或者，一两种环境下的训练就足够了吗？或者，在某些特殊环境中的训练是否能够提高泛化能力？一个可能的例子是清晰（零外部噪声）图像中训练的特殊状态，它似乎经常迁移到各种外部噪声条件下[42]。

表 12.4 影响转移和泛化的潜在因素

因素
刺激
训练和表现环境
判断精度以及困难
训练集的可变性
任务
训练和转移任务的兼容性
任务类型（即，差异阈值、对比度阈值、正确百分比）
奖励
规划
训练不同任务的混合
视觉自适应的存在
睡眠或巩固
一般的系统因素
训练早期视觉功能
时间处理训练（例如，使用遮盖的时间）
训练注意力的部署
对决策的训练（例如，减少偏差）
训练任务转换或多任务

影响概括能力的另一个刺激因素是训练或迁移任务的判断精度。文献表明，在迁移到高精确度任务时，会有更少的迁移（更多的特异性），而且包括更容易的刺激变量可能有助于学习高精确度任务，这是如此具有挑战性，以至于它不能自己学习[15, 36, 37]。然而，我们不知道的是，在精确度上引入变化（因此刺激会产生变化）是否会提高泛化性。另一个在很大程度上尚未探索的问题是，在刺激的偶然特征（例如，在方向判断中改变空间频率或在颜色判断中改变方向）方面的变化训练是否能够提高概括性。其中一些操作很容易归入目前生成模型（如 IRT/AHRM）的能力范围内，但其他操作则需要未来的模型开发。

任务因素。以前被认为是提高学习能力的操作的一些任务因素也可能影响泛化（见表 12.2），尽管这些影响因素之间的关系还远不清楚。研究人员可能会选择一个特定的任务类型进行训练，而不会意识到这种选择会如何影响泛化（见第 2 章）。

特别地，使用不同的方法来衡量表现可能会影响泛化，因为不同的测量往往涉及不同的刺激混合物[38]。这与第 2 章中关于任务类型的讨论直接相关：第一类任务根据辨别的维度测量阈值（例如，高对比度模式的方向差异阈值），在整个训练中跟踪越来越小的刺激差异；第二类任务测量可见性阈值（例如，方向辨别中的对比度阈值），训练刺激在整个可见性阈值的学习过程中基本保持不变；第三类任务衡量相同刺激的表现改善程度，其中不包含刺激变异性。在考虑泛化时应该考虑这种任务分类。

另一个值得进一步评价的引人注目的假设是关于训练中更多变量的刺激对泛化的影响。最后，还有另一种假设，泛化可能反映了任务所要求的判断水平[90-91]。所有这些假设都需要进一步研究。

规划。训练试验的规划，显然是一组非常开放的操作，也可以有效地修改以增强泛化能力。这里有许多相关的选择，包括要训练的任务的数量和类型、要执行的次要任务评估的数量，以及如何在实验中交错这些任务。不同的选择可能会相互权衡，从而使优化练习更加有用。

同样，可能的规划因素的可变空间是巨大的、复杂的，并且可能是矛盾的。例如，需要更多的训练来产生更多的学习，但更多的训练也可以对原始训练任务的刺激和背景产生更多的特异性[92]。另一方面，混合的培训在某些情况下可能会成功，只要任务完全不同，但在这里，如果任务太相似（例如，在对比度增量任务中改变基础对比度），混合（或漫游）也会干扰学习[93-95]。还可以使用进一步的规划选项。在双重训练中，已证明通过训练不同的任务促进器可以改善向其他视网膜位置的迁移[96-99]。事实上，双重训练在释放泛化性方面的作用已经得到了有力的证明。任务规划也可以操作自适应[25，100]或者彻夜的睡眠[25，29]。

总的来说，关于训练时间的选择、混合组成、是否有彻夜的睡眠、午睡、休息，等等，都产生了一个看起来无穷无尽的训练方案的选择范围。通过反复试验，对所有这些进行经验性的评估是不可能的，甚至是不切实际的。基于强大生成模型的优化（扩展到包括适应或合并）将取代昂贵的测试与计算，以确定合理的候选方案来进行进一步的实证研究。

调节基本功能。在某些应用环境中广泛提高视觉表现的一种方法是对基本功能进行限制训练。在训练项目中，其总体目标是通过广泛的普通视觉任务来提高视力，训练几乎肯定会包括几个层次的视觉表征、不同类型的决策，以及与运动执行的不同互动。一个想法是确定某些基本的早期过程，然后在那里集中训练。这方面的一个例子可以在寻求通过训练早期视觉反应来提高阅读能力的商业节目中找到[101-105]。另一个是在特殊人群（例如弱视者，这种训练可以提高视力和动体知觉敏感度）的对比敏感度函数的高空间频率截止点附近进行训练性检测[106，107]。还有一个例子涉及在一个经典的纹理辨别任务中训练短显示，这个协议声称能够使其他快速显示任务受益[81]。

通过减少内部噪声或改进外部噪声过滤，训练决策或注意力[108]也可能产生广泛的改进。在这个领域已经提出了许多流行的主张。据说在视频游戏中训练注意力、工作记忆[110]和多任务处理[111]都可以广泛地提高表现和学习本身。这在“学习如何学习”（learning to learn）[112，113]的口号中得到了体现，这一口号与以下报道最相关：首先在动作视频游戏中接受训练的人可能会更快地学习后续任务[16，109，113-118]。

12.5.3　总结

解决“泛化问题”是知觉学习领域面临的最紧迫和最激动人心的挑战之一。优化泛化必然涉及最大化一个多目标函数，其中包括多项任务的性能以及学习——如果一开始学得很少，泛化就不太可能是重要的。在本节中，我们考虑了几个可能影响对刺激或任务的泛化程度的因素。一个反复出现的问题是，可能的操作有巨大可变空间，而我们目前对它知之甚少。通过尝试和错误的实验来研究一般化只能产生局部的洞察力，因此需要更严格的方法。

未来的研究应该建立与学习和概括相关的潜在因素的模型，以及它们组合的影响。这种组合的数量可能非常大，以至于可能需要专门的搜索方法（例如，动态规划法）。我们相信，一些现有的模型可以为优化过程中使用的完整生成模型提供初始基础。在未来，除了包含其他潜在因素的扩展之外，其他刺激输入域的扩展可能会被开发出来，例如睡眠、巩固、注意力和工作记忆的作用。深入研究包括泛化在内的一些优化问题的一个重要原因是，建立一个理论工具包或模板，并意识到哪种操作可能最有前途。从这个意义上讲，“泛化问题”对研究项目来说既是一个隐喻，也是一种模式。

12.6 新的生成模型

建模的科学正在迅速变化，它对知觉学习领域的影响可能是重要的。优化学习的生成模型从简单的、近似的到复杂的、有生物学基础的范围。在简单的和近似的终端上，一个模型可能包括经验基础，但仍然定量地对函数进行近似。另一方面，人们可能会寻求建立一个包含许多区域和连接的整个大脑的模型[119]。在中等复杂程度的模型中，AHRM[7, 8]和 IRT[9]等模型旨在取得平衡。这些模型包含了关键的生物启发式计算（比如模仿早期视觉皮层的表征前端），但它们仍然相对简化，同时仍然提供了从刺激输入到反应输出的完整计算解释。IRT 的其他几个变体也是例子[120, 121]。经过充分地参数化，这些生成模型在试验的基础上，基于对个体观察者而言，可以预测人的表现。

随着这个领域的发展，更新或更复杂的知觉学习模型无疑会出现。然而，在 6.1 节中讨论的建模的 6 个基本目标仍然是相同的。在最优化的背景下，生成模型必须满足额外的要求，即能够根据实验协议（即视觉刺激、训练程序等）为单个试验和单个观察者生成预测。

最近，人们对多级深度神经网络（DNN）或卷积深度学习网络的兴趣日益浓厚，这促使一些研究人员将它们应用于模型知觉学习。（其中几个网络模型的示意图见图 12.4[122, 123]。）DNN 在前馈网络中包含大量隐藏层。在视觉应用中，它们从像素表征开始，并使用带有标记目标图像的大量训练来设置早期层的权重。然后，它们可能会再次接受训练，以在特定任务中产生知觉学习，通常将训练序列与实际协议分离。深度学习在视觉知觉学习[122, 123]中的两个最新应用试图利用或扩展先前的主张[124, 125]，即网络的前几层与早期视觉皮层反应之间的同构。代表深度学习一种说法是，它的网络模仿功能生理学。有人建议，一旦训练识别大量目标图像，前几层的反应将与早期视觉皮层区域的神经元反应相似[122, 126]。DNN 可以为人工智能带来令人印象深刻的应用，但它们旨在解决分类问题，而不是模仿人类行为。内部功能通常是不透明的[127-130]。解

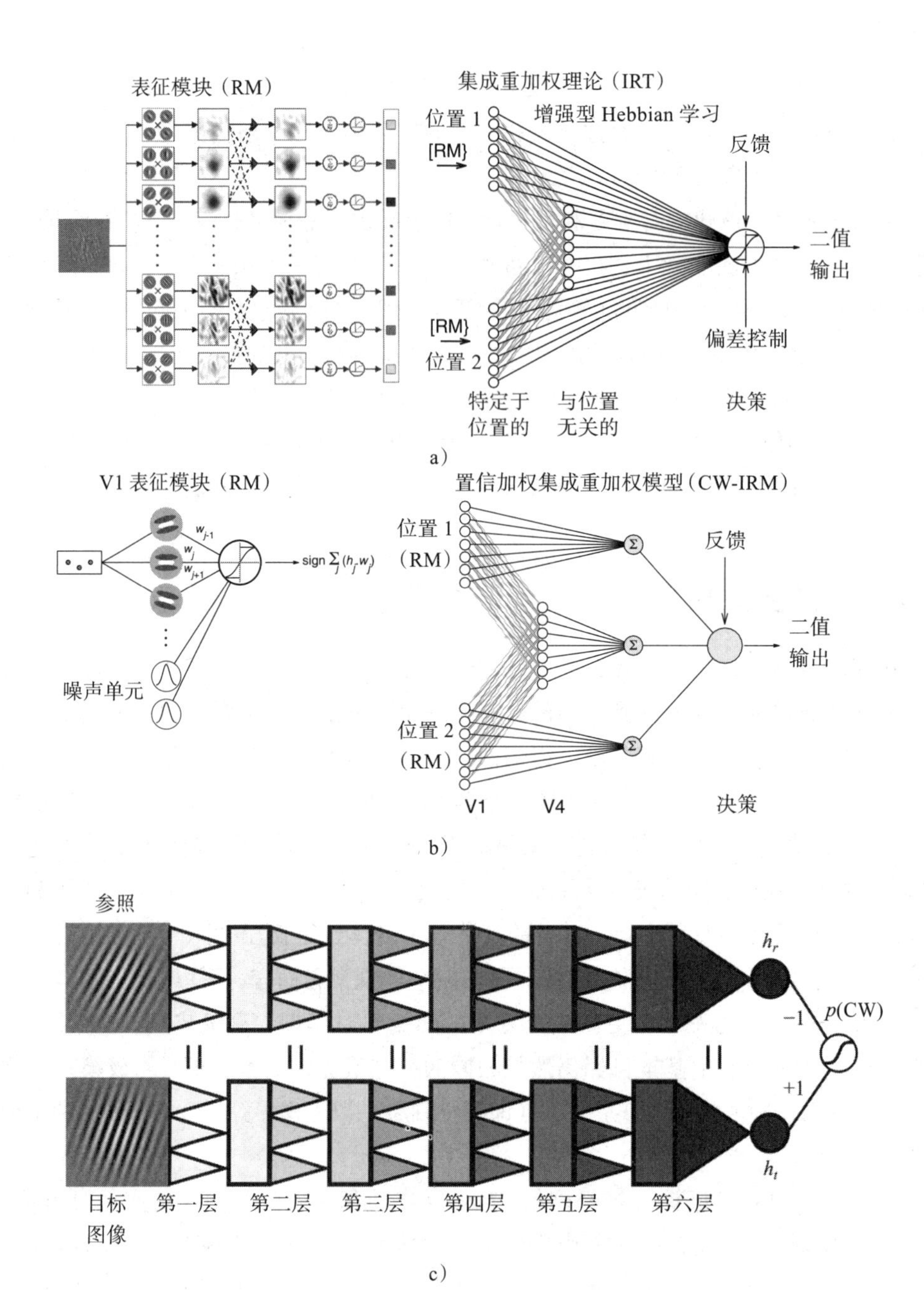

图 12.4　两个集成重加权模型和一个知觉学习深度学习模型的简化示意图。a）集成重加权理论（IRT）的表征模块和网络结构[9]。b）置信加权集成重加权模型（CW-IRM）的表征模块和网络[121]。c）深度神经网络（DNN）的结构[122]，其中前置层代表表征模块和任务（用于二间隔辨别）。图 a 基于 Dosher 等人[9]的图 1，已获得许可。图 b 的左图基于 Sotiropoulos、Seitz 和 Seriès[120]的图 1 重绘，图 b 的右图基于 Talluri 等人[121]的图 1 重绘，已获得许可。图 c 基于 Wenliang 和 Seitz[122]的图 1A 重绘（开放获取）

释知觉学习中的经验数据和广泛现象的尝试很有限。到目前为止，知觉学习的应用已经确定了相似之处，而不是用于拟合特定数据[122-124]。在认知科学框架内，这些抽象的深度学习方法的有用性面临着许多挑战。在认知科学中，理解人类是最重要的[131]。另一方面，DNN也面临着我们在知觉学习中遇到的许多理论问题，例如学习的特异性，以及可塑性和稳定性之间的权衡。我们从知觉学习和认知科学中学到的原理可能有助于改进DNN和其他多级网络的架构。我们希望这种交织能够产生更好的多层次知觉学习生成模型。

除了深度学习之外，还有其他计算方法似乎与知觉学习特别相关，知觉学习通常针对于特定任务，并且有时只会影响其他任务的性能。与学习一样，自然语言处理模型（例如，分层自适应网络）实现依赖于上下文的模式读出（例如，遵循语言的固有顺序上下文）。这种属性，其中从相同输入产生的读数严重依赖于上下文，尤其适用于知觉上下文，其中似乎通过为每个任务分配特定的权重结构来实现不同任务的多路复用学习。在语言中，这反映了一个事实，即相同的小词序列可以提供不同的功能，这取决于它们在正在进行的语言流中的位置。在知觉中，不同的学习视觉任务结构可能与不同的功能视觉环境相关。未来在下一代知觉学习生成模型中，可能还有其他原理和算法被证明是有用的。

在我们的研究项目中，使用重加权模型为许多知觉学习实验生成详细的预测。与DNN相比，这些重加权模型相对简单，因为它们只使用几个网络层来学习任务。另一方面，他们是相对复杂的，因为他们包括一些复杂的，虽然固定的，多层次的生物启发式计算，包括非线性和内部噪声的表征模块。其他科学家扩展了我们的模型，增加了另一个决策层，以提供更大的灵活性，同时计算不同表征的可靠性，这可能会驱动它们的相对权重[120, 121]，从而从基于有限的模块中产生更复杂和功能性的预测。鉴于目前的研究状况，继续使用更简单的重加权模型可能有一些好处，至少目前是这样，特别是在最优化的背景下。这些模型准确地模拟了训练协议中的试验顺序；它们包括内部噪声模型的随机性视觉处理和决策；它们产生的模拟行为与行为数据直接相比较；它们的参数可以根据任务或个人之间的表现差异进行调整。所有这些观点都是基础性的，有助于确定人工智能和认知科学的不同研究目标。

我们建议，对于优化项目而言，在计算上和实际中最有用的生成模型的意义上，最好的模型是能够对感兴趣的学习协议领域进行可靠预测的最简单模型。这个模型可能不是最能反映大脑结构或功能、模拟特定神经反应，甚至产生最强大模拟的模型（至少目前还没有，考虑到当前的可计算性限制）。最好的候选模型将是一个刚好足够复杂的模型。重复本书开头引用的George Box的名言："所有模型都是错误的，但有些模型是有用的。"

无论研究人员选择哪种特定模型或系列模型，知觉学习领域都可以从更广泛的优化实践中学到很多东西。即使是采用这种新方法的最初尝试也有望推动协议设计远远超出目前相当初步的状态。开发目标函数的经验可以为训练和康复带来新的现实世界应用，而计算搜索算法的发展可以使相关处理问题更加准确和高效。随着大数据的长期趋势继续，研究人员还可能挖掘自然行为或生理生物特征的大量数据集，以揭示不同实际环境中实际上的学习协议。作为所有这些趋势的一部分，正式的优化框架可以发挥关键作用，有望加速理论发展和实际应用。

12.7 理论的未来

在本书，我们试图在对视觉知觉学习领域进行系统思考的基础上，对视觉知觉学习发展一种科学的认知。我们的讨论包括对学习的核心现象的调查以及对实验数据的分析。虽然对直觉和预感的强大吸引力很敏感，但我们试图优先考虑深层结构原则和定量预测模型。我们相信，如果没有这些模型，我们的学习知识就不会进步得那么快。

鉴于神经科学和计算技术的进步速度，视觉学习的定量模型几乎肯定会在未来几年得到扩展、完善或彻底取代。随着我们更多地了解一整套相关机制和现象——注意力、奖励、巩固、适应和睡眠——以及潜在的生理学，它们将被应用于新的证据。随着这些因素被建模并且技术变得越来越强大，认知科学的研究人员将不得不努力在计算能力和对人类系统局限性的理解之间取得平衡。从这个意义上说，尽管我们的工作发生在整个社会中人工智能和机器学习方法“革命”的更广泛背景下，但具有理解人类认知过程的明确最终目标。

相同的工具可以用于不同的目的。随着我们进入大数据时代，得益于无处不在的海量信息集以及从中提取模式的算法能力，机器学习已经改变了自然语言处理和自动图像识别等领域。人们正在进行此类研究以创建一系列应用，从自动驾驶汽车到预测性健康系统，假设此类系统将提供不仅等于而且最终超越人类能力的性能。事实上，对于特定结构良好的任务，这已经发生在某些领域。

作为认知科学家，我们的目标略有不同。我们并不是要构建在给定任务上可以超越人类的机器，而是试图了解究竟是什么定义了该任务的人类表现。虽然通过强大的学习算法在大型数据集中的机会主义提取模式可能会导致预测或建议的行动，但这些结果的原因可能对人类用户根本不透明。推动此类决策的刺激特征通常难以理解，并且在某些情况下会复制未知和不需要的偏见[128-130]。在许多情况下，人类判断的灵活性和创造性虽然在其他方面具有内在的局限性，但对于实现良好的结果是有价值的。作为认知科学家，这种特征性的人类平衡是我们的研究对象。

虽然本书一直专注于视觉学习，但我们希望所开发的原则和主题也能为其他感官模式的研究提供信息。尽管我们的特定模型可能会在 5 ～ 10 年内被取代，但我们已经尝试在现象、建模和理论之间建立对话，这种对话基于更永恒的科学原理，例如平衡任何系统的稳定性和适应性、人类惊人地健壮但永远不会完美，以及跨学科对话的价值。即使我们期待在对学习系统的理解方面取得进展，这些系统也需要对人类表现的关键现象学特性进行建模，这既令人印象深刻又不完美。

参考文献

[1] Kantorovich L. The mathematical method of production planning and organization. *Management Science* 1939;6(4):363–422.

[2] Intriligator MD. *Mathematical optimization and economic theory.* Prentice-Hall;1971.

[3] Yang X-S. *Introduction to mathematical optimization: From linear programming to metaheuristics.* Cambridge International Science Publishing;2008.

[4] Coello CAC. A comprehensive survey of evolutionary-based multiobjective optimization techniques. *Knowledge and Information Systems* 1999;1(3):269–308.

[5] Miettinen K, Ruiz F, Wierzbicki AP. Introduction to multiobjective optimization: Interactive approaches. In Branke J, Deb K, Miettinen K, Słowiński R, eds., *Multiobjective optimization.* Springer;2008:27–57.

[6] Tan KC, Lee TH, Khor EF. Evolutionary algorithms for multi-objectiveoptimization: Performance assessments and comparisons. *Artificial Intelligence Review* 2002;17(4):253–290.

[7] Petrov AA, Dosher BA, Lu Z-L. The dynamics of perceptual learning: An incremental reweighting model. *Psychological Review* 2005;112(4):715–743.

[8] Petrov AA, Dosher BA, Lu Z-L. Perceptual learning without feedback in non-stationary contexts: Data and model. *Vision Research* 2006;46(19):3177–3197.

[9] Dosher BA, Jeter P, Liu J, Lu Z-L. An integrated reweighting theory of perceptual learning. *Proceedings of the National Academy of Sciences* 2013;110(33):13678–13683.

[10] Gaudet CE. *Review of doing Bayesian data analysis: A tutorial with R, JAGS, and Stan.* Taylor & Francis;2017.

[11] Gelman A, Lee D, Guo J. Stan: A probabilistic programming language for Bayesian inference and optimization. *Journal of Educational and Behavioral Statistics* 2015;40(5):530–543.

[12] Jackman S. *Bayesian analysis for the social sciences*, Wiley;2009.

[13] Kruschke J. *Doing Bayesian data analysis: A tutorial with R, JAGS, and Stan.* Academic Press;2014.

[14] Lee MD, Wagenmakers E-J. *Bayesian cognitive modeling: A practical course.* Cambridge University Press;2014.

[15] Rubin N, Nakayama K, Shapley R. Abrupt learning and retinal size specificity in illusory-contour perception. *Current Biology* 1997;7(7):461–467.

[16] Green CS, Bavelier D. Action video game training for cognitive enhancement. *Current Opinion in Behavioral Sciences* 2015;4:103–108.

[17] Liang X-B, Wang J. A recurrent neural network for nonlinear optimization with a continuously differentiable objective function and bound constraints. *IEEE Transactions on Neural Networks* 2000;11(6):1251–1262.

[18] Gu H, Kim W, Hou F, Lesmes LA, Pitt MA, Lu Z-L, Myung JI. A hierarchical Bayesian approach to adaptive vision testing: A case study with the contrast sensitivity function. *Journal of Vision* 2016;16(6):15,1–17.

[19] Kim W, Pitt MA, Lu Z-L, Steyvers M, Myung JI. A hierarchical adaptive approach to optimal experimental design. *Neural Computation* 2014;26(11):2465–2492.

[20] Kohavi R. A study of cross-validation and bootstrap for accuracy estimation and model selection. Paper presented at International Joint Conference on Artificial Intelligence; 1995.

[21] Lesmes LA, Jeon S-T, Lu Z-L, Dosher BA. Bayesian adaptive estimation of threshold versus contrast external noise functions: The quick TvC method. *Vision Research* 2006;46(19):3160–3176.

[22] Lesmes LA, Lu Z-L, Baek J, Albright TD. Bayesian adaptive estimation of the contrast sensitivity function: The quick CSF method. *Journal of Vision* 2010;10(3):17,1–22.

[23] Lesmes LA, Lu Z-L, Baek J, Tran N, Dosher BA, Albright TD. Developing Bayesian adaptive methods for estimating sensitivity thresholds (d′) in yes-no and forced-choice tasks. *Frontiers in Psychology* 2015;6,1070:1–24.

[24] Dosher BA, Lu Z-L. Hebbian reweighting on stable representations in perceptual learning. *Learning & Perception* 2009;1(1):37–58.

[25] Censor N, Karni A, Sagi D. A link between perceptual learning, adaptation and sleep. *Vision Research* 2006;46(23):4071–4074.

[26] Karni A, Sagi D. Where practice makes perfect in texture discrimination: Evidence for primary visual cortex plasticity. *Proceedings of the National Academy of Sciences* 1991;88(11):4966–4970.

[27] Karni A, Sagi D. The time course of learning a visual skill. *Nature* 1993;365:250–252.

[28] Mednick S, Nakayama K, Stickgold R. Sleep-dependent learning: A nap is as good as a night. *Nature Neuroscience* 2003;6(7):697–698.

[29] Mednick SC, Nakayama K, Cantero JL, Atienza M, Levin AA, Pathak N, Stickgold R. The restorative effect of naps on perceptual deterioration. *Nature Neuroscience* 2002;5(7):677–681.

[30] Aberg KC, Tartaglia EM, Herzog MH. Perceptual learning with Chevrons requires a minimal number of trials, transfers to untrained directions, but does not require sleep. *Vision Research* 2009;49(16):2087–2094.

[31] Stickgold R, Whidbee D, Schirmer B, Patel V, Hobson JA. Visual discrimination task improvement: A multi-step process occurring during sleep. *Journal of Cognitive Neuroscience* 2000;12(2):246–254.

[32] Yotsumoto Y, Sasaki Y, Chan P, Vasios CE, Bonmassar G, Ito N, Náñez JE Sr, Shimojo S, Watanabe T. Location-specific cortical activation changes during sleep after training for perceptual learning. *Current Biology* 2009;19(15):1278–1282.

[33] Ashley S, Pearson J. When more equals less: Overtraining inhibits perceptual learning owing to lack of wakeful consolidation. *Proceedings of the Royal Society B*; 2012;247:4143–4147.

[34] Censor N, Sagi D. Benefits of efficient consolidation: Short training enables long-term resistance to perceptual adaptation induced by intensive testing. *Vision Research* 2008;48(7):970–977.

[35] Harris H, Gliksberg M, Sagi D. Generalized perceptual learning in the absence of sensory adaptation. *Current Biology* 2012;22(19):1813–1817.

[36] Liu J, Lu Z-L, Dosher BA. Augmented Hebbian reweighting: Interactions between feedback and training accuracy in perceptual learning. *Journal of Vision* 2010;10(10):29,1–14.

[37] Liu J, Lu Z-L, Dosher BA. Mixed training at high and low accuracy levels leads to perceptual learning without feedback. *Vision Research* 2012;61:15–24.

[38] Hung S-C, Seitz AR. Prolonged training at threshold promotes robust retinotopic specificity in perceptual learning. *Journal of Neuroscience* 2014;34(25):8423–8431.

[39] Burgess A, Shaw R, Lubin J. Noise in imaging systems and human vision. *Journal of the Optical Society of America A* 1999;16(3):618.

[40] Parkes L, Lund J, Angelucci A, Solomon JA, Morgan M. Compulsory averaging of crowded orientation signals in human vision. *Nature Neuroscience* 2001;4(7):739–744.

[41] Snowden PT, Davies IR, Roling P. Perceptual learning of the detection of features in X-ray images: A functional role for improvements in adults' visual sensitivity? *Journal of Experimental Psychology: Human Perception and Performance* 2000;26(1):379–390.

[42] Dosher BA, Lu Z-L. Perceptual learning in clear displays optimizes perceptual expertise: Learning the limiting process. *Proceedings of the National Academy of Sciences* 2005;102(14):5286–5290.

[43] Liu J, Lu Z, Dosher B. Augmented Hebbian learning accounts for the complex pattern of effects of feedback in perceptual learning. *Journal of Vision* 2010;10(7):1115.

[44] Jeter PE, Dosher BA, Petrov A, Lu Z-L. Task precision at transfer determines specificity of perceptual learning. *Journal of Vision* 2009;9(3):1,1–13.

[45] Law C-T, Gold JI. Neural correlates of perceptual learning in a sensory-motor, but not a sensory, cortical area. *Nature Neuroscience* 2008;11(4):505–513.

[46] Schoups AA, Vogels R, Orban GA. Human perceptual learning in identifying the oblique orientation: Retinotopy, orientation specificity and monocularity. *Journal of Physiology* 1995;483(3):797–810.

[47] Lu Z-L, Liu J, Dosher BA. Modeling mechanisms of perceptual learning with augmented Hebbian reweighting. *Vision Research* 2010;50(4):375–390.

[48] Sowden PT, Rose D, Davies IR. Perceptual learning of luminance contrast detection: Specific for spatial frequency and retinal location but not orientation. *Vision Research* 2002;42(10):1249–1258.

[49] Lu Z-L, Hua T, Huang C-B, Zhou Y, Dosher BA. Visual perceptual learning. *Neurobiology of Learning and Memory* 2011;95(2):145–151.

[50] Weiss Y, Edelman S, Fahle M. Models of perceptual learning in Vernier hyperacuity. *Neural Computation* 1993;5(5):695–718.

[51] Fahle M. Specificity of learning curvature, orientation, and Vernier discriminations. *Vision Research* 1997;37(14):1885–1895.

[52] Gold J, Bennett P, Sekuler A. Signal but not noise changes with perceptual learning. *Nature* 1999;402(6758):176–178.

[53] Gauthier I, Williams P, Tarr MJ, Tanaka J. Training "greeble" experts: A framework for studying expert object recognition processes. *Vision Research* 1998;38(15):2401–2428.

[54] Herzog MH, Fahle M. The role of feedback in learning a Vernier discrimination task. *Vision Research* 1997;37(15):2133–2141.

[55] Shibata K, Yamagishi N, Ishii S, Kawato M. Boosting perceptual learning by fake feedback. *Vision Research* 2009;49(21):2574–2585.

[56] Liu J, Dosher B, Lu Z-L. Modeling trial by trial and block feedback in perceptual learning. *Vision Research* 2014;99:46–56.

[57] Contestabile M, Recupero S, Palladino D, De Stefanis M, Abdoirahimzadeh S, Suppressa F, Gabrieli CB. A new method of biofeedback in the management of low vision. *Eye* 2002;16(4):472–480.

[58] Shibata K, Watanabe T, Sasaki Y, Kawato M. Perceptual learning incepted by decoded fMRI neurofeedback without stimulus presentation. *Science* 2011;334(6061):1413–1415.

[59] Scharnowski F, Hutton C, Josephs O, Weiskopf N, Rees G. Improving visual perception through neurofeedback. *Journal of Neuroscience* 2012;32(49):17830–17841.

[60] Başar-Eroglu C, Strüber D, Schürmann M, Stadler M, Başar E. Gamma-band responses in the brain: A short review of psychophysiological correlates and functional significance. *International Journal of Psychophysiology* 1996;24(1–2):101–112.

[61] Seitz AR, Kim D, Watanabe T. Rewards evoke learning of unconsciously processed visual stimuli in adult humans. *Neuron* 2009;61(5):700–707.

[62] Frankó E, Seitz AR, Vogels R. Dissociable neural effects of long-term stimulus–reward pairing in macaque visual cortex. *Journal of Cognitive Neuroscience* 2010;22(7):1425–1439.

[63] Zhang P, Hou F, Yan F-F, Xi X, Lin B-R, Zhao J, Yang J, Hhen G, Zhang M-Y, He Q, Dosher BA, Lu Z-L, Huang C-B. High reward enhances perceptual learning. *Journal of Vision* 2018;18(8):11,1–21.

[64] Rokem A, Silver MA. Cholinergic enhancement augments magnitude and specificity of visual perceptual learning in healthy humans. *Current Biology* 2010;20(19):1723–1728.

[65] Rokem A, Silver MA. The benefits of cholinergic enhancement during perceptual learning are long-lasting. 2013;7,66:1–7.

[66] Filmer HL, Mattingley JB, Dux PE. Improved multitasking following prefrontal tDCS. *Cortex* 2013; 49(10):2845–2852.

[67] Fertonani A, Pirulli C, Miniussi C. Random noise stimulation improves neuroplasticity in perceptual learning. *Journal of Neuroscience* 2011;31(43):15416–15423.

[68] Peters MA, Thompson B, Merabet LB, Wu AD, Shams L. Anodal tDCS to V1 blocks visual perceptual learning consolidation. *Neuropsychologia* 2013;51(7):1234–1239.

[69] Clark VP, Coffman BA, Mayer AR, Weisend MP, Lane TDR, Calhoun VD, Raybourn EM, Garcia CM, Wassermann EM. TDCS guided using fMRI significantly accelerates learning to identify concealed objects. *Neuroimage* 2012;59(1):117–128.

[70] Pirulli C, Fertonani A, Miniussi C. The role of timing in the induction of neuromodulation in perceptual learning by transcranial electric stimulation. *Brain Stimulation* 2013;6(4):683–689.

[71] Antal A, Nitsche MA, Kincses TZ, Kruse W, Hoffmann KP, Paulus W. Facilitation of visuo-motor learning by transcranial direct current stimulation of the motor and extrastriate visual areas in humans. *European Journal of Neuroscience* 2004;19(10):2888–2892.

[72] Hussain Z, Sekuler AB, Bennett PJ. How much practice is needed to produce perceptual learning? *Vision Research* 2009;49(21):2624–2634.

[73] Hussain Z, Bennett PJ, Sekuler AB. Versatile perceptual learning of textures after variable exposures. *Vision Research* 2012;61:89–94.

[74] Molloy K, Moore DR, Sohoglu E, Amitay S. Less is more: Latent learning is maximized by shorter training sessions in auditory perceptual learning. *PloS One* 2012;7(5):e36929.

[75] Van Wert MJ, Horowitz TS, Wolfe JM. Even in correctable search, some types of rare targets are frequently missed. *Attention, Perception, & Psychophysics* 2009;71(3):541–553.

[76] Wolfe JM, Brunelli DN, Rubinstein J, Horowitz TS. Prevalence effects in newly trained airport checkpoint screeners: Trained observers miss rare targets, too. *Journal of Vision* 2013;13(3):33,1–9.

[77] Bell HH, Waag WL. Evaluating the effectiveness of flight simulators for training combat skills: A review. *International Journal of Aviation Psychology* 1998;8(3):223–242.

[78] Hays RT, Jacobs JW, Prince C, Salas E. Flight simulator training effectiveness: A meta-analysis. *Military Psychology* 1992;4(2):63 74.

[79] Hays RT, Singer MJ. *Simulation fidelity in training system design: Bridging the gap between reality and training*. Springer;2012.

[80] Dosher B, Lu Z-L. Perceptual learning and models. *Annual Review of Vision Science* 2017;3:343–363.

[81] Wang R, Cong L-J, Yu C. The classical TDT perceptual learning is mostly temporal learning. *Journal of Vision* 2013;13(5):9,1–9.

[82] Au J, Sheehan E, Tsai N, Duncan GJ, Buschkuehl M, Jaeggi SM. Improving fluid intelligence with training on working memory: A meta-analysis. *Psychonomic Bulletin & Review* 2015;22(2):366–377.

[83] Jaeggi SM, Buschkuehl M, Jonides J, Perrig WJ. Improving fluid intelligence with training on working memory. *Proceedings of the National Academy of Sciences* 2008;105(19):6829–6833.

[84] Zinke K, Einert M, Pfennig L, Kliegel M. Plasticity of executive control through task switching training in adolescents. *Frontiers in Human Neuroscience* 2012;6:41, 1–15.

[85] Strobach T, Frensch PA, Schubert T. Video game practice optimizes executive control skills in dual-task and task switching situations. *Acta Psychologica* 2012;140(1):13–24.

[86] Strobach T, Frensch PA, Soutschek A, Schubert T. Investigation on the improvement and transfer of dual-task coordination skills. *Psychological Research* 2012;76(6):794–811.

[87] Dao DY, Lu Z-L, Dosher BA. Adaptation to sine-wave gratings selectively reduces the contrast gain of the adapted stimuli. *Journal of Vision* 2006;6(7):6,739–759.

[88] Larsson J, Landy MS, Heeger DJ. Orientation-selective adaptation to first- and second-order patterns in human visual cortex. *Journal of Neurophysiology* 2006;95(2):862–881.

[89] Montaser-Kouhsari L, Landy MS, Heeger DJ, Larsson J. Orientation-selective adaptation to illusory contours in human visual cortex. *Journal of Neuroscience* 2007;27(9):2186–2195.

[90] Green CS, Kattner F, Siegel MH, Kersten D, Schrater PR. Differences in perceptual learning transfer as a function of training task. *Journal of Vision* 2015;15(10):5,1–14.

[91] Stewart N, Chater N. The effect of category variability in perceptual categorization. *Journal of Experimental Psychology: Learning, Memory, and Cognition* 2002;28(5):893–907.

[92] Jeter PE, Dosher BA, Liu S-H, Lu Z-L. Specificity of perceptual learning increases with increased training. *Vision Research* 2010;50(19):1928–1940.

[93] Herzog MH, Aberg KC, Frémaux N, Gerstner W, Sprekeler H. Perceptual learning, roving and the unsupervised bias. *Vision Research* 2012;61:95–99.

[94] Zhang J-Y, Kuai S-G, Xiao L-Q, Klein SA, Levi DM, Yu C. Stimulus coding rules for perceptual learning. *PLoS Biology* 2008;6(8):e197.

[95] Tartaglia EM, Aberg KC, Herzog MH. Perceptual learning and roving: Stimulus types and overlapping neural populations. *Vision Research* 2009;49(11):1420–1427.

[96] Xiao L-Q, Zhang J-Y, Wang R, Klein SA, Levi DM, Yu C. Complete transfer of perceptual learning across retinal locations enabled by double training. *Current Biology* 2008;18(24):1922–1926.

[97] Wang R, Zhang J-Y, Klein SA, Levi DM, Yu C. Task relevancy and demand modulate double-training enabled transfer of perceptual learning. *Vision Research* 2012;61:33–38.

[98] Wang R, Zhang J-Y, Klein SA, Levi DM, Yu C. Vernier perceptual learning transfers to completely untrained retinal locations after double training: A "piggybacking" effect. *Journal of Vision* 2014;14(13):12,1–10.

[99] Dosher BA, Lu Z-L. Mechanisms of perceptual learning. *Vision Research* 1999;39(19):3197–3221.

[100] Sagi D. Perceptual learning in vision research. *Vision Research* 2011;51(13):1552–1566.

[101] Mahncke HW, Connor BB, Appelman J, Ahhsanuddin ON, Hardy JL, Wood RA, Joyce NM, Boniske T, Atkins SM, Merzenich MM. Memory enhancement in healthy older adults using a brain plasticity-based training program: A randomized, controlled study. *Proceedings of the National Academy of Sciences* 2006;103(33):12523–12528.

[102] Merzenich MM, Jenkins WM, Johnston P, Schreiner C. Temporal processing deficits of language-learning impaired children ameliorated by training. *Science* 1996;271(5245):77–81.

[103] Tallal P. Language and reading: Some perceptual prerequisites. *Bulletin of the Orton Society* 1980;30(1):170–178.

[104] Tallal P, Merzenich MM, Miller S, Jenkins W. Language learning impairments: Integrating basic science, technology, and remediation. *Experimental Brain Research* 1998;123(1–2):210–219.

[105] Tallal P, Miller S, Bedi G, Byrne G, Wang X, Nagarajan S, Schreiner C, Jenkins WM, Merzenich MM. Language comprehension in language-learning impaired children improved with acoustically modified speech. *Science* 1996;271(5245):81–84.

[106] Huang C-B, Lu Z-L, Zhou Y. Mechanisms underlying perceptual learning of contrast detection in adults with anisometropic amblyopia. *Journal of Vision* 2009;9(11):24.1–14.

[107] Huang C-B, Zhou Y, Lu Z-L. Broad bandwidth of perceptual learning in the visual system of adults with anisometropic amblyopia. *Proceedings of the National Academy of Sciences* 2008;105(10):4068–4073.

[108] Dosher BA, Han S, Lu Z-L. Perceptual learning and attention: Reduction of object attention limitations with practice. *Vision Research* 2010;50(4):402–415.

[109] Green CS, Bavelier D. Effect of action video games on the spatial distribution of visuospatial attention. *Journal of Experimental Psychology: Human Perception and Performance* 2006;32(6):1465–1478.

[110] Banai K, Ahissar M. Perceptual learning as a tool for boosting working memory among individuals with reading and learning disability. *Learning & Perception* 2009;1(1):115–134.

[111] Dux PE, Tombu MN, Harrison S, Rogers BP, Tong F, Marois R. Training improves multitasking performance by increasing the speed of information processing in human prefrontal cortex. *Neuron* 2009;63(1):127–138.

[112] Bavelier D, Green CS, Pouget A, Schrater P. Brain plasticity through the life span: Learning to learn and action video games. *Annual Review of Neuroscience* 2012;35:391–416.

[113] Green CS, Bavelier D. Exercising your brain: A review of human brain plasticity and training-induced learning. *Psychology and Aging* 2008;23(4):692–701.

[114] Green CS, Bavelier D. Action video game modifies visual selective attention. *Nature* 2003;423(6939):534–537.

[115] Green CS, Bavelier D. Action-video-game experience alters the spatial resolution of vision. *Psychological Science* 2007;18(1):88–94.

[116] Green CS, Bavelier D. Enumeration versus multiple object tracking: The case of action video game players. *Cognition* 2006;101(1):217–245.

[117] Green CS, Pouget A, Bavelier D. Improved probabilistic inference as a general learning mechanism with action video games. *Current Biology* 2010;20(17):1573–1579.

[118] Green CS, Sugarman MA, Medford K, Klobusicky E, Bavelier D. The effect of action video game experience on task-switching. *Computers in Human Behavior* 2012;28(3):984–994.

[119] Maniglia M, Seitz AR. Towards a whole brain model of perceptual learning. *Current Opinion in Behavioral Sciences* 2018;20:47–55.

[120] Sotiropoulos G, Seitz AR, Seriès P. Performance-monitoring integrated reweighting model of perceptual learning. *Vision Research* 2018;152:17–39.

[121] Talluri BC, Hung S-C, Seitz AR, Seriès P. Confidence-based integrated reweighting model of task-difficulty explains location-based specificity in perceptual learning. *Journal of Vision* 2015;15(10):17,1–12.

[122] Wenliang LK, Seitz AR. Deep neural networks for modeling visual perceptual learning. *Journal of Neuroscience* 2018;38(27):6028–6044.

[123] Cohen G, Weinshall D. Hidden layers in perceptual learning. *Proceedings of the IEEE Conference on Computer Vision & Pattern Recognition (CVPR)* 2017:4554–4562.

[124] Cadieu CF, Hong H, Yamins D, Pinto N, Majaj NJ, DiCarlo JJ. The neural representation benchmark and its evaluation on brain and machine. *arXiv preprint 13013530.* 2013.

[125] Cadieu CF, Hong H, Yamins DL, Pinto N, Ardila D, Solomon EA, Majaj NJ, DiCarlo JJ. Deep neural networks rival the representation of primate IT cortex for core visual object recognition. *PLoS Computational Biology* 2014;10(12):e1003963.

[126] Bakhtiari S. Can deep learning model perceptual learning? *Journal of Neuroscience* 2019;39(2):194–196.

[127] Došilović FK, Brčić M, Hlupić N. Explainable artificial intelligence: A survey. Paper presented at 41st International Convention on Information and Communication Technology, Electronics and Microelectronics (MIPRO);2018.

[128] Gunning D. Explainable Artificial Intelligence (XAI). *Defense Advanced Research Projects Agency (DARPA), Web* 2017;2.

[129] Adadi A, Berrada M. Peeking inside the black-box: A survey on Explainable Artificial Intelligence (XAI). *IEEE Access* 2018;6:52138–52160.

[130] Samek W, Wiegand T, Müller K-R. Towards explainable artificial intelligence. In Samek W, Montavon G, Vedaldi A, Hansen L, Muller KR, eds., *Understanding, visualizing and interpreting deep learning.* Springer;2019:5–22..

[131] Cichy RM, Kaiser D. Deep neural networks as scientific models. *Trends in Cognitive Sciences* 2019;23(4):305–317.

推荐阅读

机器学习：从基础理论到典型算法（原书第2版）

作者：[美]梅尔亚·莫里 等 ISBN：978-7-111-70894-0 定价：119.00元

情感分析：挖掘观点、情感和情绪（原书第2版）

作者：[美] 刘兵 ISBN：978-7-111-70937-4 定价：129.00元

优化理论与实用算法

作者：[美]米凯尔·J. 科申德弗 等 ISBN：978-7-111-70862-9 定价：129.00元

对偶学习

作者：秦涛 ISBN：978-7-111-70719-6 定价：89.00元

神经机器翻译

作者：[德]菲利普·科恩 ISBN：978-7-111-70101-9 定价：139.00元

机器学习：贝叶斯和优化方法（原书第2版）

作者：[希]西格尔斯·西奥多里蒂斯 ISBN：978-7-111-69257-7 定价：279.00元

推荐阅读

模式识别

作者：吴建鑫 著 书号：978-7-111-64389-0 定价：99.00元

模式识别是从输入数据中自动提取有用的模式并将其用于决策的过程，一直以来都是计算机科学、人工智能及相关领域的重要研究内容之一。本书是南京大学吴建鑫教授多年深耕学术研究和教学实践的潜心力作，系统阐述了模式识别中的基础知识、主要模型及热门应用，并给出了近年来该领域一些新的成果和观点，是高等院校人工智能、计算机、自动化、电子和通信等相关专业模式识别课程的优秀教材。

自然语言处理基础教程

作者：王刚 郭蕴 王晨 编著 书号：978-7-111-69259-1 定价：69.00元

本书面向初学者介绍了自然语言处理的基础知识，包括词法分析、句法分析、基于机器学习的文本分析、深度学习与神经网络、词嵌入与词向量以及自然语言处理与卷积神经网络、循环神经网络技术及应用。本书深入浅出，案例丰富，可作为高校人工智能、大数据、计算机及相关专业本科生的教材，也可供对自然语言处理有兴趣的技术人员作为参考书。

深度学习基础教程

作者：赵宏 主编 于刚 吴美学 张浩然 屈芳瑜 王鹏 参编 ISBN：978-7-111-68732-0 定价：59.00元

深度学习是当前的人工智能领域的技术热点。本书面向高等院校理工科专业学生的需求，介绍深度学习相关概念，培养学生研究、利用基于各类深度学习架构的人工智能算法来分析和解决相关专业问题的能力。本书内容包括深度学习概述、人工神经网络基础、卷积神经网络和循环神经网络、生成对抗网络和深度强化学习、计算机视觉以及自然语言处理。本书适合作为高校理工科相关专业深度学习、人工智能相关课程的教材，也适合作为技术人员的参考书或自学读物。

推荐阅读

机器学习理论导引

作者：周志华 王魏 高尉 张利军 著 书号：978-7-111-65424-7 定价：79.00元

本书由机器学习领域著名学者周志华教授领衔的南京大学LAMDA团队四位教授合著，旨在为有志于机器学习理论学习和研究的读者提供一个入门导引，适合作为高等院校智能方向高级机器学习或机器学习理论课程的教材，也可供从事机器学习理论研究的专业人员和工程技术人员参考学习。本书梳理出机器学习理论中的七个重要概念或理论工具（即：可学习性、假设空间复杂度、泛化界、稳定性、一致性、收敛率、遗憾界），除介绍基本概念外，还给出若干分析实例，展示如何应用不同的理论工具来分析具体的机器学习技术。

迁移学习

作者：杨强 张宇 戴文渊 潘嘉林 著 译者：庄福振 等 书号：978-7-111-66128-3 定价：139.00元

本书是由迁移学习领域奠基人杨强教授领衔撰写的系统了解迁移学习的权威著作，内容全面覆盖了迁移学习相关技术基础和应用，不仅有助于学术界读者深入理解迁移学习，对工业界人士亦有重要参考价值。全书不仅全面概述了迁移学习原理和技术，还提供了迁移学习在计算机视觉、自然语言处理、推荐系统、生物信息学、城市计算等人工智能重要领域的应用介绍。

神经网络与深度学习

作者：邱锡鹏 著 ISBN：978-7-111-64968-7 定价：149.00元

本书是复旦大学计算机学院邱锡鹏教授多年深耕学术研究和教学实践的潜心力作，系统地整理了深度学习的知识体系，并由浅入深地阐述了深度学习的原理、模型和方法，使得读者能全面地掌握深度学习的相关知识，并提高以深度学习技术来解决实际问题的能力。本书是高等院校人工智能、计算机、自动化、电子和通信等相关专业深度学习课程的优秀教材。